高等学校土木工程专业规划教材

土木工程材料

孙　凌　主编
马松林　主审

人民交通出版社股份有限公司
China Communications Press Co.,Ltd.

内 容 提 要

本书为高等学校土木工程专业规划教材。全书分为上、下两篇,共 13 章。上篇主要介绍土木工程材料的基本组成、技术性能和质量要求、混合料的组成设计方法,并对实际工程中出现的事故和案例进行分析,内容包括绪论、土木工程材料基本性质、建筑钢材、无机胶凝材料、水泥混凝土、建筑砂浆、砌筑材料、沥青材料、沥青混合料、木材、合成高分子材料、建筑功能材料;下篇为土木工程材料试验方法,围绕水泥混凝土组成设计和沥青混合料组成设计编写了原材料的试验检测方法和混合料的综合性能试验方法。为方便教学,各章末附有适量的复习思考题。

本书依据高等学校土木工程本科指导性专业规范及行业最新标准、规范进行编写,可作为高等院校土木工程专业及其相关专业教学用书,也可作为从事土木工程勘测、设计、施工、科研和管理工作专业人员参考书。

图书在版编目(CIP)数据

土木工程材料 / 孙凌主编. — 北京 : 人民交通出版社股份有限公司, 2014.7

ISBN 978-7-114-11462-5

Ⅰ. ①土… Ⅱ. ①孙… Ⅲ. ①土木工程—建筑材料
Ⅳ. ①TU5

中国版本图书馆 CIP 数据核字(2014)第 147159 号

高等学校土木工程专业规划教材

书　　名:土木工程材料
著 作 者:孙　凌
责任编辑:郑蕉林　黎小东
出版发行:人民交通出版社股份有限公司
地　　址:(100011)北京市朝阳区安定门外外馆斜街 3 号
网　　址:http://www.ccpcl.com.cn
销售电话:(010)59757973
总 经 销:人民交通出版社股份有限公司发行部
经　　销:各地新华书店
印　　刷:北京虎彩文化传播有限公司
开　　本:787×1092　1/16
印　　张:25.125
字　　数:632 千
版　　次:2014 年 7 月　第 1 版
印　　次:2024 年 6 月　第 6 次印刷
书　　号:ISBN 978-7-114-11462-5
定　　价:48.00 元

(有印刷、装订质量问题的图书由本公司负责调换)

前　言

本书按照高等学校土木工程本科指导性专业技术规范要求,以全国高等学校土木工程专业教学指导委员会制定的"土木工程材料教学大纲"为依据,参考国家、行业现行标准、规范和规程编写。同时借鉴了同类教材的优点,吸收了国内外在土木工程材料领域的最新成果,注重系统性、先进性和实用性。指导思想是符合教学应用型学校使用,着重培养学生分析与解决实际问题的能力。本书具有如下特点:

(1)围绕专业技术相关基础知识的核心知识单元和知识点安排章节,突出基本概念和知识重点,基本概念均有英文注释。

(2)各章内容力求体现新标准、新规范和广泛使用的新成果。

(3)每章均设有学习指导栏,指出每章的学习内容、重点和学习目标;每章设置了复习思考题;每章设有工程案例分析,引导学生理论联系实际,培养分析解决实际问题的能力。

(4)各章节中根据需要增加【例题】,通过对典型例题的讲解、分析,帮助学生消化所学内容。

(5)本书将试验作为重要组成部分,联系工程实际,根据新颁布的国家标准和行业试验规程等,增选了一些新的试验项目,并将试验分为两章,较完整地包含水泥混凝土组成设计和沥青混合料组成设计。教学试验接近、模拟工程检测,实现高等学校土木工程本科指导性专业规范提出的通过实践教育,培养学生具有实践技能、工程设计的初步能力。

本书由孙凌主编,魏建军、关辉任副主编。具体分工为:绪论、第4章、第12章由孙凌(黑龙江工程学院)编写并负责全书统稿;第8章由魏建军(北京工业大学城市交通学院)编写;第3章由关辉(黑龙江工程学院)编写;第1章由王慧颖(黑龙江工程学院)编写;第2章、第9章由石桂梅(黑龙江工程学院)编写;第5章、第6章、第10章、第11章由郭雷(黑龙江工程学院)编写;第7章由李晓琳(黑龙江工程学院)编写;第13章由于文勇(黑龙江工程学院)编写。哈尔滨工业大学马松林教授审阅了书稿,并提出了宝贵意见,在此深表感谢。

为尊重引用资料原作者的著作权,以及便于学生进一步深入研究教材内容、查阅原文,本教材各章节主要参考文献均附列于书末。在此谨向原作者表示感谢。

由于近几年土木工程材料发展很快,新材料、新理论不断出现,各行业技术标准不完全一致,且更新快,加之时间仓促和编者水平有限,书中难免有不妥之处,敬请广大师生以及各方面读者批评指正,编者联系方式 sunling_63@163.com。

编　者
2014 年 5 月

目　　录

上篇　土木工程材料基础理论

下篇 土木工程材料试验方法

上篇　基础理论

绪　　论

内容提要

　　本章主要讲述土木工程材料发展概况,土木工程材料在土木工程建筑结构物中的作用,以及在经济发展中的意义;课程研究的对象和内容、要求和学习方法。

学习目标

　　了解土木工程材料在土木工程建筑结构物中的作用,以及在经济发展中的意义;明确本课程在本专业中的地位,了解本课程研究的对象和内容、要求和学习方法。

0.1　土木工程材料的概念与分类

　　土木工程即所谓的大土木,是指一切和水、土、文化有关的基础建设的计划、建造和维修。现时一般的土木工程项目包括:建筑道路、水务、渠务、防洪、交通工程等。过去曾经将一切非军事用途的民用工程项目归入本类,但随着工程科学日益广阔,不少原来属于土木工程范围的内容都已经独立成科。从狭义定义上来说,土木工程就等于建筑工程(或称结构工程)这个小范围。目前我国将土木工程分为:房屋工程、铁路工程、道路工程、机场工程、桥梁工程、隧道及地下工程、特种工程结构、给排水工程(现已是一门独立的学科)、城市供热供燃气工程、交通工程(已经分化出来成为了独立的学科)、环境工程、港口工程、水利工程(已经分化出来成为了独立的学科)、土木工程。而所有组成土木工程所用的各种材料均称为土木工程材料。

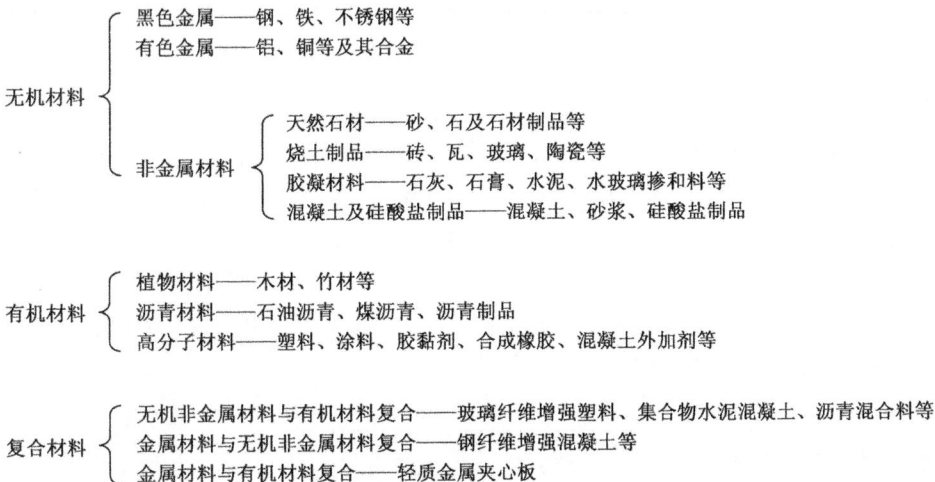

无机材料
- 黑色金属——钢、铁、不锈钢等
- 有色金属——铝、铜等及其合金
- 非金属材料
  - 天然石材——砂、石及石材制品等
  - 烧土制品——砖、瓦、玻璃、陶瓷等
  - 胶凝材料——石灰、石膏、水泥、水玻璃掺和料等
  - 混凝土及硅酸盐制品——混凝土、砂浆、硅酸盐制品

有机材料
- 植物材料——木材、竹材等
- 沥青材料——石油沥青、煤沥青、沥青制品
- 高分子材料——塑料、涂料、胶黏剂、合成橡胶、混凝土外加剂等

复合材料
- 无机非金属材料与有机材料复合——玻璃纤维增强塑料、集合物水泥混凝土、沥青混合料等
- 金属材料与无机非金属材料复合——钢纤维增强混凝土等
- 金属材料与有机材料复合——轻质金属夹心板

图 0-1　土木工程材料的分类

目前,土木工程材料可以按照不同原则进行分类。根据材料来源,可分为天然材料及人造材料;根据其功能,可分为结构材料、装饰材料、防水材料、绝热材料等。目前,通常根据组成物质的种类及化学成分,将土木工程材料分为无机材料、有机材料和复合材料三大类,各大类又可进行更细的分类,如图0-1所示。

0.2　土木工程材料与土木工程的关系

土木工程材料是组成土木工程结构的基础,任何一种建筑物或构筑物都是用土木工程材料按某种方式组合而成的,没有土木工程材料,就没有土木工程,因此土木工程材料是一切土木工程的物质基础。土木工程材料的使用与工程造价关系密切,土木工程材料在土木工程中应用量巨大,结构材料费用在工程总造价中占有40%~70%,如果包含装饰材料费用,甚至可以达到工程总造价的85%。如何从品种门类繁多的材料中,选择物优价廉的材料,对降低工程造价具有重要意义。新材料推动新技术的发展,土木工程材料的性能影响到土木工程的坚固、耐久和适用,不同结构的建筑物之间的性能存在明显差异。土木工程材料决定了结构形式,施工方法也随之而定。土木工程中许多技术问题的突破,往往依赖于土木工程材料问题的解决。新材料的出现,将促使建筑设计、结构设计和施工技术革命性的变化。例如黏土砖的出现,促使产生了砖木结构;水泥和钢筋的出现,促使产生了钢筋混凝土结构;轻质高强材料的出现,推动了现代建筑向高层和大跨度方向发展;轻质材料和保温材料的出现对减轻建筑物的自重、提高建筑物的抗震能力、改善工作与居住环境条件等起到了十分有益的作用,并推动了节能建筑的发展;新型装饰材料的出现使得建筑物的造型及建筑物的内外装饰焕然一新,生气勃勃。总之,新材料的出现远比通过结构设计与计算和采用先进施工技术对土木工程的影响大,土木工程归根到底是围绕着土木工程材料来开展的生产活动,土木工程材料是土木工程的基础和核心。

0.3　土木工程材料的发展状况

土木工程材料是随着社会生产力和科学技术水平的发展而发展的,根据建筑物所用的结构材料,大致分为三个阶段。

1. 天然材料

天然材料是指取之于自然界,进行物理加工的材料,如天然石材、木材、黏土、茅草等。早在原始社会时期,人们为了抵御雨雪风寒和防止野兽的侵袭,居于天然山洞或树巢中,即所谓"穴居巢处"。进入石器、铁器时代,人们开始利用简单的工具砍伐树木和茅草,搭建简单的房屋,开凿石材建造房屋及纪念性构筑物,比天然巢穴进了一步。进入青铜器时代,出现了木结构建筑及"版筑建筑"(指墙体用木板或木棍作边框,然后在框内浇筑黏土,用木杵夯实之后将木板拆除的建筑物),建造出了舒适性较好的建筑物。

2. 烧土制品

到了人类能够用黏土烧制砖、瓦,用石灰岩烧制石灰之后,土木工程材料才由天然材料进入了人工生产阶段。在封建社会,虽然我国古代建筑有"秦砖汉瓦"、描金漆绘装饰艺术、造型优美的石塔和石拱桥的辉煌,但实际上在这一时期,生产力发展停滞不前,使用的结构材料不过砖、石和木材而已。

3. 钢筋混凝土

18、19 世纪,资本主义的兴起,大跨度厂房、高层建筑和桥梁等土木工程建设的需要,原有材料在性能上满足不了新的建设要求,土木工程材料在其他有关科学技术的配合下,进入了一个新的发展阶段,相继出现了钢材、水泥、混凝土、钢筋混凝土和预应力钢筋混凝土及其他材料。近几十年来,随着科学技术的进步和土木工程发展的需要,一大批新型土木工程材料应运而生,出现了塑料、涂料、新型建筑陶瓷与玻璃、新型复合材料(纤维增强材料、夹层材料等),但当代主要结构材料仍为钢筋混凝土。

0.4 土木工程材料的发展趋势

随着社会的进步、环境保护和节能降耗的需要,对土木工程材料提出了更高、更多的要求。因而,今后一段时间内,土木工程材料将向以下几个方向发展。

1. 轻质高强

现今钢筋混凝土结构材料自重大(每立方米重约 2 500kg),限制了建筑物向高层、大跨度方向进一步发展。通过减轻材料自重,以尽量减轻结构物自重,可提高经济效益。目前,世界各国都在大力发展高强混凝土、加气混凝土、轻集料混凝土、空心砖、石膏板等材料,以适应土木工程发展的需要。

2. 节约能源

土木工程材料的生产能耗和建筑物使用能耗,在国家总能耗中一般占 20% ~ 35%,研制和生产低能耗的新型节能土木工程材料,是构建节约型社会的需要。

3. 利用废渣

充分利用工业废渣、生活废渣、建筑垃圾生产土木工程材料,将各种废渣尽可能资源化,以保护环境、节约自然资源,使人类社会可持续发展。

4. 智能化

所谓智能化材料,是指材料本身具有自我诊断和预告破坏、自我修复的功能,以及可重复利用。土木工程材料向智能化方向发展,是人类社会向智能化社会发展过程中降低成本的需要。

5. 多功能化

利用复合技术生产多功能材料、特殊性能材料及高性能材料,这对提高建筑物的使用功能、经济性及加快施工速度等有着十分重要的作用。

6. 绿色化

产品的设计是以改善生产环境,提高生活质量为宗旨,产品具有多功能,不仅无损而且有益于人的健康;产品可循环或回收再利用,无污染废弃物以防止造成二次污染。因此,生产材料所用的原料尽可能少用天然资源,大量使用尾矿、废渣、垃圾、废液等废弃物;采用低能耗制造工艺和对环境无污染的生产技术;产品配制和生产过程中,不使用对人体和环境有害的污染物质。

0.5 土木工程材料的标准化

土木工程材料的产品规格、分类、技术要求、验收规则、代号与标志、运输与储存抽样方法及检测试验方法等都应满足相应的技术标准。

我国技术标准分为四级:国家标准、行业标准、地方标准和企业标准。各级标准分别由相应的标准化管理部门批准并颁布。技术标准代号按标准名称、标准编号、颁布(或修订)年份的顺序编写,按要求执行的程度分为强制性标准和推荐性标准(在部门代号后加"/T"表示"推荐使用")。

国家标准是由国家标准局发布的全国性的指导技术文件,其代号为 GB;行业标准也是全国性的指导技术文件,但它由主管生产部(或总局)发布,如建设行业标准 JGJ(曾用 BJG),建材行业标准代号为 JC,建工行业标准代号为 JG,交通行业标准代号为 JT;地方标准是地方主管部门发布的地方性指导技术文件,其代号为 DB;企业标准则仅适用于本企业,其代号为 QB。凡没有制定国家标准、行业标准的产品,均应制定企业标准。

例如标准《建设用卵石、碎石》(GB/T 14685—2011),可在标准代号中看出,此标准为国家推荐性标准,标准编号为 14685,颁布年份为 2011 年。标准《普通混凝土配合比设计规程》(JGJ 55—2011)为建工行业标准,标准编号为 55,颁布年份为 2011 年。

随着我国对外开放和加入世界贸易组织(WTO),常常还涉及一些与土木工程材料关系密切的国际标准或外国标准,其中主要有:国际标准,代号为 ISO;美国材料试验学会标准,代号为 ASTM;日本工业标准,代号为 JIS;德国工业标准,代号为 DIN;英国标准,代号为 BS;法国标准,代号为 NF 等技术标准。了解和掌握建筑材料的品质要求和检测方法对掌握本课程知识,对今后的实际工作都是十分必要的。

0.6 土木工程材料的学习目的、方法及意义

本课程包括理论课和试验课两个部分。学习目的在于使学生掌握主要土木工程材料的性质、用途、制备和使用方法,以及检测和质量控制方法,并了解土木工程材料性质与材料结构的关系,以及性能改善的途径。通过本课程的学习,应能针对不同工程合理选用材料,并能与后续课程密切配合,了解材料与设计参数及施工措施选择的相互关系。这门课虽然各章节之间自成体系,但材料的组成、结构、性质和应用之间有内在的联系,通过分析对比,掌握它们的共性。

本书每节均按教学大纲提出了内容提要和学习目标,给出了学习重点,并提出学习建议。每章均有工程案例分析,目的是引导学生理论联系实际,培养分析问题、解决问题的能力。建议在阅读案例的基本情况后,先联系有关的知识独立思考,然后阅读其原因分析。为了及时理解课堂讲授的知识,应利用一切机会观察周围已经建成的或正在施工的土木工程,在实践中理解和验证所学内容。

土木工程材料是一门实践性很强的课程,通过试验不仅可以验证所学的基本理论,学会检验常用建筑材料的试验方法,掌握一定的试验技能,并能对试验结果进行正确的分析和判断。本书试验部分按水泥混凝土组成设计和沥青混合料组成设计两部分编写,教学试验接近、模拟工程检测,实现高等学校土木工程本科指导性专业规范提出的通过实践教育,培养学生具有实践技能、工程设计的初步能力。

第1章 土木工程材料的基本性质

内容提要

本章主要讲述材料学的基本理论,材料的物理性质、力学性质、材料的耐久性。

学习目标

通过本章学习,了解材料学的基本理论,掌握材料的物理性质、力学性质,掌握材料的物理—力学性质相互间的关系及在土木工程中的应用,掌握材料耐久性的基本概念。

土木工程材料的基本性质一般包括物理性质、力学性质、化学性质和耐久性。材料需要具备的工程性质需根据其在工程中的作用和所处的环境来决定。

1.1 材料科学的基础知识

材料的组成(Components of Materials)、结构和构造是决定材料性质的内在因素,要了解材料的性质,必须先了解材料的组成、结构与材料性质间的关系。

1.1.1 材料的组成

1. 化学组成

化学组成(Chemical Components)是指材料的化学成分。金属材料以化学元素含量表示,无机非金属材料通常用各种氧化物含量的百分数表示,工程聚合物是以有机元素链节重复形式表示。材料的化学成分是决定材料化学性质、物理性质和力学性质的主要因素。

2. 矿物组成

将材料中具有特定的晶体结构和特定物理力学性能的组织结构称为矿物。矿物组成(Mineral Components)是指构成材料的矿物种类和数量。如,花岗石中主要矿物组成为长石、石英和少量云母,酸性矿物多,决定了花岗石耐酸性好,但耐火性差;大理石中主要矿物组成为方解石、白云石,含有少量石英,因此大理石不耐酸腐蚀,酸雨会使大理石中的方解石腐蚀成石膏,致使石材表面失去光泽;石英砂的主要成分是石英,如果其中含有玉髓、蛋白石,则易降低水泥混凝土的耐久性。

3. 相组成

将材料中结构相近、性质相同的均匀部分称为相(Phase)。同一种材料可由多相物质组成。例如,建筑钢材中就有铁素体、渗碳体、珠光体。由于铁素体软,渗碳体硬,当它们的比例不同时,就能生产不同强度和塑性的钢材;利用油和水不相溶,形成油包水或水包油的乳液涂料,能产生梦幻般多彩的效果;复合材料是宏观层次上的多相组成材料,如钢筋混凝土、沥青混凝土、塑料泡沫夹心压型钢板,它们的配比和构造形式不同,材料性质变化可能较大。

1.1.2 材料的结构

材料的结构(the Structure of Materials)是决定材料性质的重要因素之一,包括微观结构(Microstructure)、细观结构(Mesostructure)和宏观构造(Macrostructure)。

1. 微观结构

材料微观结构是指用电子显微镜或 X 射线来分析研究的原子、分子层次的结构。材料的微观结构决定材料的许多物理性质,如强度、硬度、熔点、导热、导电性等。按材料组成质点的空间排列或联结方式,材料微观结构可分为晶体、玻璃体和胶体。

(1)晶体

在空间上,质点(离子、原子、分子)按特定的规则、呈周期性排列的固体称为晶体(the Crystalline State)。晶体具有特定的几何外形和固定的熔点和化学稳定性。根据组成晶体的质点及化学键的不同,晶体可分为:

原子晶体(Atomic Crystal):中性原子以共价键结合而形成的晶体,如石英。

离子晶体(Ionic Crystal):正负离子以离子键结合而形成的晶体,如氯化钠。

分子晶体(Molecular Crystal):以分子间的范德华力即分子键结合而成的晶体,如有机化合物。

金属晶体(Metallic Crystal):以金属阳离子为晶格,由自由电子与金属阳离子间的金属键结合而成的晶体,如钢铁材料。

从键的结合力来看,共价键和离子键最强,金属键较强,分子键最弱。如纤维状矿物材料玻璃纤维和岩棉,纤维内链状方向上的共价键力要比纤维与纤维之间的分子键结合力大得多,这类材料易分散成纤维,强度具有方向性;云母、滑石等结构层状材料的层间键力是分子力,结合力较弱,这类材料易被剥离成薄片;岛状材料如石英,硅氧原子以共价键结合成四面体,四面体在三维空间形成立体空间网架结构,因此质地坚硬,强度高。

(2)玻璃体

呈熔融状态材料在急速冷却时,其质点来不及或因某种原因不能按规则排列就产生凝固所形成的结构称为玻璃体(Amorphous State)。玻璃体又称无定形体或非晶体,结构特征为质点在空间上呈非周期性排列。

玻璃体是化学不稳定结构,容易与其他物质起化学作用,具有较高的化学活性。如生产水泥熟料时,硅酸盐从高温水泥回转窑急速落入空气中,急冷过程使得它来不及作定向排列,质点间的能量只能以内能的形式储存起来,具有化学不稳定性,能与水反应产生水硬性;粉煤灰、水淬粒化高炉矿渣、火山灰等玻璃体材料,能与石膏、石灰在有水的条件下水化和硬化,常掺入到硅酸盐水泥中,丰富了硅酸盐水泥的品种。

(3)胶体

胶体(Colloid)是指物质以极微小的质点(粒径为 1 ~ 100μm)分散在介质中所形成的结构。由于胶体中的分散质与分散介质带相反的电荷,胶体能保持稳定。分散质颗粒细小,使胶体具有吸附性、黏结性。根据分散质与分散介质的相对比例不同,胶体结构上分为溶胶、溶凝胶和凝胶。乳胶漆是高分子树脂通过乳化剂分散在水中形成的涂料;道路石油沥青要求高温不软低温不脆,需具有溶凝胶结构;硅酸盐水泥水化形成的水化产物中的凝胶将砂和石黏结成一个整体,形成人工石材。

2. 细观构造

细观结构是指在光学显微镜下能观察到的结构,主要用于研究材料内部的晶粒、颗粒的大小和形态、晶界与界面、孔隙与微裂纹等。材料的细观结构,只能针对某种具体土木工程材料来进行分类研究,如混凝土可分为基相、集料相、界面相;天然岩石可分为矿物、晶体颗粒、非晶体组织;钢铁可分为铁素体、渗碳体、珠光体;木材可分为木纤维、导管髓线、树脂道。

材料细观结构层次上的各种组织的特征、数量、分布和界面性质对材料性能有重要影响。

3. 宏观构造

宏观结构是指用肉眼或放大镜就能够观察到的粗大组织。材料宏观结构主要有密实结构、多孔结构、纤维结构、层状结构、粒状结构和纹理结构。

（1）密实结构

密实结构(Dense Structure)指孔隙率很低或趋近为零、结构致密的材料,如钢材、玻璃和沥青等,具有吸水率低、抗渗性好、强度较高等性质。

（2）多孔结构

多孔结构(Porous Structure)指材料孔隙率高的结构,如石膏制品、加气混凝土、多孔砖,这类材料质轻,吸水率高,抗渗性差,但保温、隔热、吸声性好。

（3）纤维结构

纤维结构(Fibrous Structure)是由纤维状物质构成的材料结构,纤维之间存在相当多的孔隙,如木材、钢纤维、玻璃纤维、矿棉,平行纤维方向的抗拉强度较高,能用做保温隔热和吸声材料。

（4）层状结构

层状结构(Layer Structure)是天然形成或人工采用黏结等方法将材料叠合成层状的结构,如胶合板、纸面石膏板、泡沫压型钢板复合墙。由于各层材料性质不同,但叠合后材料综合性质较好,扩大了材料的使用范围。

（5）粒状结构

粒状结构(Particle Structure, Texture Structure)是材料呈松散颗粒状结构,如石粉、砂砾、粉煤灰、陶粒,能作为水泥混凝土集料、沥青混凝土集料;聚苯乙烯泡沫颗粒,能作为轻混凝土和轻砂浆的集料,并赋予材料以保温隔热性能。

（6）纹理结构

纹理结构(Texture Structure)是指天然材料在生长或形成过程中,自然形成有天然纹理,如木板、大理石板和花岗石板。纹理结构也能由人工制造表面纹理,如木屑板压粘涂覆三聚氰胺的装饰纸形成书桌面以及复合地板,模仿天然木纹,或墙地砖烧结出仿天然石材的纹理,具有很强的装饰表现力。

1.2　材料的物理性质

1.2.1　材料的密度、表观密度、堆积密度

材料体积(the Volume of Materials)是指材料占据的空间大小,同一种材料由于所处的物理状态不同,表现不同的体积。

对于单一颗粒材料而言,内部有孔隙,包括开口孔隙和闭口孔隙。材料的体积一般包括材料的实体体积和孔隙的体积,即开口孔隙的体积、闭口孔隙的体积,如图1-1所示;对于松散材料而言,材料的体积除上述体积外还应包括颗粒之间的空隙的体积,如图1-2所示。

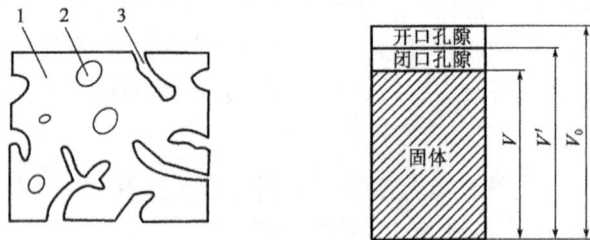

图1-1 含孔材料体积组成示意图
1-固体实体 ;2-闭口孔隙; 3-开口孔隙

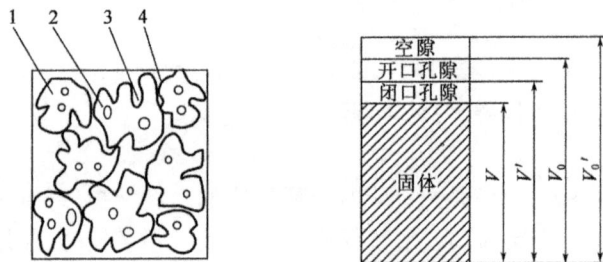

图1-2 散粒材料体积构成示意图
1-固体实体;2-闭口孔隙;3-开口孔隙;4-空隙

1. 密度

密度(Density)是指材料在绝对密实状态下单位体积的质量,按式(1-1)计算。

$$\rho = \frac{m}{V} \tag{1-1}$$

式中:ρ—— 材料的密度,kg/m³;

m——材料在绝对干燥状态下的质量,kg;

V——材料在绝对干燥状态下的实体体积,m³。

材料内部没有孔隙时的体积,或不包括内部孔隙的材料体积称为材料的绝对密实体积(the Absolute Volume of Materials)。玻璃、钢铁、沥青等少数材料在自然状态下绝对密实,能测定其绝对密实体积;大多数材料如石材等,在自然状态下或多或少含有孔隙,一般先将材料烘干后粉碎磨细成粉状,消除材料内部孔隙,再测定材料的绝对密实体积。材料粉磨得越细,测定结果越准确。工程上常用置换法和李氏比重瓶法进行材料密度的测定。利用材料的密度可以初步了解材料的品质,并可用它进行材料孔隙率计算。

2. 表观密度

表观密度(Aparent Density)指材料在自然状态下单位体积的质量。

材料的自然状态有两种情形:其一是材料内部有不少孔隙,包括开口孔隙和闭口孔隙,有时也区分这两种孔隙体积对表观密度计算带来的影响,如图1-1所示。表观体积计算时,如包括材料内部闭口孔隙和开口孔隙体积,得到的表观密度也称为体积密度;表观体积计算时,如不包括或者忽略开口孔隙体积,则得到的表观密度也称为视密度。其二是材料处在不同的含水状态或环境下,表观密度大小也不同,有干表观密度和湿表观密度之分,故表观密度值必须注明含水情况,未注明者常指气干状态,绝干状态下的表观密度称为干表观密度。

视密度是指材料单位体积(含材料实体及闭口孔隙体积)的干燥质量,按式(1-2)计算。

$$\rho' = \frac{m}{V'} \tag{1-2}$$

式中:ρ'——材料的视密度,kg/m^3;

m——材料在绝对干燥状态下的质量,kg;

V'——材料在绝对干燥状态下的视体积,m^3。

排水法测材料的视体积,实际上扣除了材料内部的开口孔隙的体积,一般采用液体密度天平法或广口瓶法,测得材料的体积为近似表观体积,也称为视体积。工程上可利用表观密度推算材料用量,计算构件自重和确定材料的填充空间。

体积密度(Bulk Density)是指材料在自然状态下单位体积(包括材料实体体积及开口孔隙体积、闭口孔隙体积)的质量,按式(1-3)计算。

$$\rho_0 = \frac{m}{V_0} \tag{1-3}$$

式中:ρ_0——材料的体积密度,kg/m^3;

m——材料在绝对干燥状态下的质量,kg;

V_0——材料在绝对干燥状态下的表观体积,m^3。

确定体积密度的方法有量积法、液体比重天平法和蜡封法。量积法适用于能制备成规则试件的各类岩石;液体比重天平法适用于除遇水崩解、溶解和干缩湿胀外的其他各类岩石;蜡封法适用于不能用量积法或直接在水中称量进行试验的岩石。

3. 堆积密度

材料的堆积密度(Packing Density)是指粉状或颗粒材料在自然堆积状态下单位体积的质量,按式(1-4)计算。

$$\rho'_0 = \frac{m}{V'_0} \tag{1-4}$$

式中:ρ'_0——材料的堆积密度,kg/m^3;

m——材料在绝对干燥状态下的质量,kg;

V'_0——材料的堆积体积,m^3。

材料的体积如图1-2所示,散粒状材料除了矿质颗粒占有体积外,颗粒之间还有空隙,二者体积之和就是材料的堆积体积(the Bulk Volume of Materials),故堆积体积是散粒状材料堆积状态下总体外观体积。同一种材料堆积状态不同,堆积体积大小也不一样,松散堆积下的体积较大,密实堆积状态下的体积较小。材料的堆积体积,常以材料填充容器的容积大小来测量。

按自然堆积体积计算的密度为松散堆积密度,也称自然堆积密度;以振实或捣实体积计算的则为紧密堆积密度,或称振实密度和捣实密度。工程上常采用松散堆积密度确定颗粒状材料的堆放空间。

对于同一种材料,由于材料内部存在孔隙和空隙,故一般密度大于表观密度,表观密度大于堆积密度。土木工程中常用材料密度见表1-1。

材料名称	密度 （kg/m³）	表观密度 （kg/m³）	堆积密度 （kg/m³）
钢材	7 850	—	—
铝合金	2 700	—	—
碎石（石灰石）	2 600 ~ 2 800	2 300 ~ 2 700	1 400 ~ 1 700
碎石（花岗石）	2 600 ~ 2 900	2 500 ~ 2 800	
砂	2 500 ~ 2 800	—	1 450 ~ 1 650
粉煤灰	1 950 ~ 2 400		550 ~ 800
水泥	2 800 ~ 3 100		1 600 ~ 1 800
普通混凝土		2 400 ~ 2 500	
空心砖	2 600 ~ 2 700		1 000 ~ 1 400
玻璃	2 450 ~ 2 550	2 450 ~ 2 500	
红松木	1 550 ~ 1 600	400 ~ 600	
石油沥青	960 ~ 1 040	—	—
泡沫塑料	—	20 ~ 50	

1.2.2 材料的孔隙与空隙

1. 材料孔隙与孔隙特征

材料的孔隙率（Porosity）是指材料内部孔隙的体积与材料总体积的比值。表明材料孔隙的多少用孔隙率 P，按式（1-5）计算。

$$P = \frac{V_0 - V}{V_0} \times 100 = \left(1 - \frac{\rho_0}{\rho}\right) \times 100 \qquad (1\text{-}5)$$

式中：P——材料的孔隙率，% ；

V_0——材料在绝对干燥状态下的表观体积，m³ ；

V——材料的实体体积，m³ ；

ρ_0——材料的体积密度，kg/m³ ；

ρ—— 材料的密度，kg/m³ 。

式中：$\frac{\rho_0}{\rho}$ 称为材料的密实度（Solidity），用符号 D 表示。密实度表示材料内部被固体所填充的程度，它对材料的影响恰好与孔隙率的影响相反，二者关系按式（1-6）计算。

$$P + D = 100 \qquad (1\text{-}6)$$

式中：P——材料的孔隙率，% ；

D——材料的密实度，% 。

对于同种材料，孔隙率相同时，其性质不一定相同。材料的孔隙特征包括许多内容，以下介绍三个特征：

（1）按孔隙尺寸大小将孔隙分为大孔、细孔（毛细孔）和微孔三种；

（2）按孔之间是否相互贯通，把孔隙分为相互隔开的孤立孔和相互贯通的连通孔；

（3）按孔隙与外界是否连通，把孔隙分为与外界连通的开口孔和不与外界连通的闭口孔。开口孔的体积 V_K 占材料总体积 V_0 的百分率称为开口孔隙率 P_K，按式（1-7）计算；闭口孔的体

积 V_B 占材料总体积 V_0 的百分率称为闭口孔隙率 P_B,按式(1-8)计算;材料的孔隙率 P 是开口孔隙率和闭口孔隙率之和,按式(1-9)计算。

$$P_K = \frac{V_K}{V_0} \times 100 \tag{1-7}$$

式中:P_K——材料开口孔隙率,%;

V_K——开口孔隙体积,m^3;

V_0——材料总体积,m^3。

$$P_B = \frac{V_B}{V_0} \times 100 \tag{1-8}$$

式中:P_B——闭口孔隙率,%;

V_B——闭口孔的体积,m^3;

V_0——材料总体积,m^3。

$$P = P_K + P_B \tag{1-9}$$

式中:P——材料孔隙率,%;

P_K——开口孔隙率,%;

P_B——闭口孔隙率,%。

材料的孔隙特征包括材料孔隙开口与闭口状态和孔的大小。材料孔隙特征直接影响材料的多种性质。一般情况下,孔隙率大的材料宜选择作为保温隔热材料和吸声材料,同时还要考虑材料开口与闭口状态。开口孔与大气相连,空气、水能进出,闭口孔在材料内部,是封闭的,有的孔在材料内部被分割成独立的,有的孔在材料内部又是相互连通的。材料的开口孔隙除对吸声有利外,对材料的强度、抗渗、抗冻和耐久性均不利;微小而均匀的闭口孔隙对材料抗渗、抗冻和耐久性无害,可降低材料表观密度和导热系数,使材料具有轻质绝热的性能。其中,毛细孔对材料性质影响最大,毛细水的去与留影响材料的干缩与湿胀。

2. 材料的空隙

材料空隙是散粒状材料颗粒之间的空隙体积,其多少用空隙率(Void Content)表示。

材料的空隙率是指散粒状堆积体积中,颗粒间间隙与材料开口孔隙的体积之和占材料总体积的百分率。空隙率按式(1-10)计算。

$$P' = \frac{V'_0 - V'}{V'_0} \times 100 = \left(1 - \frac{\rho'_0}{\rho'}\right) \times 100 \tag{1-10}$$

式中:P'——材料的空隙率,%;

V'_0——材料的堆积体积,m^3;

V'——材料在绝对干燥状态下的视体积,m^3;

ρ'——材料的视密度,kg/m^3;

ρ'_0——材料的堆积密度,kg/m^3。

空隙率的大小反映了散粒材料的颗粒互相填充的致密程度,在配制混凝土、砂浆和沥青混合料时,为了节约水泥和沥青,基本思路是粗集料空隙被细集料填充,细集料空隙被矿粉填充,矿粉空隙被胶凝材料(水泥或沥青)填充,以达到节约胶凝材料的效果。

3. 材料的间隙

松散材料在堆积状态下,颗粒间隙占堆积体积的百分率,称为材料的间隙率,以 P'_1 表示,可按式(1-11)计算。

$$P'_0 = \frac{V'_0 - V_0}{V'_0} \times 100 = \left(1 - \frac{\rho'_0}{\rho_0}\right) \times 100 \qquad (1\text{-}11)$$

式中：P'_0——材料的间隙率，%；

V'_0——材料的堆积体积，m^3；

V_0——材料的总体积，m^3；

ρ'_0——材料的堆积密度，kg/m^3；

ρ_0——材料的体积密度，kg/m^3。

1.2.3 材料与水有关的性质

1. 材料的亲水性与憎水性

当材料与水接触时，能被水湿润的材料具有亲水性（Hydrophilic of Materials），不能被水湿润的材料具有憎水性（Hydrophobic of Materials）。

材料具有亲水性或憎水性的原因在于材料的分子结构。材料与水接触时，材料分子与水分子之间的亲和作用力大于水分子间的内聚力，材料表面易被水润湿，表现为亲水性；反之，当接触的材料分子与水分子之间的亲和作用力小于水分子间的内聚力时，材料表面不易被水润湿，表现为憎水性。

材料的亲水性和憎水性用润湿角区分，如图1-3所示。当材料与水接触时，在材料、水和空气的三相交点处，沿水滴表面的切线与水和固体接触面所形成的夹角θ，称为润湿角，θ角愈小，浸润性愈好。如果润湿角θ为零，表示材料完全被水所浸润。工程上，当材料润湿角θ≤90°为亲水性材料；当材料润湿角θ>90°时，为憎水性材料。

土木工程中的多数材料，如石材、墙体砖与砌块、砂浆和混凝土、木材等属于亲水性材料，表面能被水润湿，水能通过毛细管作用吸入材料的毛细管内部；多数高分子有机材料，如塑料、沥青、石蜡等属于憎水性材料，表面不易被水润湿，水分难以渗入毛细管中，能降低材料的吸水性，适宜作防水材料和防潮材料，还可用于涂覆亲水性材料表面，以降低其吸水性。

亲水性材料的含水状态可分为四种状态，如图1-4所示，处于干燥状态时，材料的孔隙中不含水或含水极微；处于气干状态时，材料的孔隙中含水时其相对湿度与大气湿度相平衡；处于饱和面干状态时，材料表面干燥，而开口孔隙中充满水，达到饱和；处于湿润状态时，材料不仅空隙中含饱和水，而且表面也存在游离水，附有水膜。

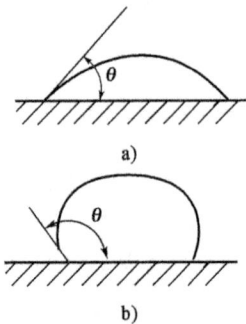

图1-3 材料润湿角

a)亲水性材料；b)憎水性材料

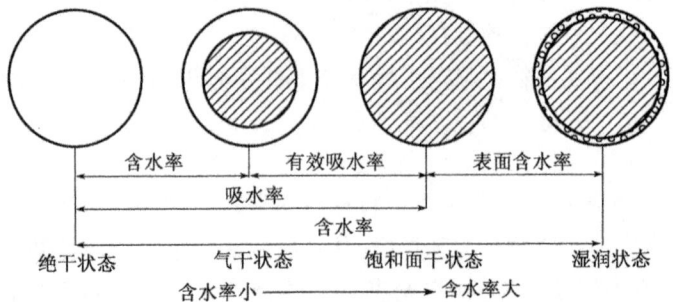

图1-4 材料的含水状态

2. 材料的吸水性与吸湿性

材料浸入水中吸入水分的能力为吸水性(Absorption of Materials),材料在潮湿的空气中吸收空气中水分的能力为吸湿性(Hygroscopicity of Materials)。

吸水性用吸水率(Absorption Ratio)表示,吸水率有质量吸水率和体积吸水率;吸湿性用含水率表示。

质量吸水率是材料在常温常压下达到饱和状态所能吸收水的质量占材料干燥质量百分率,质量吸水率 W_m 按式(1-12)计算。

$$W_m = \frac{m_b - m_g}{m_g} \times 100 \tag{1-12}$$

式中: W_m ——材料的质量吸水率,%;

m_b ——材料吸水饱和状态下的质量,g 或 kg;

m_g ——材料在干燥状态下的质量,g 或 kg。

体积吸水率是材料在常温常压下达到饱和状态所能吸收的水的体积占材料自然体积百分率,体积吸水率 W_v 按式(1-13)计算。

$$W_v = \frac{m_b - m_g}{V_0} \times \frac{1}{\rho_w} \times 100 \tag{1-13}$$

式中: W_v ——材料体积吸水率,%;

m_b ——材料吸水饱和状态下的质量,g 或 kg;

m_g ——材料在干燥状态下的质量,g 或 kg;

V_0 ——材料在自然状态下的体积,cm^3;

ρ_w ——水的密度,常温取 1.0g/cm^3。

材料的质量吸水率与体积吸水率的关系按式(1-14)计算。

$$W_m = \frac{W_v}{\rho_0} \tag{1-14}$$

式中: W_m ——材料的质量吸水率,%;

W_v ——材料体积吸水率,%;

ρ_0 ——材料的体积密度,kg/m^3。

一般情况下,孔隙率愈大则吸水性也愈强。材料具有闭口孔隙,水分不易进入;粗大开口孔隙,水分易渗入孔隙,但材料孔隙表面仅被水湿润,不易吸满水分;微小开口且连通孔隙(毛细孔)的材料,具有强的吸水能力。材料吸水会使材料的强度降低,表观密度和导热性增大,体积膨胀,因此,水在材料中对材料性质产生不利影响。

由于孔隙率和孔隙结构不同,各种材料的吸水率相差很大,如花岗岩等致密岩石的吸水率仅为0.5% ~0.7%,普通混凝土为2% ~3%,黏土砖为8% ~20%,而加气混凝土、软木轻质材料吸水率常大于100%。

含水率(Water Content)是材料自然状态下所含水的质量占材料干燥质量之比,材料含水率用 W_h 表示,按式(1-15)计算。

$$W_h = \frac{m_s - m_g}{m_g} \times 100 \tag{1-15}$$

式中：W_h——材料含水率，%；

$\quad\quad m_s$——材料吸湿状态下的质量，g；

$\quad\quad m_g$——材料干燥状态下的质量，g。

材料含水率大小除与孔隙有关外，还受大气温度和湿度影响。材料与空气湿度达到平衡时的含水率称为材料的平衡含水率。平衡含水率是一种动态平衡，即材料不断从空气中吸收水分，同时又向空气中释放水分，以保持含水率的稳定。可利用石膏、木材等多孔材料的平衡含水特性，微调节室内湿度，当空气干燥时材料释放水；反之，材料吸收水，以保持室内湿度变化较小。

【例1-1】 某种材料的绝干质量为240g，放入水中吸水饱和，排开体积为100cm³，再将其浸入水中，排开体积为120cm³，水的密度为1.0g/cm³。若试件体积无膨胀，则试求其视密度、体积密度、饱和面干质量、质量吸水率、开口孔隙率。

解：视密度 $\rho' = \dfrac{240}{100} = 2.4 \text{g/cm}^3$

体积密度 $\rho_0 = \dfrac{240}{120} = 2.0 \text{g/cm}^3$

饱和面干质量 $M = 240 + 20 \times 1.0 = 260 \text{g}$

质量吸水率 $W_m = \dfrac{20 \times 1.0}{240} = 8.3\%$

开口孔隙率 $P_k = \dfrac{120 - 100}{120} = 16.7\%$

3. 材料的耐水性

材料的耐水性（Water Resistance of Material）是指材料抵抗水破坏作用的能力，包括广义耐水性和狭义耐水性。广义耐水性是抵抗水对材料的力学性质、光学性质、装饰性等多方面的劣化作用；狭义耐水性是水对材料的力学性质及结构性质的劣化作用。常用软化系数（Softening Coefficient）表示材料的耐水性，按式（1-16）计算。

$$K_R = \frac{f_b}{f_g} \tag{1-16}$$

式中：K_R——材料的软化系数；

$\quad\quad f_b$——材料在吸水饱和状态下的抗压强度，MPa；

$\quad\quad f_g$——材料在干燥状态下的抗压强度，MPa。

一般材料遇水后，内部质点的结合力被减弱，强度都有不同程度的降低，如花岗岩长期浸泡在水中，强度将下降3%，黏土砖和木材吸水后强度降低更大。所以，材料软化系数在0～1之间，钢铁、玻璃、陶瓷近似于1，石膏、石灰的软化系数较低。

软化系数的大小，是选择耐水材料的重要依据。通常认为软化系数大于0.85的材料为耐水材料。长期受水浸泡或处于潮湿环境的重要建筑物，必须选用软化系数不低于0.85的材料建造，受潮较轻或次要建筑物的材料，其软化系数也不宜小于0.75。

4. 材料的抗渗性

材料的抗渗性（Water Permeable Resistance of Materials）是指材料抵抗压力水渗透的性质。材料的抗渗性用渗透系数或抗渗等级来表示，按式（1-17）计算。

（1）渗透系数

$$K = \frac{Q \times d}{A \times t \times H} \qquad (1\text{-}17)$$

式中：K——材料的渗透系数，cm/h；

Q——透过材料试件的水量，cm^3；

d——试件厚度，cm；

A——透水面积，cm^2；

t——透水时间，h；

H——静水压力水头，cm。

渗透系数越小，表示材料渗透的水量越少，材料抗渗性也越好。

（2）抗渗等级

抗渗等级（Permeability Grading）是指在标准试验条件下进行透水试验，规定的试件所能承受的最大水压力。对于混凝土和砂浆材料，抗渗等级中的数值为该材料所能承受的最大水压力 MPa 数的 10 倍值。如材料承受 0.4MPa、0.6MPa、0.8MPa、1.0MPa 的水压力而不渗水，则分别用 P4、P6、P8、P10 来表示其抗渗等级。

材料抗渗性与材料的孔隙率和孔隙特征有密切关系。开口大孔，水易渗入，材料的抗渗性能差；微细连通孔也易渗入水，材料的抗渗性能差；闭口孔水不能渗入，即使孔隙较大，材料的抗渗性能也良好。

抗渗性是决定材料满足使用性质和耐久性的重要因素。对于地下建筑、压力管道和容器、水工构筑物等，常因受到压力水的作用，所以要求选择具有抗渗性的材料；抗渗性也是防水材料产品检验的重要指标；材料抵抗其他液体渗透的性质，也属于抗渗性，如储油罐则要求材料具有良好的不渗油性。

5. 材料的抗冻性

抗冻性（Freeze Resistance）是指材料在水饱和状态下，能抵抗多次冻融循环作用而不破坏，同时也不严重降低强度的性质。

我国现行的抗冻性试验方法是直接冻融法。该方法是将材料加工为规则形状，在常温条件下（20℃±5℃），采用逐渐浸水的方法，使开口孔隙吸水饱和，然后置于负温（通常采用－15℃）的冰箱中冻结4h，最后在常温条件下融解，如此为一次冻融循环。经过10、15、25 或50 次冻融循环后，观察其外观破坏情况并加以记录。

材料抗冻性以抗冻等级来表示。抗冻等级用材料在吸水饱和状态下（最不利状态），经一定次数的冻融循环作用，强度损失和质量损失均不超过规定值，并无明显损坏和剥落时所能抵抗的最多冻融循环次数来确定，表示符号 F，如 F25、F50、F100 等，分别表示在经受 25、50、100 次的冻融循环后仍可满足使用要求。烧结普通砖、陶瓷面砖、轻混凝土等轻质墙体材料一般要求抗冻等级为 F15 或 F25，用于桥梁和道路的混凝土材料应为 F50、F100 或 F200，而水工混凝土要求高达 F500。

材料在冻融循环作用下产生破坏主要是材料内部孔隙中的水结冰时体积膨胀（约9%）所致。冰膨胀对材料孔壁产生巨大的压力，由此产生的拉应力超过材料的抗拉强度极限时，材料内部产生微裂纹，强度下降。所以材料的抗冻性与材料的强度、孔隙构造、吸水饱和程度及软化系数等有关，软化系数小于0.8，孔隙水饱和程度大于0.80 时，材料的抗冻性较差；材料本身的强度越低，抵抗冻害的能力越弱。

抗冻性良好的材料,具有较强的抵抗温度变化、干湿交替等风化作用的能力,所以抗冻性常作为考查材料耐久性的一个指标。寒冷地区和寒冷环境的建筑必须选择抗冻性材料;处于温暖地区的建筑物,虽无冻害作用,为抵抗大气的风化作用,确保建筑物的耐久性,对材料也常提出一定的抗冻性要求。

1.2.4 材料的热工性质

建筑物墙体、屋顶以及门窗等围护结构需要具有保温和隔热性质,以达到节约建筑使用能耗,维持室内温度的目的,这就需要考虑材料具有一定的热工性质(Thermal Properties)。土木工程材料常考虑的热工性质有导热性、热容性、比热容以及温度变形性。

1. 材料的导热性

导热性(Thermal Conductivity)是指材料将热量从温度高的一侧传递到温度低的一侧的能力。材料导热性用导热系数表示,即厚度为1m的材料,当温度改变为1K时,在1s时间内通过 $1m^2$ 面积的热量,按式(1-18)计算。

$$\lambda = \frac{Q \times \delta}{A \times t \times (T_2 - T_1)} \tag{1-18}$$

式中:λ——导热系数,W/(m·K);

Q——传导的热量,J;

δ——材料的厚度,m;

A——材料的传热面积,m^2;

t——传热时间,h;

$T_2 - T_1$——材料两侧的温度差,K。

导热系数小的材料,导热性差,绝热性好。各种土木工程材料的导热系数差别很大,工程中通常将导热系数小于 $0.23W/(m·K)$ 的材料称为绝热材料。

影响材料导热系数大小的因素有孔隙率与孔隙特征、温度、湿度与热流方向等。因为水的导热系数大,干燥空气的导热系数小,所以,材料吸湿受潮后导热系数增大;一般情况下,表观密度小、孔隙率大、尤其是闭口孔隙率大的材料,导热系数小。

2. 材料的热容性

热容性(Thermal Capacity)是指材料受热时吸收热量和冷却时放出热量的性质,按式(1-19)计算。

$$Q = m \times C(t_1 - t_2) \tag{1-19}$$

式中:Q——材料的热容量,kJ;

m——材料的质量,kg;

C——材料的比热容,J/(kg·K);

$t_1 - t_2$——材料受热或冷却前后的温度差,K。

其中,比热(Specific Heat)的物理意义是指1kg重的材料,在温度改变1K时所吸收或放出的热量。比热值大小能真实反应不同材料间热容量大小。

材料的导热系数和热容量是建筑物围护结构热工计算时的重要参数,设计时应选择导热系数较小而热容量较大的材料。热容量值对保持室内温度的稳定有很大作用,热容量值大的材料(如木材、木纤维材料等),能在热流变动或采暖、空调不均衡时,缓和室内温度的波动。

土木工程常用材料的导热系数和比热见表1-2。

常用土木工程材料的导热系数和比热容　　　　　　　　　　　　　　表 1-2

材料名称	导热系数 W/(m·K)	比热容 kJ/(kg·K)	材料名称	导热系数 W/(m·K)	比热容 kJ/(kg·K)
钢	55.000	0.460	大理石	3.400	0.880
混凝土	1.800	0.880	泡沫塑料	0.030	1.300
加气混凝土	0.160	—	静止空气	0.025	1.000
松木(横纹)	0.150	1.630	水	0.600	4.190
花岗石	2.900	0.800			

3. 耐燃性

耐燃性(Heat Resistance)是指材料在高温与火焰的作用下不破坏,强度也不严重下降的性能。耐燃性是影响建筑物防火、建筑结构耐火等级的一项因素。根据耐燃性的不同可将材料分为非燃烧材料、难燃材料和可燃材料。

(1)非燃烧材料

在空气中遇火烧或遇高温时,不起火、不燃烧、不碳化的材料称为非燃烧材料,如普通石材、混凝土、砖、石棉等。用非燃烧材料制作的构件称为非燃烧体。需要注意的是,钢铁、铝、玻璃等材料受到火烧或高温作用会发生变形、熔融,所以它们虽然是非燃烧体,但不是耐火材料。

(2)难燃材料

遇火或高温作用时,难起火、难燃烧、难碳化,只有在火源持续存在时才能继续燃烧,火源消除燃烧即停止的材料,如沥青混凝土和经过防火处理的木材等土木工程材料。

(3)可燃材料

遇火或高温作用时,容易引燃起火或微燃,火源消除后仍然能继续燃烧的材料,如木材、沥青等。用可燃材料制作的构件,一般应作防火处理。

4. 耐火性

材料在长期高温作用下,保持其结构和工作性能的基本稳定而不损坏的性能称为耐火性,用耐火度(又称耐熔度)表示,它是表征物体抵抗高温而不熔化的性能指标。工程上用于高温环境的材料和热工设备等都使用耐火材料。根据耐火度的不同,材料可分为以下三大类。

(1)耐火材料

耐火度不低于1 580℃的材料,如各类耐火砖等。

(2)难熔材料

耐火度为1 350~1 580℃的材料,如难熔黏土砖、耐火混凝土等。

(3)易熔材料

耐火度低于1 350℃的材料,如普通黏土砖、玻璃等。

5. 温度变形

材料在温度变化时产生的体积变化称为温度变形。多数材料在温度升高时体积膨胀,温度下降时体积收缩。温度变形在单向尺寸上的变化称为线膨胀或线收缩,一般用线膨胀系数来衡量。线膨胀系数,指固体物质的温度每变化1℃,材料长度变化的百分率,用 α 表示,按式

(1-20)计算。

$$\alpha = \frac{\Delta L}{L(t_1 - t_2)} \tag{1-20}$$

式中:α——材料在常温下的平均线膨胀系数,1/K;

ΔL——材料的线膨胀或线收缩量,mm;

$t_1 - t_2$——温度差,K;

L——材料原长,mm。

材料的线膨胀系数一般都很小,但由于土木工程结构的尺寸较大,温度变形引起的结构体积变化仍是关系其安全与稳定的重要因素。工程上常用预留伸缩缝的办法来解决温度变形问题。

1.3 材料的力学性质

建筑物要达到稳定、安全、适用,材料的力学性质(the Mechanical Properties)是首先要考虑的基本性质。材料的力学性质,是指材料在外力作用下的变形性质和抵抗外力破坏的能力。

1.3.1 材料的强度

1. 强度

材料抵抗在外力(荷载)作用下而引起破坏的能力称为强度(Strength)。当材料在外力作用下,其内部产生了应力,随着外力增加,应力相应加大,直至质点间结合力不足以抵抗所作用的外力时,材料即被破坏。这个强度极限就代表材料的强度,也称极限强度。

根据外力作用方式不同,材料的强度可分为抗压强度、抗拉强度、抗剪强度和抗弯强度等,如图1-5所示。

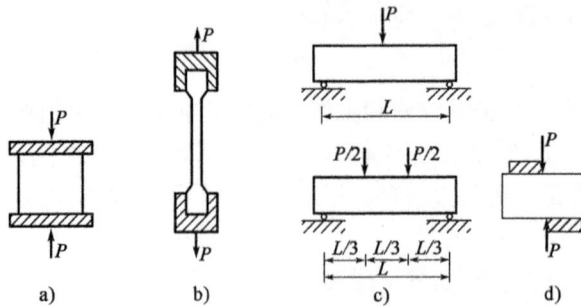

图1-5 材料受力情况示意图
a)受压;b)受拉;c)受弯;d)受剪

材料的抗压强度、抗拉强度、抗剪强度和抗弯强度是通过材料破坏试验测得,前三种强度按式(1-21)计算。

$$f = \frac{F}{A} \tag{1-21}$$

式中:f——材料的极限抗压(抗拉或抗剪)强度,MPa;

F——材料能承受的最大荷载,N;

A——材料的受力面积,mm^2。

抗弯强度根据截面上加载条件的不同,计算式也不相同。

当简支梁中点作用一集中荷载时,抗弯强度按式(1-22)计算。

$$f_m = \frac{3FL}{2bh^2} \quad\quad\quad (1\text{-}22)$$

当加荷方式为三分点加荷方式时,抗弯强度按式(1-23)计算。

$$f_m = \frac{FL}{bh^2} \quad\quad\quad (1\text{-}23)$$

式中:f_m——材料的抗弯(抗折)强度,MPa;

　　F——材料能承受的最大荷载,N;

　　L——两支点间距,mm;

　　b、h——试件横截面的宽度和高度,mm。

材料的强度与其组成和构造有密切的关系,不同种类的材料具有不同的抵抗外力能力。相同种类的材料,其孔隙率及孔隙特征不同,材料的强度也有较大差异,材料的孔隙率越低,强度越高。石材、砖、混凝土和铸铁等脆性材料都具有较高的抗压强度,而其抗拉及抗弯强度很低;木材的强度具有方向性,顺纹方向强度与横纹方向强度不同,顺纹抗拉强度大于横纹抗强度;钢材的抗拉、抗压强度都很高。

材料的强度大小是通过试验得到的,其值主要决定于内因,但试验条件等外界因素对材料强度试验结果也有很大影响,如环境温度、湿度、试件的含水率、形状、尺寸、表面状况及加荷时的速度等,所以必须严格遵照试验标准,按规定试验方法测试材料强度。

常用土木工程材料的强度见表1-3。

常用土木工程材料的强度(MPa) 表1-3

材　　料	抗压强度	抗拉强度	抗弯强度
建筑钢材	215～1 600	215～1 600	215～1 600
普通混凝土	7.5～60	1～4	0.7～9
烧结普通砖	10～30	—	1.8～4.0
松木(顺纹)	30～50	80～120	60～100
花岗岩	100～300	7～25	10～40
大理石	50～190	7～25	6～20

2. 强度等级

由于土木工程材料的强度差异较大,大部分土木工程材料是根据其强度的大小,将材料划分为若干不同的等级,例如钢材按拉伸试验测得屈服强度确定钢材牌号或等级,水泥按抗压强度和抗折强度确定强度等级(Scale of the Strength),混凝土按抗压强度确定强度等级。将土木工程材料划分为若干强度等级,能便于掌握材料性质,合理选用材料,正确进行设计和控制工程质量,对于生产厂家控制生产工艺,保证产品质量也是非常有益的。

3. 比强度

比强度(Relative Strength)是按单位体积质量计算的材料强度指标,其值等于材料的强度与其表观密度的比值。比强度大小用于衡量材料是否轻质高强,比强度越大,材料轻质高强的性能越好。这对于建筑物保证强度、减小自重、向空间发展及节约材料有重要的实际意义。表 1-4 列出几种土木工程结构材料的比强度,由此可见,钢材的比强度比普通混凝土的比强度大三倍。在高强混凝土开始大规模应用的 20 世纪 70 年代以前,摩天大楼的结构材料几乎是钢材一统天下,只有高强混凝土的出现,提高了混凝土的比强度,才使得摩天大楼结构材料由混凝土和钢材平分秋色。玻璃钢的比强度与木材相当,是一种优质的高强轻质材料。

常用结构材料的比强度 表 1-4

材　　料	强　度 （MPa）	表观密度 （kg/m³）	比强度
低碳钢	420	7 850	0.054
普通混凝土(抗压)	40	2 400	0.017
松木(顺纹抗拉)	10	50	0.200
玻璃钢(抗弯)	450	2 000	0.225

1.3.2　材料的弹性与塑性

材料在外力作用下,产生变形,当去掉外力作用时,它可以完全恢复原始的形状,此性质称为弹性(Elastic),由此产生的变形称为弹性变形,弹性变形属于可逆变形。还有些材料,在外力作用下,也产生变形,但当去掉外力后,仍然保持其变形后的形状和尺寸,并不产生裂缝,这就是材料的塑性(Plastic),这种不可恢复的永久变形称为塑性变形。

材料在弹性范围内,弹性变形大小与其外力的大小成正比,这个比值称为弹性模量,按式(1-24)计算。

$$E = \frac{\sigma}{\varepsilon} \tag{1-24}$$

式中:E——材料的弹性模量,MPa;

　　　σ——材料的应力,MPa;

　　　ε——材料的应变。

弹性模量是反映材料抵抗变形能力大小的指标,弹性模量值愈大,外力作用下材料的变形愈小,材料的刚度也愈大。

材料变形总是弹性变形伴随塑性变形,如建筑钢材,当受力不大时,产生弹性变形,当受力达某一值时,则又主要为塑性变形材料;混凝土受力后,同时产生弹性变形和塑性变形,这类材料称之为弹塑性材料。

1.3.3　材料的脆性与韧性

外力作用于材料,并达到一定值时,材料并不产生明显变形即发生突然破坏,材料的这种性质称为脆性(Stiffness),具有此性质的材料称为脆性材料。脆性材料具有较高的抗压强度,但抗拉强度和抗弯强度较低,抗冲击能力和抗振能力较差。砖、石、陶瓷、混凝土、生铁和玻璃等都属于脆性材料。混凝土的抗压强度是其抗拉强度的 8 ~ 12 倍。

材料在冲击、动荷载作用下能吸收大量能量,并能承受较大的变形而不突然破坏的性质称为韧性(Toughness)。韧性材料破坏时能吸收较大的能量,其主要表现为在荷载作用下能产生较大变形。材料韧性用冲击试验来检验,用材料破坏时单位面积吸收的能量作为冲击韧性指标。作为受冲击或振动荷载的道路、吊车梁、桥梁等结构物的材料,都应具有较高的韧性。

1.3.4 材料的硬度与耐磨性

1. 材料的硬度

硬度(Harden)是指材料表面抵抗硬物压入或刻划的能力。土木工程中的楼面和道路材料、预应力钢筋混凝土锚具等为保持使用性能或外观,必须具有一定的硬度。

工程中有多种表示材料硬度的方法。天然矿物材料的硬度常用莫氏硬度表示,它是以两种矿物相互对刻的方法确定矿物的相对硬度,并非材料绝对硬度的等级,其硬度的对比标准分为十级,由软到硬依次分别为:滑石、石膏、方解石、莹石、磷灰石、正长石、石英、黄玉、刚玉和金刚石等。混凝土、砂浆和烧结黏土砖等材料的硬度常以重锤下落回弹高度计算求得,回弹值与材料强度有相关关系,能用于估算材料强度值。金属、木材等材料常以压入法检测其硬度,如洛氏硬度和布氏硬度。

2. 材料的耐磨性

材料的耐磨性(Abrasion Resistance of Materials)是指材料表面抵抗磨损的能力。材料硬度高,材料的耐磨性也好。材料耐磨性可用磨损率表示,按式(1-25)计算。

$$G = \frac{m_1 - m_2}{A} \tag{1-25}$$

式中:G——材料的磨损率,g/mm^2;

$m_1 - m_2$——材料的磨损前后的质量损失,g;

A——受力面积,mm^2。

1.4 材料的耐久性

耐久性(Durability of Materials)是指材料在多种自然因素作用下,经久不变质,不破坏,长久保持原有使用性能的性质。

材料在使用过程中,除受到各种外力作用外,还长期受到周围环境和各种自然因素的破坏作用,这些作用包括物理作用、化学作用、机械作用和生物作用。

物理作用,包括环境温度、湿度的交替变化,引起材料热胀冷缩、干缩湿胀、冻融循环,导致材料体积不稳定,产生内应力,如此反复,将使材料破坏。

化学作用,包括大气、土体和水中酸、碱、盐以及其他有害物质对材料的侵蚀作用,使材料产生质变而破坏。此外,日光、紫外线对材料也有不利作用。

机械作用,包括持续荷载作用、交变荷载作用以及撞击引起材料疲劳、冲击、磨损、磨耗等。

生物作用,包括昆虫、菌类等材料所产生的蛀蚀、腐朽等破坏作用。

材料耐久性的好坏,说明材料在具体的气候和使用条件下能够保持工作性能的期限,因此,材料的耐久性是材料的一项综合性质。不同材料组成与结构不同,耐久性考虑的项目也不相同,例如钢材易受氧化和电化学腐蚀,无机非金属材料有抗渗性、抗冻性、耐腐蚀性、抗碳化性、耐热性、耐溶蚀性、耐磨性、耐光性等要求,有机材料多因腐烂、虫蛀、老化而变质。

为了延长建筑物的使用寿命,减少维护费用,必须采用耐久性良好的材料。普通混凝土的耐久性年限一般为50年以上,花岗岩的耐久性寿命可高达数百年以上,优质外墙涂料使用寿命超过 10 年。工程上应根据工程的重要性、所处的环境及材料的特性,正确选择合理的材料耐久性寿命。

复习思考题

1-1　材料的密度、表观密度、堆积密度有何区别?

1-2　材料的孔隙率与孔隙特征对材料的性质有何影响?

1-3　亲水性材料与憎水性材料的区分依据是什么?

1-4　什么是材料的比强度? 它是评价什么性能的指标?

1-5　材料的力学性质包含哪些受力状态? 其各强度的计算式是什么?

1-6　某砖尺寸为 240mm × 115mm × 53mm,孔隙率为 15%,干燥质量为 2 468g,浸水饱和后的质量为 2 875g,求该砖的密度、毛体积密度、吸水率。

1-7　含水率为 3% 的湿砂 200g,其烘干至恒重时质量是多少?

1-8　脆性材料和韧性材料各有什么特点?

1-9　材料的耐久性包括哪些内容?

1-10　材料按其耐燃性,包含哪些种类? 其特征各是什么?

第2章 建筑钢材

内容提要

　　本章主要讲述钢材的冶炼与分类,建筑钢材的技术性质,化学成分对钢材技术性能的影响,建筑钢材品种、牌号表示方法及选用。本章重点是建筑钢材的技术性质与技术标准,难点是建筑钢材的技术性质。

学习目标

　　通过本章的学习,要求掌握工程中常用钢材的主要技术性能和技术标准;了解建筑钢材品种、牌号表示方法;并能按设计要求选用相应规格的钢材。

　　本章重要知识点均有工程案例分析,通过对工程案例的分析学习,提高分析问题解决问题的能力。

　　在土木工程中,金属材料分为黑色金属和有色金属两大类,具有广泛的用途。黑色金属是指以铁元素为主要成分的金属及其合金,如生铁、碳素钢、合金钢等;有色金属则是其他金属元素为主要成分的金属及其合金,如铝、铜、锌等及其合金。土木工程中应用量最大、应用最广泛的金属材料是建筑钢材和铝合金两种。

　　建筑钢材是指在建筑工程中使用的各种钢材,具有组织均匀密实、强度高、弹性模量大、塑性及韧性好、承受冲击荷载和动力荷载能力强,且便于加工和装配等一系列优点,主要应用于钢结构的各种型材(圆钢、角钢、槽钢、工字钢和 H 形钢)和钢筋混凝土结构(各种钢筋、钢丝和钢绞线)中,同时也用于围护结构和装饰工程的各种深加工钢板和复合板等。

　　铝及其合金主要用于轻型房屋和装饰工程,其应用领域也越来越广泛。

　　近年来,随着钢结构建筑体系的发展,一些厂房、大型商场、仓库、体育场馆、飞机场乃至别墅、高层住宅,相继采用钢结构体系;而一些临时用房和市政工程为缩短工期,采用钢结构的比重也逐渐增加;公路和铁路建设中,钢结构更是占有绝对的地位,所以今后及很长一段时间内,建筑钢材的用量将会越来越大。由于建筑钢材主要用作结构材料,钢材的性能对结构的安全性起着决定性的作用,因此有必要对各种钢材的性能有充分的了解,以便在设计和施工中合理地选择和使用。

2.1 钢材的冶炼与分类

2.1.1 钢材的冶炼

　　钢材的生产通常包括冶炼、铸锭和压力加工三个过程。生产中能否进行严格的工艺和质量控制,将对钢材的性能和使用产生直接影响。在钢材的生产过程中,将冶炼好的钢液经脱氧处理后,注入锭模,进行铸锭。钢液在铸锭冷却过程中,由于内部某些元素在铁的液相中的溶解度高于固相,使这些元素向凝固较迟的钢锭中心聚集,导致化学偏析现象。其中尤以硫、磷偏析最为严重,偏析现象对钢的质量影响很大。除化学偏析外,在钢锭中往往还会有缩孔、气泡、晶粒粗大、组织不致密等缺陷存在,为了保证钢的质量并满足工程需要,钢锭须再经过压力加工,轧制成各种型钢和钢筋后才能使用。此处主要介绍钢材的冶炼工艺。

钢材是由生铁冶炼(Smelting)而成的。钢的主要化学成分是铁和碳,又称为铁碳合金,此外还有少量的硅、锰、磷、硫、氧、氮等元素,其主要区别在于含碳量不同。含碳量大于2%(质量分数)的铁碳合金称为生铁或铸铁,含碳量小于2%的铁碳合金称为钢。

生铁是铁矿石、溶剂(石灰石)、燃料(焦碳)在高炉中经过还原反应和造渣反应把铁矿石中的氧化铁还原成铁而得到的,其中碳的含量为2%~6.67%,硫、磷等杂质的含量也较高。生铁硬而脆,塑性及韧性差,不易进行焊接、锻造、轧制等加工,所以必须进行冶炼。

钢则是将熔融的铁水进行氧化,使碳的含量降低到预定的范围,磷、硫等杂质也降低到允许范围而得到的。所以从理论上讲,凡含碳量在2%以下,含有害杂质较少的铁碳合金便可称之为钢。常用钢材的含碳量在1.3%以下。

在钢的冶炼过程中,碳被氧化成一氧化碳气体逸出;硅、锰等被氧化成氧化硅、氧化锰随钢渣排出;硫、磷则在石灰的作用下也进入钢渣中被排出。由于冶炼过程必须提供足够的氧以保证碳、硅、锰的氧化以及其他杂质的去除;因此,钢液中尚存一定数量的氧化铁。为了消除氧化铁对钢材质量的影响,常在精炼的最后阶段,向钢液中加入硅铁、锰铁等脱氧剂以去除钢液中的氧,这种操作工艺称为脱氧。

常用的钢材冶炼方法主要有氧气转炉法、平炉法和电炉法三种。

1. 氧气转炉法

氧气转炉法是以熔融铁水为原料,由炉顶向转炉内吹入高压氧气,使铁水中硫、磷等有害杂质迅速氧化,而被有效除去。该法特点是冶炼速度快(每炉需25~45min),钢质较好,且成本较低。常用来生产优质碳素钢和合金钢。目前,氧气转炉法是最主要的一种炼钢方法。

2. 平炉法

平炉法是以固体或液态生铁、铁矿石或废钢铁为原料,以煤气或重油为燃料,依靠废钢铁及铁矿石中的氧与杂质起氧化作用而成渣,熔渣浮于表面,使下层液态钢水与空气隔绝,避免了空气中的氧、氮等进入钢中。平炉法冶炼时间长(每炉需4~12h),有足够的时间调整和控制其成分,去除杂质更为彻底,故钢的质量好。可用于炼制优质碳素钢、合金钢及其他有特殊要求的专用钢。其缺点是能耗高,成本高。此法已逐渐被淘汰。

3. 电炉法

电炉法是以废钢铁及生铁为原料,利用电能加热进行高温冶炼。该法熔炼温度高,且温度可自由调节,清除杂质较易,故电炉钢的质量最好,但成本也最高。主要用于冶炼优质碳素钢及特殊合金钢。

2.1.2　钢材的分类

钢的种类繁多,根据不同的需要,可采用不同的分类方法。同一钢材,采用不同的分类方法,可有不同的名称。根据分类目的的不同,常用的分类方法有以下几种。

1. 按化学成分分类

按钢的化学成分,钢可分为碳素钢和合金钢。

（1）碳素钢（Carbon Steel）

含碳量为 0.02% ~2% 的铁碳合金称为碳素钢,碳素钢中还含有少量硅、锰以及磷、硫、氧、氮等有害杂质。其中碳含量对钢的性质影响显著。根据含碳量不同,碳素钢又可分为:

①低碳钢:含碳量 <0.25%;

②中碳钢:含碳量为 0.25% ~0.60%;

③高碳钢:含碳量 >0.60%。

低碳钢质地软韧,易加工,是建筑工程的主要钢种;中碳钢较硬,多用于机械部件;高碳钢很硬,是一般工具用钢。

（2）合金钢（Alloy Steel）

合金钢是在碳素钢中加入少量的一种或多种合金元素(如硅、锰、钛、钒等)的钢。以改善钢的性能,或使钢获得某种特殊性能。合金钢按合金元素含量不同可分为:

①低合金钢:合金元素总含量 <5%;

②中合金钢:合金元素总含量为 5% ~10%;

③高合金钢:合金元素总含量 >10%。

土木工程中所用的钢材,主要是碳素钢中的低碳素钢和合金钢中的低合金钢。

2. 按脱氧程度分类

按脱氧程度不同,钢可分为沸腾钢、镇静钢和特殊镇静钢三种。

（1）沸腾钢(代号 F)

沸腾钢是脱氧不充分的钢,钢液中含氧量较高。当钢液注入锭模后,氧化铁与碳继续发生反应,生成大量 CO 气体,气泡外逸引起钢液"沸腾",故称沸腾钢。这种钢的塑性较好,有利于冲压,但钢中杂质分布不均匀,偏析严重,该钢的冲击韧性及可焊性较差。但其成本较低、产量高,广泛用于一般的土木工程结构中。

（2）镇静钢(代号 Z)

镇静钢是脱氧充分的钢,在浇筑时钢液能够平静地冷却凝固,故称镇静钢。镇静钢材质致密均匀,可焊性好,抗蚀性强,质量高于沸腾钢,但成本较高,主要用于承受冲击荷载作用或其他重要的结构工程。

（3）特殊镇静钢(代号 TZ)

特殊镇静钢是一种比镇静钢脱氧程度还要充分彻底的钢,故其质量最好,主要用于特别重要的结构工程。

3. 按钢材品质分类

按钢中有害杂质硫(S)和磷(P)含量的多少来分类,可分为以下四类:

（1）普通质量钢:S≤0.050%,P≤0.045%;

（2）优质钢:S≤0.035%,P≤0.035%;

（3）高级优质钢:S≤0.025%,P≤0.025%;

（4）特级优质钢:S≤0.015%,P≤0.025%。

4. 按用途分类

按用途的不同,钢可分为以下三类。

（1）结构钢

主要用于建筑工程结构及制造机械零件的钢,一般为低碳钢或中碳钢。

(2)工具钢

主要用于制造各种工具、量具及模具的钢,一般为高碳钢。

(3)特殊钢

是具有特殊物理、化学或力学性能的钢,如不锈钢、耐热钢、耐酸钢、耐磨钢、磁性钢等,一般为合金钢。

为了满足专门用途的需要,由上述钢类派生出一类专门用途的钢,简称为专门钢。例如,桥梁用钢、钢轨钢、船用钢、汽车大梁用钢、锅炉用钢、耐候钢等。

2.2 建筑钢材的主要技术性能

钢材的技术性能主要包括力学性能和工艺性能两个方面。钢材的力学性能有抗拉性能、冲击韧性、耐疲劳性和硬度;工艺性能则包括冷弯性能、焊接性、热处理及冷加工强化。

2.2.1 钢材的力学性能

钢材是土木建筑工程中广泛应用的结构材料,使用中要承受拉力、压力、弯曲、扭曲等各种静力荷载作用,这就要求钢材具有一定的强度及其抵抗有限变形而不破坏的能力;对于承受动力荷载作用的钢材,还要求具有较高的冲击韧性而不至发生疲劳断裂。

1. 抗拉性能

抗拉性能是建筑钢材最重要、最常用的技术性能。低碳钢(软钢)是土木工程中使用最广泛的一种钢材,由于其在常温、静载条件下受拉时的应力—延伸率关系曲线(图 2-1)比较典型,建筑钢材的抗拉性能常以此图来描述。根据曲线特征,低碳钢在受拉过程中经历了弹性(OA)、屈服(AB)、强化(BC)和颈缩(CD)四个阶段,其力学性能可由屈服强度、抗拉强度和伸长率等指标来反映。

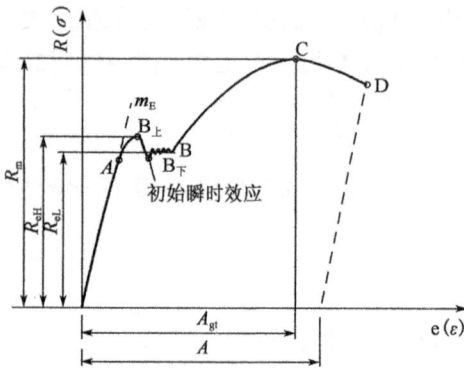

图 2-1 低碳钢受拉时的应力—延伸率图

注:在现行钢材拉伸试验中,采用应力—延伸率关系曲线(R-e)来描述钢材的拉伸性能。符号力和应力,延伸率和应变相互之间可以互换。此处用加括号方式表示新旧规范衔接。

(1)弹性阶段(OA)

在图 2-1 中曲线上的 OA 段为弹性阶段。该阶段应力与延伸率呈直线关系,随着荷载的增加,应力呈比例增加。若卸去荷载,试件可回复原样,称为弹性变形。A 点所对应的应力称为弹性极限(elastic limit)。OA 段的应力与延伸率的比值为一常数,称为弹性模量,用 E 表示,即 $E = R/e = \sigma/\varepsilon$。弹性模量反映钢材抵抗弹性变形的能力,是工程结构力学计算的基本参数。常用低碳钢的弹性模量 $E = (2.0 \sim 2.1) \times 10^5 \mathrm{MPa}$。图 2-1 中 m_E 为应力—延伸率曲线弹性部分的斜率。

(2)屈服阶段(AB)

当应力超过 A 点后,应力与延伸率不再呈正比,开始出现明显的塑性变形,这种现象称为屈服。图 2-1 中的 AB 阶段即为屈服阶段。在屈服阶段,应力与延伸率呈锯齿形变化,锯齿形的最高点 $B_\mathrm{上}$ 点所对应的应力为上屈服强度 R_eH(upper yield strength),即试样发生屈服而力首次下降前的最大应力;锯齿形的最低点 $B_\mathrm{下}$ 点所对应的应力为下屈服强度 R_{eL}(lower yield strength),即在屈服期间,不计初始瞬时效应时的最小应力。上屈服强度 R_{eH} 与试验过程中的许多因素有关,下屈服强度 R_{eL} 比较稳定,容易测试,所以规定以下屈服强度 R_{eL} 作为钢材的屈服强度(yield strength)。钢材受力大于 R_{eL} 后,会出现较大的塑性变形,已不能满足使用要求,因此屈服强度是设计上钢材强度取值的依据,是工程结构计算中非常重要的一个参数。常用低碳钢的 $R_{eL} = 185 \sim 235\text{MPa}$。

(3)强化阶段(BC)

当应力超过屈服强度后,由于钢材内部组织结构中的晶格发生了畸变,阻止了晶格进一步滑移,钢材得到强化,钢材抵抗塑性变形的能力又重新提高,R—e 拉伸曲线开始继续上升直至最高点 C,故称 BC 段为强化阶段。对应于最高点 C 的应力值称为钢材的极限抗拉强度,简称为抗拉强度(tensile strength),以 R_m 表示。常用低碳钢的 $R_m = 375 \sim 500 \text{ MPa}$。

抗拉强度 R_m 是钢材受拉时所能承受的最大应力值,其虽然不能直接作为计算依据,但屈服强度与抗拉强度之比(即屈强比 R_{eL}/R_m)能反映钢材的利用率和结构安全可靠程度。屈强比越小,钢材可靠性就越大,结构安全性越高。但屈强比过小,钢材会因有效利用率太低而造成浪费。所以钢材应有一个合理的屈强比,常用碳素结构钢的屈强比一般为 $0.58 \sim 0.63$,低合金结构钢为 $0.65 \sim 0.75$。

(4)颈缩阶段(CD)

当应力达到最高点 C 之后,钢材试件抵抗变形的能力明显降低,变形迅速发展,应力逐渐下降,试件被拉长。在某一薄弱截面(有杂质或缺陷之处),断面开始明显减小,产生颈缩直到被拉断。故称 CD 段为颈缩阶段。

试件拉断后,标距的伸长与原始标距长度的百分率称为钢材的断后伸长率 A(Percentage Elongation After Fracture)。测定时将拉断后的两截试件紧密对接在一起,并位于同一轴线上,量出拉断后的标距长度 L_u,其与试件原始标距长度 L_0 之差即为试件的塑性变形伸长值,如图 2-2 所示。

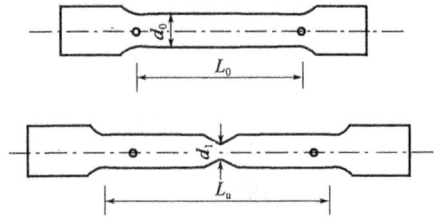

图 2-2 钢材拉伸试件

断后伸长率 A 的计算按式(2-1)计算。

$$A = \frac{L_u - L_0}{L_0} \times 100 \qquad (2\text{-}1)$$

式中:A——断后伸长率,%;

L_0——试件的原始标距长度,mm;

L_u——试件拉断后的标距长度,mm。

在此必须指出,由于试件断裂前颈缩现象的产生,使塑性变形在试件标距内的分布是不均匀的,颈缩处的变形最大,离颈缩部位越远其变形越小。所以,当原标距与试件直径之比越小,颈缩处的伸长在整个伸长值中所占的比重就越大,伸长率 A 值也就越大。

图 2-1 中 A_{gt} 为最大力总延伸率,是最大力时原始标距的总延伸(弹性延伸加塑性延伸)与引伸计标距 L_e($L_e \approx L_0$)之比的百分率。

通过拉伸试验还可以测定钢材的另一指标:断面收缩率 Z(Percentage Reduction of Area)。断面收缩率是指试件拉断后,颈缩处横截面积的最大缩减量占试件原始横截面积的百分比,以 Z 表示。断面收缩率的计算按式(2-2)计算。

$$Z = \frac{S_0 - S_u}{S_0} \times 100 = \frac{d_0^2 - d_1^2}{d_0^2} \times 100 \qquad (2\text{-}2)$$

式中:Z——断面收缩率,%;

$\quad$ S_0、S_u——试件原始横截面面积、试件拉断后颈缩处的横截面面积,mm^2;

$\quad$ d_0、d_1——试件原始横截面直径、试件拉断后颈缩处的横截面直径,mm。

$\quad$钢材在外力作用下发生塑性变形而不破坏的性能,称为塑性。建筑用钢材应具有良好的塑性,使结构在使用中能由于塑性变形而避免突然破断。伸长率、断面收缩率都表示了钢材的塑性变形的能力,在工程中具有重要意义。伸长率和断面收缩率越大,说明材料的塑性越好。尽管结构中的钢材是在弹性范围内使用,但应力集中处,其应力可能超过屈服强度,此时塑性变形可以使结构中应力重新分布,从而避免结构破坏。常用低碳钢的伸长率 $A = 20\% \sim 30\%$,截面收缩率 $Z = 60\% \sim 70\%$。

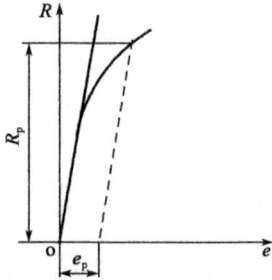

图 2-3 硬钢(中、高碳钢)受拉时的应力—延伸率曲线

$\quad$中碳钢与高碳钢(硬钢)拉伸试验的 R—e 曲线如图 2-3 所示,与低碳钢(软钢)相比有明显不同,其特点是没有明显的屈服阶段,应力随延伸率持续增加,直至断裂。这类钢材难以测定其屈服强度,故规范以规定塑性延伸强度 R_p 作为硬钢的屈服强度。使用的符号应附下角标说明所规定的塑性延伸率。例如,$R_{p0.2}$ 表示规定塑性延伸率为 0.2% 时的应力。

【例 2-1】 现对某钢筋进行拉伸试验,该钢筋为热轧光圆钢筋 HPB235。按规范要求截取两根钢筋作为检验试样,钢筋公称直径为 12mm,取其标距为 60mm,测得两个试样的屈服下限荷载分别为 27.3kN、27.5kN;抗拉极限荷载分别为 44.2kN、44.4kN;拉断时的长度分别为 75.1mm、75.3mm。求该钢筋试件的屈服强度、抗拉强度和断后伸长率,并对其性能进行评价。

$\quad$解:(1)钢筋的屈服强度 R_{eL}:

$$R_{eL1} = \frac{F_1}{A} = \frac{27.3 \times 10^3}{\frac{1}{4} \times 3.14 \times 12^2} = 242MPa$$

$$R_{eL2} = \frac{F_2}{A} = \frac{27.5 \times 10^3}{\frac{1}{4} \times 3.14 \times 12^2} = 243MPa$$

$\quad$(2)钢筋的抗拉强度 R_m:

$$R_{m1} = \frac{F_{m1}}{A} = \frac{44.2 \times 10^3}{\frac{1}{4} \times 3.14 \times 12^2} = 391MPa$$

$$R_{m2} = \frac{F_{m2}}{A} = \frac{44.4 \times 10^3}{\frac{1}{4} \times 3.14 \times 12^2} = 393MPa$$

$\quad$(3)钢筋的断后伸长率 A:

$$A_1 = \frac{L_{u1} - L_0}{L_0} \times 100\% = \frac{75.1 - 60}{60} \times 100\% = 25.0\%$$

$$A_2 = \frac{L_{u2} - L_0}{L_0} \times 100\% = \frac{75.3 - 60}{60} \times 100\% = 25.5\%$$

$\quad$根据表 2-10(GB 1499.1—2008)可知,两根试样的 R_{eL}、R_m 和 A 均符合 HPB235 钢筋指标要求,该钢筋拉力试验合格。

2. 冲击韧性(Impact Toughness)

冲击韧性是钢材抵抗冲击荷载作用的能力。钢材的冲击韧性 α_k(J/cm^2)是用标准试件（中部加工成 V 形或 U 形缺口），如图 2-4 所示，在试验机的一次摆锤冲击下，以破坏后缺口处单位面积上所消耗的功来表示。试验时将试件放置在固定支座上，然后以摆锤冲击试件刻槽处的背面，使试件承受冲击弯曲而断裂。钢材的冲击韧性 α_k 按式(2-3)计算。

$$\alpha_k = \frac{A_k}{A} \tag{2-3}$$

式中：α_k——冲击韧性，J/cm^2；

A——试件槽口处最小横截面积，cm^2；

A_k——试件冲断时所吸收的冲击能，J($A_k = GH - Gh$，G 为摆锤的重量，H、h 见图 2-4）。

α_k 值越大，钢材的冲击韧性越好。α_k 值小的钢材在断裂前没有显著的塑性变形，属于脆性材料，不宜用作承担冲击荷载的构件，如连杆、桥梁轨道等。对于经常受冲击荷载作用的结构，要选用 α_k 值大的钢材。

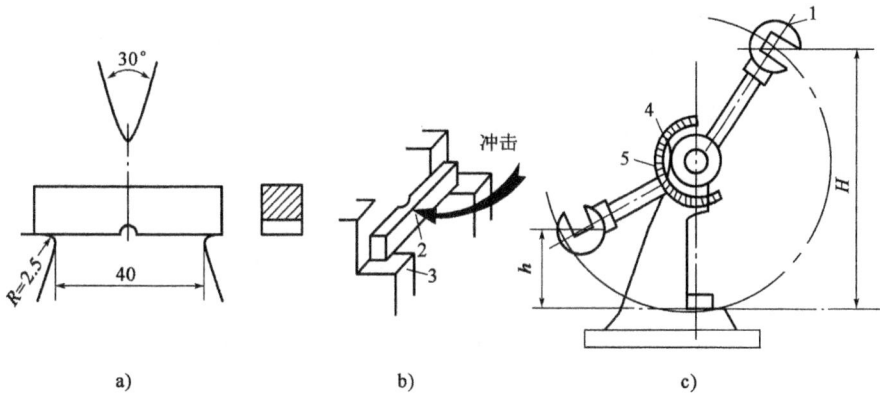

图 2-4　冲击韧性试验示意图

a)试件尺寸(mm)；b)试验装置；c)试验机

1-摆锤；2-试件；3-试验台；4-指针；5-刻度盘

钢材的冲击韧性受很多因素影响，主要影响因素有以下方面。

（1）化学成分

钢材中有害元素硫、磷含量较高时，则冲击韧性 α_k 下降。

（2）冶炼质量

脱氧不完全、存在化学偏析现象的钢，冲击韧性 α_k 小。

（3）冷加工及时效

钢材经冷加工及时效处理后，冲击韧性 α_k 降低。

（4）环境温度影响

如图 2-5 所示，在较高温度环境下，冲击韧性值随温度下降而缓慢降低，破坏时呈韧性断裂。当温度降至某一范围内，随着温度的下降，冲击韧性值大幅度降低，钢材开始发生脆性断裂，这种现象称为钢

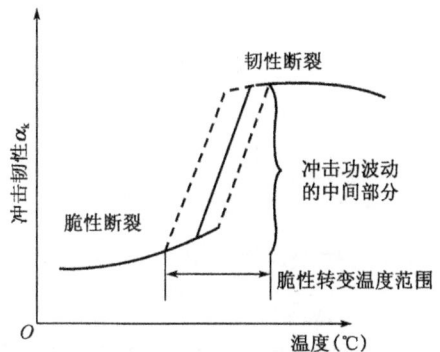

图 2-5　钢材的冲击韧性与温度的关系

材的冷脆性(Cold Brittleness),此时的温度称为脆性临界温度(Critical Temperature of Brittleness)。脆性临界温度越低,表明钢材的低温冲击性能越好。在严寒地区使用的钢材,设计时必须考虑其冷脆性。由于脆性临界温度的测定较复杂,通常根据气温条件在 $-20℃$ 或 $-40℃$ 时测定的冲击韧性值,来推断其脆性临界温度范围。

3. 耐疲劳性

当钢材受到交变应力作用时,即使应力远低于屈服极限也会发生突然破坏,这种现象称为疲劳破坏。疲劳破坏过程一般要经历疲劳裂纹萌生、缓慢发展和迅速断裂三个阶段。钢材的疲劳破坏,先在应力集中的地方出现疲劳微裂纹,钢材内部的各种缺陷(晶错、气孔、非金属夹杂物)和构件集中受力处等,都是容易发生微裂纹的地方,由于反复作用,裂纹尖端产生应力集中使微裂缝逐渐扩展成肉眼可见的宏观裂缝,直到最后导致钢材突然断裂。

疲劳破坏的危险应力用疲劳强度(Fatigue Strength)来表示。疲劳强度是指在疲劳试验中,试件在交变荷载作用下,于规定的周期基数内不发生断裂所能承受的最大应力。一般把钢材承受荷载 $10^6 \sim 10^7$ 次时不发生破坏的最大应力作为疲劳强度。在设计承受反复荷载且须进行疲劳验算的结构时,应当了解所用钢材的疲劳强度。

钢材的疲劳强度与其内部组织状态、化学偏析、杂质含量及各种缺陷有关,钢材表面光洁程度和受腐蚀等都会影响疲劳强度。一般钢材的抗拉强度高,耐疲劳强度也较高。

疲劳破坏经常是突然发生的,因而具有很大的危险性,往往会造成严重的工程质量事故。所以,在实际工程设计和施工中应该给予足够的重视。

4. 硬度

硬度(Hardness)是指钢材抵抗硬物压入表面的能力,也反映钢材的耐磨性能。测定钢材硬度采用压入法,即以一定的静荷载 P,把一定的压头压在金属表面,然后测定压痕的面积或深度来确定硬度。根据试验方法和适用范围的不同,硬度可分为布氏硬度、洛氏硬度、维氏硬度、肖氏硬度、显微硬度和高温硬度等,建筑钢材常用的为布氏硬度和洛氏硬度。

(1)布氏硬度

布氏硬度测定方法是将一个直径为 D 的硬质合金球,以荷载 P 将其压入试件表面,经规定的持续时间(10~15s)后卸除荷载,即产生直径为 d 的压痕(图2-6)。试件单位压痕面积 F 上所承受的荷载 P 即为钢材的布氏硬度值,无量纲,以 HBW 表示。钢材的硬度 HBW 按公式(2-4)计算。

$$\text{HBW} = 常数 \times \frac{P}{F} = 常数 \times \frac{P}{\pi D h} = 0.102 \times \frac{2P}{\pi D(D - \sqrt{D^2 - d^2})} \qquad (2\text{-}4)$$

式中:HBW——布氏硬度;

　　P——压入荷载,N;

　　F——压痕表面积,mm^2;

　　D——钢球直径,mm;

　　d——压痕直径,mm;

　　h——压痕深度,mm,$h = \frac{D}{2} - \frac{1}{2}\sqrt{D^2 - d^2}$。

(2)洛氏硬度

洛氏硬度测定方法是用硬质合金球(标准压头)或金刚石圆锥体做压头,在初始试验力(F_0)和总试验力 $F(F = 初始试验力 F_0 + 主试验力 F_1)$ 的先后作用下,将压头压入试件。经规定保持时间后,卸除主试验力,测量在初试验力下的残余压痕深度 $h(h_1-h_0)$,如图 2-7 所示。h 的数值愈大,表示试样愈软;反之,表示试样愈硬。

根据残余压痕深度 h 值及给定标尺的硬度数 N 和给定标尺的单位 S,按公式(2-5)计算洛氏硬度。

$$洛氏硬度 = N - \frac{h}{S} \tag{2-5}$$

式中:h——残余压痕深度,mm;

S——给定标尺的硬度数,规定每压入 0.002mm 为一硬度单位;

N——常数,当洛氏硬度标尺为 A、C、D 时,N 为 100;当洛氏硬度标尺为 B、E、F、G、H、K 时,N 为 130。

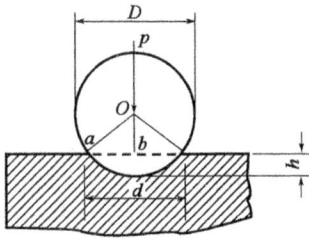

图 2-6 布氏硬度试验原理示意图　　　　图 2-7 洛氏硬度试验原理示意图

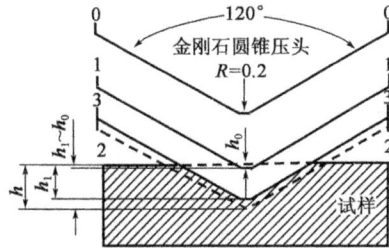

(3)适用范围

布氏法测定所得压痕的直径应在 $(0.24 \sim 0.60)D$ 范围内,为了保证在尽可能大的有代表性的试样区域试验,应尽可能地选取大直径压头,否则测定结果不准确。因此测量前应根据试件的厚度和估计的硬度范围,按试验方法的规定选择钢球直径、所加荷载及持荷时间。当被测钢材的硬度较大(HBW > 650)时,钢球本身可能会发生变形甚至破坏,所以布氏法仅适用于 HBW < 650 钢材的硬度测定。布氏硬度法较准确,但压痕较大,不宜用于成品检验。

对于 HBW > 650 的钢材,应采用洛氏法测定其硬度。洛氏法是根据压头压入试件深度的大小来表示材料的硬度值。洛氏法操作简便,压痕较小,常用于判断机械零件的热处理效果。

钢材的硬度实际上是材料的强度、韧性、弹性、塑性和变形强化率等一系列性能的综合反映,材料的强度越高,塑性变形抵抗能力越强,硬度值也就越大。因此,当已知钢材的硬度时,即可估计钢材的抗拉强度。

2.2.2 钢材的工艺性能

钢材的良好工艺性能,可以保证钢材能顺利地通过各种加工,而使钢材制品的质量不受影响。

1. 钢材的冷弯性能

钢材的冷弯性能是指钢材在常温条件下承受弯曲变形的能力,是反映钢材缺陷的一种重要工艺性能。钢材的单轴拉伸试验的伸长率反映钢材的均匀变形性能,而冷弯试验则检验钢材在非均匀变形下的性能。因此,冷弯性能更好地反映钢材内部组织结构的均匀性,如是否存在不均匀内应力、气泡、偏析和夹杂等缺陷。

钢材的冷弯性能指标以试件在常温下所承受的弯曲程度来表示,用弯曲角度(α)、弯曲压头直径对试件厚度(或直径)的比值(d/a)来表征,如图 2-8 和图 2-9 所示。

由图可知,当 α 角越大,d/a 越小,表明试件冷弯性能越好。当采用标准规定的弯曲压头

直径 $d(d = na)$，弯曲到规定的弯曲角（180°或90°）时，试件的弯曲外表面无可见裂纹，即认为冷弯性能合格。

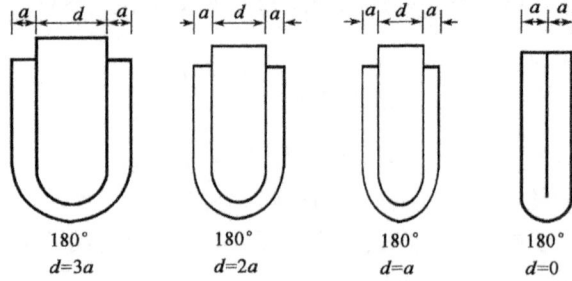

图 2-8　钢材冷弯规定的弯曲压头直径

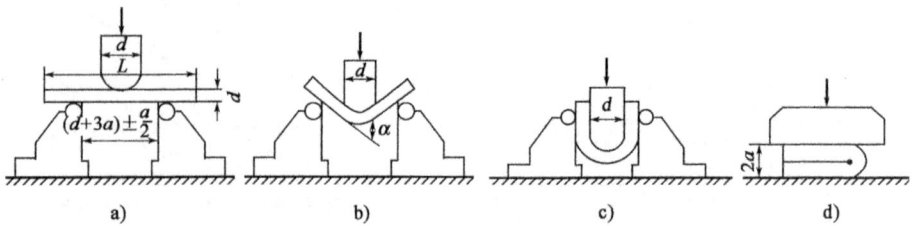

图 2-9　钢材的冷弯试验示意图

a）试件安装；b）弯曲 90°；c）弯曲 180°；d）弯曲至两面重合

2. 钢材的焊接性能

钢材的焊接（Welding）是各种型钢、钢板、钢筋及预埋件等的重要连接方式。在土木工程中，钢结构有 90% 以上为焊接结构；钢筋混凝土结构中，焊接在钢筋接头、钢筋网、钢筋骨架、预埋件之间的连接以及装配式构件的安装时，也被大量采用。焊接的质量主要取决于焊接工艺、焊接材料及钢材自身的可焊性等。

焊接是采用加热或加热同时加压的方法将两个金属件连接在一起。焊接后焊缝部位的性能变化程度称为焊接性。在焊接中，由于高温作用和焊接后急剧冷却作用，会使焊缝及附近的过热区发生晶体组织及结构变化，产生局部变形及内应力，使焊缝周围的钢材产生硬脆倾向，降低焊接质量。如果焊接中母体钢材的性质没有什么劣化作用，则此种钢材的焊接性较好。

钢材的焊接性能与钢材的化学成分及含量有关。钢材中硫、硅、锰、钒等杂质均会降低钢材的可焊性，尤其是硫能使焊缝处出现热脆并产生裂纹。含碳量小于 0.25% 的碳素钢具有良好的可焊性；含碳量大于 0.30% 的碳素钢，其可焊性变差。对于高碳钢和合金钢，为减轻焊接后的硬脆效应，焊接时一般要采用焊前预热和焊后处理等措施。此外，正确的焊接工艺也是提高焊接质量的重要措施。

钢材焊接应注意的问题是：冷拉钢筋的焊接应在冷拉之前进行；钢材焊接之前，焊接部位应清除铁锈、熔渣、油污等；应尽量避免不同国家进口钢材之间及进口钢材与国产钢材之间的焊接。

3. 钢材的热处理

钢材的热处理（Heat Treatment）是指将钢材按一定的规则加热、保温和冷却，以改变其内部组织，从而获得所需性能的一种工艺方法。热处理的目的是提高钢的力学性能，发挥钢材的潜力，提高工件的使用性能和寿命。建筑钢材一般只在生产厂完成热处理工艺，在施工现场，有时需对焊接件进行热处理。钢材的热处理方法有退火、正火、淬火和回火。

（1）退火（Annealing）

退火包括低温退火和完全退火等。低温退火即加热温度低于铁素体等基本组织转变温度的退火，其目的是利用加温使原子活跃，从而使加工中产生的缺陷减少，晶格畸变减轻和内应力基本消除。完全退火的加热温度为 800～850℃，高于基本组织转变温度，经保温后以缓慢速度冷却，而达到改变组织并使钢材的塑性和冲击韧性得以改善，硬度也有所降低的目的。

（2）正火（Normalizing）

钢材经过加热至相变温度以上，组织变为奥氏体之后，置于空气中冷却，通过这种处理，可细化晶粒，调整碳化物大小和分布，除掉钢在热轧过程中形成的带状组织和内应力，使钢材的塑性和韧性提高。正火与退火的主要区别是冷却速度不同，正火在空气中冷却的速度比退火冷却要快。与退火相比，正火后的钢材强度、硬度较高，而塑性减小。正火的主要目的是细化晶粒、消除组织缺陷等。

（3）淬火（Quenching）

钢材加热到基本组织转变温度以上（一般为 900℃以上），保温使组织完全转变，随即放入液体介质中快速冷却的热处理工艺。淬火的目的是使钢材的组织结构具有更高的硬度和强度，但其塑性和冲击韧性很差。最适宜淬火处理的钢是中碳钢，低碳钢淬火效果不明显，而高碳钢淬火后则变得太脆。经淬火后钢材的脆性和内力很大，因此，淬火后一般要及时地进行回火处理。

（4）回火（Tempering）

将钢材加热到基本组织转变温度以下（150～650℃内选定），保温后在空气中冷却的一种热处理工艺。通常回火和淬火是两道相连的热处理过程，其目的是促进不稳定组织转变为需要的组织，消除淬火产生的内应力，改善机械性能等。

我国生产的热处理钢筋，即系采用中碳低合金钢经油浴淬火和铅浴高温（500～650℃）回火制得的。它的组织为铁素体和均匀体的细颗粒渗碳体。

4. 钢材的冷加工与时效处理

将钢材在常温下进行各种加工（包括冷拉、冷拔、冷轧、冷扭、刻痕等），使之产生塑性变形，从而提高其屈服强度，但钢材的塑性、韧性及弹性模量则会降低，这个过程称为冷加工强化处理。目前常用的冷轧带肋钢筋、冷拉钢筋、预应力高强冷拔钢丝等，都是利用这一原理进行加工的产品。由于屈服强度提高，从而达到节约钢材的目的。

（1）冷加工强化处理

土木工程施工现场或预制构件厂常用的冷加工强化处理方法有冷拉和冷拔。

①冷拉（Cold Drawing）

冷拉是施工现场经常采用的一种冷加工方法。冷拉是将热轧钢筋一端固定，用冷拉设备对其另一端进行张拉，使之伸长。钢材经冷拉后屈服强度可提高 20%～30%，钢筋的长度增加 4%～10%，一般可节约钢材 10%～20%。但钢材经冷拉后屈服阶段缩短，伸长率减小，材质变硬。根据张拉时控制参数的不同，冷拉有"单控"和"双控"之分。单控是指在张拉时，只控制其冷拉伸长率；双控是指既控制其冷拉应力，又控制其冷拉伸长率。所以，双控较单控冷拉质量更容易得到保证。用作预应力混凝土结构的预应力筋，宜采用双控张拉。

②冷拔（Cold Stretched）

冷拔是预制构件厂经常采用的另一种冷加工方法。冷拔是将光圆钢筋在常温下使其多次通过比其直径小 0.5～1mm 的硬质合金拔丝模孔的过程。每次冷拔断面缩小应在 10%以下，可经多次拉拔。钢筋在冷拔过程中,不仅受拉,同时还受到周围模具的挤压,因而冷拔的作用比冷拉更为强烈。经冷拔后的钢材表面光洁度增高,屈服强度可提高40%～60%,但冷拔后的钢筋塑性大大降低,具有硬钢的性质。

钢材在冷加工时晶格缺陷增多,晶格畸变,对位错运动的阻力增大,因而屈服强度提高,塑性和韧性降低。由于塑性变形而产生内应力,故冷加工后钢材的弹性模量会有所下降。

(2)时效处理(Aging Treatment)

钢材经冷加工后,在常温下放置15～20天,或加热至100～200℃并保持2h左右,其屈服强度、抗拉强度和硬度进一步提高,而塑性和韧性有所下降,该过程称为时效处理,前者称为自然时效,后者称为人工时效。强度较低的钢筋通常采用自然时效,强度较高的钢筋则采用人工时效。钢材因时效而导致其性能改变的程度称为时效敏感性。时效敏感性越大的钢材,经过时效处理后,其冲击韧性和塑性的降低就越显著。为了保证使用安全,在设计承受动荷载和反复荷载的重要结构工程(如桥梁、吊车梁等)时,应当选用时效敏感性较小的钢材。

钢材的时效是普遍而长期的过程,有些未经冷加工的钢材,长期存放后也会出现时效现象。冷加工可以加速时效的发展。所以在实际工程中,冷加工和时效常常被一起采用。实际施工中,应通过试验来确定冷拉控制参数和时效方式。

2.3 钢材的组织和化学成分对钢材性能的影响

2.3.1 钢材的组织及其对钢材性能的影响

1. 钢材的晶体结构

建筑钢材属晶体材料,它的宏观力学性能基本上是其晶体力学性能的表现。晶体力学性能取决于它的原子排列方式及原子间的相互作用力。为了较深刻地理解钢材的力学性能,应当对钢材的晶体结构及其性能有一般的了解。

在钢材晶体结构中,各原子或离子之间以金属键的方式结合。这种结合方式是钢材具备较高强度和良好塑性的根本原因。金属键可看成是由许多原子共用许多电子的一种特殊形式的共价键。各原子之间通过金属键紧密地、有规律地联结起来,形成空间格子,称为晶格。

钢材是由许多晶粒组成的,各晶粒中原子是规则排列的。描述原子在晶体中排列形式的空间格子称为晶格,如图2-10a)、b)所示;晶格中反映排列规律的基本几何单元称为晶胞,如图2-10c)所示;无数晶胞排列构成了晶粒,如图2-11所示。就每个晶粒来说,其性质是各向不同的,但由于许多晶粒是不规则聚集的,故钢材是各向同性材料。

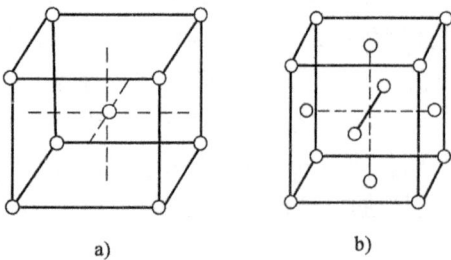

| a) | b) | c) |

图 2-10　晶体原子排列图
a)体心立方晶格;b)面心立方晶格;c)晶胞

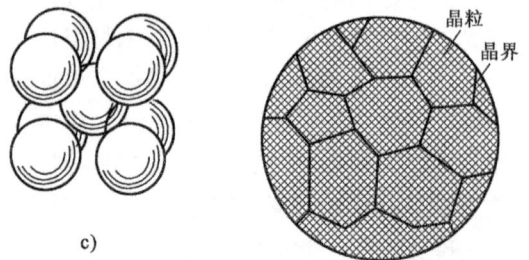

图 2-11　晶粒聚集示意图

在晶体中,原子的排列并非完整无缺,而是存在着许多不同形式的缺陷,如点缺陷"空位"、"间隙原子",线缺陷"刃型位错"和面缺陷"晶界面",如图2-12所示。这些缺陷对钢材的强度、塑性和其他性能有明显的影响。由于缺陷的存在,使晶格受力滑移时,不是整个滑移面上全部原子一齐移动,只是缺陷处局部移动,这是钢材的实际强度远比其理论强度低的原因。

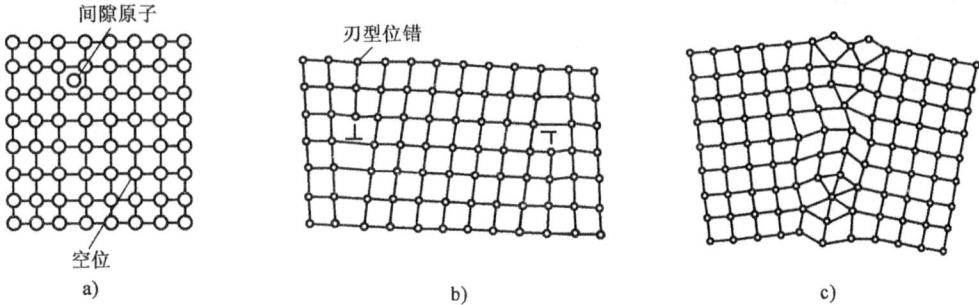

图 2-12 晶格缺陷示意图

a)点缺陷(空位和间隙原子);b)线缺陷(刃型位错);c)面缺陷(晶界面)

2. 钢材的基本晶体组织

建筑钢材的基本成分是铁和碳。铁原子和碳原子之间的结合有3种基本方式:固溶体、化合物和机械混合物。固溶体是以铁为溶剂,碳为溶质,固溶后形成的"固态溶液",称为固溶体。碳原子较小,常溶于铁原子规则排列的"晶格"间隙中,碳的溶入造成原晶格畸变,从而使固溶体得到强化。铁和碳的化合物(Fe_3C),其晶格与纯铁的晶格不同,Fe_3C性质硬、脆。机械混合物是上述两种组成物的晶格及性质不改变,而按一定比例机械混合而成。它往往比单一固溶体有更高的强度和硬度,但塑性等性能不如单一固溶体。

钢的晶体组织就是由上述的单一或多种结合形式所构成的具有一定形态的集合体。钢的晶体组织及含量是受碳含量和结晶时的温度条件所决定的。在标准条件(极缓慢冷却条件)下,钢的基本组织有铁素体、渗碳体和珠光体3种。

(1)铁素体

铁素体是碳溶于$\alpha-Fe$(铁在常温下形成的体心立方晶格)中的固溶体。$\alpha-Fe$原子间间隙较小,其溶碳能力较差,在室温下最大溶碳量不超过0.006%。由于溶碳少且晶格中滑移面较多,所以,铁素体的强度和硬度低,但塑性及韧性好。

(2)渗碳体

渗碳体是铁与碳的化合物,分子式为Fe_3C,含碳量高达6.67%。其晶体结构复杂,塑性差,性硬脆,抗拉强度低。是碳素钢中的主要强化组分。

(3)珠光体

珠光体是铁素体和渗碳体相间形成的层状机械混合物。其层状可认为是铁素体上分布着硬脆的渗碳体片。珠光体的性能介于铁素体与渗碳体之间。

此外,钢材在缓慢降温至910~1 390℃时还存在奥氏体。奥氏体为碳溶入面心立方体晶格$\gamma-F_e$中的固溶体。奥氏体溶碳能力强,存在较多的滑移面,便于热加工。但当温度低于910℃时,奥氏体分解出珠光体和铁素体(或渗碳体),723℃时则全部分解完。通常碳素钢处于红热状态时即存在奥氏体组织,这时钢易于轧制成型。

建筑钢材的含碳量一般均在0.8%以下,其基本晶体组织为铁素体和珠光体,而无渗碳体。所以,建筑钢材既具有较高的强度和硬度,又具有较好的塑性和韧性,因而能够很好地满足各种工程所需技术性能的要求。

2.3.2 钢材的化学成分及其对钢材性能的影响

钢材性能主要取决于其化学成分。钢材中除了主要化学成分铁(Fe)以外,还含有碳(C)、硅(Si)、锰(Mn)、硫(S)、磷(P)、氧(O)、氮(N)、钛(Ti)、钒(V)等元素。这些元素主要来自炼钢原料、燃料和脱氧剂中。各种元素含量虽小,但对钢的性能都会产生一定的影响。为了保证钢的质量,国家标准对各类钢的化学成分都作了严格的规定。

1.碳(C)

碳是影响钢材性能的主要元素,对钢材的机械性能有很大的影响。如图 2-13 所示,当含碳量低于 0.9% 时,随着含碳量的增加,钢的抗拉强度(σ_b)和硬度(HBW)提高,但塑性(A、Z)及冲击韧性(α_k)相应降低;当含碳量超过 0.9% 时,钢材的强度反而下降。此外,随着含碳量的增加,钢材的焊接性能变差(含碳量大于 0.3% 的钢材,可焊性显著下降),冷脆性和时效敏感性增大,耐大气锈蚀性下降。一般工程所用碳素钢均为低碳钢,即含碳量小于 0.25%;工程中所用低合金钢,其含碳量小于 0.52%。

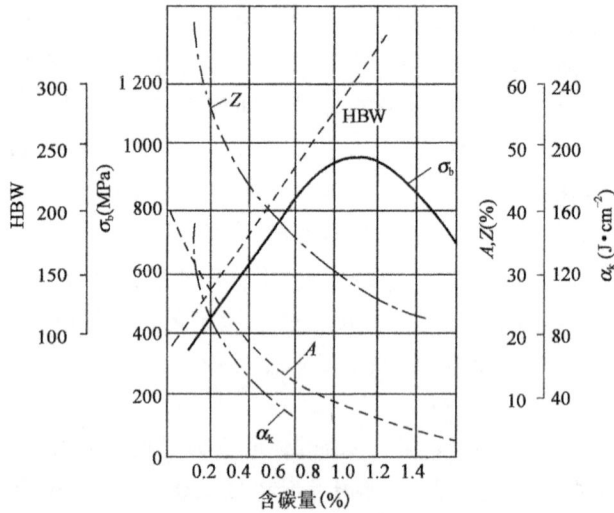

图 2-13 含碳量对碳素钢性能的影响

σ_b-抗拉强度;α_k-冲击韧性;A-伸长率;Z-断面收缩率;HBW-硬度

2.硅(Si)

硅是在炼钢时为脱氧去硫而加入的,属于有益元素,为我国低合金钢的主加合金元素。当钢中硅含量小于 1.0% 时,能显著提高钢的强度,而对塑性及韧性没有明显影响。在普通碳素钢中,其含量一般不大于 0.35%,在合金钢中不大于 0.55%。当含硅量超过 1% 时,钢的塑性和韧性会明显降低,冷脆性增加,可焊性变差。

3.锰(Mn)

锰是低合金钢的主加合金元素,属于有益元素,在炼钢中起脱氧去硫作用。锰含量一般控制在 1% ~2%,适宜的锰含量,可减小钢中硫元素所引起的热脆性,改善钢材的热加工性能,同时提高钢材的强度和硬度。当钢中锰含量过高时,则会显著降低钢的焊接性能。而含锰量在 11% ~14% 的钢具有极高的耐磨性,常用作挖土机铲斗、球磨机衬板等。

4. 钛（Ti）

钛是强脱氧剂，并能细化晶粒，是常用的微量合金元素。钛加入钢材中，能显著提高钢材的强度，改善钢材的韧性和焊接性能，但钢材的塑性会稍有降低。

5. 钒（V）

钒是弱脱氧剂，也是常用的微量合金元素。钒加入钢材中可减弱碳和氮的不利影响，细化晶粒，有效地提高强度，减少时效倾向，但会增加焊接时的硬脆倾向。

6. 磷（P）

磷是钢中的有害元素，由炼钢原料带入。在常温下其含量提高，钢材的强度和硬度提高，但塑性和韧性显著下降；温度越低，对韧性和塑性的影响越大，即引起所谓的"冷脆性"。磷在钢材中的分布不均匀，偏析严重，使钢材的冷脆性增大，并显著降低钢材的焊接性。因此，在碳素钢中对磷的含量有严格限制。但磷可提高钢材的耐磨性和耐蚀性，在低合金钢中可配合其他元素作为合金元素使用。

7. 硫（S）

硫是钢中最为有害的元素，也是从炼钢原料中带入的杂质，以非金属硫化物（FeS）形式存在于钢材中。由于 FeS 的熔点低，在钢材热加工或焊接时，会增大钢材的热脆性，降低钢材的可焊性、热加工性、冲击韧性、耐疲劳性和抗腐蚀等性能。因此，钢材中的硫元素即使微量存在对钢也有危害，故其含量必须严格加以控制。

8. 氧（O）

氧是钢中有害元素，多数以 FeO 形式存在。氧主要存在于非金属夹杂物内，少量溶于铁素体中。非金属夹杂物会降低钢材的力学性能，特别是韧性。氧还有促进时效倾向的作用。氧化物所造成的低熔点也使钢的可焊性变差。

9. 氮（N）

氮主要嵌溶于铁素体中，也可呈化合物形式存在。氮对钢材性质的影响与碳、磷基本相似，使钢的强度提高，塑性特别是韧性显著下降。溶于铁素体中的氮，有向晶格的缺陷处移动、集中的倾向，故可加剧钢材的时效敏感性和冷脆性，降低可焊性。在用铝或钛补充脱氧的镇静钢中，氮主要以氮化铝 AlN 或氮化钛 TiN 等形式存在，可减少氮的不利影响，并能细化晶粒，改善性能。在有铝、铌、钒等的配合下，氮可作为低合金钢的合金元素使用。

2.4 土木工程用钢的品种和选用

土木工程用钢分钢结构用钢材和钢筋混凝土结构用钢筋和钢丝。

2.4.1 钢结构用钢材

我国钢结构用钢材主要有碳素结构钢和低合金高强度结构钢。

1. 碳素结构钢

碳素结构钢是建筑用钢最常用的钢种之一，适用于一般结构工程中，可以加工成各种型钢、钢筋和钢丝。我国碳素结构钢由氧气转炉或电炉冶炼，一般以热轧、控轧或正火状态交货。

（1）碳素结构钢的牌号及其表示方法

国家标准《碳素结构钢》（GB/T 700—2006）按照钢的力学指标把碳素结构钢划分为

Q195、Q215、Q235、Q275 四个牌号。碳素结构钢的牌号由 4 个部分组成,依次为:代表钢材屈服强度的"屈"字的汉语拼音首位字母 Q;表示钢材屈服强度的数值,分别为 195、215、235 和 275,以 MPa 计;表示钢材质量等级的符号,依钢材中硫 S、磷 P 含量的多少分为 A、B、C、D 四个等级;代表钢材脱氧程度的符号,沸腾钢为(F)、镇静钢为(Z)、特殊镇静钢为(TZ)。其中,镇静钢(Z)和特殊镇静钢(TZ)在钢的牌号组成表示方法中可省略。具体的牌号顺序如下:

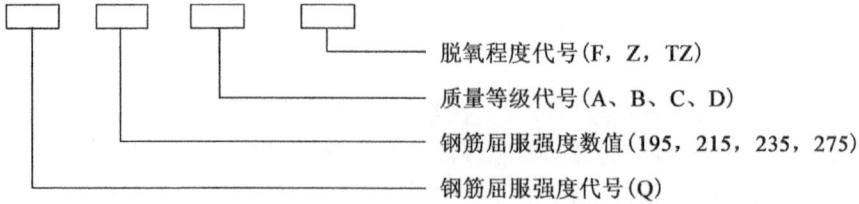

脱氧程度代号(F,Z,TZ)
质量等级代号(A、B、C、D)
钢筋屈服强度数值(195,215,235,275)
钢筋屈服强度代号(Q)

例如:Q235BF 和 Q235AZ 分别表示屈服强度≥235MPa 的质量等级为 B 级的沸腾碳素结构钢和 B 级的镇静碳素结构钢,其中 Q235BZ 也可以省略为 Q235B。

(2)碳素结构钢的性能

根据《碳素结构钢》(GB/T 700—2006)规定,各种牌号的碳素结构钢化学成分、力学性能、冷弯试验指标应分别符合表 2-1、表 2-2 和表 2-3 的要求。

碳素结构钢的化学成分(GB/T 700—2006)   表 2-1

牌号	统一数字代号[①]	等级	厚度(或直径)(mm)	脱氧方法	化学成分(质量分数)(%),不大于				
					C	Si	Mn	P	S
Q195	U11952	—	—	F、Z	0.12	0.30	0.50	0.035	0.040
Q215	U12152	A	—	F、Z	0.15	0.35	1.20	0.045	0.050
	U12155	B							0.045
Q235	U12352	A	—	F、Z	0.22	0.35	1.40	0.045	0.050
	U12355	B			0.20[②]				0.045
	U12358	C		Z	0.17			0.040	0.040
	U12359	D		TZ				0.035	0.035
Q275	U12752	A	—	F、Z	0.24	0.35	1.50	0.045	0.050
	U12755	B	≤40	Z	0.21			0.045	0.045
			>40		0.22				
	U12758	C		Z	0.20			0.040	0.040
	U12759	D		TZ				0.035	0.035

注:①表中为镇静钢、特殊镇静钢牌号的统一数字,沸腾钢牌号的统一数字代号为:

Q195F—U11950;

Q215AF—U12150,Q215BF—U12153;

Q235AF—U12350,Q235BF—U12353;

Q275AF—U12750。

②经需方同意,Q235B 的碳含量可不大于 0.22%。

从表中可以看出:碳素结构钢随着牌号的增大,含碳量和含锰量增加,强度和硬度提高,但伸长率下降,塑性和韧性降低,冷弯性能逐渐变差;同一钢号的钢材,质量等级越高,其硫、磷含量越低,钢材质量越好;特殊镇静钢优于镇静钢。

碳素结构钢的钢号和材质在选用时应根据结构的工作条件、承受的荷载类型、受荷方式、连接方式等各方面进行综合考虑,并以冶炼方法和脱氧程度来区分其品质。

碳素结构钢的力学性能(GB/T 700—2006)　　　　表2-2

牌号	等级	屈服强度$R_{eH}(\sigma_s)$(N/mm²),不小于						抗拉强度$R_m\sigma_b$(N/mm²)	断后伸长率$A(\delta_5)$(%),不小于					冲击试验(V形缺口)	
		厚度(或直径)(mm)							厚度(或直径)(mm)					温度(℃)	冲击吸收功(纵向)(J),不小于
		≤16	>16~40	>40~60	>60~100	>100~150	>150~200		≤40	>40~60	>60~100	>100~150	>150~200		
Q195	—	195	185	—	—	—	—	315~430	33	—	—	—	—	—	—
Q215	A	215	205	195	185	175	165	335~450	31	30	29	27	26	—	—
	B													+20	27
Q235	A	235	225	215	205	195	185	370~500	26	25	24	22	21	—	—
	B													+20	27[3]
	C													0	
	D													-20	
Q275	A	275	265	255	245	225	215	410~540	22	21	20	18	17	—	—
	B													+20	27
	C													0	
	D													-20	

注:①Q195的屈服强度值仅供参考,不作交货条件。

②厚度大于100mm的钢材,抗拉强度下限允许降低20N/mm²。宽带钢(包括剪切钢板)抗拉强度上限不作交货条件。

③厚度小于25mm的Q235B级钢材,如供方能保证冲击吸收功合格,经需方同意,可不做检验。

碳素结构钢的冷弯试验指标(GB/T 700—2006)　　　　表2-3

牌号	试样方向	冷弯试验180°,$B=2a$[1]	
		钢材厚度(或直径)[2](mm)	
		≤60	>60~100
		弯曲压头直径d	
Q195	纵	0	—
	横	0.5a	
Q215	纵	0.5a	1.5a
	横	a	2a
Q235	纵	a	2a
	横	1.5a	2.5a
Q275	纵	1.5a	2.5a
	横	2a	3a

注:①B为试样宽度,a为钢材厚度(或直径)。

②钢材厚度(或直径)大于100mm时,弯曲试验由双方协商确定。

（3）碳素结构钢的应用

碳素结构钢因其性能稳定、易加工、成本低等特点，在土木工程中得到广泛的使用。

Q235 牌号的钢，由于具有较高的强度，良好的塑性、韧性和可焊性，综合性能好，能较好地满足一般钢结构和钢筋混凝土结构的用钢要求，故其是工程用钢最典型、生产和使用量最大、用途最广泛的牌号。其中 Q235A 可用于承受静载作用的钢结构；Q235B 可用于承受动载焊接的普通钢结构；Q235C 可用于承受动载焊接的重要钢结构；Q235D 可用于低温承受动荷载焊接的钢结构。

Q195、Q215 两种牌号的钢，强度较低，但塑性及韧性较好，易于冷加工和焊接，故多用于受荷较小及焊接结构中，常用来制作钢钉、铆钉及螺栓等。

Q275 牌号的钢，强度较高，但塑性、韧性较差，可焊性也差，不易进行冷弯加工，可用来轧制带肋钢筋，制作螺栓配件，用于钢筋混凝土结构及钢结构中，但更多的是用于机械零件和工具等。

2. 低合金高强度结构钢

低合金高强度结构钢是在碳素结构钢的基础上加入小于总量 5% 的合金元素而形成的结构钢，用以提高钢材的强度、耐冲击韧性、耐磨性和耐腐蚀性等。常用的合金元素主要有锰（Mn）、硅（Si）、钒（V）、钛（Ti）等。低合金高强度结构钢是脱氧完全的镇静钢，其强度高于碳素结构钢。

（1）低合金高强度结构钢的牌号及其表示方法

按照国家标准《低合金高强度结构钢》（GB/T 1591—2008）的规定，钢的牌号由屈服强度字母 Q、屈服强度数值、质量等级三个部分按顺序组成，具体的牌号顺序如下：

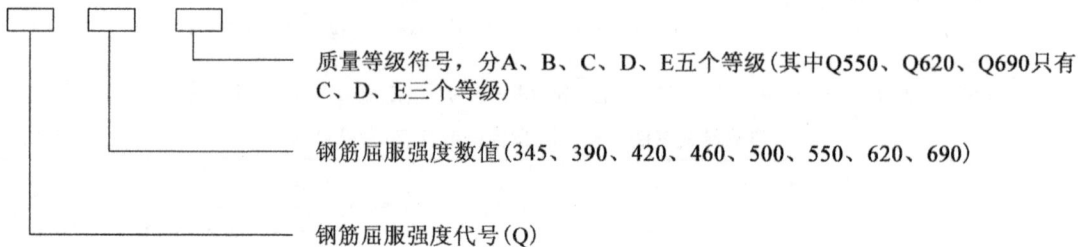

质量等级符号，分 A、B、C、D、E 五个等级（其中 Q550、Q620、Q690 只有 C、D、E 三个等级）

钢筋屈服强度数值（345、390、420、460、500、550、620、690）

钢筋屈服强度代号（Q）

当需方要求钢板具有厚度方向性能时，则在上述规定的牌号后加上代表厚度方向（Z 向）性能级别的符号，例如：Q345DZ15。

（2）低合金高强度结构钢的性能

低合金高强度结构钢的化学成分、力学性能应满足表 2-4 和表 2-5 的规定。

（3）低合金高强度结构钢的应用

低合金高强度结构钢与碳素结构钢相比，具有较高的强度，综合性能较好，在相同使用条件下，可比碳素结构钢节省用钢 20% ～30%，故其对减轻结构自重比较有利；同时低合金高强度结构钢还具有良好的塑性、韧性、可焊性、耐磨性、耐蚀性、耐低温性等优点，有利于延长钢材的服役年限，延长结构的使用寿命。

低合金高强度结构钢主要用于轧制各种型钢、钢板、钢管及钢筋，广泛用于钢结构和钢筋混凝土结构中，由于可以降低结构自重，特别适用于桥梁工程、高层结构、重型工业厂房、大跨度结构等。

牌号	质量等级	化学成分[①][②]（质量分数）（%）														
		C	Si	Mn	P	S	Nb	V	Ti	Cr	Ni	Cu	N	Mo	B	Als
		不大于														
Q345	A	0.20	0.50	1.70	0.035	0.035	0.07	0.15	0.20	0.30	0.50	0.30	0.012	0.10	—	—
	B				0.035	0.035										
	C				0.030	0.030										
	D	0.18			0.030	0.025										
	E				0.025	0.020										
Q390	A	0.20	0.50	1.70	0.035	0.035	0.07	0.20	0.20	0.30	0.50	0.30	0.015	0.10	—	0.015
	B				0.035	0.035										
	C				0.030	0.030										
	D				0.030	0.025										
	E				0.025	0.020										
Q420	A	0.20	0.50	1.70	0.035	0.035	0.07	0.20	0.20	0.30	0.80	0.30	0.015	0.20	—	—
	B				0.035	0.035										
	C				0.030	0.030										
	D				0.030	0.030										
	E				0.025	0.020										
Q460	C	0.20	0.60	1.80	0.030	0.030	0.11	0.20	0.20	0.30	0.80	0.55	0.015	0.20	0.004	0.015
	D				0.030	0.025										
	E				0.025	0.020										
Q500	C	0.18	0.60	1.80	0.030	0.030	0.11	0.12	0.20	0.60	0.80	0.55	0.015	0.20	0.004	0.015
	D				0.030	0.025										
	E				0.025	0.020										
Q550	C	0.18	0.60	2.00	0.030	0.030	0.11	0.12	0.20	0.80	0.80	0.80	0.015	0.30	0.004	0.015
	D				0.030	0.025										
	E				0.025	0.020										
Q620	C	0.18	0.60	2.00	0.030	0.030	0.11	0.12	0.20	1.00	0.80	0.80	0.015	0.30	0.004	0.015
	D				0.030	0.025										
	E				0.025	0.020										
Q690	C	0.18	0.60	2.00	0.030	0.030	0.11	0.12	0.20	1.00	0.80	0.80	0.015	0.30	0.004	0.015
	D				0.030	0.025										
	E				0.025	0.020										

注：①型材及棒材 P、S 含量可提高 0.005%，其中 A 级钢上限可为 0.045%。

②当细化晶粒元素组合加入时，$20(Nb+V+Ti) \leqslant 0.22\%$，$20(Mo+Cr) \leqslant 0.30\%$。

低合金结构钢的拉伸性能（GB/T 1591—2008）

表 2-5

拉伸试验①、②、③

牌号	质量等级	以下公称厚度（直径，边长）下屈服强度 R_{eL}(σ_s)（MPa）									以下公称厚度（直径，边长）抗拉强度 R_m(σ_b)（MPa）							断后伸长率 A（%）公称厚度（直径，边长）					
		≤16mm	>16~40mm	>40~63mm	>63~80mm	>80~100mm	>100~150mm	>150~200mm	>200~250mm	>250~400mm	≤40mm	>40~63mm	>63~80mm	>80~100mm	>100~150mm	>150~250mm	>250~400mm	≤40mm	>40~63mm	>63~100mm	>100~150mm	>150~250mm	>250~400mm
Q345	A	≥345	≥335	≥325	≥315	≥305	≥285	≥275	≥265		470~630	470~630	470~630	470~630	450~600	450~600		≥20	≥19	≥19	≥18	≥17	—
	B	≥345	≥335	≥325	≥315	≥305	≥285	≥275	≥265		470~630	470~630	470~630	470~630	450~600	450~600		≥20	≥19	≥19	≥18	≥17	—
	C	≥345	≥335	≥325	≥315	≥305	≥285	≥275	≥265		470~630	470~630	470~630	470~630	450~600	450~600		≥20	≥19	≥19	≥18	≥17	—
	D	≥345	≥335	≥325	≥315	≥305	≥285	≥275	≥265	≥265	470~630	470~630	470~630	470~630	450~600	450~600	450~600	≥21	≥20	≥20	≥19	≥18	≥17
	E	≥345	≥335	≥325	≥315	≥305	≥285	≥275	≥265	≥265	470~630	470~630	470~630	470~630	450~600	450~600	450~600	≥21	≥20	≥20	≥19	≥18	≥17
Q390	A	≥390	≥370	≥350	≥330	≥330	≥310	—	—	—	490~650	490~650	490~650	490~650	470~620	—	—	≥20	≥19	≥19	≥18	—	—
	B	≥390	≥370	≥350	≥330	≥330	≥310	—	—	—	490~650	490~650	490~650	490~650	470~620	—	—	≥20	≥19	≥19	≥18	—	—
	C	≥390	≥370	≥350	≥330	≥330	≥310	—	—	—	490~650	490~650	490~650	490~650	470~620	—	—	≥20	≥19	≥19	≥18	—	—
	D	≥390	≥370	≥350	≥330	≥330	≥310	—	—	—	490~650	490~650	490~650	490~650	470~620	—	—	≥20	≥19	≥19	≥18	—	—
	E	≥390	≥370	≥350	≥330	≥330	≥310	—	—	—	490~650	490~650	490~650	490~650	470~620	—	—	≥20	≥19	≥19	≥18	—	—
Q420	A	≥420	≥400	≥380	≥360	≥360	≥340	—	—	—	520~680	520~680	520~680	520~680	500~650	—	—	≥19	≥18	≥18	≥18	—	—
	B	≥420	≥400	≥380	≥360	≥360	≥340	—	—	—	520~680	520~680	520~680	520~680	500~650	—	—	≥19	≥18	≥18	≥18	—	—
	C	≥420	≥400	≥380	≥360	≥360	≥340	—	—	—	520~680	520~680	520~680	520~680	500~650	—	—	≥19	≥18	≥18	≥18	—	—
	D	≥420	≥400	≥380	≥360	≥360	≥340	—	—	—	520~680	520~680	520~680	520~680	500~650	—	—	≥19	≥18	≥18	≥18	—	—
	E	≥420	≥400	≥380	≥360	≥360	≥340	—	—	—	520~680	520~680	520~680	520~680	500~650	—	—	≥19	≥18	≥18	≥18	—	—

牌号	质量等级	拉伸试验①②③ 以下公称厚度（直径，边长）下屈服强度 R_{eL}（σ_s）（MPa）									以下公称厚度（直径，边长）抗拉强度 R_m（σ_b）（MPa）							断后伸长率 A（%）公称厚度（直径，边长）					
		≤16mm	>16mm~40mm	>40mm~63mm	>63mm~80mm	>80mm~100mm	>100mm~150mm	>150mm~200mm	>200mm~250mm	>250mm~400mm	≤40mm	>40mm~63mm	>63mm~80mm	>80mm~100mm	>100mm~150mm	>150mm~250mm	>250mm~400mm	≤40mm	>40mm~63mm	>63mm~100mm	>100mm~150mm	>150mm~250mm	>250mm~400mm
Q460	C																						
	D	≥460	≥440	≥420	≥400	≥400	≥380	—	—	—	550~720	550~720	550~720	550~720	530~700	—	—	≥17	≥16	≥16	≥16	—	—
	E																						
Q500	C																						
	D	≥500	≥480	≥470	≥450	≥440	—	—	—	—	610~770	600~760	590~750	540~730	—	—	—	≥17	≥17	≥17	—	—	—
	E																						
Q550	C																						
	D	≥550	≥530	≥520	≥500	≥490	—	—	—	—	670~830	620~810	600~790	590~780	—	—	—	≥16	≥16	≥16	—	—	—
	E																						
Q620	C																						
	D	≥620	≥600	≥590	≥570	—	—	—	—	—	710~880	690~880	670~860	—	—	—	—	≥15	≥15	≥15	—	—	—
	E																						
Q690	C																						
	D	≥690	≥670	≥660	≥640	—	—	—	—	—	770~940	750~920	730~900	—	—	—	—	≥14	≥14	≥14	—	—	—
	E																						

注：①当屈服不明显时，可测量 $R_{p0.2}$ 代替下屈服强度。
②宽度不小于600mm扁平材，拉伸试验取横向试样；宽度小于600mm的扁平材、型材及棒材取纵向试样，断后伸长率最小值相应提高1%（绝对值）。
③厚度大于250~400mm的数值适用于扁平材。

3. 桥梁用结构钢

桥梁用结构钢是桥梁建筑的专用钢,应符合《桥梁用结构钢》(GB/T 714—2008)的规定,在牌号后面加注一个"q"以示区别。该标准规定了桥梁用结构钢的牌号表示方法、订货内容、尺寸、外形、质量及允许偏差、技术要求、试验方法、检测规则、包装、标志和质量证明书。我国桥梁用结构钢由转炉或电炉冶炼,并应进行炉外精炼。

(1)桥梁用结构钢的牌号及其表示方法

钢的牌号由代表屈服强度的汉语拼音字母、屈服强度数值、桥字的汉语拼音字母、质量等级符号等几个部分组成。具体的牌号顺序如下:

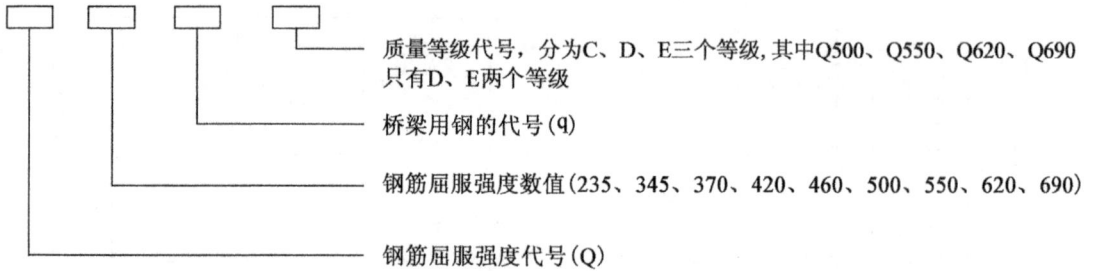

质量等级代号,分为C、D、E三个等级,其中Q500、Q550、Q620、Q690只有D、E两个等级

桥梁用钢的代号(q)

钢筋屈服强度数值(235、345、370、420、460、500、550、620、690)

钢筋屈服强度代号(Q)

例如:Q420qD。

其中:Q——桥梁用钢屈服强度的"屈"字汉语拼音的首位字母;

420——屈服强度数值,单位 MPa;

q——桥梁用钢的"桥"字汉语拼音的首位字母;

D——质量等级为 D 级。

当要求钢板具有耐候性能或厚度方向性能时,则在上述规定的牌号后分别加上代表耐候的汉语拼音字母"NH"或厚度方向(Z 向)性能级别的符号,例如:Q420qDNH 或Q420qDZ15。

(2)桥梁用结构钢的性能

根据工程使用条件和特点,用于桥梁建筑的钢材具有以下技术要求:

①良好的综合力学性能。桥梁结构在使用中承受复杂的交通荷载,同时在无遮盖的条件下还要经受大气条件的严酷环境考验,为此必须具有良好的综合力学性能,即除具有较高的屈服强度与抗拉强度外,还应具有良好的塑性、冷弯性能、抗冲击韧性和抵抗振动应力的疲劳强度以及低温(-40℃)时的冲击韧性。

②良好的焊接性。桥梁钢结构的连接方式主要有铆接和焊接两类,但由于近年焊接技术的发展,桥梁钢结构趋向于采用焊接结构代替铆接结构,以实现加快施工速度和节约钢材的目的。桥梁在焊接后不易整体热处理,因此要求钢材具有良好的焊接性,即焊接的连接部分应具有高强度和高韧性,并应不低于或略低于焊件本身,以防止发生硬化脆裂和内应力过大等现象。

③良好的抗蚀性。桥梁长期暴露于大气中,所以要求桥梁用钢具有良好的抵抗大气因素腐蚀的性能。

为改善桥梁用钢材的性能,可以加入钒、铌、钛、氮等微量元素。桥梁用结构钢的化学成分应满足表 2-6 的要求,力学性能与工艺性能满足表 2-7 的要求。

桥梁用结构钢的化学成分（GB/T 714—2008）

表 2-6

化学成分（%）（不大于）

牌号	质量等级	C	Si	Mn	P	S	Nb	V	Ti	Cr	Ni	Cu	Mo	B	N	Als
Q235q	C	≤0.17	≤0.35	≤1.40	0.030	0.030	—	—	—	0.30	0.30	0.30	—	—	0.012	≥0.015
	D	≤0.17	≤0.35	≤1.40	0.025	0.025	—	—	—	0.30	0.30	0.30	—	—	0.012	≥0.015
	E	≤0.20	≤0.35	≤1.40	0.020	0.010	—	—	—	0.30	0.30	0.30	—	—	0.012	≥0.015
Q345q	C	≤0.18	≤0.55	0.90~1.70	0.030	0.025	0.06	0.08	0.03	0.80	0.50	0.55	0.20	—	0.012	≥0.015
	D	≤0.18	≤0.55	0.90~1.70	0.025	0.020	0.06	0.08	0.03	0.80	0.50	0.55	0.20	—	0.012	≥0.015
	E	≤0.18	≤0.55	0.90~1.70	0.020	0.010	0.06	0.08	0.03	0.80	0.50	0.55	0.20	—	0.012	≥0.015
Q370q	C	≤0.18	≤0.55	1.00~1.70	0.030	0.025	0.06	0.08	0.03	0.80	0.70	0.55	0.35	—	0.012	≥0.015
	D	≤0.18	≤0.55	1.00~1.70	0.025	0.020	0.06	0.08	0.03	0.80	0.70	0.55	0.35	—	0.012	≥0.015
	E	≤0.18	≤0.55	1.00~1.70	0.020	0.010	0.06	0.08	0.03	0.80	0.70	0.55	0.35	—	0.012	≥0.015
Q420q	C	≤0.18	≤0.55	1.00~1.70	0.030	0.025	0.06	0.08	0.03	0.80	0.70	0.55	0.35	—	0.012	≥0.015
	D	≤0.18	≤0.55	1.00~1.70	0.025	0.020	0.06	0.08	0.03	0.80	0.70	0.55	0.35	—	0.012	≥0.015
	E	≤0.18	≤0.55	1.00~1.70	0.020	0.010	0.06	0.08	0.03	0.80	0.70	0.55	0.35	—	0.012	≥0.015
Q460q	C	≤0.18	≤0.55	1.00~1.80	0.030	0.020	0.06	0.08	0.03	0.80	1.00	0.55	0.35	0.004	0.012	≥0.015
	D	≤0.18	≤0.55	1.00~1.80	0.025	0.015	0.06	0.08	0.03	0.80	1.00	0.55	0.35	0.004	0.012	≥0.015
	E	≤0.18	≤0.55	1.00~1.80	0.020	0.010	0.06	0.08	0.03	0.80	1.00	0.55	0.35	0.004	0.012	≥0.015
Q500q	D	≤0.18	≤0.55	1.00~1.70	0.025	0.015	0.06	0.08	0.03	0.80	1.00	0.55	0.40	0.004	0.012	≤0.015
	E	≤0.18	≤0.55	1.00~1.70	0.020	0.010	0.06	0.08	0.03	0.80	1.00	0.55	0.40	0.004	0.012	≤0.015
Q550q	D	≤0.18	≤0.55	1.00~1.70	0.025	0.015	0.06	0.08	0.03	0.80	1.00	0.55	0.40	0.004	0.012	≤0.015
	E	≤0.18	≤0.55	1.00~1.70	0.020	0.010	0.06	0.08	0.03	0.80	1.00	0.55	0.40	0.004	0.012	≤0.015
Q620q	D	≤0.18	≤0.55	1.00~1.70	0.025	0.015	0.06	0.08	0.03	0.80	1.10	0.55	0.60	0.004	0.012	≤0.015
	E	≤0.18	≤0.55	1.00~1.70	0.020	0.010	0.06	0.08	0.03	0.80	1.10	0.55	0.60	0.004	0.012	≤0.015
Q690q	D	≤0.18	≤0.55	1.00~1.70	0.025	0.015	0.09	0.08	0.03	0.80	1.10	0.55	0.60	0.004	0.012	≤0.015
	E	≤0.18	≤0.55	1.00~1.70	0.020	0.010	0.09	0.08	0.03	0.80	1.10	0.55	0.60	0.004	0.012	≤0.015

注：当碳含量大于 0.12%，Mn 含量上限可达到 2.00%。

牌号	质量等级	拉伸试验[①,②]				V 形冲击功[③]		180°弯曲试验 钢材厚度[⑤]	
		下屈服强度 $R_{eL}(\sigma_s)$（MPa）		抗拉强度 $R_m(\sigma_b)$（MPa）	断后伸长率 $A(\delta_5)$（%）	温度（℃）	冲击吸收能力 KV_2（J）		
		厚度（mm）							
		≤50	>50~100					≤16	>16
		不小于					不小于		
Q235q	C	235	225	400	26	0	34	$d=2a$[⑥]	$d=3a$
	D					−20			
	E					−40			
Q345q[④]	C	345	335	490	20	0			
	D					−20			
	E					−40			
Q370q[④]	C	370	360	510	20	0			
	D					−20			
	E					−40			
Q420q[④]	C	420	410	540	19	0			
	D					−20			
	E					−40			
Q460q	C	460	450	570	17	0	47		
	D					−20			
	E					−40			
Q500q	D	500	480	600	16	−20			
	E					−40			
Q550q	D	550	530	660	16	−20			
	E					−40			
Q620q	D	620	580	720	15	−20			
	E					−40			
Q690q	D	690	650	770	14	−20			
	E					−40			

注：①当屈服不明显时，可测量 $R_{p0.2}$ 代替下屈服强度。

②Q235q、Q345q、Q370q、Q420q、Q460q 型钢的拉伸试验取纵向试样，其余取横向试样。

③冲击试验取纵向试样。

④厚度不大于 16mm 的钢材、断后伸长率提高 1%（绝对值）。

⑤钢板和钢带取横向试样。

⑥d 为弯心直径，a 为试样厚度。

（3）桥梁用结构钢的应用

桥梁用结构钢的应用方面，Q235q 的含碳量和硫、磷及氯、氧等杂质含量都低于一般碳素结构钢，具有优良可焊性，专用于焊接桥梁；Q345q、Q370q 和 Q420q 是低合金钢，不仅强度较高，而且塑性、韧性和可焊性等都较好，目前应用广泛，特别是 Q345q 已经成为我国建造钢梁主体结构的基本钢材。

2.4.2 钢筋混凝土结构用钢筋及钢丝

钢筋混凝土结构用钢筋及钢丝是用碳素结构钢或低合金结构钢经加工而成的。目前主要有钢筋混凝土用热轧钢筋、冷轧带肋钢筋，预应力混凝土热处理钢筋、钢丝和钢绞线。

1. 热轧钢筋

热轧钢筋是一种线形钢材，由碳素结构钢或低合金结构钢加工而成。按其表面形状不同分为光圆钢筋和带肋钢筋两类。截面积通常为圆形，钢筋的公称尺寸是与其公称截面积相等的圆的直径。热轧钢筋按其表面特征可分为热轧光圆钢筋（Hot Rolled Plain Steel Bars）和热轧带肋钢筋（Hot Rolled Ribbed Steel Bars）两类。

热轧钢筋在一般钢筋混凝土结构中被大量应用。根据钢筋标准《钢筋混凝土用热轧光圆钢筋》（GB 1499.1—2008）、《钢筋混凝土用热轧带肋钢筋》（GB 1499.2—2008）的规定，热轧钢筋的牌号构成见表 2-8。

热轧钢筋牌号及组成

表 2-8

类　别		牌　号	牌号组成	英文字母含义
热轧光圆钢筋		HPB235	由 HPB + 屈服强度特征值	HPB——热轧光圆钢筋的英文（Hot Rolled Plain Steel Bars）缩写
		HPB300		
热轧带肋钢筋	普通热轧带肋钢筋	HRB335	由 HRB + 屈服强度特征值	HRB——热轧带肋钢筋的英文（Hot Rolled Ribbed Steel Bars）缩写
		HRB400		
		HRB500		
	细晶粒热轧带肋钢筋	HRBF335	由 HRBF + 屈服强度特征值	HRBF——在热轧带肋钢筋的英文缩写后加"细"的英文（Fine）首位字母
		HRBF400		
		HRBF500		

（1）热轧光圆钢筋

热轧光圆钢筋由碳素结构钢轧制，横截面为圆形，表面光滑。热轧光圆钢筋按屈服强度特征值分为 235 级和 300 级，钢筋牌号为 HPB235 和 HPB300 表示。热轧光圆钢筋的公称直径范围为 6~22mm。根据《钢筋混凝土用热轧光圆钢筋》（GB 1499.1—2008），热轧光圆钢筋的化学成分、力学性能和工艺性能要求分别见表 2-9 和表 2-10。

热轧光圆钢筋的化学成分（GB 1499.1—2008）

表 2-9

牌　号	化学成分（质量分数）（%），不大于							
	C	Si	Mn	P	S	Cr	Ni	Cu
HPB235	0.22	0.30	0.65	0.045	0.050	0.30	0.30	0.30
HPB300	0.25	0.55	1.50					

牌号	力学及工艺性能				
	屈服强度 $R_{eL}(\sigma_s)$（MPa）	抗拉强度 $R_m(\sigma_b)$（MPa）	断后伸长率 $A(\delta_5)$（%）	最大力下总伸长率 A_{gt}（%）	180°弯曲试验
HPB235	≥235	≥370	≥25.0	≥10.0	弯曲压头直径 $d=$ 钢筋公称直径 a
HPB300	≥300	≥420			

热轧光圆钢筋属于低强度钢筋，具有塑性好、伸长率高、便于弯折成型、容易焊接等特点，因此被广泛用作中小型钢筋混凝土结构的主要受力钢筋和其他各种钢筋混凝土结构的箍筋以及钢、木结构的拉杆、水泥混凝土路面的传力杆等工程中。盘条钢筋还可作为冷拔低碳钢丝的原料。

（2）热轧带肋钢筋

热轧带肋钢筋是用低合金钢轧制，以硅、锰为主要合金元素，还可加入钒、铌或钛作为固溶或弥散强化元素，其表面带有两条纵肋和沿长度方向均匀分布的横肋。纵肋是平行于钢筋轴线的均匀连续肋，横肋为与纵肋不平行的其他肋；月牙肋钢筋是指横肋的纵截面呈月牙形，且与纵肋不相关的钢筋。根据热轧工艺，热轧带肋钢筋分为普通热轧带肋钢筋（HRB）和细晶粒热轧带肋钢筋（HRBF）两类。

根据《钢筋混凝土用热轧带肋钢筋》（GB 1499.2—2008），热轧带肋钢筋的化学成分、力学性能和工艺性能要求分别见表 2-11 和表 2-12。

热轧带肋钢筋的化学成分（GB 1499.2—2008） 表 2-11

牌 号	化学成分（质量分数）（%），不大于					
	C	Si	Mn	P	S	C_{eq}
HRB(F)335	0.25	0.80	1.60	0.045	0.045	0.52
HRB(F)400						0.54
HRB(F)500						0.55

热轧带肋钢筋的力学性能和工艺性能（GB 1499.2—2008） 表 2-12

牌号	屈服强度 $R_{eL}(\sigma_s)$（MPa）	抗拉强度 $R_m(\sigma_b)$（MPa）	断后伸长率 $A(\delta_5)$（%）	最大力下总伸长率 A_{gt}（%）	180°弯曲试验	
					钢筋公称直径 a	弯曲压头直径 d
HRB(F)335	≥335	≥455	≥17		6~25	$3a$
					28~40	$4a$
					>40~50	$5a$
HRB(F)400	≥400	≥540	≥16	7.5	6~25	$4a$
					28~40	$5a$
					>40~50	$6a$
HRB(F)500	≥500	≥630	≥15		6~25	$5a$
					28~40	$6a$
					>40~50	$7a$

热轧带肋钢筋强度较高,塑性和焊接性能较好,因表面带肋,加强了钢筋与混凝土之间的黏结力。试验证明,用热轧带肋钢筋作为钢筋混凝土结构的受力钢筋,比使用光圆钢筋可节省钢材 40% ~ 50%。因此,热轧带肋钢筋广泛用于大、中型钢筋混凝土结构,如桥梁、水坝、港口工程和房屋建筑结构的主筋。热轧带肋钢筋经冷拉后,也可用作房屋建筑结构的预应力钢筋。目前我国钢筋混凝土结构的主筋多采用 HRB400。而 HRB500 钢筋强度虽高,但塑性和焊接性能较差,多用于预应力钢筋。

2. 冷轧带肋钢筋

冷轧带肋钢筋(Cold Rolled Ribbed Steel Wires and Bars)由热轧圆盘条经冷轧而成,其表面带有沿长度方向均匀分布的三面或两面月牙形横肋。根据《冷轧带肋钢筋》(GB 13788—2008)规定,钢筋牌号由 CRB 和钢筋的抗拉强度最小值构成,C、R、B 分别为冷轧、带肋、钢筋三个词的英文首位字母。其中冷轧带肋钢筋分为 CRB550、CRB650、CRB800、CRB970 四个牌号,其中 CRB550 为普通钢筋混凝土用钢筋,其他牌号钢筋则用于预应力钢筋混凝土。各牌号钢筋的力学和工艺性能应符合表 2-13 的规定。

冷轧带肋钢筋的力学和工艺性能(GB 13788—2008)　　　　　　　　　表 2-13

牌号	屈服强度 $R_{p0.2}$ ($\sigma_{p0.2}$) (MPa)	抗拉强度 R_m (σ_b) (MPa)	伸长率(%) 不小于		弯曲试验 180°	反复弯曲次数	应力松弛 初始应力应相当于 公称抗拉强度的70% 1 000h 松弛率(%) 不大于
			$A_{11.3}$(δ_{10})	A_{100}(δ_{100})			
CRB500	500	550	8.0	—	$D = 3d$	—	—
CRB650	585	650	—	4.0	—	3	8
CRB800	720	800	—	4.0	—	3	8
CRB970	875	970	—	4.0	—	3	8

注:表中 D 为弯曲压头直径,d 为钢筋公称直径。

冷轧带肋钢筋是采用冷加工方法强化的典型产品,与传统的冷拔低碳钢丝相比,具有强度高、塑性好、握裹力强、节约钢材、质量稳定等优点。其中 CRB550 宜作为普通钢筋混凝土结构构件的受力主筋、架立筋和构造钢筋,其他牌号钢筋宜用作中、小型预应力混凝土结构构件的受力主筋。

3. 预应力混凝土用热处理钢筋

预应力混凝土用热处理钢筋是用热轧的螺纹钢筋经淬火和回火等调制处理而成,代号为 RB150。按其螺纹外形分为有纵肋和无纵肋两种。根据《预应力混凝土用热处理钢筋》(GB/T 4463—1984)的规定,其力学性能应符合表 2-14 的要求。

预应力混凝土用热处理钢筋的力学性能(GB/T 4463—1984)　　　　　表 2-14

种　类		公称直径 (mm)	屈服强度 σ_s (MPa)	抗拉强度 σ_b (MPa)	断后伸长率 δ (%)
RB150	40Si$_2$Mn	6	≥1 323	≥1 470	≥6
	48Si$_2$Mn	8.2			
	45Si$_2$Cr	10			

预应力混凝土用热处理钢筋的优点是:强度高,可代替高强钢丝使用;锚固性好,预应力值稳定。主要用于预应力钢筋混凝土轨枕,也可用于预应力梁、板结构及吊车。

4.预应力混凝土用螺纹钢筋

预应力混凝土用螺纹钢筋是一种热轧成带有不连续的外螺纹的直条钢筋,该钢筋在任意截面处,均可用带有匹配形状的内螺纹的连接器或锚具进行连接和锚固。预应力混凝土用螺纹钢筋以屈服强度最小值划分为四个级别。表示方法为:代号 PSB + 规定屈服强度最小值,其中,P、S、B 分别为 Prestressing、Screw、Bars 的英文首字母。四个级别分别为:PSB785、PSB830、PSB930 和 PSB1080。例如 PSB930 表示屈服强度最小值为 930MPa 的预应力混凝土用螺纹钢筋。钢筋的公称直径范围为 18 ~ 50mm,推荐使用公称直径为 25mm 和 32mm 的钢筋。

根据《预应力混凝土用螺纹钢筋》(GB/T 20065—2006)规定,预应力混凝土用螺纹钢筋的化学成分中,要求磷、硫含量不大于 0.035%;钢筋的力学性能应符合表 2-15 的规定。

预应力混凝土用螺纹钢筋的力学性能(GB/T 20065—2006) 表 2-15

级 别	屈服强度 $R_{eL}(\sigma_s)$ (MPa)	抗拉强度 $R_m(\sigma_b)$ (MPa)	断后伸长率 $A(\delta_5)$ (%)	最大力下总伸长率 A_{gt} (%)	应力松弛性能	
	不小于				初始应力	1 000h 后应力松弛率 V_r(%)
PSB785	785	980	7	3.5	0.8R_{eL}	≤3
PSB830	830	1 030	6			
PSB930	930	1 080	6			
PSB1080	1080	1 230	6			

注:无明显屈服时,用规定非比例延伸强度($R_{p0.2}$)代替。

5.预应力混凝土用钢丝和钢绞线

(1)预应力混凝土用钢丝

预应力混凝土用钢丝(Steel Wires for the Prestressing of Concrete)为高强度钢丝,使用优质碳素结构钢经过冷拔或再经回火等工艺处理制成。根据《预应力混凝土用钢丝》(GB/T 5223—2002)规定,预应力混凝土用钢丝按加工状态分为冷拉钢丝(WCD)和消除应力钢丝两类;消除应力钢丝按松弛性能又分为低松弛级(WLR)和普通松弛级(WNR)两种;钢丝按外形可分为光圆钢丝(P)、螺旋肋钢丝(H)和刻痕钢丝(I)三种。

预应力钢丝的标记内容为:预应力钢丝、公称直径、抗拉强度等级、加工状态代号、外形代号、标准号。例如,直径为 4.00mm,抗拉强度为 1670MPa,冷拉光圆钢丝,其标记为:

预应力钢丝 4.00-1670-WCD-P-GB/T 5223—2002。

经低温回火消除应力后钢丝的塑性比冷拉钢丝要高,刻痕钢丝是经压痕轧制而成,刻痕后与混凝土握裹力大,可减少混凝土上的裂缝。预应力钢丝的力学性能符合表 2-16、表 2-17 和表 2-18 的规定。

预应力混凝土用钢丝为高强度钢丝,具有强度高、柔性好、无接头、质量稳定可靠、施工方便、不需冷拉、不需焊接等优点。可用于大跨度屋架、吊车梁等大型构件及 V 形折板等。

预应力混凝土用冷拉钢丝的力学性能（GB/T 5223—2002）　　表 2-16

公称直径（mm）	抗拉强度 R_m（MPa）不小于	规定非比例伸长应力 $R_{p0.2}$（MPa）不小于	最大力下总伸长率 A_{gt}（%）（$L_0=200mm$）不小于	弯曲次数（次/180°）	弯曲半径 R（mm）	断面收缩率 Z（%）不小于	每210扭矩的扭转次数 n 不小于	初始应力相当于70%公称抗拉强度时，1000h后应力松弛率 r（%）不大于
3.00	1 470	1 100			7.5	—	—	
4.00	1 570	1 180		4	10		8	
	1 670	1 250				35	8	
5.00	1 770	1 330	1.5		15			8
6.00	1 470	1 100			15		7	
7.00	1 570	1 180		5	20	30	6	
	1 670	1 250						
8.00	1 770	1 330			20		5	

预应力混凝土用消除应力光圆及螺旋肋钢丝的力学性能（GB/T 5223—2002）　　表 2-17

公称直径（mm）	抗拉强度 R_m（MPa）不小于	规定非比例伸长应力 $R_{p0.2}$（MPa）不小于 WLR	WNR	最大力下总伸长率 A_{gt}（%）（$L_0=200mm$）不小于	弯曲次数（次/180°）	弯曲半径 R（mm）	应力松弛性能 初始应力相当于公称抗拉强度的百分数（%）	1000h后应力松弛率 r（%）不大于 WLR	WNR
								对所有规格	
4.00	1 470	1 290	1 250		3	10			
	1 570	1 380	1 330				60	1.0	4.5
4.80	1 670	1 470	1 410		4	15			
	1 770	1 560	1 500						
5.00	1 860	1 640	1 580						
6.00	1 470	1 290	1 250			15			
	1 570	1 380	1 330		4		70	2.0	8
6.25	1 670	1 470	1 410	3.5		20			
7.00	1 770	1 560	1 500			20			
8.00	1 470	1 290	1 250			20			
					4				
9.00	1 570	1 380	1 330			25			
10.00						25			
	1 470	1 290	1 250		4		80	4.5	12
12.00						30			

预应力混凝土用消除应力的刻痕钢丝的力学性能（GB/T 5223—2002）　表2-18

公称直径（mm）	抗拉强度 R_m（MPa）不小于	规定非比例伸长应力 $R_{p0.2}$（MPa）不小于		最大力下总伸长率 A_{gt}（%）（$L_0=200$mm）不小于	弯曲次数（次/180°）	弯曲半径 R（mm）	应力松弛性能		
							初始应力相当于公称抗拉强度的百分数（%）	1000h后应力松弛率 r（%）不大于	
		WLR	WNR					WLR	WNR
								对所有规格	
≤5.00	1 470	1 290	1 250	3.5	3	15	60	1.0	4.5
	1 570	1 380	1 330						
	1 670	1 470	1 410						
	1 770	1 560	1 500				70	2.0	8
	1 860	1 640	1 580						
>5.00	1 470	1 290	1 250			20	80	4.5	12
	1 570	1 380	1 330						
	1 670	1 470	1 410						
	1 770	1 560	1 500						

（2）预应力混凝土用钢绞线

预应力混凝土用钢绞线（Steel Strand for Prestressed Concrete）是以数根冷拉光圆钢丝或刻痕钢丝经绞捻和消除内应力的热处理后制成。根据《预应力混凝土用钢绞线》（GB/T 5224—2003）的规定，钢绞线按其所用钢丝种类和根数不同分为五类：1×2、1×3、1×3I、1×7和（1×7）C。其中 I 表示刻痕钢丝，C 表示捻制又经模拔的钢绞线。预应力钢绞线的标记内容为：预应力钢绞线、结构代号、公称直径、强度级别、标准号。例如，公称直径为 15.20mm、强度级别为 1860MPa 的七根钢丝捻制的标准型钢绞线，其标记为：

预应力钢绞线 1×7-15.20-1860-GB/T 5224—2003。

钢绞线用钢的化学成分应符合 YB/T 146—1998、YB/T 170 系列的规定；钢绞线的力学性能应符合《预应力混凝土用钢绞线》（GB/T 5224—2003）的规定。

预应力混凝土用钢丝和钢绞线均属于冷加工强化及热处理钢材，拉伸试验时没有屈服点，但其抗拉强度却远远大于热轧及冷轧钢筋，并具有较好的柔韧性，且应力松弛率低，质量稳定，施工简便。两者均呈盘条状供应，松卷后可自行伸直，使用时可按要求长度切断，主要用于大跨度桥梁、屋架、吊车梁、电杆、轨枕等预应力混凝土结构。

2.4.3　钢材的选用

为了保证承重结构的承重能力，防止出现脆性破坏，应根据工程结构的重要性、荷载特征、连接方法、使用环境、应力状态和钢材的厚度等因素综合考虑，选用合适牌号和质量等级的钢材，以确保工程结构的安全可靠和经济实用。一般在选用钢材时应遵循如下原则。

（1）直接承受动力荷载的构件和结构

对于直接承受动力荷载的构件和结构（如吊车梁、工作平台梁或直接承受车辆荷载的栈桥构件等）、重要的构件或结构（如桁架、屋面楼面大梁、框架横梁及其他受拉力较大的类似结构和构件等），易产生应力集中，引起疲劳破坏，需选用韧性好、疲劳强度较高的钢材。

（2）承受静力荷载的受拉、受弯焊接构件和结构

对于承受静力荷载的受拉、受弯焊接构件和结构，宜选用较薄的型钢和板材。当选用的型钢或板材的厚度较大时，宜采用质量较高的钢材，以防止钢材中较大的残余拉应力和缺陷与外力共同作用形成三向拉应力场，引起脆性破坏。

（3）处于低温环境中的结构

对于经常处于低温环境中的结构，钢材易发生冷脆断裂，特别是焊接结构，应特别注意化学成分对钢材性能的影响。要选用可焊性较好的钢材，以确保焊接质量。

钢材的选用还应考虑建筑或结构的重要性，对具有纪念性的建筑、重荷载大跨度的结构以及其他重要的建筑结构，必须选用材质好的钢材。同时钢材的力学性能一般会随厚度的增大而降低，钢材经多次轧制后，其晶体组织更加致密，强度提高，质量变好。故结构工程用钢材，其厚度一般不宜超过 40mm。

2.5　钢材的腐蚀与防护

我国每年因钢材腐蚀而损失大量的钢材，不仅如此，腐蚀还会使钢材的强度降低、塑性减小、时效性变差等，对钢材的性能产生不利影响。尤其在钢结构工程中，腐蚀会使建筑物的寿命缩短，甚至发生事故。因此，钢材的防护尤为重要。

2.5.1　钢材的腐蚀

钢材的腐蚀是指钢材的表面与周围介质发生化学作用或电化学作用而遭到侵蚀破坏的过程。钢材的腐蚀普遍存在，如大气中的生锈、酸雨的侵蚀等。腐蚀不仅使钢筋混凝土结构中的钢筋及钢结构构件有效断面减小，而且会形成程度不同的锈坑、锈斑，造成应力集中，加速结构破坏。若受到冲击荷载、循环交变荷载作用，将产生锈蚀疲劳现象，使钢材疲劳强度大为降低，甚至出现脆性断裂。特别是钢结构，在使用期间应引起重视。

钢材锈蚀的主要影响因素有环境湿度、温度、侵蚀介质的性质及数量、钢材材质及表面状况等。根据钢材与环境介质的作用机理分为化学腐蚀和电化学腐蚀两类。

1. 化学腐蚀

化学腐蚀（Chemical Rust）是指钢材与周围介质（如氧气、二氧化碳、二氧化硫和水等）发生化学反应，生成疏松的氧化物而产生的腐蚀。腐蚀反应速度随温度、湿度提高而加快。一般在干燥环境中，锈蚀进展缓慢，但在温度或湿度较高的环境条件下，锈蚀速度会大大加快。

2. 电化学锈蚀

电化学锈蚀（Electrochemical Rust）是指钢材与电解质溶液接触而产生电流，形成原电池而引起的腐蚀。电化学腐蚀是建筑钢材在存放和使用中发生腐蚀的主要形式。钢材由不同的晶体组织构成，并含有杂质，由于这些成分的电极电位不同，当有电解质溶液存在时，形成许多微电池。在阳极区，铁被氧化成 Fe^{2+} 离子进入水膜；在阴极区，溶于水膜中的氧将被还原为 OH^- 离子；随后二者结合生成不溶于水的 $Fe(OH)_2$，并进一步氧化成为疏松易剥落的红棕色铁锈 $Fe(OH)_3$。

2.5.2　钢材的防护

钢材锈蚀是促使钢结构及钢筋混凝土结构早期破坏，直接影响结构耐久性的主要因素之

一,现已引起世界各国的广泛关注和高度重视。钢材的腐蚀既有内部因素的作用,又有外部介质的影响,防止钢材的腐蚀应从改变钢材的材质、隔离外部介质和改变钢材表面的电化学性能3个方面着手。

1. 常用的防腐方法

具体的防腐方法有采用耐候钢、给钢材添加保护层两种。

(1)采用耐候钢防腐

耐候钢是一种耐大气腐蚀钢,是在碳素钢和低合金钢中添加少量铜、铬、镍、钼等合金元素而制成的。这种钢在大气作用下可在钢材表面形成一种致密的保护层,既起到防腐作用,又有良好的焊接性能,其强度级别与常用碳素钢和低合金钢一致,技术指标相近。耐候钢的牌号、化学成分、力学性能和工艺性能可参见《耐候结构钢》(GB/T 4171—2008)。

(2)保护层防腐

保护层防腐是一种通过在钢材表面施加保护层,使其与周围介质隔离,从而达到防止腐蚀目的的方法。保护层可分为金属保护层和非金属保护层两种。

①金属保护层。用耐蚀性较强的金属,以电镀或喷镀的方法覆盖钢材表面,提高钢材的耐腐蚀能力。常用的方法有镀锌、镀锡、镀铜、镀铬等。

②非金属保护层。用有机或无机物质在钢材表面作保护层,使钢材与外部环境隔离,从而起到防腐作用。常用的是在钢材表面涂刷各种防腐涂料(油漆、聚氨酯、聚脲),此方法简单易行,但不耐久,在使用过程中需要注意对其进行定期检查、修补或更新。此外,还可采用塑料保护层、沥青保护层及搪瓷保护层等。

2. 实际工程中常用的防腐措施

(1)钢结构

钢结构防止腐蚀常用的方法是表面刷漆。刷漆通常有底漆、中间漆和面漆三道。底漆要求有较好的附着力和防锈能力,常用的有红丹、环氧富锌漆、云母氧化铁和铁红环氧底漆等。中间漆为防锈漆,常用的有红丹、铁红等。面漆要求有较好的牢度和耐候性,能保护底漆不受损伤或风化,常用的有灰铅、醇酸磁漆和酚醛磁漆等。

钢材表面涂刷漆时,一般为一道底漆、一道中间漆和两道面漆。要求高时可增加一道中间漆或面漆。使用防锈涂料时,应注意钢构件表面的除锈,注意底漆、中间漆和面漆的匹配。

(2)混凝土结构

混凝土中的氯盐外加剂和空气会造成钢筋的腐蚀,引起钢筋混凝土结构的整体性能下降。为了防止钢筋的锈蚀,应保证钢筋外层的混凝土的密实度和厚度,减少钢筋与空气的接触,限制氯盐外加剂的掺量并使用阻锈剂。另外在不影响钢筋使用的情况下,也可在钢筋表面进行涂层防护,如镀锌、涂覆环氧树脂等。对于预应力混凝土用钢筋由于易被腐蚀,故应禁止使用氯盐类外加剂。

【案例分析 2-1】 哈尔滨某钢桥因材质问题而开裂

(1)工程概况

哈尔滨滨州线松花江大钢桥,桥跨结构为 8×77m + 11×33.5m,铆接结构。该桥 1901 年由前苏联建造,1914 年发现裂缝,裂缝大部分在钢板的边缘或铆钉周围,呈辐射状。

(2)原因分析

经试验证明,该桥钢材是从比利时买进的马丁炉钢,脱氧不够,氧化铁及硫增加了钢材的脆性,特别是金相颗粒不均匀,不适合低温加工母材,冷弯试验在90℃时已开裂,到180℃时还有断裂发生,且钢材边缘发现夹层。该批钢材的冷脆临界温度为0℃,而使用时最低气温为-40℃,这是造成裂缝的主要原因。当时得出结论有四点:①该桥的实际负荷不大;②大部分裂纹不在受力处;③钢材的金相分析表明材质不均匀;④各部分构件受力情况较好,所以钢桥可以继续使用。

【案例分析2-2】 中国东北某发电厂钢屋架脆裂

(1)工程概况

1972年,东北地区某发电厂施工过程中,36m钢屋架加工完毕运至施工现场后,发现85%的运送单元在下弦转角节点处产生不同程度的裂缝,其中有两条裂缝延伸到远离热影响区的部位,长110mm,宽0.1~0.2mm。因发现早未造成大的损失。

(2)原因分析

经试验和测量检测,造成脆裂的原因有:材质不合格,低温冲击韧性差以及汇交于节点板上各杆之间的空隙过小,低温焊接产生了较大的残余应力。

【案例分析2-3】 钢屋架倾斜弯曲事故

(1)工程概况

某轧钢车间为5跨单层工业厂房,其主轧跨全部采用钢屋架,共118榀,跨度36m。在屋架安装中,发现有2榀已安装固定的屋架上弦中点倾斜分别为57mm和36mm,下弦中点分别弯曲21mm和7mm,其倾斜度大大超过施工及验收规范允许偏差(2 800/250-11.2mm),但不大于15mm的范围。

(2)原因分析

造成屋架倾斜和弯曲的原因是:屋架侧向刚度差,在焊接支撑时有移动现象,检测不严格,下弦本身焊接时存在弯曲但未予以纠正。

【案例2-4】 比利时阿尔贝特运河上多座钢桥脆性断裂

(1)工程概况

第二次世界大战前夕,在比利时的阿尔贝特(Albert)运河上建造了约50座全焊接拱形空腹式桁架钢桥。材料为比利时9t42转炉钢。

①跨度为48.78m的长里华大桥在-14℃时脆断;

②1938年3月,跨度74.5m的哈瑟尔特全焊接拱形空腹式钢桥在交付使用1年后,当一辆电车和几个行人通过时,突然断裂为3段,坠入阿尔贝特运河,当时气温为-20℃。

③1940年1月,跨度60.98m的亥伦脱尔—奥兰(Herenthals-Olen)大桥破坏,当时的气温为-14℃,其中有一条裂缝长达2.1m,宽为25mm。

(2)原因分析

据统计,自1938年至1950年在比利时共有14座大桥断裂,其中有6座桥梁属负温下冷脆断裂,大部分在下弦与桥墩支座的连接处断裂且应力处于极限状态。归纳大桥断裂的原因主要有四点:应力集中、残余应力、低温和冲击韧性值太小。

【案例分析2-5】 美国肯帕体育馆因高强螺栓疲劳而塌落

(1)工程概况

美国肯帕体育馆建于1974年,承重结构为三个立体钢框架,屋盖钢桁架悬挂在立体框架梁上,每个悬挂节点用4个A490高强螺栓连接。1979年6月4日晚,高强螺栓断裂,屋盖中心部分突然塌落。

（2）原因分析

该体育馆的悬挂节点按静载条件设计，设计恒载 $1.27kN/m^2$，活载 $1.22kN/m^2$，每个螺栓设计受荷 238.1kN，而每个螺栓的设计承载力为 362.8kN，破坏荷载为 725.6kN。按照屋盖发生破坏时的荷载，每个螺栓实际受力 136～181kN。因此，在静载条件下，高强螺栓不会发生破坏。

而在风荷载作用下，屋盖钢桁架与立体框架梁间产生相对移动，使吊管式悬挂节点连接中产生弯矩，从而使高强螺栓承受了反复荷载。而高强螺栓受拉疲劳强度仅为其初始最大承载力的 1/3。另外，螺栓在安装时没有拧紧，连接件中各钢板没有紧密接触。综上分析该体育馆倒塌的主要原因为：高强螺栓在风载作用下，塑料垫层的徐变使螺栓预拉力受到损失，从而加剧了螺栓的疲劳破坏。

复习思考题

2-1　建筑钢材有哪些主要的力学性能和工艺性能？

2-2　低碳钢的拉伸试验分为哪几个阶段，各阶段的应力—应变有何特点？

2-3　钢材的屈服强度、屈强比的含义是什么，其在工程中有何意义？

2-4　钢材的伸长率和断面收缩率的含义是什么，其在工程中有何意义？

2-5　钢材的冷加工和时效对钢材性能有何影响？

2-6　钢材的冲击韧性与哪些因素有关，何谓冷脆临界温度和时效敏感性？

2-7　含碳量对钢材的力学性能有什么影响，硅、锰、硫、磷、氮、钛元素对钢材的性能有什么影响？

2-8　碳素结构钢的牌号如何表示，为什么 Q235 号钢被广泛用于土木工程中？

2-9　说明 Q235AF、Q345E、Q500qD 所属的钢种及各符号的含义。

2-10　钢筋混凝土结构用的热轧钢筋和冷轧钢筋有几种牌号？适宜何种用途？

2-11　钢材的腐蚀分为哪几种，如何预防钢筋的腐蚀？

第3章 无机胶凝材料

内容提要

本章主要讲述无机胶凝材料的分类、品种、技术要求及选用;主要包括:气硬性胶凝材料的石灰、石膏、水玻璃的技术性质及应用;水硬性胶凝材料着重介绍了通用硅酸盐水泥和其他品种水泥。包括各品种水泥的技术性质及其影响因素。学习本章后,读者能够结合工程实际环境选用最恰当的水泥品种,分析水泥及制品质量的优劣与原因。

学习目标

通过本章学习,掌握主要气硬性胶凝材料的硬化机理、性质和主要用途,了解它们的原材料和生产;掌握硅酸盐水泥的熟料矿物组成、技术性质、凝结硬化机理及水泥石的腐蚀与防止等。熟悉掺混合材料硅酸盐水泥的性质特点、质量要求、选用原则等。了解其他水泥品种及其性质和使用特点。

通常,将经过一系列物理、化学作用,能由液体或半固体(泥膏状)变为坚硬的固体,并能把松散物质黏结成整体的材料称为胶凝材料(Cementitious Materials)。胶凝材料根据其化学组成,可分为无机胶凝材料(Inorganic Gelling Material)和有机胶凝材料(Organic Gelling Material)两大类。有机胶凝材料以天然的或合成的有机高分子化合物为基本成分。常用的有沥青、天然树脂及特种合成树脂等。无机胶凝材料则以无机化合物为基本成分,按照其硬化条件,又可分为气硬性无机胶凝材料和水硬性无机胶凝材料。气硬性胶凝材料是只能在空气中(干燥条件下)硬化,且只能在空气中保持或继续发展其强度的材料,如石灰、石膏、水玻璃。水硬性胶凝材料是不仅能在空气中硬化,在水中能够更好的硬化并保持强度的材料,如水泥等。

常用的胶凝材料分类如下:

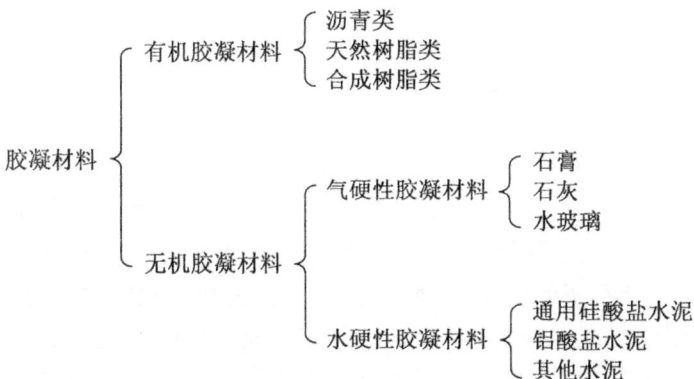

$$
\text{胶凝材料}
\begin{cases}
\text{有机胶凝材料}
\begin{cases}
\text{沥青类} \\
\text{天然树脂类} \\
\text{合成树脂类}
\end{cases} \\[4ex]
\text{无机胶凝材料}
\begin{cases}
\text{气硬性胶凝材料}
\begin{cases}
\text{石膏} \\
\text{石灰} \\
\text{水玻璃}
\end{cases} \\[3ex]
\text{水硬性胶凝材料}
\begin{cases}
\text{通用硅酸盐水泥} \\
\text{铝酸盐水泥} \\
\text{其他水泥}
\end{cases}
\end{cases}
\end{cases}
$$

3.1 气硬性胶凝材料

3.1.1 石灰

石灰(Lime)是土木工程上使用最早的一种无机气硬性胶凝材料,因其原材料蕴藏丰富,生产设备简单、成本低廉、使用方便,所以至今在土木工程中仍得到广泛应用。

《建筑生石灰》(JC/T 479—2013)中规定,生石灰(Quicklime)是由石灰石(包括钙质石灰石和镁质石灰石)焙烧而成,呈块状、粒状或粉状,化学成分主要为氧化钙,可和水发生放热反应生成消石灰。

按氧化镁含量的多少,建筑生石灰分为钙质石灰(Calcium Lime)和镁质石灰(Magnesian Lime)两类:钙质石灰主要由氧化钙或氢氧化钙组成,而不添加任何水硬性的或火山灰质的材料;镁质石灰主要由氧化钙和氧化镁($MgO > 5\%$)或氢氧化钙和氢氧化镁组成,而不添加任何水硬性的或火山灰质的材料。

根据石灰成品的加工方法不同,石灰有以下四种成品。

生石灰:由石灰石煅烧成的白色或浅灰色疏松结构块状物,主要成分为 CaO。

生石灰粉:由块状生石灰磨细而成。

消石灰粉:将生石灰用适量水经消化和干燥而成的粉末,主要成分为 $Ca(OH)_2$,亦称熟石灰。

石灰膏:将块状生石灰用过量水(约为生石灰体积的 $3 \sim 4$ 倍)消化,或将消石灰粉和水拌和,所得达一定稠度的膏状物,主要成分是 $Ca(OH)_2$ 和水。

1. 石灰的原材料及生产

石灰主要有两个来源:一是以碳酸钙 $CaCO_3$ 为主要成分的矿物、岩石(如方解石、石灰岩、大理石)或贝壳,经燃烧而得生石灰 CaO;另一个来源是化工副产品,如用碳化钙(电石)制取乙炔时产生的电石渣。其主要成分是 $Ca(OH)_2$,即熟石灰,或者用氨碱法制碱所得的残渣,其主要成分为碳酸钙。

石灰石原料在适当的温度下燃烧,碳酸钙分解,释放出 CO_2,得到以 CaO 为主要成分的生石灰,其煅烧反应式如下:

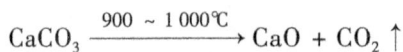

$$CaCO_3 \xrightarrow{900 \sim 1\,000℃} CaO + CO_2 \uparrow$$

由于石灰原料中会含有一些碳酸镁,故生石灰中还有一些 MgO,$MgO \leqslant 5\%$ 的石灰称为钙质石灰,否则称为镁质石灰。

生石灰质量轻,表观密度为 $800 \sim 1\,000kg/m^3$,密度约为 $3.2g/cm^3$,色质洁白或略带灰色。石灰在生产过程中,应严格控制燃烧温度的高低及分布和石灰石原料的尺寸大小,否则容易产生"欠火石灰"和"过火石灰"。欠火石灰外部为正常煅烧的石灰,内部尚有未分解的石灰石内核,不仅降低石灰的利用率,而且有效氧化钙和氧化镁含量低,黏结能力差。过火石灰是由于煅烧温度过高,煅烧时间过长所致,其颜色较深,密度较大,颗粒表面部分被玻璃状物质或釉状物所包覆,造成过火石灰与水的作用减慢,如在工程中使用会影响工程质量。

2.石灰的熟化及硬化

（1）石灰的熟化（消化）

工地上在使用石灰时，通常将石灰加水，使之消解为膏状或粉末状的消石灰，这个过程称为石灰的"消化"或"熟化"，即：

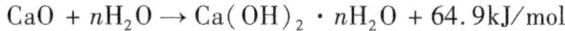

$$CaO + nH_2O \rightarrow Ca(OH)_2 \cdot nH_2O + 64.9kJ/mol$$

伴随着消化过程，放出大量的热，并且体积迅速增加 $1.0 \sim 2.5$ 倍。煅烧良好且 CaO 含量高的生石灰熟化较快，放热量和体积增大也较多。

石灰熟化的方法一般有两种：石灰浆法和消石灰粉法。

①石灰浆法。将块状生石灰在化灰池中用过量的水（约为生石灰体积的 $2.5 \sim 3$ 倍）熟化成石灰浆，然后通过筛网进入储灰坑。生石灰熟化时，放出大量的热，使熟化速度加快，但温度过高且水量不足时，会造成 $Ca(OH)_2$ 凝聚在 CaO 周围，阻碍熟化进行，而且还会产生逆方向，所以要加入大量的水，并不断搅拌散热，控制温度不致过高。生石灰中也常含有过火石灰。为了使石灰熟化得更充分，尽量消除过火石灰的危害，石灰浆应在储灰坑中存放两星期以上，这个过程称为石灰的陈伏。陈伏期间，石灰浆表面应保持有一层水，使之与空气隔绝，避免 $Ca(OH)_2$ 碳化。石灰浆在储灰坑中沉淀后，除去上层水分，即可得到石灰膏。石灰膏的表观密度为 $1\,300 \sim 1\,400kg/m^3$，它是土木工程中砌筑砂浆和抹面砂浆常用的材料之一。

②消石灰粉法。这种方法是将生石灰加适量的水熟化成消石灰粉。生石灰熟化成消石灰理论需水量为生石灰质量的 32.1%，由于一部分水分会蒸发掉，所以实际加水量较多（60% ~ 80%），这样可使生石灰充分熟化，又不致过湿成团。工地上常采用喷壶分层喷淋等方法进行消化。人工消化石灰，劳动强度大，效率低，质量不稳定，目前多在工厂中用机械加工方法将生石灰熟化成消石灰粉，再供应使用。

消石灰粉也需放置一段时间，使其进一步熟化后使用。消石灰粉可用于拌制灰土及三合土，因其熟化不一定充分，一般不宜用于拌制砂浆及灰浆。

（2）石灰的硬化

石灰浆在空气中逐渐硬化，硬化过程是同时进行的物理及化学变化过程：

①干燥硬化。石灰浆在使用过程中，因游离水分逐渐蒸发和被砌体吸收，引起溶液某种程度的过饱和，使 $Ca(OH)_2$ 逐渐结晶析出，促进石灰浆体的硬化，与逐渐失去水分的胶体结合成固体。但结晶数量很少，产生的强度很低。若遇水氢氧化钙微溶于水，强度丧失。

②碳化硬化。氢氧化钙与空气中的二氧化碳反应生成碳酸钙晶体称为碳化。其反应如下：

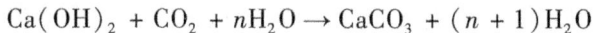

$$Ca(OH)_2 + CO_2 + nH_2O \rightarrow CaCO_3 + (n+1)H_2O$$

生成的碳酸钙具有相当高的强度。由于空气中二氧化碳的浓度很低，因此碳化过程极为缓慢，碳化作用在长时间内仅限于表层，随着时间的增长，碳化层的厚度逐渐增加，增加的速度决定于石灰浆体与空气接触的条件。当石灰浆体含水率过少，处于干燥状态时，碳化反应几乎停止；石灰浆体含水率多时，孔隙中几乎充满水，二氧化碳气体难以渗透，碳化作用仅在表面进行，生成的碳酸钙达到一定厚度时，阻碍二氧化碳向内渗透，同时也阻碍内部水分向外蒸发，从而减慢了碳化速度。

【**案例分析3-1**】 石灰砂浆层拱起开裂现象

（1）工程概况

某住宅使用石灰厂处理的下脚石灰进行粉刷。数月后粉刷层多处向外拱起，还看见一些裂缝,请分析原因。

(2)原因分析

石灰厂处理的下脚石灰往往含有过烧的 CaO 或较高的 MgO,其水化速度慢于正常的石灰,这些过烧的氧化钙或氧化镁在已经水化硬化的石灰砂浆中缓慢水化,体积膨胀,就会导致砂浆层拱起和开裂。

3. 石灰的特性

(1)保水性好

熟石灰粉或石灰膏与水拌和后,石灰浆中 $Ca(OH)_2$ 颗料极细(直径约为 $1\mu m$),表面吸附一层较厚水膜呈胶体分散状态,保持水分不泌出的能力较强,即保水性好。由于颗粒数量多,总表面积大,可吸附大量水,这是保水性较好的主要原因。混合水泥砂浆中加入石灰浆,使其可塑性显著提高,能显著提高砂浆的和易性。

(2)凝结硬化慢、强度低

由于石灰是气硬性胶凝材料,在空气中进行硬化时,碳酸钙和氢氧化钙的生产量少且缓慢,并且硬化后的强度也不高。试验表明,1:3 的石灰砂浆 28d 抗压强度通常只有 $0.2 \sim 0.5MPa$。

(3)耐水性差

在石灰硬化中,大部分仍然是尚未碳化的氢氧化钙,由于氢氧化钙结晶易溶于水,因而耐水性差,在潮湿环境中强度会更低,遇水还会溶解溃散,所以石灰不宜用于潮湿环境,也不宜用于重要建筑物基础。

(4)硬化时体积收缩大

石灰在硬化过程中,蒸发出大量水分,引起体积显著收缩,易出现干缩裂缝。所以,除调制成石灰乳做薄层粉刷外,石灰不宜单独使用,一般要掺入砂、纸筋、麻刀等加强材料,这样既可以限制收缩,又能节约石灰。

4. 石灰的技术性质和要求

石灰的质量要求有氧化钙和氧化镁(CaO、MgO)含量、细度、二氧化碳含量、生石灰产浆量、未消化残渣量和体积安定性等,建筑生石灰的分类见表3-1,其化学成分及物理性质见表3-2;建筑消石灰的分类见表3-3,其化学成分及物理性质见表3-4。值得注意的是,石灰中的氧化钙分为"结合氧化钙"和"游离氧化钙"两类,结合氧化钙是在煅烧过程中生成的钙盐,如硅酸钙、铝酸钙和铁酸钙,在石灰中不起胶凝作用。游离氧化钙是石灰中的胶结成分,它又分为"活性"和"非活性"两种,非活性氧化钙是由石灰过烧造成的,可通过粉碎变成活性氧化钙,活性氧化钙是主要胶结成分。通常优等品、一等品适用于饰面层和中间涂层;合格品仅用于砌筑。

建筑生石灰的分类(JC/T 479—2013)　　　　　　　　　表3-1

类　别	名　称	代　号
钙质石灰	钙质石灰 90	CL 90
	钙质石灰 85	CL 85
	钙质石灰 75	CL 75
镁质石灰	镁质石灰 85	ML 85
	镁质石灰 80	ML 80

注:CL-钙质石灰;90-(CaO + MgO)百分含量。

名　　称	氧化钙＋氧化镁（CaO＋MgO）（％）	氧化镁（MgO）（％）	二氧化碳（CO$_2$）（％）	三氧化硫（SO$_3$）（％）	产浆量（dm^3·10kg^{-1}）	细度（％）	
						0.2mm筛余量	90μm筛余量
CL 90-Q CL 90-QP	≥90	≤5	≤4	≤2	≥26 —	— ≤2	— ≤7
CL 85-Q CL 85-QP	≥85	≤5	≤7	≤2	≥26 —	— ≤2	— ≤7
CL 75-Q CL 75-QP	≥75	≤5	≤12	≤2	≥26 —	— ≤2	— ≤7
ML 85-Q ML 85-QP	≥85	＞5	≤7	≤2	— —	— ≤2	— ≤7
ML 80-Q ML 80-QP	≥80	＞5	≤7	≤2	— —	— ≤7	— ≤2

注:Q-生石灰块状;QP-粉状。

建筑消石灰的分类(JC/T 481—2013) 　表3-3

类　别	名　称	代　号
钙质消石灰	钙质消石灰90	HCL 90
	钙质消石灰85	IICL 85
	钙质消石灰75	HCL 75
镁质消石灰	镁质消石灰85	HML 85
	镁质消石灰80	HML 80

注:建筑消石灰分类按扣除游离水和结合水后(CaO＋MgO)百分含量加以分类。

消石灰化学成分及物理性质(JC/T 481—2013)(％) 　表3-4

名　称	氧化钙＋氧化镁（CaO＋MgO）	氧化镁（MgO）	三氧化硫（SO$_3$）	游离水	安定性	细　度	
						0.2mm筛余量	90μm筛余量
HCL 90	≥90	≤5	≤2	≤2	合格	≤2	≤7
HCL 85	≥85	≤5	≤2	≤2	合格	≤2	≤7
HCL 75	≥75	≤5	≤2	≤2	合格	≤2	≤7
HML 85	≥85	＞5	≤2	≤2	合格	≤2	≤7
HML 80	≥80	＞5	≤2	≤2	合格	≤2	≤2

5.石灰的应用和储存

石灰在工程中的用途很广,现介绍如下几个方面。

（1）石灰乳涂料和石灰砂浆

将熟化好的石灰膏或消石灰粉加入适量的水稀释成石灰乳,是一种廉价易得的涂料,主要用于内墙和天棚刷白,能为室内增白添亮,我国农村也用于外墙。石灰乳中可加入各种耐碱颜料、掺入少量磨细粒化高炉矿渣或粉煤灰,可提高其耐水性;掺入聚乙烯醇、干酪素、氯化钙或明矾,可减少涂层粉化现象。将石灰膏、水泥、砂加水拌制成混合砂浆,可用于墙体砌筑、抹面工程或桥梁工程中的圬工砌体;将石灰膏、砂加水拌制成石灰砂浆,也可掺入纸筋、麻刀或有机纤维,用于内墙或顶面抹面。石灰乳和石灰砂浆应用于吸水性较大的基面(如普通黏土砖)上时,应事先将基面润湿,以免石灰浆脱水过速而成为干粉,丧失胶结能力。

（2）石灰稳定类材料

灰土是消石灰粉与黏土拌和而成,也称为石灰土,再加砂或石屑、炉渣等即成三合土。将灰土或三合土分层夯实后,作为广场或道路的基层及简易面层,在农村亦用作房屋的墙体。道路工程的半刚性基层可用石灰稳定土或矿料(如砂、砂砾、石屑等),或与工业废渣(如粉煤灰、煤渣、高炉矿渣等)做成综合稳定的结构层。石灰稳定土中生石灰量占土的质量为8%～10%。石灰工业废渣稳定土基层是利用工业废料为主要材料修建的,其黏结料为石灰和黏土,工业废渣作为活性材料,有时可掺加碎石、砾石或碎砖为粗集料。石灰粉煤灰稳定土称为二灰土,若稳定砂砾、碎石或矿渣时则称为二灰砂砾、二灰碎石或二灰矿渣等。石灰与粉煤灰使用的比例为1:2～1:4,石灰粉煤灰与细粒土的比例为30:70～90:10,石灰粉煤灰与集料的比例一般为20:80～15:85。它的特点是强度较高,板体性和水稳定性好,但其缺点是会干缩开裂、不耐磨耗,故不宜用作面层,只能作为基层和底基层使用。

（3）硅酸盐混凝土及其制品

硅酸盐混凝土是以石灰与硅质材料(如砂、粉煤灰、磨细的煤矸石、页岩、工业废渣等)为主要原料,经蒸汽养护或蒸压养护得到的产品,其主要产物为水化硅酸钙。常用的硅酸盐混凝土制品有各种粉煤灰砖及砌块、灰砂砖及砌块、加气混凝土等,主要应用于墙体材料。

（4）生石灰的储存

生石灰会吸收空气中的水分和二氧化碳,生成碳酸钙粉末,从而失去黏结力。所以在工地上储存时要防止受潮,且不宜放太多、太久。另外石灰熟化时要放出大量的热,因此应将生石灰与可燃物分开保管,以免引起火灾。通常进场后可立即陈伏,将储存期变为熟化期。

3.1.2 建筑石膏

石膏是以硫酸钙为主要成分的气硬性胶凝材料。由于石膏胶凝材料及其制品具有许多优良的性质,且原料来源丰富、生产能耗低,因而在建筑工程中得到广泛应用。石膏胶凝材料品种很多,主要有建筑石膏(Construction Gypsum)、高强石膏、无水石膏、高温煅烧石膏等。

1.建筑石膏的生产

生产石膏胶凝材料的原料主要是天然石膏和化工石膏。天然石膏有天然二水石膏,又称软石膏或生石膏,是含有两个结晶水的硫酸钙($CaSO_4 \cdot 2H_2O$),呈质密块状或纤维状,后者称纤维石膏;还有天然无水石膏($CaSO_4$),又称硬石膏,不含结晶水,呈质密块状或粒状。化学石膏也称工业副产石膏,是指工业生产中由化学反应生成的以硫酸钙(含0～2个结晶水)为主要成分的副产品或废渣,磷素化学肥料和复合肥料生产是产生工业副产石膏的一个大行业,燃煤锅炉烟道气石灰石法/石灰湿法脱硫、萤石用硫酸分解制氟化氢、发酵法制柠檬酸都产生工业副产石膏,分别为脱硫石膏、磷石膏、氟石膏、柠檬酸石膏,此外还有芒硝石膏、硼石膏和盐石膏等。

生产石膏胶凝材料主要工序有破碎、加热与磨细。因原材料质量不同、煅烧时压力与温度不同,所得到的石膏及其结构和特性也不相同。

天然石膏在常压下加热温度达到 107 ~ 170℃时,二水石膏脱水变为 β 型半水石膏($CaSO_4 \cdot 1/2H_2O$)(即建筑石膏,又称熟石膏),加热过程通常是在炒锅或回转窑中进行。β型半水石膏结晶细小,分散度高,其中杂质含量较少、白度较高常用于制作模型和花饰,称模型石膏,它在陶瓷工业中用作成型的模型。石膏生产反应式为:

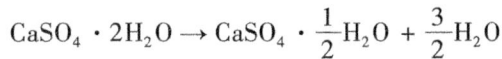

$$CaSO_4 \cdot 2H_2O \rightarrow CaSO_4 \cdot \frac{1}{2}H_2O + \frac{3}{2}H_2O$$

高品位的天然二水石膏在具有 0.13MPa、120 ~ 140℃的饱和水蒸气条件下的蒸压釜中蒸炼,得到 α 型半水石膏,α 型半水石膏结晶较粗,生成的半水石膏是粗大而密实的晶体,水化后具有较高强度,故称高强石膏。

此外还有溶性硬石膏、不溶性硬石膏、煅烧石膏等,但在建筑中应用多的是建筑石膏。

2. 建筑石膏的水化与硬化

建筑石膏粉与水调和成均匀浆体,起初具有可塑性,但很快就失去塑性并产生强度,发展成为有强度的固体,这个过程称为石膏的水化和硬化。

半水石膏与水反应,又还原成二水石膏,水化反应式如下:

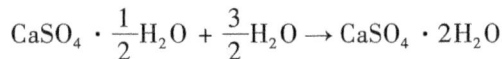

$$CaSO_4 \cdot \frac{1}{2}H_2O + \frac{3}{2}H_2O \rightarrow CaSO_4 \cdot 2H_2O$$

由于二水石膏在水中的溶解度小于半水石膏,故二水石膏很快在溶液中达到饱和,形成胶体微粒并且不断转变为晶体析出。二水石膏的析出破坏了原来半水石膏溶解的平衡状态,这时半水石膏会进一步溶解,以补偿二水石膏析晶而在液相中减少的硫酸钙含量。如此不断地进行半水石膏的溶解和二水石膏的析出,直到半水石膏完全水化为止。同时浆体中的自由水分由于水化和蒸发而不断减少,浆体的稠度不断增加,晶体微粒间的搭接、连生和交错,致使黏结逐步增强,浆体逐步失去可塑性,这个过程称为凝结过程。这一过程不断进行,完全失去塑性,形成强度并且干燥,这个过程称为硬化过程。

浆体的水化、凝结、硬化是一个连续进行的过程,只是为了理解将其拆为三个过程。将从加水开始拌和一直到浆体刚开始失去可塑性的过程称为浆体的初凝,对应的这段时间称为初凝时间;将从加水拌和开始一直到浆体完全失去可塑性,并开始产生强度的过程称为浆体的硬化,对应的这段时间称为浆体的终凝时间。

3. 建筑石膏的技术性质与特性

1)建筑石膏的技术性质

建筑石膏是白色粉末状,密度为 2.60 ~ 2.75g/cm³,堆积密度为 800 ~ 1 000kg/m³。《建筑石膏》(GB/T 9776—2008)将建筑石膏按原材料种类分为天然建筑石膏(N)、脱硫建筑石膏(S)和磷建筑石膏(P)三类;按2h强度(抗折)分为3.0、2.0、1.6 三个等级;按产品名称、代号、等级及标准编号的顺序标记。如等级为 2.0 的天然建筑石膏标记为:建筑石膏 N2.0 GB/T 9776—2008。建筑石膏组成中 β 半水硫酸钙的含量(质量分数)应不小于 60.0%,其物理力学性能应符合表 3-5 要求。

建筑石膏的技术指标 表 3-5

等 级	细度(0.2mm 方孔筛筛余)(%)	凝结时间(min)		2h 强度(MPa)	
		初凝时间	终凝时间	抗折强度	抗压强度
3.0				≥3.0	≥6.0
2.0	≤10	≥3	≤30	≥2.0	≥4.0
1.6				≥1.6	≥3.0

2)建筑石膏的技术特性

(1)凝结硬化快

建筑石膏与水拌和后,在常温下一般数分钟即可初凝,30min 以内即可达终凝,一星期左右完全硬化。通过改变半水石膏的溶解度和溶解速度可调整凝结时间,若要延缓凝结时间,可掺入缓凝剂,如柠檬酸、硼酸以及它们的盐,或用亚硫酸盐酒精废液、淀粉渣、明胶、醋酸钙等;若要加速建筑石膏的凝结,则可掺入促凝剂,如氯化钠、氯化镁、硅氟酸钠、各种硫酸盐(硫酸铁除外)等。

(2)水化硬化体孔隙率大、强度较低

建筑石膏的水化,理论需水量只占半水石膏质量的 18.6%,但实际上为使石膏浆体具有一定的可塑性,往往需加水到 60% ~80%,多余的水分在硬化过程中逐渐蒸发,在硬化后的石膏浆体中产生大量的孔隙,一般孔隙率为 50% ~60%,因此建筑石膏硬化后,表观密度较小,强度较低。

(3)隔热保温、隔音吸声性能良好,但耐水性较差

石膏硬化体孔隙均为微小的毛细孔,导热系数一般较低,为 0.121 ~0.205W/(m·K),是好的绝热材料,表面微孔使声音传导或反射的能力也显著下降,从而具有较强的吸声能力;软化系数仅为 0.3 ~0.45,故应用于相对湿度不大于 70% 的环境中,若要在潮湿环境中使用,建筑石膏制品中需掺入防水剂和耐水性好的集料,从而避免二水石膏在水中溃散。

(4)防火性能良好

建筑石膏制品的主要成分为二水石膏,火灾时,石膏结晶水吸收热量并蒸发,在制品表面形成蒸汽幕,能有效阻止火势的蔓延或赢得宝贵的疏散和灭火时间,这是建筑石膏制品的独特性质,其他室内装修材料无法与之相比。

(5)硬化时体积略有膨胀,装饰性好

建筑石膏硬化时体积略有膨胀,膨胀值为 0.5% ~1.0%,可不掺加填料而单独使用,这种微膨胀性使制品表面光滑饱满,不干裂、细腻平整、颜色洁白,制品尺寸准确、轮廓清晰,具有很好的装饰性。

(6)一定的调温调湿性

建筑石膏制品中有大量微细毛细孔,具有吸湿与保湿功能,其含水率随环境温度和湿度的变化而改变,水分蒸发和吸收速度维持动态平衡,形成一个合适的室内气候,可起到调节室内湿度的作用。同时由于其导热系数小、热容量大,形成舒适的表面温度,改善室内温度。

（7）施工性很好

建筑石膏制品可钉、可刨、可钻、可贴，施工与安装灵活方便。另外，建筑石膏粉在储运时必须注意防潮，储存时间不得过长，一般不得超过三个月。

根据以上性能特点，建筑石膏在建筑上的主要用途有：配制石膏砂浆或灰浆用做室内高级抹灰；生产各种轻质墙板（如纸面石膏板、石膏空心条板、石膏砌块等），用做框架结构中的围护材料；制作各种装饰石膏板、石膏浮雕花饰、雕塑制品等，用于建筑装饰装修工程。建筑石膏储运中要防止受潮。一般存放 3 个月后，强度会降低约 30%。

3.1.3 水玻璃

1. 水玻璃生产

水玻璃（Sodium Silicate）又称泡花碱，是碱金属氧化物和二氧化硅结合而成的一种溶解于水的透明的玻璃状溶合物，常用的有钠水玻璃和钾水玻璃，分子式分别为 $Na_2O \cdot nSiO_2$ 和 $K_2O \cdot nSiO_2$。

水玻璃按其形态可分为液体水玻璃和固体水玻璃两种。液体水玻璃无色透明，当含有不同杂质时可呈青灰色、绿色或微黄色等，可以与水按任意比例混合而成不同浓度的溶液，浓度越稠黏结力越强；固体水玻璃的形状呈块状、粒状或粉状。

水玻璃生产有干法和湿法两种。湿法是石英砂和苛性钠溶液在压蒸釜内用蒸汽加热、搅拌生成液体水玻璃；干法是将磨细的石英砂和碳酸钠在温度 $1\,300 \sim 1\,400℃$ 的熔炉中得到的固体水玻璃，在压蒸釜内将水蒸气引入到固体水玻璃中得到液体水玻璃。

水玻璃分子式中，n 称为水玻璃的模数，是氧化硅和氧化钠的分子比，其大小决定水玻璃的品质及其应用性能。模数低的固体水玻璃较易溶于水，但晶体组分较多，黏结能力较差。水玻璃的模数增高，胶体组分也相应增加，黏度越大，越难溶于水。模数为 1 的水玻璃溶解于常温水中，模数大于 3 的水玻璃须在 4 个大气压以上蒸汽中才溶解，模数一般在 $1.5 \sim 3.5$ 之间，常用 $2.6 \sim 2.8$。在液体水玻璃中加入尿素，在不改变其黏度条件下能提高黏结力。

2. 水玻璃硬化与特性

水玻璃溶液在空气中吸收 CO_2 形成无定形硅胶，并逐渐干燥而硬化，其反应为：
$$Na_2O \cdot nSiO_2 + CO_2 + mH_2O \rightarrow Na_2CO_3 + nSiO_2 \cdot mH_2O$$
但此硬化过程极慢，可通过加热或掺入促硬剂加速硬化，常用促硬剂为氟硅酸钠（Na_2FSi_6），促使硅胶加速析出，硬化反应式如下：
$$2SiO_2 \cdot nH_2O + Na_2FSi_6 + mH_2O \rightarrow 6NaF + (2n + 1)SiO_2 \cdot mH_2O$$
氟硅酸钠适宜掺量为水玻璃质量的 $12\% \sim 15\%$。氟硅酸钠用量不仅影响硬化速度，而且能提高强度和耐水性，但因氟硅酸钠有毒，施工操作时要注意安全防护。

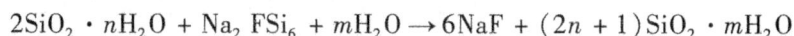

3. 水玻璃特性和应用

利用水玻璃的上述性能，水玻璃胶凝材料在土木工程中具有下列特性和用途。

（1）涂刷建筑材料表面，提高密实度和抗风化能力。

用水将水玻璃稀释，多次涂刷或浸渍材料表面，可提高材料的抗风化能力或使其密实度和强度提高。如果在液体水玻璃中加入适量尿素，在不改变其黏度情况下可提高黏结力 25% 左右。此方法对黏土砖、硅酸盐制品、水泥混凝土等含 $Ca(OH)_2$ 的材料效果良好。不能用于涂刷或浸渍石膏制品，因为 $Na_2O \cdot nSiO_2$ 与 $CaSO_4$ 反应生成 Na_2SO_4，Na_2SO_4 在制品孔隙中结晶，结晶时体积膨胀,引起制品开裂破坏。

(2)配制成耐热砂浆和耐热混凝土。

水玻璃可与耐热集料等一起来配制成耐热砂浆和耐热混凝土。

(3)配制成耐酸砂浆和耐酸混凝土。

水玻璃可与耐酸集料等一起来配制成耐酸砂浆和耐酸混凝土。

(4)加固地基。

将水玻璃溶液与氯化钙溶液交替注入土体内,两者反应析出硅酸胶体,能起胶结和填充孔隙的作用,并可阻止水分的渗透,提高土体的密度和强度。

(5)以水玻璃为基料,配制各种防水剂。

水玻璃能促进水泥凝结,如在水泥中掺入约为水泥质量 0.7 倍的水玻璃,初凝为 2min,可直接用于堵塞漏洞、缝隙等局部抢修。因凝结过速,不宜配制水泥防水砂浆用于屋面和地面刚性防水。

(6)在水玻璃中加入 2~5 种矾,能配制各种快凝防水剂。

常见的矾有蓝矾、明矾、红矾、紫矾等。防水剂的配制方法为选取 2 种、3 种、4 种或 5 种矾各 1 份溶于 60 份 100℃ 的水中,冷却至 50℃ 后,投入 400 份水玻璃中搅拌均匀即可。这种防水剂分别称为二矾、三矾、四矾或五矾防水剂。

(7)配制水玻璃矿渣砂浆,修补砖墙裂缝。

将液体水玻璃、粒化高炉矿渣粉、砂和氟硅酸钠按一定比例配合,压入砖墙裂缝。粒化高炉矿渣粉的加入不仅起填充及减少砂浆收缩的作用,还能与水玻璃起化学反应,成为增进砂浆强度的一个因素。

3.2 通用硅酸盐水泥

水泥(Cement)是一种粉末状材料,当它与水或适当的盐溶液混合后,在常温下经过一定的物理化学作用,能由浆体状逐渐凝结硬化,并且具有强度,同时能将砂、石等散粒材料或砖、砌块等块状材料胶结为整体。水泥是一种良好的矿物胶凝材料,它与石灰、石膏、水玻璃等气硬性胶凝材料不同,不仅能在空气中硬化,而且在水中能更好地硬化,并保持和发展其强度。因此,水泥是一种水硬性胶凝材料。

水泥的品种很多,按其主要水硬性矿物名称可分为硅酸盐系水泥、铝酸盐系水泥、硫铝酸盐系水泥、铁铝酸盐系水泥、磷酸盐系水泥等。按水泥的用途及性能,可分为通用硅酸盐水泥、专用水泥与特性水泥三类,见表 3-6。其中在土木工程中生产量最大、应用最广的是通用硅酸盐水泥。本章主要介绍通用硅酸盐水泥,并在此基础上简要介绍其他品种水泥。

| 水 泥 分 类 | | 表 3-6 |

分　类	主要品种
通用硅酸盐水泥	硅酸盐水泥、普通硅酸盐水泥、矿渣硅酸盐水泥、火山灰质硅酸盐水泥、粉煤灰硅酸盐水泥、复合硅酸盐水泥
专用水泥	油井水泥、砌筑水泥、耐酸水泥、耐碱水泥、道路水泥等
特性水泥	白色硅酸盐水泥、快硬硅酸盐水泥、铝酸盐水泥、硫铝酸盐水泥、抗硫酸盐水泥、膨胀水泥、自应力水泥等

《通用硅酸盐水泥》(GB 175—2007)对通用硅酸盐水泥定义为,以硅酸盐水泥熟料和适量石膏、规定的混合材料制成的水硬性胶凝材料。通用硅酸盐水泥按混合材料的品种和掺量分为硅酸盐水泥、普通硅酸盐水泥、矿渣硅酸盐水泥、火山灰质硅酸盐水泥、粉煤灰硅酸盐水泥和复合硅酸盐水泥。

3.2.1 硅酸盐水泥

硅酸盐水泥(Silicate Cement)分为两种类型,不掺加混合材料的称Ⅰ型硅酸盐水泥,代号为P·Ⅰ。在硅酸盐水泥粉磨时掺加不超过水泥质量5%的石灰石或粒化高炉矿渣混合材料的称Ⅱ型硅酸盐水泥,代号为P·Ⅱ。其他品种的硅酸盐类水泥,都是在此基础上加入一定量的混合材料,或者适当改变水泥熟料的成分而形成的。

1.硅酸盐水泥生产和矿物组成

(1)水泥生产工艺

生产硅酸盐水泥的原料主要是石灰质原料(如石灰石、白垩等)和黏土质原料(如黏土、黄土和页岩等)两类,一般常配以辅助原料(如铁矿石、砂岩等)。石灰质原料主要提供 CaO,黏土质原料主要提供 SiO_2、Al_2O_3 及少量的 Fe_2O_3,辅助原料常用以校正 Fe_2O_3 或 SiO_2 的不足。

硅酸盐水泥的生产过程分为制备生料、煅烧熟料、粉磨水泥 3 个主要阶段,该生产工艺过程如下:石灰质原料和黏土质原料按适当的比例配合,有时为了改善烧成反应过程还加入适量的铁矿石和矿化剂,将配合好的原材料在磨机中磨成生料,然后将生料入窑煅烧成熟料。以适当成分的生料,煅烧至部分熔融得到以硅酸钙为主要成分的物料称为硅酸盐水泥熟料。

熟料再配以适量的石膏,或根据水泥品种要求掺入混合材料,入磨机磨至适当细度,即制成水泥。整个水泥生产工艺过程可概括为"两磨一烧",如图 3-1 所示。水泥生料的配合比例不同,将直接影响硅酸盐水泥熟料的矿物成分比例和主要技术性能,水泥生料在窑内的烧成(燃烧)过程,是保证水泥熟料质量的关键。

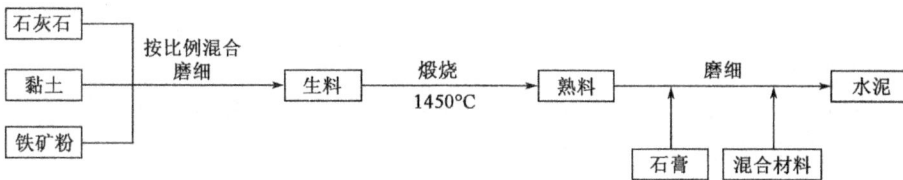

图 3-1　硅酸盐水泥基本生产工艺过程

水泥生料的烧成,在达到 1 000℃时各种原料完全分解出水泥中的有用成分,主要是氧化钙(CaO)、二氧化硅(SiO_2)、三氧化二铝(Al_2O_3)、三氧化二铁(Fe_2O_3)。其中,在 800℃左右,少量分解出的氧化物已开始发生固相反应,生成铝酸一钙、少量的铁酸二钙及硅酸二钙。900～1 100℃时,硅酸三钙和铁铝酸四钙开始形成;1 100～1 200℃时,大量形成铝酸三钙和铁铝酸四钙,硅酸二钙生成量最大;1 300～1 450℃时,铝酸三钙和铁铝酸四钙呈熔融状态,产生的液相把 CaO 及部分硅酸二钙溶解于其中,在此液相中,硅酸二钙吸收 CaO 化合成硅酸三钙。这是煅烧水泥的最关键一步,物料必须在高温下停留足够的时间,使物料中游离的氧化钙被吸收掉,以保证水泥熟料的质量。烧成的水泥熟料经过迅速冷却,即得水泥熟料颗粒。

(2)硅酸盐水泥熟料的矿物组成

硅酸盐水泥熟料的主要矿物有以下 4 种,其矿物组成及含量的大致范围见表 3-7。表 3-7

中,前两种矿物称为硅酸盐矿物,一般占总量的 75% ~82% ;后两种矿物称为熔剂矿物,一般占总量的 18% ~25% 。

水泥熟料化学组成　　　　　　　　　　　　　　　　　　表 3-7

氧化物名称	化 学 式	缩 写 式	一般含量范围
氧化钙	CaO	C	62% ~67%
氧化硅	SiO_2	S	20% ~24%
氧化铝	Al_2O_3	A	4% ~7%
氧化铁	Fe_2O_3	F	2.5% ~6.0%

硅酸盐水泥熟料主要由 4 种矿物组成,其名称和含量范围见表 3-8。

水泥熟料矿物组成　　　　　　　　　　　　　　　　　　表 3-8

矿物名称	化 学 式	简 写 式	一般含量范围
硅酸三钙	$3Ca \cdot SiO_2$	C_3S	37% ~60%
硅酸二钙	$2Ca \cdot SiO_2$	C_2S	15% ~37%
铝酸三钙	$3Ca \cdot Al_2O_3$	C_3A	7% ~15%
铁铝酸四钙	$4Ca \cdot Al_2O_3 \cdot Fe_2O_3$	C_4AF	10% ~18%

这 4 种矿物成分的主要特征如表 3-9 所示。

硅酸盐水泥熟料矿物水化特性　　　　　　　　　　　表 3-9

矿物名称	硅酸三钙	硅酸二钙	铝酸三钙	铁铝酸四钙
水化与硬化速度	快	慢	最快	快
28d 水化放热量	多	少	最多	中
强度	高	早期低、后期高	低	低

C_3S 的水化速率较快,水化热较大,且主要在早期放出;强度最高,且能不断得到增长,是决定水泥强度高低的最主要矿物。

C_2S 的水化速率最慢,水化热最小,主要在后期放出;早期强度不高,但后期强度增长率较高,是保证水泥后期强度的最主要矿物。

C_3A 的水化速率极快,水化热最大,且主要在早期放出,硬化时体积减缩也最大;早期强度增长率很快,但强度不高,而且以后几乎不再增长,甚至降低。

C_4AF 的水化速率较快,水化热中等,强度较低;脆性较其他矿物为小,当含量增多时,有助于水泥抗折强度的提高。

各矿物的抗压强度随时间的增长情况如图 3-2 所示。由上述可知,几种矿物成分的性质不同,它们在熟料中的相对含量改变时,水泥的技术性质也随之改变。例如,要使水泥具有快硬高强的性能,应适当提高熟料中 C_3S 及 C_3A 的相对含量;若要求水泥的水化放热量较低,可适当提高 C_2S 及 C_4AF 的含量而控制 C_3S 及 C_3A 的含量。因此,掌握硅酸盐水泥熟料中各矿物成分的含量及特性,就可以大致了解该水泥的性能特点。

除以上 4 种主要矿物成分外,硅酸盐水泥中尚有少量其他成分,常见的有氧化镁(MgO)、三氧化硫(SO_3)、游离氧化钙(f-CaO)、碱等。

水泥熟料的放热曲线如图 3-3 所示。

2.硅酸盐水泥的水化反应及机理

水泥加水拌和后,开始时是具有一定流动性或可塑性的浆体,经自身的物理化学变化逐渐变稠失去可塑性,但尚不具有强度,此过程称为水泥的"凝结"。随时间的继续增长产生明显的强度并逐渐发展成为坚硬的人造石——水泥石。这一过程称为水泥的"硬化"。凝结和硬化是人为地划分的,实际上是一个连续且复杂的物理化学变化过程。

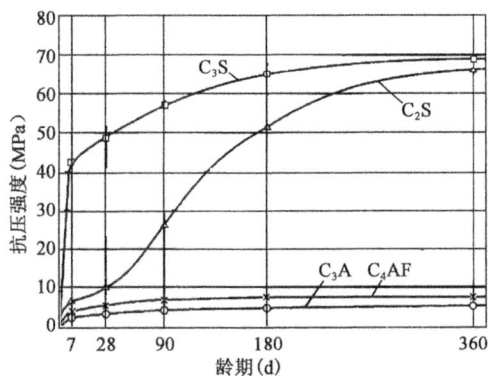

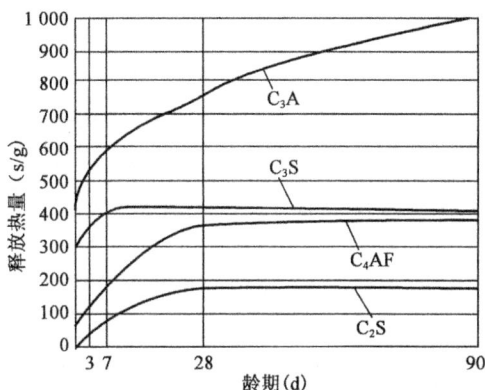

图 3-2 水泥熟料的强度增长曲线　　　　　图 3-3 水泥熟料的放热曲线

(1)硅酸盐水泥的水化

水泥加水后,水泥颗粒被水所包围,表面的熟料矿物立即与水发生化学反应称为"水化"(Hydration),生成新的水化物,并放出一定热量。

①硅酸三钙。硅酸三钙与水反应时,其反应式如下

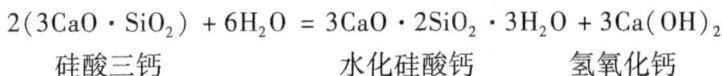

$$2(3CaO \cdot SiO_2) + 6H_2O = 3CaO \cdot 2SiO_2 \cdot 3H_2O + 3Ca(OH)_2$$
硅酸三钙　　　　　　水化硅酸钙　　　　氢氧化钙

硅酸三钙水化速度很快,生成的水化硅酸钙几乎不溶于水,以胶体微粒析出,并逐渐凝聚成凝胶体(称为 C-S-H 凝胶);硅酸钙水解释放出的氢氧化钙在溶液中很快达到饱和,呈六方晶体析出。

②硅酸二钙。硅酸二钙与水反应时,其反应式如下

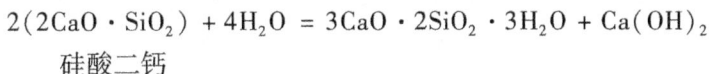

$$2(2CaO \cdot SiO_2) + 4H_2O = 3CaO \cdot 2SiO_2 \cdot 3H_2O + Ca(OH)_2$$
硅酸二钙

如果水泥处在常温养护时,硅酸二钙与水相遇水化生成水化硅酸钙,其反应速度很慢,水化放热量小,产物中氢氧化钙也较少。

③铝酸三钙。铝酸三钙在水中具有较高的溶解度,可以迅速水化,生成大量水化铝酸钙立方晶体。在氢氧化钙饱和溶液中还能与氢氧化钙进一步反应,生成六方晶体的水化铝酸四钙。其大小和数量均增长较快,其反应式如下。

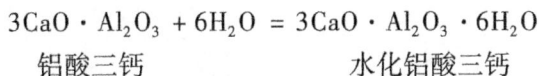

$$3CaO \cdot Al_2O_3 + 6H_2O = 3CaO \cdot Al_2O_3 \cdot 6H_2O$$
铝酸三钙　　　　　　　　水化铝酸三钙

④铁铝酸四钙。与水拌和后,也迅速形成水化铝酸钙六方晶体,同时还生成水化铁酸钙。

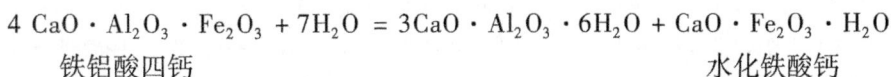

$$4CaO \cdot Al_2O_3 \cdot Fe_2O_3 + 7H_2O = 3CaO \cdot Al_2O_3 \cdot 6H_2O + CaO \cdot Fe_2O_3 \cdot H_2O$$
铁铝酸四钙　　　　　　　　　　　　水化铁酸钙

⑤石膏($CaSO_4 \cdot 2H_2O$)。纯铝酸三钙与水反应是很强烈的,导致水泥浆立即凝结,为避

免发生此现象,常掺入适量(约3% ~5%)的石膏,以便调节凝结时间。石膏溶于溶液中,与水化铝酸三钙二次反应,生成三硫型水化硫铝酸钙($3CaO \cdot Al_2O_3 \cdot 3CaSO_4 \cdot 32H_2O$)针状晶体,简称钙矾石(Ettringite),常用 AFt 表示。当石膏消耗完后,部分钙矾石将转变为单硫型水化硫铝酸钙($3CaO \cdot Al_2O_3 \cdot CaSO_4 \cdot 12H_2O$)晶体,常用 AFm 表示。在充分水化的水泥石中,C-S-H 凝胶约占70%,$Ca(OH)_2$约占20%,钙矾石和单硫型水化硫铝酸钙约占7%。

(2)硅酸盐水泥的凝结硬化过程

水泥的凝结硬化一般按水化反应速率和水泥浆体结构特征分为:初始反应期、潜伏期、凝结期和硬化期4个阶段见表3-10。

水泥凝结硬化时的4个阶段　　　　表3-10

凝结硬化阶段	一般的放热反应速度	一般的持续时间	主要的物理化学变化
初始反应期	168J/(g·h)	5 ~ 10min	初始溶解和水化
潜伏期	4.2J/(g·h)	1h	凝胶体膜层围绕水泥颗粒成长
凝结期	在6h内逐渐增加到21J/(g·h)	6h	膜层增厚,水泥颗粒进一步水化
硬化期	在24h内逐渐降低到4.2J/(g·h)	6h至若干年	凝胶体填充毛细孔

①初始反应期。水泥与水接触立即发生水化反应,C_3S水化生成的$Ca(OH)_2$溶于水中,溶液 pH 值迅速增大至13左右,当溶液达到过饱和后,$Ca(OH)_2$开始结晶析出。同时暴露在颗粒表面的C_3A溶于水,并与溶于水的石膏反应,生成钙矾石结晶析出,附着在水泥颗粒表面。这一阶段大约经过10min,约有1%的水泥发生水化。

②潜伏期。在初始反应期之后,有1~2h的时间,由于水泥颗粒表面形成水化硅酸钙凝胶和钙矾石晶体构成的膜层阻止了与水的接触,使水化反应速度很慢,这一阶段水化放热小,水化产物增加不多,水泥浆体仍保持塑性。

③凝结期。在潜伏期中,由于水缓慢穿透水泥颗粒表面的包裹膜,与熟料矿物成分发生水化反应,而水化生成物穿透膜层的速度小于水分渗入膜层的速度,形成渗透压,导致水泥颗粒表面膜层破裂,使暴露出来的矿物进一步水化,从而结束了潜伏期。水泥水化产物体积约为水泥体积的2.2倍,生成的大量的水化物填充在水泥颗粒之间的空间里,水的消耗与水化产物的填充使水泥浆体逐渐变稠失去可塑性而凝结。

④硬化期。在凝结期以后,进入硬化期,水泥水化反应继续进行使结构更加密实,但放热速度逐渐下降,水泥水化反应越来越困难。在适当的温度、湿度条件下,水泥的硬化过程可持续若干年。水泥浆体硬化后形成坚硬的水泥石,水泥石是由凝胶体、晶体、未水化完的水泥颗粒及固体颗粒间的毛细孔所组成的不匀质结构体。水泥凝结硬化过程示意图如图3-4所示。

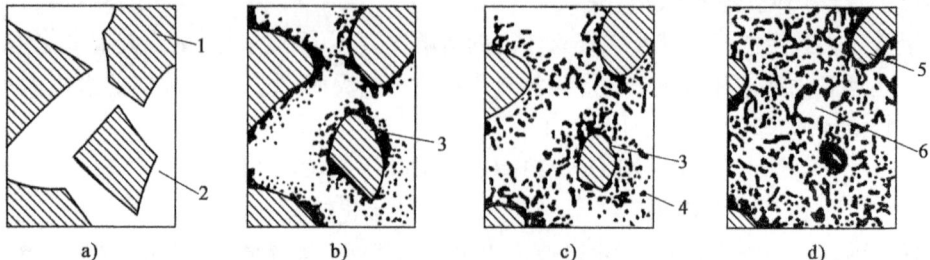

图3-4　水泥凝结硬化过程示意图

a)分散在水中未水化的水泥颗粒;b)在水泥颗粒表面形成水化物膜层;c)膜层长大并互相连接(凝结);d)水化物进一步发展,填充毛细孔(硬化)

1-水泥颗粒;2-水;3-凝胶;4-晶体;5-水泥颗粒的未水化内核;6-毛细孔

（3）硬化后水泥石结构

水泥石中主要结构包括以下几项：

①水化铝酸钙、氢氧化钙、水化硫铝酸钙等晶体相互连生形成的晶体连生体，水化硅酸钙凝胶，其中分散相就是水化硅酸钙亚微观晶体。水化硅酸钙凝胶是水泥石主要结构组分，约占水泥石体积的50%。

②未水化的水泥颗粒。

③孔隙，按孔的大小可分为三类：凝胶孔、毛细孔和非毛细孔。凝胶孔是水泥颗粒间的过渡空间，是水泥凝胶固相表面间的平均距离，即凝胶孔宽度，约为1.5~3nm。凝胶的孔隙率占凝胶体积的28%。毛细孔是水泥与水体系中没有被水化物填充的原来充水的空间，这类孔隙尺寸比较大。水泥在不断水化的条件下，水泥石毛细孔孔隙率随水泥石龄期的延长而不断下降，因为水泥凝胶体积比未水化水泥的体积增大1.2倍，所以水泥水化产物也填充了部分的毛细孔体积。水泥石的总孔隙率、毛细孔孔隙率，随水泥水化的深入而减小，而凝胶孔的孔隙率随水化程度增大而增大。

毛细孔主要由新拌水泥浆的水灰比和水化程度所决定，在水灰比低且充分水化的水泥石中，毛细孔隙范围约为10~50nm；在水灰比高、水化早期的水泥石中，毛细孔隙可以大至3~5μm。大于50nm的毛细孔隙对强度和透水性产生有害影响，小于50nm的毛细孔隙则对干缩和徐变的影响更为重要。气泡是施工操作遗留的显微规模及更粗大孔穴，包括作为引气剂有意加入的气泡，尺寸通常在50~200μm之间，一般对混凝土的强度和抗渗性有影响。

3. 影响硅酸盐水泥凝结硬化的主要因素

（1）水泥组成成分的影响

水泥的矿物组成成分及各组分的比例是影响水泥凝结硬化的最主要因素。如前所述，不同矿物成分单独和水起反应时所表现出来的特点是不同的。水泥中如提高 C_3A 的含量，将使水泥的凝结硬化加快，同时水化热也大。一般来讲，若在水泥熟料中掺加混合材料，将使水泥的抗侵蚀性提高，水化热降低，早期强度降低。

（2）水泥细度的影响

水泥的细度并不改变其根本性质，但却直接影响水泥的水化速率、凝结硬化、强度、干缩和水化放热等性质。因为，水泥的水化是从颗粒表面逐步向内部发展的，颗粒越细小，其表面积越大，与水的接触面积就越大，水化作用就越迅速越充分，使凝结硬化速率加快，早期强度越高。但水泥颗粒过细时，在磨细时消耗的能量和成本会显著提高，且水泥易与空气中的水分和二氧化碳反应，使之不易久存；另外，过细的水泥，达到相同稠度时的用水量增加，硬化时会产生较大的体积收缩，同时水分蒸发产生较多的孔隙，会使水泥石强度下降。因此，水泥的细度要控制在一个合理的范围。

（3）拌和用水量的影响

通常水泥水化时的理论需水量大约是水泥质量的23%左右，但为了使水泥浆体具有一定的流动性和可塑性，实际的加水量远高于理论需水量，如配制混凝土时的水灰比（水与水泥质量之比）一般在0.4~0.7之间。不参加水化的"多余"水分，使水泥颗粒间距增大，会延缓水泥浆的凝结时间，并在硬化的水泥石中蒸发形成毛细孔，拌和用水量越多，水泥石中的毛细孔越多，孔隙率就越高，水泥的强度越低，硬化收缩越大，抗渗性、抗侵蚀性能就越差。为了保证混凝土的耐久性，有关标准规定了最小水泥用量。

（4）石膏掺量

石膏称为水泥的缓凝剂，主要用于调节水泥的凝结时间，是水泥中不可缺少的组分。水泥熟料在不加入石膏的情况下与水拌和后会立即产生凝结，同时放出热量。其主要原因是由于熟料中的 C_3A 很快溶于水中，生成一种促凝的铝酸钙水化物，使水泥不能正常使用。石膏起缓凝作用的机理是：水泥水化时，石膏很快与 C_3A 作用产生很难溶于水的水化硫铝酸钙（钙矾石），它沉淀在水泥颗粒表面形成保护膜，从而阻碍了 C_3A 的水化反应并延缓了水泥的凝结时间。

石膏的掺量太少，缓凝效果不显著，但过多地掺入石膏因其本身会生成一种促凝物质，反而使水泥快凝。适宜的石膏掺量主要取决于水泥中 C_3A 的含量和石膏中 SO_3 的含量，同时也与水泥细度及熟料中 SO_3 的含量有关。石膏掺量一般为水泥质量的 3% ~5%。如果水泥中石膏掺量超过规定的限量，还会引起水泥强度降低，严重时会引起水泥体积安定性不良，使水泥石产生膨胀性破坏。所以国家标准规定，硅酸盐水泥中 SO_3 总计不得超过水泥总质量 3.5%。

（5）外加剂的影响

硅酸盐水泥的水化、凝结硬化受水泥熟料中 C_3S、C_3A 含量的制约，凡对 C_3S、C_3A 的水化能产生影响的外加剂，都能改变硅酸盐水泥的水化、凝结硬化性能。如加入促凝剂（$CaCl_2$、Na_2SO_4 等）就能促进水泥水化硬化，提高早期强度。相反，掺加缓凝剂（木钙糖类等）就会延缓水泥的水化、硬化，影响水泥早期强度的发展。

（6）养护湿度、温度的影响

硅酸盐水泥是水硬性胶凝材料，水化反应是水泥凝结硬化的前提。因此，水泥加水拌和后，必须保持湿润状态，以保证水化进行和获得强度增长。若水分不足，会使水化停止，同时导致较大的早期收缩，甚至使水泥石开裂。提高养护温度，可加速水化反应，提高水泥的早期强度，但后期强度可能会有所下降。原因是在较低温度（20℃ 以下）下虽水化硬化较慢，但生成的水化产物更加致密，可获得更高的后期强度。当温度低于 0℃ 时，由于水结冰而使水泥水化硬化停止，将影响其结构强度。一般水泥石结构的硬化温度不得低于 −5℃。硅酸盐水泥的水化硬化较快，早期强度高，若采用较高温度养护，反而还会因水化产物生长过快，损坏其早期结构网络，造成强度下降。因此，硅酸盐水泥不宜采用蒸汽养护等湿热方法养护。

（7）养护龄期的影响

水泥的水化硬化是一个长期不断进行的过程。随着养护龄期的延长，水化产物不断积累，水泥石结构趋于致密，强度不断增长。由于熟料矿物中对强度起主导作用的 C_3S 早期强度发展快，使硅酸盐水泥强度在 3~14d 内增长较快，28d 后增长变慢，长期强度还有增长。

（6）储存条件的影响

储存不当，会使水泥受潮，颗粒表面发生水化而结块，严重降低强度。即使良好的储存，在空气中的水分和 CO_2 作用下，水泥也会发生缓慢水化和碳化，经 3 个月，强度通常降低 10% ~20%，6 个月降低 15% ~30%，1 年后将降低 25% ~40%，所以水泥的有效储存期为 3 个月，不宜久存。

4. 硅酸盐水泥的技术要求

国家标准《通用硅酸盐水泥》（GB 175—2007）对硅酸盐水泥的细度、凝结时间、体积安定性、强度等均作了明确规定。

（1）不溶物

Ⅰ型硅酸盐水泥中不溶物不得超过 0.75%；Ⅱ型硅酸盐水泥中不溶物不得超过 1.50%。

不溶物是指经盐酸处理后的不溶残渣,再以氢氧化钠溶液处理,经盐酸中和、过滤后所得的残渣,再经高温灼烧所剩的物质。不溶物含量高对水泥质量有不良影响。

(2)氧化镁

水泥中氧化镁的含量不宜超过 5.0%。如果水泥经压蒸安定性试验合格,则水泥中氧化镁的含量允许放宽到 6.0%。氧化镁结晶粗大,水化缓慢,且水化生成的 $Mg(OH)_2$ 体积膨胀达 1.5 倍,过量会引起水泥安定性不良。需以压蒸的方法加快其水化,方可判断其安定性。

(3)三氧化硫

水泥中三氧化硫的含量不得超过 3.5%。三氧化硫过量会与铝酸钙矿物生成较多的钙矾石,产生较大的体积膨胀,引起水泥安定性不良。

(4)烧失量

Ⅰ型硅酸盐水泥中烧失量不得超过 3.0%,Ⅱ型硅酸盐水泥中烧失量不得超过 3.5%。用烧失量来限制石膏和混合材料中杂质含量,以保证水泥质量。

(5)细度

水泥的细度对水泥安定性、需水量、凝结时间及强度有较大的影响。水泥颗粒粒径越细,与水起反应的表面积越大,水化较快,其早期强度和后期强度都较高,但粉磨能耗增大,因此应控制水泥在合理的细度范围内。

国家标准将细度作为选择性指标,硅酸盐水泥和普通硅酸盐水泥以比表面积表示,不小于 $300 m^2/kg$;矿渣硅酸盐水泥、火山灰质硅酸盐水泥、粉煤灰硅酸盐水泥和复合硅酸盐水泥以筛余表示,$80 \mu m$ 方孔筛筛余不大于 10% 或 $45 \mu m$ 方孔筛筛余不大于 30%。

(6)标准稠度用水量

国家标准《水泥标准稠度用水量、凝结时间、安定性检验方法》(GB/T 1346—2011)有具体的规定,标准稠度用水量的大小对水泥的一些技术性质,如凝结时间、体积安定性等的测定值有较大的影响。为了使所测得的结果有可比性,要求必须采用标准稠度的水泥净浆进行测定。"标准稠度"是人为规定的稠度,其用水量用标准维卡仪来测定,以水占水泥质量的百分数表示,即为标准稠度用水量(Water Requirement of Normal Consistency)。对于不同的水泥品种,水泥的标准稠度用水量各不相同,硅酸盐水泥的标准稠度用水量一般在 24% ~30% 之间。

影响水泥标准稠度用水量的因素有矿物成分、细度、混合材料种类及掺量等。熟料矿物中 C_3A 需水量最大,C_2S 需水量最小。水泥越细,比表面积越大,需水量越大。生产水泥时掺入需水量大的粉煤灰、沸石等混合材料,将使需水量明显增大。

(7)凝结时间

凝结时间(Setting Time)分初凝和终凝。初凝为水泥加水拌和起至标准稠度净浆开始失去可塑性所经历的时间;终凝为水泥加水拌和起至标准稠度净浆完全失去可塑性并开始产生强度所经历的时间。

硅酸盐水泥初凝时间不得早于 45min,终凝时间不得迟于 390min。凝结时间的测定按国家标准《水泥标准稠度用水量、凝结时间、安定性检验方法》(GB/T 1346—2011)进行(详见试验部分)。一般要求混凝土搅拌、运输、浇捣应在初凝之前完成。因此水泥初凝时间不宜过短;当施工完毕则要求尽快硬化并具有强度,故终凝时间不宜太长。水泥的凝结时间与水泥品种有关。一般来说,掺混合材料的水泥凝结时间较缓慢;凝结时间随水灰比增加而延长,因此混凝土和砂浆的实际凝结时间,往往比用标准稠度水泥净浆所测得的要长得多;此外环境温度升高,水化反应加速,凝结时间缩短。所以在炎热季节或高温条件下施工时,须注意凝结时间的变化。

（8）安定性

水泥的体积安定性（Volume Soundness）是指水泥在凝结硬化后体积变化的均匀性。水泥硬化后，产生不均匀的体积变化即所谓体积安定性不良，就会使水泥制品、混凝土构件产生膨胀性裂缝，降低建筑物质量，甚至引起严重工程事故。测试方法按《水泥标准稠度用水量、凝结时间、安定性检验方法》（GB/T 1346—2011）进行。

引起体积安定性不良的原因有以下几方面：

①游离氧化钙过量。由于熟料烧制工艺上的原因，使熟料中含有较多的过烧游离氧化钙（f-CaO），其水化活性低，在水泥硬化后才进行下述反应：

$$CaO + H_2O \rightarrow Ca(OH)_2$$

该反应固相体积膨胀 97%，引起不均匀的体积变化会导致水泥石开裂。国家标准规定用沸煮法检验水泥体积安定性。其方法是将水泥净浆试饼或雷氏夹试件沸煮 3h，试饼法用肉眼观察试饼未发现裂纹，用直尺检查没有弯曲；雷氏法则测定水泥净浆在雷氏夹中沸煮 3h 后的膨胀值，若雷氏夹指针尖端的距离增加值不大于 5.0mm，则称为体积安定性合格，反之为不合格。沸煮法的原理是通过沸煮加速 f-CaO 水化，检验其体积变化现象。当试饼法与雷氏夹法结果有争议时，以雷氏夹法为准。

②游离氧化镁过量。水泥中的游离氧化镁（f-MgO）形成结晶方镁石时，其晶体结构致密，水化比 f-CaO 更为缓慢，要几个月甚至几年才明显水化，形成氢氧化镁时体积膨胀将导致水泥石安定性不良。由于 MgO 的水化作用比游离氧化钙更为缓慢，所以必须采用压蒸法才能检验它的危害程度。

③石膏掺量过多。水泥中掺有石膏作为调凝剂或作为混合材料的活性激发剂，当石膏掺量过多时，在水泥硬化后还会继续与固态水化铝酸钙反应生成高硫型水化硫铝酸钙，体积约增大 1.5 倍，也会引起水泥石开裂。

石膏的危害需长期在常温水中才能发现，当水泥中三氧化硫含量过大，将导致水泥体积安定性不良。体积安定性不良的水泥应作废品处理，不能用于任何工程中。

（9）强度和强度等级

水泥强度是水泥的主要技术性质，是评定其质量的主要指标。水泥强度测定按《水泥胶砂强度检验方法（ISO 法）》（GB/T 17671—1999）的规定，水泥和标准砂（模拟混凝土中的集料由粗、中、细三种砂组成）按 1∶3 混合，用 0.5 的水灰比，按规定的方法制成 40mm×40mm×160mm 的试件，在标准温度（20℃±1℃）的水中养护，测定 3d 和 28d 的强度。根据测定结果，将硅酸盐水泥分为 42.5、42.5R、52.5、52.5R、62.5 和 62.5R 等六个强度等级。水泥按 3d 强度分为普通型和早强型两种，其中代号 R 表示早强型水泥。各等级的强度值不得低于国家标准《通用硅酸盐水泥》（GB 175—2007）的规定，见表 3-11。

（10）碱含量

水泥中碱含量按 $Na_2O + 0.658K_2O$ 计算值来表示。若使用活性集料，要求提供低碱水泥时，水泥中碱含量不得大于 0.60% 或由供需双方商定。

当混凝土集料中含有活性二氧化硅时，会与水泥中的碱相互作用形成碱的硅酸盐凝胶，由于后者体积膨胀可引起混凝土开裂，造成结构的破坏，这种现象称为"碱—集料反应"。它是影响混凝土耐久性的一个重要因素。碱—集料反应与混凝土中的总碱量、集料及使用环境等有关。为防止碱—集料反应，国际标准对碱含量做出了相应规定。

硅酸盐水泥各龄期的强度要求(GB 175—2007)　　　　　表 3-11

品　　种	强度等级	抗压强度(MPa)		抗折强度(MPa)	
		3d	28d	3d	28d
硅酸盐水泥	42.5	≥17.0	≥42.5	≥3.5	≥6.5
	42.5R	≥22.0	≥42.5	≥4.0	≥6.5
	52.5	≥23.0	≥52.5	≥4.0	≥7.0
	52.5R	≥27.0	≥52.5	≥5.0	≥7.0
	62.5	≥28.0	≥62.5	≥5.0	≥8.0
	62.5R	≥32.0	≥62.5	≥5.5	≥8.0

(11)水化热

水泥在水化过程中放出的热,称为水泥的水化热(Hydration Heat),通常以 kJ/kg 表示。大部分水化热集中在早期放出,3~7d 以后逐步减少。水化放热量和放热速度不仅决定于水泥的矿物成分,而且还与水泥细度、水泥中掺混合材料及外加剂的品种、数量等有关。水泥矿物进行水化时,铝酸三钙放热量最大,速度也快,硅酸三钙放热量稍低,硅酸二钙放热量最低,速度也慢。水泥细度越细,水化反应比较容易进行,因此,水化放热量越大,放热速度也越快。掺入外加剂可以改变水泥的放热速率。

冬季施工时,水化热有利于水泥的正常凝结硬化。对大型基础、水坝、桥墩等大体积混凝土构筑物,由于水化热积聚在内部不易散失,内部温度常上升到 50~60℃ 以上,内外温度差所引起的应力,可使混凝土产生裂缝,因此水化热对大体积混凝土是有害因素,不宜采用水化热较高或放热较快的水泥。

国家标准《通用硅酸盐水泥》(GB 175—2007)规定:凝结时间、安定性、强度、不溶物、烧失量及三氧化硫、氧化镁、氯离子含量的检验结果符合标准要求时为合格品,上述检验结果任一项不符合标准要求时为不合格品。

5.水泥石的腐蚀与防止

硬化水泥石在通常条件下具有较好的耐久性,但在流动的淡水和某些侵蚀介质存在的环境中,其结构会受到侵蚀,直至破坏,这种现象称为水泥石的腐蚀。它对水泥耐久性影响较大,必须采取有效措施予以防止。

(1)水泥石的主要腐蚀类型

①软水腐蚀(溶出性腐蚀)。水泥石中的水化产物,都必须在一定浓度的石灰溶液中才能稳定地存在。如果溶液中的石灰浓度小于该水化产物的极限石灰浓度,则该水化产物将被溶解或分解。硅酸盐水泥属于典型的水硬性胶凝材料。对于一般的江、河、湖水和地下水等"硬水",具有足够的抵抗能力。尤其是在不流动的水中,水泥石不会受到明显侵蚀。

$Ca(OH)_2$ 晶体是水泥的主要水化产物之一,水泥的其他水化产物也须在一定浓度的 $Ca(OH)_2$ 溶液中才能稳定存在,而 $Ca(OH)_2$ 又是易溶于水的,若水泥石中的 $Ca(OH)_2$ 被溶解流失,其浓度低于水化产物所需要的最低要求时,水泥的水化产物就会被溶解或分解,从而造成水泥石的破坏。所以软水腐蚀是一种溶出性的腐蚀。

雨水、雪水、蒸馏水、冷凝水、含碳酸盐较少的河水和湖水等都是软水,当水泥石长期与这些水接触时,$Ca(OH)_2$ 会被溶出,每升水中可溶解 $Ca(OH)_2$ 1.2~1.3g。在静水无压或水量不多情况下,由于 $Ca(OH)_2$ 的溶解度较小,溶液易达到饱和,故溶出作用仅限于表面,并很快停止,其影响不大。但在流水、压力水或大量水的情况下,$Ca(OH)_2$ 会不断地被溶解流失。一方面使水泥石孔隙率增大,密实度和强度下降,水更易向内部渗透;另一方面,水泥石的碱度不断降低,引起水化产物分解,最终变成胶结能力很差的产物,使水泥石结构受到破坏。

当环境水的水质较硬,即水中重碳酸盐含量较高时,则重碳酸盐与水泥石中的氢氧化钙作用,生成不溶于水的碳酸钙,其反应式为:

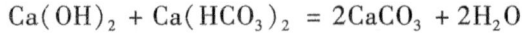

$$Ca(OH)_2 + Ca(HCO_3)_2 = 2CaCO_3 + 2H_2O$$

生成的碳酸钙沉淀在水泥石的孔隙内而提高其密实度,并在水泥石表面形成紧密不透水层,从而可以阻止外界水的侵入和内部 $Ca(OH)_2$ 的扩散析出。所以,水的硬度越高,腐蚀作用越小。应用这一性质,对须与软水接触的混凝土制品或构件,可先在空气中硬化,再进行表面碳化,形成碳酸钙外壳,可起到一定的保护作用。硅酸盐水泥($P·Ⅰ$、$P·Ⅱ$)水化形成的水泥石中氢氧化钙含量高,所以受溶出性侵蚀尤为严重。而掺大量混合材料的水泥,由于硬化后水泥石中氢氧化钙含量较少,耐软水侵蚀有一定的提高。

②盐类腐蚀。在水中通常溶有大量的盐类,某些溶解于水中的盐类会与水泥石相互作用产生置换反应,生成一些易溶或无胶结能力或产生膨胀的物质,从而使水泥石结构破坏。最常见的盐类腐蚀是硫酸盐腐蚀与镁盐腐蚀。

a.硫酸盐腐蚀。在海水、湖水、盐沼水、地下水、某些工业污水中,常含有钾、钠、铵的硫酸盐,它们与水泥石中的氢氧化钙起置换反应生成硫酸钙,硫酸钙再与水泥石中的固态水化铝酸钙反应生成钙矾石,其反应式如下:

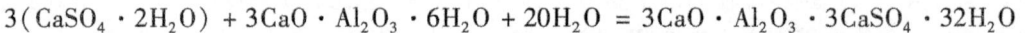

$$3(CaSO_4·2H_2O) + 3CaO·Al_2O_3·6H_2O + 20H_2O = 3CaO·Al_2O_3·3CaSO_4·32H_2O$$

生成的钙矾石含有大量结晶水,体积膨胀 1.5 倍以上,在已经硬化的水泥石中产生膨胀应力,造成极大的膨胀破坏作用。钙矾石呈针状晶体,对水泥石危害严重,常称其为"水泥杆菌",如图 3-5 所示。

需要指出的是,为了调节凝结时间而掺入水泥熟料中的石膏,也会生成水化硫铝酸钙,但它是在水泥浆尚有一定的可塑性时形成,并且往往是在溶液中形成,故不致引起破坏作用。因此,水化硫铝酸钙的形成是否会引起破坏作用,要依其反应时所处的条件而定。

图 3-5　水泥石中的水泥杆菌示意图

b.镁盐腐蚀。镁盐腐蚀是指在海水及地下水中,常含有大量的镁盐。主要是硫酸镁和氯化镁,它们可与水泥石中的 $Ca(OH)_2$ 发生如下反应。

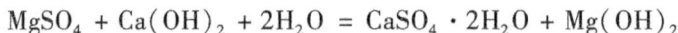

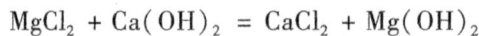

$$MgSO_4 + Ca(OH)_2 + 2H_2O = CaSO_4·2H_2O + Mg(OH)_2$$

$$MgCl_2 + Ca(OH)_2 = CaCl_2 + Mg(OH)_2$$

所生成的 $Mg(OH)_2$ 松软而无胶凝性,$CaCl_2$ 易溶于水,会引起溶出性腐蚀,二水石膏又会引起膨胀腐蚀。所以硫酸镁对水泥起硫酸盐和镁盐的双重腐蚀作用。

③酸类腐蚀:

a.碳酸腐蚀。在工业污水、地下水中常溶解有较多的二氧化碳,形成碳酸水,这种水对水泥石有较强的腐蚀作用。

开始时二氧化碳与水泥石中的 $Ca(OH)_2$ 反应,生成碳酸钙。

$$Ca(OH)_2 + CO_2 + H_2O = CaCO_3 + 2H_2O$$

生成的碳酸钙是固体,但它在含碳酸的水中是不稳定的,会发生可逆反应,转变成重碳酸钙,反应式如下:

$$CaCO_2 + CO_2 + H_2O \rightleftharpoons Ca(HCO_3)_2$$

生成的重碳酸钙易溶于水。当水中含有较多的碳酸,且超过平衡浓度时,上式反应向右进行,因而水泥石中的氢氧化钙,通过转变为易溶的重碳酸钙而溶失,进而导致其他水化物分解,使水泥石结构破坏;若水中的碳酸不多,低于平衡浓度时,并不起腐蚀破坏作用。

b. 一般酸的腐蚀。在工业废水、地下水、沼泽水中常含有无机酸和有机酸,工业窑炉中的烟气常含有氧化硫,遇水后即成亚硫酸。水泥水化生成大量 $Ca(OH)_2$,因而呈碱性,一般酸都会对它有不同的腐蚀作用。主要原因是一般酸都会与 $Ca(OH)_2$ 发生中和反应,其反应的产物或者易溶于水,或者体积膨胀,使水泥石性能下降,甚至导致破坏;无机强酸还会与水泥石中的水化硅酸钙、水化铝酸钙等水化产物反应,使之分解,而导致腐蚀破坏。一般来说,有机酸的腐蚀作用较无机酸弱;酸的浓度越大,腐蚀作用越强。例如:

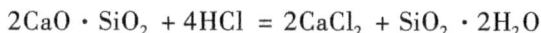

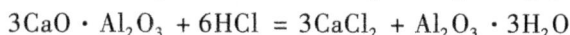

$$Ca(OH)_2 + 2HCl = CaCl_2 + 2H_2O$$
$$Ca(OH)_2 + 2H_2SO_4 = CaSO_4 \cdot 2H_2O$$
$$2CaO \cdot SiO_2 + 4HCl = 2CaCl_2 + SiO_2 \cdot 2H_2O$$
$$3CaO \cdot Al_2O_3 + 6HCl = 3CaCl_2 + Al_2O_3 \cdot 3H_2O$$

腐蚀作用较强的是无机酸中的盐酸(HCl)、氢氟酸(HF)、硝酸(HNO_3)、硫酸(H_2SO_4)和有机酸中的醋酸(即乙酸 CH_3COOH)、蚁酸(即甲酸 HCOOH)和乳酸[$CH_3CH(OH)COOH$]等。氢氟酸能侵蚀水泥石中的硅酸盐和硅质集料,腐蚀作用非常强烈;而草酸(即乙二酸 HOOC-COOH $\cdot 2H_2O$)与 $Ca(OH)_2$ 反应生成的草酸钙为不溶性盐,可在水泥石表面形成保护层,所以腐蚀作用很小。

④强碱腐蚀。水泥石本身具有较高的碱度,因此碱类溶液如浓度不大时一般是无害的。但铝酸盐含量高的水泥石遇到强碱(如氢氧化钠)作用后也会被腐蚀而破坏。氢氧化钠与水泥熟料中未水化的铝酸盐作用,生成易溶的铝酸钠,其反应式为:

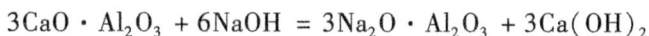

$$3CaO \cdot Al_2O_3 + 6NaOH = 3Na_2O \cdot Al_2O_3 + 3Ca(OH)_2$$

当水泥石被氢氧化钠浸透后又在空气中干燥,与空气中的二氧化碳作用生成碳酸钠:

$$2NaOH + CO_2 = Na_2CO_3 + H_2O$$

碳酸钠在水泥石毛细孔中结晶沉积,而使水泥石胀裂。

除了上述四种典型的腐蚀类型外,对水泥石有腐蚀作用的还有其他一些物质,如糖、氨盐、动物脂肪、含环烷酸的石油产品等。

实际上,水泥石的腐蚀是一个极为复杂的物理化学作用过程,它在遭受腐蚀时,很少仅有单一的侵蚀作用,往往是几种同时存在,互相影响。应该说明的是,干的固体化合物对水泥石不起侵蚀作用,腐蚀性化合物必须呈溶液状态,而且只有其达到一定浓度时,才可能构成严重危害。此外,较高的环境温度、较快的流速、频繁的干湿交替和出现钢筋锈蚀也是促进化学腐蚀的重要因素。

(2)腐蚀的防止

水泥石腐蚀的产生,主要有三个基本原因:一是水泥石中存在易被腐蚀的成分,主要是 $Ca(OH)_2$ 和水化铝酸钙;二是有能产生腐蚀的介质和环境条件;三是水泥石本身不密实,有许多毛细孔,使侵蚀介质能进入其内部。防止水泥石的腐蚀,一般可采取以下措施。

①合理选用水泥品种。水泥品种不同,其矿物组成也不同,对腐蚀的抵抗能力不同。水泥生产时,调整矿物的组成,掺加相应耐腐蚀性强的混合材料,就可制成具有相应耐腐蚀性能的特性水泥。水泥使用时必须根据腐蚀环境的特点,合理地选择品种。如硅酸盐水泥水化时产生大量 $Ca(OH)_2$,易受各种腐蚀的作用,抵抗腐蚀能力较差;而掺加活性混合材料的水泥,其熟料比例降低,水化时 $Ca(OH)_2$ 较少,抵抗各种腐蚀的能力较强;铝酸钙含量低的水泥,其抗硫酸盐、抗碱腐蚀性能较强。

②提高水泥石的密实度,改善孔隙结构。水泥石的构造是一个多孔体系,因多余水分蒸发形成的毛细孔隙,是连通的孔隙,介质能渗入其内部,造成腐蚀。提高水泥石的密实度,减少孔隙,能有效地阻止或减少腐蚀介质的侵入,提高耐腐蚀能力;改善水泥石的孔隙结构,引入密闭孔隙,减少毛细孔连通孔,可提高抗渗性,是提高耐腐蚀能力的有效措施。

③通过表面处理,形成保护层。当腐蚀作用较强时,应在水泥石表面加做不透水的保护层,隔断腐蚀介质的接触,保护层材料选用耐腐蚀性强的石料、陶瓷、玻璃、塑料、沥青和涂料等。也可用化学方法进行表面处理,形成保护层,如表面碳化形成致密的碳酸钙、表面涂刷草酸形成不溶的草酸钙等。对于特殊抗腐蚀的要求,则可采用抗蚀性强的聚合物混凝土。

【案例分析3-2】 硫酸盐腐蚀导致桥面损坏

(1)工程概况

陕西某钢筋混凝土桥建成仅7年,墩柱及桥面就发生严重损坏。现场观察发现,严重腐蚀的混凝土破裂、剥落,甚至成为灰白色的疏松粉粒。从结构上看,该混凝土结构致密,应该有较长的耐久性,而另一方面,由于孔隙很少,因而耐膨胀性较差,产生体积膨胀的产物的腐蚀对其危害较大。

(2)原因分析

经过调查,该桥混凝土所用的粗集料为青石,浓缩的青石水浸出物、溶出物经分析,含有 $MgSO_4 \cdot 7H_2O$、$Na_2Mg(SO_4)_2 \cdot 4H_2O$、$Fe_2(SO_4)_3 \cdot 10H_2O$ 等硫酸盐矿物。因此,在供水充分的条件下,青石中的大量易溶硫酸盐矿物不断地溶解,形成硫酸盐腐蚀源。腐蚀产物的分析也表明,钙矾石($3CaO \cdot Al_2O_3 \cdot 3CaSO_4 \cdot 32H_2O$)是混凝土硫酸盐腐蚀的唯一产物,它是水化铝酸钙与硫酸盐溶液的化学反应产物。

6.硅酸盐水泥的特性与应用

(1)特性

①凝结硬化快,早期强度及后期强度高。硅酸盐水泥的凝结硬化速度快,早期强度及后期强度均高,适用于有早强要求的混凝土,冬季施工混凝土,地上、地下重要结构的高强混凝土和预应力混凝土。

②抗冻性好。硅酸盐水泥采用合理的配合比和充分养护后,可获得低孔隙率的水泥石,并有足够的强度,而且其拌和物不易发生泌水,因此有优良的抗冻性。适应于严寒地区水位升降范围内遭受反复冻融的混凝土工程。

③水化热大。硅酸盐水泥熟料中含有大量的 C_3S 及较多的 C_3A,在水泥水化时,放热速度快且放热量大,因而不宜用于大体积混凝土工程,但可用于低温季节或冬季施工。

④耐腐蚀性差。由于硅酸盐水泥的水化产物中含有较多的 $Ca(OH)_2$ 和 C_3AH_6,耐软水和化学侵蚀性能较差。不宜用于经常与流动淡水或硫酸盐等腐蚀介质接触的工程,也不宜用于经常与海水、矿物水等腐蚀介质接触的工程。

⑤耐热性差。水泥石中的一些重要组分在高温下会发生脱水或分解,使水泥石的强度下降以至破坏。当受热温度为100～200℃时,内部尚存的游离水能继续发生水化,混凝土的密实度进一步增加,能使水泥石的强度有所提高,且混凝土的导热系数相对较小,故短时间内受热混凝土不会破坏。但当温度较高且受热时间较长时,水泥中的水化产物$Ca(OH)_2$分解为CaO,如再遇到潮湿的环境时,CaO熟化体积膨胀,使混凝土遭到破坏。因此,硅酸盐水泥不宜应用于有耐热性要求的混凝土工程中。

⑥抗碳化性能好。水泥石中$Ca(OH)_2$与空气中CO_2反应生成$CaCO_3$的过程称为碳化。碳化会使水泥石内部碱度降低,产生微裂纹,对钢筋混凝土还会导致钢筋锈蚀。由于硅酸盐水泥在水化后,形成较多的$Ca(OH)_2$,碳化时碱度降低不明显。故适用于空气中CO_2浓度较高的环境,如铸造车间。

⑦干缩小。硅酸盐水泥在硬化过程中,形成大量的水化硅酸钙凝胶体,使水泥石密实,游离水分少,不易产生干缩裂纹,可用于干燥环境中的混凝土工程。

⑧耐磨性好。硅酸盐水泥强度高,耐磨性好,适用路面与机场跑道等混凝土工程。

(2)应用

硅酸盐水泥适用于配制重要结构用的高强度混凝土和预应力混凝土;适用于有早期强度要求高的工程及冬季施工的工程;适用于严寒地区遭受反复冻融的工程及干湿交替的部位;适用于一般地上工程和不受侵蚀的地下工程、无腐蚀性水中的受冻工程;不宜用于海水和有腐蚀介质存在的工程、大体积工程和高温环境工程。

【案例分析3-3】　水泥选用不当导致挡墙开裂

(1)工程概况

某大体积的混凝土工程,浇筑两周后拆模,发现挡墙有多道贯穿型的纵向裂缝。该工程使用某立窑水泥厂生产的42.5Ⅱ型硅酸盐水泥,其熟料矿物组成如下:C_3S、C_2S、C_3A、C_4AF,含量分别为61%、14%、14%、11%。

(2)原因分析

由于该工程所使用的水泥C_3A和C_3S含量高,导致该水泥的水化热高,且在浇筑混凝土中,混凝土的整体温度高,以后混凝土温度随环境温度下降,混凝土产生冷缩,造成混凝土贯穿型的纵向裂缝。

7. 水泥的储存

为了便于识别,避免错用,国家标准《通用硅酸盐水泥》(GB 175—2007)对水泥的包装标识做了详细规定。水泥包装袋上应清楚标明:执行标准、水泥品种、代号、强度等级、生产者名称、生产许可证标志(QS)及编号、出厂编号、包装日期、净含量。包装袋两侧应根据水泥的品种采用不同的颜色印刷水泥名称和强度等级,硅酸盐水泥和普通硅酸盐水泥采用红色,矿渣硅酸盐水泥采用绿色;火山灰质硅酸盐水泥、粉煤灰硅酸盐水泥和复合硅酸盐水泥采用黑色或蓝色。散装发运时应提交与袋装标志相同内容的卡片。

水泥在运输和储存过程中,应按不同品种、强度等级及出厂日期分别储运,不得混杂,并注意防水防潮。袋装水泥的堆放高度不得超过10袋。工地存储水泥应有专用仓库,库房要干燥。存放袋装水泥时,地面垫板要离地20cm,四周离墙30cm。水泥的储存应按照到货先后依次堆放,尽量做到先到先用,防止存放过久。一般水泥的储存期为三个月,使用存放三个月以上的水泥,必须重新检验其强度,否则不得使用。

【案例分析3-4】　使用受潮水泥

（1）工程概况

某车间盖单层砖房屋，采用预制空心板及12m跨现浇钢筋混凝土大梁，使用进场已3个多月并存放于潮湿地方的水泥。拆完大梁底模板和支撑，一个月后房屋突然全部倒塌。

（2）原因分析

事故的主因是使用受潮水泥，且采用人工搅拌，无严格配合比。致使大梁混凝土在倒塌后用回弹仪测定平均抗压强度仅5MPa左右，有些地方竟测不出回弹值。此外还存在振捣不实、配筋不足等问题。防治措施：施工现场入库水泥应按品种、强度等级、出厂日期分别堆放，并建立标志。先到先用，防止混乱，防止水泥受潮。水泥不慎受潮，可分情况处理、使用：①有粉块，可用手捏成粉末，尚无硬块可压碎粉块，通过实验按实际强度使用；②部分水泥结成硬块，可筛去硬块，压碎粉块，通过实验按实际强度使用，可用于不重要的受力小的部位，也可用于砌筑砂浆；③大部分水泥结成硬块，粉碎磨细，不能作为水泥使用，但仍可作为水泥混合材料或混凝土掺和料。

3.2.2　掺混合材料的硅酸盐水泥

1. 混合材料

在水泥生产过程中，为节约水泥熟料，提高水泥产量和扩大水泥品种，同时也为改善水泥性能，调节水泥强度等级而加到水泥中的矿物质材料称为水泥混合材料。在硅酸盐水泥中掺入一定量的混合材料，不仅具有显著的技术经济效益，同时可充分利用工业废渣，保护环境，是实现水泥工业可持续发展的重要途径。混合材料按其性能分为非活性混合材料和活性混合材料。

（1）非活性混合材料

在常温下，加水拌和后不能与水泥、石灰或石膏发生化学反应的混合材料称为非活性混合材料，又称填充性混合材料。非活性混合材料加入水泥中的作用是调节水泥强度等级、节约水泥熟料、提高水泥产量，降低生产成本，降低强度等级，减少水化热，改善耐腐蚀性和和易性等。

此类混合材料中，质地较坚实的有石英岩、石灰岩、砂岩等磨成的细粉；质地较松软的有黏土、黄土等。另外，凡不符合技术要求的粒化高炉矿渣、火山灰质混合材料及粉煤灰，均可作为非活性混合材料使用。对于非活性混合材料的品质要求主要是应具有足够的细度，不含或极少含对水泥有害的杂质。窑灰是水泥回转窑窑尾废气中收集下的粉尘，活性较低，一般作为非活性混合材料加入，以减少污染，保护环境。

（2）活性混合材料

在常温下，加水拌和后能与水泥、石灰或石膏发生化学反应，生成具有一定水硬性的胶凝产物的混合材料称为活性混合材料。活性混合材料的加入可起到与非活性混合材料相同的作用。因活性混合材料的掺加量较大，改善水泥性质的作用更加显著，而且当其活性激发后可使水泥后期强度大大提高，甚至赶上同等级的硅酸盐水泥。常用的活性混合材料有粒化高炉矿渣、火山灰质材料和粉煤灰等。

①粒化高炉矿渣。高炉冶炼生铁所得以硅酸钙和铝硅酸钙为主要成分的熔融物，经淬冷成粒后的产品称为粒化高炉矿渣。急冷矿渣的结构为不稳定的玻璃体，在矿渣玻璃体结构中，硅氧四面体和铝氧四面体处于非晶状态，其键合力极弱。在激发剂作用下，这些硅酸基团和铝酸基团具有较高的活性。习惯上把这类具有"潜在"活性的基团称为活性 SiO_2 和活性 Al_2O_3。常用的激发剂有碱性激发剂（石灰或水泥熟料）和硫酸盐激发剂两类。氢氧化钙与石灰 SiO_2 和活性 Al_2O_3 反应，生成水化硅酸钙和水化铝酸钙，使矿渣具有水硬性。

石膏的作用是与水化铝酸钙反应,生成水化硫铝酸钙,使矿渣水硬性得到进一步发挥,其反应机理与硅酸盐水泥熟料矿物水化时是相同的。

②火山灰质混合材料。天然火山灰材料是火山喷发时形成的一系列矿物,如火山灰、凝灰岩、浮石、沸石和硅藻土等;人工火山灰是与天然火山灰成分和性质相似的人造矿物或工业废渣,如烧黏土、粉煤灰、煤矸石渣和煤渣等。火山灰的主要活性成分是活性 SiO_2 和活性 Al_2O_3,在激发剂作用下,可发挥出水硬性。

③粉煤灰。粉煤灰是火山灰质混合材料的一种。粉煤灰是从火力发电厂的煤粉炉烟道气体中收集的粉末,它以氧化硅和氧化铝为主要成分,含少量氧化钙,其水硬性原理与火山灰质混合材料相同。一般来说,当其 SiO_2 和 Al_2O_3 含量越高,含碳量越低,细度越细时,质量越好。

掺加到水泥中的活性混合材料,其质量应符合国家标准《用于水泥中的粒化高炉矿渣》(GB/T 203—2008)、《用于水泥和混凝土中的粒化高炉矿渣粉》(GB/T 18046—2008)、《用于水泥中的火山灰质混合材料》(GB/T 2847—2007)、《水泥砂浆和混凝土用天然火山灰质材料》(JG/T 315—2011)及《用于水泥和混凝土中的粉煤灰》(GB/1596—2005)的规定。

2. 掺混合材料的硅酸盐水泥的水化硬化

(1)活性混合材料的水化

活性混合材料具有潜在水化活性,但在常温下与水拌和时,本身不会水化或水化硬化极为缓慢,基本没有强度。但在 $Ca(OH)_2$ 溶液中,会发生显著的水化作用,在 $Ca(OH)_2$ 饱和溶液中反应更快。混合材料中的活性 SiO_2 和活性 Al_2O_3 与溶液中的 $Ca(OH)_2$ 反应,生成具有水硬性的水化硅酸钙和水化铝酸钙,其反应可表示为:

$$x Ca(OH)_2 + SiO_2 + nH_2O = xCaO \cdot SiO_2 \cdot (x+n)H_2O$$
$$y Ca(OH)_2 + Al_2O_3 + mH_2O = yCaO \cdot Al_2O_3 \cdot (y+m)H_2O$$

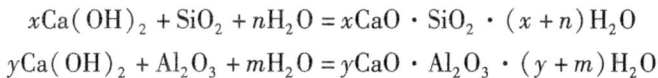

当有石膏存在时,混合材料中活性 Al_2O_3 生成的水化铝酸钙会与石膏反应,生成水化硫铝酸钙,其反应可表示为:

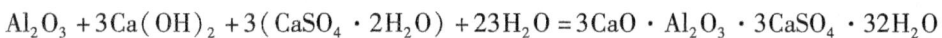

$$Al_2O_3 + 3Ca(OH)_2 + 3(CaSO_4 \cdot 2H_2O) + 23H_2O = 3CaO \cdot Al_2O_3 \cdot 3CaSO_4 \cdot 32H_2O$$

上述水化反应中的 x、y 值随混合材料的种类、$Ca(OH)_2$ 与活性 SiO_2 活性 Al_2O_3 的比例、环境温度及作用时间的不同而变化,一般为 1 或稍大;n、m 值一般为 1~1.25。

$Ca(OH)_2$ 或石膏的存在是活性混合材料潜在活性发挥的必要条件,$Ca(OH)_2$ 为碱性激发剂,石膏为硫酸盐激发剂。活性混合材料水化较水泥熟料慢,其温度敏感性较高,低温下反应缓慢,高温下水化速率迅速加快,适合于在高温湿热条件下养护。

(2)掺混合材料硅酸盐水泥的水化硬化

掺混合材料硅酸盐水泥加水拌和后,水泥熟料矿物首先与水作用,生成水化硅酸钙、水化铝酸钙、水化铁酸钙和 $Ca(OH)_2$ 等,其反应与硅酸盐水泥水化大致相同。然后,在溶液中 $Ca(OH)_2$ 的激发下,混合材料中的活性成分开始水化(也称为二次水化),生成以水化硅酸钙为主的水化产物。熟料与混合材料的水化相互影响,相互促进,二次水化消耗大量 $Ca(OH)_2$,水泥的碱度下降,促使熟料加速水化,又保证了混合材料的继续水化。掺混合材料硅酸盐水泥的早期强度主要由水泥熟料提供。随着二次水化的进行,混合材料的活性发挥,强度逐步提高,后期强度增长可达到甚至超过同等级的硅酸盐水泥(如图3-6所示)。掺混合材料的水泥的水化产物主要是水化硅酸钙凝胶、水化硫铝酸钙和水化铝酸钙及其固溶体、氢氧化钙等。由于混合材料水化的消耗,最终 $Ca(OH)_2$ 的含量远低于硅酸盐水泥;当熟料比例较小时,最终产物中可能会没有 $Ca(OH)_2$。由于混合材料品种、掺入量、熟料质量及硬化条件的不同,不同品种的水泥其水化硬化又有不同的特点。

3. 普通硅酸盐水泥

《通用硅酸盐水泥》(GB 175—2007)规定,普通硅酸盐水泥(简称普通水泥,代号 P·O)中熟料与石膏的质量在总质量中须≥80%且<95%。掺活性混合材料时,最大掺量不得超过20%,其中允许用不超过水泥质量5%的窑灰或不超过水泥质量8%的非活性混合材料来代替。掺非活性混合材料时,最大掺量不得超过水泥质量的10%。

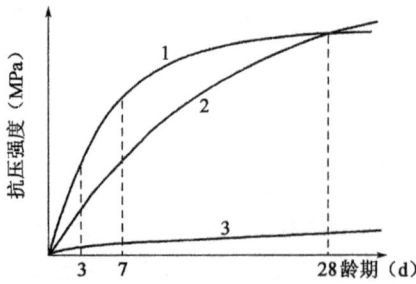

图 3-6 不同品种水泥强度发展规律

1-硅酸盐水泥或普通水泥;2-矿渣水泥或火山灰水泥、粉煤灰水泥;3-活性混合材料

(1)技术要求

普通水泥的技术要求如下:

①氧化镁。熟料中氧化镁的含量不宜超过5.0%,如果水泥经压蒸安定性试验合格,则水泥中氧化镁含量允许放宽到6.0%。

②三氧化硫。水泥中三氧化硫含量不得超过3.5%。

③细度。以比表面积表示,不小于300m^2/kg。

④凝结时间。初凝时间不得小于45min,终凝时间不大于600min。

⑤安定性。用沸煮法检验必须合格。

⑥强度。普通水泥按规定的龄期依其抗压强度和抗折强度划分成42.5、42.5R、52.5、52.5R四个强度等级,各龄期强度不得低于表3-12中的数值。

普通水泥各龄期的强度要求(GB 175—2007)　　　　表 3-12

强度等级	抗压强度(MPa)		抗折强度(MPa)	
	3d	28d	3d	28d
42.5	≥17.0	≥42.5	≥3.5	≥6.5
42.5R	≥22.0		≥4.0	
52.5	≥23.0	≥52.5	≥4.0	≥7.0
52.5R	≥27.0		≥5.0	

⑦碱。水泥中碱含量按 $Na_2O + 0.658K_2O$ 计算值来表示。若使用活性集料,碱含量过高将可能引起碱集料反应。如用户要求提供低碱水泥时,水泥中碱含量不得大于0.60%,或由供需双方商定。

(2)性质与应用

普通硅酸盐水泥由于混合材料掺量较少,故与硅酸盐水泥的性质基本相同,略有差别,主要表现为:早期强度略低;耐腐蚀性略有提高;耐热性稍好;水化热略低;抗冻性、耐磨性、抗碳化性略有降低。

在应用范围方面,与硅酸盐水泥也相同,甚至在一些不能用硅酸盐水泥的地方也可采用普通水泥,使得普通水泥成为建筑行业应用面最广、使用量最大的水泥品种。

4.矿渣硅酸盐水泥、火山灰质硅酸盐水泥、粉煤灰硅酸盐水泥、复合硅酸盐水泥

（1）矿渣硅酸盐水泥

矿渣硅酸盐水泥（简称矿渣水泥）由硅酸盐水泥熟料和粒化高炉矿渣、适量石膏磨细制成，代号 P·S·A 和 P·S·B。P·S·A 水泥中粒化高炉矿渣掺加量按质量分数计为，>20% 且≤50%；P·S·B 水泥中粒化高炉矿渣掺加量按质量分数计为 >50% 且≤70%。允许用石灰石、窑灰、粉煤灰和火山灰质混合材料中的一种材料代替矿渣，代替数量不得超过水泥质量的 8%，替代后水泥中粒化高炉矿渣不得少于 20%。

粒化高炉矿渣含有活性 SiO_2 和活性 Al_2O_3，易与 $Ca(OH)_2$ 作用而且具有强度。矿渣水泥水化时，首先是水泥熟料矿物的水化，然后矿渣才参与水化反应。矿渣水泥中由于掺加了大量的混合材料，相对减少了水泥熟料矿物的含量，因此矿渣水泥的凝结稍慢，早期强度较低，但在硬化后期，28d 以后的强度发展将超过硅酸盐水泥。

矿渣水泥在应用上与普通硅酸盐水泥相比较，其主要特点及适应范围如下：

①与普通硅酸盐水泥一样，能应用于任何地上工程，配制各种混凝土及钢筋混凝土。但在施工时应严格控制混凝土用水量，并尽量排除混凝土表面泌水，加强养护工作，否则，不但强度会过早停止发展，而且易产生较大干缩，导致开裂。拆模时间应适当延长。

②适用于地下或水中工程，以及经常受较高水压的工程；对于要求耐淡水侵蚀和耐硫酸盐侵蚀的水工或海工建筑尤其适宜。

③水化热较低，适用于大体积混凝土工程。

④最适用于蒸汽养护的预制构件。矿渣水泥经蒸汽养护后，不但能够得较好的力学性能，而且浆体结构的微孔变细，能改善制品和构件的抗裂性和抗冻性。

⑤适用于受热（200℃以下）的混凝土工程，还可掺加耐火砖粉等耐热掺料，配制成耐热混凝土。但矿渣水泥不适用于早期强度要求较高的混凝土工程，不适用于受冻融或干湿交替环境中的混凝土；对低温（10℃以下）环境中需要强度发展迅速的工程，如不能采取加热保温或加速硬化等措施时，亦不宜使用。

（2）火山灰质硅酸盐水泥

火山灰质硅酸盐水泥（简称火山灰水泥）由硅酸盐水泥熟料和火山灰质混合材料、适量石膏磨细制成，代号为 P·P。水泥中火山灰质混合材料掺量按质量分数计为 >20% 且≤40%。火山灰水泥的技术性质与矿渣水泥比较接近，与普通水泥相比较，主要适用范围如下：

①适宜用在地下或水中工程，尤其是对抗渗性、抗淡水及抗硫酸盐侵蚀有要求的工程中。

②可以与普通水泥一样用在地面工程，但掺软质混合材料的火山灰水泥，由于干缩变形较大，不宜用于干燥地区或高温车间。

③适宜用蒸汽养护生产混凝土预制构件。

④水化热较低，宜用于大体积混凝土工程。

但是，火山灰水泥不适用于早期强度要求较高、耐磨性要求较高的混凝土工程；其抗冻性较差，不宜用于受冻部位。

（3）粉煤灰硅酸盐水泥

粉煤灰硅酸盐水泥（简称粉煤灰水泥）由硅酸盐水泥熟料和粉煤灰、适量石膏磨细制成，代号为 P·F。水泥中粉煤灰掺量按质量分数计为 >20% 且≤40%。粉煤灰水泥与火山灰水泥相比较有着许多相同的特点，但由于掺加的混合材料不同亦有不同。粉煤灰水泥的适用范围如下：

①除使用于地面工程外，还非常适用于大体积混凝土以及水工混凝土工程。

②粉煤灰水泥的缺点是泌水较快,易引起失水裂缝,因此在混凝土凝结期间宜适当增加抹面次数,在硬化期应加强养护。

（4）复合硅酸盐水泥

复合硅酸盐水泥（简称复合水泥）由硅酸盐水泥熟料、两种或两种以上规定的混合材料、适量的石膏磨细制成,代号为 P·C。水泥中混合材料总掺加量按质量分数计应,>20% 且 ≤50%。水泥中允许用不超过 8% 的窑灰代替部分混合材料;掺矿渣时混合材料掺量不得与矿渣水泥重复。

（5）技术性质

国家标准《通用硅酸盐水泥》（GB 175—2007）规定的技术要求如下:

①氧化镁。除 B 型矿渣水泥外,其他四种水泥中氧化镁的含量不宜超过 6.0%。如果水泥中氧化镁的含量（质量分数）大于 6.0% 时,需进行水泥压蒸安定性试验并合格。

②三氧化硫。矿渣水泥中三氧化硫的含量不得超过 4.0%;火山灰水泥、粉煤灰水泥和复合水泥中三氧化硫的含量不得超过 3.5%。

③氯离子。水泥中氯离子含量不得超过 0.06%。

④细度。80μm 方孔筛筛余不大于 10% 或 45μm 方孔筛筛余不大于 30%。

⑤凝结时间。初凝时间不得小于 45min,终凝时间不大于 600min。

⑥安定性。用沸煮法检验必须合格。

⑦强度。水泥强度等级按 3d、28d 的抗压强度和抗折强度来划分,分为 32.5、32.5R、42.5、42.5R、52.5、52.5R。各强度等级水泥的各龄期强度不得低于表 3-13 的数值。

矿渣硅酸盐水泥、火山灰质硅酸盐水泥、粉煤灰硅酸盐水泥和复合水泥各龄期的强度值　表 3-13

强度等级	抗压强度（MPa）		抗折强度（MPa）	
	3d	28d	3d	28d
32.5	≥10.0	≥32.5	≥2.5	≥5.5
32.5R	≥15.0		≥3.5	
42.5	≥15.0	≥42.55	≥3.5	≥6.5
42.5R	≥19.0		≥4.0	
52.5	≥21.0	≥52.5	≥4.0	≥7.0
52.5R	≥23.0		≥4.5	

⑧碱。水泥中碱含量按 $Na_2O + 0.658K_2O$ 计算值来表示。若使用活性集料,用户要求提供低碱水泥时,水泥中的碱含量应不大于 0.6% 或由供需双方协商确定。

（6）特性与应用

硅酸盐系水泥的主要性质相同或相似。掺混合材料的水泥与硅酸盐水泥相比,又有其自身的特点。

①三种水泥的共性特点与应用

a. 凝结硬化慢、早期强度低和后期强度增长快。因为水泥中熟料比例较低,而混合材料的二次水化较慢,所以其早期强度低,后期二次水化的产物不断增多,水泥强度发展较快,达到甚至超过同等级的硅酸盐水泥。因此,这三种水泥不宜用于早期强度要求高的工程、冬季施工工程和预应力混凝土等工程,且应加强早期养护。掺混合材料水泥的强度增长与硅酸盐水泥比较如图 3-6 所示。

b.温度敏感性高,适宜高温湿热养护。这三种水泥在低温下水化速率和强度发展较慢,而在高温养护时水化速率大大提高,强度发展加快,可得到较高的早期强度和后期强度。因此,适合采用高温湿热养护,如蒸汽养护和蒸压养护。养护温度对掺混合材料水泥和硅酸盐水泥的强度增长比较如图 3-7 所示。

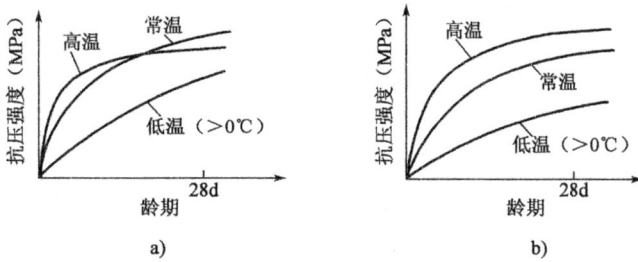

图 3-7　养护温度对掺混合材料水泥和硅酸盐水泥的强度增长比较
a)硅酸盐水泥;b)矿渣水泥

c.水化热低,适合大体积混凝土工程。由于熟料用量少,水化放热量大的矿物 C_3S 和 C_3A 较少,水泥的水化热大大降低,适合用于大体积混凝土工程,如大型基础和水坝等。适当调整组成比例就可生产出大坝专用的低热水泥品种。

d.耐腐蚀性能强。由于熟料用量少,水化生成的 $Ca(OH)_2$ 少,且二次水化还要消耗大量 $Ca(OH)_2$,使水泥石中易腐蚀的成分减少,水泥石的耐软水腐蚀、耐硫酸盐腐蚀、耐酸性腐蚀等能力大大提高,可用于有耐腐蚀要求的工程中。但如果火山灰水泥掺加的是以 Al_2O_3 为主要成分的烧黏土类混合材料时,因水化后生成水化铝酸钙较多,其耐硫酸盐腐蚀的能力较差,不宜用于有耐硫酸盐腐蚀要求的场合。

e.抗冻性差,耐磨性差。由于加入较多的混合材料,水泥的需水性增加,用水量较多,易形成较多的毛细孔或粗大孔隙,且水泥早期强度较低,使抗冻性和耐磨性下降。因此,不宜用于严寒地区水位升降范围内的混凝土工程和有耐磨性要求的工程。

f.抗碳化能力差。由于水化产物中 $Ca(OH)_2$ 少,水泥石的碱度较低,遇有碳化的环境时,表面碳化较快,碳化深度较深,对钢筋的保护不利。若碳化深度达到钢筋表面,会导致钢筋锈蚀,使钢筋混凝土产生顺筋裂缝,降低耐久性。不过,在一般环境中,这三种水泥对钢筋都具有良好的保护作用。

②三种水泥的特性

a.矿渣硅酸盐水泥。由于矿渣是在高温下形成的材料,所以矿渣水泥具有较强的耐热性。可用于温度不高于200℃的混凝土工程,如轧钢、铸造、锻造、热处理等高温车间及热工窑炉的基础等;也可用于温度达 300~400℃ 的热气体通道等耐热工程。

粒化高炉矿渣玻璃体对水的吸附力差,导致矿渣水泥的保水性差,易泌水产生较多的连通孔隙,水分的蒸发增加,使矿渣水泥的抗渗性差,干燥收缩较大,易在表面产生较多的细微裂缝,影响其强度和耐久性。

b.火山灰质硅酸盐水泥。火山灰水泥具有较好的抗渗性和耐水性。因为,火山灰质混合材料的颗粒有大量的细微孔隙,保水性良好,泌水性低,并且水化中形成的水化硅酸钙凝胶较多,水泥石结构比较致密,具有较好的抗渗性和抗淡水溶析的能力,可优先用于有抗渗性要求的工程。

火山灰水泥的干燥收缩比矿渣水泥更加显著,在长期干燥的环境中,其水化反应会停止,已经形成的凝胶还会脱水收缩,形成细微裂缝,影响水泥石的强度和耐久性。因此,火山灰水泥施工时要加强养护,较长时间保持潮湿状态,且不宜用于干热环境中。

c.粉煤灰水泥。粉煤灰水泥的干缩性较小,甚至优于硅酸盐水泥和普通水泥,具有较好的抗裂性。因为,粉煤灰颗粒呈球形,较为致密,吸水性差,加水拌和时的内摩擦阻力小,需水性小,所以其干缩小,抗裂性好,配制的混凝土、砂浆和易性好。

由于粉煤灰吸水性差,水泥易泌水,形成较多连通孔隙,干燥时易产生细微裂缝,抗渗性较差,不宜用于干燥环境和抗渗要求高的工程。

复合水泥掺入了两种或两种以上规定的混合材料,通过复掺混合材料,可以弥补掺单一混合材料水泥性能的不足,如单掺矿渣,水泥浆容易泌水;单掺火山灰质混合材料,往往水泥浆黏度大;两者复掺则水泥浆工作性好,有利于施工。矿渣与粉煤灰复掺,水泥石更加密实,明显改善了水泥的性能。总之,复合水泥的特性取决于所掺两种混合材料的种类、掺量及相对比例,与矿渣水泥、火山灰水泥、粉煤灰水泥有不同程度的相似,其使用应根据所掺入的混合材料种类,参照其他掺混合材料水泥的适用范围和工程实践经验选用。

在混凝土结构工程中,通用硅酸盐水泥的使用可参照表3-14选择。

常用水泥的选用

表3-14

混凝土工程特点或所处环境条件		优 先 选 用	可 以 使 用	不 宜 使 用
普通混凝土	1.在普通气候环境中的混凝土	普通硅酸盐水泥	矿渣硅酸盐水泥、火山灰质硅酸盐水泥、粉煤灰硅酸盐水泥、复合硅酸盐水泥	
	2.在干燥环境中的混凝土	普通硅酸盐水泥	矿渣硅酸盐水泥	火山灰质硅酸盐水泥、粉煤灰硅酸盐水泥
	3.在高湿度环境中或永远处在水下的混凝土	矿渣硅酸盐水泥	普通硅酸盐水泥、火山灰质硅酸盐水泥、粉煤灰硅酸盐水泥、复合硅酸盐水泥	
	4.厚大体积的混凝土	粉煤灰硅酸盐水泥、矿渣硅酸盐水泥、火山灰质硅酸盐水泥、复合硅酸盐水泥	普通硅酸盐水泥	硅酸盐水泥
有特殊要求的混凝土	1.要求快硬、高强(大于C60级)的混凝土	硅酸盐水泥	普通硅酸盐水泥	矿渣硅酸盐水泥、火山灰质硅酸盐水泥、粉煤灰硅酸盐水泥、复合硅酸盐水泥
	2.严寒地区的露天混凝土,寒冷地区的处在水位升降范围内的混凝土	普通硅酸盐水泥	矿渣硅酸盐水泥	火山灰质硅酸盐水泥、粉煤灰硅酸盐水泥
	3.严寒地区处在水位升降范围内的混凝土	普通硅酸盐水泥		火山灰质硅酸盐水泥、矿渣硅酸盐水泥、粉煤灰硅酸盐水泥、复合硅酸盐水泥
	4.有抗渗性要求的混凝土	普通硅酸盐水泥、火山灰质硅酸盐水泥		矿渣硅酸盐水泥
	5.有耐磨性要求的混凝土	硅酸盐水泥、普通硅酸盐水泥	矿渣硅酸盐水泥	火山灰质硅酸盐水泥、粉煤灰硅酸盐水泥
	6.受侵蚀性介质作用的混凝土	矿渣硅酸盐水泥、火山灰质硅酸盐水泥、粉煤灰硅酸盐水泥、复合硅酸盐水泥		硅酸盐水泥

注:当水泥中掺有黏土质混合材料时,则不耐硫酸盐腐蚀。

3.3 其他品种水泥

通用硅酸盐系水泥品种不多,但用量却是最大的。除此之外水泥品种的大部分是特性水泥和专用水泥,又称为特种水泥,其用量虽然不大,但用途却很重要且很广泛。特种水泥中又以硅酸盐系水泥为主。

3.3.1 白色和彩色硅酸盐水泥

1. 白色硅酸盐水泥

白色硅酸盐水泥熟料是以适当成分的生料烧至部分熔融,所得以硅酸钙为主要成分、氧化铁含量少的熟料。由氧化铁含量少的硅酸盐水泥熟料,适量石膏及标准规定的混合材料,磨细制成的水硬性胶凝材料称为白色硅酸盐水泥,简称白水泥,代号 P·W。

白色硅酸盐水泥是一种适应性广泛的建筑装饰材料,从"水泥"的概念而言,仍属硅酸盐水泥系列,但在使用功能上却要突出其装饰作用的特点。因此在品质特性上,一方面是保持普通硅酸盐水泥的胶凝特性和优良的物理力学性能,另一方面则须具有鲜明洁白的色泽。硅酸盐水泥的颜色主要是由于熟料中含有较多的 Fe_2O_3 所致,要有效提高水泥的洁白程度,就必须尽量降低熟料中的 Fe_2O_3 含量。通常白水泥成分中的 Fe_2O_3 含量仅为普通硅酸盐水泥的10%左右,熟料中的 Fe_2O_3 含量般控制在 0.2% ~ 0.5%。此外,硅酸盐水泥中还普遍存在的 MgO 及一些过渡金属氧化物,诸如 Mn_2O_3、TiO、Cr_2O_3 等,对水泥也有显著的着色效应,同样应严格控制其允许含量。

白水泥的国家标准为《白色硅酸盐水泥》(GB/T 2015—2005)。白水泥的细度要求为80μm 方孔筛筛余不得超过 10.0%;凝结时间初凝不早于 45min,终凝不迟于 10h;体积安定性用沸煮法检验必须合格;水泥中三氧化硫含量不得超过 3.5%。

白水泥的强度分为 32.5、42.5、52.5 三个等级,各龄期的强度不得低于表3-15 的规定。

白水泥各龄期强度值 表3-15

强度等级	抗压强度(MPa)		抗折强度(MPa)	
	3d	28d	3d	28d
32.5	12.0	32.5	3.0	6.0
42.5	17.0	42.5	3.5	6.5
52.5	22.0	52.5	4.0	7.0

白水泥的白度用样品与氧化镁标准白板反射率的比例衡量,要求白度值不得低于87。白水泥主要用于建筑物的装饰,如地面、楼梯、外墙饰面,彩色水刷石和水磨石,大理石及瓷砖镶贴,混凝土雕塑工艺制品等。还用于与彩色颜料配成彩色水泥,配制彩色砂浆或混凝土,用于装饰工程。

2. 彩色硅酸盐水泥

由硅酸盐水泥及适量石膏(或白色硅酸盐水泥)、混合材料及着色剂磨细或混合制成的带有色彩的水硬性胶凝材料称为彩色硅酸盐水泥。

彩色硅酸盐水泥简称彩色水泥,主要有两种生产方法,即染色法和烧成法。染色法是将碱性颜料、白色水泥熟料和石膏共同磨细制成,其产品标准为《彩色硅酸盐水泥》(JC/T 870—

2012）；也可将颜料直接与白水泥混合配制而成，这种方法灵活简单，但颜料消耗大，色泽不易均匀。烧成法是将着色剂加入水泥生料中，经过煅烧使熟料具有所需的颜色，再与石膏混合磨细而成。实际生产中常用的无机和有机颜料主要有氧化铁类（颜色有红、黄、黑等）、氧化钛（白色）、氧化铬（绿色）、氧化锰（褐、黑色）、炭黑、酞青蓝、群青、立索尔宝红等。

使用过程中应根据具体环境条件、用途和色泽要求，选择适宜品种，扬长避短，充分发挥各自优点，以求得最佳效果。

烧成法制得的彩色水泥，色泽均匀，颜色保持持久，但生产成本较高；染色法制得的彩色水泥，色泽不易均匀，长期使用易出现褪色，但生产成本较低。目前，彩色水泥以染色法较常用。染色法使用的颜料多为无机矿物颜料，要求不溶于水、分散性好、大气稳定性好、抗碱性强、着色力强，并不得显著影响水泥的强度和其他性质。有机颜料易老化，只能作为辅助用途使用，通常只加入少量，以提高水泥色彩的鲜艳度。

彩色水泥主要是配制彩色砂浆或混凝土，用于制造人工石材和装饰工程。

3.3.2　道路硅酸盐水泥

依据国家标准《道路硅酸盐水泥》（GB 13693—2005）的规定，由道路硅酸盐水泥熟料，适量石膏，可加入标准规定的混合材料，磨细制成的水硬性胶凝材料，称为道路硅酸盐水泥（简称道路水泥），代号 P·R。

由于水泥混凝土路面要经受高速重载车辆反复的冲击、震动和摩擦作用，要承受各种恶劣气候，如夏季高温和暴雨的骤冷、冬季的冻融循环，路面和路基由温差造成的膨胀应力等，这些不利因素都会造成路面损坏，使耐久性下降。因而，要求水泥混凝土路面有良好的力学性能，尤其是抗折强度要高，还要有足够的抗干缩变形能力和耐磨性，此外，对其抗冻性和抗硫酸盐腐蚀性也要求较高。这些要求一般通用水泥显然难以达到，反映了路面用水泥的特殊性能要求。

道路水泥混凝土与其他土建工程相比，所受的外力主要是载重机动车辆的震动和冲击荷载，而非一般的静压力，这使得混凝土的破坏形式主要是弯拉破坏，因此对道路水泥的抗折强度要求特别高。同时，要求水泥具有早强特性，目的在于加快施工速度，缩短建设周期，保证路面质量。道路水泥的强度指标是在保证早强和高抗折的前提下，再强调提高强度等级。国家标准（GB 13693—2005）将道路硅酸盐水泥划分为 32.5、42.5 和 52.5 三个等级。

对道路水泥的性能要求是耐磨性好、收缩小、抗冻性好、抗冲击性好，有高的抗折强度和良好的耐久性。道路水泥的上述特性，主要依靠改变水泥熟料的矿物组成、粉磨细度、石膏加入量及外加剂来达到。一般适当提高熟料中 C_3S 和 C_4AF 含量，限制 C_3A 和游离氧化钙的含量。C_4AF 的脆性小，抗冲击性强，体积收缩最小，提高 C_4AF 的含量，可以提高水泥的抗折强度及耐磨性。

道路水泥的熟料矿物组成要求 $C_3A < 5\%$，$C_4AF > 16\%$；f-CaO 旋窑生产的应不大于 1.0%，立窑生产的应不大于 1.8%。道路水泥中氧化镁含量应不超过 5.0%，三氧化硫应不超过 3.5%，烧失量应不大于 3.0%，碱含量应不大于 0.6% 或供需双方协商；比表面积为 300～450m^2/kg，初凝应不早于 1.5h，终凝不得迟于 10h，沸煮法安定性必须合格，28d 干缩率应不大于 0.10%，28d 磨耗量应不大于 3.00kg/m^2。水泥的强度等级按规定龄期的抗压和抗折强度划分，各龄期的抗压强度和抗折强度应不低于表 3-16 的数值。

表 3-16

强 度 等 级	抗压强度（MPa）		抗折强度（MPa）	
	3d	28d	3d	28d
32.5	16.0	32.5	3.5	6.5
42.5	21.0	42.5	4.0	7.0
52.5	26.0	52.5	5.0	7.5

如前所述,道路水泥混凝土必须承受各种自然环境条件,尤其是某些典型的恶劣条件,如北方高寒地区严冬的冻融循环和一些沿海及高硫酸盐侵蚀地区的硫酸盐侵蚀等。实践证明,按国家标准规范生产的合格道路硅酸盐水泥具有良好的抗冻性和耐硫酸盐腐蚀能力。从抗冻性能指标(冻融循环次数)来看,道路水泥与普通硅酸盐水泥基本相当;抗硫酸盐侵蚀性的对比实验表明,道路水泥的抗蚀系数比普通硅酸盐水泥平均高出 15% ~ 20%。因此在实际的工程应用中,道路水泥对环境的侵蚀性介质具有较强的抵抗能力,使水泥混凝土路面耐久性良好。此外,道路硅酸盐水泥仍属硅酸盐水泥系列,其一般物理性能与常规硅酸盐水泥相同,检验方法一致。道路水泥主要用于道路路面、机场跑道路面和城市广场等工程。

3.3.3 膨胀水泥及自应力水泥

膨胀水泥和自应力水泥都是硬化时具有一定体积膨胀的水泥品种。通用硅酸盐水泥在空气中硬化,一般都表现为体积收缩,平均收缩率为 0.02% ~ 0.035%。混凝土成型后,7 ~ 60d 的收缩率较大,以后趋向缓慢。收缩使水泥石内部产生细微裂缝,导致其强度、抗渗性、抗冻性下降;用于装配式构件接头、建筑连接部位和堵漏补缝时,水泥收缩会使结合不牢,达不到预期效果。而使用膨胀水泥就能改善或克服上述的不足。另外,在钢筋混凝土中,利用混凝土与钢筋的握裹力,使钢筋在水泥硬化发生膨胀时被拉伸,而混凝土内部产生压应力,钢筋混凝土内由组成材料(水泥)膨胀而产生的压应力称为自应力。自应力的存在使混凝土抗裂性提高。

膨胀水泥膨胀值较小,主要用于补偿收缩;自应力水泥膨胀值较大,用于产生预应力混凝土。使水泥产生膨胀主要有三种途径,即氧化钙水化生成 $Ca(OH)_2$,氧化镁水化生成 $Mg(OH)_2$,铝酸盐矿物生成钙矾石。因前两种反应不易控制,一般多采用以钙矾石为膨胀组分生产各种膨胀水泥。

1. 明矾石膨胀水泥

常用硅酸盐系膨胀水泥主要是《明矾石膨胀水泥》(JC/T 311—2004)。明矾石膨胀水泥是以硅酸盐水泥熟料为主,铝质熟料、石膏和粒化高炉矿渣(或粉煤灰),按适当比例磨细制成的,具有膨胀性能的水硬性胶凝材料,称为明矾石膨胀水泥,代号 A·EC。

1967 年,我国研究成功了明矾石膨胀水泥,用不烧明矾石作膨胀组分,与硅酸盐水泥熟料、石膏和膨胀稳定剂共同粉磨而成。由于省却了明矾石煅烧工艺,有利于节省能耗,具有重大实用意义。其后,又研究成功了明矾石膨胀剂,即将明矾石和石膏粉磨而成,制备混凝土时,加到搅拌机中与硅酸盐水泥一起混合。

明矾石膨胀水泥适用于收缩补偿混凝土结构、防渗抗裂混凝土工程、补强和防渗抹面工程,大孔径混凝土排水管及接缝、梁柱管道和接头,固接机器底座和地脚螺栓等。

硅酸盐水泥熟料,符合 JC/T 853 的规定,宜采用 42.5 级以上的熟料。

铝质熟料,Al_2O_3 含量不应小于 25%。

石膏,符合 GB/T 5483 中 A 类一级品的天然硬石膏。

明矾石膨胀水泥中硫酸盐含量以三氧化硫计(SO₃)应不大于 8.0% ;比表面积应不小于 400m²/kg;凝结时间:初凝不早于 45min,终凝不迟于 6h。碱含量由供需双方商定。当水泥在混凝土中和集料可能发生有害反应并经用户提出碱含量要求时,明矾石膨胀水泥中的碱含量以 $Na_2O + 0.658K_2O$ 当量计应不大于 0.60% 。限制膨胀率:3d 不应小于 0.015% ;28d 应不大于 0.10% 。3d 不透水性应合格(任选指标)。

强度等级分为 32.5、42.5、52.5 三个等级。各强度等级水泥的各龄期强度应不低于表 3-17数值。

明矾石膨胀水泥的强度等级与各龄期强度 表 3-17

强 度 等 级	抗压强度(MPa)			抗折强度(MPa)		
	3d	7d	28d	3d	7d	28d
32.5	13.0	21.0	32.5	3.0	4.0	6.0
42.5	17.0	27.0	42.5	3.5	5.0	7.5
52.5	23.0	33.0	52.5	4.0	5.5	8.5

2. 低热微膨胀水泥

国家标准《低热微膨胀水泥》(GB 2938—2008)规定:以粒化高炉矿渣为主要成分,加入适量的硅酸盐水泥熟料和石膏,磨细制成的具有低水化热和微膨胀性能的水硬性胶凝材料,称为低热微膨胀水泥,代号 LHEC。

低热微膨胀水泥是我国成功研制和应用的一类新型水工水泥,包括以粒化高炉矿渣为主要组分的低热微膨胀水泥和以粉煤灰为主要组分的粉煤灰低热微膨胀水泥。研究这种水泥的初衷是针对一般中、低热水泥硬化过程中固有的"干缩效应"引起混凝土开裂的问题,希望开发出具有低水化热和微膨胀性能及其他物理力学性能优良的新型水泥,以实现通过水化早期的适度膨胀来补偿混凝土后期的干燥收缩。自 20 世纪 70 年代以来,我国多个大中型水利水电工程的大体积混凝土施工采用了低热微膨胀水泥。其以水化热低,早期强度发挥快,具有微膨胀性能的突出优点,大大简化了筑坝施工中的多种温控措施,加快了施工进度,有效地防止了混凝土产生收缩裂缝,产生了良好的经济和质量效果。

低热微膨胀水泥的水化与矿渣硅酸盐水泥的水化在机理上没有实质的差别,同样是通过熟料的碱性激发和石膏的硫酸盐激发作用,促进矿渣潜在水硬活性的发展。水化初期,熟料矿物快速水解产生的 $Ca(OH)_2$ 使矿渣的玻璃体结构解离,各种活性组分溶于液相中,与熟料和硫酸盐发生反应,生成新的水化产物。由于水泥组成中各组分的含量发生了较大改变,必然导致水泥的水化产物结构和水泥性能的变化。由钙矾石形成了水泥石的骨架结构,而 CSH 凝胶不断填充于结构间隙中,使水泥早期就能产生较高强度,并且后期强度仍能不断增长。钙矾石也是水泥产生微膨胀作用的根源。

在原料方面,要求硅酸盐水泥熟料中硅酸钙矿物质量分数不小于 66% ,熟料强度等级达到 42.5 以上;游离氧化钙含量(质量分数)不超过 1.5% ,MgO 含量不超过 6.0% 。

低热微膨胀水泥三氧化硫含量(质量分数)应为 4.0% ~ 7.0% ;比表面积不得小于 300m²/kg;安定性沸煮法检验应合格;碱含量由供需双方商定。强度等级为 32.5 级,其他主要技术指标列于表 3-18。

强度等级	凝结时间		抗压强度(MPa)		抗折强度(MPa)		线膨胀率(%)			水化热(kJ/kg)	
	初凝(min)	终凝(h)	7d	28d	7d	28d	1d	7d	28d	3d	7d
32.5	≥45	≤12	18.0	32.5	5.0	7.0	0.05	0.10	0.60	185	220

3. 自应力硫铝酸盐水泥

(1)定义与标准

根据《硫铝酸盐水泥》(GB 20472—2006),自应力硫铝酸盐水泥是由适当成分的硫铝酸盐水泥熟料加入适量石膏磨细制成的具有膨胀性的水硬性胶凝材料,代号 S·SAC。

水泥的早期强度来源于在水化早期形成的大量钙矾石,硫铝酸盐膨胀和自应力水泥的水化相—钙矾石是产生膨胀的根源。这种水泥浆体液相的 pH 值为 10.5 左右,因此钙矾石是在低于饱和 $Ca(OH)_2$ 浓度下形成的,在这种条件下其膨胀性能比较缓和,加之在同一反应中产生较多的水化氧化铝凝胶与同时形成的 CSH 凝胶的衬垫作用,使水泥在不断提高结构强度的同时具有较多的变形能力,因此水泥具有较高的自应力值。

自应力硫铝酸盐水泥以 28d 自应力值分为 3.0、3.5、4.0、4.5 四个自应力等级,且所有自应力等级的水泥其抗压强度 7d 不小于 32.5MPa,28d 不小于 42.5MPa。

自应力硫铝酸盐水泥物理性能、碱度和碱含量应符合表 3-30 要求。各龄自应力值应符合表 3-19。

自应力硫铝酸盐水泥各龄期自应力值(MPa) 表 3-19

等级	7d	28d	
3.0	≥2.0	≥3.0	≤4.0
3.5	≥2.5	≥3.5	≤4.5
4.0	≥3.0	≥4.0	≤5.0
4.5	≥3.5	≥4.5	≤5.5

(2)主要特性和用途

这种自应力水泥与自应力硅酸盐水泥相比,具有自由膨胀较小、自应力值较高的特点;与自应力铝酸盐水泥相比,具有稳定期较短的特点。自应力硫铝酸盐水泥同时具有快硬水泥的高抗渗、耐腐蚀等优点,主要用于生产各种自应力水泥压力管。

4. 自应力铁铝酸盐水泥

根据《自应力铁铝酸盐水泥》(JC/T 437—2010)标准,由铁铝酸盐水泥熟料和适量的石膏磨细制成的、具有膨胀性能的水硬性胶凝材料,称为自应力铁铝酸盐水泥,代号 S·FAC。

铁铝酸盐水泥混凝土表面不会发生起砂,抗海水冲刷和抗腐蚀性能优良,其耐蚀性优于硫铝酸盐水泥。铁铝酸盐自应力水泥自由膨胀比所有其他自应力水泥都小,其膨胀稳定期也较短。铁铝酸盐水泥的水化液相碱度较高(pH > 12),在钢筋混凝土中可使钢筋表面形成类似于硅酸盐水泥混凝土中的钝化膜,对钢筋无锈蚀。铁铝酸盐水泥的用途与硫铝酸盐水泥相似,特别适用于海港工程和制作高强混凝土结构构件。

用于制造自应力铁铝酸盐水泥的熟料中三氧化二铝(Al_2O_3)含量(质量分数)应不小于 28.0%,二氧化硅(SiO_2)含量(质量分数)应不大于 10.5%,三氧化二铁(Fe_2O_3)含量(质量分数)应不小于 3.5%,其中三氧化二铝(Al_2O_3)与二氧化硅(SiO_2)的质量分数比(Al_2O_3/SiO_2)

应不大于6.0。

水泥中的碱含量按 $Na_2O + 0.658K_2O$ 当量计应不大于0.5%；自应力铁铝酸盐水泥按28d自应力值，分为3.0、3.5、4.0、4.5四个应力等级。自应力铁铝酸盐水泥技术要求为见表3-20。

自应力铁铝酸盐水泥技术指标 表3-20

项　　目		技 术 指 标
比表面积（m^2/kg）		≥370
凝结时间（min）	初凝，不早于	40
	终凝，不迟于	240
自由膨胀率（%）	7d	≤1.30
	28d	≤1.75
抗压强度（MPa）	7d	≥32.5
	28d	≥42.5
28d自应力增进率（MPa/d）		≤0.010

不同自应力等级的自应力铁铝酸盐水泥，其不同龄期的自应力值应符合表3-21中的规定。

铁铝酸盐水泥各龄期自应力值（MPa） 表3-21

等级	7d	28d	
3.0	≥2.0	≥3.0	≤4.0
3.5	≥2.5	≥3.5	≤4.5
4.0	≥3.0	≥4.0	≤5.0
4.5	≥3.5	≥4.5	≤5.5

3.3.4 中低热硅酸盐水泥

港口、码头、大坝等水工构筑物、大型设备基础以及高层建筑物的基础筏板等的混凝土工程，多为厚大体积且连续浇筑的混凝土工程。由于混凝土的导热率低，水泥水化时放出的热量不易散失，容易使混凝土内部最高温度达60℃以上。由于混凝土外表面冷却较快，使得混凝土内外温差达几十度。混凝土外部冷却产生收缩，而内部尚未冷却，就产生内应力，从而出现温度应力裂缝。为了防止由于水泥水化热而导致混凝土内外温差过大，这类工程所用水泥的水化热往往受到严格限制，即采用中低热水泥。

国家标准《中热硅酸盐水泥、低热硅酸盐水泥和低热矿渣硅酸盐水泥》（GB 200—2003）规定：凡以适当成分的硅酸盐水泥熟料，加入适量石膏，磨细制成的具有中等水化热的水硬性胶凝材料，称为中热硅酸盐水泥，简称中热水泥，代号 P·MH。

凡以适当成分的硅酸盐水泥熟料，加入适量石膏，磨细制成的具有低水化热的水硬性胶凝材料，称为低热硅酸盐水泥，简称低热水泥，代号 P·LH。

凡以适当成分的硅酸盐水泥熟料，加入粒化高炉矿渣、适量石膏，磨细制成的具有低水化热的水硬性胶凝材料，称为低热矿渣硅酸盐水泥，简称低热矿渣水泥，代号 P·SLH。其中矿渣的掺量按质量百分比计为20%～60%，允许用不超过混合材料总量50%的粒化电炉磷渣或粉煤灰代替部分矿渣。

为了降低水泥的水化热和放热速率,必须降低熟料中铝酸三钙和硅酸三钙的含量,相应提高铁铝酸四钙和硅酸二钙的含量。但是,硅酸二钙的早期强度很低,所以不宜增加过多,硅酸三钙含量也不应过少,否则,水泥强度发展过慢。因此,在设计中热硅酸盐水泥熟料和低热水泥熟料矿物组成时,首先应着重减少铝酸三钙的含量,相应增加铁铝酸四钙的含量。国家标准规定的技术要求如下:

(1)硅酸盐水泥熟料

中热硅酸盐水泥熟料中硅酸三钙的含量应不超过55%,铝酸三钙的含量应不超过6%,游离氧化钙含量应不超过1.0%;低热硅酸盐水泥熟料中硅酸二钙的含量应不小于40%,铝酸三钙的含量应不超过6%,游离氧化钙含量应不超过1.0%;低热矿渣硅酸盐水泥熟料中铝酸三钙的含量应不超过8%,游离氧化钙含量应不超过1.2%,氧化镁的含量不宜超过5.0%,如水泥经压蒸安定性试验合格,则熟料中氧化镁含量允许放宽到6.0%。

(2)三氧化硫的含量

水泥中三氧化硫含量应不大于3.5%。

(3)比表面积

水泥的比表面积应不低于$250m^2/kg$。

(4)凝结时间

初凝时间不得早于60min,终凝时间不得迟于12h。

(5)安定性

沸煮法检验合格。

(6)强度

水泥的强度等级按规定龄期的抗压强度和抗折强度划分,各龄期强度不应低于表3-22中的数值。

中、低热水泥各龄期强度值   表3-22

品　　种	强度等级	抗压强度(MPa)			抗折强度(MPa)		
		3d	7d	28d	3d	7d	28d
中热水泥	42.5	12.0	22.0	42.5	3.0	4.5	6.5
低热水泥	42.5	—	13.0	42.5	—	3.5	6.5
低热矿渣水泥	32.5	—	12.0	32.5	—	3.0	5.5

(7)水化热

水泥的水化热应不大于表3-23中的数值。

中、低热水泥强度等级的各龄期水化热   表3-23

品　　种	强度等级	水化热(kJ/kg)	
		3d	7d
中热水泥	42.5	251	293
低热水泥	42.5	230	260
低热矿渣水泥	32.5	197	230

中热水泥主要适用于大坝溢流面或大体积建筑物的面层和水位变化区等部位,要求低水化热和较高耐磨性、抗冻性的工程;低热水泥和低热矿渣水泥主要适用于大坝或大体积混凝土内部,以及水下等要求低水化热的工程。

3.3.5　抗硫酸盐硅酸盐水泥

国家标准《抗硫酸盐硅酸盐水泥》（GB 748—2005）中，按抵抗硫酸盐腐蚀的程度分成中抗硫酸盐硅酸盐水泥和高抗硫酸盐硅酸盐水泥两大类。

以适当成分的硅酸盐水泥熟料，加入适量石膏，磨细制成的具有抵抗中等浓度硫酸根离子侵蚀的水硬性胶凝材料，称为中抗硫酸盐硅酸盐水泥，简称中抗硫水泥，代号 P·MSR。

以适当成分的硅酸盐水泥熟料，加入适量石膏，磨细制成的具有抵抗较高浓度硫酸根离子侵蚀的，称为高抗硫酸盐硅酸盐水泥，简称高抗硫水泥，代号 P·HSR。

水泥石中的 $Ca(OH)_2$ 和水化铝酸钙是硫酸盐腐蚀的内在原因，水泥的抗硫酸盐性能就决定于水泥熟料矿物中这些成分的相对含量。降低熟料中 C_3S 和 C_3A 的含量，相应增加耐蚀性较好的 C_2S 替代 C_3S，增加 C_4AF 替代 C_3A，是提高耐硫酸盐腐蚀的主要措施之一。

抗硫酸盐水泥适用于一般受硫酸盐腐蚀的海港、水利、地下、隧道、道路和桥梁基础等工程。抗硫酸盐水泥制备的普通混凝土，一般可抵抗硫酸根离子浓度低于 2 500mg/L 的纯硫酸盐腐蚀。

抗硫酸盐硅酸盐水泥的成分要求、耐蚀程度和强度等级见表 3-24 和表 3-25。

抗硫酸盐硅酸盐水泥的技术要求　　　　　　　　　　表 3-24

项　目	内容或指标		
硅酸三钙 铝酸三钙含量	水泥名称	硅酸三钙(C_3S)(%)	铝酸三钙(C_3A)(%)
	中抗硫水泥	≤55.0	≤5.0
	高抗硫水泥	≤50.0	≤3.0
烧失量	水泥中烧失量不得超过3.0%		
氧化镁	水泥中氧化镁含量不得超过5.0%。如果水泥经过压蒸安定性试验合格，则水泥中氧化镁含量允许放宽到6.0%		
碱含量	水泥中碱含量按 $Na_2O + 0.658K_2O$ 计算值来表示，若使用活性集料，用户要求提供低碱水泥时，水泥中的碱含量不得大于0.60%，或由供需双方商定		
三氧化硫	水泥中三氧化硫的含量不得超过2.5%		
不溶物	水泥中的不溶物不得超过1.50%		
比表面积	水泥比表面积不得小于280m²/kg		
凝结时间	初凝不得早于45min，终凝不得迟于10h		
安定性	用沸煮法检验，必须合格		
强度	水泥等级按规定龄期的抗压强度和抗折强度来划分，两类水泥均分为32.5、42.5 两个强度等级，各强度等级水泥的各龄期强度不得低于表3-25数值		

注：表中百分数(%)均为质量比。

抗硫酸盐水泥各龄期强度值　　　　　　　　　　表 3-25

分　类	强度等级	抗压强度(MPa)		抗折强度(MPa)	
		3d	28d	3d	28d
中抗硫酸盐水泥	32.5	10.0	32.5	2.5	6.0
高抗硫酸盐水泥	42.5	15.0	42.5	3.0	6.5

抗硫酸盐水泥除了具有较强的抗腐蚀能力外,还具有较高的抗冻性,主要适用于受硫酸盐腐蚀、冻融循环及干湿交替作用的海港、水利、地下、隧涵、道路和桥梁基础等工程。

3.3.6 砌筑水泥

《砌筑水泥》(GB/T 3183—2003)规定:凡由一种或一种以上的水泥混合材料,加入适量硅酸盐水泥熟料和石膏,经磨细制成的工作性能较好的水硬性胶凝材料,称为砌筑水泥,代号 M。

砌筑水泥适用于工业与民用建筑的砌筑砂浆和抹面砂浆及基础垫层、垫层混凝土等,允许用于生产砌块及瓦等。一般不用于配制混凝土,但通过试验,允许用于低强度等级混凝土,但不得用于结构混凝土。

砌筑水泥用混合材料可采用矿渣、粉煤灰、煤矸石、沸腾炉渣和沸石等,掺加量应大于50%,允许掺入适量石灰石或窑灰。

标准《砌筑水泥》(GB/T 3183—2003)规定的技术要求如下:

(1)三氧化硫

水泥中三氧化硫含量应不大于4.0%。

(2)细度

80μm 方孔筛筛余应不大于10.0%

(3)凝结时间

初凝不早于60min,终凝不迟于12h。

(4)安定性

用沸煮法检验合格。

(5)保水率

砂浆的保水率是指吸水后砂浆中保留的水的质量,并用原始水量的质量分数表示。砌筑水泥的保水率应不低于80%。

(6)强度

砌筑水泥分12.5和22.5两个强度等级,各等级水泥的各龄期强度不得低于表3-26中的数值。

砌筑水泥各龄期强度值 表3-26

强度等级	抗压强度(MPa)		抗折强度(MPa)	
	7d	28d	7d	28d
12.5	7.0	12.5	1.5	3.0
22.5	10.0	22.5	2.0	4.0

3.3.7 铝酸盐水泥

铝酸盐系水泥是应用较多的非硅酸盐系水泥,是具有快硬早强性能和较好耐高温性能的胶凝材料,还是膨胀水泥的主要成分,在军事工程、抢修工程、严寒工程、耐高温工程和自应力混凝土等方面应用广泛,是重要的水泥系列之一。

1.铝酸盐水泥的生产

依据国家标准《铝酸盐水泥》(GB 201—2000)的规定,凡以铝酸钙为主的铝酸盐水泥熟料,磨细制成的水硬性胶凝材料称为铝酸盐水泥(又称高铝水泥、矾土水泥),代号 CA。

我国铝酸盐水泥按 Al_2O_3 含量分为四类,分类及化学成分范围见表 3-27。

铝酸盐水泥类型及化学成分范围 表 3-27

类型	Al_2O_3	SiO_2	Fe_2O_3	R_2O	S	Cl
CA—50	$\geqslant 50,\leqslant 60$	$\leqslant 8.0$	$\leqslant 2.5$			
CA—60	$\geqslant 60,< 68$	$\leqslant 2.0$	$\leqslant 2.0$	$\leqslant 4.0$	$\leqslant 0.1$	$\leqslant 0.1$
CA—70	$\geqslant 68,< 77$	$\leqslant 1.0$	$\leqslant 0.7$			
CA—80	$\geqslant 77$	$\leqslant 0.5$	$\leqslant 0.5$			

铝酸盐水泥的主要原料是矾土(铝土矿)和石灰石,矾土的主要成分为 Al_3O_2。矾土是由含 Al_3O_2 高的岩石经热、压、水等作用分解而成,其中还含有 Fe_2O_3、SiO_2、TiO_2 及碳酸盐等杂质。矾土矿床多为层状,层间与上下层的成分往往有波动。矾土的主要矿物为波美石(又称水铝石、一水硬铝石,$Al_3O_2 \cdot H_2O$)和水铝土(又称水铝矿、三水铝石,$Al_3O_2 \cdot 3H_2O$)。石灰石提供 CaO。主要化学成分是 CaO、Al_2O_3、SiO_2;原料经 1 300～1 400℃煅烧后,生成主要矿物成分是铝酸一钙($CaO \cdot Al_2O_3$ 简写为 CA)、二铝酸一钙($CaO \cdot 2Al_2O_3$ 简写为 CA_2)、七铝酸十二钙($C_{12}A_7$),此外还有少量的其他铝酸盐和硅酸二钙。铝酸一钙是铝酸盐水泥的最主要矿物,约占 40%～50%,具有很高的活性,其特点是凝结正常、硬化迅速,是铝酸盐水泥强度的主要来源。二铝酸一钙约占 20%～35%,凝结硬化慢,早期强度低,但后期强度较高。

铝酸盐水泥熟料的煅烧有熔融法和烧结法两种。熔融法采用电弧炉、高炉、化铁炉和射炉等煅烧设备;烧结法采用通用水泥的煅烧设备。我国多采用回转窑烧结法生产,熟料具有正常的凝结时间,磨制水泥时不用掺加石膏等缓凝剂。

2. 铝酸盐水泥水化与硬化

铝酸一钙是铝酸盐水泥的主要矿物成分,其水化硬化情况对水泥的性质起着主导作用。铝酸一钙水化极快,其水化反应及产物随温度变化很大。一般研究认为不同温度下,铝酸一钙水化反应有以下形式。

当温度 <20℃时

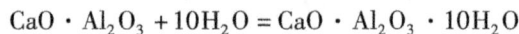

$$CaO \cdot Al_2O_3 + 10H_2O = CaO \cdot Al_2O_3 \cdot 10H_2O$$

当温度为 20～30℃时

$$3(CaO \cdot Al_2O_3) + 21H_2O = CaO \cdot Al_2O_3 \cdot 10H_2O + 2CaO \cdot Al_2O_3 \cdot 8H_2O + Al_2O_3 \cdot 3H_2O$$

当温度 >30℃时

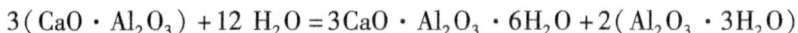

$$3(CaO \cdot Al_2O_3) + 12H_2O = 3CaO \cdot Al_2O_3 \cdot 6H_2O + 2(Al_2O_3 \cdot 3H_2O)$$

二铝酸一钙的水化反应产物与铝酸一钙相同。常温下,CAH_{10} 和 C_2AH_8 同时形成,一起共存,其相对比例随温度上升而减小。

铝酸盐水泥的硬化机理与硅酸盐水泥基本相同。水化铝酸钙是多组分的共溶体,呈晶体结构,其组成与熟料成分、水化条件和环境温度等因素相关。CAH_{10} 和 C_2AH_8 都属六方晶系,结晶形态为片状、针状,硬化时互相交错搭接,重叠结合,形成坚固的网状骨架,产生较高的机械强度。水化生成的氢氧化铝(AH_3)凝胶又填充于晶体骨架,形成比较致密的结构。铝酸盐水泥的水化主要集中在早期,5～7d 后水化产物数量就很少增加,所以其早期强度增长很快,后期增长不显著。

要注意的是,CAH_{10} 和 C_2AH_8 等水化铝酸钙晶体都是亚稳相,会自发地转化为最终稳定产

物 C_3AH_6,析出大量游离水,转化随温度提高而加速。C_3AH_6 晶体属立方晶系,为等尺寸的晶体,结构强度远低于 CAH_{10} 和 C_2AH_8。同时水分的析出使内部孔隙增加,结构强度下降。所以,铝酸盐水泥的长期强度会有所下降,一般降低 40%～50%,湿热环境下影响更严重,甚至引起结构破坏。一般情况下,限制铝酸盐水泥用于结构工程。

3. 铝酸盐水泥的性能与用途

铝酸盐水泥的密度为 $3.0～3.2g/cm^3$,疏松状态的体积密度为 $1.0～1.3g/cm^3$,紧密状态的体积密度为 $1.6～1.8g/cm^3$。国家标准《铝酸盐水泥》(GB 201—2000)规定的细度、凝结时间和强度等级要求见表3-28。

铝酸盐水泥的细度、凝结时间、强度要求 表3-28

项 目		水 泥 类 型			
		CA—50	CA—60	CA—70	CA—80
细度		比表面积不小于300m²/kg,或0.045mm筛筛余不得超过20%			
凝结时间 (min)	初凝,不早于	30	60	30	30
	终凝,不迟于	6	18	6	6
抗压强度, 不低于 (MPa)	6h	20*	—	—	—
	1d	40	20	30	25
	3d	50	45	40	30
	28d	—	85	—	—
抗折强度 不低于 (MPa)	6h	3.0*	—	—	—
	1d	5.5	2.5	5.0	4.0
	3d	6.5	5.0	6.0	5.0
	28d	—	10.0	—	—

注:*当用户需要时,生产厂应提供结果。

铝酸盐水泥的性能与应用归纳如下:

(1)具有早强快硬的特性

1d 强度可达本等级强度的 80% 以上。适用于工期紧急的工程,如军事、桥梁、道路、机场跑道、码头和堤坝的紧急施工与抢修等。

(2)放热速率快,早期放热量大

1d 放热可达水化热总量的 70%～80%,在低温下也能很好地硬化。适用于冬季及低温环境下施工,不宜用于大体积混凝土工程。

(3)抗硫酸盐腐蚀性强

由于铝酸盐水泥的矿物主要是低钙铝酸盐,不含 C_3A,水化时不产生 $Ca(OH)_2$,所以具有强的抗硫酸盐性,甚至超过抗硫酸盐水泥。另外,铝酸盐水泥水化时产生铝胶(AH_3)使水泥石结构极为密实,并能形成保护性薄膜,对其他类腐蚀也有很好的抵抗性。耐磨性良好,适用于耐磨性要求较高的工程,受软水、海水、酸性水和硫酸盐腐蚀的工程。

(4)耐热性好

在高温下,铝酸盐水泥会发生固相反应,烧结结合逐步代替水化结合,不会使强度过分降低。如采用耐火集料时,可制成使用温度达 1 300～1 400℃ 的耐热混凝土。适用于制作各种锅炉、窑炉用的耐热和隔热混凝土和砂浆。

（5）抗碱性差

铝酸盐水泥是不耐碱的，在碱性溶液中水化铝酸钙会与碱金属的碳酸盐反应而分解，使水泥石会很快被破坏。所以，铝酸盐水泥不得用于与碱溶液相接触的工程，也不得与硅酸盐水泥、石灰等能析出 $Ca(OH)_2$ 的胶凝材料混合使用。

铝酸盐水泥与石膏等材料配合，可以制成膨胀水泥和自应力水泥，还可用于制作防中子辐射的特殊混凝土。由于铝酸盐水泥的后期强度倒缩，因而，不宜用于长期承重的结构及处于高温高湿环境的工程。

4. 特快硬调凝铝酸盐水泥

以铝酸一钙为主要成分的水泥熟料，加入适量硬石膏和促硬剂，经磨细制成的，凝结时间可调节、小时强度增长迅速、以硫铝酸钙盐为主要水化物的水硬性胶凝材料，称为特快硬调凝铝酸盐水泥。主要用于抢建、抢修、堵漏以及喷射、负温施工等工程。

《特快硬调凝铝酸盐水泥》的标准代号为 JC/T 736—1985（1996）。标准规定特快硬调凝铝酸盐水泥的初凝不得早于 2min，终凝不得迟于 10min；加入水泥重量 0.2% 酒石酸钠作缓凝剂时，初凝不得早于 15min，终凝不得迟于 40min；强度等级按 2h 抗压强度表示，各龄期不得低于表 3-29 的强度值。

特快硬调凝铝酸盐水泥的强度 　　　　　　　　　　　　　　　　表 3-29

水泥标号	抗压强度，不低于（MPa）			抗折强度，不低于（MPa）		
225	2h	1d	28d	2h	1d	28d
	22.06	34.31	53.92	3.43	5.39	7.35

3.3.8 硫铝酸盐水泥

国家标准《硫铝酸盐水泥》（GB 20472—2006）规定：以适当成分的生料，经煅烧所得以无水硫铝酸钙（$3CaO \cdot 3Al_2O_3 \cdot CaSO_4$，简写 $C_4A_3\bar{S}$）和硅酸二钙（β-C_2S）为主要成分的水泥熟料掺加不同量的石灰石、适量石膏共同磨细制成，具有水硬性胶凝材料，称为硫铝酸盐水泥。硫铝酸盐水泥分为快硬硫铝酸盐水泥、低碱度硫铝酸盐水泥、自应力硫铝酸盐水泥。

1. 水泥熟料的生产

生产硫铝酸盐水泥熟料的主要原料为石灰石、矾土和天然硬石膏或二水石膏，对它们的要求如下：

石灰石：$CaO > 52\%$ ；

矾土：$Al_2O_3 > 52\%$ ，$SiO_2 < 25\%$ ；

二水石膏：$SO_3 > 38\%$ ；

硬石膏：$SO_3 > 45\%$ 。

熟料煅烧所用燃料为烟煤，燃烧温度要求在 1 250 ~ 1 350℃，此时可以获得质量较优的熟料。温度低时，可能会出现 C_2AS 和 $2CS \cdot CaSO_4$ ；温度高于 1 400℃，将使 $CaSO_4$ 和 $C_4A_3\bar{S}$ 大量分解，形成高钙铝酸盐矿物 C_3A 和 $C_{12}A_7$ ，影响熟料质量。

无水硫铝酸钙水化很快，它和石膏反应在早期形成大量的钙矾石和氢氧化铝凝胶，使水泥获得较高的早期强度。β-C_2S 是低温（1 250 ~ 1 350℃）烧成的，活性较高，水化也较快，能较早形成水化硅酸钙和氢氧化钙，其中的氢氧化钙和氢氧化铝与石膏反应也可形成钙矾石。氢氧化铝胶体、水化硅酸钙凝胶填充于钙矾石晶体骨架的空间,形成十分致密的结构,因此这种水泥不仅早期强度高,并能保证后期强度的增长。

水化产物的这几个相的形成时间、数量以及分布情况,决定了水泥石的结构和变形能力。因此它们直接影响水泥石的强度、膨胀、自应力值以及水泥石致密度等多种性能。由于钙矾石在水化硬化过程中的不同阶段起不同的作用,因此可以通过调节外掺二水石膏量的方法来调节它形成的时间和数量,从而获得一系列不同性能的水泥。

硫铝酸盐膨胀和自应力水泥的水化相钙矾石是产生膨胀的根源。这种水泥浆体液相的pH 值为 10.5 左右,因此钙矾石是在低于饱和 Ca(OH)₂ 浓度下形成的,在这种条件下其膨胀性能比较缓和,加之在同一反应中产生较多的水化氧化铝凝胶与同时形成的 CSH 凝胶的衬垫作用,使水泥在不断提高结构强度的同时具有较多的变形能力,因此水泥具有较高的自应力值。

2. 快硬硫铝酸盐水泥

(1)定义与标准

根据《硫铝酸盐水泥》(GB 20472—2006),快硬硫铝酸盐水泥是由适当成分的硫铝酸盐水泥熟料和少量石灰石、适量石膏共同磨细制成的,具有早期强度高的水硬性胶凝材料,代号R·SAC。其中,石灰石掺量应不大于水泥质量的 15%。

快硬硫铝酸盐水泥按 3d 抗压强度分为 42.5、52.5、62.5、72.5 四个强度等级。快硬硫铝酸盐水泥物理性能、碱度和碱含量应符合表 3-30 规定,各强度等级水泥应不低于表 3-31数值。

硫铝酸盐水泥性能指标 表 3-30

项 目		指 标		
		快硬硫铝酸盐水泥	低碱度硫铝酸盐水泥	自应力硫铝酸盐水泥
比表面积(m²/kg)		≥250	≥400	≥370
凝结时间(min)	初凝,不早于	25		40
	终凝,不迟于	180		240
碱度(pH 值)		—	0.0～0.15	—
自由膨胀率(%)	7d	—	—	≤1.30
	28d	—	—	≤1.75
水泥中的碱含量(Na₂O + 0.658K₂O)(%)		—	—	<0.5
28d 自应力增进率(MPa/d)		—	—	≤0.01

快硬硫铝酸盐水泥强度指标(MPa) 表 3-31

强 度 等 级	抗 压 强 度			抗 折 强 度		
	1d	3d	28d	1d	3d	28d
42.5	30.0	42.5	45.0	6.0	6.5	7.0
52.5	40.0	52.5	55.0	6.5	7.0	7.5
62.5	50.0	62.5	65.0	7.0	7.5	8.0
72.5	55.0	72.5	75.0	7.5	8.0	8.5

（2）主要性能

①早强高强。这种水泥不仅具有较高的早期强度，而且后期强度能不断增长，其凝结时间也能满足使用要求。快硬硫铝酸盐水泥的抗压强度如表 3-32 所示。

快硬硫铝酸盐水泥的抗压强度　　　　　　　表 3-32

龄期	4h	8h	12h	1d	3d	7d	28d	90d
抗压强度（MPa）	10～20	15～20	20～35	35～40	45～55	50～65	55～70	55～75

②高抗冻性。快硬硫铝酸盐水泥有极好的抗冻性，在 0～10℃ 的低温下使用，其强度是硅酸盐水泥的 5～8 倍；加入少量防冻剂可在 -30℃～0℃ 下正常施工，3～7d 强度可达设计强度等级的 70%～80%；抗冻等级可达 F300 以上。

③耐蚀性好。快硬硫铝酸盐水泥石中不含氢氧化钙和水化铝酸三钙，又因水泥石密实度高，所以耐软水、酸类、盐类腐蚀的能力好，抗硫酸盐性能好。

④高抗渗性。快硬硫铝酸盐水泥石的结构较硅酸盐水泥、硅酸盐膨胀水泥和自应力水泥石结构要致密得多，所以具有高抗渗性。快硬硫铝酸盐水泥碱度低（pH < 12），钢筋表面不能形成钝化膜，在新拌和的混凝土中，由于含有较多空气和水，混凝土中钢筋在开始时有轻微锈蚀，但随着龄期增长，空气和水分逐渐减少和消失，混凝土结构致密，后期锈蚀情况无明显的发展，如在混凝土中加入 1% $NaNO_2$，则可防止钢筋锈蚀。

（3）主要用途

①冬季施工工程。主要用于寒冷地区的各类冬季施工工程，南极的长城站和中山站均使用硫铝酸盐水泥。

②抢修和抢建工程。主要用于公路、机场和桥梁的修补和抢建。采用快硬硫铝酸盐水泥，不仅能满足抢时间、争速度的要求，而且其抗冻性、抗盐腐蚀和抗碱—集料反应明显优于硅酸盐水泥，其抗海水冲刷及强度更是硅酸盐水泥所不及。

③配制喷射混凝土。这种水泥配以专用速凝剂配制喷射水泥，可用于矿井、隧道工程，效果良好。因强度发展快，回弹率大幅度降低，及时起到支护围岩的作用，因此加快了掘进速度，防止坍塌，确保施工安全和工程质量。

④生产水泥制品和混凝土预制构件。利用这种水泥生产水泥船、电杆、轨枕等可以大大缩短蒸养时间或取消蒸养，从而达到加快模具周转和节能的目的，而且这种制品和构件的抗腐蚀能力强，特别适用于盐碱地。

3. 低碱度硫铝酸盐水泥

（1）定义与标准

根据《硫铝酸盐水泥》（GB 20472—2006），低碱度硫铝酸盐水泥是由适当成分的硫铝酸盐水泥熟料和较多量石灰石、适量石膏共同磨细制成的，具有碱度低的水硬性胶凝材料，代号 L·SAC。

注：石灰石掺加量应小于水泥质量的 15%，且不大于水泥质量的 35%。

低碱度硫铝酸盐水泥主要用于制作玻璃纤维水泥制品，用于配有钢纤维、钢筋、钢丝网、钢埋件等混凝土制品和结构时，所用钢材应为不锈钢。

低碱度硫铝酸盐水泥按 7d 抗压强度分为 32.5、42.5、52.5 三个强度等级。

低碱度硫铝酸盐水泥物理性能、碱度和碱含量应符合表 3-30 的规定，各强度等级水泥应不低于表 3-33 的数值。

低碱度硫铝酸盐水泥强度等级指标(MPa)   表3-33

强度等级	抗 压 强 度		抗 折 强 度	
	1d	7d	1d	7d
32.5	25.0	32.5	3.5	5.0
42.5	30.0	42.5	4.0	5.5
52.5	40.0	52.5	4.5	6.0

(2)主要性能和用途

这种水泥具有微膨胀性能,凝结时间较短,初凝、终凝接近;在大气中易碳化,但碳化后水泥石孔径和总孔隙率均降低,水泥石结构较碳化前更为致密,因此强度并不降低。低碱度硫铝酸盐水泥的耐热性较差,其使用环境温度不宜超过80℃。

采用低碱度硫铝酸盐水泥和抗碱玻璃纤维复合生产纤维增强水泥制品是目前较理想的新型建筑材料和制品。主要用于生产内、外复合墙板和各种异型构件、波瓦、网架板、浴盆和各种通风管道等。

复习思考题

3-1 何谓气硬性胶凝材料和水硬性胶凝材料?如何正确使用这两类胶凝材料?

3-2 建筑石膏有哪些特性及用途?

3-3 生石灰熟化时为什么必须进行"陈伏"?磨细生石灰为什么可以不经"陈伏"而直接使用?

3-4 石灰有哪些特性?在工程上有哪些应用?

3-5 石灰硬化体本身不耐水,但石灰土多年后具有一定的耐水性,其主要原因是什么?

3-6 试述用水玻璃加固土体的基本原理。

3-7 通用水泥有哪些品种,各有什么性质和特点?

3-8 硅酸盐水泥的矿物组成有哪些?它们与水作用时各表现出什么特征?各自的水化产物是什么?

3-9 规定水泥标准稠度及标准稠度用水量有何意义?

3-10 何谓水泥的体积安定性?产生的原因是什么?如何进行检测?水泥体积安定性不良如何处理?

3-11 何谓水泥的凝结时间?国家标准为什么要规定水泥的凝结时间?

3-12 什么是非活性混合材料和活性混合材料?它们掺入水泥中各起什么作用?

3-13 硅酸盐水泥中加入石膏的作用是什么?

3-14 硅酸盐水泥的强度如何测定,其强度等级如何评定?

3-15 试述硅酸盐水泥腐蚀的类型,防止水泥石腐蚀的措施有哪些?

3-16 膨胀水泥的膨胀原理是什么?什么是自应力水泥?

3-17 降低水泥水化热的方法有那些?低热水泥适用于什么用途?

3-18 铝酸盐水泥和硫铝酸盐水泥有什么特性,怎样正确使用?

3-19 一组水泥试件28d抗折强度分别为7.2MPa、7.5MPa、8.9MPa,求该组试件的抗折强度。

3-20 一组水泥试件的28d抗压强度分别40.1MPa、46.3MPa、46.1MPa、44.2MPa、47.8MPa、48.4MPa,求该组试件的28d抗压强度。

3-21 某复合硅酸盐水泥,储存期超过三个月。已测得其 3d 强度达到强度等级为 32.5MPa 的要求。现又测得其 28d 抗折、抗压破坏荷载如表 3-34 所示,计算后判定该水泥是否能按原强度等级使用。

复合硅酸盐水泥 28d 抗折、抗压破坏荷载　　　表 3-34

试 件 编 号	1		2		3	
抗折破坏荷载(kN)	2.9		2.6		2.8	
抗压破坏荷载(kN)	65	64	64	53	66	70

第4章　水泥混凝土

> **内容提要**
>
> 本章主要讲述水泥混凝土组成材料的品种、技术要求及选用;混凝土拌和物的性质及影响因素;硬化后混凝土的技术性质及其影响因素;普通混凝土配合比设计方法。本章重点是水泥混凝土主要技术性质及其影响因素,普通混凝土配合比设计。难点是混凝土耐久性和普通混凝土配合比设计。
>
> **学习目标**
>
> 通过本章学习,要求掌握水泥混凝土对组成材料的技术要求,熟练掌握混凝土组成材料的各项性能的测定方法并能够正确选用;熟练掌握混凝土拌和物的性质及其测定和调整方法;熟练掌握硬化混凝土的力学性质、变形性质和耐久性及其影响因素;熟练掌握水泥混凝土的配合比设计过程,了解混凝土技术的新进展及其发展趋势。
>
> 本章重要知识点均有工程案例分析,通过对工程案例的分析学习,提高分析问题解决问题的能力。

4.1　概述

4.1.1　混凝土的发展历程

从广义上讲,混凝土(Concrete)是由胶凝材料、水和粗集料、细集料,按适当比例配合,拌制成拌和物,经一定时间硬化而成的人造石材。是现代建筑工程中用途最广、用量最大的建筑材料之一。水泥混凝土是以水泥为胶凝材料,砂、石为主要集料,与水(加或不加外加剂和掺和料)按一定比例配合,经搅拌、成型、养护而成的混凝土,也叫普通混凝土,是当前土木工程中最常用的混凝土。

混凝土材料的应用历史很悠久,据文献记载,在公元前600年,人们就将石膏、砂、卵石、水拌和成砂浆或混凝土,用于墙体抹面和砌筑。当时的胶凝材料主要是黏土、气硬性石膏、石灰。最早使用水硬性胶凝材料制备混凝土的是罗马人,他们用火山灰、石灰、砂、石制备"天然混凝土",由于其凝结力强、坚固耐久、不透水等特点,在古罗马得到广泛应用。万神殿和罗马圆形剧场就是其中杰出的代表。混凝土发展史中最重要的里程碑是1824年约瑟夫·阿普斯丁发明了波特兰水泥,从此,水泥逐渐代替了火山灰、石灰用于制造混凝土,但主要用于墙体、屋瓦、铺地、栏杆等部位。

1900年,万国博览会上展示了钢筋混凝土在很多方面的使用,在建材领域引起了一场革命。这种新材料的发明者是一位普通的花匠莫尼埃,他在工作中需要经常移动花盆,稍不留神就会打破泥瓦花盆。1867年的一天,莫尼埃突发奇想,他在花盆外箍上几道铁丝做保护,然后在铁丝外抹上一层水泥浆,这样即可掩盖铁丝,又可防止铁丝生锈,干燥后,花盆十分坚固。法国工程师艾纳比克1867年在巴黎博览会上看到莫尼埃用铁丝网和混凝土制作的花盆、浴盆和水箱后,受到启发,于是设法把这种材料应用于房屋建筑上。1879年,他开始制造钢筋混凝土楼板,以后发展为整套建筑使用由钢筋箍和纵向杆加固的混凝土结构梁。仅几年后,他在巴黎建造公寓大楼时采用了经过改善迄今仍普遍使用的钢筋混凝土柱、横梁和楼板。1884年德国建筑公司购买了莫尼埃的专利,进行了第一批钢筋混凝土的科学实验,研究了钢筋混凝土的强度、耐火能力,钢筋与混凝土的黏结力。1887年,德国工程师科伦首先发表了钢筋混凝土的计算方法;英国人威尔森申请了钢筋混凝土板专利;美国人海厄特对混凝土横梁进行了实验。1895～1900年,法国用钢筋混凝土建成了第一批桥梁和人行道。钢筋混凝土开始成为改变这个世界景观的重要材料。

20世纪初,有人发表了水灰比等学说,初步奠定了混凝土强度的理论基础。以后,相继出现了轻集料混凝土、加气混凝土及其他混凝土,各种混凝土外加剂也开始使用。60年代以来,广泛应用减水剂,并出现了高效减水剂和相应的流态混凝土;高分子材料进入混凝土材料领域,出现了聚合物混凝土;多种纤维被用于分散配筋的纤维混凝土。现代测试技术也越来越多地应用于混凝土材料科学的研究。

随着混凝土技术的不断发展,现今混凝土已经在各种工业与民用建筑、桥梁、隧道、铁路、公路、水利、海洋、矿山和地下工程中得到广泛应用,是目前用量最大、而且也是非常重要的土木工程材料。

4.1.2 混凝土的分类

混凝土的种类很多,从不同的角度考虑,有以下几种分类方法:

1. 按所用胶结材料(Binding Meterial)分类

混凝土可以分为水泥混凝土、石膏混凝土、水玻璃混凝土、硅酸盐混凝土、沥青混凝土、聚合物混凝土、树脂混凝土等,其中大量使用的是水泥混凝土。

2. 按表观密度(Apparent Density)分类

(1)重混凝土(Heavy Concrete)表观密度大于2 800kg/m³,常采用重晶石、铁矿石、钢屑等做集料和锶水泥、钡水泥共同配制防辐射混凝土,它们具有不透X射线和γ射线的性能,主要作为核工程的屏蔽结构材料。

(2)普通混凝土(Plaint Concrete)表观密度2 000～2 800kg/m³范围内的混凝土,是土木工程中应用最为普通的混凝土,主要用作各种土木工程的承重结构材料。

(3)轻混凝土(Light Weight Concrete)表观密度小于2 000kg/m³,包括轻集料混凝土、无砂大孔混凝土和多孔混凝土。轻集料混凝土采用陶粒、页岩等轻质多孔集料配制而成;无砂大孔混凝土由粗集料、水泥和水拌制而成的一种多孔轻质混凝土;多孔混凝土是掺加引气剂、泡沫剂等形成多孔结构。轻混凝土具有保温隔热性能好、质量轻等优点,多用于保温材料或高层、大跨度建筑的结构材料。

3. 按流动性(Fluidity)分类

按照新拌混凝土流动性大小,可分为干硬性混凝土(坍落度小于10mm且需用维勃稠度表示)、塑性混凝土(坍落度为10～90mm)、流动性混凝土(坍落度为100～150mm)及大流动性混凝土(坍落度大于等于160mm)。

4.按施工工艺(The Construction Techniques)**分类**

按施工工艺,混凝土可分为泵送混凝土、喷射混凝土、离心混凝土、碾压混凝土、挤压混凝土、压力灌浆混凝土(预填集料混凝土)等。

5.按用途(The Purposes)**分类**

按用途,混凝土可分为结构混凝土、大体积混凝土、防水混凝土、耐热混凝土、耐酸混凝土、膨胀混凝土、防辐射混凝土、装饰混凝土、补偿收缩混凝土、水下浇筑混凝土、道路混凝土等。

6.按强度等级(The Intensity)**分类**

(1)低强度混凝土:抗压强度小于30MPa。

(2)中强度混凝土:抗压强度为30~60MPa。

(3)高强度混凝土:抗压强度大于或等于60MPa。

(4)超高强混凝土:抗压强度在100MPa以上。

4.1.3 混凝土的特点

普通混凝土在土木工程中能够得到广泛的应用,是因为与其他材料相比,具有许多优点,如:

(1)原材料来源广。混凝土中,砂、石等地方材料占80%以上,可就地取材,方便经济。

(2)可塑性好。在凝结硬化前具有良好的和易性,可以浇筑成各种形状和尺寸的构件或结构物,与现代混凝土施工机械及施工工艺具有较好的适应性。

(3)抗压强度高,且与钢筋有牢固的黏结力。硬化混凝土具有较高的力学强度,目前投入工程使用的已有抗压强度达到135MPa的混凝土,与钢筋有牢固的黏结力,制成的钢筋混凝土构件和预应力混凝土构件坚固耐久,扩大了水泥混凝土的使用范围。

(4)具有良好的耐久性。混凝土具有良好的抗渗性、抗冻性、抗风化和耐腐蚀性能,经久耐用,养护费用低。

但混凝土也存在一些缺点,如:

(1)抗拉强度小,一般只有其抗压强度的1/10~1/15,属于一种脆性材料,很多情况下,必须配制钢筋才能使用。

(2)密度大,比强度小,不利于提高有效承载力,也给施工安装带来一定困难。

(3)变形能力差,抗冲击能力差,在冲击荷载作用下容易产生脆断。

(4)需要较长时间的养护,从而延长了施工工期。

这些缺陷正随着混凝土技术的不断发展而逐步得到改善,但使用中仍需注意其不良影响。

4.1.4 现代混凝土的发展方向

随着现代土木工程建设技术水平的不断提高,混凝土科学技术也在不断向前发展。未来的混凝土除了具备高强(抗压强度≥60MPa)特性以外,还必须具备良好的工作性、体积稳定性以及与环境相适应的高耐久性。在混凝土使用过程中,许多混凝土结构尤其是处于严酷环境中的结构,由于较差的耐久性已经并正在遭受严重的损坏。混凝土结构因耐久性不足而非力学强度不够而导致破坏的实例越来越多,为此付出的维修费用也在逐年增长。有不少混凝土工程使用寿命甚至低于设计要求,混凝土耐久性问题已越来越受到人们的重视。高性能混凝土

（High Performance Concrete,简写 HPC）以耐久性为设计的主要指标,是未来混凝土的主要发展方向之一。目前,我国发展高性能混凝土的主要途径有两方面:①采用高性能的原料以及与之相适应的工艺;②采用多元复合途径提高混凝土的综合性能,可在基本组成材料之外加入其他材料,如高效减水剂、缓凝剂、引气剂、硅灰、优质粉煤灰、稻壳灰、沸石粉等一种或多种复合的外加组分,以调整和改善混凝土的浇筑性能及内部结构,综合提高混凝土的性能和质量。

从节约资源、能源,减少工业废料排放和保护自然环境的角度考虑,混凝土及其原材料的开发、生产和应用过程中均应既能满足当代人的建设需要,又要不危及后代人的延续生存环境,因此,绿色高性能混凝土（GHPC）也将成为今后的发展方向。

此外,发达国家正在研究开发新技术混凝土,如灭菌、环境调节、变色、纤维混凝土、纳米混凝土、智能混凝土等。这些新的发展动态,可以说明水泥混凝土的潜力很大,混凝土技术与应用领域还有待开拓。

4.2 普通混凝土的组成材料

普通水泥混凝土（简称为混凝土）由水泥、粗集料（碎石或卵石）、细集料（砂）和水组成,为了改善混凝土拌和物或硬化混凝土的性能,还可在其中加入各种外加剂和掺和料。其中,砂、石的总含量占其体积的 60% ~ 80%,主要起骨架作用,称为集料。水泥与水形成水泥浆,包裹集料并填充其空隙。水泥浆在硬化前起润滑作用,使混凝土拌和物具有良好的流动性,便于施工;硬化后将集料胶结形成坚硬的混凝土。外加剂可以改善、调节混凝土的各种性能,而矿物掺和料则可以有效提高新拌混凝土的工作性和硬化混凝土的耐久性,同时降低成本。

混凝土的技术性质是由原材料的性质、配合比、施工工艺（搅拌、成型、养护）等因素决定的。要获得优质混凝土,首先要了解原材料的性质、作用及其质量要求,合理选择和正确使用原材料。

4.2.1 水泥

水泥（Cement）是混凝土中很重要的组成材料,是影响混凝土强度、耐久性及经济性的重要因素,因此必须正确、合理地选择水泥的品种和强度等级。

1. 水泥品种的选择

配制混凝土时,应根据混凝土工程特点、所处的环境条件和施工条件等按各品种水泥的特性合理选择,见表 3-14。

2. 水泥强度等级的选择

水泥强度等级应与混凝土的设计强度等级相适应。原则上配制强度等级高的混凝土应选用强度等级高的水泥;配制强度等级低的混凝土,选用强度等级低的水泥。如采用强度等级高的水泥配制强度等级低的混凝土时,会使水泥用量偏少,影响和易性和耐久性,必须掺入一定数量的矿物掺和料。如采用强度等级低的水泥配制强度等级高的混凝土水泥用量较多,不够经济,而且会影响混凝土的其他技术性质。通常,混凝土强度等级为 C30 以下时,可采用强度等级为 32.5 的水泥;混凝土强度等级大于 C30 时,可采用强度等级为 42.5 以上的水泥。

4.2.2 细集料

普通混凝土所用集料按粒径大小分为细集料(Fine Aggregate)和粗集料(Coarse Aggregate)两种,粒径4.75mm以下的统称细集料,粒径大于4.75mm的统称粗集料。

混凝土中所用的细集料主要有天然砂和机制砂两类。天然砂(Natural Sand)是自然生成的,经人工开采和筛分的粒径小于4.75mm的岩石颗粒,包括河砂、湖砂、山砂、淡化海砂,但不包括软质、风化的岩石颗粒。河砂、湖砂、海砂颗粒表面比较圆滑、洁净,但海砂中常含有贝壳碎片及可溶性盐等有害杂质。山砂颗粒多棱角,表面粗糙,砂中含泥量及有机质等有害杂质较多,工程中一般采用河砂作为细集料。人工砂(Manufactured Sand)是经除土处理,由机械破碎、筛分制成的,粒径小于4.75mm的岩石、矿山尾矿或工业废渣颗粒,但不包括软质、风化的颗粒,俗称人工砂。

在国家标准《建设用砂》(GB/T 14684—2011)中,将砂按技术要求分为Ⅰ类、Ⅱ类、Ⅲ类。该标准中对建设用砂提出了明确的技术质量要求,现分述如下。

1.砂的粗细程度和颗粒级配

砂的粗细程度是指不同粒径的砂混合在一起后的总体平均粗细程度。通常有粗砂、中砂、细砂之分。颗粒级配(Size Grading)是指不同粒径砂的相互间搭配情况。良好的级配应当能使集料的空隙率和总表面积均较小,从而使所需的水泥浆量较少,能够提高混凝土的密实度,并进一步改善混凝土的其他性能。在混凝土中砂粒之间的空隙是由水泥浆所填充,为达到节约水泥的目的,应尽量减少砂粒之间的空隙,因此就必须有大小不同的颗粒搭配。从图4-1可以看出,如果是单一粒径的砂堆积,空隙最大,如图4-1a)所示;两种不同粒径的砂搭配起来,空隙就减少了,如图4-1b)所示;如果三种不同粒径的砂搭配起来,空隙就更小了,如图4-1c)所示。

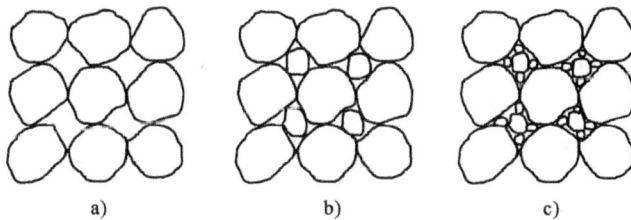

图4-1 集料的颗粒级配

《建设用砂》(GB/T 14684—2011)规定,砂的颗粒级配和粗细程度用筛析的方法进行测定。以级配区表示砂的颗粒级配,细度模数表示砂的粗细。砂的筛析方法是用一套孔径为9.50mm、4.75mm、2.36mm、1.18mm及600μm、300μm、150μm的标准方孔筛,将质量为500g的干砂试样由粗到细依次过筛,然后称得存留在各个筛上的砂质量(g),计算分计筛余百分率、累计筛余百分率。计算方法如下:

(1)分计筛余百分率(Percentage Retained) 某号筛上的筛余质量占试样总量的百分率,按式(4-1)计算。

$$a_i = \frac{m_i}{m} \times 100 \tag{4-1}$$

式中:a_i——某号筛的分计筛余百分率,%;

m_i——存留在某号筛上的试样质量,g;

m——试样总质量,g。

（2）累计筛余百分率（Cumulative Percentage Retained）　某号筛的分计筛余百分率和大于某号筛的各筛分计筛余百分率之和，按式（4-2）计算。

$$A_i = a_1 + a_2 + \cdots + a_i \tag{4-2}$$

式中：A_i——累计筛余百分率，% ；

$\quad a_i$——某号筛的分计筛余百分率，% ；

分计筛余与累计筛余的关系见表 4-1。

分计筛余与累计筛余的关系　　　　　　　　　　表 4-1

筛孔尺寸（mm）	分计筛余量（g）	分计筛余（%）	累计筛余（%）
4.75	m_1	a_1	$A_1 = a_1$
2.36	m_2	a_2	$A_2 = a_1 + a_2$
1.18	m_3	a_3	$A_3 = a_1 + a_2 + a_3$
0.60	m_4	a_4	$A_4 = a_1 + a_2 + a_3 + a_4$
0.30	m_5	a_5	$A_5 = a_1 + a_2 + a_3 + a_4 + a_5$
0.15	m_6	a_6	$A_6 = a_1 + a_2 + a_3 + a_4 + a_5 + a_6$
<0.15	m_7		

砂的粗细程度用细度模数（Fineness Modulus）表示。细度模数按式（4-3）计算。

$$M_x = \frac{(A_2 + A_3 + A_4 + A_5 + A_6) - 5A_1}{100 - A_1} \tag{4-3}$$

式中：　　　　　M_x——细度模数；

$A_1 \text{、} A_2 \text{、} A_3 \text{、} A_4 \text{、} A_5 \text{、} A_6$——分别为 4.75mm、2.36mm、1.18mm、600μm、300μm、150μm 各筛累计筛余百分率，% 。

按照细度模数把砂分为粗砂、中砂、细砂。其中 M_x 在 3.7 ~ 3.1 为粗砂，M_x 在 3.0 ~ 2.3 为中砂，M_x 在 2.2 ~ 1.6 为细砂，配制混凝土时宜选用中砂。

应当注意，砂的细度模数并不能反映其级配的优劣，细度模数相同的砂，级配不一定相同。所以，配制混凝土时必须同时考虑砂的级配和细度模数。当砂级配较好，且其中含有较多的粗颗粒，并以适量的中颗粒及少量的细颗粒填充其空隙时，这种砂的级配和粗细最适宜，其空隙率及总表面积均较小。

颗粒级配常以级配区和级配曲线表示，国家标准《建设用砂》（GB/T 14684—2011）根据 600μm 方孔筛的累积筛余量将砂分成三个级配区，如表 4-2 所示。并规定，砂的实际颗粒级配与表中所列数字相比，除 4.75mm 和 600μm 筛档外，可以略有超出，但各级累计筛余超出值总和应不大于 5% 。

砂 的 颗 粒 级 配　　　　　　　　　　表 4-2

砂的分类	天 然 砂			机 制 砂		
级配区	1 区	2 区	3 区	1 区	2 区	3 区
方孔筛尺寸	累计筛余（%）					
4.75mm	10 ~ 0	10 ~ 0	10 ~ 0	10 ~ 0	10 ~ 0	10 ~ 0
2.36mm	35 ~ 5	25 ~ 0	15 ~ 0	35 ~ 5	25 ~ 0	15 ~ 0
1.18mm	65 ~ 35	50 ~ 10	25 ~ 0	65 ~ 35	50 ~ 10	25 ~ 0
600μm	85 ~ 71	70 ~ 41	40 ~ 16	85 ~ 71	70 ~ 41	40 ~ 16
300μm	95 ~ 80	92 ~ 70	85 ~ 55	95 ~ 80	92 ~ 70	85 ~ 55
150μm	100 ~ 90	100 ~ 90	100 ~ 90	97 ~ 85	94 ~ 80	94 ~ 75

以累计筛余百分率为纵坐标,以筛孔尺寸为横坐标,根据表4-2中规定的数值绘制砂的1、2、3三个级配区上下限的级配曲线,如图4-2所示。

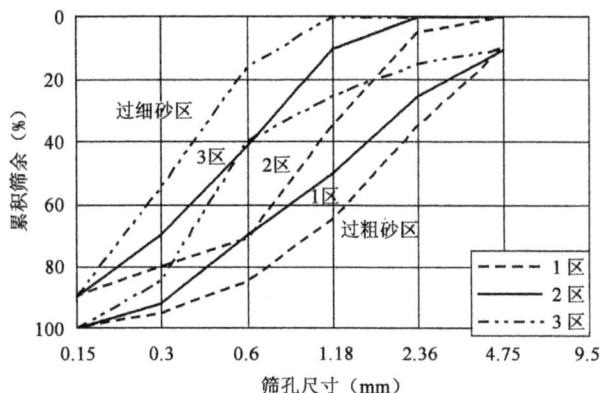

图4-2 砂的级配曲线

通过观察所计算的砂的级配曲线是否完全落在图4-2中三个级配区的任一区内,即可判定该砂级配是否合格以及该砂处于哪个级配区。同时,也可根据筛分曲线偏向情况大致判定砂的粗细程度。筛分曲线超过3区往左上偏时,表示砂过细,拌制混凝土时需要的水泥浆量多,易使混凝土强度降低,收缩增大;超过1区往右下偏时,表示砂过粗,配制的混凝土,其拌和物的和易性不易控制,而且内摩擦大,不易振捣成型。一般认为,处于2区级配的砂,其粗细适中,级配较好,是配制混凝土的最理想的级配区。

【例题4-1】 某砂样经筛分析试验,各筛的筛余量列于表4-3,试对该砂样的级配及粗细程度进行评定。

筛 分 析 结 果　　　　　　　　　　　　　表4-3

筛孔尺寸(mm)	9.5	4.75	2.36	1.18	0.60	0.30	0.15	<0.15
各筛存留量(g)	0	20	35	95	120	130	75	25

解:分计筛余百分率和累计筛余百分率的计算结果见表4-4。

筛 分 计 算 结 果　　　　　　　　　　　　　表4-4

筛孔尺寸(mm)	9.5	4.75	2.36	1.18	0.60	0.30	0.15	<0.15
分计筛余百分率 a_i(%)	0	4	7	19	24	26	15	5
累计筛余百分率 A_i(%)	0	4	11	30	54	80	95	100

细度模数 M_x 的计算如下:

$$M_x = \frac{11 + 30 + 54 + 80 + 95 - 5 \times 4}{100 - 4} = 2.60$$

该砂满足2区砂的级配范围要求,按细度模数评定为中砂。

2. 砂的含泥量、石粉含量和泥块含量

含泥量(Clay Content)是指天然砂中粒径小于 $75\mu m$ 的颗粒含量;石粉含量(Stone Powder Content)是指机制砂中粒径小于 $75\mu m$ 的颗粒含量;泥块含量(Clay Lumps and Friable Particles Content)是指砂中原粒径大于1.18mm,经水浸洗、手捏后小于 $600\mu m$ 的颗粒含量。

砂中的泥土包裹在颗粒表面,阻碍水泥凝胶体与砂粒之间的黏结,降低界面强度,降低混凝土强度,并增加混凝土的干缩,易产生开裂,影响混凝土耐久性。石粉是在生产人工砂的过程中,在加工前经除土处理,加工后形成粒径小于 $75\mu m$,其矿物组成和化学成分与母岩相同的物质,与天然砂中的黏土成分、在混凝土中所起的负面影响不同,在一定的含量范围内,它对改善混凝土细集料级配,提高混凝土密实性有很大的益处,进而得到提高混凝土综合性能的结果。砂中的泥块会在混凝土中形成薄弱部分,对混凝土的质量影响更大。

天然砂的含泥量和泥块含量应符合表 4-5 的规定。

砂的含泥量和泥块含量 表 4-5

项　目	指　标		
	Ⅰ类	Ⅱ类	Ⅲ类
含泥量(按质量计)(%)	≤1.0	≤3.0	≤5.0
泥块含量(按质量计)(%)	0	≤1.0	≤2.0

机制砂石粉含量和泥块含量与亚甲蓝试验方法及 MB 值有关,当机制砂 MB 值≤1.4 或快速法试验合格时,石粉含量和泥块含量应符合表 4-6 的规定;机制砂 MB 值 >1.4 或快速法试验不合格时,石粉含量和泥块含量应符合表 4-7 的规定。

石粉含量和泥块含量(MB 值≤1.4 或快速法试验合格) 表 4-6

项　目	指　标		
	Ⅰ类	Ⅱ类	Ⅲ类
MB	≤0.5	≤1.0	≤1.4 或合格
石粉含量(按质量计)(%)	≤10		
泥块含量(按质量计)(%)	0	≤1.0	≤2.0

注:根据使用地区和用途,经试验验证,可由供需双方协商确定。

石粉含量和泥块含量(MB 值 >1.4 或快速法试验不合格) 表 4-7

项　目	指　标		
	Ⅰ类	Ⅱ类	Ⅲ类
石粉含量(按质量计)(%)	≤1.0	≤3.0	≤5.0
泥块含量(按质量计)(%)	0	≤1.0	≤2.0

3. 砂中有害物质的含量、坚固性

为保证混凝土的质量,混凝土用砂不应混有草根、树叶、树枝、塑料品、煤块、炉渣等杂物。砂中常含有如云母、有机物、硫化物及硫酸盐、氯盐、黏土、淤泥等杂质。云母呈薄片状,表面光滑,容易开裂,与水泥黏结不牢,会降低混凝土强度;黏土、淤泥多覆盖在砂的表面妨碍水泥与砂的黏结,降低混凝土的强度和耐久性;硫酸盐、硫化物将对硬化的水泥凝胶体产生腐蚀;有机物通常是植物的腐烂产物,妨碍、延缓水泥的正常水化,降低混凝土强度;氯盐能引起混凝土中钢筋锈蚀,破坏钢筋与混凝土的黏结,使保护层混凝土开裂。

砂的坚固性(Soundness)是砂在自然风化和其他外界物理化学因素作用下抵抗破裂的能力。通常,天然砂以硫酸钠溶液干湿循环 5 次后的质量损失来表示;机制砂除应满足坚固性要求外,还须采用压碎指标法进行试验。各指标应符合表 4-8 的规定。

项　目	指　标		
	Ⅰ类	Ⅱ类	Ⅲ类
云母(按质量计)(%)	≤1.0	≤2.0	
轻物质(按质量计)(%)	≤1.0		
有机物(比色法)	合格		
硫化物及硫酸盐(按 SO_3 质量计)(%)	≤0.5		
氯化物(以氯离子质量计)(%)	≤0.01	≤0.02	≤0.06
质量损失(%)	≤8		≤10
单级最大压碎指标(%)	≤20	≤25	≤30

4. 表观密度、松散堆积密度、空隙率

砂的表观密度、松散堆积密度、空隙率应符合如下规定:

表观密度不小于 2 500kg/m³;松散堆积密度不小于 1 400kg/m³;空隙率不大于 44%。

4.2.3　粗集料

粒径大于 4.75mm 的集料称为粗集料(Coarse Aggregate),混凝土常用的粗集料有卵石(Pebble)和碎石(Crushed Stone)。卵石是由自然风化、水流搬运和分选、堆积形成的,粒径大于 4.75mm 的岩石颗粒;碎石是天然岩石、卵石或矿山废石经机械破碎、筛分制成的,粒径大于 4.75mm 的岩石颗粒。

为了保证混凝土质量,我国国家标准《建设用卵石、碎石》(GB/T 14685—2011)按各项技术指标将混凝土用粗集料划分为 Ⅰ、Ⅱ、Ⅲ 类集料。并且提出了具体质量要求,主要有以下几个方面。

1. 含泥量和泥块含量

含泥量是指卵石、碎石中粒径小于 75μm 的颗粒含量。泥块含量是指卵石、碎石中原粒径大于 4.75mm,经浸洗、手捏后小于 2.36mm 的颗粒含量。

卵石、碎石中的泥颗粒和泥块对混凝土性能的危害作用与砂中的泥颗粒和泥块相似,它们对混凝土的强度、耐久性均有影响,因此对其含量要加以限制。卵石、碎石的含泥量和泥块含量应符合表 4-9 的规定。

卵石、碎石含泥量和泥块含量 表 4-9

项　目	指　标		
	Ⅰ类	Ⅱ类	Ⅲ类
含泥量(按质量计)(%)	≤0.5	≤1.0	≤1.5
泥块含量(按质量计)(%)	0	≤0.2	≤0.5

2. 有害杂质含量

粗集料中的有害杂质主要有:有机物质、硫化物及硫酸盐。它们的危害作用与在细集料中相同。卵石、碎石中上述有害物质含量须符合表 4-10 的规定。

项　目	指　标		
	Ⅰ类	Ⅱ类	Ⅲ类
有机物	合格	合格	合格
硫化物及硫酸盐(按 SO₃质量计)(%)	≤0.5	≤1.0	≤1.0

3. 粗集料的颗粒形状和表面特征

集料特别是粗集料的颗粒形状和表面特征对水泥混凝土的性能有显著的影响。通常,集料颗粒有浑圆状、多棱角状、针状和片状四种类型的形状。其中,较好的是接近球体或立方体的浑圆状和多棱角状。而呈细长的针状和扁平的片状颗粒不仅受力时容易折断,影响混凝土的强度,而且会增加集料间的空隙,使混凝土拌和物的和易性变差,也会影响混凝土的耐久性。因此须限制粗集料中针、片状颗粒(Elongated or Particle)的含量。

针状颗粒是卵石、碎石颗粒的长度大于该颗粒所属相应粒级的平均粒径 2.4 倍者;片状颗粒是颗粒的厚度小于该颗粒的平均粒径 0.4 倍者。卵石和碎石中针、片状颗粒含量须符合表 4-11 的规定。

卵石、碎石针、片状颗粒含量　　　　　　表 4-11

项　目	指　标		
	Ⅰ类	Ⅱ类	Ⅲ类
针片状颗粒总含量(按质量计)(%)	≤5	≤10	≤15

集料的表面特征主要是指集料表面的粗糙程度及孔隙特征等。它主要影响混凝土拌和物的和易性以及集料与水泥石之间的黏结性能,进而影响混凝土的强度。一般情况下,卵石表面光滑少棱角,空隙率和表面积均较小,拌制混凝土时所需的水泥浆量较少,混凝土拌和物和易性较好。但卵石与水泥石黏结能力较差,混凝土强度较低。碎石表面粗糙,富有棱角,具有吸收水泥浆的孔隙特征,所以与水泥石的黏结能力强,在相同情况下,配制的混凝土强度较高,但混凝土拌和物的和易性较差。

4. 坚固性(Soundness)和强度(Strength)

坚固性是指卵石、碎石在自然风化和其他外界物理化学因素作用下抵抗破裂的能力。采用硫酸钠溶液法进行试验,卵石和碎石经 5 次循环后,其质量损失应符合表 4-12 的规定。

为了保证混凝土的强度,粗集料必须具有足够的强度。强度可用岩石抗压强度和压碎指标表示。岩石抗压强度是将岩石制成 50mm × 50mm × 50mm 的立方体(或 φ50mm × 50mm 圆柱体)试件,浸没于水中浸泡 48h 后,从水中取出,擦干表面,放在压力机上进行强度试验。其抗压强度要求:火成岩应不小于 80MPa,变质岩应不小于 60MPa,水成岩应不小于 30MPa。

压碎指标①是将一定量风干后筛除大于 19.0mm 及小于 9.50mm 的颗粒,并去除针片状颗粒的石子装入一定规格的圆筒内,在压力机上施加荷载到 200kN 并稳定 5s,卸荷后称取试样质量(G_1),再用孔径为 2.36mm 的筛筛除被压碎的细粒,称取留在筛上的试样质量(G_2)。按式(4-4)计算压碎指标。

$$Q_e = \frac{G_1 - G_2}{G_1} \times 100 \tag{4-4}$$

式中:Q_e——压碎指标值,%;

G_1——试样的质量,g;

G_2——压碎试验后筛余的试样质量,g。

注:①《公路工程集料试验规程》(JTG E42—2005)粗集料压碎值试验方法将在本书 12.5 中给出。

压碎指标值越小,说明粗集料抵抗受压破坏的能力越强。石子的压碎指标应符合表 4-12 的规定。

卵石、碎石坚固性指标和压碎值指标　　　　　　　　　　　　　　表 4-12

项　　目	指　　标		
	Ⅰ类	Ⅱ类	Ⅲ类
质量损失(%)	≤5	≤8	≤12
碎石压碎指标(%)	≤10	≤20	≤30
卵石压碎指标(%)	≤12	≤16	≤16

5. 最大粒径(Maximum Size)与颗粒级配

(1)最大粒径

指集料 100%都要求通过的最小的标准筛孔尺寸。

(2)公称最大粒径(Nominal Maximum Size)

指集料可能全部或允许有少量不通过(一般允许筛余不超过 10%)的最小标准筛筛孔尺寸,通常是集料最大粒径的下一个粒径。

当集料粒径增大时,其总表面积随之减小,包裹集料表面水泥浆或砂浆的数量也相应减少,就可以节约水泥。因此,最大粒径应在条件许可下,尽量选用得大些。试验研究证明,在普通配合比的结构混凝土中,集料粒径大于 37.5mm 后,由于减少用水量获得的强度提高,被较少的黏结面积及大粒径集料造成的不均匀性的不利影响所抵消,甚至有可能造成强度下降,因而粗集料的最大粒径宜控制在 37.5mm 以下。

集料最大粒径还受结构形式和配筋疏密限制,石子粒径过大,对搅拌、运输和振捣都会产生不便,因此,要综合考虑集料最大粒径。根据《混凝土结构工程施工质量验收规范》(GB 50204—2002)的规定,混凝土用粗集料的最大粒径不得超过结构截面最小尺寸的 1/4,同时不得超过钢筋间最小净间距的 3/4。对于混凝土实心板,最大粒径不要超过板厚 1/3,而且不得超过 40mm。

对道路混凝土,混凝土的抗折强度随最大粒径的增加而减小,《公路水泥混凝土路面施工技术规范》(JTG F30—2003)要求,卵石最大公称粒径不宜大于 19mm;碎卵石最大公称粒径不宜大于 26.5mm;碎石最大公称粒径不宜大于 31.5mm。

对于泵送混凝土,为防止混凝土泵送时管道堵塞,保证泵送顺利进行,粗集料的最大粒径与输送管的管径之比应符合表 4-13 的要求。

粗集料的最大粒径与输送管的管径之比　　　　　　　　　　　　　　表 4-13

石 子 品 种	泵送高度(m)	粗集料的最大粒径与输送管的管径之比
碎石	<50	≤1:3.0
	50~100	≤1:4.0
	>100	≤1:5.0
卵石	<50	≤1:2.5
	50~100	≤1:3.0
	>100	≤1:4.0

（3）颗粒级配（Size Grading）

粗集料的级配试验也采用筛分法测定，即用2.36、4.75、9.50、16.0、19.0、26.5、31.5、37.5、53.0、63.0、75.0和90mm等十二种孔径的方孔筛进行筛分，其原理与砂的基本相同。国家标准《建设用碎石、卵石》（GB/T 14685—2011）对碎石和卵石的颗粒级配规定见表4-14。

碎石和卵石的颗粒级配（GB/T 14685—2011）　　　　　　　　表4-14

公称粒级 （mm）		累计筛余（%）											
		方孔筛孔径（mm）											
		2.36	4.75	9.50	16.0	19.0	26.5	31.5	37.5	53.0	63.0	75.0	90
连续粒级	5~16	95~100	85~100	30~60	0~10	0							
	5~20	95~100	90~100	40~80	—	0~10	0						
	5~25	95~100	90~100	—	30~70	—	0~5	0					
	5~31.5	95~100	90~100	70~90	—	15~45	—	0~5	0				
	5~40	—	95~100	70~90	—	30~65	—	—	0~5	0			
单粒粒级	5~10	95~100	80~100	0~15	0								
	10~16		95~100	80~100	0~15								
	10~20		95~100	85~100	—	0~15	0						
	16~25			95~100	55~70	25~40	0~10						
	16~31.5		95~100		85~100			0~10	0				
	20~40			95~100	—	80~100			0~10	0			
	40~80				95~100				70~100		30~60	0~10	0

石子的级配按粒径尺寸分为连续粒级和单粒粒级。连续粒级是石子颗粒由小到大连续分级，每级石子占一定比例。用连续粒级配制的混凝土混合料，和易性较好，不易发生离析现象，易于保证混凝土的质量，便于大型混凝土搅拌站使用，适合泵送混凝土。单粒粒级是人为地剔除集料中某些粒级颗粒，大集料空隙由小几倍的小粒径颗粒填充，降低石子的空隙率，密实度增加，节约水泥，但是拌和物容易产生分层离析，施工困难，一般在工程中少用。如混凝土拌和物为低流动性或干硬性的，同时采用机械强力振捣时，采用单粒级配是合适的。

路面混凝土对粗集料的级配要求高于其他混凝土，这主要是为了增强粗集料的骨架作用，减少混凝土的干缩，提高混凝土的耐磨性、抗渗性、抗冻性。《公路水泥混凝土路面施工技术规范》（JTG F30—2003）对路面混凝土粗集料的级配规定见表4-15。

6.表观密度、连续级配松散堆积空隙率

卵石、碎石的表观密度、连续级配松散堆积空隙率应符合如下规定：

表观密度不小于2 600kg/m³；松散堆积空隙率：Ⅰ类，不大于43%，Ⅱ类不大于45%，Ⅲ类不大于47%。

7.碱集料反应（Alkali-aggregate Reaction）

碱集料反应是指水泥、外加剂等混凝土组成物及环境中的碱活性矿物在潮湿环境下缓慢发生并导致混凝土开裂破坏的膨胀反应。碱集料反应包括碱—硅酸反应和碱—碳酸盐反应。

碎石和卵石的颗粒级配（JTG F30—2003）　　　　　　表 4-15

公称粒级（mm）		累计筛余（%）							
		方孔筛孔径（mm）							
		2.36	4.75	9.50	16.0	19.0	26.5	31.5	37.5
连续粒级	4.75~16	95~100	85~100	30~60	0~10	0			
	4.75~19	95~100	90~100	40~80		0~10	0		
	4.75~26.5	95~100	90~100	—	30~70	—	0~5	0	
	4.75~31.5	95~100	90~100	70~90		15~45		0~5	0
单粒粒级	4.75~9.5	95~100	80~100	0~15	0				
	9.5~16		95~100	80~100	0~15	0			
	9.5~19		95~100	85~100	40~60	0~15	0		
	16~26.5			95~100	55~70	25~40	0~10	0	
	16~31.5			95~100	85~100	55~70	25~40	0~10	0

集料中若含有无定形二氧化硅等活性集料，当混凝土中有水分存在时，它能与水泥中的碱（K_2O 及 Na_2O）起作用，产生碱—集料反应，使混凝土发生破坏。因此，当用于重要工程或对集料活性有怀疑时，应进行专门试验，以确定集料是否可用。国家标准规定：建设用砂、卵石和碎石，经碱集料反应试验后，试件应无裂缝、酥裂、胶体外溢等现象，在规定的试验龄期膨胀率应小于 0.10%。

4.2.4　混凝土拌和及养护用水

对混凝土拌和及养护用水的基本质量要求是：不影响混凝土的凝结和硬化；无损于混凝土的强度发展及耐久性；不加快钢筋锈蚀；不引起预应力钢筋脆断；不污染混凝土表面。

混凝土拌和及养护用水应符合《混凝土用水标准》（JGJ 63—2006）的规定。混凝土用水包括饮用水、地表水、地下水、再生水、混凝土企业设备洗刷水和海水等。其中，再生水是指污水经适当再生工艺处理后具有使用功能的水。

1. 混凝土拌和用水

（1）混凝土拌和用水水质要求应符合表 4-16 的规定。对于设计使用年限为 100 年的结构混凝土，氯离子含量不得超过 500mg/L；对使用钢丝或经热处理钢筋的预应力混凝土，氯离子含量不得超过 350mg/L。

（2）地表水、地下水、再生水的放射性应符合现行国家标准《生活饮用水卫生标准》（GB 5749—2006）的规定。

（3）被检验水样应与饮用水样进行水泥凝结时间对比试验。对比试验的水泥初凝时间差及终凝时间差均不应大于 30min；同时，初凝和终凝时间应符合现行国家标准《通用硅酸盐水泥》（GB 175—2007）的规定。

项　　目	预应力混凝土	钢筋混凝土	素混凝土
pH 值	≥5.0	≥4.5	≥4.5
不溶物(mg/L)	≤2 000	≤2 000	≤5 000
可溶物(mg/L)	≤2 000	≤5 000	≤10 000
氯化物(以 Cl^- 计)(mg/L)	≤500	≤1 000	≤3 500
硫酸盐(以 SO_4^{2-}/计)(mg/L)	≤600	≤2 000	≤2 700
碱含量(mg/L)	≤1 500	≤1 500	≤1 500

注:碱含量按 $Na_2O + 0.658K_2O$ 计算值来表示。采用非碱活性集料时,可不检验碱含量。

(4)被检验水样应与饮用水样进行水泥胶砂强度对比试验,被检验水样配制的水泥胶砂 3d 和 28d 强度不应低于饮用水配制的水泥胶砂 3d 和 28d 强度的 90%。

(5)混凝土拌和用水不应有漂浮明显的油脂和泡沫,不应有明显的颜色和异味。

(6)混凝土企业设备洗刷水不宜用于预应力混凝土、装饰混凝土、加气混凝土和暴露于腐蚀环境的混凝土;不得用于使用碱活性或潜在碱活性集料的混凝土。

(7)未经处理的海水严禁用于钢筋混凝土和预应力混凝土。

(8)在无法获得水源的情况下,海水可用于素混凝土,但不宜用于装饰混凝土。

2. 混凝土养护用水

(1)混凝土养护用水可不检验不溶物和可溶物,其他检验项目应符合混凝土拌和用水的水质技术要求和放射性技术要求的规定。

(2)混凝土养护用水可不检验水泥凝结时间和水泥胶砂强度。

4.2.5　混凝土外加剂

1. 外加剂(Admixture)定义和分类

混凝土外加剂是一种在混凝土拌制前或拌制过程中加入的、用以改善新拌混凝土和(或)硬化混凝土性能的材料。其掺量一般不大于水泥质量的 5%(特殊情况除外)。外加剂的掺量虽少,却能够赋予新拌混凝土和硬化混凝土以优良的性能,其技术经济效果非常显著,因此,外加剂已成为混凝土的重要组成部分,被称为混凝土的第五组分,越来越广泛地应用于混凝土中。

混凝土外加剂种类繁多,根据《混凝土外加剂定义、分类、命名与术语》(GB/T 8075—2005)的规定,混凝土外加剂按其主要使用功能分为四类:

(1)改善混凝土拌和物流变性能的外加剂,包括各种减水剂和泵送剂等。

(2)调节混凝土凝结时间、硬化性能的外加剂,包括缓凝剂、促凝剂和速凝剂等。

(3)改善混凝土耐久性的外加剂,包括引气剂、防水剂、阻锈剂和矿物外加剂等。

(4)改善混凝土其他性能的外加剂,包括膨胀剂、防冻剂、着色剂等。

2. 常用的混凝土外加剂

1)减水剂(Water Reducing Admixture)

减水剂是一种在混凝土拌和物坍落度相同条件下能减少拌和水量的外加剂。是当前外加剂中品种最多、应用最广的一种混凝土外加剂。减水剂按其主要化学成分不同可分为木质素系减水剂、多环芳香族磺酸盐系减水剂、水溶性树脂磺酸盐系减水剂等,按其用途又分为普通减水剂、高效减水剂、早强减水剂、缓凝减水剂、缓凝高效减水剂和引气减水剂等。

（1）减水剂的作用机理

减水剂尽管种类繁多，但都属于表面活性剂，其减水作用机理相似。

表面活性剂是指具有改变液体表面张力或两相间界面张力的物质。其分子由亲水基团和憎水基团两部分组成。表面活性剂加入水中，其亲水基团会电离出离子，使表面活性剂带有电荷。电离出的亲水基团指向溶液，憎水基团指向空气等非极性分子，形成定向吸附膜而降低水的表面张力和两相间的界面张力，这种现象称为表面活性。这种表面活性作用是减水剂起减水增强作用的主要原因。

水泥加水拌和后，若无减水剂，则由于水泥颗粒之间分子凝聚作用，使水泥浆形成凝絮结构，这种凝絮结构中包裹着一部分拌和水，如图4-3所示，使混凝土拌和物的拌和水量相对减少，从而导致流动性下降。

如在水泥浆中加入减水剂，则减水剂的憎水基团定向吸附于水泥颗粒表面，使水泥颗粒表面带有相同电荷，在电性斥力作用下，使水泥颗粒分开，如图4-4a)所示，从而将絮凝结构内的游离水释放出来，使拌和物中的水量相对增加，这就是减水剂分子的分散作用。

另外，减水剂还能在水泥颗粒表面形成一层稳定的溶剂化膜，如图4-4b)所示，阻止了水泥颗粒间的直接接触，并在颗粒间起到很好的润滑作用，提高混凝土拌和物的流动性。

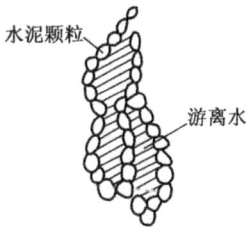

图4-3　水泥浆絮凝结构

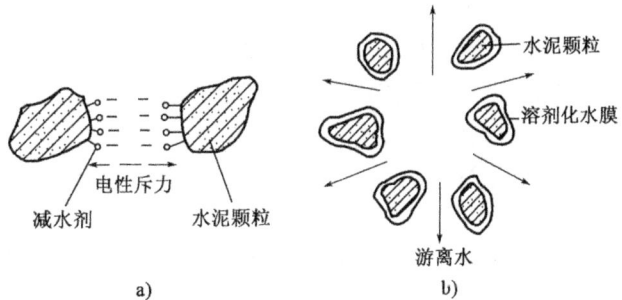

图4-4　减水剂作用机理示意图
a)减水剂吸附状态；b)水泥颗粒分散状态

此外，水泥颗粒在减水剂作用下充分分散，增大了水泥颗粒的水化面积使水化充分，从而也提高混凝土的强度。

（2）减水剂的技术经济效果

根据使用条件和目的不同，在混凝土中加入减水剂后，一般可以取得以下效果：

①在不减少单位用水量的情况下，改善新拌混凝土的工作性，提高流动性；

②在保持一定工作度情况下，减少用水量，提高混凝土的强度；

③在保持一定强度情况下，减少单位水泥用量，节约水泥；

④减少混凝土拌和物的泌水、离析现象，密实混凝土结构，提高混凝土抗渗性、抗冻性、抗化学腐蚀性，改善混凝土的耐久性。

（3）常用减水剂

①木质素系减水剂。

木质素系减水剂的主要品种是木质素磺酸钙（又称木钙或 M 型减水剂）。M 型减水剂是由生产纸浆或纤维浆的废液，经发酵处理、脱糖、浓缩、喷雾干燥而制成的棕色粉末。

M 型减水剂的掺量，一般为水泥质量的 0.2% ~ 0.3%，当保持水泥用量和混凝土坍落度不变时,其减水率为 10% ~15%,混凝土 28d 抗压强度提高 10% ~20%;若保持混凝土的抗压强度和坍落度不变,则可节省水泥 10% ~15% 左右;若保持混凝土配合比不变,则可提高混凝土坍落度 80 ~100mm。

M 型减水剂除了减水外,还有两个作用:一是缓凝作用,当掺量较大或在低温下缓凝作用更为显著。掺量过多除增缓作用外,还会导致混凝土强度降低。二是引气作用,M 型减水剂还有引气效果,掺用后可改善混凝土的抗渗性、抗冻性,改善混凝土拌和物的和易性,减少泌水性。

M 型减水剂可用于一般混凝土工程,尤其适用于大模板、大体积浇筑、滑膜施工、泵送混凝土及夏季施工等。传统的 M 型减水剂不宜单独用于冬季施工,也不宜单独用于蒸养混凝土和预应力混凝土。

②多环芳香族磺酸盐系减水剂(萘系)。

这类减水剂的主要成分为萘或萘的同系物的磺酸盐与甲醛的缩合物,故又称萘系减水剂。

萘系减水剂的减水、增强效果显著,属高效减水剂。萘系减水剂的适宜掺量为水泥质量的0.5% ~1.0%,减水率为 10% ~25%,混凝土 28d 强度提高 20% 以上。在保持混凝土强度和坍落度相近时,可节省水泥 10% ~20%。掺加萘系减水剂后,混凝土的其他力学性能以及抗渗性、耐久性等均有所改善,且对钢筋无锈蚀作用。我国市场上这类减水剂的品牌很多,如NNO、FDO、FDN 等,其中大部分品牌为非引气型减水剂。

萘系减水剂对不同品种的水泥适应性较强,适用于配制高强、早强、流态和蒸养混凝土,单独使用时混凝土的坍落度损失较大,通常与缓凝剂或引气剂复合使用。

③水溶性树脂系减水剂。

水溶性树脂减水剂是以一些水溶性树脂为主要原料的减水剂,如三聚氰胺树脂、古玛隆树脂等。

树脂系减水剂是早强、非引气型高效减水剂,其减水增强效果比萘系减水剂更好。树脂系减水剂的掺量为水泥质量的 0.5% ~2.0%,其减水率为 15% ~30%,混凝土 3d 强度提高 30% ~100%,28d 强度提高 20% ~30%。这种减水剂具有显著地减水、增强效果,还能提高混凝土的其他力学性能和抗渗性、抗冻性,对混凝土的蒸养适应性也优于其他外加剂。树脂系减水剂适用于早强、高强、蒸养及流态混凝土。

2)引气剂(Air Entraining Admixture)

在混凝土搅拌过程中能引入大量均匀分布、稳定而封闭的微小气泡,起到改善混凝土和易性,提高混凝土抗冻性和耐久性的外加剂,称为引气剂。引气剂按其分子结构可分为离子型和非离子型两大类。其中离子型引气剂又分为阴离子型、阳离子型和两性型。常用的引气剂有:松香树脂类引气剂、烷基苯磺酸盐类引气剂、脂肪醇类引气剂、木质素磺酸盐类引气剂、蛋白质水解物、皂角粉等。

引气剂和减水剂相似,都是表面活性剂。含有引气剂的水溶液拌制混凝土时,由于引气剂能显著降低水的表面张力和界面能,使水溶液在搅拌过程中极易产生许多微小的封闭气泡,同时引气剂分子定向吸附在气泡表面,形成较为牢固的液膜,使气泡稳定而不易破裂。

我国应用较多的引气剂有松香类引气剂、木质素磺酸盐类引气剂等。松香类引气剂包括松香热聚物、松香酸钠及松香皂等。其适宜掺量为水泥质量的 0.005% ~0.02%,混凝土含气量约为 3% ~5%,减水率约为 8%。引气剂对混凝土性能的影响主要有以下几种:

①改善混凝土拌和物的和易性。微小而封闭的气泡在混凝土中起到滚珠的作用,减少颗

粒间的摩擦而提高混凝土拌和物的流动性。另外,由于大量微小气泡存在,使水分均匀分布在气泡表面,使得拌和物具有较好的保水性。

②提高混凝土的抗渗性、抗冻性。引气剂引入的封闭气泡能有效隔断毛细孔通道,并能减小泌水造成的孔道,改变了混凝土的孔结构,从而提高了抗渗性。另外,封闭气泡有较大的弹性变形能力,对水结冰时的膨胀能起缓冲作用,从而提高抗冻性,耐久性也随之提高。

③降低混凝土强度。当水灰比固定时,混凝土中空气含量每增加 1%,抗压强度下降 3% ~ 5%,抗折强度下降 2% ~ 3%。所以引气剂的掺量必须适当。

3) 早强剂(Hardening Accelerating Admixture)

早强剂是一种能够加速混凝土早期强度发展的外加剂。早强剂能促进水泥的水化与硬化,缩短混凝土施工养护期,提高施工速度,提高模板和场地周转率,主要用于蒸养混凝土、有早强要求的混凝土、有防冻要求的混凝土及低温、负温施工(最低温度不低于 -5℃)的混凝土等。

早强剂的种类有:无机物类(氯盐类、硫酸盐类、碳酸盐类等);有机物类(有机胺类、羧酸盐类等);矿物类(明矾石、氟铝酸钙、无水硫铝酸钙)等。

①氯盐类早强剂。主要有氯化钙、氯化钠、氯化钾、氯化铁、氯化铝等,其中氯化钙早强效果好而成本低,应用最广。氯盐类早强剂均有良好的早强作用,它能加速水泥混凝土的凝结和硬化。氯化钙的用量为水泥用量的 0.5% ~2% 时,能使水泥的初凝和终凝时间缩短,3d 的强度可提高 30% ~ 100%,24h 的水化热增加 30%,混凝土的其他性能如泌水性、抗渗性等均提高。

采用氯化钙早强剂最大的缺点是含有 Cl^-,会使钢筋锈蚀,并导致开裂。因此《混凝土外加剂应用技术规范》(GB 50119—2003)规定,预应力混凝土及潮湿环境中使用的钢筋混凝土中不得掺氯盐早强剂,在钢筋混凝土中,Cl^- 含量不超过 0.6%,在无筋混凝土中,掺量不超过 1.8%。

另外,《混凝土外加剂应用技术规范》(GB 50119—2003)还规定,以下工程严禁使用氯盐配制的早强剂和早强减水剂:相对湿度大于 80% 环境中使用的结构、处于水位变化部位的结构、露天结构及经常受水淋、受水流冲刷的结构;大体积混凝土;直接接触酸、碱或其他侵蚀性介质的结构;经常处于温度为 60℃ 以上的结构,需经蒸养的钢筋混凝土预制构件;有装饰要求的混凝土,特别是要求色彩一致的或是表面有金属装饰的混凝土;薄壁混凝土结构;中级和重级工作制吊车的梁、屋架、落锤及锻锤混凝土基础等结构;使用冷拉钢筋和冷拔低碳钢丝的结构;集料具有碱活性的混凝土结构。

②硫酸盐类早强剂。主要有硫酸钠、硫代硫酸钠、硫酸钙、硫酸铝、硫酸铝钾等。其中硫酸钠应用较多。一般掺量为水泥质量的 0.5% ~ 2.0%,硫酸钠对矿渣水泥混凝土的早强效果优于普通水泥混凝土。

③其他早强剂。甲酸钙已被公认是较好的 $CaCl_2$ 替代物,但由于其价格较高,其用量还很少。

4) 缓凝剂(Set Retarder)

缓凝剂是指延长混凝土凝结时间的外加剂。缓凝剂的主要种类有:

木质素磺酸盐类缓凝剂(如木质素磺酸钙、木质素磺酸钠等),掺量为水泥质量的 0.2% ~ 0.3%,缓凝时间 2 ~ 3h;

糖类缓凝剂(如糖钙、葡萄糖酸盐等),掺量为水泥质量的 0.1% ~ 0.3%,缓凝时间 2 ~ 4h;

羟基羧酸及其盐类缓凝剂(如柠檬酸、酒石酸钾钠等),掺量为水泥质量的 0.03% ~ 0.1%,缓凝时间4~10h。这类缓凝剂会增加混凝土的泌水率。

无机盐类缓凝剂(如锌盐、磷酸盐等)掺量为水泥质量的0.1% ~0.2%,缓凝时间4~10h。

有机类缓凝剂多为表面活性剂,掺入混凝土中能吸附在水泥颗粒表面,形成同种电荷的亲水水膜,使水泥颗粒相互排斥,阻碍水泥水化产物凝聚,起到缓凝作用。无机类缓凝剂往往是在水泥颗粒表面形成一层难溶的薄膜,对水泥颗粒的正常水化起阻碍作用,从而导致缓凝。

缓凝剂主要用于:高温季节施工、大体积混凝土工程、碾压混凝土、自流平免振混凝土、泵送与滑模施工以及较长时间停放或远距离运送的商品混凝土等。不宜用于气温低于5℃施工的混凝土、有早强要求的混凝土、蒸养混凝土。缓凝剂一般具有减水的作用。

5)防冻剂(Anti-freezing Admixture)

防冻剂是指能使混凝土在负温下硬化,并在规定养护条件下达到预期性能的外加剂。

防冻剂按其成分可分为强电解质无机盐类(氯盐类、氯盐阻锈类、无氯盐类)、水溶性有机化合物类、有机化合物与无机盐复合类、复合型防冻剂。

各类防冻剂具有不同的特性,有些还有毒副作用,选择时应十分注意。氯盐类防冻剂适用于无筋混凝土;有机化合物与无机盐复合类可用于素混凝土、钢筋混凝土及预应力混凝土工程;含亚硝酸盐、硝酸盐的防冻剂严禁用于预应力混凝土结构。另外,含有六价铬盐、亚硝酸盐等有毒成分的防冻剂,严禁用于饮水工程及与食品接触的部位。防冻剂的掺量应根据施工环境温度条件通过试验确定。各类防冻组分掺量应符合《混凝土外加剂应用技术规范》(GB 50119—2003)的规定。

6)膨胀剂(Expanding Admixture)

膨胀剂是指在混凝土硬化过程中因化学作用能使混凝土产生一定体积膨胀的外加剂。膨胀剂的种类有:硫铝酸钙类、硫铝酸钙—氧化钙类、氧化钙类等。

膨胀剂的主要作用:补偿收缩混凝土、填充用膨胀混凝土、填充用膨胀砂浆、自应力混凝土。各类膨胀剂的成分不同,引起膨胀的原因也不相同。膨胀剂的使用应注意以下问题:

①含硫铝酸钙类、硫铝酸钙—氧化钙类膨胀剂的混凝土(或砂浆),不得用于长期处于温度为80℃以上的工程中。

②含氧化钙类膨胀剂配制的混凝土(或砂浆)不得用于海水或有侵蚀性水的工程。

③掺硫铝酸钙类或氧化钙类膨胀剂的混凝土,不宜同时使用氯盐类外加剂。

国家标准《混凝土外加剂中释放氨的限量》(GB 18588—2001)规定,混凝土外加剂中释放的氨量必须小于或等于 0.10%(质量分数)。该标准适用于各类具有室内使用功能的混凝土外加剂,不适用于桥梁、公路及其他室外工程用混凝土外加剂。

4.2.6 矿物掺和料

矿物掺和料(Mineral Admixture)是指在混凝土拌和物中,为了节约水泥,改善混凝土性能加入的具有一定细度的天然或者人造的矿物粉体材料,以硅、铝、钙等一种或多种氧化物为主要成分,也称为矿物外加剂,是混凝土的第六组分。

用于混凝土中的掺和料可分为两大类:

非活性矿物掺和料。非活性矿物掺和料一般与水泥组分不起化学反应,或化学作用很小,如磨细石英砂、石灰石或活性指标达不到要求的矿渣类材料。

活性矿物掺和料。活性矿物掺和料虽然本身不硬化或硬化速度很慢,但能与水泥水化生成的 Ca(OH)$_2$ 发生化学反应,生成具有水硬性的胶凝材料。也就是常用的如粒化高炉矿渣、火山灰质材料、粉煤灰、硅灰等。其中,粉煤灰应用最普遍。

1. 粉煤灰(Fly Ash)

粉煤灰是由电厂煤粉炉烟道气体中收集的粉末。其颗粒多呈球形,表面光滑。根据国家标准《用于水泥和混凝土中的粉煤灰》(GB 1596—2005)的规定,粉煤灰按煤种分为 F 类和 C 类。F 类粉煤灰是指由无烟煤或烟煤煅烧收集的粉煤灰。C 类粉煤灰是由褐煤或次烟煤煅烧收集的粉煤灰,其氧化钙含量一般大于 10%。

拌制混凝土和砂浆用粉煤灰分为三个等级:Ⅰ级、Ⅱ级、Ⅲ级,其技术要求见表 4-17。

拌制混凝土和砂浆用粉煤灰技术要求　　　　　　　　表 4-17

项　目			技 术 要 求		
			Ⅰ级	Ⅱ级	Ⅲ级
细度(45μm 方孔筛筛余)(%) 不大于		F 类粉煤灰	12.0	25.0	45.0
		C 类粉煤灰			
需水量比(%) 不大于		F 类粉煤灰	95	105	115
		C 类粉煤灰			
烧失量(%) 不大于		F 类粉煤灰	5.0	8.0	15.0
		C 类粉煤灰			
含水率(%) 不大于		F 类粉煤灰	1.0		
		C 类粉煤灰			
三氧化硫(%) 不大于		F 类粉煤灰	3.0		
		C 类粉煤灰			
游离氧化钙(%) 不大于		F 类粉煤灰	1.0		
		C 类粉煤灰	4.0		
安定性雷氏夹沸煮后增加距离(mm) 不大于		C 类粉煤灰	5.0		

该技术要求还规定:粉煤灰的放射性试验需合格;粉煤灰中的碱含量按 Na$_2$O + 0.658K$_2$O 计算值表示,当粉煤灰用于活性集料混凝土,要限制掺和料的碱含量时,由买卖双方协商确定;均匀性以细度(45μm 方孔筛筛余)为考核依据,单一样品的细度不应超过 10 个样品细度平均值的最大偏差,最大偏差范围由买卖双方协商确定。

粉煤灰在混凝土中主要发挥着以下作用:

(1)活性行为和胶凝作用。粉煤灰的活性来源于它所含的玻璃体,它与水泥水化生成的 Ca(OH)$_2$ 发生二次水化反应,生成 C-S-H 和 C-A-H、水化硫铝酸钙,强化了混凝土界面过渡区,同时提高混凝土的后期强度。

(2)填充行为和致密作用。粉煤灰是高温煅烧的产物,其颗粒本身很小,且强度很高。粉煤灰颗粒分布于水泥浆体中水泥颗粒之间时,提高混凝土胶凝体系的密实性。

(3)需水行为和减水作用。由于粉煤灰的颗粒大多是球形的玻璃珠,优质粉煤灰由于其"滚珠轴承"的作用,可以改善混凝土拌和物的和易性,减少混凝土单位体积用水量,硬化后水泥浆体干缩小,提高混凝土的抗裂性。

(4)降低混凝土早期温升,抑制开裂。大掺量粉煤灰混凝土特别适合大体积混凝土。

(5)二次水化和较低的水泥熟料量使最终混凝土中的 Ca(OH)$_2$ 大为减少,可以有效提高混凝土抵抗化学侵蚀的能力。

（6）当掺加量足够大时，可以明显抑制混凝土碱集料病害。

（7）降低氯离子渗透能力，提高混凝土的耐腐蚀性。

以上作用在水胶比低于 0.42 时，较突出。

粉煤灰主要用于配制泵送混凝土、大体积混凝土、蒸养混凝土、轻集料混凝土、碾压混凝土、地下和水下工程混凝土、抗渗混凝土以及耐腐蚀性混凝土等，广泛应用于大坝、道路、隧道、港湾以及工业和民用建筑等工程。

2. 硅灰（Silica Fume）

硅灰又称硅粉或硅烟灰，是从生产硅铁合金或硅钢等所排放的烟气中收集到的颗粒极细的烟尘，色呈浅灰到深灰。硅灰的颗粒是微细的玻璃球体，部分粒子凝聚成片或球状的粒子。其平均粒径为 $0.1 \sim 0.2 \mu m$，是水泥颗粒粒径的 $1/100 \sim 1/50$，比表面积高达 $1.5 \times 10^4 \sim 2.0 \times 10^4 m^2/kg$。其主要成分是 SiO_2（占 90% 以上），它的活性要比水泥高 $1 \sim 3$ 倍。以 10% 硅灰等量取代水泥，混凝土强度可提高 25% 以上。由于硅灰具有高比表面积，因而其需水量很大，将其作为混凝土掺和料，必须配以高效减水剂，方可保证混凝土的和易性。硅粉用作混凝土掺和料有以下作用：配制高强、超高强混凝土；改善混凝土的孔结构，提高混凝土抗渗性和抗冻性；抑制碱集料反应。硅粉使用时掺量较少，一般为胶凝材料总重的 5% $\sim$ 10%，且不高于 15%，通常与其他矿物掺和料复合使用。在我国，因其产量低，目前价格很高，出于价格考虑，一般混凝土强度低于 80MPa 时，都不考虑掺加硅粉。

3. 粒化高炉矿渣粉（Ground Granulated Blast Furnace Slag Powder）

粒化高炉矿渣粉是以粒化高炉矿渣为主要原料，可掺加少量石膏磨细制成一定细度的粉体，称作粒化高炉矿渣粉，简称矿渣粉。矿渣粉的活性比粉煤灰高，其化学成分与硅酸盐水泥相近，CaO 含量稍低，而 SiO_2 含量偏高。根据《用于水泥和混凝土中的粒化高炉矿渣粉》（GB/T 18046—2008）规定，粒化高炉矿渣粉按技术要求分为 S105、S95、S75 三个等级，各项指标应符合表 4-18 的规定。

粒化高炉矿渣粉技术要求   表 4-18

项　目		级　别		
		S105	S95	S75
密度（g/cm³）≥		2.8		
表面积（m²/kg）≥		500	400	300
活性指数（%）≥	7d	95	75	55
	28d	105	95	75
流动度比（%）≥		95		
含水率（质量分数）（%）≤		1.0		
三氧化硫（质量分数）（%）≤		4.0		
氯离子（质量分数）（%）≤		0.06		
烧失量（质量分数）（%）≤		3.0		
玻璃体含量（质量分数）（%）≥		85		
放射性		合格		

粒化高炉矿渣粉可以等量取代水泥,并降低水化热、提高抗渗性和耐腐蚀性、抑制碱集料反应和提高长期强度等。由于其对混凝土性能具有良好的技术效果,所以不仅用于配制高强、高性能混凝土,而且也适用于中强混凝土、大体积混凝土、耐硫酸盐混凝土,以及各类地下和水下混凝土工程等。

4. 沸石粉(Ground Pumice Powder)

沸石粉是天然的沸石岩磨细而成的一种火山灰质的铝硅酸盐矿物掺和料。含有一定量活性 SiO_2 和 Al_2O_3,能与水泥水化析出的氢氧化钙作用,生成 C-S-H 和 C-A-H。

沸石粉用作混凝土掺和料可改善混凝土和易性,提高混凝土强度、抗渗性和抗冻性,抑制碱集料反应,主要用于配制高强混凝土、流态混凝土及泵送混凝土。沸石粉具有很大的内表面积和开放性孔结构,还可用于配制调湿混凝土等功能混凝土。

【案例分析4-1】 使用受潮水泥

(1)工程概况

广西百色某车间盖单层砖房屋,采用预制空心板及12m跨现浇钢筋混凝土大梁,1983年10月开工,使用进场已3个多月并存放于潮湿地方的水泥。1984年拆完大梁底模板和支撑,1月4日下午房屋全部倒塌。

(2)原因分析

事故的主因是使用受潮水泥。水泥受潮后,水泥中的部分熟料已经开始水化,相应的水泥的有效成分含量开始下降,导致拌制的混凝土实际强度低于按照该水泥强度等级设计的混凝土强度。另外,该工程采用人工搅拌,无严格配合比。致使大梁混凝土在倒塌后用回弹仪测定平均抗压强度仅 5MPa 左右,有些地方竟测不出回弹值。此外存在振捣不实,配筋不足等问题。

【案例分析4-2】 集料杂质多降低混凝土强度

(1)工程概况

某中学一栋砖混结构教学楼,在结构完工,进行屋面施工时,屋面局部倒塌。审查设计方面,未发现任何问题。对施工方面审查发现:所设计为C20的混凝土,施工时未留试块,事后鉴定其强度仅C7.5左右,在断口处可清楚看出砂石未洗净,集料中混有鸽蛋大小的黏土块和树叶等杂质。此外梁主筋偏于一侧,梁的受拉区 1/3 宽度内几乎无钢筋。

(2)原因分析

集料的杂质对混凝土强度有重大的影响,必须严格控制杂质含量。树叶等杂质固然会影响混凝土的强度,而泥黏附在集料的表面,妨碍水泥石与集料的黏结,黏土块自身强度低,降低混凝土强度,还会增加拌和水量,加大混凝土的干缩,降低抗渗性和抗冻性。

【案例分析4-3】 氯盐防冻剂锈蚀钢筋

(1)工程概况

北京某旅馆的一层钢筋混凝土工程在冬季施工,在浇筑混凝土时掺入水泥用量3%的氯盐防冻剂。建成使用两年后,在A柱柱顶附近掉下一块约40mm直径的混凝土碎块。

(2)原因分析

检查事故原因发现,除设计有失误外,其中一项重要原因是在浇筑混凝土时掺加的氯盐防冻剂,混凝土中氯离子浓度高于临界值时将破坏钢筋表面钝化膜,使该处的 pH 值迅速降低,造成钢筋锈蚀破坏。观察底层柱破坏处钢筋,纵向钢筋及箍筋均已生锈,原直径 $\phi6mm$ 的钢

筋锈蚀后仅为 φ5.2mm 左右。锈蚀后较细及稀的箍筋难以承受柱端截面上纵向筋侧向压屈所产生的横拉力,使得箍筋在最薄弱处断裂,钢筋断裂后的混凝土保护层易剥落,混凝土碎块下掉。因此,施工时加氯盐防冻,应同时对钢筋采取相应的阻锈措施。

4.3 混凝土拌和物的性能

混凝土的各组成材料按一定比例配合,经搅拌均匀后、未凝结硬化之前,称为新拌混凝土(Fresh Concrete),亦称混凝土拌和物(Mixture)。混凝土拌和物应具有良好的和易性,便于施工,以保证能获得良好质量的混凝土。

4.3.1 和易性的概念

和易性(又称工作性)(Workability),是混凝土在凝结硬化前必须具备的性能,是指混凝土拌和物易于施工操作(拌和、运输、浇灌、捣实)并能获得质量均匀、成型密实的混凝土性能。和易性是一项综合的技术性质,包括流动性、黏聚性和保水性等三方面的含义。

流动性(Fluidity 或 Mobility)是指混凝土拌和物在本身自重或施工机械振捣的作用下,能够产生流动,并均匀密实地填满模板的性能。流动性好的混凝土操作方便,易于捣实、成型。

黏聚性(Cohesiveness)是指混凝土拌和物在施工过程中,其组成材料之间具有一定的黏聚力,不致出现分层和离析现象,使混凝土保持整体均匀性的性能。在外力作用下,混凝土拌和物各组成材料的沉降不同,如配合比例不当,黏聚性差,则施工易发生分层(即混凝土拌和物各组分出现层状分离现象)、离析(即混凝土拌和物内某些组分分离、析出现象)等情况,致使混凝土硬化后产生"蜂窝"、"麻面"等缺陷,影响混凝土强度和耐久性。

保水性(Water Retentivity)是指混凝土拌和物在施工过程中,具有一定的保水能力,不致产生严重的泌水现象(指混凝土拌和物中部分水分从水泥浆中泌出的现象)。保水性不良的混凝土,易出现泌水,水分泌出后会形成连通孔隙,影响混凝土的密实性;泌出的水还会聚集到混凝土表面,引起表面疏松;泌出的水积聚在集料或钢筋的下表面会形成孔隙,从而削弱集料或钢筋与水泥石的黏结力,影响混凝土质量。

混凝土拌和物的流动性、黏聚性和保水性之间既相互关联又相互矛盾。如黏聚性好则保水性一般也较好,但流动性增大时,黏聚性和保水性往往变差。因此,混凝土拌和物和易性良好是这三个方面的性能在某种具体条件下得到统一,均达到良好的状况。

4.3.2 和易性的测定方法

到目前为止,混凝土拌和物的工作性还没有一个综合的定量指标来衡量。通常以测定拌和物的稠度(即流动性)为主,而黏聚性和保水性主要通过目测观察来判定。

国家标准《普通混凝土拌和物性能试验方法标准》(GB/T 50080—2002)规定,根据拌和物的流动性不同,混凝土的稠度可采用坍落度与坍落扩展度法或维勃稠度法测定。

1. 坍落度与坍落扩展度法

该方法适用于集料最大粒径不大于 40mm,坍落度不小于 10mm 的混凝土拌和物稠度测定。测定的具体方法为:将混凝土拌和物按规定方法装入标准圆锥形坍落度筒内,装满刮平后,垂直向上将筒提起,移到一旁,筒内拌和物由于自重将会产生坍落现象,然后量出向下坍落的尺寸(mm)就叫做坍落度,作为流动性指标,如图 4-5 所示。坍落度越大表示混凝土拌和物的流动性越大。

当坍落度大于220mm时,同时用坍落扩展度作为流动性指标。用钢尺测量混凝土拌和物扩展后最终的最大直径和最小直径,在这两个直径之差小于50mm的条件下,用其算术平均值作为坍落扩展度值。

黏聚性的评定方法是:用捣棒在已坍落的混凝土锥体侧面轻轻敲打,若锥体逐渐下沉,则表示黏聚性良好;如果锥体倒塌或部分崩裂,则表示黏聚性不好。

保水性是以混凝土拌和物中稀浆析出的程度评定。坍落度筒提起后,如有较多稀浆自底部析出,混凝土拌和物因失浆而集料外露,则表明混凝土拌和物保水性不好。如坍落度筒提起后,无稀浆或仅有少量稀浆从底部析出,则表示混凝土拌和物保水性良好。根据坍落度不同,可将混凝土拌和物分为4级,见表4-19。

混凝土按坍落度分级 表4-19

级别	名 称	坍落度(mm)	级别	名 称	坍落度(mm)
T_1	低塑性混凝土	10～40	T_3	流动性混凝土	100～150
T_2	塑性混凝土	50～90	T_4	大流动性混凝土	≥160

2. 维勃稠度法

坍落度小于10mm的新拌混凝土,可采用维勃稠度法测定其稠度。测定方法是将坍落度筒放在直径240mm,高为200mm的圆筒中,圆筒安装在专用的振动台上,按坍落度试验的方法将混凝土拌和物装于坍落度筒中,小心垂直提起坍落度筒,在拌和物试体顶面置一透明圆盘(直径230mm),开动振动台,同时用秒表记录时间,从开始振动至透明圆盘被水泥浆布满的瞬间停止计时,并关闭振动台。此时所读秒数,即为该混凝土拌和物的维勃稠度值(精确至1s),如图4-6所示。该法适用于集料最大粒径不超过40mm,维勃稠度为5～30s之间的混凝土拌和物的稠度测定。

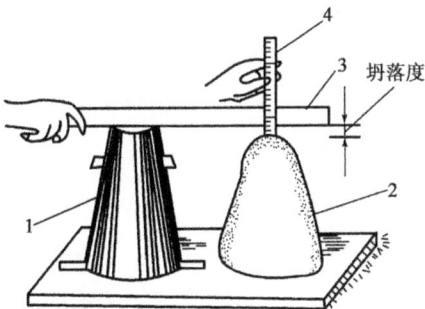

图4-5 坍落度测定示意图
1-坍落度筒;2-拌和物试体;3-木尺;4-钢尺

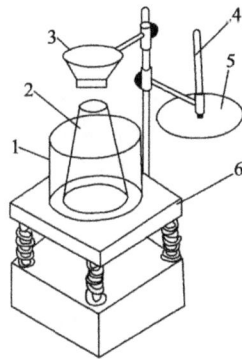

图4-6 维勃稠度仪
1-容器;2-坍落度筒;3-漏斗;4-测杆;
5-透明圆盘;6-振动台

根据维勃稠度的大小,混凝土拌和物也分为四级,见表4-20。

混凝土按维勃稠度分级 表4-20

级别	名 称	维勃稠度(s)	级别	名 称	维勃稠度(s)
V_0	超干硬性混凝土	≥31	V_2	干硬性混凝土	20～11
V_1	特干硬性混凝土	30～21	V_3	半干硬性混凝土	10～5

4.3.3 和易性的选择

土木工程中选择新拌混凝土的坍落度时,应根据施工方法、结构物构件尺寸、钢筋疏密和振捣方式等条件,参考有关资料及经验确定。当构件断面尺寸较小,钢筋较密或人工振捣时,应选择坍落度大一些,易于浇捣密实,以保证施工质量;反之,对于构件断面尺寸较大,钢筋配置稀疏,采用机械振捣时,尽可能选用较小的坍落度,以节约水泥并获得质量较好的混凝土。

4.3.4 影响和易性的主要因素

1. 水泥浆的数量和浆骨比

混凝土拌和物中的水泥浆,除了填充集料间的空隙外,包裹在集料表面并略有富裕,使拌和物有一定的流动性。在水灰比一定的条件下,单位体积混凝土拌和物内,水泥浆愈多,流动性愈大。但如水泥浆过多,集料则相对减少,即浆集比大,将出现流浆现象,使拌和物的黏聚性变差,不仅浪费水泥,而且会使拌和物的强度和耐久性降低;若水泥浆用量过少,则无法很好包裹集料表面及填充其空隙,拌和物宜产生离析和崩坍现象,黏聚性变差。因此,混凝土拌和物中水泥浆的数量应以满足流动性为宜。

2. 水泥浆的稠度——水灰比

水泥浆的稠度取决于水灰比。水灰比是指混凝土拌和物中用水量与水泥的质量比。在固定用水量的条件下,水灰比小(水泥用量多)时,会使水泥浆变稠,拌和物流动性小。当水灰比过小时,水泥浆干稠,混凝土拌和物流动性过低,会使施工困难,不能保证混凝土的密实性。若加大水灰比(减少水泥用量),可使水泥浆变稀,流动性增大,但会使拌和物流浆、离析,严重影响混凝土的强度,因此,应根据混凝土强度和耐久性要求合理地选择水灰比。

无论是水泥浆的多少,还是水泥浆的稀稠,实际上对混凝土拌和物流动性起决定性作用的还是单位用水量。因为无论是提高水灰比或增加水泥浆用量,最终都表现为混凝土用水量的增加。增加用水量,流动性增大,但硬化后混凝土会产生较大的孔隙,从而降低了混凝土的强度和耐久性。另外,用水量过多,会使新拌混凝土产生分层、泌水现象,反而降低工作性。因此,在保证混凝土强度和耐久性的条件下,根据流动性要求来确定单位用量。

3. 砂率

砂率(Sand Ratio)是指混凝土中砂(或细集料)质量占砂石(或粗细集料)总质量的百分率。砂的作用是填充石子间的空隙,并以砂浆包裹在石子的外表面,减少集料颗粒间的摩阻力,赋予混凝土拌和物一定的流动性。砂率反映了粗细集料的相对比例,它影响混凝土集料的空隙和总表面积,因而对混凝土拌和物的和易性产生显著影响。

当水泥浆用量一定时,砂率过大,则集料的总表面积增大,包裹在砂表面起润滑作用的水泥浆就相对减少,砂粒间的摩阻力加大,使得混凝土拌和物的流动性减小;砂率过小,虽然表面积减小,但由于砂浆量不足,水泥砂浆除填充石子空隙外,包裹在石子表面起润滑作用的水泥砂浆也就显得不足,同样会降低混凝土拌和物的流动性,同时由于砂量不足,也易导致离析、泌水现象,严重影响混凝土拌和物的和易性。因此,为保证混凝土拌和物的和易性,应选择一个合理砂率(最佳砂率)。当采用合理砂率时,水与水泥用量一定,能使混凝土拌和物获得最大流动性且能保持良好的黏聚性和保水性,如图4-7所示。

在保持流动性一定的条件下,砂率还影响混凝土中水泥的用量,如图4-8所示。当砂率过小时,必须增大水泥用量,以保证有足够的砂浆量来包裹和润滑粗集料;当砂率过大时,也要加大水泥用量,以保证有足够的水泥浆包裹和润滑细集料。在合理砂率时,水泥用量最少。

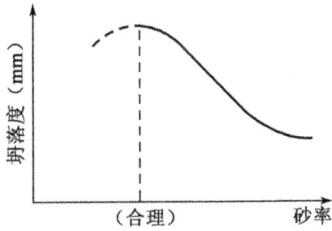

图4-7　砂率与坍落度的关系　　　　　　　图4-8　砂率与水泥用量的关系

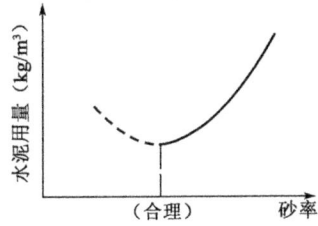

4. 混凝土组成材料的性质

（1）水泥品种

水泥品种不同,达到标准稠度用水量不同,所以不同品种水泥配制成的混凝土拌和物具有不同的工作性。通常普通水泥的混凝土拌和物比矿渣水泥和火山灰水泥的流动性好。矿渣水泥混凝土拌和物的流动性虽大,但黏聚性差,易泌水、离析,火山灰水泥流动性小,但黏聚性最好。

（2）集料的性质

集料的级配、颗粒形状、表面特征及最大粒径均对混凝土拌和物的和易性有影响。在相同用水量的条件下,级配好的集料拌制的混凝土拌和物流动性较大,黏聚性和保水性也较好;集料表面光滑、形状较圆、少棱角的卵石,拌制的混凝土拌和物流动性好,但强度较表面粗糙、有棱角的碎石低。

石子最大粒径较大时,需要包裹的水泥浆少,流动性要好些,但稳定性较差,即容易离析;细砂的表面积大,拌制同样流动性的混凝土拌和物需要较多水泥浆或砂浆。所以采用最大粒径稍小、针片状颗粒少、级配好的粗集料;细度模数偏大的中粗砂、砂率也稍高、水泥浆体量较多的拌和物,其工作度的综合指标较好,这也是现代混凝土技术改变了以往尽量增大粗集料最大粒径与减小砂率,配制高强混凝土拌和物的原因。

（3）外加剂和掺和料

在混凝土拌和物中加入少量的外加剂(如减水剂、引气剂),可在不增加用水量和水泥用量的情况下,有效地改善混凝土拌和物的和易性,增大流动性和改善黏聚性、降低泌水性。并且由于改变了混凝土的结构,还能提高混凝土的耐久性。

矿物掺和料不仅自身水化缓慢,优质矿物掺和料还具有一定的减水效果,在混凝土中掺入矿物掺和料能使混凝土的和易性更加流畅,并防止泌水及离析的发生。

5. 时间和温度

混凝土拌和物拌制后,随着时间的延长而逐渐变得干稠,流动性下降,这种现象称为坍落度损失。其原因是混凝土拌和物中一部分水已经参与水泥水化,一部分被集料吸收,还有一部分水被蒸发。因此,在施工中测定混凝土拌和物和易性的时间,应推迟至搅拌完成后15min为宜。

混凝土拌和物的和易性也受温度的影响,因为环境温度升高,水分蒸发及水化反应加快,会使流动性降低。因此,施工中为保证一定的和易性,必须注意环境温度的变化,采取相应的措施。

4.3.5 改善混凝土拌和物和易性的措施

改善混凝土拌和物和易性可从下列途径采取必要的技术措施：

（1）调节材料组成，当混凝土拌和物坍落度偏小时，保持水灰比不变，适当增加水泥浆的用量；当坍落度偏大时，可保持砂率不变，适当增加砂、石用量；当黏聚性、保水性不好的，可适当增加砂率。

（2）改善集料粒形与级配，并尽量选用中粗砂。

（3）掺加各种外加剂（如减水剂、高效减水剂、泵送剂等）与优质矿物掺和料，改善混凝土拌和物的和易性，同时提高其强度和耐久性。

（4）改进水泥混凝土拌和物的施工工艺。采用高效率的强制式搅拌机，可以提高水的润滑效率；采用高效振捣设备，也可以在较小坍落度情况下获得较高的密实度。现代商品混凝土，在远距离运输时，为了减小坍落度损失，还经常采用二次加水法，即在拌和站拌和时只加入大部分水，剩下少部分水，在快到施工现场时再加入，然后迅速搅拌以获得较好的流动性。

【案例分析 4-4】 碎石形状对混凝土和易性的影响

（1）工程概况

某混凝土搅拌站原混凝土配方均可生产出性能良好的泵送混凝土。后因供应的问题进了一批针片状多的碎石。当班技术人员未引起重视，仍按原配方配制混凝土，后发觉混凝土坍落度明显下降，难以泵送，临时现场加水泵送。

（2）原因分析

混凝土坍落度下降的原因是碎石针片状增多，表面积增大，所要求的水泥浆量也相应增多，在其他材料及配合比不变的条件下，其坍落度必然下降。当坍落度下降难以泵送时，简单地现场加水虽可解决泵送问题，但对混凝土的强度及耐久性都有不利影响，且还会引起泌水等问题。

4.4 硬化后混凝土的性能

4.4.1 混凝土的强度

1. 混凝土的受压破坏过程

硬化后的混凝土在未受外力作用之前，由于水泥水化造成的物理收缩和化学收缩引起砂浆体积的变化，或者因泌水在集料下部形成水囊，而导致集料界面可能出现界面裂缝，在施加外力时，微裂缝处出现应力集中，随着外力的增大，裂缝就会延伸和扩展，最后导致混凝土破坏，如图 4-9 所示。混凝土的受压破坏实际上是裂缝的失稳扩展到贯通的过程。混凝土在单轴受压状态下的荷载—变形曲线可以用来表征混凝土的受压破坏过程，如图 4-10 所示。混凝土裂缝的扩展可分四个阶段，每个阶段中荷载与变形的关系各有特点。

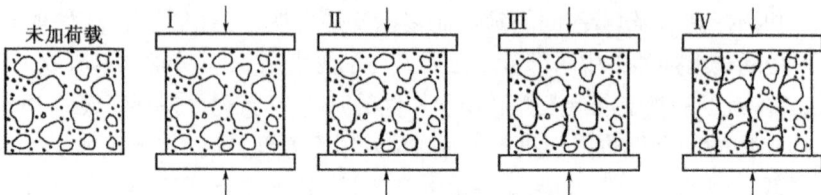

图 4-9 混凝土受压时不同受力阶段裂缝示意图

Ⅰ阶段:当荷载到达"比例极限"(约为极限荷载的30%)以前,界面裂缝无明显变化,此时,荷载与变形接近直线关系(图4-10曲线的OA段)。

Ⅱ阶段:荷载超过"比例极限"以后,界面裂缝的数量、长度、宽度都不断扩大,界面借摩擦阻力继续承担荷载,但尚无明显的砂浆裂缝。此时,变形增大的速度超过荷载的增大速度,荷载与变形之间不再接近直线关系(图4-10曲线AB段)。

Ⅲ阶段:荷载超过"临界荷载"(约为极限荷载的70%~90%)以后,在界面裂缝继续发展的同时,开始出现砂浆裂缝,并将临近的界

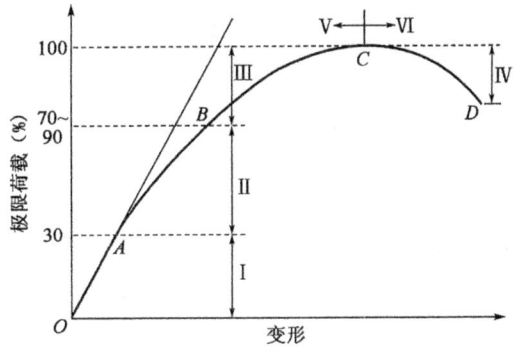

图4-10　混凝土受压变形曲线

Ⅰ-界面裂缝无明显变化;Ⅱ-界面裂缝增长;Ⅲ-出现砂浆裂缝和连续裂缝;Ⅳ-连续裂缝迅速发展;Ⅴ-裂缝缓慢发展;Ⅵ-裂缝迅速增长

面裂缝连接起来成为连续裂缝。此时,变形增大的速度进一步加快,荷载—变形曲线明显地弯向变形轴方向(图4-10曲线BC段)。

Ⅳ阶段:超过极限荷载后,连续裂缝急速地扩展。此时,混凝土的承载力下降,荷载减小而变形迅速增大,以致完全破坏,荷载—变形曲线逐渐下降而最后结束(图4-10曲线CD段)。

由此可见,混凝土的受力破坏过程实际上是混凝土裂缝的发生和发展过程。只有当混凝土内部的微观破坏发展到一定数量级时,才会使混凝土的整体遭受破坏。

2. 混凝土的强度

混凝土的强度包括抗压强度、抗拉强度、抗弯强度、抗剪强度以及与钢筋的黏结强度等。其中抗压强度最大,故结构工程中的混凝土主要承受压力。混凝土的抗压强度与各种强度之间有一定的相关性,因此,混凝土的抗压强度是结构设计的主要参数,也是混凝土质量评定和控制的主要技术指标。

1)混凝土立方体抗压强度与强度等级

(1)混凝土立方体抗压强度(Cubic Compressive Strength For Concrete)。根据国家标准《普通混凝土力学性能试验方法标准》(GB/T 50081—2002)规定,将混凝土拌和物按标准的制作方法制成边长为150mm的正方体试件,在标准条件(温度20℃±2℃,相对湿度95%以上的标准养护室中或温度20℃±2℃的不流动的$Ca(OH)_2$饱和溶液中)下,养护28d龄期,按照标准的测定方法测得的抗压强度值作为混凝土立方体抗压强度值(简称立方体抗压强度),以f_{cu}表示,按式(4-5)计算。

$$f_{cu} = \frac{F}{A} \tag{4-5}$$

式中:f_{cu}——混凝土的立方体抗压强度,MPa;

F——破坏荷载,N;

A——试件承压面积,mm^2。

测定混凝土抗压强度时,也可采用非标准试件,然后将测定结果乘以换算系数,换算成相当于标准试件的强度值,对于边长为100mm的立方体试件,应乘以强度换算系数0.95,边长为200mm的立方体试件,应乘以强度换算系数1.05。

(2)混凝土立方体抗压强度标准值(Standard Cubic Compressive Strength for Concrete)。混凝

土立方体抗压强度标准值,是以其立方体抗压强度为基准所确定的混凝土强度统计值。按着我国现行标准《混凝土结构设计规范》(GB 50010—2010)的定义系指按照标准方法制作和养护的边长为150mm的立方体试件,在28d龄期,用标准试验方法测得的具有95%保证率的抗压强度值,以$f_{cu,k}$表示。

(3)混凝土强度等级(Strength Grade of Concrete)。按照国家标准《混凝土结构设计规范》(GB 50010—2010),混凝土强度等级是按立方体抗压强度标准值来划分的。混凝土强度等级用符号"C"和立方体抗压强度标准值(MPa计)表示。例如"C30"表示混凝土立方体抗压强度标准值$f_{cu,k}=30$MPa。普通混凝土按立方体抗压强度标准值划分为:C15、C20、C25、C30、C35、C40、C45、C50、C55、C60、C65、C70、C75、C80等14个强度等级。混凝土强度等级是混凝土结构设计、施工质量控制和工程验收的重要依据。

素混凝土结构的混凝土强度等级不应低于C15,钢筋混凝土结构的混凝土强度等级不应低于C20;当采用强度级别400MPa及以上钢筋时,混凝土强度等级不宜低于C25;承受重复荷载的钢筋混凝土构件,混凝土强度等级不宜低于C30;预应力混凝土结构的混凝土强度等级不宜低于C40,且不应低于C30。

2)混凝土轴心抗压强度(Axial Compressive Strength for Concrete)

混凝土的立方体抗压强度只是评定混凝土强度等级的一个标志,不能直接用来作为结构设计的依据。为了符合工程实际,在结构设计中混凝土受压构件的计算采用混凝土的轴心抗压强度。

混凝土轴心抗压强度又称棱柱体抗压强度,用f_{cp}表示。采用150mm×150mm×300mm的棱柱体作为测定轴心抗压强度的标准试件进行抗压强度试验。

通常,混凝土轴心抗压强度比立方体抗压强度要低。试验表明,当混凝土立方体抗压强度f_{cu}在10~55MPa的范围内时,轴心抗压强度f_{cp}与立方体抗压强度f_{cu}之比约为0.70~0.80。

3)混凝土轴心抗拉强度(Axial Tensile Strength for Concrete)

混凝土在直接受拉时,很小的变形就会开裂,它在断裂前没有残余变形,是一种脆性破坏。混凝土的抗拉强度只有抗压强度的1/10~1/20,而且随着混凝土强度等级的提高,比值降低。因此,混凝土在工作时一般不依靠其抗拉强度,但抗拉强度对于开裂现象有重要意义,在结构设计中抗拉强度是确定混凝土抗裂能力的重要指标。有时也用它来间接衡量混凝土与钢筋的黏结强度。

由于直接用轴向拉伸试验测定混凝土的抗拉强度,荷载不容易对准轴线,夹具处常发生局部破坏,致使测值不准。因此通常采用劈裂抗拉强度试验法间接得出混凝土的抗拉强度,并称之为劈裂抗拉强度,用f_{ts}表示。《普通混凝土力学性能试验方法标准》(GB/T 50081—2002)规定,采用150mm×150mm×150mm的立方体作为标准试件,在立方体试件中心面内用圆弧为垫条施加两个方向相反、均匀分布的压应力如图4-11所示,当压力增大至一定程度时,试件就沿此平面劈裂破坏,这样测得的强度称为劈裂抗拉强度,以f_{ts}表示,按式(4-6)计算。

$$f_{ts} = \frac{2F}{\pi A} = 0.637\frac{F}{A} \tag{4-6}$$

式中:f_{ts}——混凝土劈裂抗拉强度,MPa;

  F——试件破坏荷载,N;

  A——试件劈裂面面积,mm^2。

混凝土轴心抗拉强度f_t可以由劈裂抗拉强度f_{ts}换算得到,换算系数可由试验确定。

4）混凝土抗折强度（Flexural Strength for Concrete）

道路路面或机场道面用水泥混凝土，以抗折强度或称抗弯拉强度为主要强度指标，抗压强度为参考强度指标。

《公路工程水泥及水泥混凝土试验规程》（JTG E30—2005）规定，水泥混凝土抗弯拉强度是以标准操作方法制备成 150mm × 150mm × 550mm 的梁形试件作为标准试件，在标准条件下，经养护 28d 后，接三分点加荷方式加载，如图 4-12 所示，测定其抗折强度，以 f_{cf} 表示，按式(4-7)计算。

$$f_{cf} = \frac{FL}{bh^2} \tag{4-7}$$

式中：f_{cf}——混凝土抗弯拉强度，MPa；

F——试件破坏荷载，N；

L——支座间距，mm；

b——试件宽度，mm；

h——试件高度，mm。

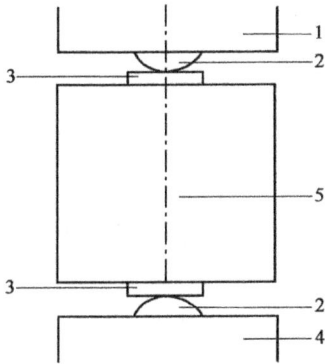

图 4-11　混凝土劈裂抗拉试验装置图
1、4-压力机上、下压板；2-垫条；3-垫层；5-试件

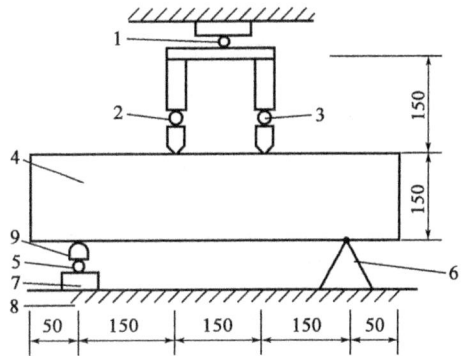

图 4-12　混凝土抗弯拉试验装置示意图（尺寸单位：mm）
1、2—一个钢球；3、5—两个钢球；4-试件；6-固定支座；7-活动支架；8-机台；9-活动船形垫块

当试件尺寸为 100mm × 100mm × 400mm 非标准试件时，应乘以尺寸换算系数 0.85；当混凝土强度等级 ≥ C60 时，宜采用标准试件。

3. 影响混凝土强度的因素

在荷载作用下，混凝土破坏形式通常有三种：最常见的是集料与水泥石的界面破坏；其次是水泥石本身的破坏；第三种是集料的破坏。在普通混凝土中，集料破坏的可能性较小，因为集料的强度通常大于水泥石的强度及其与集料表面的黏结强度。而水泥石的强度及其与集料的黏结强度与水泥的强度等级、水胶比及集料的性质有很大关系，另外，混凝土强度还受施工质量、养护条件及龄期的影响。

（1）水泥强度等级和水胶比

水泥强度等级及水胶比是影响混凝土强度最主要的因素。水泥是混凝土中的活性组分，其强度大小直接影响混凝土强度。在配合比相同的条件下，水泥强度等级越高，硬化后的水泥石强度和胶结能力越强，混凝土的强度也就越高。当采用同一品种、同一强度等级的水泥时，混凝土的强度取决于水胶比的大小。因为水泥水化时所需的结合水，一般只占水泥质量的 10% ~25% 左右，但在拌制混凝土拌和物时，为了获得必要的流动性，以满足施工的要求，以及在施工过程中水分蒸发等因素，常需要较多的水（约占水泥质量的 40% ~70%），即采用较大的水胶比。这样当混凝土硬化后，多余的水分就残留在混凝土中形成水泡，水分蒸发后形成气孔，受力时，在气孔周围产生应力集中，降低水泥石与集料的黏结强度。但是如果水灰比过小，混凝土拌和物流动性很小，很难保证浇灌、振实的质量，混凝土中将出现较多的蜂窝和孔洞，强度也将下降。试验证明，混凝土的强度随着水灰比的增加而降低，呈曲线关系如图，而混凝土强度和灰水比则呈直线关系，如图 4-13 所示。

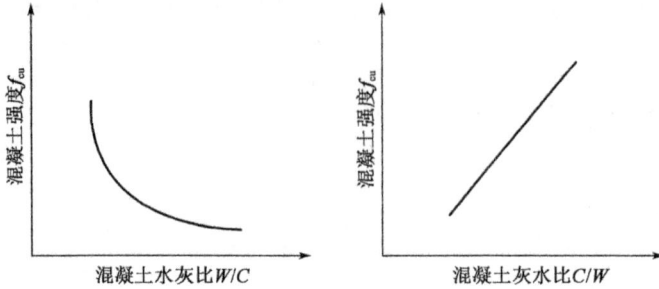

图 4-13　混凝土强度与水灰比、灰水比的关系

根据混凝土试验研究和工程实践经验，四组分的混凝土强度与水灰比、水泥实际强度三者之间的关系，可用式(4-8)表示。

$$f_{cu,28} = \alpha_a f_{ce} \left(\frac{C}{W} - \alpha_b \right) \tag{4-8}$$

式中：$f_{cu,28}$——混凝土 28d 龄期的立方体抗压强度，MPa；

　　　f_{ce}——水泥 28d 胶砂抗压强度实测值，MPa；当水泥 28d 胶砂抗压强度无实测值时，可按 $f_{ce} = \gamma_c f_{ce,g}$ 计算。其中 $f_{ce,g}$ 为水泥强度等级值，MPa，γ_c 为水泥强度等级富余系数，可按实际统计资料确定；当缺乏实际统计资料时，可按表 4-24 选用；

　　　$\dfrac{C}{W}$——灰水比；

　　　α_a, α_b——回归系数，与集料的品种有关，可按表 4-22 选用。

现代混凝土以六组分为特征，在四组分的基础上掺入了矿物掺和料和外加剂，胶凝材料不再是单一的水泥，而是以水泥、掺和料组成的复合胶凝体系，水胶比取代了水灰比的说法，《普通混凝土配合比设计规程》(JGJ 55—2011) 对原有的强度公式进行了修订，见式(4-9)。

$$f_{cu,28} = \alpha_a f_b \left(\frac{B}{W} - \alpha_b \right) \tag{4-9}$$

式中：$f_{cu,28}$——意义同上；

　　　f_b——胶凝材料 28d 胶砂抗压强度实测值，MPa；无实测值时，按 $f_b = \gamma_f \gamma_s f_{ce}$ 计算，其中：f_{ce} 为水泥 28d 胶砂抗压强度实测值 MPa，获得方法同式(4-8)；γ_f、γ_s 为粉煤灰影响系数和粒化高炉矿渣粉影响系数，可按表 4-23 选用；

　　　$\dfrac{B}{W}$——胶水比；

　　　α_a, α_b——意义同上。

（2）集料的种类、质量和数量

水泥石与集料的黏结力除了受水泥石强度的影响外，还与集料（尤其是粗集料）的表面状况有关，碎石表面粗糙、有棱角，黏结力比较大，卵石表面光滑，黏结力比较小。因而在水泥强度等级和水灰比相同的条件下，碎石混凝土的强度往往高于卵石混凝土。

当粗集料级配良好，用量及砂率适当时，能组成密集的骨架使水泥浆数量相对减少，骨架作用充分,也会使混凝土强度有所提高。

(3)外加剂和掺和料

混凝土中加入外加剂可按要求改变混凝土的强度及强度发展规律,如掺入减水剂可减少拌和用水量,提高混凝土强度;掺入早强剂可提高混凝土早期强度,但对后期强度发展无明显影响;掺入引气剂会增加基体的孔隙率而对混凝土强度产生负面影响,但可提高混凝土的耐久性。超细的掺和料可配制高性能、超高强度的混凝土等。

(4)养护温度和湿度

混凝土拌和物浇捣完毕后,必须保持适当的温度和湿度,使水泥充分水化,以保证混凝土强度不断提高。

一般情况下,水泥的水化和混凝土强度发展的速度是随环境温度的高低而增减,如图4-14所示。当温度降至零度时,混凝土中的水分大部分结冰,水泥几乎不再发生水化反应,混凝土强度不仅停止增长,严重时由于孔隙内水分结冰而引起膨胀,产生相当大的膨胀压力,特别当水化初期,混凝土强度较低时,遭遇严寒会引起混凝土的崩溃。

混凝土浇筑后,必须有较长时间在潮湿环境中养护,当湿度适当,水泥水化得以顺利进行,使混凝土强度得到充分发展;如果湿度不够,混凝土会失水干燥,影响水泥水化的正常进行,甚至停止水化。这不仅严重降低混凝土的强度,而且会因水泥水化作用未能完成,使混凝土结构疏松,渗水性增大,或形成干缩裂缝,从而影响混凝土的耐久性。

《混凝土结构工程施工质量验收规范》(GB 50204—2002)规定:在混凝土浇筑后12h内,应加以覆盖或浇水。对采用硅酸盐水泥、普通硅酸盐水泥或矿渣硅酸盐水泥拌制的混凝土,浇水养护时间不得少于7d;对掺加缓凝型外加剂或有抗渗要求的混凝土,不得少于14d。

(5)龄期(Age)

龄期是混凝土在正常养护条件下所经历的时间。混凝土在正常养护条件下(保证一定温度和湿度),强度随龄期的增长而提高,最初 7 ~ 14d 增长较快,后期增长较缓慢,但在空气中养护时,其强度后期有所下降,如图4-15 所示。

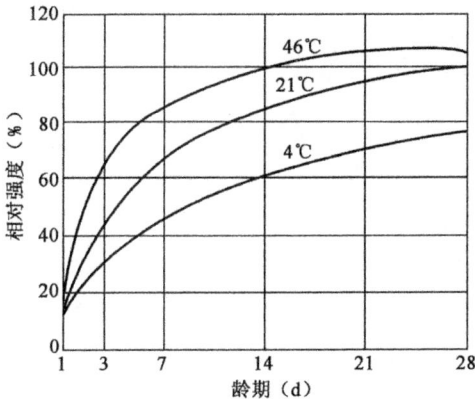

图4-14　养护温度条件对混凝土强度的影响

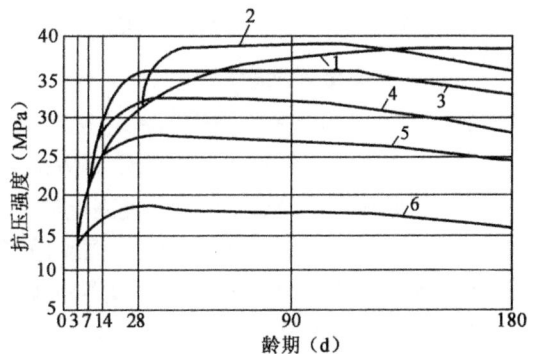

图4-15　混凝土在不同养护条件下随龄期变化规律
1-全在潮湿中养护;2-28d 后在空气中养护;3-14d 后在空气中养护;4-7d 后在空气中养护;5-3d 后在空气中养护;6-全在空气中养护

在标准养护条件下,混凝土强度的发展与其龄期的对数大致成正比,工程中常常利用这一关系,根据混凝土早期强度,估算其后期强度,见式(4-10)。

$$f_{cu,n} = f_{cu,a} \frac{\lg n}{\lg a}$$

(4-10)

式中：$f_{cu,n}$——n 天龄期的混凝土抗压强度，MPa；

　　　$f_{cu,a}$——a 天龄期的混凝土抗压强度，MPa。

此式仅适用于普通硅酸盐水泥拌制的混凝土，且龄期 $a \geqslant 3d$ 时才适用，由于对混凝土强度的影响因素很多，强度发展不可能完全一致，故此式只能作为一般参考。

（6）试件尺寸、形状及加荷速度

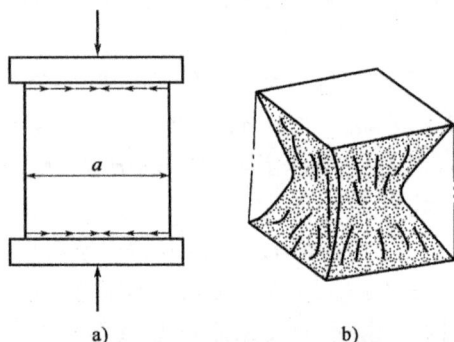

图 4-16　混凝土试件受压破坏状态

同样形状而不同尺寸的试件，尺寸较小，测得的强度偏高；尺寸较大，则测得的强度偏低。这是因为试件受压面与试验机承压板之间存在着摩擦力，当试件受压时，承压板的横向应变小于试件的横向应变，因而承压板对试件的横向膨胀起约束作用。这种约束作用通常称为"环箍效应"，如图 4-16a）所示，越接近受压面，约束作用越大，在距离受压面大约 $\frac{\sqrt{3}}{2}a$（a 为试件横向尺寸）的范围以外，约束作用才消失，这种破坏后的试件上下部分各呈一完整的棱锥体，如图 4-16b）所示。当立方体试件尺寸较小时，环箍效应的相对影响较大，起着阻止试件破坏的作用也大，故测得的抗压强度偏高。反之，当试件尺寸较大时，所测得的抗压强度偏低。

此外，随着试件尺寸增大，试件内存在裂缝、孔隙和局部软弱等缺陷的概率也增大，这些缺陷将引起应力集中而降低强度。

当试件受压面积相同，而高度不同时，高宽比越大，抗压强度越小，这也是环箍效应产生的结果。

在进行混凝土试件抗压强度试验时，若加荷速度过大，材料裂纹扩展的速度小于荷载增加的速度，会使测得的强度值偏高。因此，试验中应严格遵循加荷速度的规定。

4. 提高混凝土强度的措施

通过以上影响混凝土强度因素的分析，在工程中可采取如下措施提高混凝土的强度。

（1）采用高强度等级水泥或快硬早强型水泥；

（2）降低水灰比（或水胶比），提高混凝土的密实度；

（3）采用有害杂质少、级配良好、颗粒适当的集料和合理砂率；

（4）掺入合适的混凝土外加剂和掺和料；

（5）采用湿热处理。

①蒸汽养护（Steam Curing）。是将混凝土放在温度低于 100℃ 的常压蒸汽中养护，一般混凝土经过 16～20h 蒸汽养护后，其强度可达正常养护条件下养护 28d 强度的 70%～80%。蒸汽养护最适宜的温度随水泥的品种而不同。用普通水泥时，最适宜的养护温度为 80℃ 左右，而用矿渣和火山灰水泥时，则为 90℃ 左右。普通水泥混凝土经蒸汽养护后（约 5～8h），再在正常养护条件下硬化至 28d 的抗压强度，比正常养护条件下硬化的混凝土强度约降低 10%～15%，而矿渣水泥和火山灰水泥混凝土经蒸汽养护后的 28d 强度，则略有提高。因此，蒸汽养护方法主要是用来提高混凝土早期强度。

② 蒸压养护（Autoclave Curing）　是将浇灌完的混凝土构件静停 8～10h 后，放入蒸压釜内，通入高压、高温（如大于或等于 8 个大气压，温度为 175℃以上）饱和蒸汽进行养护。

在高温、高压蒸汽下，水泥水化时析出的氢氧化钙不仅能充分与活性的氧化硅结合，而且也能与结晶状态的氧化硅结合而生成含水硅酸盐结晶，从而加速水泥的水化和硬化，提高了混凝土的强度。

（6）采用合理的机械搅拌、捣实工艺。

4.4.2　混凝土的变形性能

混凝土的变形按其产生的原因可分为非荷载作用下的变形和荷载作用下的变形。常见的非荷载作用下的变形有混凝土的化学收缩、干湿变形和温度变形等，荷载作用下的变形有短期荷载作用下的变形和长期荷载作用下的变形（徐变）。

1. 非荷载作用下的变形

（1）化学收缩（Chemical Shrinkage）

混凝土拌和物由于水泥水化产物的体积比反应前物质的总体积要小，因而产生收缩，称为化学收缩。化学收缩是不能恢复的，这种收缩随龄期增长而增加，40d 以后渐趋稳定，收缩值约为 $(4～100) \times 10^{-6}$ mm/mm，可使混凝土内部产生细微裂缝。这些细微裂缝可能会影响混凝土的承载性能和耐久性能。

（2）干湿变形（Wet Deformation）

这种变形主要表现为湿胀干缩。由于混凝土内部水分的增减而引起体积变化，它取决于周围环境的湿度变化。处于空气中的混凝土当内部水分散失时，会引起体积收缩，称为干燥收缩，简称干缩。但受潮或浸入水中后体积又膨胀，即湿胀。混凝土在干燥空气中硬化时，随着水分的逐渐蒸发，体积也将逐渐发生收缩，如在水中或潮湿条件下养护时，则混凝土的干缩将随之减少或略产生膨胀，混凝土收缩值较膨胀值为大，当混凝土产生干缩后，即使长期再放在水中，仍有残留变形，残余收缩约为收缩量的 30%～60%。在一般工程设计中，通常采用混凝土的线收缩值为 $1.5 \times 10^{-2}～2.0 \times 10^{-2}$。

混凝土的干缩往往是表面较大，常在表面产生细微裂缝，当干缩变形受到约束时，还会引起构件的翘曲或开裂，影响混凝土的耐久性。因此，应通过调节集料级配、增大粗集料的粒径，减少水泥浆用量，适当选择水泥品种，以及采用振动捣实，早期养护等措施来减小混凝土的干缩。

（3）温度变形（Temperature Deformation）

混凝土与其他材料一样，也会随着温度的变化产生热胀冷缩的变形。混凝土的温度线膨胀系数为 $(1～1.5) \times 10^{-5}$ mm/（mm · ℃），即温度每升降 1℃，每 1m 胀缩 0.01～0.015mm。

混凝土温度变形，除由于降温或升温影响外，还有混凝土内部与外部的温差影响。在混凝土硬化初期，水泥水化放出较多的热量，混凝土又是热的不良导体，散热较慢，因此在大体积混凝土内部的温度较外部高，有时可达 50～70℃。这将使内部混凝土的体积产生较大的相对膨胀，而外部混凝土却随气温降低而相对收缩。内部膨胀和外部收缩互相制约，在外层混凝土中将产生很大拉应力，严重时使混凝土产生裂缝。因此，对大体积混凝土工程，必须尽量减少混凝土发热量，如采用低热水泥，最大限度减少用水量和减少水泥用量，大量掺加粉煤灰、磨细矿渣等掺和料，采用人工降温等措施。对于纵长的钢筋混凝土结构物，应每隔一段长度设置伸缩缝，在结构物内配置温度钢筋。

2. 荷载作用下的变形

1）短期荷载作用下的变形

（1）混凝土的弹塑性变形（Elastic-plastic Deformation）

混凝土内部结构中含有砂、石、水泥石（水泥石中又存在着凝胶、晶体和未水化的水泥颗粒）、游离水分和气泡，这就导致了混凝土本身的不均质性。它不是完全的弹性体，而是一种弹塑性体。它在受力时，既产生可以恢复的弹性变形，又会产生不可恢复的塑性变形，即混凝土其应力与应变关系不是直线而是曲线，如图 4-17 所示。

在静力试验的加荷过程中，若加荷至应力为 σ、应变 ε 的 A 点，然后将荷载逐渐卸去，则卸载时的应力—应变曲线如 AC 所示。卸载后能恢复的应变是由混凝土的弹性作用引起的，称为弹性应变 $\varepsilon_{弹}$；剩余不能恢复的应变，则是由于混凝土的塑性性质引起的，称为塑性应变 $\varepsilon_{塑}$。

（2）混凝土的弹性模量（Deformation Modulus）

在应力—应变曲线上任一点的应力 σ 与其应变 ε 的比值，叫做混凝土在该应力下的变形模量。从图 4-17 可以看出，混凝土的变形模量随应力的增加而减小。在混凝土结构或钢筋混凝土结构设计中，常采用一种按标准方法测得的静力受压弹性模量 E_c。

静力受压弹性模量试验时，采用 150mm × 150mm × 300mm 棱柱体作为标准试件，取测定点的应力为试件轴心抗压强度的 40%（$0.4f_{cp}$），经过多次反复加荷与卸荷，最后所得应力—应变曲线与初始切线大致平行，这样测出的变形模量称为静力受压弹性模量 E_c，E_c 在数值上与 $\tan\alpha$ 相近，如图 4-18 所示。

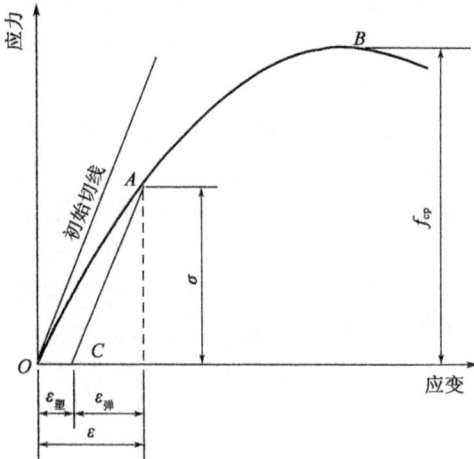

图 4-17　混凝土在短期压力作用下的应力—应变曲线

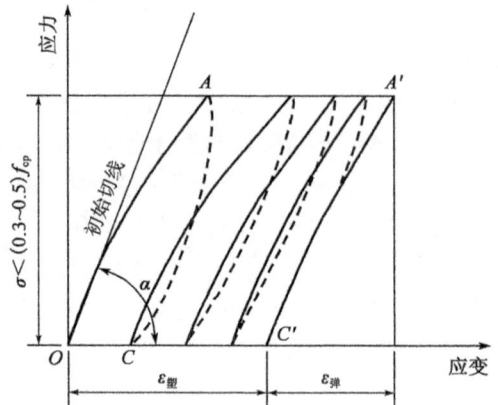

图 4-18　低应力重复荷载的应力—应变曲线

混凝土弹性模量受其组成相及孔隙率影响，并与混凝土的强度有一定的相关性。混凝土的强度越高，弹性模量也越高，当混凝土的强度等级由 C10 增加到 C60 时，其弹性模量大致由 1.75×10^4 MPa 增至 3.60×10^4 MPa。

混凝土的弹性模量取决于集料与水泥石的弹性模量。由于水泥石的弹性模量一般低于集料的弹性模量，所以混凝土的弹性模量一般略低于其集料的弹性模量。在材料质量不变的条件下，混凝土的集料含量越多、水灰比较小、养护较好及龄期较长时，混凝土的弹性模量就较大。蒸汽养护的弹性模量比标准养护的低。

2）长期荷载作用下的变形——徐变

混凝土在长期恒定荷载作用下，沿着作用力方向随时间的延长而不断增加的变形称为徐变（Creep）。

混凝土的变形与荷载作用时间的关系如图 4-19 所示。

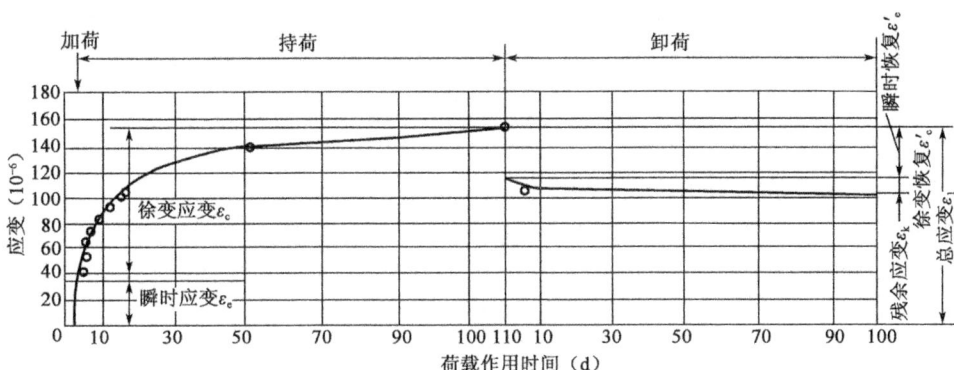

图 4-19　混凝土的变形与荷载作用时间的关系曲线

由图 4-19 可看出,混凝土在刚开始加荷的瞬间即产生变形,称为瞬时变形,此变形以弹性变形为主,但也包括早期产生的徐变在内。此后因荷载的持续作用,缓慢地发生徐变。在受载初期,徐变增长较快,以后逐渐变慢,经 2~3 年后逐渐稳定下来。混凝土的徐变量一般可达 $3\times10^{-4}\sim15\times10^{-4}$,即 $0.3\sim1.5\mathrm{mm/m}$。当变形稳定以后,若卸除荷载,则一部分变形可瞬时恢复,还有一部分变形要过一段时间才恢复,称为徐变恢复。剩余不可恢复部分,称为残余变形。

混凝土的徐变与许多因素有关,混凝土水灰比大,龄期短,徐变量大;荷载作用时大气湿度小,徐变大;荷载应力大,徐变大;混凝土水灰比一定,水泥用量多时,徐变量大。另外,混凝土弹性模量小,徐变大。

混凝土无论是受压、受拉或受弯时,均有徐变现象。混凝土的徐变对钢筋混凝土构件来说,能消除钢筋混凝土的部分应力集中,使应力较均匀地重新分布;对于大体积混凝土,能消除一部分由于温度变形所产生的破坏应力。但在预应力钢筋混凝土结构中,混凝土的徐变将使钢筋的预加应力受到损失,造成不利影响。因此,在混凝土结构设计时,必须充分考虑徐变的有利和不利的影响。

【案例分析 4-5】　混凝土强度低屋面倒塌

（1）工程概况

某县东乡美利小学 1988 年建砖混结构校舍,11 月中旬气温已达零下十几度,因人工搅拌振捣,故把混凝土拌得很稀,木模板缝隙又较大,漏浆严重,至 12 月 9 日,施工者准备室内粉刷,拆去支柱,在屋面上用手推车推卸灰炉渣以铺设保温层,大梁突然断裂,屋面塌落,并砸死屋内两名取暖的女小学生。

（2）原因分析

该工程为私人挂靠施工,施工个体户在施工中,没有机械设备,采用人工搅拌、人工振捣。浇筑大梁时,已是当年 11 月中旬,气温已达零下十几度,施工中没有任何防冻措施,为保证施工,水灰比很大,木模板漏浆,致使混凝土离析严重,从大梁断裂的截面看,上部只剩下砂和少量水泥,下部全部是卵石,梁的受压区强度被严重削弱。经现场回弹检测,仅达到设计强度的50%,致使屋面因混凝土强度低而倒塌。

【案例分析 4-6】 掺和料搅拌不均致使混凝土强度低

（1）工程概况

某工程使用等量的 42.5 级普通硅酸盐水泥和粉煤灰配制 C25 混凝土，施工采用现场搅拌，为赶进度搅拌时间较短。拆模后检测，发现所浇筑的混凝土强度波动大，部分低于所要求的混凝土强度指标。

（2）原因分析

该混凝土强度等级较低，而选用的水泥强度等级较高，故使用了较多的粉煤灰作掺和料。由于搅拌时间较短，粉煤灰与水泥搅拌不够均匀，导致混凝土强度波动大，以致部分混凝土强度未达到要求。

【案例分析 4-7】 因温度导致的混凝土结构开裂

（1）工程概况

某铁路大桥工程墩台为圆端形实体墩，桥墩截面尺寸为 880cm×220cm，墩身高度 10～30m。墩表面设置 φ16mm 钢筋网，桥墩台混凝土强度等级为 C30 混凝土。工程施工中模板使用大型组合钢模板，混凝土搅拌站自动计量集中拌和，混凝土罐车运输，泵送入模，每次施工高度 10m。开始施工后在混凝土浇筑 3 天后拆模，发现在桥墩直线段上距曲线 50cm 左右对称出现 4 条竖向裂缝，裂缝宽度约在 0.1～0.2mm 左右，深度 60cm 左右。

（2）原因分析

经对墩身混凝土强度回弹，混凝土 3 天强度基本达到设计强度等级 C30。检测原材料均合格，调查施工过程及混凝土拌和物性能均正常。对混凝土及环境温度检测结果如下，混凝土内部温度 64℃，混凝土表面温度 40℃，环境气温白天为 24～34℃，晚上温度在 10～20℃之间。经综合分析，该混凝土表面裂缝主要是混凝土水化热引起温升大，再加上昼夜环境温差大，引起混凝土中心温度到环境气温温度梯度大，混凝土收缩与膨胀引起应力差造成的温度裂缝。

4.5 混凝土的耐久性

用于建筑物和构筑物的混凝土，不仅要具有能安全承受荷载的强度，还应具有耐久性。混凝土的耐久性（Durability）是指混凝土在使用条件下抵抗周围环境中各种因素长期作用而不破坏的能力。混凝土具有良好的耐久性，对延长结构使用寿命、减少维修保养费用、提高经济效益具有重要意义。

混凝土耐久性主要包括抗渗性、抗冻性、抗侵蚀性、碳化、碱集料反应及混凝土中钢筋锈蚀等。

4.5.1 混凝土的抗渗性

混凝土的抗渗性（Impermeability）是指其抵抗压力水渗透的能力，它是决定混凝土耐久性最基本的因素。钢筋锈蚀、冻融循环、硫酸盐侵蚀和碱集料反应等能够导致混凝土品质劣化，前提是水能够渗透到混凝土内部。由于水在混凝土中的渗透，水有可能直接导致膨胀和开裂，也可能成为侵蚀性介质进入混凝土内部的载体。可见渗透性对于混凝土耐久性具有重要意义。

混凝土的抗渗性用抗渗等级表示。国家标准《普通混凝土长期性能和耐久性试验方法标准》（GB/T 50082—2009）规定，抗渗性试验采用 185mm×175mm×150mm 的圆台形试件，每组 6 个试件。按照标准试验方法成型并养护至 28d 进行抗渗性试验。试验时将圆台形试件周围密封并装入模具,从圆台试件底部施加水压力,初始压力为 0.1MPa,每隔 8h 增加 0.1MPa,当 6 个试件中有 3 个试件表面出现渗水时,或加至规定压力(设计抗渗等级)在 8h 内 6 个试件中表面渗水试件少于 3 个时,即可停止试验,并记下此时的水压力。混凝土抗渗等级是以每组 6 个试件中有 4 个试件未出现渗水时的最大水压力乘以 10 来确定,混凝土的抗渗等级按式(4-11)计算。

$$P = 10H - 1 \qquad (4-11)$$

式中:P——混凝土抗渗等级;

H——6 个试件中 3 个试件渗水时的水压力,MPa。

混凝土抗渗性用抗渗等级表示,共有 P_4、P_6、P_8、P_{10}、P_{12} 五个等级,分别表示混凝土能抵抗 0.4 MPa、0.6 MPa、0.8 MPa、1.0 MPa、1.2 MPa 的静水压力而不渗水。

《普通混凝土配合比设计》(JGJ 55—2011)中规定,具有抗渗要求的混凝土,试验要求的抗渗水压值应比设计值提高 0.2MPa,试验结果应满足式(4-12)要求。

$$P_t \geqslant \frac{P}{10} + 0.2 \qquad (4-12)$$

式中:P_t——6 个试件中不少于 4 个未出现渗水时的最大水压值,MPa;

P——设计要求的抗渗等级值。

影响混凝土抗渗性的根本因素是孔隙率和孔隙特征,混凝土孔隙率越低,连通孔越少,抗渗性越好。所以,提高混凝土抗渗性的主要措施是降低水灰比(水胶比)、选择好的集料级配、充分振捣和养护、掺用引气剂和优质粉煤灰掺和料等方法来实现。试验表明,当 $W/C > 0.55$ 时,抗渗性很差,$W/C < 0.50$ 时,则抗渗性较好;掺用引气剂的抗渗混凝土,其含量宜控制在 3% ~ 5%,引气剂的引入让微小气泡切断了许多毛细孔的通道,抗渗性好,但含气量超过 6% 时,会引起混凝土强度急剧下降;胶凝材料体系中掺用优质粉煤灰会有效减少混凝土的吸水性,主要原因是优质粉煤灰能发挥其形态效应、微集料效应和活性效应,提高了混凝土的密实度,细化了孔隙,改善孔结构和集料与水泥石界面的过渡区结构,提高混凝土的抗渗性。

4.5.2 混凝土的抗冻性

混凝土的抗冻性(Frost Resistance)是指混凝土在水饱和状态下经受多次冻融循环作用,能保持强度和外观完整性的能力。在寒冷地区,特别是在接触水又受冻的环境下的混凝土,要求具有较高的抗冻性能。

混凝土是多孔材料,若内部含有水分,则因为水在负温下结冰,体积膨胀约 9%,然而,此时水泥浆体及集料在低温下收缩,以致水分接触位置将膨胀,而溶解时体积又将收缩,在这种冻融循环的作用下,混凝土结构受到结冰体积膨胀造成的静水压力和因冰水蒸气的压差推动未冻结水向冻结区迁移所造成的渗透压力,当这两种压力所产生的内应力超过混凝土的抗拉强度,混凝土就会产生裂缝,多次冻融循环使裂缝不断扩展直到破坏。

在寒冷地区,降雪量大,路面和桥面积雪和冰冻严重。为保证交通正常运行,最常用的方法就是在路面和桥面撒除冰盐。混凝土在有除冰盐作用时,其冻融破坏机理和过程更加复杂。由于这些盐类的作用,导致混凝土的严重剥蚀破坏,其破坏速度远远大于混凝土的普通冻融破坏的速度。混凝土经盐溶液冻融后,其破坏特征是表面剥蚀,破坏从表面逐步向内部发展,使表面砂浆层剥落,集料暴露,导致表面凹凸不平,出现麻面,并且钢筋锈蚀严重。

根据《混凝土耐久性检验评定标准》(JGJ/T 193—2009),混凝土抗冻性用抗冻等级来表示。根据《普通混凝土长期性能和耐久性试验方法标准》（GB/T 50082—2009），抗冻性试验有三种方法：慢冻法、快冻法和单面冻融法。其中慢冻法确定混凝土抗冻标号，快冻法确定混凝土抗冻等级，单面冻融法又称盐冻法，测定混凝土试件在大气环境中且与盐接触的条件下混凝土抗冻性能。

（1）慢冻法。以龄期为 28d 的立方体试件（100mm×100mm×100mm）在吸水饱和后承受反复冻融循环作用（−18℃冻 4h，18~20℃的水中融 4h），以抗压强度下降不超过 25% 或质量损失不超过 5% 时所承受的最大冻融循环次数来确定混凝土的抗冻等级。采用慢冻法时抗冻等级，用 D 表示，如 D25、D50、D100、D150、D200、D250、D300、D300 以上等。

（2）快冻法。以龄期为 28d 的棱柱体试件（100mm×100mm×400mm）在吸水饱和后承受反复冻融循环，每次循环在 2~4h 内完成，以相对动弹性模量值下降至不低于 60% 或质量损失率不超过 5% 时所能承受的最大冻融循环次数来确定抗冻等级，用 F 表示，如 F50、F100、F150、F200、F250、F300、F350、F400、F400 以上等。

（3）单面冻融法（盐冻法）。对于与盐接触的混凝土可通过测定混凝土试件在大气环境中且与盐接触的条件下，以能够经受的冻融循环次数或者表面剥落质量或超声波相对动弹模量来表示混凝土抗冻性能。

混凝土的密实度、孔隙构造和数量，以及孔隙的充水程度是决定抗冻性的重要因素。密实的混凝土和具有封闭孔隙的混凝土具有较好的抗冻性。影响混凝土抗渗性的因素对混凝土抗冻性也有类似的影响，最有效的方法是降低混凝土水胶比，提高混凝土密实度；掺加引气剂或引气减水剂，改善孔结构；加强早期养护或掺入防冻剂，防止混凝土早期受冻；提高混凝土强度，在相同含气量的情况下，混凝土强度越高，抗冻性越好。

4.5.3 混凝土的抗侵蚀性

混凝土的抗侵蚀性（Corrosion Resistance）是指混凝土在周围各种侵蚀介质作用下抵抗侵蚀破坏的能力。

环境对混凝土的侵蚀主要是对水泥石的侵蚀，通常有软水侵蚀、硫酸盐侵蚀、镁盐侵蚀、碳酸侵蚀、一般酸侵蚀与强碱腐蚀等，其机理在水泥章节中已作讲解。随着混凝土在海洋、盐渍、高寒等环境中的大量使用，对混凝土的抗侵蚀性提出了更严格的要求。

混凝土的抗侵蚀性受胶凝材料的组成、混凝土的密实度、孔隙特征与强度等因素影响。所以提高混凝土抗侵蚀性的主要措施是：合理选择水泥品种（表 3-14）；掺加减水剂或加强捣实以提高混凝土密实度；掺加引气剂以改善孔结构等。

4.5.4 混凝土的碳化

混凝土的碳化（Carbonization of Concrete），是指环境中的 CO_2 和水与混凝土内水泥石中的 $Ca(OH)_2$ 起反应，生成碳酸钙和水，从而使混凝土的碱度降低（也称中性化）的现象。

碳化过程是随着二氧化碳不断向混凝土内部扩散，而由表及里缓慢进行的。碳化作用最主要的危害是，由于碳化使混凝土碱度降低，减弱了其对钢筋的防锈保护作用，使钢筋易出现锈蚀；另外，碳化将显著增加混凝土的收缩，使混凝土表面产生拉应力，导致混凝土中出现微细裂缝从而使混凝土抗拉、抗折强度降低。

提高混凝土抗碳化能力的措施有：优先选择硅酸盐水泥和普通水泥；采用较小的水灰比；提高混凝土的密实度；改善混凝土内孔结构。

4.5.5 混凝土的碱—集料反应

水泥混凝土中水泥的碱与某些活性集料发生化学反应,可引起混凝土产生膨胀、开裂,甚至破坏,这种化学反应称为碱—集料反应(Alkali-aggregate Reaction,简称 AAR)。发生碱集料反应的特征是:开裂破坏一般发生在混凝土浇筑后两、三年或者更长时间;常呈现顺筋开裂和网状龟裂;裂缝边缘出现凹凸不平现象;常有透明、淡黄色、褐色凝胶从裂缝处析出;越潮湿的部位反应越强烈,膨胀和开裂破坏越明显。

碱—集料反应机理甚为复杂,而且影响因素较多,但是发生碱—集料反应必须具备三个条件:①混凝土中的集料具有活性;②混凝土中含有可溶性碱;③环境潮湿。对重要工程的混凝土使用的碎石(卵石)应进行碱活性检验。

混凝土中碱—集料反应一旦发生,不易修复,损失大。预防或抑制碱集料反应的措施有:

(1)使用碱含量小于 0.6% 的水泥,限制混凝土中最大碱含量不大于 3.0kg/m^3;

(2)对混凝土所使用的碎石或卵石应进行碱活性检验,避免使用碱活性集料;

(3)掺用引气剂;

(4)采用能抑制碱集料反应的矿物细粉掺和料,如粉煤灰、磨细矿渣等。

4.5.6 提高耐久性的措施

混凝土遭受各种侵蚀作用的破坏虽各不相同,但提高混凝土耐久性的措施有很多共同之处,即:选择适当的原材料;提高混凝土密实度;改善混凝土内部的孔结构。一般提高混凝土耐久性的具体措施有:

(1)合理选择水泥品种,使其与工程环境相适应。

(2)选择质量良好、级配合理的集料和合理的砂率。

(3)适当控制混凝土的水胶比和胶凝材料用量。

(4)掺加合适的外加剂。

(5)混凝土表面涂覆相关的保护材料。

【案例分析 4-8】 除冰盐的使用致混凝土结构破坏

(1)工程概况

我国寒冷地区某钢筋混凝土公路桥,自 1990 年左右建成投入使用,约经 5 年,混凝土保护层大片脱落,钢筋严重锈蚀,不得不停止使用。

(2)原因分析

该桥梁钢筋混凝土腐蚀破坏的原因主要是由于冬季为了及时除去冰雪,保证交通顺畅,采用撒除冰盐的方式融化路面冰雪,使得桥梁混凝土结构出现较严重的破坏。

除冰盐的使用会产生混凝土表面剥蚀破坏,并从表面逐步向内部发展,使表面砂浆层剥落,集料暴露,导致表面凹凸不平。另外,融化的雪水沿着桥面流淌到桥梁底板,氯盐入侵底板混凝土,使钢筋周围氯离子含量超过导致钢筋锈蚀的界限值,引起钢筋锈蚀。而锈蚀会使混凝土膨胀开裂,以致脱落,又进一步加剧了钢筋的锈蚀。

4.6 普通混凝土配合比设计

混凝土中各组成材料用量之比即混凝土的配合比(Mixes)。确定混凝土配合比的工作则为配合比设计(Design Mixes)。混凝土性能好坏与配合比设计优劣有着直接密切的关系。

混凝土配合比通常有两种表示方法：一种方法（单位用量表示法）是以每 $1m^3$ 混凝土中各种材料的用量（多以质量计）表示：如水泥：水：细集料：粗集料 = 330kg : 180kg : 720kg : 1 260kg。每 $1m^3$ 混凝土总质量为 2 490kg；另一种方法（相对用量表示法）是以各项材料相互间的质量比来表示（水泥质量为 1），将上例换算成质量比为：水泥：细集料：粗集料 = 1 : 2.18 : 3.82；$W/C = 0.54$。

进行混凝土配合比设计计算时，其计算式和有关参数表格中的数据均系以干燥状态集料为准，干燥状态集料是指含水率小于 0.5% 的细集料或含水率小于 0.2% 的粗集料，如需以饱和面干状态的集料为基准进行计算时，则应作相应的修改。

4.6.1 混凝土配合比设计的基本要求

混凝土配合比设计的任务，就是根据原材料的技术性能及施工条件确定出能满足工程要求的技术经济指标的各项组成材料的用量。配合比设计的基本要求包括以下方面：

(1)满足结构设计所要求的混凝土强度等级；

(2)满足混凝土施工所要求的混凝土拌和物的和易性；

(3)满足工程所处环境和使用条件要求的混凝土耐久性；

(4)在满足上述要求的前提下，尽可能节约水泥，降低成本，符合经济性原则。

4.6.2 混凝土配合比设计主要参数

普通混凝土四种主要组成材料的相对比例，通常由三个参数来控制。

1. 水灰比（Water Cement Ratio）

混凝土中水与水泥的比例称为水灰比。如前所述，水灰比对混凝土和易性、强度和耐久性都具有重要的影响，因此，通常是根据强度和耐久性来确定水灰比的大小。水灰比较小时可以使强度更高且耐久性更好。

2. 砂率（Sand Ratio）

混凝土中砂占砂石总质量的百分率称为砂率。砂率对混凝土拌和物的和易性影响较大，特别是对黏聚性和保水性影响很大，若选择不恰当，还会对混凝土强度和耐久性产生影响。砂率的选用应该合理，在保证和易性要求的条件下，宜取较小值，以利于节约水泥。

3. 单位用水量（Unit Water）

水泥浆与集料之间的比例关系。常用单位用水量（即 $1m^3$ 混凝土拌和物中水的用量）表示。在水灰比确定后，单位用水量是控制混凝土拌和物流动性的主要因素。为节约水泥和改善耐久性，在满足流动性条件下，应尽可能的取较小的单位用水量。

4.6.3 混凝土配合比设计步骤

混凝土配合比设计步骤包括配合比计算、试配和调整、施工配合比的确定。首先根据原始资料，按我国现行的配合比设计方法，计算"初步配合比"；根据初步配合比，采用施工实际材料，进行试拌、测定混凝土拌和物的和易性，调整材料用量，提出一个满足和易性要求的"试拌配合比"；然后以试拌配合比为基础，增加或减少水胶比，拟定几组（通常为三组）适合和易性要求的配合比，通过制备试块，测定强度，密度修正，确定既符合强度、和易性要求又较经济的"试验室配合比"；最后，根据工地现场材料的实际含水率，将试验室配合比换算为"施工配合比"。

1. 计算初步配合比

(1) 混凝土配制强度($f_{cu,0}$) 的确定

根据《混凝土配合比设计规程》(JGJ 55—2011)规定, 当混凝土的设计强度等级小于 C60 时, 试配强度按式(4-13)计算。

$$f_{cu,0} \geq f_{cu,k} + 1.645\sigma \tag{4-13}$$

式中: $f_{cu,0}$——混凝土配制强度, MPa;

　　$f_{cu,k}$——混凝土立方体抗压强度标准值, 取混凝土的设计强度等级值, MPa;

　　σ——混凝土强度标准差, MPa。

当混凝土强度等级不小于 C60 时, 试配强度按式(4-14)计算。

$$f_{cu,0} \geq 1.15 f_{cu,k} \tag{4-14}$$

当施工单位具有 1~3 个月的同一品种、同一强度等级混凝土的强度资料, 且试件组数不小于 30 时, 其混凝土强度标准差 σ 可按式(4-15)计算。

$$\sigma = \sqrt{\frac{\sum\limits_{i=1}^{n} f_{cu,i}^2 - nm_{fcu}^2}{n-1}} \tag{4-15}$$

式中: $f_{cu,i}$——统计周期内同一品种混凝土第 i 组试件的强度值, MPa;

　　m_{fcu}——统计周期内同品种混凝土 n 组试件的强度平均值, MPa;

　　n——统计周期内同品种混凝土试件的组数。

对于强度等级不大于 C30 的混凝土, 当混凝土强度标准差计算值不小于 3.0MPa 时, 按式(4-15)计算结果取值; 当混凝土强度标准差计算值小于 3.0MPa 时, 取 $\sigma = 3.0$MPa。对于强度等级大于 C30 且小于 C60 的混凝土, 当混凝土强度标准差计算值不小于 4.0MPa 时, 按式(4-15)计算结果取值; 当混凝土强度标准差计算值小于 4.0MPa 时, 取 $\sigma = 4.0$MPa。

当没有近期同一品种、同一强度等级混凝土的强度资料时, 其强度标准差 σ 可按表 4-21 取值。

标准差 σ 值　　　　　　　　　　　　　　　　　　　　　　表 4-21

混凝土强度等级	≤C20	C25~C45	C50~C55
σ(MPa)	4.0	5.0	6.0

(2) 确定水胶比(W/B)

《混凝土配合比设计规程》(JGJ 55—2011)规定, 当混凝土强度等级小于 C60 时, 混凝土水胶比宜按式(4-16)计算。

$$\frac{W}{B} = \frac{\alpha_a \cdot f_b}{f_{cu,0} + \alpha_a \cdot \alpha_b \cdot f_b} \tag{4-16}$$

式中: α_a、α_b——回归系数。

　　f_b——胶凝材料 28d 胶砂抗压强度, MPa。

回归系数(α_a、α_b)按下列规定确定:

①根据工程所使用的原材料, 通过试验建立的水胶比与混凝土强度关系式来确定;

②当不具备试验统计资料时, 可按表 4-22 选用。

回归系数(α_a、α_b)选用表   表 4-22

系 数 \ 粗集料品种	碎 石	卵 石
α_a	0.53	0.49
α_b	0.20	0.13

胶凝材料 28d 胶砂抗压强度(f_b)按下列规定确定:

①按现行国家标准《水泥胶砂强度检验方法(ISO 法)》(GB/T 17671)实测胶凝材料 28d 胶砂抗压强度;

②当胶凝材料 28d 胶砂抗压强度无实测值时,可按式(4-17)计算。

$$f_b = \gamma_f \gamma_s f_{ce} \tag{4-17}$$

式中:γ_f、γ_s——粉煤灰影响系数和粒化高炉矿渣粉影响系数,可按表 4-23 选用。

f_{ce}——水泥 28d 胶砂抗压强度,MPa,可实测,当无实测值时,可按式(4-18)计算。

$$f_{ce} = \gamma_c \cdot f_{ce,g} \tag{4-18}$$

式中:γ_c——水泥强度等级值的富余系数,可按实际统计资料确定;当缺乏实际统计资料时,可按表 4-24 选用。

$f_{ce,g}$——水泥强度等级值,MPa。

粉煤灰影响系数(γ_f)和粒化高炉矿渣粉影响系数(γ_s)   表 4-23

种 类 \ 掺量(%)	粉煤灰影响系数 γ_f	粒化高炉矿渣粉影响系数 γ_s
0	1.00	1.00
10	0.85 ~ 0.95	1.00
20	0.75 ~ 0.85	0.95 ~ 1.00
30	0.65 ~ 0.75	0.90 ~ 1.00
40	0.55 ~ 0.65	0.80 ~ 0.90
50	—	0.70 ~ 0.85

注:①采用 I 级、II 级粉煤灰宜取上限值。

②采用 S75 级粒化高炉矿渣粉宜取下限值,采用 S95 级粒化高炉矿渣粉宜取上限值,采用 S105 级粒化高炉矿渣粉可取上限值加 0.05。

③当超出表中掺量时,粉煤灰和粒化高炉矿渣粉影响系数应经试验确定。

水泥强度等级值的富余系数(γ_c)   表 4-24

水泥强度等级值	32.5	42.5	52.5
富余系数	1.12	1.16	1.10

为保证混凝土的耐久性,需要控制最大水胶比及最小胶凝材料用量。混凝土的最大水胶比应符合《混凝土结构设计规范》(GB 50010—2010)的规定,见表 4-25、表 4-26。根据混凝土结构使用环境类别及条件,由表 4-26 查出相应的最大水胶比限值,与按强度计算所得的水胶比进行比较,选取其中较小者确定为所求水胶比。

《混凝土结构设计规范》(GB 50010—2010)关于设计使用年限为 50 年的混凝土结构,其混凝土材料宜符合表 4-26 的规定。

(3)确定 1m³ 混凝土用水量(m_{w0})

每立方米干硬或塑性混凝土的用水量(m_{w0})的确定。混凝土水胶比在 0.40 ~ 0.80 范围时,根据粗集料的品种、粒径及施工要求的混凝土拌和物稠度,单位用水量可按表 4-27 和表 4-28 选取;混凝土水胶比小于 0.40 时,可通过试验确定。

混凝土结构的环境类别
表 4-25

环 境 类 别	条 件
一	室内干燥环境; 无侵蚀性静水浸没环境
二 a	室内潮湿环境; 非严寒和非寒冷地区的露天环境; 非严寒和非寒冷地区与无侵蚀性的水或土壤直接接触的环境; 严寒和寒冷地的冰冻线以下与无侵蚀性的水或土壤直接接触的环境
二 b	干湿交替环境; 水位频繁变动环境; 严寒和寒冷地区的露天环境; 严寒和寒冷地区的冰冻线以上与无侵蚀性的水或土壤直接接触的环境
三 a	严寒和寒冷地区冬季水位变动区环境; 受除冰盐影响环境; 海风环境
三 b	盐渍土环境; 受除冰盐作用环境; 海岸环境
四	海水环境
五	受人为或自然的侵蚀性物质影响的环境

注:① 室内潮湿环境是指构件表面经常处于结露或润湿状态的环境。
　　② 严寒和寒冷地区的划分应符合现行国家标准《民用建筑热工设计规范》(GB 50176)的有关规定。
　　③ 海岸环境和海风环境宜根据当地情况,考虑主导风向及结构所处迎风、背风部位等因素的影响,由调查研究和工作经验确定。
　　④ 受除冰盐影响环境是指受到除冰盐盐雾影响的环境;受除冰盐作用环境是指被除冰盐溶液溅射的环境以及使用除冰盐地区的洗车房、停车楼等建筑。

结构混凝土材料的耐久性基本要求
表 4-26

环境等级	最大水胶比	最低强度等级	最大氯离子含量(%)	最大碱含量(kg/m³)
一	0.60	C20	0.30	不限制
二 a	0.55	C25	0.20	
二 b	0.50(0.55)	C30(C25)	0.15	
三 a	0.45(0.50)	C35(C30)	0.15	3.0
三 b	0.40	C40	0.10	

注:① 氯离子含量系指其占胶凝材料总量的百分比。
　　② 预应力构件混凝土中的最大氯离子含量为 0.05%;最低混凝土强度等级应按表中的规定提高两个等级。
　　③ 素混凝土构件的水胶比及最低强度等级的要求可适当放松。
　　④ 有可靠工程经验时,二类环境中的最低混凝土强度等级可降低一个等级。
　　⑤ 处于严寒和寒冷地区二 b、三 a 类环境中的混凝土应使用引气剂,并可采用括号中的有关参数。
　　⑥ 当使用非碱活性集料时,对混凝土中的碱含量可不作限制。

干硬性混凝土的用水量(kg/m³)

表 4-27

拌和物稠度		卵石最大公称粒径(mm)			碎石最大公称粒径(mm)		
项目	指标	10.0	20.0	40.0	16.0	20.0	40.0
维勃稠度(s)	16~20	175	160	145	180	170	155
	11~15	180	165	150	185	175	160
	5~10	185	170	155	190	180	165

塑性混凝土的用水量(kg/m³)

表 4-28

拌和物稠度		卵石最大公称粒径(mm)				碎石最大公称粒径(mm)			
项目	指标	10.0	20.0	31.5	40.0	16.0	20.0	31.5	40.0
坍落度(mm)	10~30	190	170	160	150	200	185	175	165
	35~50	200	180	170	160	210	195	185	175
	55~70	210	190	180	170	220	205	195	185
	75~90	215	195	185	175	230	215	205	195

注:①本表用水量系中砂时的取值,采用细砂时,每立方米混凝土用水量可增加 5~10kg;采用粗砂时,可减少 5~10kg。
②掺用矿物掺和料和外加剂时,用水量应相应调整。

若掺外加剂时,每立方米流动性或大流动性混凝土的用水量(m_{w0})可按式(4-19)计算。

$$m_{w0} = m'_{w0}(1 - \beta) \tag{4-19}$$

式中:m_{w0}——计算配合比 1m³ 混凝土的用水量,kg/m³;

m'_{w0}——未掺外加剂时推定的满足坍落度要求的每立方米混凝土的用水量,kg/m³,以表 4-28 中 90mm 坍落度的用水量为基础,按每增大 20mm 坍落度相应增加 5kg/m³ 用水量来计算,当坍落度增大到 180mm 以上时,随坍落度相应增加的用水量可减少。

β——外加剂的减水率,%,应经混凝土试验确定。

(4)确定 1m³ 混凝土胶凝材料用量(m_{b0})

①每立方米混凝土胶凝材料用量(m_{b0})的确定。根据已选定的混凝土单位用水量(m_{w0})和水胶比(W/B)按式(4-20)计算。

$$m_{b0} = \frac{m_{w0}}{W/B} \tag{4-20}$$

式中:m_{b0}——计算配合比 1m³ 混凝土胶凝材料用量 kg/m³;
m_{w0}、W/B——意义同前。

计算出的(m_{b0})应进行试拌调整,在拌和物性能满足的情况下,取经济合理的胶凝材料用量。

②每立方米混凝土矿物掺和料用量(m_{f0})的确定。每立方米混凝土矿物掺和料的用量(m_{f0})应按式(4-21)计算。

$$m_{f0} = m_{b0}\beta_f \tag{4-21}$$

式中:m_{f0}——计算配合比 1m³ 混凝土的矿物掺和料用量 kg/m³;

β_f——矿物掺和料掺量,%。

矿物掺和料在混凝土中的掺量应通过试验确定,采用硅酸盐水泥或普通硅酸盐水泥时,钢筋混凝土中矿物掺和料最大掺量宜符合表 4-29 的规定,预应力混凝土中矿物掺和料最大掺量宜符合表4-30的规定。对基础大体积混凝土,粉煤灰、粒化高炉矿渣粉和复合掺和料最大掺量可增加5%。采用掺量大于30%的C类粉煤灰的混凝土应以实际使用的水泥和粉煤灰掺量进行安定性检验。

钢筋混凝土中矿物掺和料最大掺量

表4-29

矿物掺和料种类	水胶比	最 大 掺 量 (%)	
		采用硅酸盐水泥时	采用普通硅酸盐水泥时
粉煤灰	≤0.40	45	35
	>0.40	40	30
粒化高炉矿渣粉	≤0.40	65	55
	>0.40	55	45
钢渣粉	—	30	20
磷渣粉	—	30	20
硅灰	—	10	10
复合掺和料	≤0.40	65	55
	>0.40	55	45

注:①采用其他通用硅酸盐水泥时,宜将水泥混合材掺量20%以上的混合材料计入矿物掺和料。
　　②复合掺和料各组分的掺量不宜超过单掺时的最大掺量。
　　③在混合使用两种或两种以上矿物掺和料时,矿物掺和料总掺量应符合表中复合掺和料的规定。

预应力混凝土中矿物掺和料最大掺量　　　　　表4-30

矿物掺和料种类	水胶比	最 大 掺 量 (%)	
		采用硅酸盐水泥时	采用普通硅酸盐水泥时
粉煤灰	≤0.40	35	30
	>0.40	25	20
粒化高炉矿渣粉	≤0.40	55	45
	>0.40	45	35
钢渣粉	—	20	10
磷渣粉	—	20	10
硅灰	—	10	10
复合掺和料	≤0.40	55	45
	>0.40	45	35

注:①采用其他通用硅酸盐水泥时,宜将水泥混合材掺量20%以上的混合材料计入矿物掺和料。
　　②复合掺和料各组分的掺量不宜超过单掺时的最大掺量。
　　③在混合使用两种或两种以上矿物掺和料时,矿物掺和料总掺量应符合表中复合掺和料的规定。

③每立方米混凝土水泥用量(m_{c0})的确定。根据已确定的胶凝材料用量(m_{b0})和矿物掺和料用量(m_{f0})按式(4-22)计算。

$$m_{c0} = m_{b0} - m_{f0} \tag{4-22}$$

式中:m_{c0}——计算配合比$1m^3$混凝土中水泥的用量,kg/m^3;

《普通混凝土配合比设计规程》(JGJ 55—2011)要求,除配制C15及其以下强度等级的混凝土外,混凝土的最小胶凝材料用量应符合表4-31的规定。

最大水胶比	最小胶凝材料用量（kg/m³）		
	素混凝土	钢筋混凝土	预应力混凝土
0.60	250	280	300
0.55	280	300	300
0.50	320		
≤0.45	330		

（5）确定砂率（β_s）

合理的砂率应根据集料的技术指标、混凝土拌和物性能和施工要求，参考既有历史资料确定。当缺乏历史资料时，可按下列规定确定混凝土砂率：

①坍落度小于10mm的混凝土，其砂率经试验确定；

②坍落度为10～60mm的混凝土，其砂率可根据粗集料品种、最大公称粒径及水胶比按表4-32选取；

③坍落度大于60mm的混凝土，其砂率可经试验确定，也可在表4-32的基础上，按坍落度每增大20mm，砂率增大1%的幅度予以调整。

混凝土的砂率（%） 表4-32

水胶比	卵石最大公称粒径（mm）			碎石最大公称粒径（mm）		
	10.0	20.0	40.0	16.0	20.0	40.0
0.40	26～32	25～31	24～30	30～35	29～34	27～32
0.50	30～35	29～34	28～33	33～38	32～37	30～35
0.60	33～38	32～37	31～36	36～41	35～40	33～38
0.70	36～41	35～40	34～39	39～44	38～43	36～41

注：①本表数值系中砂的选用砂率，对细砂或粗砂，可相应地减小或增大砂率。

②采用人工砂配制混凝土时，砂率可适当增大。

③只用一个单粒级粗集料配制混凝土时，砂率应适当增大。

（6）确定1m³混凝土中粗、细集料用量（m_{g0}、m_{s0}）

确定1m³混凝土中粗、细集料用量（m_{g0}、m_{s0}）的方法有质量法和体积法两种。

①当采用质量法计算混凝土配合比时，粗、细集料用量按式（4-23）计算，砂率按式（4-24）计算。

$$m_{f0} + m_{c0} + m_{g0} + m_{s0} + m_{w0} = m_{cp} \tag{4-23}$$

$$\beta_s = \frac{m_{s0}}{m_{s0} + m_{g0}} \times 100 \tag{4-24}$$

式中：m_{f0}——计算配合比每立方米混凝土中矿物掺和料用量，kg/m³；

　　m_{c0}——计算配合比每立方米混凝土中水泥用量，kg/m³；

　　m_{g0}——计算配合比每立方米混凝土的粗集料用量，kg/m³；

　　m_{s0}——计算配合比每立方米混凝土的细集料用量，kg/m³；

　　m_{w0}——计算配合比每立方米混凝土的用水量，kg/m³；

　　m_{cp}——每立方米混凝土拌和物的假定质量（kg/m³），其值可取2 350～2 450kg；

　　β_s——砂率，%。

②当采用体积法计算混凝土配合比时,粗、细集料用量按式(4-25)计算,砂率按式(4-24)计算。

$$\frac{m_{c0}}{\rho_c} + \frac{m_{f0}}{\rho_f} + \frac{m_{g0}}{\rho_g} + \frac{m_{s0}}{\rho_s} + \frac{m_{w0}}{\rho_w} + 0.01\alpha = 1 \qquad (4-25)$$

式中：ρ_c——水泥密度,kg/m³,可取 2 900 ~ 3 100kg/m³;

ρ_f——矿物掺和料密度,kg/m³;

ρ_g——粗集料的表观密度,kg/m³;

ρ_s——细集料的表观密度,kg/m³;

ρ_w——水的密度,kg/m³,可取 1 000kg/m³;

α——混凝土的含气量百分数,在不使用引气剂或引气型外加剂时,α 可取 1。

通过以上计算得到的混凝土各材料的用量,即初步配合比。因为此配合比是利用经验式或经验资料获得的,因而由此配制成的混凝土有可能不满足实际的要求,所以须对配合比进行试配、调整,确定满足技术要求的试拌配合比和试验室配合比。

2. 确定试拌配合比

先按计算的初步配合比试拌,检查该混凝土拌和物的和易性是否符合要求。试拌时应采用强制式搅拌机进行搅拌,搅拌方法宜与施工采用的方法相同。

每盘混凝土试拌的最小搅拌量应符合表 4-33 的规定,并不应小于搅拌机公称容量的 1/4 且不应大于搅拌机公称容量。

混凝土试拌的最小搅拌量

表 4-33

粗集料最大公称粒径(mm)	拌和物数量(L)	粗集料最大公称粒径(mm)	拌和物数量(L)
≤31.5	20	40.0	25

试拌调整过程中,在计算初步配合比的基础上,保持水胶比不变,通过调整配合比其他参数使混凝土拌和物坍落度、黏聚性、保水性等性能满足施工要求,然后修正计算配合比,提出试拌配合比,供混凝土强度试验用。

3. 确定试验室配合比

(1)制作强度试件。由试拌配合比配制的混凝土虽已满足和易性要求,但其强度是否满足要求尚未可知。因此在试拌配合比的基础上应进行混凝土强度试验。检验混凝土的强度时,采用 3 个不同的配合比,其中一个为试拌配合比,另外两个配合比的水胶比宜较试拌配合比分别增加和减少 0.05,其用水量应与试拌配合比相同,砂率值可分别增加或减少 1%。每种配合比制作一组(3 个)试块,标准养护 28d 试压(在制作混凝土强度试块时,尚需检验相应混凝土拌和物的和易性及测定表观密度,并以此结果作为代表这一配合比的混凝土拌和物的性能)。

(2)确定达到配制强度时各材料用量。根据混凝土强度试验结果,绘制强度与胶水比线性关系曲线图或插值法确定略大于配制强度对应的胶水比。各材料用量按以下原则进行调整：

①用水量(m_w)和外加剂用量(m_a)根据确定的水胶比作调整;

②胶凝材料用量(m_b)以用水量乘以确定的胶水比计算得出;

③粗集料和细集料用量(m_{g0}、m_{s0})根据用水量和胶凝材料用量进行调整。

(3)混凝土拌和物表观密度校正。经试配、调整后得到的配合比,还应根据实测的混凝土拌和物表观密度($\rho_{c,t}$)进行校正,以确定$1m^3$混凝土拌和物各材料用量。首先按式(4-26)计算混凝土拌和物的计算表观密度($\rho_{c,c}$),然后按式(4-27)计算混凝土配合比校正系数(δ)。

$$\rho_{c,c} = m_c + m_f + m_g + m_s + m_w \tag{4-26}$$

$$\delta = \frac{\rho_{c,t}}{\rho_{c,c}} \tag{4-27}$$

式中:各符号意义如前述。

(4)确定试验室配合比。

当混凝土拌和物表观密度实测值与计算值之差的绝对值不超过计算值的2%时,由以上定出的配合比,即为试验室配合比;若两者之差超过2%时,则须将已定出的混凝土配合比中每项材料用量均乘以校正系数δ,作为试验室配合比。

配合比调整后,还应测定拌和物水溶性氯离子含量;对耐久性有设计要求的混凝土还应进行相关耐久性试验验证。

4. 换算施工配合比

试验室配合比,是以干燥材料为基准的,而工地存放的砂、石材料都含有一定的水分。所以现场材料的实际称量应按工地砂、石的含水情况进行修正,修正后的配合比,叫做施工配合比。工地存放的砂、石的含水情况常有变化,应按变化情况,随时进行修正。

现假定工地测出的砂的含水率为$a\%$、石子的含水率为$b\%$,则将上述配合比换算为施工配合比,其材料的称量按(式4-28)进行换算。

$$\begin{aligned} m'_c &= m_c(\text{kg}) \\ m'_s &= m_s(1 + a\%)(\text{kg}) \\ m'_g &= m_g(1 + b\%)(\text{kg}) \\ m'_w &= m_w - m_s \times a\% - m_g \times b\%(\text{kg}) \end{aligned} \tag{4-28}$$

4.6.4 混凝土配合比设计实例

【例题 4-2】

1. 工程条件

某工程现浇混凝土梁,该梁所处为干湿交替环境。混凝土强度等级为C30。混凝土要求坍落度35~50mm,施工采用机械搅拌,机械振捣,施工单位无混凝土强度标准差的历史统计资料。

2. 材料

采用 P·O 42.5 水泥,无实测强度,密度为 3 100kg/m³;粉煤灰为Ⅱ级灰,密度 2 200kg/m³;粗集料使用 5~31.5mm 连续级配的碎石,表观密度 2 700kg/m³;细集料为中砂,表观密度 2 650kg/m³;水为自来水。

3. 设计要求

(1)按题给资料确定初步配合比。

(2)按初步配合比在试验室进行试拌调整得出试验室配合比。

(3)施工现场砂含水率为3%,碎石含水率为1%,换算施工配合比。

解

(1)确定初步配合比

①配制强度的确定

$$f_{cu,0} \geq f_{cu,k} + 1.645\sigma$$

由于施工单位没有 σ 的统计资料,查表 4-21,当混凝土强度等级为 C30 时,$\sigma = 5MPa$,则试配强度为

$$f_{cu,0} \geq 30 + 1.645 \times 5 = 38.2MPa$$

②计算水胶比(W/B)

首先,根据《普通混凝土配合比设计规程》(GJG 55—2011)规定,查表 4-29 确定粉煤灰掺量 30%。

$$\frac{W}{B} = \frac{\alpha_a \cdot f_b}{f_{cu,0} + \alpha_a \cdot \alpha_b \cdot f_b}$$

粗集料为碎石,查表 4-22,回归系数 $\alpha_a = 0.53$;$\alpha_b = 0.20$。

$$f_b = \gamma_f \gamma_s f_{ce} = \gamma_f \gamma_s \gamma_c f_{ce,g} = 0.75 \times 1.0 \times 1.16 \times 42.5 = 37.0MPa$$

将 $f_b = 37.0MPa$,代入上式得:

$$\frac{W}{B} = \frac{0.53 \times 37.0}{38.2 + 0.53 \times 0.20 \times 37.0} = 0.47$$

混凝土的最大水胶比应符合《混凝土结构设计规范》(GB 50010—2010)的规定,由于混凝土所处为干湿交替环境,查表 4-25、表 4-26,处于该条件下的混凝土水胶比最大为 0.50。故该计算符合要求,取 $W/B = 0.47$。

③确定单位用水量(m_{w0})

该混凝土所用碎石最大公称粒径为 31.5mm,坍落度要求 35~50mm,查表 4-28,选用单位用水量 185kg/m³。

④计算胶凝材料用量(m_{b0})

$$m_{b0} = \frac{m_{w0}}{W/B} = \frac{185}{0.47} = 394 \text{ kg/m}^3$$

对照表 4-31,最大水胶比为 0.50 的钢筋混凝土要求最小胶凝材料用量为 320kg/m³,确定胶凝材料用量为 394kg/m³。

由于粉煤灰掺量为 30%,故

$$m_{f0} = m_{b0} \times 30\% = 394 \times 30\% = 118kg/m^3$$

$$m_{c0} = m_{b0} - m_{f0} = 394 - 118 = 276kg/m^3$$

⑤确定砂率

查表 4-32 并按线性内插法计算,最终确定砂率为 33%。

⑥计算砂石(m_{s0}、m_{g0})用量

体积法

$$\frac{m_{c0}}{\rho_c} + \frac{m_{f0}}{\rho_f} + \frac{m_{g0}}{\rho_g} + \frac{m_{s0}}{\rho_s} + \frac{m_{w0}}{\rho_w} + 0.01\alpha = \frac{276}{3100} + \frac{118}{2200} + \frac{m_{g0}}{2700} + \frac{m_{s0}}{2650} + \frac{185}{1000} + 0.01 \times 1 = 1$$

$$\beta_s = \frac{m_{s0}}{m_{s0} + m_{g0}} \times 100\% = 0.33$$

解方程组得：$m_s = 583 \text{kg/m}^3$；$m_g = 1\,183 \text{kg/m}^3$

经初步计算，每立方米混凝土材料用量为：

$$m_{c0} : m_{f0} : m_{w0} : m_{s0} : m_{g0} = 276 : 118 : 185 : 583 : 1\,183$$

（2）试拌调整，确定试验室配合比

①和易性调整

按初步配合比，称取20L混凝土的材料用量：

水泥　　　　$0.020 \times 276 \text{kg} = 5.52 \text{kg}$

粉煤灰　　　$0.020 \times 118 \text{kg} = 2.36 \text{kg}$

水　　　　　$0.020 \times 188 \text{kg} = 3.7 \text{kg}$

砂　　　　　$0.020 \times 583 \text{kg} = 11.66 \text{kg}$

碎石　　　　$0.020 \times 1183 \text{kg} = 23.66 \text{kg}$

按规定的方法拌和，测得坍落度为20mm，没有符合工程要求。保持水胶比不变，增加水和胶凝材料各5%，即水用量增加到3.89kg，水泥增加到5.79kg，粉煤灰增加到2.48kg，重新测得坍落度为40mm，黏聚性、保水性均良好。经调整后各项材料用量为水泥5.79kg，粉煤灰2.48kg，水3.89kg，砂11.66kg，碎石23.66kg，因此其总量为47.47kg。实测混凝土的表观密度$\rho_{c,t}$为2 355kg/m³。

②强度校核

采用水胶比为0.42、0.47和0.52的三个不同的配合比（水胶比为0.42和0.52两个配合比也经坍落度试验调整，均满足要求），分别测定表观密度并制作混凝土试块，标准养护28d，然后测强度，其结果见表4-34，绘制强度与胶水比的关系图如图4-20所示。

混凝土28d强度实测值　　　　　　　　　　　　　　表4-34

W/B	B/W	20L混凝土各项材料用量					坍落度（mm）	表观密度（kg/m³）	强度（MPa）
		水泥	粉煤灰	砂	碎石	水			
0.42	2.38	6.48	2.78	11.66	23.66	3.89	35	2 360	46.1
0.47	2.13	5.79	2.48	11.66	23.66	3.89	40	2 355	40.5
0.52	1.92	5.24	2.24	11.66	23.66	3.89	45	2 350	34.9

从图4-20可以判断，配制强度38.2MPa对应的胶水比为$B/W = 2.05$，则水胶比为$W/B = 0.49$。至此，可初步定出满足强度要求的1m³混凝土各材料用量为

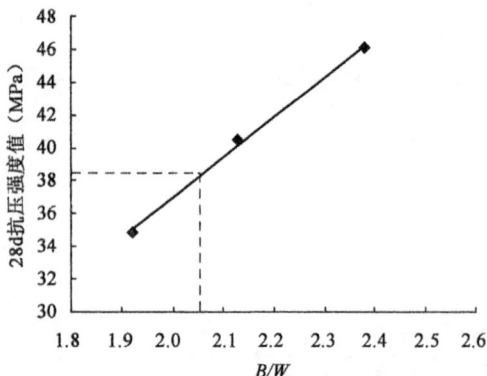

图4-20　$f_{cu,0}$与B/W关系图

$$m_w = \frac{3.89}{47.47} \times 2\,355 = 193 \text{kg/m}^3$$

$$m_b = \frac{m_w}{W/B} = \frac{193}{0.49} = 393 \text{kg/m}^3$$

$$m_f = m_b \times 30\% = 393 \times 30\% = 118 \text{kg/m}^3$$

$$m_c = m_b - m_f = 393 - 118 = 275 \text{kg/m}^3$$

$$m_s = \frac{11.66}{47.47} \times 2\,355 = 578 \text{kg/m}^3$$

$$m_g = \frac{23.66}{47.47} \times 2\,355 = 1\,174 \text{kg/m}^3$$

计算该混凝土的表观密度

$$\rho_{c,c} = m_c + m_f + m_w + m_s + m_g = 275 + 118 + 193 + 578 + 1\,174 = 2\,338\text{kg/m}^3$$

按确定的配合比重新进行拌和并实测其表观密度,测定结果为 $\rho_{c,c} = 2\,352\text{kg/m}^3$。计算校正系数 δ

$$\delta = \frac{\rho_{c,t}}{\rho_{c,c}} = \frac{2\,352}{2\,338} = 1.006$$

混凝土表观密度的实测值与计算值之差的绝对值 ξ

$$\xi = \frac{|\rho_{c,t} - \rho_{c,c}|}{\rho_{c,c}} \times 100\% = \frac{|2\,352 - 2\,338|}{2\,338} \times 100\% = 0.6\%$$

由于混凝土表观密度的实测值与计算值之差的绝对值没有超过计算值的2%,不需再进行密度修正,故前面确定的配合比即为试验室配合比,即

$$m_c : m_f : m_s : m_g : m_w = 275 : 118 : 578 : 1\,174 : 193$$

(3)换算施工配合比

将试验室配合比换算为施工配合比,用水量应扣除砂、石所含水量,砂、石则应增加由于含水而不足部分的用量。施工配合比计算如下:

$$m'_c = m_c = 275\text{kg/m}^3$$
$$m'_f = m_f = 118\text{kg/m}^3$$
$$m'_s = m_s(1 + a\%) = 578 \times (1 + 3\%) = 596\text{kg/m}^3$$
$$m'_g = m_g(1 + b\%) = 1\,174 \times (1 + 1\%) = 1\,185\text{kg/m}^3$$
$$m'_w = m_w - m_s \cdot a\% - m_g \cdot b\% = 193 - 578 \times 3\% - 1\,174 \times 1\% = 164\text{kg/m}^3$$

施工配合比为

$$m'_c : m'_f : m'_s : m'_g : m'_w = 275 : 118 : 596 : 1\,185 : 164$$

4.7 水泥混凝土的施工与质量控制

为了保证生产的混凝土按规定的保证率满足设计要求,应加强混凝土的质量控制。混凝土的质量控制包括初步控制、生产控制和合格控制。

初步控制:混凝土生产前对设备的调试、原材料的检验与控制以及混凝土配合比的确定与调整。

生产控制:混凝土生产中对混凝土组成材料的计量,混凝土拌和物的搅拌、运输、浇筑和养护等工序的控制。

合格控制:对浇筑混凝土进行强度或其他技术指标检验评定,主要有批量划分、确定批取样数、确定检测方法和验收界限等项内容。

在以上的任何一个步骤中(如原材料质量、施工操作、试验条件等)都存在着质量的随机波动,故进行混凝土质量控制时需采用数理统计方法。由于混凝土的质量波动将直接反映到其最终的强度上,而混凝土的抗压强度与其他性能有较好的相关性,因此,在混凝土生产质量管理中,常以混凝土的抗压强度作为评定和控制其质量的主要指标。

4.7.1 混凝土的质量控制(Quality Controlment of Concrete)

1. 混凝土强度的波动规律

对同一种混凝土进行系统的随机取样,测试结果表明其强度的波动规律(图4-21)。

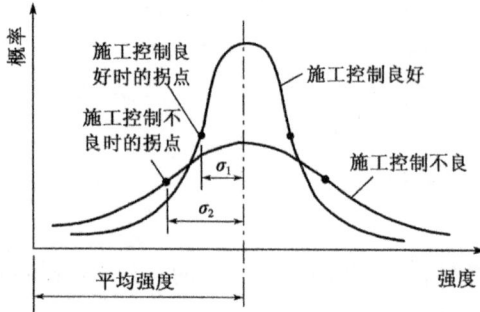

图4-21 混凝土强度概率分布曲线

曲线高峰为混凝土平均强度 $\bar{f}_{cu}$ 的概率。以平均强度为对称轴,左右两边曲线是对称的。概率分布曲线窄而高,说明强度测定值比较集中,波动较小,混凝土的均匀性好,施工水平较高。如果曲线宽而矮,则说明强度值离散程度大,混凝土的均匀性差,施工水平较低。在数理统计方法中,常用强度平均值、标准差、变异系数和强度保证率等统计参数来评定混凝土质量。

(1)强度平均值 $\bar{f}_{cu}$

强度平均值反映了混凝土总体强度的平均水平,但不能反映混凝土强度的波动。强度平均值按式(4-29)计算。

$$\bar{f}_{cu} = \frac{1}{n}\sum_{i=1}^{n} f_{cu,i} \tag{4-29}$$

式中: $\bar{f}_{cu}$ ——试件抗压强度平均值,MPa;

n ——试件组数;

$f_{cu,i}$ ——第 i 组试件抗压强度值,MPa。

(2)强度标准差 σ

强度标准差又称均方差,是正态分布曲线上两侧的拐点与对称轴的水平距离,它反映了强度的离散性(波动)的情况。σ 越大,说明其强度离散程度越大,混凝土质量也越不稳定。标准差是评定混凝土均匀性的重要指标,可按式(4-30)计算。

$$\sigma = \sqrt{\frac{\sum_{i=1}^{n}(f_{cu,i} - \bar{f}_{cu})^2}{n-1}} = \sqrt{\frac{\sum_{i=1}^{n} f_{cu,i}^2 - n\bar{f}_{cu}^2}{n-1}} \tag{4-30}$$

式中: σ ——强度标准差,MPa;

其他符号意义同前。

(3)变异系数 C_v

变异系数又称离散系数,是混凝土质量均匀性的指标。离散系数越小,说明混凝土质量越稳定,混凝土生产的质量水平越高。

离散系数可按式(4-31)计算。

$$C_v = \frac{\sigma}{\bar{f}_{cu}} \tag{4-31}$$

式中: C_v ——混凝土变异系数;

其他符号意义同前。

2. 混凝土强度保证率 P

在混凝土强度质量控制中,除了必须考虑到所生产的混凝土强度质量的稳定性之外,还必须考虑符合设计要求的强度等级的合格率,即强度保证率。它是指在混凝土总体中,不小于设计要求的强度等级标准值($f_{cu,k}$)的概率 $P(\%)$。

强度保证率以正态分布曲线下的阴影部分来表示,如图 4-22 所示,强度保证率按如下方法计算。

首先按式(4-32)计算出概率度 t

$$t = \frac{\bar{f}_{cu} - f_{cu,k}}{\sigma} = \frac{\bar{f}_{cu} - f_{cu,k}}{C_v \bar{f}_{cu}} \qquad (4\text{-}32)$$

再根据 t 值,由表 4-35 查得保证率 $P(\%)$。

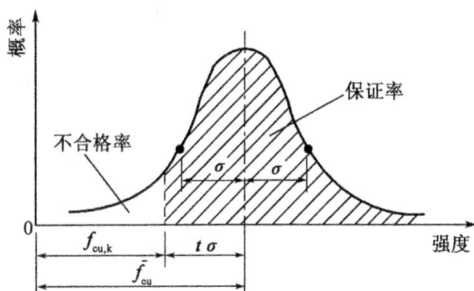

图 4-22　强度标准正态分布曲线

不同 t 值的保证率 P　　　　表 4-35

t	0.00	−0.50	−0.84	−1.00	−1.20	−1.28	−1.40	−1.60
$P(\%)$	50.0	69.2	80.0	84.1	88.5	90.0	91.9	94.5
t	−1.645	−1.70	−1.81	−1.88	−2.00	−2.05	−2.33	−3.00
$P(\%)$	95.0	95.5	96.5	97.0	97.7	99.0	99.4	99.87

工程中 $P(\%)$ 值可根据统计周期内混凝土试件强度不低于要求等级标准值的组数 N_0 与试件总数 $N(N \geq 25)$ 之比求得,即

$$P = \frac{N_0}{N} \times 100\% \qquad (4\text{-}33)$$

3. 混凝土配制强度 $f_{cu,0}$

根据混凝土保证率概念可知,如果按设计的强度等级($f_{cu,k}$)配制混凝土,则其强度保证率只有 50%。为使混凝土强度保证率满足规定的要求,在设计混凝土配合比时,必须使配制强度高于混凝土设计要求强度,则有

$$f_{cu,0} = f_{cu,k} - t\sigma \qquad (4\text{-}34)$$

可见,设计要求的保证率越大,配制强度就要求越高;强度质量稳定性差,配制强度应越大。根据《普通混凝土配合比设计规程》(JGJ 55—2011)规定,工业与民用建筑及一般构筑物所采用的普通混凝土的强度保证率为 95%,由表 4-35 知 $t = -1.645$。即得:

$$f_{cu,0} = f_{cu,k} + 1.645\sigma \qquad (4\text{-}35)$$

式中:$f_{cu,0}$——混凝土配制强度,MPa;

　　　$f_{cu,k}$——混凝土立方体抗压强度标准值,MPa;

　　　σ——混凝土强度标准差,MPa。

4.7.2　混凝土强度的评定

混凝土强度应分批检验评定。一个检验批的混凝土应由强度等级相同、试验龄期相同以及生产工艺条件和配合比基本相同的混凝土组成。根据《混凝土强度检验评定标准》(GB/T 50107—2010)的规定,混凝土强度检验评定可分为统计方法和非统计方法两种。对于大批量连续生产的混凝土,强度评定应采用统计方法;对小批量或零星生产的混凝土,强度评定可采用非统计方法。

1. 统计方法（已知标准差方法）

当混凝土生产条件在较长时间内能保持一致,且同一品种、同一强度等级混凝土的强度变异性能保持稳定时,应由连续的 3 组试件代表一个检验批。其强度应同时符合式(4-36)、式(4-37)和式(4-38)或式(4-39)的要求。

$$m_{f_{cu}} \geq f_{cu,k} + 0.7\sigma_0 \tag{4-36}$$

$$f_{cu,min} \geq f_{cu,k} - 0.7\sigma_0 \tag{4-37}$$

当混凝土强度等级不高于 C20 时,其强度最小值尚应满足式(4-38)的要求。

$$f_{cu,min} \geq 0.85 f_{cu,k} \tag{4-38}$$

当混凝土强度等级高于 C20 时,其强度最小值尚应满足式(4-39)的要求。

$$f_{cu,min} \geq 0.90 f_{cu,k} \tag{4-39}$$

式中: $m_{f_{cu}}$ ——同一检验批混凝土立方体抗压强度的平均值,MPa,精确至 0.1MPa;

$\quad f_{cu,k}$ ——混凝土立方体抗压强度标准值,MPa,精确至 0.1 MPa;

$f_{cu,min}$ ——同一检验批混凝土立方体抗压强度的最小值,MPa,精确至 0.1MPa;

$\quad \sigma_0$ ——检验批混凝土立方体抗压强度的标准差,MPa,精确至 0.1MPa。当计算值 $\sigma_0 <$ 2.5 MPa 时,取 $\sigma_0 = 2.5$MPa。

验收批混凝土强度标准差 σ_0,应根据前一个检验期(不超过三个月)内同一品种混凝土试件强度数据,按式(4-40)确定。

$$\sigma = \sqrt{\frac{\sum_{i=1}^{n} f_{cu,i}^2 - nm_{f_{cu}}^2}{n-1}} \tag{4-40}$$

式中: $f_{cu,i}$ ——前一个检验期内同一品种、同一强度等级的第 i 组混凝土试件的立方体抗压强度代表值,MPa,精确至 0.1 MPa;该检验期应不小于 60d,也不得大于 90d;

$\quad n$ ——前一个检验期内样本容量(用于合格评定的混凝土试件组数),要求 $n \geq 45$。

2. 统计方法（未知标准差方法）

当混凝土的生产条件在较长时间内不能保持一致且混凝土强度变异不能保持稳定时,或在前一个检验期内的同一品种混凝土没有足够的数据用以确定验收批混凝土立方体抗压强度的标准差时,应由不少于 10 组的试件组成一个验收批,其强度应同时符合式(4-41)、式(4-42)的要求。

$$m_{f_{cu}} \geq f_{cu,k} + \lambda_1 S_{f_{cu}} \tag{4-41}$$

$$f_{cu,min} \geq \lambda_2 f_{cu,k} \tag{4-42}$$

式中: $S_{f_{cu}}$ ——同一检验批混凝土立方体抗压强度的标准差(MPa),按式(4-43)计算,精确至 0.1MPa。当计算值 $S_{f_{cu}} < 2.5$MPa 时,取 $S_{f_{cu}} = 2.5$MPa。

$\quad \lambda_1, \lambda_2$ ——合格评定系数,按表 4-36 取用。

混凝土强度的合格判定系数　　　　　　　　表 4-36

试件组数	10 ~ 14	15 ~ 19	≥20	试件组数	10 ~ 14	15 ~ 19	≥20
λ_1	1.15	1.05	0.95	λ_2	0.90	0.85	

$$S_{f_{cu}} = \sqrt{\frac{\sum_{i=1}^{n} f_{cu,i}^2 - nm_{f_{cu}}^2}{n-1}} \tag{4-43}$$

式中：$f_{cu,i}$——检验批内第 i 组混凝土试件的强度代表值（MPa）；

n——本检验期内的样本容量（混凝土试件的总组数）。

【例题 4-3】

现场集中搅拌混凝土，强度等级 C30，其同批强度列于表 4-37，试评定该批混凝土是否合格。

检验批混凝土立方体抗压强度值 表 4-37

$f_{cu,i}$（MPa）									
36.5	38.4	33.6	40.2	33.8	37.2	38.2	39.4	40.2	38.4
38.6	32.4	35.8	35.6	40.8	30.6	32.4	38.6	30.4	38.8
$n = 20, m_{f_{cu}} = 36.5\text{MPa}$									

解：

（1）按式（4-43）计算该批混凝土强度标准差

$$S_{f_{cu}} = \sqrt{\frac{\sum_{i=1}^{n} f_{cu,i}^2 - nm_{fcu}^2}{n-1}} = \sqrt{\frac{\sum_{i=1}^{20} f_{cu,i}^2 - 20 \times 36.5^2}{20-1}} = 3.20\text{MPa}$$

（2）按式（4-41）和式（4-42）计算验收界限

$$[m_{f_{cu}}] = f_{cu,k} + \lambda_1 S_{f_{cu}} = 30 + 0.95 \times 3.20 = 33.0\text{MPa}$$

$$[m_{f_{cu,min}}] = \lambda_2 \times f_{cu,k} 0.85 \times 30 = 25.5\text{MPa}$$

（3）评定该批混凝土强度

因　　　　　　$m_{f_{cu}} = 36.5\text{MPa} > [m_{f_{cu}}] = 33.0\text{MPa}$

且　　　　　　$f_{cu,min} = 30.4\text{MPa} > [f_{cu,min}] = 25.5\text{MPa}$

所以该批混凝土应评为合格。

3. 非统计方法

当用于评定的样本容量（混凝土试件组数）小于 10 组时，采用非统计方法评定混凝土强度时，其强度应同时满足式（4-44）和式（4-45）的要求

$$m_{f_{cu}} \geqslant \lambda_3 f_{cu,k} \tag{4-44}$$

$$f_{cu,min} \geqslant \lambda_4 f_{cu,k} \tag{4-45}$$

式中：λ_3、λ_4——合格评定系数，按表 4-38 取用；

其他符号意义同前。

混凝土强度非统计法的合格评定系数 表 4-38

混凝土强度等级	< C60	≥ C60
λ_3	1.15	1.10
λ_4	0.95	

当检验结果能满足上述规定时，则该批混凝土强度评为合格；反之，则评为不合格。对评定不合格批的混凝土，可按国家现行的有关标准处理。

4.8 其他功能混凝土及其新进展

4.8.1 高性能混凝土

高性能混凝土(High Performance Concrete,简称 HPC)于 20 世纪 90 年代美国国家标准与技术研究院(NIST)和美国混凝土协会(ACI)首次提出。这一术语很快就被国际土木工程界广为接受甚至推崇。

对高性能混凝土国内外尚无统一的认识和定义,不同的学者提出的观点也不尽相同。综合国内外有关文献,其定义的内涵主要包括以下几方面:

(1)高耐久性。具有优异的抗渗与抗介质侵蚀的能力,在严酷环境下使用寿命长。

(2)高体积稳定性。具有高弹模、低收缩、低徐变和低温度应变。

(3)良好的施工性能。根据具体的工程结构以及具体的施工机具与施工方法,要求拌和物具有良好的施工性能,易浇筑、压实而不离析,使混凝土具有良好的均质性和高的体积稳定性。

(4)具有一定的强度和密实度。

(5)经济合理性。认为高性能混凝土除了确保所需要的性能之外,应考虑节约资源,能源与环境保护,使其朝着"绿色"的方向发展。

根据不同的理解还可提出其他方面的要求。事实上,对于高性能混凝土很难给出一个使大家都认可并满意的定义,而且也不应该设置一个大而全的范围。每一个特定的工程与其工作环境都存在对混凝土某些方面性能的特殊要求,而对另一些方面的性能要求则可能不需要太高,企望设计出一种任何方面都具有优异性能的混凝土是不切实际的。吴中伟教授提出:高性能混凝土是一种新型高技术混凝土,是在大幅度提高普通混凝土性能的基础上用现代混凝土技术,以耐久性作为设计的主要指标,选用优质材料,在严格的质量管理的条件下制成的;除了水泥、水、集料以外,必须掺加足够数量的细掺料与高效外加剂;高性能混凝土重点保证下列诸性能:耐久性、工作性、各种力学性能、适用性、体积稳定性以及经济合理性。

混凝土达到高性能最重要的技术手段是使用新型外加剂和超细矿物掺和料(超细粉),降低水胶比、增大坍落度和控制坍落度损失,给予混凝土高的密实度和优异的施工性能,填充胶凝材料的空隙,保证胶凝材料的水化体积安定性,改善混凝土的界面结构,提高混凝土的强度和耐久性。

4.8.2 高强混凝土

由于混凝土技术在不断发展,各个国家的混凝土技术水平也不尽相同,因此高强的含义是随时代和国家的不同而变化的。例如,在 20 世纪 50 年代以前,混凝土的强度都在 30MPa 以下,30MPa 以上即为高强混凝土;在 20 世纪 50 年代,34MPa 以上视为高强混凝土;20 世纪 60 年代,41~52MPa 的混凝土已被使用;20 世纪 70 年代,混凝土强度已达 62MPa;20 世纪 80 年代,100MPa 以上的混凝土也已在欧美用于实际工程;20 世纪 90 年代,在实验室常规方法已可配制出 150MPa 以上的超高强混凝土,21 世纪在我国已有 C100 混凝土的工程应用实例。

在我国,高强混凝土是指强度等级为 C60 及其以上的混凝土。但一般来说,混凝土强度等级越高,其脆性越大,增加了混凝土结构的不安全因素。《普通混凝土配合比设计规范》

（JGJ 55—2011）对高强混凝土作出了原材料及配合比设计的规定。

配制高强混凝土可从以下途径实现：

（1）改善原材料性能

如采用高品质水泥，水泥的强度等级不低于42.5级；选用致密坚硬、级配良好的集料；掺用减水率不小于25%的高效减水剂；掺入超细活性掺和料等。

（2）优化配合比

应当注意，普通混凝土配合比设计的强度—水灰比关系式在这里不再适用，必须通过试配优化后确定。

（3）加强生产质量管理，严格控制每个生产环节

目前，我国应用较广的是C60～C80高强混凝土，主要用于桥梁、轨枕、高层建筑的基础和柱、输水管、预应力管桩等。

4.8.3 泵送混凝土

泵送混凝土（Pumped Concrete）是指可在现场通过压力泵及输送管道进行浇筑的混凝土。泵送混凝土除需满足工程所需的强度外，还需要满足流动性、不离析和少泌水的泵送工艺的要求。由于采用了独特的泵送施工工艺，因而其原材料和配合比与普通混凝土不同。泵送混凝土的配合比除必须满足混凝土设计强度和耐久性的要求外，尚应使混凝土拌和物满足可泵性的要求。

混凝土拌和物的可泵性可用坍落度和压力泌水值双指标来评价。压力泌水值是在一定的压力下，一定量的拌和料在一定的时间内泌出水的总量，以总泌水量（mL）或单位混凝土泌水量（kg/m^3）表示。通常混凝土拌和物的可泵性可用压力泌水试验结合施工经验进行控制。一般10s时的相对压力泌水率S_{10}不宜超过40%。

《普通混凝土配合比设计规程》（JGJ 55—2011）对泵送混凝土作出了规定。规定泵送混凝土应选用硅酸盐水泥、普通水泥、矿渣硅酸盐水泥和粉煤灰硅酸盐水泥；并对其集料、外加剂及拌和料亦作出了规定。泵送混凝土配合比的计算和试配步骤除按普通混凝土配合比设计规程的有关规定外，还应符合：①泵送混凝土胶凝材料用量不宜小于$300kg/m^3$。②泵送混凝土的砂率宜为35%～45%。③掺用引气型外加剂时，其混凝土含气量不宜大于4%。

4.8.4 粉煤灰混凝土

粉煤灰混凝土（Fly Ash Concrete）有利于利用工业废料。粉煤灰在混凝土中具有火山灰活性作用，它的活性成分SiO_2和Al_2O_3与水泥水化产物$Ca(OH)_2$起反应，生成水化硅酸钙和水化铝酸钙，成为胶凝材料的一部分。粉煤灰颗粒呈微珠球状，具有增大混凝土（砂浆）的流动性、减少泌水、改善和易性的作用，若保持流动性不变，则可起到减水作用。粉煤灰的水化反应较慢，能降低混凝土凝结硬化过程中的水化热。其微细颗粒均匀分布在水泥浆中，可以填充孔隙，改善混凝土孔结构，提高混凝土的密实度，从而提高硬化混凝土的抗渗性、抗化学侵蚀性、抑制碱—集料反应等。粉煤灰取代部分水泥后，虽然粉煤灰混凝土的早期强度有所下降，但28d后的强度可达到甚至超过不掺粉煤灰的混凝土。

《粉煤灰混凝土应用技术规范》（GBJ 146—1990）规定：①Ⅰ级粉煤灰适用于钢筋混凝土和跨度小于6m的预应力钢筋混凝土；②Ⅱ级粉煤灰适用于钢筋混凝土和无筋混凝土；③Ⅲ级粉煤灰主要用于低强度无钢筋混凝土；对强度等级要求等于或大于C30的无筋粉煤灰

混凝土,宜采用Ⅰ、Ⅱ级粉煤灰;④用于预应力钢筋混凝土、钢筋混凝土及强度等级要求大于或等于C30的无筋混凝土的粉煤灰等级,经试验论证,可采用比上述规定低一级的粉煤灰。

粉煤灰混凝土配合比设计是以普通混凝土的配合比作为基准混凝土(即未掺粉煤灰的水泥混凝土)配合比,在此基础上,再进行粉煤灰混凝土配合比的设计。粉煤灰的掺入方法通常有超量取代法、等量取代法和外加法三种。

4.8.5 轻混凝土

干表观密度小于1 900kg/m³的混凝土称为轻混凝土(Light-Weight Concrete)。轻混凝土因原材料与制造方法不同可分为轻集料混凝土、多孔混凝土和无砂大孔混凝土三大类。

1. 轻集料混凝土

用轻粗集料、轻砂(或普通砂)、水泥和水配制而成的干表观密度不大于1 950kg/m³的混凝土,称为轻集料混凝土(Lightweight Aggregate Concrete)。根据《轻集料混凝土技术规程》(JGJ 51—2002)轻集料混凝土可分为全轻混凝土、砂轻混凝土、大孔径集料混凝土和次轻混凝土。全轻混凝土由轻砂做细集料配制而成;砂轻混凝土由普通砂或部分轻砂配制而成;大孔轻集料混凝土是由轻粗集料、水泥和水(无砂或少砂)配制而成;次轻混凝土是在轻集料中掺入适量普通粗集料,干表观密度大于1 950kg/m³、小于或等于2 300kg/m³的混凝土。

轻集料混凝土中粗集料的来源通常有三类:以工业废料为原料加工而成的轻集料,如粉煤灰陶粒、膨胀矿渣、煤炉渣等;天然多孔岩石加工而成的轻集料,如浮石、火山渣等;以地方材料为原料加工而成的人造轻集料,如膨胀珍珠岩、页岩陶粒、黏土陶粒等。

轻集料混凝土按立方体抗压强度标准值分为CL5.0、CL7.5、CL10、CL15、CL20、CL25、CL30、CL35、CL40、CL45、CL50、CL55、CL60等13个强度等级。按干表观密度可分为600、700、800、900、1 000、1 100、1 200、1 300、1 400、1 500、1 600、1 700、1 800、1 900等14个密度等级。

与普通混凝土相比,轻集料混凝土的表观密度小、强度和弹性模量低、极限应变大、热膨胀系数小、收缩和徐变大,具有自重轻,保温性能、抗震性能和耐火性能好的特点。轻集料混凝土是高层建筑、大跨度建筑良好的结构和保温材料,在工程中有保温、结构保温和结构三个方面的用途。

2. 多孔混凝土

多孔混凝土(Porous Concrete)是一种不含集料且内部分布着大量细小封闭孔隙的轻混凝土。根据孔的生成方式,可分为加气混凝土和泡沫混凝土两种。

加气混凝土(Aerated Concrete)是用含钙材料(水泥、石灰)、含硅材料(石英砂、矿渣、粉煤灰等)和发气剂(铝粉)为原料,经搅拌、浇筑、发泡、静停、切割和压蒸养护工序生产而成。一般预制成砌块或条板等制品。加气混凝土的表观密度约为300 ~ 1 200kg/m³,抗压强度约为0.5 ~ 7.5MPa,导热系数约为0.081 ~ 0.29W/(m·K)。加气混凝土孔隙率大,吸水率高,强度较低,便于加工,保温性较好,常用作屋面板材料和墙体的砌筑材料。

泡沫混凝土(Foam Concrete)是由水泥浆和泡沫剂为主要原材料制成的一种多孔混凝土。其表观密度为300 ~ 500kg/m³,抗压强度为0.5 ~ 0.7MPa,在性能和应用方面与相同表观密度的加气混凝土大体相同,还可现场直接浇筑,主要用于屋面保温层。

3. 无砂大孔混凝土

无砂大孔混凝土是由水泥浆、粗集料和水拌制而成的一种不含砂的轻混凝土。由于其不含细集料,仅由水泥浆将集料胶结在一起,所以是一种大孔混凝土。根据无砂大孔混凝土(No-fines Concrete)所用集料品种的不同,可将其分为普通集料制成的普通大孔混凝土和轻集料制成的轻集料大孔混凝土。

普通大孔混凝土的表观密度为 $1500 \sim 1950 kg/m^3$,抗压强度为 $3.5 \sim 10MPa$。而轻集料大孔混凝土的表观密度为 $800 \sim 1500 kg/m^3$,抗压强度为 $1.5 \sim 7.5MPa$。

大孔混凝土的导热系数小,保温性能好,吸湿性小。收缩较普通混凝土小 $20\% \sim 50\%$,抗冻性可达 $15 \sim 20$ 次冻融循环。大孔混凝土可用于制作墙体用的小型空心砌块和各种板材,也可用于现浇墙体。

4.8.6 纤维混凝土

纤维混凝土(Fiber Concrete)是纤维和水泥基料(水泥石、砂浆或混凝土)组成的复合材料的统称。制造纤维混凝土主要使用具有一定长径比(即纤维的长度与直径的比值)的短纤维。在普通混凝土中掺入纤维的目的是为了有效地降低混凝土的脆性,提高其抗拉、抗弯、抗冲击、抗裂等性能。常用纤维材料有:玻璃纤维、矿棉、钢纤维、碳纤维和各种有机纤维。各类纤维中以钢纤维对抑制混凝土裂缝的形成、提高混凝土抗拉和抗弯强度、增加韧性效果最好。但为了节约钢材,目前国内外都在研制玻璃纤维、矿棉等来配制纤维混凝土。

纤维混凝土中,纤维的掺量、长径比、弹性模量、耐碱性以及纤维的分布等,对纤维混凝土的性能有着重要影响。钢纤维混凝土一般可提高抗拉强度 2 倍左右;抗弯强度可提高 $1.5 \sim 2.5$ 倍;抗冲击强度可提高 5 倍以上,甚至可达 20 倍;而韧性甚至可提高 100 倍以上。

纤维混凝土目前已逐渐应用于路面、桥面、机场跑道、断面较薄的轻型结构、压力管道、屋面板、墙板等,并取得了很好的效果。

4.8.7 聚合物混凝土

聚合物混凝土是由有机聚合物、无机胶凝材料和集料结合而成的一种新型混凝土。聚合物混凝土体现了有机聚合物和无机胶凝材料的优点,克服了水泥混凝土的一些缺点。聚合物混凝土一般可分为三种。

1. 聚合物水泥混凝土(Polymer Cement Concrete)

聚合物水泥混凝土是一种以水溶性聚合物和水泥共同为胶结材料,以砂、石为集料拌制的混凝土。聚合物的硬化和水泥的水化同时进行,并且二者结合在一起形成一种复合材料。

聚合物可用天然聚合物(如天然橡胶)和各种合成聚合物(如聚醋酸乙烯、苯乙烯、聚氯乙烯等),由于使用聚合物这种水溶性有机胶凝材料代替普通混凝土中部分水泥,使混凝土密实度得以提高。因此,与普通混凝土相比,聚合物水泥混凝土具有较好的耐久性、耐磨性、耐腐蚀性和耐冲击性等,但强度提高较少。目前,主要用于铺设无缝地面,修补混凝土路面、桥面和机场跑道面层,做防水层等。

2. 聚合物浸渍混凝土(Polymer Impregnated Concrete)

聚合物浸渍混凝土是以普通混凝土为基材(被浸渍的材料),而将有机单体渗入混凝土中,然后再用加热或放射线照射等方法使其聚合,使混凝土与聚合物形成一个整体。由于聚合物填充了混凝土内部的孔隙和微裂缝,提高了混凝土的密实度,因此聚合物浸渍混凝土的抗渗性、抗冻性、耐蚀性、耐磨性及强度均有明显提高,抗压强度可达 200MPa 以上,抗拉强度可达

10MPa 以上。聚合物浸渍混凝土因造价高,工艺复杂,目前只是利用其高强和耐久性好的特性应用于一些特殊场合,如输送液体的管道、隧道衬砌,海洋构筑物、桥面板等。在国外已用于耐高压的容器,如原子反应堆、液化天然气罐等。

3. 聚合物胶结混凝土(Polymer Concrete)

聚合物胶结混凝土是一种以合成树脂为胶结材料,以砂、石及粉料为集料的混凝土,又称树脂混凝土。它用聚合物(环氧树脂、聚酯、酚醛树脂等)有机胶凝材料完全取代水泥而引入混凝土。树脂混凝土与普通混凝土相比,具有强度高和耐化学腐蚀性、耐磨性、耐水性、抗冻性好等优点。但由于其成本高,所以应用不太广泛,仅限于要求高强、高耐蚀的特殊工程或修补工程用。另外,树脂混凝土外表美观,称为人造大理石,也被用于制成桌面、地面砖、浴缸等。

复习思考题

4-1 普通混凝土由哪些材料组成?它们在混凝土中各起什么作用?

4-2 混凝土用砂为何要提出级配和细度要求?两种砂的细度模数相同,其级配是否相同?反之,如果级配相同,其细度模数是否相同?

4-3 配制混凝土选择石子最大粒径应从哪几方面考虑?

4-4 简述减水剂的作用机理,并综述混凝土掺入减水剂可能获得的技术经济效果。

4-5 普通混凝土拌和物的和易性包括哪些内容?怎样测定?

4-6 砂率是如何影响混凝土拌和物和易性的?为什么水泥浆用量一定的条件下,砂率过小和过大都会使混合料的流动性变差?

4-7 某混凝土搅拌站原使用砂的细度模数为 2.5,后改用细度模数为 2.1 的砂。改砂后原混凝土配比不变,但坍落度明显变小。请分析原因。

4-8 影响混凝土强度的因素主要有哪些?可采取哪些措施提高混凝土的强度?

4-9 混凝土的耐久性通常包括哪些方面的性能?影响混凝土耐久性的关键是什么?怎样提高混凝土的耐久性?

4-10 现场浇筑混凝土时,禁止施工人员随意向混凝土拌和物中加水,而成型后又要求洒水养护,是否矛盾,为什么?

4-11 从工地取回烘干砂样 500g 进行筛分试验,其结果列于表 5-39 中。计算该砂样分计筛余百分率、累计筛余百分率、通过百分率及该砂细度模数,并对该砂样进行评定。

筛 分 析 结 果　　　　　　　　　　　　　　　　　　　表 4-39

筛孔尺寸(mm)	4.75	2.36	1.18	0.60	0.30	0.15	<0.15
各筛存留量(g)	25	35	90	125	125	75	25

4-12 现有两种砂样 A、B,经筛分析试验并计算其累计筛余百分率见表 4-40。

A、B 砂样筛分析试验计算结果　　　　　　　　　　　表 4-40

筛孔尺寸(mm)		4.75	2.36	1.18	0.60	0.30	0.15	<0.15
累计筛余百分率 A_i(%)	A	0	0	8	50	70	95	100
	B	0	40	75	90	95	100	100

问:两种砂样单独使用能否用于混凝土,如不可以,考虑如何进行掺配使其满足混凝土对细集料级配的要求。(要求有计算过程)

4-13 某工程需配制 C20 混凝土,经计算初步配合比为 1 : 2.63 : 4.60 : 0.55($m_{c0} : m_{s0} : m_{g0} : m_{w0}$),

其中水泥密度为 $3.10g/cm^3$,砂的表观密度为 $2.60g/cm^3$,碎石的表观密度为 $2.65g/cm^3$。

(1)求 $1m^3$ 混凝土中各材料的用量;

(2)按照上述配合比进行试配,水泥和水各加5%后,坍落度才符合要求,并测得拌和物的表观密度为 $2390kg/m^3$,求满足坍落度要求的各种材料用量。

4-14 试设计某桥预应力混凝土 T 梁用混凝土的配合组成。

[设计资料]

(1)按设计图纸要求:水泥混凝土强度等级 C40;施工要求坍落度 35 ~ 50mm;所处环境条件为寒冷地区。

(2)可供选择的组成材料及性质。

①水泥:P·I 52.5 硅酸盐水泥,无实测强度,密度 $\rho_c = 3120kg/m^3$。

②粉煤灰:II级灰,密度 $2210kg/m^3$。

③粗集料:一级石灰岩轧制的碎石;5 ~ 31.5mm 连续级配,表观密度 $\rho'_g = 2650kg/m^3$,现场含水率1.0%。

④细集料:清洁河砂,粗度属于中砂,表观密度 $\rho'_s = 2600kg/m^3$,现场含水率3.0%。

⑤水:饮用水,符合混凝土拌和水要求。

[设计要求]

(1)按我国现行方法计算混凝土初步配合比;

(2)假定通过试验室试拌和强度试验均满足要求,不需调整配合比,请按提供的现场材料含水率折算为施工配合比。

第5章 建筑砂浆

内容提要

  本章主要介绍建筑砂浆的种类、组成及技术性质,砌筑砂浆的配合比设计原理以及其他特种砂浆的基本知识。本章重点是新拌砂浆和易性以及砂浆流动性和保水性的表征指标,难点是砌筑砂浆的配合比设计。

学习目标

  通过本章学习,掌握砌筑砂浆的技术性质以及配合比设计;理解施工过程中不同砂浆的选择方法及原则;了解装饰砂浆、防水砂浆、保温砂浆、耐酸砂浆、防辐射砂浆、吸声砂浆的基本知识。

  砂浆(Mortar)是由胶凝材料、细集料、掺和料和水按适当比例配合、拌制并经硬化而成的材料。砂浆在建筑工程中起黏结、衬垫、传递应力的作用,主要用于砌筑、抹面、修补和装饰工程。在结构工程中,单块的砖、砌块和石材等需用砂浆将其黏结为砌体,砖墙勾缝、大型墙板的接缝也要用砂浆。在装饰工程中,墙面、地面和饰面等需要用砂浆抹面,起到保护结构和装饰作用,镶贴大理石、水磨石、面砖等贴面材料也要使用砂浆。

  砂浆按用途不同可分为砌筑砂浆、抹面砂浆、装饰砂浆和特种砂浆等。

5.1 砌筑砂浆

  砌筑砂浆(Masonry Mortar),是指将砖、石、砌块等块材经砌筑成为砌体,起黏结、衬垫和传力作用的砂浆。

5.1.1 砌筑砂浆的组成材料

1. 胶凝材料

  砌筑砂浆常用的胶凝材料有:水泥、石灰、石膏、粉煤灰和黏土等。

  砌筑砂浆常用六大通用水泥来配制,水泥品种可根据使用的环境和部位来选择。水泥强度等级应根据砂浆品种及强度等级的要求进行选择。M15 及以下强度等级的砌筑砂浆,宜选用 32.5 级的通用硅酸盐水泥或砌筑水泥;M15 以上强度等级的砌筑砂浆,宜选用 42.5 级通用硅酸盐水泥。

  在拌制砂浆的时候,为了提高砂浆的流动性和保水性,常加入石灰、石膏、粉煤灰和粒化高炉矿渣粉等,配制混合砂浆,达到提高质量,降低成本的目的。砂浆中使用的粉煤灰和粒化高炉矿渣粉应符合国家现行标准《用于水泥和混凝土中的粉煤灰》(GB/T 1596—2005)和《用于水泥和混凝土中的粒化高炉矿渣粉》(GB/T 18046—2008)。

2. 细集料

采用中砂拌制砂浆,既可以满足和易性要求,又能节约水泥。由于砂浆铺设层较薄,应对砂的最大粒径加以限制。对于砌筑砂浆,砂宜选用中砂,并应符合《普通混凝土用砂、石质量及检验方法标准》(JGJ 52—2006)的规定,且应全部通过4.75mm的筛;用于毛石砌体的砂浆,砂宜选用粗砂,其最大粒径应小于砂浆层厚度的1/5~1/4,砂的含泥量不应超过5%,且不应含有4.75mm以上粒径的颗粒,并应符合《普通混凝土用砂、石质量及检验方法标准》(JGJ 52—2006)的规定。砂中的含泥量影响砂浆质量,含泥量过大,不但会增加砂浆的水泥用量,还可能使砂浆的收缩值增大、耐久性降低。

对于人工砂、山砂及特细砂等资源较多的地区,为降低工程成本,砂浆可合理地利用这些资源,但应经试验确定能满足技术要求后方可使用。

3. 外加剂

为改善砂浆的和易性、改善硬化后砂浆的性质和节约水泥,可在水泥砂浆或混合砂浆中掺入外加剂(Additive),如增塑剂、保水剂、微沫剂等。在砂浆中掺用外加剂时,不但要考虑外加剂对砂浆本身性能的影响,还要根据砂浆的用途,考虑外加剂对砂浆的使用功能的影响。最常用的外加剂是微沫剂,它是一种松香热聚物,掺量一般为水泥质量的0.005%~0.010%,以通过试验的调配掺量为准。

混凝土中所用的减水剂、引气剂对砂浆也有增塑的作用。

保水剂能显著减少砂浆泌水,防止离析,并改善砂浆和易性。常用的保水剂有甲基纤维素、硅藻土等。

此外,为了改善砂浆的其他性能也可掺入一些其他材料,如掺入纤维材料可改善砂浆的抗裂性,掺入防水剂可提高砂浆的防水性和抗渗性等。

4. 水

砂浆用水和混凝土用水的品质要求相同,应符合《混凝土用水标准》(JGJ 63—2006)的规定。

5.1.2 技术性质

1. 新拌砂浆的和易性

砂浆在硬化前应具有良好的和易性,即砂浆在搅拌、运输、摊铺时易于流动并不易失水的性质,和易性包括流动性和保水性。

(1)流动性

砂浆的流动性(Fluidity)是指砂浆在重力或外力的作用下流动的性能。砂浆的流动性用"稠度"来表示。

通常用砂浆稠度仪测定。根据《建筑砂浆基本性能试验方法标准》(JGJ/T 70—2009)规定,稠度是指标准试锥在砂浆内自由沉入10s时沉入的深度,单位为mm。稠度越大,说明砂浆较稀,流动性越好。但是过稀的砂浆容易泌水;过稠的砂浆施工操作困难。

砂浆沉入量的大小与砌体基材、施工气候有关。砂浆稠度的选择可根据施工经验来确定,并应符合《砌体结构工程施工质量验收规范》(GB 50203—2011)规定,见表5-1。

(2)保水性

砂浆的保水性(Water Retentivity)是指新拌砂浆保持内部水分不流出的能力。保水性好的砂浆在运输、存放和施工过程中,水分不易从砂浆中离析,砂浆能保持一定的稠度,使砂浆在施工中能均匀地摊铺在砌体中间,形成均匀密实的连接层。保水性不好的砂浆,则相反。

在拌制砂浆时,有时为了提高砂浆的流动性、保水性,常加入一定的掺和料(石灰膏、粉煤灰、石膏等)和外加剂。加入的外加剂,不仅可以改善砂浆的流动性、保水性,而且有些外加剂能提高硬化后砂浆的黏结力和强度,改善砂浆的抗渗性和干缩等。

砌筑砂浆稠度的选择　　　　　　　　　　　　表 5-1

砌 体 种 类	砂浆稠度(mm)	砌 体 种 类	砂浆稠度(mm)
烧结普通砖砌体 蒸压粉煤灰砖砌体	70~90	烧结多孔砖、空心砖砌体 轻集料小型空心砌块砌体 蒸压加气混凝土砌块砌体	60~80
混凝土实心砖、混凝土多孔砖砌体 普通混凝土小型空心砌块砌体 蒸压灰砂砖砌体	50~70	石砌体	30~50

砂浆的保水性是用保水率来表示。根据《建筑砂浆基本性能试验方法标准》(JGJ/T 70—2009)规定,将砂浆搅拌均匀后,装入保水性试验用的试模中,用中速定性滤纸进行测试,测试时间 2min。滤纸增加的质量为砂浆中水分的损失。砂浆中保留的水分占砂浆原有水分的百分率即为砂浆保水率。水泥砂浆要求保水率不小于 80%,水泥混合砂浆的保水率要求不小于 84%。

2. 硬化后砂浆的强度及强度等级

砂浆在砌体中,主要是传递荷载,因此要求砂浆要有一定的抗压强度,砂浆的抗压强度是确定砂浆强度等级的重要依据。

《建筑砂浆基本性能试验方法标准》(JGJ/T 70—2009)规定,砂浆抗压强度是以标准的操作方法,制备 70.7mm × 70.7mm × 70.7mm 立方体试件(一组 3 块),在标准养护条件下(20℃±2℃,相对湿度 90% 以上),养护 28d 龄期,按照标准的测定方法测得的抗压强度值作为砂浆的抗压强度值以 $f_{m,cu}$ 表示,按式(5-1)计算。

$$f_{m,cu} = K \frac{N_u}{A} \tag{5-1}$$

式中:$f_{m,cu}$——砂浆的立方体抗压强度,MPa(精确至 0.1MPa);

　　　N_u——试件破坏荷载,N;

　　　A——试件承压面积,mm^2。

　　　K——换算系数,取 1.35。

根据《砌筑砂浆配合比设计规程》(JGJ/T 98—2010),砂浆强度等级分为 M5、M7.5、M10、M15、M20 、M25、M30 等七个等级。

砂浆的强度除了与水泥的强度和用量有关外,还与基层材料的吸水性有关。

(1)不吸水的密实基底砂浆强度

对于基底致密的石材,它们一般不吸水,砂浆强度遵从水灰比的规律,采用近似于混凝土的强度公式,即

$$f_{m,cu} = A \times f_{ce} \times \left(\frac{C}{W} - B \right) \tag{5-2}$$

式中:$f_{m,cu}$——砂浆 28d 抗压强度,MPa;

f_{ce}——水泥 28d 实测抗压强度，MPa；

A,B——砂浆特征系数，可根据试验资料统计确定，通常取 $A = 3.03, B = -15.09$；

C/W——灰水比。

（2）基层吸水砂浆强度

砌筑砖、多孔混凝土或其他一些多孔材料时，由于基层能吸水，砂浆中保留水分的多少取决于砂浆的保水性，而与水灰比的关系不大，砂浆强度等级主要取决于水泥用量和水泥强度等级，其关系式如下：

$$f_{m,cu} = \frac{A \times f_{ce} \times Q_c}{1\,000} + B \tag{5-3}$$

式中：Q_c——水泥用量，kg；

$f_{m,cu}$——砂浆 28d 抗压强度，MPa；

f_{ce}——水泥 28d 实测抗压强度，MPa；

A,B——砂浆特征系数，可根据试验资料统计确定，通常取 $A = 3.03, B = -15.09$。

各地区也可用本地区试验资料确定 A、B 值，但统计试验组数不得少于 30 组。影响砂浆强度的因素很多，在配制砂浆时，除了按式(5-3)进行计算外，还必须进行试配调整。

3. 砂浆的黏结力（Cohesive Force）

砂浆是通过胶结材料将散粒状或块体的材料胶结为一个整体的，因此，为了提高砌体的整体性，保证砌体的强度，要求砂浆要和基体材料有足够的黏结力。随着砂浆抗压强度的提高，砂浆与基层的黏结力也相应提高。在充分润湿、干净、粗糙的基面，砂浆的黏结力较大。

4. 砂浆的变形（Deformation）

砂浆在承受荷载或在温度条件变化时容易变形，变形过大会降低砌体的整体性，引起沉降和裂缝。在拌制砂浆时，如果混合料掺量太多或用轻集料，会引起砂浆的较大收缩变形。

有时，为了减小收缩，可以在砂浆中加入适量的膨胀剂。

5. 砂浆的抗冻性（Freezing Resistance）

在受冻融影响较多的建筑部位，要求砂浆具有一定的抗冻性。根据《砌筑砂浆配合比设计规程》（JGJ/T 98—2010）的规定，对有冻融次数要求的砌筑砂浆，经冻融试验后，质量损失率不得大于 5%，抗压强度损失率不得大于 25%。

5.1.3　砌筑砂浆配合比设计

根据工程类别和不同砌体部位首先确定砌筑砂浆的品种和强度等级，然后根据《砌筑砂浆配合比设计规程》（JGJ/T 98—2010）规定的计算方法确定配合比，再经试验调整及验证后才可应用。

1. 现场配制水泥混合砂浆配合比计算

（1）确定砂浆的试配强度，按式(5-4)计算。

$$f_{m,0} = K f_2 \tag{5-4}$$

式中：$f_{m,0}$——砂浆的试配强度，精确至 0.1MPa；

f_2——砂浆强度等级值，精确至 0.1MPa；

K——系数，按表 5-2 取值。

砂浆强度标准差 σ 及 k 值 表 5-2

强度等级 施工水平	强度标准差 σ(MPa)							k
	M5	M7.5	M10	M15	M20	M25	M30	
优良	1.00	1.50	2.00	3.00	4.00	5.00	6.00	1.15
一般	1.25	1.88	2.50	3.75	5.00	6.25	7.50	1.20
较差	1.50	2.25	3.00	4.50	6.00	7.50	9.00	1.25

（2）计算水泥用量 Q_c

①每立方米砂浆中的水泥用量，按式（5-5）计算。

$$Q_c = \frac{1\,000(f_{m,0} - B)}{A \times f_{ce}}$$ (5-5)

式中：符号意义同前。

②在没有水泥实测强度时，可按式（5-6）计算 f_{ce}：

$$f_{ce} = \gamma_c \times f_{ce,k}$$ (5-6)

式中：$f_{ce,k}$——水泥强度等级值，MPa；

γ_c——水泥强度等级值的富余系数，该值应按实际统计资料确定；无统计资料时取 1。

（3）计算掺和料用量 Q_D

水泥和掺和料总量在 300 ~ 400kg 之间时，基本能满足砌筑砂浆的和易性要求，（JGJ/T 98—2010）建议取 350kg。掺和料用量按式（5-7）计算。

$$Q_D = Q_A - Q_c$$ (5-7)

式中：Q_D——每立方米砂浆的掺和料用量，精确至 1kg；

Q_c——每立方米砂浆中水泥用量，精确至 1kg；

Q_A——每立方米砂浆中水泥和掺和料总量，精确至 1kg。

当掺和料为石灰膏时，其稠度宜为 120mm ± 5mm；当石灰膏的稠度不是 120mm 时，其用量应乘以换算系数，换算系数见表 5-3。

石灰膏不同稠度的换算系数 表 5-3

稠度(mm)	120	110	100	90	80	70	60	50	40	30
换算系数	1.00	0.99	0.97	0.95	0.93	0.92	0.90	0.88	0.87	0.86

（4）确定砂用量 Q_s

砂浆中砂的用量与砂的含水率有关。配制 $1m^3$ 砂浆需要含水率小于 0.5% 的干砂 $1m^3$，所以砂用量按式（5-8）计算。

$$Q_s = 1 \times \rho_{s,0}$$ (5-8)

式中：Q_s——每立方米砂浆的砂用量，精确至 1kg；

$\rho_{s,0}$——干砂的堆积密度，kg/m^3。

（5）确定用水量

每立方米砂浆中的用水量，可根据砂浆稠度等要求选用 210 ~ 310kg。混合砂浆中的用水量，不包括石灰膏中的水；当采用细砂或粗砂时，用水量分别取上限或下限；当稠度小于 70mm

时,用水量可小于下限;若施工现场气候炎热或处于干燥季节,可酌量增加用水量。

当砂浆的初配确定以后,应进行砂浆的试配,试配时以满足和易性和强度要求为准,进行必要的调整,最后将所确定的各种材料用量换算成以水泥用量为1的质量比或体积比,即得到最后的配合比。

2. 现场配制水泥砂浆或水泥粉煤灰砂浆的配合比选用

现场配制的水泥砂浆配合比,其材料用量亦可直接按表5-4选用,选用时注意以下几点:M15及M15以下强度等级的水泥砂浆,水泥强度等级为32.5级;M15以上强度等级水泥砂浆,水泥强度等级为42.5级;当采用细砂或粗砂时,用水量分别取上限或下限;稠度小于70mm时,用水量可小于下限;施工现场气候炎热或处于干燥季节时,可酌量增加用水量;试配强度应按式(5-4)计算。

现场配制的水泥粉煤灰砂浆,其材料用量亦可按表5-5选用,选用时注意以下几点:水泥强度等级为32.5级,当采用细砂或粗砂时,用水量分别取上限或下限;稠度小于70mm时,用水量可小于下限;施工现场气候炎热或处于干燥季节时,可酌量增加用水量;试配强度应按式(5-4)计算。

每立方米水泥砂浆材料用量(kg/m³)   表5-4

强 度 等 级	水 泥	砂	用 水 量
M5	200～230		
M7.5	230～260		
M10	260～290		
M15	290～330	砂的堆积密度值	270～330
M20	340～400		
M25	360～410		
M30	430～480		

每立方米水泥粉煤灰砂浆材料用量(kg/m³)   表5-5

强 度 等 级	水泥和粉煤灰总量	粉 煤 灰	砂	用 水 量
M5	210～240			
M7.5	240～270	粉煤灰掺量可占胶凝材料总量的15%～20%	砂的堆积密度值	270～330
M10	270～300			
M15	300～330			

3. 预拌砌筑砂浆的试配要求

预拌砌筑砂浆生产前应进行试配,试配强度按式(5-4)计算确定,试配时稠度取70～80mm,预拌砂浆中可掺入保水增稠材料、外加剂等,掺量应经试配后确定。对于湿拌砌筑砂浆,在确定湿拌砌筑砂浆稠度时应考虑砂浆在运输和储存过程中的稠度损失,应根据凝结时间的要求确定外加剂掺量。对于干混砌筑砂浆,应明确拌制时的加水量范围。

预拌砌筑砂浆的搅拌、运输、储存和性能应符合《预拌砂浆》(JG/T 230—2007)的规定。

4. 砂浆配合比的试配、调整与确定

按计算或查表所得配合比进行试配时,应按现行行业标准《建筑砂浆基本性能试验方法标准》(JGJ/T 70—2009)测定砌筑砂浆拌和物的稠度和保水率,当稠度和保水率不能满足要求时,应调整材料用量,直到符合要求为止,确定为试配时的砂浆基准配合比。

试配时至少应采用3个不同的配合比,其中一个配合比为按(JGJ/T 98—2010)计算得出的基准配合比,其余两个配合比的水泥用量应按基准配合比分别增加及减少10%。在保证稠度、保水率合格的条件下,可将水、石灰膏、保水增稠材料或粉煤灰等活性掺和料用量作相应调整。

砌筑砂浆试配时稠度应满足施工要求,并应按现行行业标准(JGJ/T 70—2009)分别测定不同配合比砂浆的表观密度及强度;并应选定符合试配强度及和易性要求,并且水泥用量最低的配合比作为砂浆的试配配合比。

【例题 5-1】 某工程要求用于砌筑砖墙的砂浆为强度等级 M7.5 的水泥石灰混合砂浆,砂浆稠度为 70～80mm。水泥采用 32.5 级的矿渣硅酸盐水泥;砂为中砂,含水率为 3%,堆积密度为 1 450kg/m³;石灰膏稠度为 90mm;施工水平一般。

解:(1)确定砂浆的试配强度

该工程施工控制水平一般,查表 5-2,选 k 值为 1.2。

$$f_{m,0} = kf_2 = 1.20 \times 7.5 = 9.0(\text{MPa})$$

(2)计算水泥用量 Q_c

$$Q_c = \frac{1\,000(f_{m,0} - B)}{Af_{ce}} = \frac{1\,000 \times (9.0 + 15.09)}{3.03 \times 32.5} = 245(\text{kg/m}^3)$$

由于无水泥实测强度,上式 f_{ce} 按式计算得:$f_{ce} = \gamma_c f_{ce,k} = 1 \times 32.5 = 32.5(\text{MPa})$

(3)计算石灰膏用量 Q_D

$$Q_D = Q_A - Q_c = 350 - 245 = 105(\text{kg/m}^3)$$

式中取每立方米砂浆水泥浆和石灰膏总量取 350(kg/m³),石灰膏稠度为 90mm,换算成 120mm,查表 5-3 并计算得:

$$Q_D = 105 \times 0.95 = 100(\text{kg/m}^3)$$

(4)确定砂用量

$$Q_s = 1\,450 \times (1 + 3\%) = 1\,494(\text{kg/m}^3)$$

水泥石灰混合砂浆试配时的配合比如下所示:

水泥:石灰膏:砂 = 245:100:1 494 = 1:0.41:6.10

5.2 抹面砂浆

抹面砂浆(Plaster Mortar)指涂抹于建筑物或构件的表面的砂浆。抹面砂浆有保护基层、增加美观的功能。砂浆的强度要求不高,但要求保水性好,与基底的黏结力好。

5.2.1 抹面砂浆的组成材料

抹面砂浆的组成材料的要求同砌筑砂浆基本相同。只是由于抹面砂浆的主要技术指标不

是强度,而是和易性和黏结力,因此,抹面砂浆较砌筑砂浆所用的胶凝材料多,且可在其中加入有机聚合物(如常在水泥砂浆中加入占水泥质量10%的聚乙烯醇缩甲醛胶(107胶)来提高砂浆和基层的黏结力,增加砂浆的柔韧性,减少开裂,使砂浆不易脱落,便于涂抹。由于抹面砂浆的面积较大,干缩的影响较大,常在砂浆中加入一些纤维材料,增加抗拉强度,增加抹灰层的弹性和耐久性,同时减少干缩和开裂。

5.2.2 抹面砂浆的分类

抹面砂浆根据胶凝材料可分为水泥砂浆、水泥混合砂浆、石灰砂浆、石膏砂浆、麻刀石灰砂浆、纸筋石灰砂浆等。抹面砂浆在施工时又可分为三层:第一层为底层,它的作用是使砂浆与基面牢固地黏结,要求砂浆有较高的黏结力和良好的和易性;第二层为中层,它的作用是为了找平,也可以省去不用;第三层为面层,是为了表面平整光洁。砖墙、混凝土(梁、板、柱)结构的底层一般用混合砂浆,中层一般用混合砂浆或石灰砂浆,面层多用混合砂浆、纸筋混合砂浆和麻刀石灰混合砂浆。水泥砂浆不得抹在石灰砂浆层上。

在硅酸盐砌块墙面上作砂浆的抹面层或粘贴重型饰面材料时,由于日久易脱落,所以,最好在砂浆层内夹一层固定好的钢丝网。

普通抹面砂浆用于室外、易撞击或用于潮湿的环境中,如外墙、水池、墙裙等,一般应采用水泥砂浆。其体积配合比为水泥:砂 = 1:(2~3)。

一般砖石砌体用的水泥砂浆的体积配合比为1:1~1:6,石灰水泥混合砂浆为1:0.5:4.5~1:1:6.0。普通抹面砂浆的配合比,见表5-6。

常用抹面砂浆的配合比和应用范围　　　　　　　　　　　　表5-6

材　料	体积配合比	应　用　范　围
石灰:砂	1:3	用于干燥环境中的砖石墙面打底或找平
石灰:黏土:砂	1:1:6	干燥环境墙面
石灰:石膏:砂	1:0.6:3	不潮湿的墙及天花板
石灰:石膏:砂	1:2:3	不潮湿的线脚及装饰
石灰:水泥:砂	1:0.5:4.5	勒角、女儿墙及较潮湿的部位
水泥:砂	1:2.5	用于潮湿的房间墙裙、地面基层
水泥:砂	1:1.5	地面、墙面、天棚
水泥:砂	1:1	混凝土地面压光
水泥:石膏:砂:锯末	1:1:3:5	吸音粉刷
水泥:白石子	1:1.5	水磨石
石灰膏:麻刀	1:2.5	木板条顶棚底层
石灰膏:纸筋	$1m^3$ 灰膏掺3.6kg纸筋	较高级的墙面及顶棚
石灰膏:纸筋	100:3.8(质量比)	木板条顶棚面层
石灰膏:麻刀	1:1.4(质量比)	木板条顶棚面层

抹面砂浆的品种根据使用部位或基体种类按《抹灰砂浆技术规程》(JGJ/T 220—2010)选用,见表5-7。

使用部位或基本种类	抹灰砂浆品种
内墙	水泥抹灰砂浆、水泥石灰抹灰砂浆、水泥粉煤灰抹灰砂浆、塑化剂水泥抹灰砂浆、聚合物水泥抹灰砂浆、石膏抹灰砂浆
外墙、门窗洞口外侧壁	水泥抹灰砂浆、水泥粉煤灰抹灰砂浆
温(湿)度较高的车间和房屋、地下室、屋檐、勒脚等	水泥抹灰砂浆、水泥粉煤灰抹灰砂浆
混凝土板和墙	水泥抹灰砂浆、水泥石灰抹灰砂浆、聚合物水泥抹灰砂浆、石膏抹灰砂浆
混凝土顶棚、条板	聚合物水泥抹灰砂浆、石膏抹灰砂浆
加气混凝土砌块(板)	水泥抹灰砂浆、水泥粉煤灰抹灰砂浆、塑化剂水泥抹灰砂浆、聚合物水泥抹灰砂浆、石膏抹灰砂浆

5.3　特种砂浆

在土木工程中,除了具有一般砂浆的性质外,并能用于满足某种特殊功能要求的砂浆称为特种砂浆。常用的特种砂浆有以下几种。

5.3.1　装饰砂浆

装饰砂浆(Decorative Mortar)是指用作建筑物的饰面的砂浆。它除了具有抹面砂浆的功能外,还兼有装饰的效果。装饰砂浆可分为两类,即灰浆类和石渣类。

1. 装饰性砂浆的组成材料

(1)胶凝材料

胶凝材料可采用石膏、石灰、白水泥、彩色硅酸盐系列水泥。

(2)集料

集料可采用石英砂、普通砂、彩釉砂、着色砂、大理石或花岗石加工而成的石渣等。

(3)着色剂

装饰性砂浆的着色剂应选用较好的耐候性矿物颜料。常用的着色剂有氧化铁红、氧化铁黄、氧化铁棕、氧化铁黑、氧化铁紫、铬黄、铬绿、甲苯胺红、群青、钴蓝、锰黑、炭黑等。

2. 灰浆类装饰砂浆

灰浆类装饰砂浆是用各种着色剂使水泥砂浆着色,或对水泥砂浆表面形态进行艺术处理,获得一定色彩、线条、纹理质感的表面装饰砂浆。装饰性抹面砂浆底层和中层多与普通抹面砂浆相同,只改变面层的处理方法。常用的灰浆类装饰砂浆有以下几种:

(1)拉毛灰

拉毛灰是用拉毛工具,将罩面灰轻压后顺势用力拉去,形成很强的凹凸质感的装饰性砂浆面层。拉毛灰不仅具有装饰作用,而且具有吸声作用,一般用于外墙及影剧院等公共建筑的室内墙壁和天棚的饰面。

(2)甩毛灰

甩毛灰是用竹丝刷等工具将罩面灰浆甩在墙面上,形成大小不一而又有规律的云状毛面装饰性砂浆。

（3）假面砖

假面砖是在掺有着色剂的水泥砂浆抹面的墙面上，用特制的铁钩和靠尺，按设计要求的尺寸进行分格处理，形成表面平整，纹理清晰的装饰效果，多用于外墙装饰。

（4）喷涂

喷涂是用挤压式砂浆泵或喷斗，将掺有聚合物的少量砂浆喷涂在墙面基层或底面上，形成装饰性面层，为了提高墙面的耐久性和减少污染，再在表面上喷一层甲基硅醇钠或甲基硅树脂疏水剂。喷涂一般用于外墙装饰。

（5）弹涂

弹涂是将掺有 107 胶水的各种水泥砂浆，用电动弹力器，分次弹涂到墙面上，形成 1 ~ 3mm 的圆状的带色斑点，最后刷一道树脂面层，起到防护作用。弹涂可用于内外墙饰面。

（6）拉条

拉条是在面层砂浆抹好后，用一凹凸状的轴辊在砂浆表面由上而下滚压出条纹。拉条饰面立体感强，适用于会场、大厅等内墙装饰。

3. 石渣类装饰性砂浆

石渣类装饰性砂浆有以下几种：

（1）水刷石

水刷石是将水泥和石渣按适当的比例加水拌和配制成石渣浆，在建筑物表面的面层抹灰后，待水泥浆初凝后，用毛刷刷洗，或用喷枪以一定的压力水冲洗，冲掉石渣表面的水泥浆，使石渣露出来，达到饰面的效果。一般用于外墙饰面。

（2）干黏石

干黏石是将石渣、彩色石子等粘在水泥或 107 胶的砂浆黏结层上，再拍平压实而成。施工时，可采用手工甩黏或机械甩喷，施工时注意石子一定要黏结牢固，不掉渣，不露浆，石渣的2/3应挤入砂浆内。一般用于外墙饰面。

（3）水磨石

水磨石是由水泥、白色大理石石渣或彩色石渣、着色剂按适当的比例加水配制，经搅拌、浇筑、养护，待其硬化后，在其表面打磨，洒草酸冲洗，干燥后上蜡而成。水磨石可现场制作，也可预制。一般用于地面、墙裙等。

（4）斩假石

斩假石又称斧剁石。以水泥、石渣按适当的比例加水拌制而成。砂浆进行面层抹灰，待其硬化到一定的强度时，用斧子或凿子等工具在面层上剁斩出纹理。一般用于室外柱面、栏杆、踏步等的装饰。

5.3.2 防水砂浆

防水砂浆（Waterproof Mortar）是一种制作防水层用的抵抗水渗透性高的砂浆，又称刚性防水层。砂浆防水层仅适用于不受振动和具有一定刚度的混凝土或砖石砌体工程。

防水砂浆可采用普通水泥砂浆、聚合物水泥砂浆或在水泥砂浆中掺入防水剂来制作。水泥砂浆宜选用32.5级以上的普通硅酸盐水泥和级配良好的中砂配制；防水砂浆的配合比，一般采用水泥与砂的质量比不宜大于 1 ∶ 2. 5，水灰比控制在 0. 5 ~ 0. 6 之间，稠度不应大于80mm。

常用的防水剂有氯化物金属盐类防水剂、水玻璃类防水剂和金属皂类防水剂等，使用时严格控制其掺量。在水泥砂浆中掺入一定量的防水剂,可促使砂浆结构密实,能堵塞毛细孔,从而提高砂浆的抗渗能力,是目前工程中应用最广泛的防水砂浆品种。

防水砂浆的防渗水效果,主要取决于施工质量。采用喷浆法施工,使用高压空气将砂浆以约 100m/s 的高速喷至建筑物表面,砂浆密实度大,抗渗性好。采用人工多层抹压法,是将搅拌均匀的防水砂浆,抹压 4~5 层,分层涂抹在基面上,每层厚度约为 5mm,总厚度为 20~30mm。每层在初凝前用木抹子压实一遍,最后一层要压光。抹完之后要加强养护,防止脱水过快造成干裂。

5.3.3 保温砂浆(绝热砂浆)

保温砂浆(Heat-insulation Mortar)是以水泥、灰膏、石膏等胶凝材料与轻质集料(珍珠岩砂、浮石、陶粒等)按一定的比例配制的砂浆。它具有轻质、保温等特性。

常用的保温砂浆有水泥膨胀珍珠岩砂浆、水泥膨胀蛭石砂浆、水泥石灰膨胀蛭石砂浆等。水泥膨胀珍珠岩砂浆用 42.5 强度等级的普通水泥配制,其体积比为水泥:膨胀珍珠岩砂 = 1:(12~15),水灰比为 1.5~2.0,热导率为 0.067~0.074W/(m·K)。可用于砖及混凝土内墙表面抹灰或喷涂。水泥石灰膨胀蛭石砂浆的体积配合比为水泥:石灰膏:膨胀蛭石 = 1:1:(5~8)。其热导率为 0.076~0.105 W/(m·K)。一般用于平屋顶保温层及顶棚、内墙抹灰。

5.3.4 耐酸砂浆

耐酸砂浆(Acid-proof Mortar)是用水玻璃和氟硅酸钠加入石英砂、花岗岩砂、铸石按适当的比例配制的砂浆,具有耐酸性。可用于耐酸地面和耐酸容器的内壁防护层。

5.3.5 防辐射砂浆

在水泥中加入重晶石粉和重晶石砂可配制具有防 X 射线的砂浆,也称防辐射砂浆(Radiation Protection Mortar)。其配合比一般为水泥:重晶石粉:重晶石砂 = 1:0.25:(4~5)。配制砂浆时加入硼砂、硼酸可制成具有防中子辐射能力的砂浆。此类砂浆用于射线防护工程。

5.3.6 吸声砂浆

用水泥、石膏、砂、锯末等可以配制成吸声砂浆(Sound-absorptive Mortar)。轻集料配成的保温砂浆一般也具有吸声性。如果在吸声砂浆内掺入玻璃纤维、矿物棉等松软的材料能获得更好的吸声效果。吸声砂浆用于室内的墙面和顶棚的抹灰。

【案例分析 5-1】 选用水泥不当造成砂浆抹灰层开裂

(1)工程概况

某六层商用综合楼为混凝土框架整体式楼(屋)盖结构。结构构件处于潮湿大气环境,为防止冷凝结露而带来危害,现浇混凝土楼板顶棚面层为 20mm 厚 1:3 水泥砂浆抹灰,涂料二度刷白。水泥砂浆采用 42.5R 普通硅酸盐水泥及当地优质河砂(中砂)。顶棚抹灰层在施工后 1 周内普遍开裂,不规则裂缝宽度 0.2~0.6mm 不等,裂缝间距约 40~60cm,且有通长裂缝。

(2)原因分析

经观察和分析,裂缝只出现在抹灰层,且无一定规则,因此,可以排除因地基沉陷、结构变形、构件挠度、错位等引起的开裂。经检验,工程选用 42.5R 普通硅酸盐水泥。所选用的

42.5R普通硅酸盐水泥的特点是:凝结硬化快,早期强度高,收缩大,易使抹灰层产生收缩裂缝。加之抹灰后浇水养护不够,使收缩加剧,最终造成砂浆抹灰层开裂。

【案例分析 5-2】 砂浆质量问题

(1)工程概况

某工地现场配制 M10 砌筑砂浆时,把水泥直接倒在砂堆上,再人工搅拌。拌和后发现该砂浆的和易性和黏结力都较差。

(2)原因分析

首先,砂浆的均匀性有问题。将水泥直接倒入砂堆上,采用人工搅拌的方式往往会导致水泥和砂混合不够均匀,使强度波动大,应加入搅拌机中搅拌。其次,仅以水泥与砂配制强度等级较低(如本案例 M10)的砌筑砂浆时,一般只需少量水泥就可满足强度要求,但这样使得胶凝材料量不足,砂浆的流动性和保水性较差,黏结力较低。通常可掺入少量石灰膏、石灰粉或微沫剂等以改善砂浆和易性,提高黏结力。

【案例分析 5-3】 抹面砂浆裂缝问题

(1)工程概况

某地面抹灰砂浆层上有很多裂纹。抹灰砂浆的配合比为水泥:砂:水 =1:1:0.65,请分析抹灰砂浆层开裂的原因。

(2)原因分析

用于地面基层的抹灰砂浆中的水泥用量不宜多,一般可采取水泥:砂 =1:2 ~1:3 的配合比,因为水泥用量高不仅多消耗水泥,而且砂浆的干缩量大。此外,该砂浆水灰比较大,用水量较多也是导致产生裂缝的另一原因。

复习思考题

5-1 新拌砂浆的和易性的含义是什么,怎样才能提高砂浆的和易性?

5-2 配制砂浆时,其胶凝材料和普通混凝土的胶凝材料有何不同?

5-3 影响砂浆强度的主要因素有哪些?

5-4 普通抹面砂浆的主要性能要求是什么? 不同部位应采用何种抹面砂浆?

5-5 何谓防水砂浆? 如何配制防水砂浆?

5-6 试述什么是绝热砂浆。

5-7 一工程砌砖墙,需配制 M7.5 的水泥石灰混合砂浆。现材料供应如下:水泥,32.5MPa的普通硅酸盐水泥;砂,采用中砂,含水率为 2%,堆积密度为 1 450 kg/m³;石灰膏稠度为 120mm;施工水平一般。试计算砂浆的配合比。

第6章 砌筑材料

内容提要

本章主要介绍烧结普通砖、烧结多孔砖及烧结空心砖、蒸压砖、蒸压砌块、砌筑用石材的生产与技术性能、制作方法及常用产品的性能指标。重点是砌筑材料技术指标及使用要求。

学习目标

通过本章学习,了解砌筑材料的种类和发展;掌握砌体墙砖(包括各种烧结砖及蒸养砖)的技术性能、质量标准,掌握各种砌块的技术性能、质量标准,熟悉墙体材料的使用要求。

砌筑材料是指用来砌筑、拼装或用其他方法构成承重或非承重墙体或构筑物的材料,砌筑材料较多的是用作墙体材料。墙体材料一般由黏土、页岩、工业废渣或其他资源为主要原料,以一定工艺制成。此外,天然石材经加工也可作为墙体材料。在建筑工程中用于砌筑墙体的材料称为墙体材料。墙体材料具有承重、围护和分隔作用,其质量占建筑物总质量的50%以上,合理选用墙体材料对建筑物的结构形式、高度、跨度、安全、使用功能及工程造价等均有重要意义。墙体材料的品种很多,根据外形和尺寸大小分为砌墙砖、砌块和板材三大类,每一类中又分成实心和空心两种形式,砌墙砖还有烧结砖和非烧结(免烧)砖之分。本章主要学习常用砌墙砖、砌块和砌筑用石材。

6.1 砌墙砖

砌墙砖分为烧结砖和非烧结(免烧)砖。

6.1.1 烧结砖

凡以黏土、页岩、煤矸石、粉煤灰等为原料,经成型及焙烧所得的用于砌筑承重或非承重墙体的砖统称为烧结砖(Fired Brick)。

烧结砖按有无孔洞分为烧结普通砖、烧结多孔砖和烧结空心砖。烧结砖按砖的主要成分又分为烧结黏土砖(N)、烧结页岩砖(Y)、烧结煤矸石砖(M)及烧结粉煤灰砖(F)。

各种烧结砖的生产工艺基本相同,均为原料配制—制坯—干燥—焙烧—成品。原料对制砖工艺性能和砖的质量性能起着决定性的作用,焙烧是重要的工艺环节。

焙烧砖的燃料可以外投,也可以将煤渣、粉煤灰等可燃工业废渣以适量比例掺入制坯黏土原料中作为内燃。后一种方法称为内燃烧砖法,近几年在我国普遍采用。这种方法可节省大量外投煤,节约原料黏土5%~10%,可变废为宝,减少环境污染。焙烧出的产品,强度提高20%左右,表观密度小,导热系数降低。

当焙烧窑中为氧化气氛时,黏土中所含铁的氧化物被氧化,生成红色的高价氧化铁

（Fe_2O_3），烧得的砖为红色;若窑内为还原气氛,高价的氧化铁还原为青灰色的低价氧化铁（FeO）即得青砖。青砖较红砖结实、耐碱和耐久,但生产效率低、浪费能源、价格较贵。

1. 烧结普通砖

以黏土、页岩、煤矸石或粉煤灰为原料制得的没有孔洞或孔洞率（砖面上孔洞总面积占砖面积的百分率）小于15%的烧结砖,称为烧结普通砖(Fired Common Brick)。

国家标准《烧结普通砖》(GB 5101—2003)规定,烧结普通砖根据抗压强度分为 MU30、MU25、MU20、MU15、MU10 共 5 个强度等级。根据尺寸偏差、外观质量、泛霜和石灰爆裂分为优等品(A)、一等品(B)和合格品(C)。

(1)技术性质

①外形尺寸。普通烧结砖的标准尺寸为 240mm × 115mm × 53mm。240mm × 115mm 的面称为大面,240mm × 53mm 的面称为条面,115mm × 53mm 的面称为顶面。考虑 10mm 砌筑灰缝,则 4 块砖长、8 块砖宽和 16 块砖厚均为 1m。由此可计算墙体用砖数量,如 1m³ 砖砌体需要砖 512 块,砌筑 1m² 的 24 墙须用砖 8 × 16 = 128(块)。

②外观质量。外观质量包括两条面高度差、弯曲程度、杂质凸出高度、缺棱掉角程度、裂纹长度完整面数和颜色等。

③强度等级。烧结普通砖的强度等级根据抗压强度划分。抗压强度测定时,取 10 块砖进行试验,根据试验结果,按平均值—标准差(变异系数 $\delta \le 0.21$ 时)或平均值—最小值方法(变异系数 $\delta > 0.21$ 时)评定砖的强度等级,见表6-1。

烧结普通砖的强度等级(MPa)　　　　　　　　　　　　　　表6-1

强 度 等 级	抗压强度平均值 f	变异系数 $\delta \le 0.21$	变异系数 $\delta > 0.21$
		强度标准值 $f_k \ge$	单块最小抗压强度值 $f_{min} \ge$
MU30	30	22	25
MU25	25	18	22
MU20	20	14	16
MU15	15	10	12
MU10	10	6.5	7.5

烧结普通砖的抗压强度标准值按式(6-1)、强度标准差按式(6-2)计算。

$$f_k = \bar{f} - 1.8S \tag{6-1}$$

$$S = \sqrt{\frac{1}{9}\sum_{i=1}^{10}(f_i - \bar{f})^2} \tag{6-2}$$

式中:f_i——单块砖样的抗压强度测定值,MPa;

$\bar{f}$——10 块砖样的抗压强度平均值,MPa;

f_k——砖样的抗压强度标准值,MPa;

S——10 块砖样的抗压强度标准差,MPa。

强度变异系数 δ 按式(6-3)计算

$$\delta = \frac{s}{\bar{f}} \tag{6-3}$$

④泛霜。泛霜是指黏土原料中的可溶性盐类(如硫酸钠等)在砖使用过程中,随着砖内水

分蒸发而在砖表面产生的盐析现象,一般为白霜。这些结晶的白色粉状物不仅有损于建筑物的外观,而且结晶的体积膨胀也会引起砖表层的酥松,同时破坏砖与砂浆之间的黏结。优等品砖应无泛霜,一等品砖应无中等泛霜,合格品砖应无严重泛霜。

⑤石灰爆裂。当原料土或掺入的内燃料中夹杂有石灰质成分,则在烧砖时其被烧成过火石灰留在砖中。这些过火石灰在砖体内吸收水分消化时产生体积膨胀,导致砖发生胀裂破坏,这种现象称为石灰爆裂。

石灰爆裂对砖砌体影响较大,轻者影响外观,重者导致强度降低直至破坏。标准规定:优等品砖不允许出现最大破坏尺寸大于 2mm 的爆裂区域;一等品砖最大破坏尺寸大于 2mm 且小于或等于 10mm 的爆裂区域,每组砖样不得多于 15 处,不允许出现最大破坏尺寸大于 10mm 的爆裂区域;合格品砖最大破坏尺寸大于 2mm,且小于等于 15mm 的爆裂区域,每组砖样不得多于 15处,其中大于 10mm 的不得多于 7 处,不允许出现最大破坏尺寸大于 15mm 的爆裂区域。

⑥抗风化性能。抗风化性能是指在干湿变化、温度变化、冻融变化等物理因素作用下,材料不破坏并长期保持其原有性质的能力。风化指数是指日气温从正温降低至负温或负温升至正温的每年平均天数与每年从霜冻之日起至消失霜冻之日止这一期间降雨量(以 mm 计)的平均值的乘积。当风化指数大于等于 12 700 时为严重风化区,风化指数小于 12 700 时为非严重风化区,风化区的划分见表 6-2。用于非严重风化区和严重风化区的烧结普通砖,其 5h 沸煮吸水率和饱和系数满足规范要求,见表 6-3。

风 化 区 的 划 分 表 6-2

严重风化区		非严重风化区	
1. 黑龙江省	11. 河北省	1. 山东省	11. 福建省
2. 吉林省	12. 北京市	2. 河南省	12. 台湾省
3. 辽宁省	13. 天津市	3. 安徽省	13. 广东省
4. 内蒙古自治区		4. 江苏省	14. 广西壮族自治区
5. 新疆维吾尔自治区		5. 湖北省	15. 海南省
6. 宁夏回族自治区		6. 江西省	16. 云南省
7. 甘肃省		7. 浙江省	17. 西藏自治区
8. 青海省		8. 四川省	18. 上海市
9. 陕西省		9. 贵州省	19. 重庆市
10. 山西省		10. 湖南省	

砖 抗 风 化 性 能 表 6-3

砖 种 类	严重风化区				非严重风化区			
	5h 沸煮吸水率,≤(%)		饱和系数,≤		5h 沸煮吸水率,≤(%)		饱和系数,≤	
	平均值	单块最大值	平均值	单块最大值	平均值	单块最大值	平均值	单块最大值
黏土砖	18	20	0.85	0.87	19	20	0.88	0.90
粉煤灰砖	21	23			23	25		
页岩砖	16	18	0.74	0.77	18	20	0.78	0.80
煤矸石砖								

注:粉煤灰掺入量(体积比)小于 30% 时,抗风化性能指标按黏土砖规定判定。

严重风化地区的 1、2、3、4、5 地区的砖,必须进行冻融试验,其余地区的砖的抗风化性能符合表 6-3 规定时可不做冻融试验,否则,必须进行冻融试验。冻融试验后,每块砖样不允许出现裂纹、分层、掉皮、缺棱和掉角等冻坏现象,质量损失不得大于 2%。

⑦放射性。放射性物质不能超过规定值,应符合《建筑材料放射性核素限量》(GB 6566—2010)的规定。

(2)烧结普通砖的应用

烧结普通砖具有良好的绝热性、透气性、耐久性和热稳定性等特点,在建筑工程中主要用作墙体材料,其中中等泛霜的砖不得用于潮湿部位。烧结普通砖可用于砌筑柱、拱、烟囱、窑身、沟道及基础等;可与轻混凝土、加气混凝土等隔热材料复合使用,砌成两面为砖,中间填充轻质材料的复合墙体;在砌体中配置适当钢筋和钢筋网成为配筋砖砌体,可代替钢筋混凝土柱、过梁等。

由于砖砌体的强度不仅取决于砖的强度,而且受砂浆性质的影响很大。故在砌筑前砖应进行浇水湿润,同时应充分考虑砂浆的和易性及铺砌砂浆的饱满度。

值得指出的是,在众多墙体材料中,由于黏土砖可就地取材,生产工艺简单,使用方便,在过去相当长的一段时间内它是各国墙体材料的主要品种,但黏土砖的生产对土地资源以及能源消耗巨大、自重大、尺寸小、施工效率低、抗震能力差,烧结实心黏土砖已逐步限制使用,并最终淘汰,代之以空心砖、工业废渣砖、砌块及轻质板材等。

2. 烧结多孔砖和烧结空心砖

烧结多孔砖和烧结空心砖均以黏土、页岩、煤矸石为主要原料,经焙烧而成的。孔洞率大于或等于 15%、孔的尺寸小而数量多、常用于承重部位的砖称为多孔砖;孔洞率大于或等于 35%、孔的尺寸大而数量少、常用于非承重部位的砖称为空心砖。

(1)烧结多孔砖与烧结空心砖的特点与应用

烧结多孔砖和烧结空心砖的原料及生产工艺与烧结普通砖基本相同,但对原料的可塑性要求较高。

烧结多孔砖为大面有孔洞的砖,孔多而小,表观密度为 1 400kg/m³ 左右,强度较高。使用时孔洞垂直于承压面,主要用于砌筑 6 层以下承重墙。烧结空心砖为顶面有孔的砖,孔大而少,表观密度在 800 ~ 1 100kg/m³ 之间,强度低,使用时孔洞平行于受力面,用于砌筑非承重墙。

与烧结普通砖相比,生产多孔砖和空心砖可节省黏土 20% ~ 30%,节约燃料 10% ~ 20%,且砖坯焙烧均匀,烧成率高。采用多孔砖或空心砖砌筑墙体,可减轻自重 1/3 左右,工效提高 40% 左右,同时能有效地改善墙体热工性能和降低建筑物使用能耗。因此推广应用多孔砖和空心砖是加快我国墙体材料改革的重要措施之一。

(2)主要技术性质

根据《烧结多孔砖》(GB 13544—2000)和《烧结空心砖和空心砌块》(GB 13545—2003)的规定,其主要技术要求如下。

①形状与规格尺寸。烧结多孔砖为直角六面体,有 190mm × 190mm × 90mm (代号 M)和 240 mm × 115 mm × 90 mm (代号 P)两种规格。其孔洞:圆孔直径 < 22 mm,非圆孔内切圆直径 < 15mm,手抓孔(30 ~ 40) × (75 × 85) mm,形状如图 6-1 所示。

烧结空心砖为直角六面体,其长度不超过 365 mm,宽度不超过 240 mm,高度不超过 115mm(超过以上尺寸则为空心砌块),孔型采用矩形条孔或其他孔型。形状如图 6-2 所示。

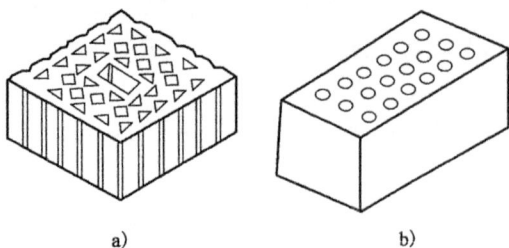

图 6-1 烧结多孔砖

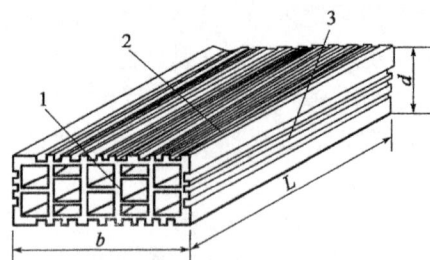

图 6-2 烧结空心砖
1-顶面;2-大面;3-条面
L-长度;b-宽度;d-高度

②强度及质量等级。多孔砖根据抗压强度分为 MU30、MU25、MU20、MU15、MU10 共 5 个强度等级,根据尺寸偏差、外观质量、孔型及孔洞排列、泛霜、石灰爆裂分为优等品(A)、一等品(B)和合格品(C)。各强度等级的具体指标要求见表 6-4。

烧结多孔砖的强度等级(MPa) 表 6-4

强 度 等 级	抗压强度平均值 f	变异系数 $\delta \leqslant 0.21$	变异系数 $\delta > 0.21$
		强度标准值 $f_k \geqslant$	单块最小抗压强度值 $f_{min} \geqslant$
MU30	30	22	25
MU25	25	18	22
MU20	20	14	16
MU15	15	10	12
MU10	10	6.5	7.5

烧结空心砖和空心砌块根据抗压强度分 MU10、MU7.5、MU5.0、MU3.5 和 MU2.5 共 5 个级别,根据尺寸偏差、外观质量、孔洞排列及结构、泛霜、石灰爆裂、吸水率分为优等品(A)、一等品(B)和合格品(C),按表观密度分 800、900、1 000 和 1 100 共 4 个密度级别。强度等级判定方法见表 6-5。

③耐久性。烧结多孔砖耐久性要求主要包括泛霜、石灰爆裂和抗风化性能,各质量等级砖的泛霜、石灰爆裂和抗风化性能要求与烧结普通砖相同。

烧结空心砖和空心砌块的强度等级 表 6-5

强 度 等 级	抗压强度(MPa)			密度等级范围 (kg/m³)
	抗压强度平均值 $f \geqslant$	变异系数 $\delta \leqslant 0.21$	变异系数 $\delta > 0.21$	
		强度标准值 $f_k \geqslant$	单块最小抗压强度值 $f_{min} \geqslant$	
MU10	10	7.0	8.0	≤1 100
MU7.5	7.5	5.0	5.8	
MU5.0	5	3.5	4.0	
MU3.5	3.5	2.5	2.8	
MU2.5	2.5	1.6	1.8	≤800

6.1.2 蒸压蒸养砖

蒸压蒸养砖(又称硅酸盐砖)是以硅质材料和石灰为主要原料,必要时加入集料和适量石膏,经压制成型,湿热处理制成的建筑用砖。根据所用硅质材料不同有灰砂砖、粉煤灰砖、炉渣砖、矿渣砖和尾矿砖等。

1. 蒸压灰砂砖

蒸压灰砂砖(简称灰砂砖)是以石灰和砂为主要原料,经坯料制备、压制成型、蒸压养护而成的实心砖。

根据国家标准《蒸压灰砂砖》(GB 11945—1999)规定;蒸压灰砂砖根据灰砂砖的颜色分为彩色的和本色的;根据抗压强度和抗折强度分为 MU25、MU20、MU15、MU10 共 4 个强度等级;根据尺寸偏差和外观质量分为优等品(A)、一等品(B)和合格品(C)。尺寸为 240mm × 115mm × 53mm。

各等级砖的抗压强度和抗折强度值及抗冻性指标应符合表 6-6 的要求。

灰砂砖的强度指标和抗冻性指标 表 6-6

强度等级	抗压强度(MPa)		抗折强度(MPa)		抗 冻 性	
	平均值≥	单块值≥	平均值≥	单块值≥	冻后抗压强度平均值≥(MPa)	单块砖干质量损失≤(%)
MU25	25.0	20.0	5.0	4.0	20.0	2.0
MU20	20.0	16.0	4.0	3.2	16.0	2.0
MU15	3.5	12.0	3.3	2.6	12.0	2.0
MU10	10.0	8.0	2.5	2.0	8.0	2.0

注:优等品的强度等级不得低于 MU15。

灰砂砖呈灰青色,表观密度为 1 800 ~ 1 900kg/m³,导热系数约为 0.61W/(m·K),MU15、MU20、MU25 的砖可用于基础及其他建筑,MU10 的砖仅可用于防潮层以上的建筑。灰砂砖不得用于长期受热 200℃以上、受急冷、急热和有酸性介质侵蚀的建筑部位。

灰砂砖的耐水性良好,在长期潮湿环境中,其强度变化不显著,但其抗流水冲刷的能力较弱,因此不能用于流水冲刷部位,如落水管出水处和水龙头下面等。

2. 蒸压(养)粉煤灰砖

蒸压(养)粉煤灰砖以粉煤灰、石灰为主要原料,掺加适量石膏和集料经坯料制备、压制成型、高压或常压蒸汽养护而成的实心砖。

根据行业标准《粉煤灰砖》(JC 239—2001)规定,粉煤灰砖根据抗压强度和抗折强度分为 MU30、MU25、MU20、MU15 和 M10 共 5 个强度级别。根据尺寸偏差、外观质量、强度等级和干燥收缩分为优等品(A)、一等品(B)和合格品(C)。公称尺寸为 240mm ×115mm × 53mm。

各等级砖的抗压强度和抗折强度值及抗冻性指标应符合表 6-7 的要求。

粉煤灰砖的强度指标和抗冻性指标 表 6-7

强度等级	抗压强度(MPa)		抗折强度(MPa)		抗 冻 性	
	10 块平均值≥	单块值≥	10 块平均值≥	单块值≥	冻后抗压强度平均值≥(MPa)	单块砖干质量损失≤(%)
MU30	30	24.0	6.2	5.0	24.0	2.0
MU25	25	20.0	5.0	4.0	20.0	2.0
MU20	20	16.0	4.0	3.2	16.0	2.0
MU15	15	12.0	3.3	2.6	12.0	2.0
MU10	10	8.0	2.5	2.0	8.0	2.0

注:强度等级以蒸汽养护后 1d 的强度为准。

蒸压(养)粉煤灰砖呈深灰色,表观密度 1 400~1 500kg/m³,导热系数约为 0.6W/(m·K)。《粉煤灰砖》(JC 239—2001)规定优等品和一等品干燥收缩率应不大于 0.65mm/m;合格品应不大于 0.75 mm/m,碳化系数不小于 0.8。

粉煤灰砖可用于工业与民用建筑的墙体和基础,但用于基础或用于易受冻融和干湿交替作用的建筑部位,必须使用一等品和优等品。粉煤灰砖不得用于长期受热 200℃ 及受急冷、急热交替作用或有酸性介质侵蚀的建筑部位,为避免或减少收缩裂缝的产生,用粉煤灰砖砌筑的建筑物,应适当增设圈梁及伸缩缝。

3. 炉渣砖

炉渣砖是以炉渣为主要原料,掺入适量水泥、电石渣、石灰、石膏,经混合、压制成型、蒸养或蒸压而成的实心砖。

根据行业标准《炉渣砖》(JC/T 525—2007)规定,炉渣砖根据抗压强度分为 MU25E、MU20 和 MU15 这 3 个强度等级。公称尺寸为 240mm×115mm×53mm。

各等级砖的抗压强度和抗冻性应符合表 6-8 的要求,碳化性能应符合表 6-9 的规定。

《炉渣砖》(JC/T 525—2007)规定,炉渣砖干燥收缩率应不大于 0.06%,耐火极限不小于 2.0h,用于清水场的砖抗渗性要符合要求,放射性应符合《建筑材料放射性核素限量》(GB 6566—2010)的规定。

炉渣砖的强度指标和抗冻性　　　　　　　　　　　　表 6-8

强度等级	抗压强度(MPa)		抗折强度(MPa)	抗　冻　性	
	抗压强度平均值 f≥	变异系数 δ≤0.21 强度标准值 f_k≥	变异系数 δ>0.21 单块最小抗压强度值 f_{min}≥	冻后抗压强度平均值 ≥(MPa)	单块砖干质量损失 ≤(%)
MU25	25.0	19.0	20.0	22.0	2.0
MU20	20.0	140	16.0	16.0	2.0
MU15	15.0	10.0	12.0	12.0	2.0

炉渣砖的硬化性能　　　　　　　　　　　　表 6-9

强度级别	硬化后强度平均值≥(MPa)	强度级别	硬化后强度平均值≥(MPa)
MU25	22.0	MU15	12.0
MU20	16.0		

炉渣砖呈黑灰色,现观密度为 1 500~2 000kg/m³,导热系数约为 0.75W/(m·K),炉渣砖可用于工业与民用建筑的墙体和基础,但用于基础或用于易受冻和干湿交替作用的建筑部位必须使用 15 级与 15 级以上的砖。炉渣砖不得用于长期受热 200℃ 以上,受急冷、急热和有酸性介质侵蚀的建筑部位。

【案例分析 6-1】　灰砂砖墙体严重开裂事故

(1)工程概况

新疆某石油基地库房砌筑采用蒸压灰砂砖,由于工期紧,灰砂砖亦紧俏,出厂四天的灰砂砖即砌筑。8 月完工,后发现墙体有较多垂直裂缝,至 11 月底裂缝基本固定。

(2)原因分析

经调查,工程原设计采用红砖 MU7.5,因红砖供应短缺,改用 MU10 灰砂砖。而对灰砂性能未进行深入了解,只是按等强度替换。经检验,灰砂砖的抗压性能与普通黏土砖相当,但抗剪强度的平均值只有普通黏土砖的80%。由于灰砂砖供应紧张,砖出厂到上墙时间太短,而且在使用前猛浇水,灰砂砖含水率大,其水分挥发速率较普通黏土砖慢,20多天后才基本稳定,灰砂砖砌筑前后干缩变形大。此外,施工时值7、8月间,砌筑时气温高,砌筑后气温明显下降,温差导致温度变形,从而造成大面积开裂。

【案例分析6-2】 烧结黏土砖耐腐蚀性能差

(1)工程概况

海南某地烧结黏土砖墙和花岗岩石墙。几年后烧结黏土砖出现明显腐蚀,而花岗岩石墙无此现象。

(2)原因分析

海南等沿海地区气候潮湿,而且空气中含较多的盐、碱等腐蚀介质,因此部分含可溶性盐较高的烧结黏土砖出现盐析,并导致砖的使用寿命缩短。而花岗岩表观密度大、内部结构致密、空隙率小、吸水率低,耐盐碱腐蚀能力强,耐久性好。

6.2 砌块

砌块(Block)是用于砌墙的尺寸较大的人造块材,外形多为六面直角体,也有多种异形体。按产品主规格的尺寸可分为大型砌块(高度大于980mm)、中型砌块(高度为380~980mm)和小型砌块(高度为115~380mm)。目前我国以中小型砌块使用较多。砌体具有适应性强、原料来源广、制作简单及施工方便等特点。常见的有普通混凝土小型空心砌块、轻集料混凝土小型空心砌块、加气混凝土砌块和石膏砌块等。

6.2.1 普通混凝土小型空心砌块

普通混凝土小型空心砌块是以水泥、砂、石子制成,空心率25%~50%,适宜于人工砌筑的混凝土建筑砌块系列制品。其主规格尺寸为390mm×190mm×190mm,其他规格尺寸可由供需双方协商,最小外壁厚应不小于30 mm,最小肋厚应不小于25 mm。

根据国家标准《混凝土小型空心砌块》(GB 8239—1997)的规定,混凝土小型空心砌块根据抗压强度分为MU3.5、MU5.0、MU7.5、MU10.0、MU15.0和MU20.0共6个强度等级;按其尺寸偏差,外观质量分为优等品(A)、一等品(B)及合格品(C)。

普通混凝土小型空心砌块的强度等级应符合表6-10的规定;相对含水率应符合表6-11的规定;用于清水墙时的砌块,其抗渗性应满足表6-12的规定;抗冻性应符合表6-13的规定。

混凝土小型空心砌块的强度等级(MPa)   表6-10

强 度 等 级	砌块抗压强度		强 度 等 级	砌块抗压强度	
	平均值≥	单块最小值≥		平均值≥	单块最小值≥
MU3.5	3.5	2.8	MU10.0	10.0	8.0
MU5.0	5.0	4.0	MU15.0	15.0	12.0
MU7.5	7.5	6.0	MU20.0	20.0	16.0

混凝土小型空心砌块相对含水率(%)　　　　　　　表 6-11

使用地区	潮湿	中等	干燥
相对含水率≤	45	40	35

注:潮湿——指年平均相对湿度大于 75% 的地区;中等——指年平均相对湿度为 50%~75% 的地区;干燥——年平均相对湿度小于 50% 的地区。

混凝土小型空心砌块抗渗性　　　　　　　表 6-12

项目名称	指标
水面下降高度	3 块中任一块不大于 10

混凝土小型空心砌块抗冻性　　　　　　　表 6-13

使用环境条件		抗冻标号	指标
非采暖地区		不规定	—
采暖地区	一般环境	D15	强度损失≤25%
	干湿交替环境	D25	质量损失≤5%

注:非采暖地区指最冷月份平均气温高于 -5℃ 的地区;采暖地区指最冷月份平均气温低于或等于 -5℃ 的地区。

普通混凝土小型空心砌块具有强度较高、自重较轻、耐久性好、外表尺寸规整等优点,部分类型的混凝土砌块还具有美观的饰面以及良好的保温隔热性能,适用于建造各种居住、公共、工业、教育、国防和安全性质的建筑,包括高层与大跨度的建筑,以及围墙、挡土墙、桥梁、花坛等市政设施,应用范围十分广泛。混凝土砌块施工方法与普通烧结砖相近,在产品生产方面还具有原材料来源广泛、不毁坏良田、能利用工业废渣、生产能耗较低、对环境的污染程度较小、产品质量容易控制等优点。

混凝土砌块在 19 世纪末起源于美国,经历了手工成型、机械成型、自动振动成型等阶段。水泥凝土砌块有空心和实心之分,有多种块型,在世界各国得到广泛应用,许多发达国家已经普及了砌块建筑。

我国从 20 世纪 60 年代开始对混凝土砌块的生产和应用进行探索。1974 年,国家建材局开始把混凝土砌块列为积极推广的一种新型建筑材料。20 世纪 80 年代,我国开始研制和生产各种砌块生产设备,有关混凝土砌块的技术立法工作也不断取得进展,并在此基础上建造了许多建筑。在二十几年的时间中,我国混凝土砌块的生产和应用虽然取得了一些成绩,但仍然存在许多问题。例如,空心砌块存在强度不高、块体较重、易产生收缩变形、保温性能差、易破损、不便砍削加工等缺点,这些问题亟待解决。

6.2.2　轻集料混凝土小型空心砌块

用轻集料混凝土制成,空心率等于或大于 25% 的小型砌块称为轻集料混凝土小型空心砌块。按其孔的排数分为单排孔、双排孔、三排孔和四排孔 4 类。主规格尺寸为 390mm × 190mm × 190mm。

根据国家标准《轻集料混凝土小型空心砌块》(GB/T 15229—2011)的规定,混凝土小型空心砌块根据抗压强度分为 MU2.5、MU3.5、MU5.0、MU7.5、MU10.0 共 5 个强度等级。

轻集料混凝土小型空心砌块的密度等级应符合表 6-14 的要求;强度等级应符合表 6-15 的要求;吸水率不应大于 18% ,干缩率和相对含水率应符合表 6-16 的要求;抗冻性应符合表 6-17 的要求;碳化系数不应小于 0.8,软化系数不应小于 0.8;放射性应符合《建筑材料放射性核素限量》(GB 6566—2010)的规定。

轻集料混凝土小型空心砌块的密度等级   表 6-14

密 度 等 级	砌块干燥表观密度的范围 （kg/m³）	密 度 等 级	砌块干燥表观密度的范围 （kg/m³）
700	≥610，≤700	1 100	≥1 010，≤1 100
800	≥710，≤800	1 200	≥1 110，≤1 200
900	≥810，≤900	1 300	≥1 210，≤1 300
1 000	≥910，≤1 000	1 400	≥1 310，≤1 400

轻集料混凝土小型空心砌块的强度等级   表 6-15

强 度 等 级	砌块抗压强度（MPa）		密度等级范围（kg/m³）≤
	平均值≥	最小值	
2.5	2.5	2.0	800
3.5	3.5	2.8	1 000
5.0	5.0	4.0	1 200
7.5	7.5	6.0	1 200① 1 300②
10.0	10.0	8.0	1 200① 1 400②

注:当砌块的抗压强度同时满足 2 个或 2 个以上强度等级要求时,应以满足要求的最高强度等级为准。

①除自然煤矸石掺量不小于砌块质量 35%以外的其他砌块。

②自然煤矸石掺量不小于砌块质量 35%的砌块。

轻集料混凝土小型空心砌块干缩率和相对含水率   表 6-16

干缩率(%)	相对含水率不应大于(%)		
	潮湿	中等	干燥
<0.03	45	40	35
≥0.03，≤0.045	40	35	30
>0.045，≤0.065	35	30	25

注:使用地区的湿度条件:

潮湿——年平均相对湿度大于 75%的地区;

中等湿度——年平均相对湿度 50%~75%的地区;

干燥地区——年平均相对湿度小于 50%的地区。

轻集料混凝土小型空心砌块抗冻性   表 6-17

使 用 条 件	抗冻强度等级	质量损失(%)	强度损失(%)
温热与夏热冬暖地区	D15	≤5	≤25
夏热冬冷地区	D25		
寒冷地区	D35		
严寒地区	D50		

注:环境条件应符合《民用建筑热工设计规范》(GB 50176—93)的规定。

我国自 20 世纪 70 年代末开始利用浮石、火山渣、煤渣等研制并批量生产轻集料混凝土小型空心砌块。进入 20 世纪 80 年代以来,轻集料混凝土小型空心砌块的品种和应用发展很快,有天然轻集料(如浮石、火山渣)混凝土小型空心砌块;工业废渣轻集料(如煤渣、自燃煤矸石)

混凝土小型空心砌块,人造轻集料(如黏土陶粒、页岩陶粒和粉煤灰陶粒等)混凝土小型空心砌块。轻集料混凝土小型空心砌块以其轻质、高强、保温隔热性能好和抗震性能好等特点,在各种建筑的墙体中得到广泛应用,特别是在保温隔热要求较高的维护结构上的应用。

6.2.3 蒸压加气温凝土砌块

蒸压加气混凝土砌块是以水泥、矿渣、砂或水泥、石灰、粉煤灰为基本原料,以铝粉为发气剂,经过搅拌、发气、切割和蒸压养护等工艺加工而成。

根据国家《蒸压加气混凝土砌块》(GB/T 11968—2006)规定,蒸压加气混凝土砌块根据抗压强度分为 A1.0、A2.0、A2.5、A3.5、A5.0、A7.5 和 A10.0 共 7 个等级;根据体积密度分为B03、B04、B05、B06、B07 和 B08 共 6 个等级;根据砌块尺寸偏差与外观质量、干密度、抗压强度和抗冻性分为优等品(A)、合格品(B)两个等级。

蒸压加气混凝土砌块的公称尺寸(mm)如下:长度为 600,宽度为 100、120、125、150、180、200、240、250 和 300,高度为 200、240、250 和 300。

蒸压加气混凝土砌块抗压强度应符合表 6-18 的规定;干密度、强度级别及物理性能应符合表 6-19 的规定;掺用工业废渣为原料时,放射性应符合《建筑材料放射性核素限量》(GB 6566)的规定。

蒸压加气混凝土砌块抗压强度　　　　表 6-18

强 度 级 别	立方体抗压强度(MPa)	
	平均值≥	单块最小值≥
A1.0	1.0	0.8
A2.0	2.0	1.6
A2.5	2.5	2.0
A3.5	3.5	2.8
A5.0	5.0	4.0
A7.5	7.5	6.0
A10.0	10.0	8.0

蒸压加气混凝土砌块的干密度、强度级别及物理性能　　　　表 6-19

体积密度级别		B03	B04	B05	B06	B07	B08
干密度	优等品(A)≤	300	400	500	600	700	800
	合格品(B)≤	325	425	525	625	725	825
强度级别	优等品(A)	A1.0	A2.0	A3.5	A5.0	A7.5	A10.0
	合格品(B)			A2.5	A3.5	A5.0	A7.5
干燥收缩值① (mm/m)	标准法≤	0.50					
	快速法≤	0.80					
抗冻性	质量损失≤(%)	5.0					
	冻后强度 优等品(A) ≥(MPa)	0.8	1.6	2.8	4.0	6.0	8.0
	合格品(B)	0.8	1.6	2.0	2.8	4.0	6.0
导热系数(干态)≤[W/(m·K)]		0.10	0.12	0.14	0.16	0.18	0.20

注:① 规定采用标准法、快速法测定砌块干燥收缩值,若测定结果发生矛盾不能判定时,则以标准法测定的结果为准。

我国从 1958 年开始进行加气混凝土研究。20 世纪 60 年代开始进行工业性试验和应用，并从国外引进全套技术和装备进行生产。70 年代对引进技术和设备进行消化吸收，并建立了独立的工业体系。目前，中国加气混凝土工业的整体水平还很低，在已有的 200 条生产线中，年生产能力不足 5 万 m^3、工艺设备简陋的生产线占 70% 以上，整个产品的合格率也不高，生产管理水平低，整个行业需要加强技术改进。

加气混凝土砌块具有轻质、保温、防火、可锯和可刨加工等特点，可制成建筑砌块，适用于民用工业建筑物的内外墙体材料和保温材料。

6.3 砌筑用石材

6.3.1 天然石材

石材(Stone)是指具有一定的物理、化学性能，可用作建筑材料的岩石。它分为天然石材和人工石材两大类。从天然岩石中采得的毛石，或经过一些简单的锯、凿、磨等加工研制成的石块、石板及其定型制品等称为天然石材。

天然石材资源丰富，使用历史悠久，是古老的建筑材料之一。我国对天然石材的使用也有悠久的历史和丰富的经验。由于天然石材具有抗压强度高、耐久性和耐磨性好、资源分布广、便于就地取材等优点而被广泛使用。但岩石也具有性质较脆、抗拉强度低、表观密度大、硬度高的特点，因此开采和加工都比较困难。

1. 岩石的技术性质

(1)表观密度

岩石的表观密度与它的矿物组成、孔隙率及含水率有关。致密的石材如花岗岩、大理石等，其表观密度接近于密度。而孔隙较多的石材，如火山凝灰岩、石灰岩等，其现观密度远小于密度。对于同种类的岩石米说，表观密度的大小可以用来表征石材的致密程度和空隙的多少，表观密度越大，抗压强度越高、吸水率越小、耐久性、导热性越好。

天然石材根据密度分为轻质石材和重质石材两大类。

①轻质石材：表观密度 $<1\ 800kg/m^3$。

②重质石材：现观密度 $>1\ 800kg/m^3$，可用于基础、道路方面作为承重材料来使用。

(2)吸水性

石材的吸水性主要与石材的孔隙率和孔隙特征有关，除此之外还与矿物组成和湿润性有关。一般来说，开口孔隙易被水浸入，而对于闭口孔隙，水不易浸入。孔隙特征相同的石材，其孔隙率越大，则吸水率越高。大部分的深成岩和变质岩，孔隙率都很低，吸水率比较小。如花岗岩的吸水率通常小于 5%。而沉积岩由于生成条件和胶结情况的不同，岩石的孔隙率及吸水率波动很大。例如致密的石灰岩，它的孔隙率可小于 1%，而多孔贝壳石灰岩可高达 15%。

石材吸水后对其强度、耐久性、导热性及抗冻性都会有影响。

(3)耐水性

石材的耐水性用软化系数表示。高耐水性石材，其软化系数 >0.90；中耐水性石材软化系数为 $0.75\sim0.9$；低耐水性石材，其软化系数 $k=0.6\sim0.75$。

(4)抗冻性

试件在规定的冻融循环次数内无贯穿裂纹(穿过试件两棱角的裂纹)，质量损失不超过

5%,强度降低不大于25%的石材方为合格。根据能经受的冻融循环次数,将石材分为:5、10、15、25、50、100及200等抗冻等级。经验表明,吸水率小于0.5%的石材认为是抗冻的,可不进行抗冻试验。

(5)耐热性

耐热性与岩石的物质组成有关,含有石膏的石材,在100℃以上时就开始破坏;含有碳酸镁的石材,温度高于725℃会发生破坏;含有碳酸钙的石材,温度达到827℃时开始破坏。

(6)导热性

石材的导热性主要与其致密程度有关。重质石材的导热系数可达2.91~3.49W/(m·K),轻质石材的导热系数则在0.23~0.70W/(m·K),同一种石材越致密,其导热系数就越大。

(7)强度

根据边长70mm立方体试件的抗压强度,砌筑石材的强度等级分为:MU10、MU15、MU20、MU30、MU40、MU50、MU60、MU80、MU100共九个等级。抗压强度也可采用表6-20所列边长尺寸的立方体,但应对其试验结果乘以相应的换算系数。

石材强度等级换算系数   表6-20

立方体边长(mm)	200	150	100	70	50
换算系数	1.43	1.28	1.14	1.0	0.86

矿物组成及构造特征会影响岩石的抗压强度。例如,组成花岗岩的主要矿物成分中石英是很坚硬的矿物,其含量越高则花岗岩强度也越高,而云母则为片状矿物,易于分裂成柔软薄片,因此,云母的含量越高则强度越低。对岩浆岩和变质岩而言,当中有些晶体彼此钩结得很牢固,其抗压强度自然要较一些钩结不良的为大。

(8)硬度

石材的硬度取决于矿物组成的硬度与构造。凡由致密、坚硬矿物组成的石材,其强度就高。岩石硬度以莫氏硬度表示。

(9)耐磨性

耐磨性指石材在使用条件下抵抗摩擦、边缘剪切以及撞击等复杂作用的性质。石材的耐磨性与其内部组成矿物的硬度、结构以及抗压强度有关。组成矿物越坚硬构造越致密,以及抗压强度和冲击韧性越高,石材的耐磨性就越好。

凡是用于可能遭受磨损的场所,如台阶、人行道、地面、楼梯踏步和可能遭受磨耗作用的道路路面的碎石等,应采用具有较高耐磨性的石材。

2. 常用石材

(1)花岗岩

花岗岩是岩浆岩中分布最广的一种岩石,是一种典型的深成岩。主要由长石、石英和少量的云母(或角闪石)组成。具有致密的结晶结构和块状结构,其颜色一般为灰白、微黄、淡红、深青等。

花岗岩致密坚硬,表观密度为2 500~2 700kg/m³,孔隙率小(0.04%~2.8%),吸水率小,抗压强度高达120~250MPa,材质坚硬,莫氏硬度6以上。具有优异的耐磨性,对酸具有高度的抗腐性,对碱类的侵蚀也具有较高的抵抗力,耐久性很高,使用年限长达75~200年,但花岗岩的耐火性差,当温度达800℃以上时,花岗岩中的晶体产生晶型转化,使体积膨胀,故发生火灾时,花岗岩会发生严重外裂而破坏;某些花岗岩含有微量放射性元素,应进行放射性元素的检测,若超过标准,则不能用于室内。花岗岩石材常用于重要的大型建筑物基础、勒脚、柱子、栏杆、踏步等部位以及桥梁、堤坝等工程中,是建筑永久性工程、纪念性建筑物的良好材料。经磨切而加工成的各类花岗岩建筑板材,质感坚实,华丽庄重,是室内外高级装饰装修板材。

目前,我国花岗岩的主要产地有:山东泰山和崂山、北京西山、江苏金山、安徽黄山、陕西华山及四川峨眉山等,其中著名产品有"济南青"和"泉州黑"。

(2)天然大理石

大理石因最早产于云南大理而得名。它是由石灰岩或白云岩变质而成,主要矿物组成是方解石或白云石。主要化学成分为碳酸盐类。

大理石具有等粒或不等粒的变晶结构,结构较致密,表观密度为 2 600 ~ 2 700kg/m³,抗压强度为 50 ~ 140MPa,但硬度不大(莫氏硬度为 3 ~ 5 度),较易进行锯解、雕琢和磨光等加工。大理石有着极佳的装饰效果,纯净的大理石为白色,俗称汉白玉。多数因含有其他深色矿物而呈红、黄、棕、绿等多种色彩,磨光后光洁细腻、纹理自然、美丽典雅,常用作地面、墙面、柱面、栏杆、踏步等室内高级饰面材料。但其抗风化能力差,大多数大理石的主要化学成分是碳酸钙等碱性物质,会遭到酸雨及空气中酸性氧化物与水形成的酸类侵蚀而失去光泽,变得粗糙多孔,从而降低装饰性能,一般不能做室外装饰。此外还应注意,当用作人员较多的场所的地面装饰材料时,由于大理石的硬度较低,所以板材的磨光面易损坏。

国内大理石的生产厂家较多,主要分布在云南大理、北京房山、湖北大冶和黄石、河北曲阳、山东平度、广西桂林、浙江杭州等。

(3)石灰岩

石灰岩俗称青石,是沉积岩的一种。主要化学成分为 $CaCO_3$,主要矿物成分为方解石,但常含有白云石、菱镁矿、石英及黏土等。因此,石灰岩的化学成分、矿物组成、致密程度以及物理性质差异很大。石灰岩通常为灰白色、浅灰色,常因含有杂质而呈现灰黑、深黑、浅黄、浅红等颜色。质地致密的石灰岩表观密度为 2 000 ~ 2 600kg/m³,抗压强度为 80 ~ 160MPa,吸水率为 2% ~ 10%,若黏土的含量不超过 3% ~ 4% 时,也具有较好的耐水性和抗冻性,但也有松散状或多孔状的石灰岩。

石灰岩来源厂、硬度低、易劈裂、便于开采、具有一定的强度和耐久性,因而广泛用于建筑工程中,其块石可做建筑物的基础、墙身、阶石和路面等,其碎石是常用的混凝土集料。此外,石灰岩也是生产水泥和石灰的主要原料。

6.3.2 砌筑石材的规格尺寸与应用

土木工程中使用的天然石材常加工为散粒、块状,形状规则的石块、石板,形状特殊的石制品等。

1. 砌筑用石材

砌筑用石材分为毛石、料石两类。

(1)毛石

毛石(又称为片石或块石)是由爆破直接得到的石块。按其表面的平整程度分为乱毛石和平毛石两类。

①乱毛石。它是形状不规则的毛石。一般在一个方向的尺寸达 300 ~ 400mm,质量为 20 ~ 30kg 的石块,其强度不宜小于 10MPa,软化系数不应小于 0.75。常用于砌筑基础、勒脚、墙身、堤坝、挡土墙等,也可以作毛石混凝土的集料。

②平毛石。它是乱毛石略经加工而成的石块。形状较整齐,但表面粗糙,其中部厚度不应小于200mm。

(2)料石

料石(又称为条石)是由人工或机械开采出的较规则的并略加凿琢而成的六面体石块。按料石表面加工的平整程度可分为以下四种:

①毛料石。一般不加工或仅稍加修整,为外形大致方正的石块。其厚度不应小于200mm,长度常为厚度的1.5~3倍,叠砌面凹凸深度不应大于25mm。

②粗料石。外形较方正,截面的宽度、高度不应小于200mm,而且不小于长度的1/4,叠砌面凹凸深度不应大于20mm。

③半细料石。外形方正,规格尺寸同粗料石,但叠砌面凹凸深度不应大于15mm。

④细料石。经过细加工,外形规则,规格尺寸同粗料石,其叠砌面凹凸面深度不应大于10mm。制作为长方形的称作条石,长宽高大致相等的称为方料石,楔形的称为拱石。

上述料石常用致密的砂岩、石灰岩、花岗岩等开采凿制,至少应有一个面的边角整齐,以便相互合缝。料石常用于砌筑墙身、地坪、踏步、拱和纪念碑等;形状复杂的料石制品可用于柱头、柱基、窗台板、栏杆和其他装饰等。

2. 板材

用致密岩石凿平或锯解而成的厚度一般为20mm的石材,称为板材。常用于建筑装饰工程,作为墙面和地面的饰面材料。根据其形状分可为普型板材和异型板材两种。

(1)普型板材(N)

正方形或长方形板材。

(2)异型板材(S)

其他形状的板材。

3. 颗粒状石料

(1)碎石

天然岩石经人工或机械破碎而成的粒径大于5mm的颗粒状石料。主要用于配制混凝土或作道路、基础等的垫层。

(2)卵石

母岩经自然条件风化、磨蚀、冲刷等作用而形成的表面较光滑的颗粒状石料。用途同碎石,还可作为装饰混凝土(如粗露石混凝土等)的集料和园林庭院地面的铺砌材料等。

(3)石渣

用天然大理石或花岗岩等的残碎料加工而成,具有多种颜色和装饰效果。可作为人造大理石、水磨石、斩假石、水刷石等的集料,还可用于制作干黏石制品。

6.3.3 石材的选用

在建筑设计和施工中,应根据适用性和经济性的原则选用石材。

适用性主要考虑石材的技术性能是否能满足使用要求。可根据石材在建筑物中的用途和部位,选择其主要技术性质能满足要求的岩石。如承重用的石材(基础、勒脚、柱、墙等),主要应考虑其强度等级、耐久性、抗冻性等技术性能;围护结构用的石材应考虑是否具有良好的绝热性能;用作地面、台阶等的石材应坚硬耐磨;装饰用的构件(饰面板;栏杆、扶手等),需考虑石材本身的色彩与环境的协调及可加工性等；对处在高温、高湿、严寒等特殊条件下的构件，还要分别考虑所用石材的耐久性、耐水性、抗冻性及耐化学侵蚀性等。

经济性主要考虑天然石材的密度大，不宜长途运输，应综合考虑地方资源，尽可能做到就地取材。

【案例分析6-3】 建筑物表面泛霜严重

（1）工程概况

某建筑物表面泛霜严重，已经造成结构疏松、强度降低、表面剥落的部位，用水洗、喷砂或酸洗方法处理都没有解决。

（2）原因分析

对于建筑物泛霜严重的情况，用水、砂或酸洗方法洗、喷处理一般不能解决泛霜的情况，应采用物理方法进行根除性处理。即挖掉不致密的泛霜部位，使用低水灰比、碱含量低的水泥砂浆密实填补，同时使表面平整光滑，以切断水分侵蚀的通道，最后涂上防水涂料。

复习思考题

6-1 烧结普通砖的标准尺寸是多少？砌筑$2.4m^2$三七墙、二四墙、一八墙、一二墙分别需要多少块砖？

6-2 烧结普通砖强度等级和产品等级怎样划分？

6-3 何谓砖的泛霜和石灰爆裂？它们对建筑物有何影响？什么是烧结砖的抗风化性能？根据哪几项技术指标来评定其抗风化性能？

6-4 我国为什么规定在县级及以上城市禁止使用烧结实心黏土砖？试分析我国墙体材料改革的方向和意义。

6-5 什么是蒸压蒸养砖？常见的蒸压蒸养砖有哪几种？它们的强度等级如何划分？工程中的应用要注意什么？

6-6 什么是砌块？常见的砌块有哪些？它们的性质特点有哪些？

6-7 石材的选用原则是什么？

6-8 岩石的技术性质包括哪些指标？

第7章 沥青材料

内容提要

    本章主要讲述石油沥青的生产工艺、组成结构、技术性质和技术标准,石油沥青技术性质的常规试验方法,外界因素对沥青材料性能的影响。在此基础上,讲述了乳化沥青的组成材料、生产工艺、形成及分裂机理,技术要求及应用;改性沥青的分类、生产工艺、技术性质及技术标准、常用改性沥青的性质及其应用;以及沥青类防水卷材和涂料的主要制品及应用。本章重点是沥青材料的化学组分、胶体结构、技术性质及技术标准。难点是沥青材料在外界因素作用下产生性能变化的规律。

学习目标

    通过本章的学习,掌握石油沥青的化学组成与结构,熟练掌握石油沥青的技术性质、技术标准;掌握沥青材料在外界因素作用下产生性能变化的规律;掌握沥青常规指标的测试方法;理解乳化沥青形成原理、对组成材料要求、分裂原理;了解沥青的改性及主要制品在工程中的应用;了解沥青防水卷材及防水涂料的基本性能。

    沥青材料(Bituminous Material)是黑色或暗黑色固体、半固体或黏稠状物,由天然或人工制造而得,主要由高分子烃类所组成。这些烃类为一些带有不同长短侧链的高度缩合的环烷烃和芳环烃,以及这些烃类的非金属元素(氧、氮、硫)的衍生物。可溶于二硫化碳、三氯乙烯和苯等有机溶剂。作为重要的有机结合料,沥青被广泛应用于道路建设、桥梁工程、铁路工程、水利工程以及防腐工程等领域。

    沥青材料的品种很多,按其在自然界获得的方式不同,可分为地沥青和焦油沥青两大类。

1. 地沥青(Asphalt)

地沥青是指地下原油演变或加工而得到的沥青。又可分为天然沥青和石油沥青。

(1)天然沥青(Natural Asphalt)

天然沥青是指由于地壳运动使地下石油上升到地壳表层聚集或渗入岩石空隙,再经过一定的地质年代,轻质成分挥发后的残留物经氧化形成的产物。一般存在于岩石裂缝中、地面上或形成湖泊,如著名的特立尼达湖沥青。

(2)石油沥青(Petroleum Asphalt)

石油沥青是将石油原油分馏出各种产品后的残渣加工而成的。我国天然沥青很少,但石油资源较为丰富,故石油沥青是使用量最大的一种沥青材料。

2. 焦油沥青(Tar)

焦油沥青是干馏有机原料(煤、页岩、木材等)所收集的焦油再经过加工而得到的一种沥青材料。按干馏原料的不同,焦油沥青可分为煤沥青、页岩沥青、木沥青和泥炭沥青。工程上常用的焦油沥青是煤沥青。

    通常所讲的沥青是石油沥青,其他沥青都要在沥青前加上名称以示区别,如煤沥青、页岩沥青等。在道路建筑中最常用的是石油沥青。

7.1 石油沥青

7.1.1 石油沥青的分类

石油沥青可根据不同的情况进行分类,各种分类方法都有其各自的特点和应用价值。

1. 按加工方法分类

(1)直馏沥青(Straight Asphalt)

直馏沥青是用直馏的方法将石油在不同沸点温度的馏分(汽油、煤油、柴油)取出之后,最后残留的黑色液体状产品。由于直馏沥青中含有许多不稳定的烃,其温度稳定性和耐候性差。

(2)氧化沥青(Oxidized Asphalt)

氧化沥青是将常压或减压重油,或低稠直馏沥青在250~300℃高温下吹入空气,经过数小时氧化可获得常温下为半固体或固体状的沥青。氧化沥青具有良好的温度稳定性。在道路工程中使用的沥青,氧化程度不能太深,有时也称为半氧化沥青。

(3)溶剂沥青(Solvent Asphalt)

溶剂沥青是对含蜡量较高的重油采用溶剂萃取工艺,提炼出润滑油原料后所余残渣。在溶剂萃取过程中,一些石蜡成分溶解在萃取溶剂中随之被拔出,因此,溶剂沥青中石蜡成分相对减少,其性质较由石蜡基原油生产的渣油或氧化沥青有很大的改善。

(4)调和沥青(Blend Asphalt)

用调和法生产沥青是按照沥青质量要求,将几种沥青调和,调整沥青组分之间的比例以获得所要求的产品。调和沥青的性质与各组分的比例不是简单的加合,而是和形成的胶体结构类型有关。

2. 按原油的成分分类

原油是生产石油沥青的原材料。石油按其含蜡量的多少可分为石蜡基、中间基和环烷基原油,不同性质的原油所炼制的沥青性质也不相同。

(1)石蜡基沥青

石蜡基沥青是由大量的烷烃成分的石蜡基原油提炼而得。这种沥青因原油中含有大量烷烃,沥青中含蜡量一般大于5%,有的高达10%以上。蜡在常温下常以结晶形式存在,降低了沥青的黏结性和温度稳定性,软化点虽高,但热稳性极差,温度稍高黏度就会很快降低。

(2)环烷基沥青

环烷基沥青是由环烷基石油加工所炼制的沥青。这种沥青含有较多的环烷烃和芳香烃,含蜡量一般低于3%,沥青的黏结性和塑性均较高,优质的道路沥青大多是环烷基沥青。

(3)中间基沥青

中间基沥青是由含蜡量介于石蜡基原油和环烷基原油之间的原油提炼而得。所含烃类成分和沥青的性质一般均介于石蜡基沥青和环烷基沥青之间。其含蜡量约为3%~5%,普通道路沥青大多属于中间基沥青。

7.1.2 石油沥青的生产工艺

石油沥青基本生产工艺主要有蒸馏法、氧化法、溶剂脱沥青法和调和法。现代石油沥青的生产过程要综合考虑原油特性和沥青产品技术指标的要求,采用多种加工方法的组合生产工艺。

1. 常减压蒸馏工艺

常减压蒸馏工艺是根据不同组分沸点不同,通过在常压和减压条件下加热原油,使原油中沸点较低的轻组分如汽油、煤油、柴油和蜡油等馏分挥发,塔底得到浓缩的高沸点减压渣油,即为沥青产品。通过合理调整蒸馏温度或拔出率,可以生产不同针入度牌号的沥青产品。原油常减压蒸馏原理流程如图7-1所示。

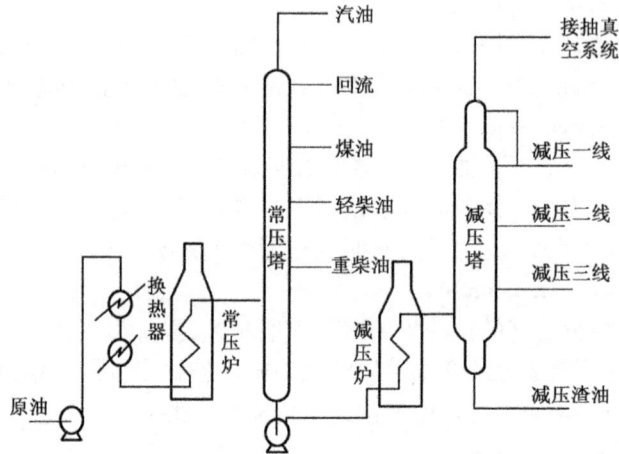

图7-1　原油常减压蒸馏原理流程示意图

2. 氧化工艺

沥青的氧化过程是将软化点低、针入度及温度敏感性大的减压渣油或其他残渣油,在一定温度条件下通入空气,使其组成发生变化。在沥青性能指标方面,氧化可使其软化点升高,针入度及温度敏感性减小,以达到沥青规格指标和使用性能要求。实际上高温下渣油吹入空气所发生的反应不只是氧化,而是一个十分复杂的多种反应的综合过程,习惯上将通过吹空气生产的沥青称之为氧化沥青。

影响氧化工艺的关键因素是氧化温度、氧化时间及氧化风量。通过改变这三个工艺参数,可获得不同技术等级和用途的沥青。

3. 溶剂脱沥青工艺

溶剂脱沥青是用轻烃做溶剂,利用溶剂对渣油中各组分的不同溶解能力,从渣油中分离出富含饱和烃和芳香烃的脱沥青油,同时得到含胶质和沥青质的浓缩物。然后通过调和、氧化等方法,生产出各种规格的道路沥青和建筑沥青。溶剂脱沥青的关键是选择合适的溶剂,溶剂的选择对产品性能、装置灵活性和经济性等有很大影响。溶剂脱沥青的工艺流程包括抽提工艺和溶剂回收工艺两部分,具体流程如图7-2所示。

4. 调和工艺

调和法生产沥青主要是指参照沥青中的四个化学组分作为调和依据,按沥青的质量要求将组分重新组合起来生产沥青。它可以用同一原油的四组分做调和原料,也可用同一原油或其他原油—二次加工的残渣油或各种工业废料等做调和组分,这样做可降低沥青生产过程中对油源的依赖性,扩大沥青生产的原料来源。

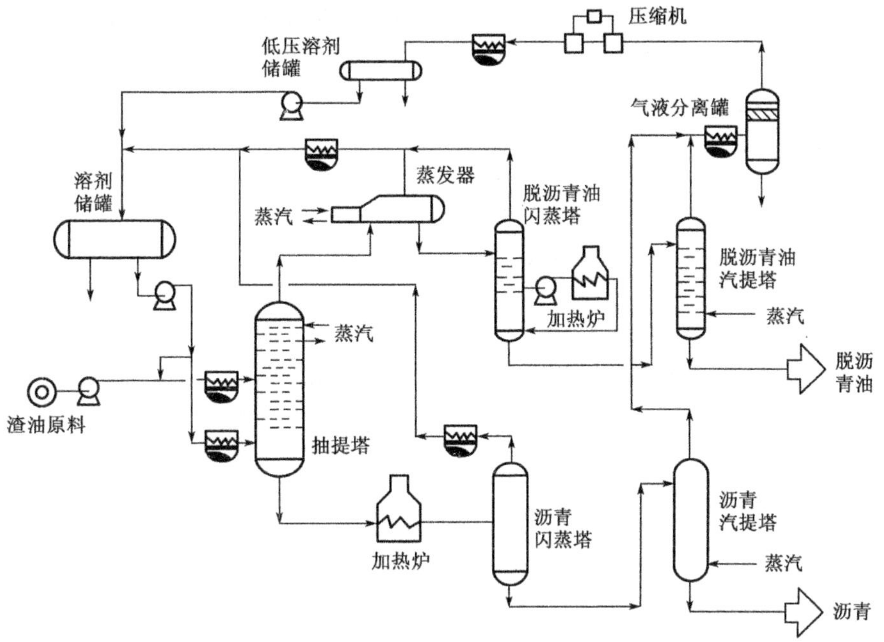

图 7-2　溶剂脱沥青装置典型流程示意图

7.1.3　石油沥青的组成和结构

1.元素组成

石油沥青是由多种极其复杂的碳氢化合物和这些碳氢化合物的非金属衍生物所组成的混合物,它的通式可写为 $C_nH_{2n+a}O_bS_cN_d$。沥青的元素组成,特别是碳、氢含量和 H/C 原子比对沥青的物理及化学性质影响很大,其中碳元素大约占 80% ~ 87%,氢元素约占 10% ~ 15%。除碳、氢元素外,沥青中还含有少量的氧、硫、氮等元素,所占比例小于 3%,这些元素主要存在于沥青质和胶质中,对沥青的性质也有一定的影响。石油沥青中还含有其他的微量元素,如铁、锑、镍、钒、钠、钙、铜等,也大多集中在沥青质和胶质之中,但因其数量甚微,约为百万分之一至十万分之一,对沥青性质和使用性能影响不显著。

由于沥青化学组成结构的复杂性,虽然多年来许多专家致力于这方面的研究,但是目前仍不能直接得到沥青元素含量与路用性能之间的关系。

2.化学组分

由于沥青的元素组成很难与技术性质相关联,因此必须寻求其他的分析方法对沥青进行分离。为了研究沥青化学组成与使用性能之间的联系,从工程角度出发,将沥青所含烃类化合物中化学性质相近的成分归类分析,从而划分为若干组,将沥青分为不同组分的化学分析方法称为组分分析法。不同国家的研究者提出的组分分析法有三组分分析法、四组分分析法、五组分分析法和多组分分析法等。我国现行《公路工程沥青及沥青混合料试验规程》(JTG E20—2011)中规定有三组分和四组分两种分析法。

（1）三组分分析法

石油沥青的三组分分析法是将石油沥青分离为油分（Oil）、树脂（Resin）和沥青质（Asphaltene）三个组分。因我国富含石蜡基或中间基沥青，在油分中往往含有蜡，故在分析时还应将油蜡分离。由于这一组分分析方法，是兼用了选择溶解和选择性吸附的方法，所以又称为溶解—吸附法。这种方法的优点是组分分解明确，组分含量能在一定程度上说明沥青的路用性能，缺点是分析流程复杂，分析时间长，其分析示意图如图7-3所示。

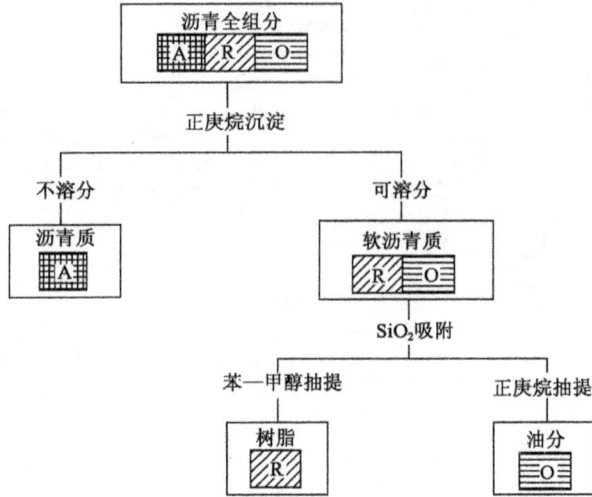

图7-3　石油沥青三组分分析法流程示意图

（2）四组分分析法

石油沥青的四组分分析法是将石油沥青分离为饱和分（Saturate）、芳香分（Aromatic）、胶质（Resin）及沥青质（Asphaltene）四个组分，因此该法也称为SARA法。我国现行四组分分析法[《公路工程沥青及沥青混合料试验规程》（JTG E 20—2011）]是将沥青试样先用正庚烷沉淀沥青质，再将可溶分吸附于氧化铝谱柱上，先用正庚烷冲洗，所得的组分称为饱和分；继续用甲苯冲洗，所得的组分称为芳香分；最后用甲苯—乙醇、甲苯、乙醇冲洗，所得组分称为胶质。石油沥青四组分分析法流程示意图如图7-4所示。

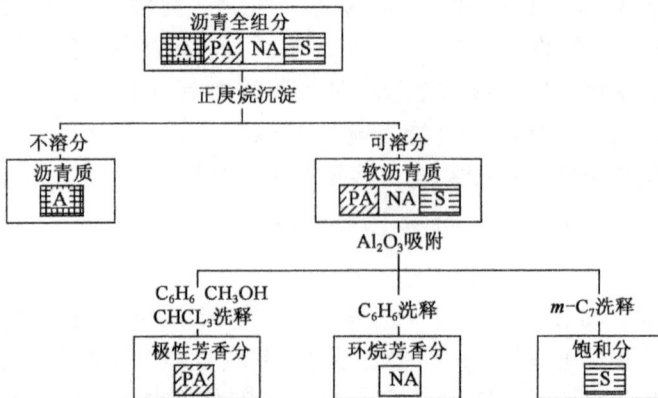

图7-4　石油沥青四组分分析法流程示意图

沥青四组分中的沥青质对沥青中的油分有憎液性，而对胶质呈亲液性。沥青是胶质包裹沥青质而成胶团悬浮在油分之中，形成胶体溶液。沥青质含量高的沥青，其软化点高，针入度小,延度小,低温易脆裂。胶质赋予沥青可塑性、流动性和黏结性,并能改善沥青的脆裂性和提高延度。其化学性质不稳定,易被氧化转变为沥青质。胶质与沥青质的比例在一定程度上决定沥青是溶胶或是凝胶的特性。芳香分和饱和分都作为油分,在沥青中起到润滑和柔软作用。油分含量越多,沥青的软化点越低,针入度越大,稠度越低。

沥青的性质在很大程度上取决于四种组分的组合比例和沥青质在分散介质中的胶溶度或分散度。要生产一种优质的沥青,沥青中的饱和分、芳香分、胶质及沥青质之间应有一个合理搭配。

（3）沥青的含蜡量

沥青中的蜡分是指沥青在除去沥青质和胶质后,在油分中含有的、经冷却能结晶析出的,熔点在25℃以上的混合组分,其中主要是高熔点的烃类混合物。蜡组分的存在对沥青的性能具有一定的影响。在高温条件下,蜡在沥青中融化,使沥青的黏度降低,温度敏感性增大。低温时,蜡易结晶析出,分散在沥青质中,减少沥青分子之间的紧密联系,使沥青的低温延展性降低。蜡使沥青与石料表面的亲和力变小,影响沥青与石料的黏附性。由于蜡对沥青的性能有一定的影响,而沥青中蜡的含量主要与原油的基属有关,因此应该对生产沥青的原油进行选择,使所生产沥青的蜡含量低于限制。

3.胶体结构

沥青的技术性质,不仅取决于它的化学组分及其化学结构,而且还取决于它的胶体结构。现代胶体理论认为,按四组分解释,固态微粒的沥青质是分散相,液态的油分(饱和分和芳香分)为分散介质,胶质使分散相很好地胶溶在分散介质中。即沥青质为核心,胶质吸附在表面,逐渐向外扩散形成胶团,胶团再分散到饱和分和芳香分介质中,就形成了胶体结构,其分散模型如图7-5所示。

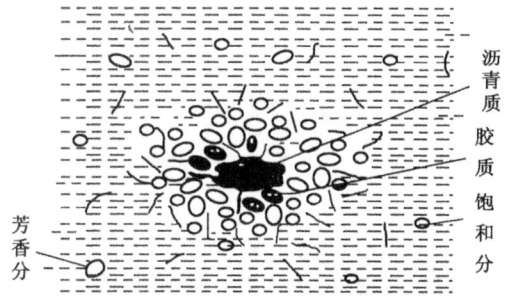
图7-5 石油沥青的胶体结构分散模型

沥青中各个组分在沥青中可以形成不同的胶体结构,通常认为按它们的化学特性以及各种组分的比例和流变学特性,可以分为溶胶、溶—凝胶和凝胶三种结构,示意图如7-6所示。

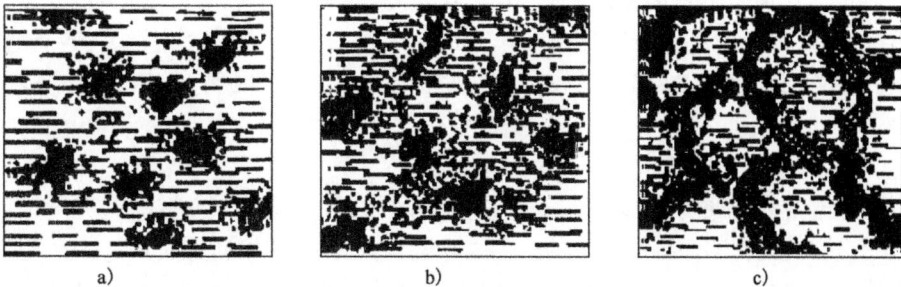

图7-6 石油沥青胶体结构示意图
a)溶胶型结构;b)溶—凝胶型结构;c)凝胶型结构

（1）溶胶型结构（Sol Type）

当沥青中的沥青质含量很低(小于10%),同时由于胶质作用,沥青质完全胶溶分散于饱和分和芳香分介质中。胶团之间没有吸引力或吸引力很小,胶团可以在分散介质黏度许可范围之内自由运动,这种胶体结构的沥青称为溶胶型沥青,如图7-6a)所示。这类沥青的流动性和塑性较好,开裂后自行愈合能力较强,但其温度稳定性较差。通常,大部分的直馏沥青都属于溶胶型沥青。

(2)溶—凝胶型结构(Sol-gel Type)

当沥青中的沥青质含量适当(15% ~25%之间),并有很多胶质作为保护物质,形成的的胶团数量较多,胶团距离相对靠近,胶团相互之间具有一定的吸引力,这种介于溶胶结构与凝胶结构之间的沥青称为溶—凝胶型沥青,如图7-6b)所示。这类沥青既具有较好的温度稳定性,又具有较好的开裂后自行愈合能力。大多数优质的路用沥青都属于溶—凝胶型沥青。

(3)凝胶型结构(Gel Type)

当沥青中的沥青质含量很高(达到或超过25% ~30%),胶质的数量不足以包裹沥青质周围使之胶溶,沥青质胶团会互相连接,形成三维网状结构,胶团在连续相中移动比较困难,这种胶体结构的沥青称为凝胶型沥青,如图7-6c)所示。这类沥青具有明显的弹性效应,温度稳定性较好,流动性和塑性较差,开裂后自行愈合能力较差。氧化沥青多属于凝胶型沥青。

沥青的胶体结构与沥青的技术性质有密切关系,但从化学角度来评价沥青的胶结构是很困难的,常采用沥青的针入度指数(PI)法、容积度法、絮凝比—稀释度法等来评价胶体结构类型及稳定性。

7.1.4 石油沥青的技术性质

石油沥青化学组成和结构的特点,使它具有一系列特性,而沥青的性质对沥青路面的使用性质具有很大的影响。

1. 物理性质

(1)密度(Density)

沥青的密度是在规定温度(15℃)下单位体积的质量,以 g/cm^3 或 kg/m^3。沥青密度是沥青致密程度的指标,也是沥青质量性能的指标。密度是沥青的基本参数,在沥青储存运输和沥青混合料设计时都要用到这一参数。沥青的相对密度是在规定温度(25℃)下,沥青质量与同体积的水质量之比值。沥青的密度一般在1.00左右,沥青的相对密度与沥青的化学组成有密切的关系,它取决于沥青各组分的比例及排列的紧密程度。沥青中含硫量大、芳香含量高、沥青质含量高则相对密度较大;蜡含量较多则相对密度较小。黏稠沥青的相对密度多在0.97 ~1.04范围。

(2)介电常数(Permittivity)

沥青的介电常数与沥青对氧、雨、紫外线等的耐候性(耐老化性)有关。英国道路研究所(TRRL)研究认为,沥青路面抗滑阻力的改善与介电常数有关,要求沥青的介电常数大于2.65。

根据物质的介电常数可以判别高分子材料的极性大小。通常介电常数大于3.6为极性物质;介电常数在2.8~3.6范围内为弱极性物质;介电常数小于2.8为非极性物质。沥青材料的介电常数在2.6~3.0范围内,但与温度有一定关系,随着温度的升高,介电常数增大,25℃时为2.7,在100℃时增大为3.0,故属于非极性或弱极性材料。

(3)热胀系数(Thermal Expansion Coefficient)

沥青材料在温度升高时,体积将发生膨胀。温度上升1℃,沥青单位体积或单位长度几何尺寸的增大称之为体膨胀系数或线膨胀系数,统称热胀系数。沥青的热胀系数随沥青品种不同而有所变化,一般在 $2 \times 10^4 \sim 6 \times 10^4/℃$ 范围内。沥青的热胀系数与沥青路面的路用性能有密切关系,热胀系数越大,则夏季沥青路面越容易产生泛油,而冬季又容易出现收缩开裂。

2. 黏滞性(Viscosity)

沥青的黏滞性(简称黏性)是沥青在外力作用下抵抗剪切变形的能力。在沥青技术性质中,沥青的黏性是与沥青路面力学行为联系最密切的一种性质。沥青的黏性通常用黏度表示,黏度是现代沥青标号划分的主要依据。

(1)沥青黏度的表达方式

沥青作为胶结材料,应将松散的矿质材料胶结为一整体而不产生位移。如图7-7所示,在两个平行的金属板之间填满沥青材料,当其受到简单剪切变形时,沥青在高温时表现为牛顿流体状态,按牛顿黏度公式表征沥青层抵抗移动的抗力由式(7-1)所示。

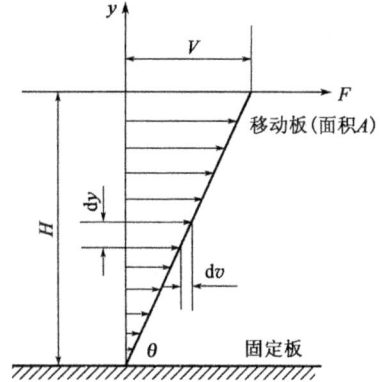

图7-7 沥青的黏度参数示意图

$$F = \eta \cdot A \frac{\mathrm{d}v}{\mathrm{d}y} \tag{7-1}$$

式中:F——引起沥青层移动的力(亦即等于沥青抵抗移动的抗力),N;

A——沥青层间的接触面积,m^2;

$\dfrac{\mathrm{d}v}{\mathrm{d}y}$——速度变化梯度(即剪变率),$\mathrm{s}^{-1}$;

η——沥青的内摩擦系数(即沥青的黏度),$\mathrm{Pa \cdot s}$。

由于 $\dfrac{F}{A} = \tau$ 和 $\dfrac{\mathrm{d}v}{\mathrm{d}y} = \dot{\gamma}$,代入式(7-1),沥青黏度由式(7-2)表示。

$$\eta = \frac{\tau}{\dot{\gamma}} \tag{7-2}$$

式中:τ——剪应力,Pa;

$\dot{\gamma}$——剪变率,s^{-1}。

牛顿液体的绝对黏度可用动力黏度 η 表示,单位为 $\mathrm{Pa \cdot s}$。

在运动状态下,测定沥青黏度时,考虑到密度的影响,动力黏度还可采用另一种量描述,即沥青在某一温度下的动力黏度与同温下沥青密度之比,称为"运动黏度"(或称"动比密黏度")。运动黏度由式(7-3)表示。

$$v = \frac{\eta}{\rho} \tag{7-3}$$

式中:v——沥青的运动黏度,mm^2/s;

η——沥青的动力黏度,$\mathrm{Pa \cdot s}$;

ρ——沥青的密度,$\mathrm{g/cm}^3$。

凡符合牛顿定律的液体为牛顿液体。沥青在高温条件下呈牛顿黏性,即剪应力与剪变率的关系为直线,接近牛顿液体,而在路面使用温度范围内,沥青表现为黏-弹-塑性,剪应力与剪变率之间呈非线性关系,通常以表观黏度或视黏度表示,如式(7-4)所示。

$$\eta^* = \frac{\tau}{\dot{\gamma}^c} \tag{7-4}$$

式中:η^*——沥青的表观黏度,$Pa \cdot s$;

$\quad\quad c$——沥青的复合流动系数;

$\tau, \dot{\gamma}$——符号意义同前。

沥青的复合流动系数 c 值是评价沥青材料流变性能的一个重要指标,与沥青的塑性及耐久性都有密切的关系。$c = 1.0$ 表示牛顿流型沥青,$c < 1.0$ 表示非牛顿流型沥青,c 值越小表示非牛顿流性越强。

(2)沥青黏度的测定方法

沥青黏度的测定方法可分为两类:一类为"绝对黏度"法,另一类为"相对黏度"法(或称"条件黏度"法)。"绝对黏度"法包括毛细管法、真空减压毛细管法及布洛克菲尔德法(Brookfield)。由于"绝对黏度"的测定较为复杂,因此在实际应用上多测定沥青的"相对黏度",最常采用的测定方法有标准黏度计法,针入度及软化点也属于"相对黏度"的范畴。

①标准黏度计法

测定液体石油沥青、煤沥青和乳化沥青等的黏度,采用道路标准黏度计法。该试验方法是:液体状态的沥青材料,在标准黏度计中,于规定的温度条件下,通过规定直径的流孔,流出 50mL 体积,所需的时间,示意图如 7-8 所示。试验条件以 $C_{T,d}$ 表示,其中 T 为试验温度,℃;d 为流孔直径,mm。试验温度和流孔直径根据液体状态沥青的黏度选择,常用的流孔有 3mm、4mm、5mm 和 10mm 等 4 种。按照上述方法,在相同温度和相同流孔条件下,流出时间越长,表示沥青黏度越大。

②针入度(Penetration)

针入度试验是国际上普遍采用测定黏稠沥青稠度的一种方法,也是划分沥青标号采用的一项指标。针入度试验示意图如 7-9 所示。该法是沥青材料在规定温度条件下,以规定质量的标准针经过规定时间贯入沥青试样的深度,以 1/10mm 为单位计。针入度以 $P_{T,m,t}$ 表示,P 表示针入度,脚标表示试验条件,其中 T 为试验温度,m 为标准针(包括连杆及砝码)的质量,t 为贯入时间。我国现行试验规范(JTG E20—2011 T 0604—2011)规定:常用的试验条件为 $P_{(25℃,100g,5s)}$。

按上述方法测定的针入度值越大,表示沥青越软,稠度越小。实际上,针入度是测定沥青稠度的一种指标。通常稠度高的沥青,其黏度亦高。但是,由于沥青胶体结构的复杂性,将针入度换算为黏度的一些方法,均不能获得良好的相关性。

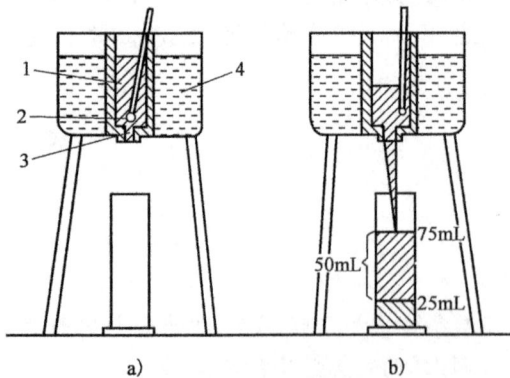

图 7-8 标准黏度计测定液体沥青示意图
1-沥青试样;2-活动球杆;3-流孔;4-水

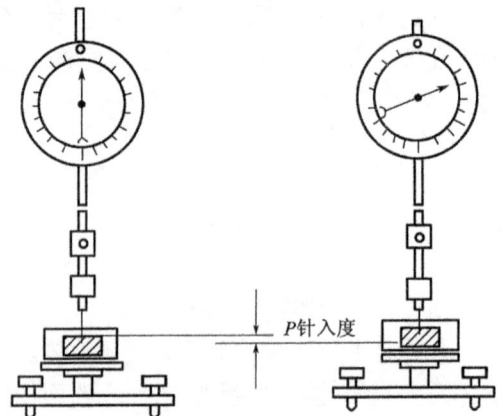

图 7-9 沥青针入度试验示意图

③软化点(Softening Point)

沥青材料是一种非晶体高分子材料,它由液态凝结为固态,或由固态熔化为液态时,没有明确的固化点或液化点,通常采用条件硬化点和滴落点来表示。沥青材料在硬化点至滴落点之间的温度阶段时,是一种黏滞流动状态,在工程实际应用中为保证沥青不至由于温度升高而产生流动的状态,因此,取滴落点和硬化点之间温度间隔的87.21%作为软化点。

软化点的数值随采用的仪器不同而异,我国现行试验法(JTG E20—2011 T 0606—2011)是采用环球法测定软化点,如图7-10所示。该法是将沥青试样注于内径为18.9mm的铜环中,环上置一重3.5g的钢球,在规定的加热速度(5℃/min)下进行加热,沥青试样逐渐软化,直至在钢球荷重作用下,使沥青产生25.4mm垂度(即接触板底)时的温度,以℃表示,即为软化点。

根据已有研究认为,任何一种沥青材料当其达到软化点温度时,其黏度相同,即皆为 $P_{(25℃, 100g, 5s)} = 800(0.1mm)$。针入度是在规定温度下沥青的条件黏度,而软化点则是沥青达到规定条件黏度时的温度。所以软化点既是反映沥青材料热稳定性的一个指标,也是沥青条件黏度的一种量度。

3. 低温性能(Low-temperature Performance)

沥青的低温性能与沥青路面的低温抗裂性有密切的关系,沥青的低温延性与低温脆性是重要性能,以沥青的低温延度和脆点来表征。

(1)延性(Ductility)

沥青的延性是指当其受到外力的拉伸作用时,所能承受的塑性变形的总能力,它是沥青的内聚力的衡量,通常以延度作为条件延性指标来表征。我国现行试验法(JTG E20—2011 T 0605—2011)规定,延度试验方法是将沥青试样制成8字形标准试件,在规定温度和规定下拉伸速度拉断时的长度,以 cm 计,称为延度。沥青的延度采用延度仪来测定,如图7-11所示。

沥青的延度与沥青的流变特性、胶体结构和化学组分等有密切的关系。研究表明:随着沥青的复合流动系数 c 值的减小,胶体结构发育成熟度的提高,含蜡量的增加以及饱和蜡和芳香蜡的比例增大等,都会使沥青的延度值相对降低。

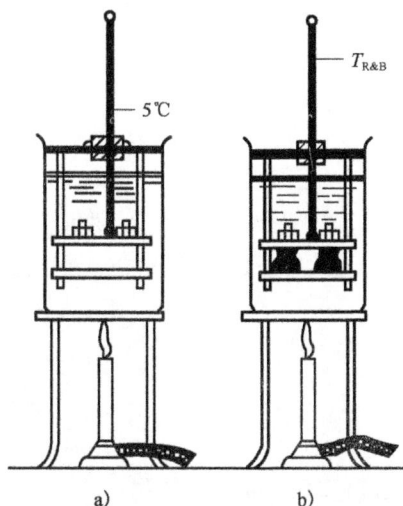

图7-10 沥青软化点试验示意图

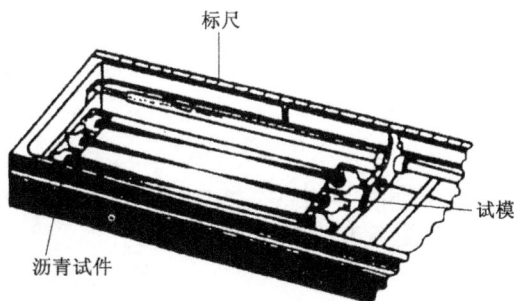

图7-11 沥青延度试验示意图

以上所论及的针入度、软化点和延度是评价黏稠石油沥青路用性能最常用的经验指标,所以通称沥青的"三大指标"。

（2）脆性（Brittleness）

沥青材料在低温时,受到瞬时荷载时,常表现为脆性破坏。沥青脆性的测定极为复杂,通常采用弗拉斯脆点作为条件脆性指标。我国现行试验法（JTG E 20—2011 T0613—1993）规定,脆点的试验方法是将 0.4g 沥青试样在一标准的金属薄片上摊成薄层,涂有沥青薄膜的金属片置于有冷却设备的脆点仪内,如图 7-12 所示,摇动脆点仪的曲柄,能使涂有沥青薄膜的金属片产生弯曲。随着冷却设备中制冷剂温度以 1℃/min 的速度降低,沥青薄膜的温度也逐渐降低,当降低至某一温度时,沥青薄膜在规定弯曲条件下产生断裂时的温度,即为沥青的脆点。脆点是测量沥青在低温不引起破坏时的温度。

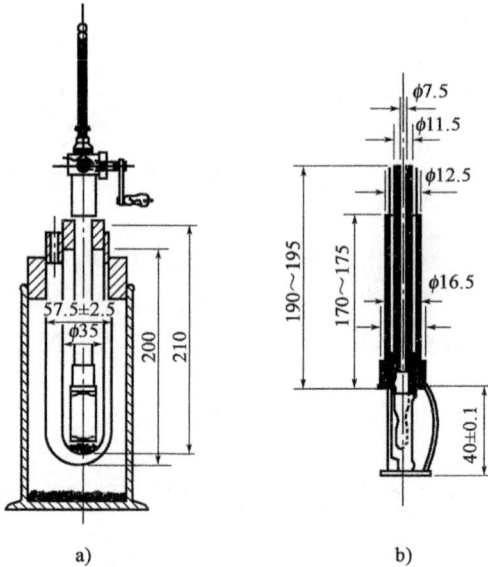

图 7-12　沥青脆点仪和弯曲器示意图(尺寸单位:mm)
a)脆点仪;b)弯曲器

4. 感温性（Temperature Susceptibility）

由于复杂的胶体结构,沥青的性能随温度不同而产生明显的变化,这种随温度变化的感应性称为感温性。用以表示沥青感温性的指标有多种表达方式,目前普遍采用的是针入度指数 PI、针入度黏度指数 PVN 等。在沥青的常规试验方法中,软化点试验也可以作为反映沥青温度敏感性的方法。

（1）针入度指数（Penetration Index,简称 PI）

针入度指数是一种评价沥青感温性的指标,建立这一指标的基本思路是:沥青针入度值的对数（$\lg P$）与温度（T）具有线性关系,如式(7-5)所示。

$$\lg P = AT + K \tag{7-5}$$

式中:A——直线斜率;

　　K——回归系数。

采用斜率 $A = \mathrm{d}(\lg P)/\mathrm{d}T$ 来表征沥青针入度（$\lg P$）随温度（T）的变化率,故称 A 为针入度—温度感应性系数。

根据已知的针入度值 $P_{(25℃,100g,5s)}$ 和软化点 $T_{R\&B}$,并假设软化点时的针入度值为 800（0.1mm）,由此可绘出针入度—温度感应性系数图,如图 7-13 所示,并建立针入度—温度感应性系数 A 的基本式,如式(7-6)所示。

$$A = \frac{\lg 800 - \lg P_{(25℃,100g,5s)}}{T_{R\&B} - 25} \tag{7-6}$$

式中:$\lg P_{(25℃,100g,5s)}$——在 25℃,100g,5s 条件下测定的针入度值（0.1mm）的对数;

　　$T_{R\&B}$——环球法测定的软化点,℃。

按式(7-6)计算得的 A 值均为小数,为使用方便,荷兰学者普费等人对上式作了一些处理,改用针入度指数 PI 表示,如式(7-7)所示。

$$PI = \frac{30}{1 + 50A} - 10 \qquad (7\text{-}7)$$

将式(7-6)代入式(7-7)得到式(7-8)。

$$PI = \frac{30}{1 + 50\left(\dfrac{\lg800 - \lg P_{(25℃,100g,5s)}}{T_{R\&B} - 25}\right)} - 10 \qquad (7\text{-}8)$$

依据针入度指数 PI 值可以判断沥青胶体的结构类型:

针入度指数 PI < −2 时,沥青为溶胶型沥青;

针入度指数 PI > +2 时,沥青为凝胶型沥青;

针入度指数在 −2 ~ +2 之间时,沥青为溶—凝胶型沥青。

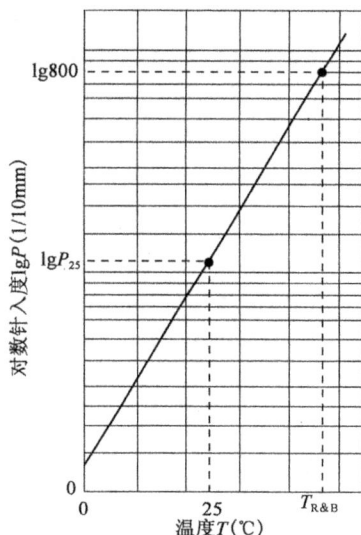

图 7-13 针入度—温度感应性系数图

当 PI < −2 时,沥青的温度敏感性强,当 PI > +2 时有明显的凝胶特征,一般认为选用 −1 ~ +1 的溶—凝胶型沥青适宜修筑沥青路面。

(2)针入度—黏度指数(Penetration-Viscosity Number,简称 PVN)

针入度指数 PI 通常仅能表征低于软化点温度的沥青感温性,沥青在道路使用中或在施工时,还需要了解高于软化点温度时的沥青感温性。N. W. 麦克里奥德(Mcleod)提出了针入度—黏度指数法,该法是应用沥青 25℃时的针入度值和 135℃(或 60℃)时的黏度值与温度的关系来计算沥青感温性的方法。

①PVN₁

已知 25℃时的针入度值 $P(0.1\text{mm})$ 和 135℃时运动黏度值 $v(\text{mm}^2/\text{s})$ 时,按式(7-9)计算针入度—黏度指数。

$$PVN_1 = \left(\frac{4.258 - 0.79674\lg P - \lg v}{0.7951 - 0.18581\lg P}\right) \times (-1.5) \qquad (7\text{-}9)$$

②PVN₂

已知 25℃时的针入度值 $P(0.1\text{mm})$ 和 60℃时动力黏度 $\eta(\text{Pa}\cdot\text{s})$ 时,按式(7-10)计算针入度—黏度指数。

$$PVN_2 = \left(\frac{5.489 - 1.590\lg P - \lg\eta}{1.0500 - 0.2234\lg P}\right) \times (-1.5) \qquad (7\text{-}10)$$

针入度—黏度指数越大,表示沥青的感温性越低。根据麦克里奥德公式计算所得的针入度—黏度指数值,可按表 7-1 进行感温性评价。

PVN 与沥青感温性分类 表 7-1

针入度—黏度指数	0 ~ −0.5	−0.5 ~ −1.0	−1.0 ~ −1.5
沥青感温性分类	低感温性沥青	中感温性沥青	高感温性沥青

（3）劲度模量（Stiffness Modulus）

劲度模量是表示沥青材料黏性和弹性两种联合效应的指标。大多数沥青在变形时呈现黏—弹性。范·德·波尔在论述黏—弹性材料（沥青）的抗变形能力时，以给定温度 T 和荷载作用时间 t 条件下应力 σ 与应变 ε 之比来表示黏—弹性沥青抵抗变形的性能，即劲度模量（简称劲度）S_b 如式（7-11）所示。

$$S_b = \left(\frac{\sigma}{\varepsilon} \right)_{t,T} \tag{7-11}$$

式中：S_b——沥青的劲度模量，Pa；

σ——应力，MPa；

ε——应变；

t——荷载时间，s；

T——温度，℃。

沥青的劲度 S_b 与温度 T、荷载作用时间 t 和沥青流变类型（针入度指数 PI）等参数有关，如式（7-12）所示。

$$S_b = f(T, t, PI) \tag{7-12}$$

式中：T——欲求劲度时的路面温度与沥青软化点之差，℃；

t——荷载作用时间，s；

PI——针入度指数。

按上述关系，范·德·波尔等绘制成可以应用于实际工程的劲度模量诺谟图，如图7-14所示，利用此诺谟图，求算沥青的劲度模量时，需要有 4 个参数。

①针入度值为 800 时的 T_{800}，对于用作沥青混合料的沥青，此时大致取其软化点；

②针入度指数 PI；

③温度差即路面实际温度与环球法软化点之间的温差；

④加荷时间频率，对于路上的交通，有代表性的是 0.02s（车速 50～60km/h）。

根据上述参数求其劲度模量，可作为实际工程中的参考数值。

【例题7-1】 某厂生产氧化沥青，经检验其针入度为 90（0.1mm），软化点为 45℃，试确定其针入度指数并判定其胶体结构。

这一沥青用于某市作为城市道路停车站，设汽车荷载时间为 2000s，当地路面最低气温为 −30℃，试求其劲度模量。

解：

1.计算针入度指数（PI）

针入度—温度感应性系数

$$A = \frac{\lg 800 - \lg P_{(25℃,100g,5s)}}{T_{R\&B} - 25} = \frac{\lg 800 - \lg 90}{45 - 25} = 0.047$$

$$PI = \frac{30}{1 + 50A} - 10 = -1.04$$

该沥青属于溶凝胶结构。

2.按图解法求劲度模量

$$S_b = f(T, t, PI)$$

由题意得： $$t = 2\,000(s)$$

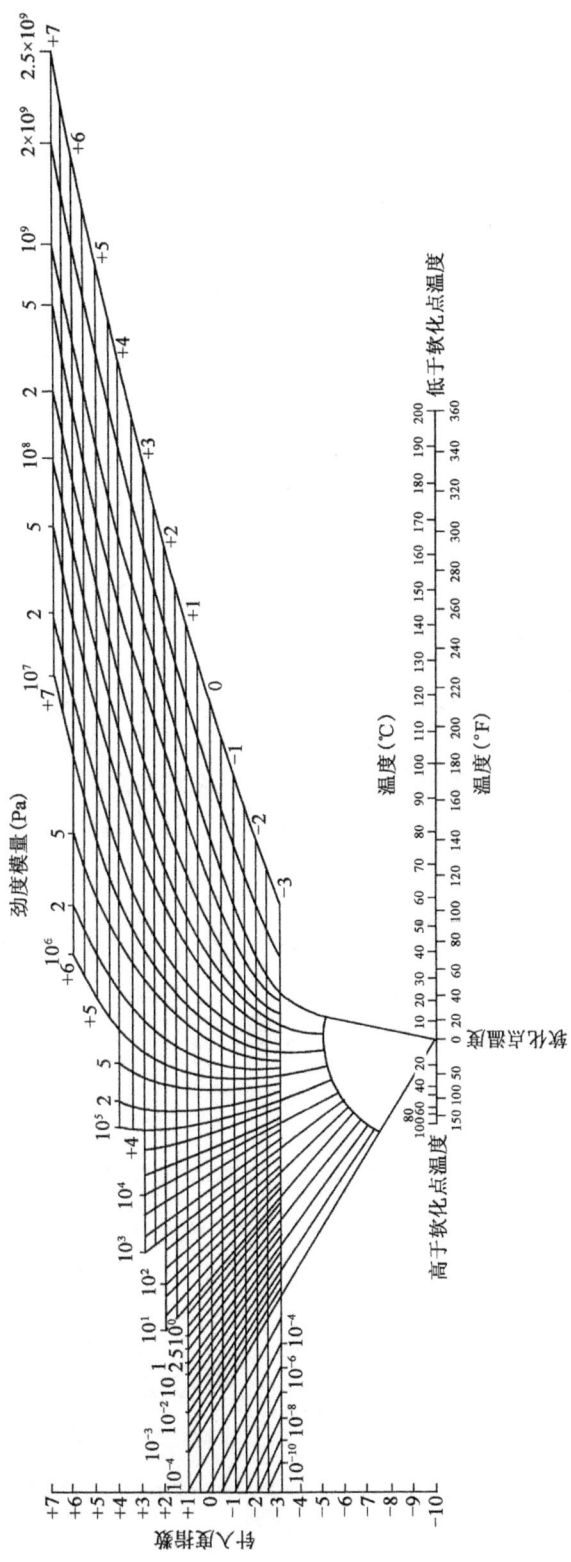

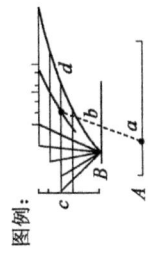

图7-14 沥青劲度模量诺谟图

$$T = -30℃ - 45℃ = -75℃$$

$$PI = -1.04$$

①在 A 标尺上取荷载作用时间 2 000s 之点 a；
②在 B 标尺上取路面温度低于软化点 $-75℃$ 之点 b；
③在针入度指数 PI 标尺上取 -1.04 作水平线 cd；
④在 ab 与 cd 的交点,从劲度曲线上即可查得劲度模量 $S_b = 90MPa$。

5. 耐久性(Durability)

在路面施工时,沥青需要在空气介质中进行加热。路面建成后,长期裸露在现代工业环境中,经受日照、降水、气温变化等自然因素的作用。因此,影响沥青耐久性的因素主要有大气(氧)、日照(光)、温度(热)、雨雪(水)、环境(氧化剂)以及交通(应力)等因素。沥青在上述因素综合作用下,产生"不可逆"的化学变化,导致路用性能的逐渐劣化,这种变化过程称为老化。沥青路面应有较长的使用年限,因此要求沥青材料有较好的抵抗老化的能力,即为耐久性。

现行评价沥青老化性能的试验方法包括模拟沥青在拌和过程中的老化条件,以及在使用过程的老化条件。

(1)薄膜烘箱试验(Thin Film Oven Test)

薄膜烘箱(TFOT)试验模拟沥青在混合料拌和生产过程中的老化。《公路工程沥青及沥青混合料试验规程》(JTG E20—2011 T 0609—2011)中规定的薄膜加热试验方法是将 50g 沥青试样放入直径 140mm、深 9.5mm 的不锈钢盛样皿中,沥青膜的厚度约为 3.2mm,在 163℃ 通风烘箱的条件下以 5.5r/min 的速度旋转,经过 5h,如图 7-15 所示。然后计算沥青试验的质量损失,并测试针入度等指标的变化。

(2)旋转薄膜烘箱试验(Rotating Thin Film Oven Test)

旋转薄膜加热试验是将沥青试样 35g 装入高 140mm、直径 64mm 的开口玻璃瓶中,盛样瓶插入旋转烘箱中,一边接受以 4000mL/min 流量吹入的热空气,一边在 163℃ 的高温下以 15r/min 的速度旋转,经过 75min 的老化后,测定沥青的质量损失及针入度、黏度等各种性能指标的变化,如图 7-16 所示。

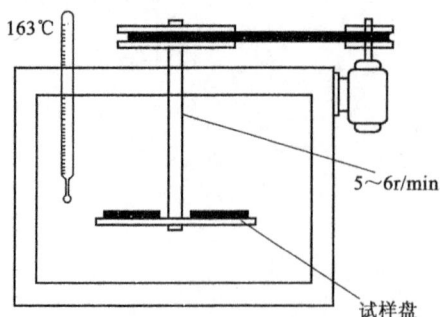

图 7-15　沥青薄膜烘箱加热试验示意图　　　　图 7-16　沥青旋转薄膜加热试验示意图

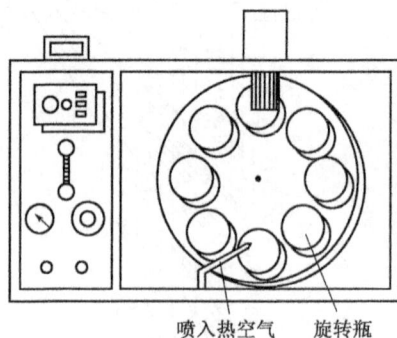

6. 黏附性(Adhesion)

沥青与集料的黏附性直接影响沥青路面的使用质量和耐久性,所以黏附性是评价沥青技术性能的一个重要指标。沥青裹覆集料后的抗水性不仅与沥青的性质有密切关系,也和集料的性质有关。评价沥青与集料黏附性的方法最常用的有水煮法和水浸法。

在《公路工程沥青及沥青混合料试验规程》(JTG E20—2011)中,沥青与粗集料黏附性试验方法(T 0616—1993)规定:根据沥青混合料的最大粒径选择试验方法,最大粒径大于13.2mm者采用水煮法;最大粒径小于(或等于)13.2mm者采用水浸法。水煮法是选取粒径为13.2~19mm形态接近立方体的规则集料5个,经沥青裹覆后,在蒸馏水中煮沸3min,按沥青剥落的情况分为五个等级来评价沥青与集料的黏附性。水浸法是选取粒径为9.5~13.2mm的集料100g与5.5g的沥青在规定温度条件下拌和成混合料,冷却后浸入80℃的蒸馏水中保持30min,然后按剥落面积百分率来评定沥青与集料的黏附性。

7. 安全性(Security)

沥青材料在使用时必须加热,当加热至一定温度时,沥青材料中挥发的油分蒸汽与周围空气组成混合气体,此混合气体遇火焰则易发生闪火。若继续加热,油分蒸汽的饱和度增加,由于此种蒸汽与空气组成的混合气体遇火焰极易燃烧,而引起溶油车间发生火灾或导致沥青烧坏的损失。为此,必须测定沥青加热闪火和燃烧的温度,即所谓闪点和燃点。

闪点(Flash Point)是加热沥青挥发的可燃气体与空气组成混合气体在规定条件下与火接触,产生闪光时的沥青温度,以℃表示。燃点(Fire Point)是指沥青加热产生的混合气体与火接触能持续燃烧5s以上时的沥青温度,以℃表示。我国《公路工程沥青及沥青混合料试验规程》(JTG E20—2011)常用克利夫兰开口杯式闪点仪测定沥青的闪点和燃点,如图7-17所示。

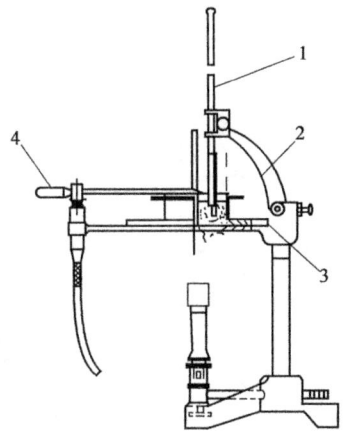

图7-17　克利夫兰开口杯式闪点仪
1-温度计;2-标准杯;3-点火器;4-加热器

7.1.5　石油沥青的技术要求

1. 我国道路石油沥青技术要求

为适应高等级公路建设的需要,《公路沥青路面施工技术规范》(JTG F40—2004)中,对沥青的技术指标作了较大的改动。取消了原有的中、轻交通道路石油沥青品种,取而代之的就是道路石油沥青。另一方面,修订了沥青等级划分方法,并增补了新的沥青技术指标,以求更全面、充分地反映沥青技术性能。在这个标准中,沥青材料在针入度分级的基础上引入了气候分区的概念,并且将各标号沥青又进一步分为A、B、C三个等级,每一标号按照具体的气候分区和档次设定了不同指标要求。同时,在技术指标中增加了反映沥青感温性的指标——针入度指数PI、沥青高温性能指标60℃动力黏度等,并选择10℃延度指标评价沥青的低温性能。道路石油沥青相关的技术要求详见表7-2。各个沥青等级的适用范围应符合表7-3的规定。

2. 建筑石油沥青技术要求

建筑石油沥青按针入度不同分为10号、30号和40号三个牌号。依据《建筑石油沥青》(GB/T 494—2010)的规定,建筑石油沥青的技术要求见表7-4。

道路石油沥青技术要求

表 7-2

沥青标号

指标	单位	等级	160号③	130号③	110号	90号	70号②	50号	30号③
针入度(25℃,100g,5s)	0.1mm		140~200	120~140	100~120	80~100	60~80	40~60	20~40
适用的气候分区⑤			注③	注③	2-1 2-2 2-3	1-1 1-2 1-3 2-2 2-3	1-4 2-2 2-3 2-4	1-4	注③
针入度指数 PI①		A	$-1.5 \sim +1.0$						
		B	$-1.8 \sim +1.0$						
软化点($T_{R\&B}$)① 不小于	℃	A	38	40	43	45	45	49	55
		B	36	39	42	43	43	46	53
		C	35	37	41	42	43	45	50
60℃动力黏度① 不小于	Pa·s	A	—	60	120	160	180	200	260
10℃延度① 不小于	cm	A	50	50	40	45 30 20	20 15	15	10
		B	30	30	30	30 20 15	15 10	10	8
15℃延度 不小于	cm	A,B			100	100	100	80	50
		C	80	80	60	50	40	30	20
蜡含量(蒸馏法) 不大于	%	A	2.2						
		B	3.0						
		C	4.5						
闪点 不小于	℃		230	230	245	245	245	260	260
溶解度 不小于	%		99.5						
密度(15℃)	g/cm³		实测记录						
薄膜加热试验 TFOT(或旋转薄膜加热试验 RTFOT)后④									
质量变化 不大于	%		±0.8						
残留针入度比 不小于	%	A	48	54	55	57	61	63	65
		B	45	50	52	54	58	60	62
		C	40	45	48	50	54	58	60
残留延度(10℃) 不小于	cm	A	12	12	10	8	6	4	—
		B	10	10	8	6	4	2	—
残留延度(15℃) 不小于	cm	C	40	35	30	20	15	10	—

注：① 经建设单位同意，表中 PI 值、60℃动力黏度、10℃延度可作为选择性指标，也可不作为施工质量检验指标。

② 70号沥青可根据需要要求供应商提供针入度范围为 60~70 或 70~80 的沥青，50号沥青可要求提供针入度范围为 40~50 或 50~60 的沥青。

③ 30号沥青仅适用于沥青稳定基层。130号和160号沥青除寒冷地区可直接应用在中低级公路上直接应用外，通常用作乳化沥青、稀释沥青、改性沥青的基质沥青。

④ 老化试验以 TFOT 为准，也可以 RTFOT 代替。

⑤ 气候分区见《公路沥青路面施工技术规范》(JTG F40—2004) 附录 A。

道路石油沥青适用范围　　　　　　　　　　　　　　　　表 7-3

沥青等级	适　用　范　围
A 级沥青	各个等级的公路、适用于任何场合和层次
B 级沥青	①高速公路、一级公路沥青下面层及以下的层次，二级及二级以下公路的各个层次； ②用作改性沥青、乳化沥青、改性乳化沥青、稀释沥青的基质沥青
C 级沥青	三级及三级以下公路的各个层次

建筑石油沥青技术要求　　　　　　　　　　　　　　　　表 7-4

项　　　目		单　位	质　量　指　标			试　验　方　法
			10 号	30 号	40 号	
针入度(25℃,5s,100g)		0.1mm	10~25	26~35	36~50	
针入度(46℃,5s,100g)		0.1mm	报告①	报告①	报告①	GB/T 4509
针入度(0℃,5s,200g)	不小于	0.1mm	3	6	6	
延度(10℃,5cm/min)	不小于	cm	1.5	2.5	3.5	GB/T 4508
软化点(环球法)	不低于	℃	95	75	60	GB/T 4507
溶解度(三氯乙烯)	不小于	%	99.0			GB/T 11148
蒸发后质量变化(163℃,5h)	不大于	%	1			GB/T 11964
蒸发后25℃针入度比②	不小于	%	65			GB/T 4509
闪点(开口杯法)	不低于	℃	260			GB/T 267

注：①报告应为实测值。
　　②测定蒸发损失后样品的 25℃针入度与原 25℃针入度之比乘以 100 后，所得的百分比，称为蒸发后针入度比。

7.2　乳化沥青

乳化沥青是将沥青加热融化后，经过机械研磨的作用，以细小的微滴状态分散于含有乳化剂的水溶液之中，形成水包油状的沥青乳液。乳化沥青的应用已有近百年历史，最早用于喷洒除尘。20 世纪 50 年代，乳化沥青作为一种新型材料开始应用于路面，乳化沥青技术已经在欧洲、美国和澳大利亚等发达国家应用了很多年，被认为是路面表层处治最有价值的材料。在我国虽然乳化沥青起步较晚，但是发展非常快，不单是县乡道路，就是高等级公路也在大面积的使用，而且，乳化沥青技术已开始大范围地推广应用。

乳化沥青的优点主要有以下几个方面：

（1）乳化沥青可以冷态施工，阴雨与低温季节均可作业，有利于病害的及时修补。现场无需加热设备和能源消耗,扣除制备乳化沥青所消耗的能源后,仍然可以节约大量能源。

(2)乳化沥青黏度低、和易性好,常温下具有较好的流动性,能保证洒布的均匀性,施工方便,可节约劳动力。乳化沥青在集料表面形成的沥青膜较薄,不仅提高沥青与集料的黏附性,还可以节约沥青用量。

(3)乳化沥青无毒、无嗅、不燃,施工不需加热,减少环境污染;同时,避免了劳动操作人员受沥青挥发物的毒害。

7.2.1 乳化沥青的组成材料

乳化沥青主要由沥青、乳化剂、稳定剂和水等组分所组成。

1. 沥青

沥青是乳化沥青组成的主要材料,在选择时首先要求沥青应有易乳化性,沥青的易乳化性与其化学结构有密切关系。由于沥青的化学结构和胶体结构不同,乳化的难易性以及乳化后产品的性能有很大的差别。沥青中活性组分的含量对沥青乳化的难易性有直接关系,活性组分含量较低的沥青通常不易乳化。

2. 乳化剂

乳化剂是乳化沥青形成的关键材料,虽然在乳化沥青中用量很小,但对乳化沥青的形成、应用及储存稳定性都有重大的影响。乳化剂是一种表面活性物质,称为表面活性剂,其分子结构如图 7-18 所示,即由具有易溶于油的亲油基和易溶于水的亲水基所组成。亲油基与亲水基这两个基团,不仅具有防止油水两相相互排斥的功能,还具有把油水两相连接起来不使其分离的特殊功能。

图 7-18 沥青乳化剂分子模型图

沥青乳化剂的分类,有很多种方法:

(1)按离子的类型分类

按离子类型分类,是指沥青乳化剂溶解于水溶液中时,凡能电离生成离子或离子胶束的叫做离子型沥青乳化剂,凡不能电离成离子或离子胶束的叫做非离子型乳化剂,两种类型的乳化剂如图 7-19 所示。

离子型乳化剂还可按生成的离子电荷种类分为阴离子型、阳离子型和两性离子型三类,具体分类如下:

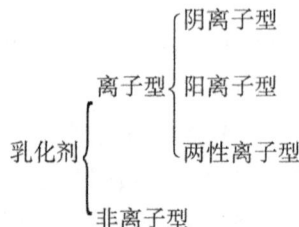

$$
乳化剂
\begin{cases}
离子型
\begin{cases}
阴离子型 \\
阳离子型 \\
两性离子型
\end{cases} \\
非离子型
\end{cases}
$$

①阴离子型沥青乳化剂(Anionic Emulsifiers)

阴离子型沥青乳化剂是指在水中溶解时,电离成离子或离子胶束,且与亲油基相连的亲水性基团带有负电荷的一类乳化剂。用于沥青乳液的阴离子乳化剂主要化合物类型有以下

三类:

羧酸盐(—COONa),如硬脂酸钠 $C_{17}H_{35}COONa$,以及石油副产物环烷酸盐等;

硫酸酯盐(—OSO$_3$Na),如烷基硫酸钠 $ROSO_3Na$;

磺酸盐(—SO$_3$Na),如烷基磺酸钠 RSO_3Na 或烷基苯磺酸钠等。

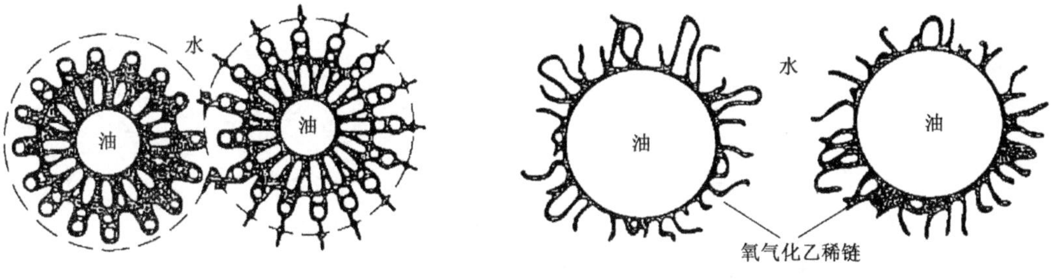

图 7-19 沥青乳化剂离子型的分类

a)离子型乳化剂;b)非离子型乳化剂

阴离子乳化剂在水中溶解后,其活性部分倾向离解成带负电性离子的表面活性物质,其特征表现在它具有一个大的有机阴离子,能与碱作用形成盐,在乳化沥青中应用最多的为十二烷基硫酸钠,烷基磺酸钠,妥尔油皂、松香皂等。阴离子型沥青乳化剂溶于水时的分子结构模型示意如图 7-20 所示,以油酸钠($C_{17}H_{33}COO$—Na)为例,其亲油端为 $C_3(CH_2)H_{16}$—,当其溶解在水中时则电离为带负电荷的 $CH_3(CH_2)H_{16}COO$—和带正电荷的 Na^+ 离子。

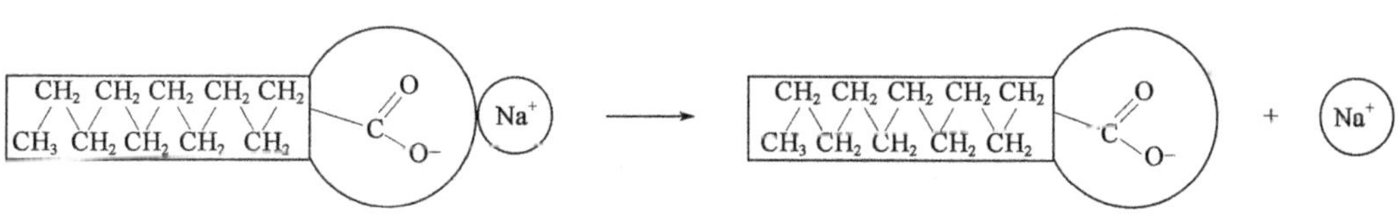

图 7-20 阴离子型乳化剂溶解于水时的示意图

②阳离子型沥青乳化剂(Cationic Emulsifiers)

阳离子型沥青乳化剂是指在水中溶解时,电离成离子或离子胶束,且与亲油基相连的亲水性基团带有正电荷的一类乳化剂。阳离子型沥青乳化剂就其形式来看,正好与阴离子沥青乳化剂结构相反,其溶解于水时的示意图如图 7-21 所示。

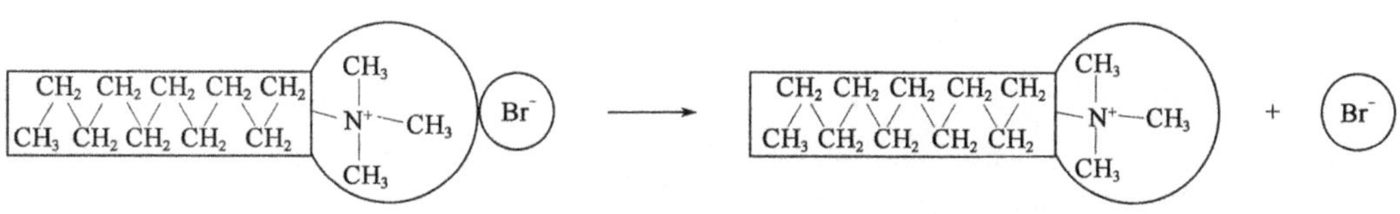

图 7-21 阳离子型乳化剂溶解于水时的示意图

阳离子型沥青乳化剂按其结构形式的不同,大致可分为烷基胺类、酰胺类、咪唑啉类、环氧乙烷二胺类、胺化木质素类、季铵盐类等。阳离子型乳化剂是我国当前应用最为广泛的乳化剂。

③两性离子型沥青乳化剂

两性离子型沥青乳化剂是指在水中溶解时,电离成离子或离子胶束,且与亲油基相连的亲水性基团,既带有正电荷又带有负电荷的一类乳化剂。其溶解于水时的示意图如图 7-22 所示。

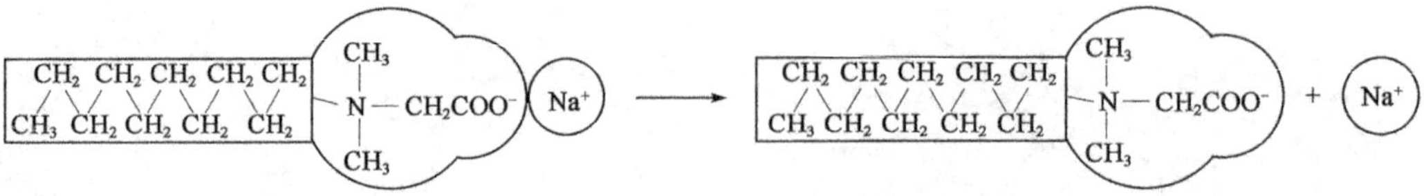

图 7-22　两性离子型乳化剂溶解于水时的示意图

两性离子型沥青乳化剂具有两种以上离子的性质,主要化合物类型有氨基酸型、咪唑啉型和甜菜碱型。两性离子型乳化剂可以吸附在带负电荷或正电荷的物质表面上,有良好的乳化性和分散性,但合成原料来源较困难,价格较高,故在乳化沥青中的应用较少。

④非离子型沥青乳化剂(Non-ionic Emulsifiers)

非离子型沥青乳化剂是指在水中溶解时,其乳化剂不能电离成离子或离子胶束,而是依靠分子本身所含有的羟基和醚链作为弱水性亲水基的一类乳化剂。其溶解于水时的示意图如图 7-23 所示。

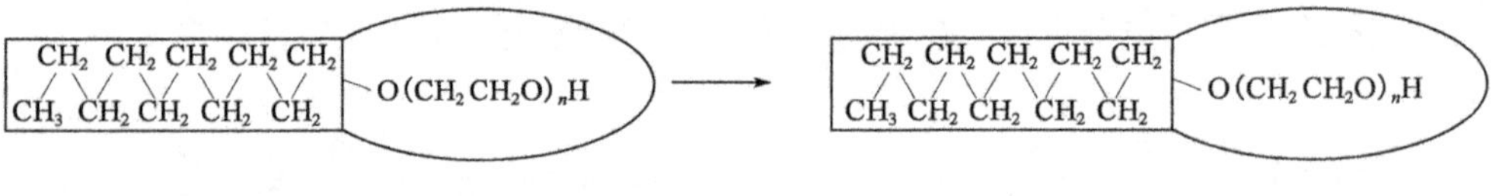

图 7-23　非离子型乳化剂溶解于水时的示意图

非离子型沥青乳化剂由于羟基(—OH)和醚基(C—O—C)相组合,在水中不离解,故亲水很弱,靠一个羟基或醚基相连是不能将很大的憎水基溶解于水的,必须有几个这样的基相结合,才能发挥它的亲水性,这一点与阳离子乳化剂和阴离子乳化剂有很大的不同。非离子型乳化剂按其不同结构和特性,大体可分为聚乙二醇型和多元醇型。

非离子型乳化剂在沥青微粒上形成定向吸附膜,膜外又形成水化层,阻止了沥青微粒的聚结。非离子乳化剂的乳化和分散性能良好,可与阴离子型乳化剂、阳离子型乳化剂复合,常用于制备改性沥青乳液。

(2)按 H. L. B. 值大小分类

按照乳化剂的亲水基和亲油基的平衡值 H. L. B. (Hydrophile-Lipophile Balance)来对沥青乳化剂进行分类,可分为油包水型乳化剂和水包油型乳化剂。其分类原则是以乳化剂的吸附薄膜被水和油湿润程度的差异来确定的。

当 H. L. B. 值在 4~6 之间为油包水型乳化剂,即亲油基的基数大,亲水基的基数小。

当 H. L. B. 值在 8~18 之间为水包油型乳化剂,即亲水基的基数大,亲油基的基数小。道路工程中所用的沥青乳化剂大部分为水包油型乳液。

(3)按破乳速度分类

乳化剂按沥青乳化液与矿料接触后分解破乳恢复沥青的速度分类,是指用单一乳化剂所制备的乳液与矿料拌和对分解破乳速度的快慢而言,按上述原则可分为快裂型、中裂型和慢裂型沥青乳化剂。

3. 稳定剂

稳定剂主要采用无机盐类和高分子化合物,用以防止已经分散的沥青乳液在储存期彼此凝聚,以及保证在施工喷洒或拌和的机械作用下有良好的稳定性。稳定剂可分为以下两类。

(1)有机稳定剂

常用的有聚乙烯醇、聚丙烯酰胺、羧甲基纤维素钠、糊精、MF 废液等。这类稳定剂可提高乳液的储存稳定性和施工稳定性。

(2)无机稳定剂

常用的有氯化钙、氯化镁和氯化铬等。这类稳定剂可提高乳液的储存稳定性。

稳定剂对乳化剂协同作用必须通过试验来确定,并且稳定剂的用量不宜过多,一般为沥青乳液的 0.1% ~ 0.15% 为宜。

4. 水

水是乳化沥青的主要组成部分。水在乳化沥青中起着润湿、溶解及化学反应的作用。所以要求乳化沥青中的水应当纯净,不含其他杂质,一般要求用每升水中氧化钙含量不得超过80mg 的洁净水,否则对乳化性能将有很大的影响,并且要多消耗乳化剂。水的用量一般为30% ~70% 。

7.2.2 乳化沥青的形成机理

沥青与水这两种物质的表面张力相差较大,将沥青分散于水中,则会因为表面张力的作用使已分散的沥青颗粒重新聚集结成团块,因此沥青需借助乳化剂才能均匀分散在水中并形成稳定的分散体系。沥青能够均匀稳定地分散在乳化剂水溶液中的原因有以下几个主要因素。

1. 乳化剂降低界面能的作用

由于沥青与水的表面张力相差较大,在一般情况下是不能互溶的。当加入一定量的乳化剂后,乳化剂能规律地定向排列在沥青和水的界面上。由于乳化剂属表面活性物质,具有不对称的分子结构,分子一端是极性基因,是亲水的;另一端是非极性基因,是亲油的。当乳化剂加入沥青与水组成的溶液中,亲油基端朝向沥青,亲水基端朝向水,使乳化剂分子能够吸附于沥青和水这两个相互排斥的界面上,从而降低沥青和水之间的表面张力,使沥青—水体系形成稳定的分散系,如图7-24 所示。

2. 界面膜的保护作用

在沥青—水体系中加入乳化剂后,在降低沥青与水之间的表面张力的同时,乳化剂在沥青微滴表面吸附,在界面上能形成具有一定强度的不易聚结的界面膜,如图7-25 所示。界面膜的强度和紧密程度与乳化剂浓度有密切关系。当乳化剂用量适宜时,界面膜即由密排的定向分子所组成,膜的强度较大,沥青微滴聚结需要克服较大的阻力,故能形成稳定的沥青乳液。最佳乳化效果的乳化剂用量,与乳化剂对沥青的吸附作用有关。采用较长烷基链的乳化剂,具有与沥青较好的相互吸附作用。不仅如此,表面膜若有极性物质存在,则表面活性增强,膜的强度也相应提高。

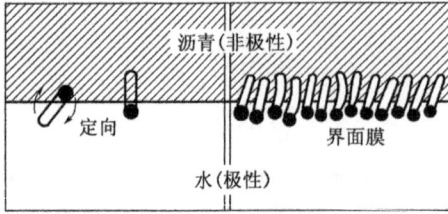

图 7-24　乳化剂在沥青与水界面上定向排列

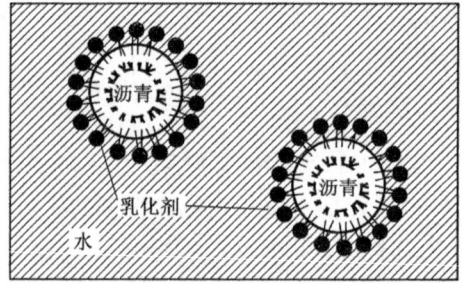

图 7-25　乳化剂在沥青微滴表面形成的界面膜

3. 双电层的稳定作用

在沥青—水界面上电荷层一般是扩散双电层分布,由两部分组成:第一部分是为单分子层,基本上固定在界面上,与沥青微滴的电荷相反,称为吸附层;第二部分由吸附层向外,电荷向水介质中扩散,称为扩散层,如图 7-26 所示。由于每一沥青微滴界面都带有相同电荷,并有扩散双电层的作用,故沥青—水体系成为稳定体系。

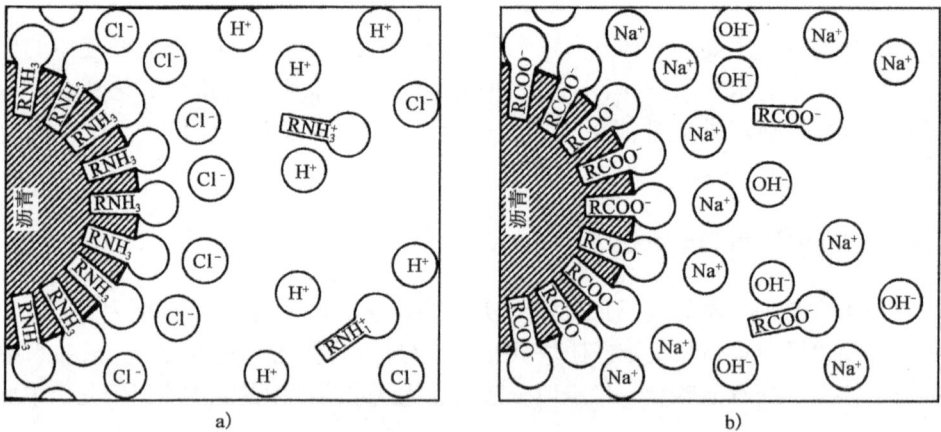

图 7-26　沥青乳液中沥青—水界面上电荷层

a)阳离子沥青乳液;b)阴离子沥青乳液

综上所述,由于乳化剂降低了体系的界面能、界面膜的形成和界面电荷几方面相互作用,乳化沥青才能形成高稳定的分散体系。

7.2.3　乳化沥青的制备

1. 乳化工艺

乳化工艺是一项复杂的工作,一般根据乳液性能、乳化剂性能、沥青性能、水质、设备性能、生产规模、施工要求等条件,通过室内试验,再在生产设备上试生产进行验证和修正,最后得到正式的乳化工艺。乳化工艺主要包括生产流程、配方、温度控制、油水比例控制等内容。图 7-27 为乳化工艺流程示意图,乳化工艺主要流程一般包括以下几个工序:

(1)乳化剂水溶液的调制

在水中加入需要数量的乳化剂和稳定剂。根据乳化剂和稳定剂溶解所需的水温,使其在水中充分溶解,一般控制在 $60 \sim 80 \text{℃}$。

(2)加热沥青

沥青加热温度根据其品种、牌号、施工季节和地区而定,一般温度为 $120 \sim 150 \text{℃}$。

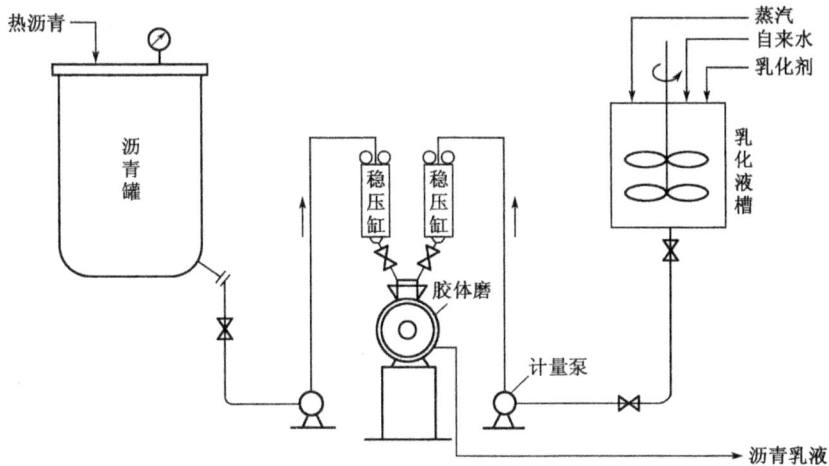

图7-27　制备乳化沥青的工艺流程示意图

（3）沥青与水比例控制

沥青与乳液通过流量计，严格控制加入比例。

（4）乳化设备

胶体磨或其他同类设备。

（5）乳液成品储存

储存运输过程中注意乳液稳定性，避免产生破乳现象。

2. 乳化设备

乳化沥青生产中最关键的设备是乳化机。乳化机是完成沥青液相破碎分散的装置，其性能好坏对乳液的质量有重要影响。由于采用的力学作用原理的不同，乳化机的构造形式也不相同，一般常用的乳化机有搅拌式乳化机、均化器类乳化机、胶体磨类乳化机等几种形式，采用较多的是胶体磨类的乳化机。能否正确地选择好乳化机设备，将直接影响乳化沥青的质量。

（1）搅拌式乳化机

搅拌式乳化机是一种结构最简单的乳化设备。沥青乳化所用的搅拌式乳化机为叶片搅拌乳化机，它主要由搅拌容器、螺旋式叶片搅拌器和电动机所组成。搅拌式乳化机的特点是简单易操作，但用于乳化沥青时，其沥青微粒的均匀性则差一些。

（2）均化器类乳化机

均化器是乳化沥青生产过程中广为采用的一类乳化设备，其具有结构简单、制作容易、便于操作、效率高、投资少及乳化性能好等优点。各类均化器的区别主要在均化头的构造上，大致可分为低压均化器和高压均化器两大类。均化器类乳化机可连续生产，其特点是均化头部分没有旋转件，制造加工比较容易，乳化效果比搅拌式乳化机要好，其主要缺点是容易堵塞，因此在使用中要求先对沥青和乳化剂水溶液进行仔细过滤。

（3）胶体磨类乳化机

胶体磨乳化机是最常用的也是理想的沥青乳化机。胶体磨是由料斗、转子、定子、电机、泵、循环管及阀门等部分组成。胶体磨的主要部分是转子和定子，转子在定子中旋转，它们间有一定的间隙，最小可调至0.025mm，混合液从进口流入，穿过转子和定子间的缝隙，在此期间，沥青液相受到转子产生的离心力和摩擦力的作用，被磨碎成极细的颗粒从出口流出，即完成分散乳化。

乳化机是乳化设备中最关键的部分,对乳液质量的影响很大,从使用角度看,除要求乳化机经久耐用、高效低耗、使用方便、安全可靠之外,主要看乳化机是否满足对乳液质量的要求。衡量乳液质量的一项重要指标是沥青微粒的均细化程度,均细化程度越高,乳液的使用性能及储存稳定性就越好,一般而言,胶体磨类乳化机在均细化方面是优于均化器类的乳化机,是最常见的也是最理想的沥青乳化机。

7.2.4 乳化沥青的分裂

为使沥青发挥其黏结功能,必须使沥青从乳液中分离出来,使沥青微滴相互聚结,在集料表面形成连续的覆盖薄膜,这一过程称为分裂(俗称破乳)。乳化沥青的分裂主要取决于水的蒸发作用,乳液与集料表面的吸附作用,酸碱中和作用以及机械的激波作用等。

1. 水的蒸发作用

洒布在路上的乳化沥青,随即产生蒸发作用。蒸发快慢与气温、风速及路面环境等有关,此外还与洒布速度和压力有关。一般情况下,当沥青乳液中水分蒸发到沥青乳液的80% ~ 90%时,乳液即开始凝结。碾压应力也促使了沥青的凝结。在水分蒸发的初期,乳液的分裂是可逆的,即当遇到雨水时,能使乳液再乳化;遇到大雨时甚至可使乳液从路上冲走。但是在完全分裂后,沥青微粒变成一层沥青膜时,则不再受雨水的影响。

在寒冷潮湿的条件下,分裂不完全的乳液,在行车作用下,则易引起破坏。当乳液完全形成一层黑色的薄膜后,在黏结的集料表面形成一层薄膜,与热拌沥青几乎无甚差别。

2. 乳液与集料表面的吸附作用

在水分逐渐蒸发、乳液分裂凝聚的同时,沥青与集料表面还有吸附作用。沥青与集料的吸附除依靠分子间力产生的物理吸附外,还有二者之间的电性吸附。如前所述,沥青乳液中乳化剂的一端为亲油基与沥青吸附,另一端亲水基则伸入水中。当它与集料相遇时,由于产生离子吸附,使集料表面迅速牢固的形成一层沥青薄膜,其中水分立即排出,如图7-28所示,而且这一反应过程不受气候、湿度和风速等因素的影响,故能形成高强度路面。

(1)阴离子乳液(沥青微滴带负电荷)与带正电荷碱性集料(石灰石、玄武石等)具有较好的黏结性。

(2)阳离子乳液(沥青微滴带正电荷)与带负电荷的酸性集料(花岗岩、石英石等)具有较好的黏结性,同时与碱性集料也有较好的亲和力。

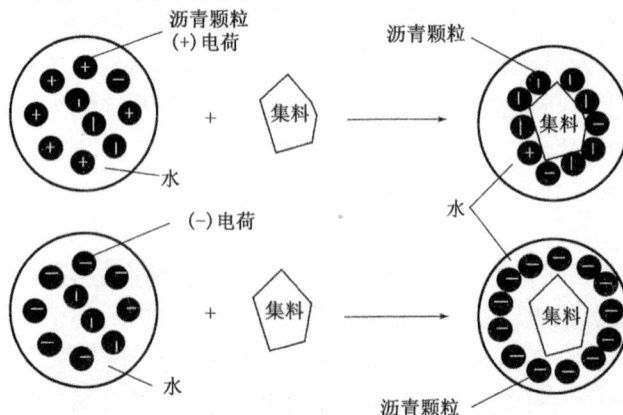

图7-28 沥青乳液的分裂过程示意图

3. 酸碱中和作用

研究认为,阳离子沥青乳液有一定的游离酸,pH 值小,游离酸与碱性集料起作用,生成了氯化钙和带负电荷的碳酸离子,它与裹覆在沥青微粒周围的阳离子中和,因此沥青微粒能与集料表面紧密相连,形成牢固的沥青膜,乳液中的水分很快分离出来。

4. 机械的激波作用

在施工过程中压路机的碾压和开放交通后汽车的行驶,各种机械力对路面的振颤而产生激波作用,也能促使乳化沥青稳定性的破坏和沥青薄膜结构的形成。

7.2.5 乳化沥青的分类和技术要求

1. 乳化沥青的分类

乳化沥青分类有三个部分:第一部分代表施工方法,如用 P 代表喷洒型乳化沥青,主要用于透层、黏层、表面处治或贯入式沥青碎石路面,用 B 代表拌和型乳化沥青,主要用于沥青碎石或沥青混合料路面;第二部分为乳化剂类型,如用 C 代表阳离子型乳化沥青,用 A 代表阴离子型乳化沥青,用 N 代表非离子乳化剂;第三部分则按用途进行的分类,分别用 1-3 表示不同用途。我国《公路沥青路面施工技术规范》(JTG F40—2004)中规定乳化沥青分类及其用途见表 7-5。

乳化沥青的分类   表 7-5

类　别	代　号	用　途
喷洒用	PA-1、PC-1	层铺贯入式路面及表面处治用
	PA-2、PC-2	透层油及稳定用表面养护用
	PA-3、PC-3	结合层油层用
拌和用	BA-1、BC-1	拌制粗粒式沥青混凝土及黑色碎石用
	BA-2、BC-2	拌制中粒式及细粒式沥青混合料用
	BA-3、BC-3	拌制稳定土及稀浆封层用

2. 乳化沥青技术要求

《公路沥青路面施工技术规范》(JTG F40—2004)中规定我国道路用乳化沥青的质量应符合表 7-6。在高温下宜采用黏度较大的乳化沥青,寒冷条件下宜使用黏度较小的乳化沥青。乳化沥青类型根据集料品种及使用条件选择。阳离子乳化沥青可适用于各种集料品种,阴离子乳化沥青适用于碱性石料。乳化沥青的破乳速度、黏度宜根据用途与施工方法选择。

7.2.6 乳化沥青的应用

乳化沥青有多种应用方式,主要应用于以下几个方面:透层油和透层油封层;撒布封层;防尘处理;表层补强;冷再生;改性封层;冷拌坑槽修补;黏结封层;预涂层;道路裂缝修补;防护层。这些应用主要集中在道路养护方面,下面介绍其中最主要也是最常用的几种应用方式:

1. 稀浆封层

稀浆封层是一种冷拌沥青混合料,具有集料和沥青混合的优点,使路面具有优良的抗磨损性和抗变形性。在通常情况下,相似的级配稀浆封层具有比热拌沥青混合料高的模量,稳定度相对较高,并具有较高的抗变形能力,因此常用它来修补路面车辙病害。

试 验 项 目		品种及代号					
		PC-1 PA-1	PC-2 PA-2	PC-3 PA-3	BC-1 BA-1	BC-2 BA-2	BC-3 BA-3
筛上剩余量(%)		≤0.3					
粒子电荷		阳离子带正电(+)			阴离子带负电(-)		
破乳速度		快裂	慢裂	快裂	中裂或慢裂		慢裂
黏度	沥青标准黏度计 $C_{25,3}$(s)	12～45	8～20		12～100		40～100
	恩格拉黏度 E_{25}	3～15	1～6		3～40		15～40
蒸发残留物含量(%)		>60	>50		>55		60～62
蒸发残留物性质	25℃针入度(0.1mm)	80～200	80～300	60～160	60～200	60～300	80～200
	与原沥青的延度比(25℃)(%)	>80					
	溶解度(三氯乙烯)(%)	>97.5					
储存稳定性(%)	5d	<5					
	1d	<1					
与矿料的黏附性试验,裹覆面积		>2/3					
粗粒式集料拌和试验		—			均匀		—
细粒式集料拌和试验		—				均匀	
水泥拌和试验,筛上剩余量(%)		—				<5	
低温储存稳定度(-5℃)		无粗颗粒或结块					

注:① 乳液黏度可选沥青标准黏度计或恩格拉黏度计的一种测定,$C_{25,3}$ 表示温度 25℃、孔径 3mm,E_{25} 表示在 25℃ 时测定。

② 储存稳定性一般用 5d 的,如时间紧迫也可用 1d 的稳定性。

③ 用于稀浆封层的阴离子乳化沥青 BA-3 型的蒸发残留物含量可放宽至 55%。

2. 乳化沥青石屑罩面

乳化沥青石屑罩面是一个高沥青含量的薄表面处治层,但是这种处治层是柔性的和耐磨的。掺加聚合物能够增加黏结力、黏附性、耐磨性和路面的抗裂性能。石屑罩面既能够用于道路养护,又可以用于道路重建,尤其是在道路抗裂方面有重要作用。

3. 填充裂缝和桥梁修补

对于乳化沥青来讲,掺加聚合物增加了黏结料的成本,但是却可以显著地延长路面寿命。有研究表明,通过这种方法设计重建的乡村公路,可以使损坏比较严重的道路寿命增加 10～15 年。对路面的反射裂缝进行处理,也可以使路面的使用寿命增加 5～8 年。

4. 黏层油

黏层油是指在封层之间或者是在具有裂缝的路面层和其他路面层之间的涂刷层,这种方法可以使路面使用寿面延长 5～8 年,也能够消除反射裂缝(尤其是水泥处治或再生路面)。

5. 组合封层

是乳化沥青石屑罩面与稀浆封层的组合,在一层耐磨的稀浆封层下面有一层柔性的石屑罩面,可以为减缓裂缝的发展创造有利的条件。运用这种完整的养护体系,能够减少重建费用一半以上。

7.3 沥青的改性及主要制品

改性沥青是指掺加橡胶、树脂、高分子聚合物、磨细的橡胶粉或其他填料等外掺剂(改性剂),经过充分混熔,使之均匀分散在沥青中,或采取对沥青轻度氧化加工等措施,使沥青或沥青混合料的性能得以改善而制成的沥青结合料。改性剂是指在沥青或沥青混合料中加入的天然或人工的有机或无机材料,可熔融、分散在沥青中,改善或提高沥青性能的材料,如聚合物、纤维、抗剥落剂、岩沥青、填料(如硫黄、炭黑等)。

7.3.1 常用道路沥青改性剂

改性沥青的改性剂种类繁多,主要有:聚合物类、树脂类、纤维类、硫磷类、固体颗粒等多种。

1. 橡胶类

橡胶是在外力作用下可发生较大形变,外力撤除后又迅速复原,具有高弹性的高聚物。橡胶有天然橡胶、合成橡胶、再生橡胶。常用的有天然橡胶(NR)、丁苯橡胶(SBR)、氯丁橡胶(CR)、丁二烯橡胶(BR)、乙丙橡胶(EPDM)、异戊二烯(IR)、异丁烯异戊二烯共聚物(IIR)、苯乙烯异戊二烯橡胶(SIR)、硅橡胶(SR)以及氟橡胶(FR)等。其中代表物丁苯橡胶(SBR)的主要特性是高温稳定性、高弹性、高机械强度和高黏附性。而氯丁橡胶(CR)具有极性,常掺入煤沥青中使用。

2. 树脂类

树脂按其可塑性分为热塑性树脂和热固性树脂。热塑性树脂主要有聚乙烯(PE)、乙烯—醋酸乙烯共聚物(EVA)、无规聚丙烯(APP)、聚氯乙烯(PVC)、聚酰胺等;热固性树脂主要有环氧树脂(EP)等。PE 是高压低密度聚乙烯,它与国产多蜡沥青相容性较好,既可改善沥青高温稳定性,又可改善低温脆性,并且价格低廉,在我国使用范围较广。EVA 的弹性与橡胶相似,但抗老化性能比橡胶好;EVA 的密度和熔融指数与低密度聚乙烯相近,但柔软性、韧性、抗裂性、抗老化和抗光性能优于聚乙烯。EVA 具有良好的热稳定性、较好的抗氧化稳定性、较宽的橡胶态温度区域、良好的耐低温特性和较强的耐水性。

3. 热塑性橡胶类

热塑性橡胶也称热塑性弹性体,主要是苯乙烯类嵌段共聚物,如苯乙烯—丁二烯嵌段共聚物(SBS)、苯乙烯—异戊二烯嵌段共聚物(SIS)、苯乙烯—聚乙烯/丁基—聚乙烯(SE/BS)嵌段共聚物等。其中 SBS 是用阳离子聚合方法制得的丁二烯—苯乙烯热塑性丁苯橡胶。SBS 有线形及星形两种,星形的改性效果优于线形。SBS 外观为白色(或微黄)爆米花状,质轻多孔。其在低于聚苯乙烯组分的玻璃化转变温度时是强韧的高弹性材料,而在较高温度下,又成为接近线性聚合物的流体状态。它既具有橡胶的弹性性质又有树脂的热塑性性质,兼具有橡胶和树脂的特性,具有良好的变形自恢复性及裂缝自愈性,成为目前最为普遍使用的道路沥青改性剂。

4. 其他改性剂

(1)纤维类改性剂

常用的纤维物质有:各种人工合成纤维和矿质石棉纤维、土工布等。掺入纤维类改性剂后,沥青高温稳定性得到显著提高,并且低温抗拉强度也能得到改善,但需注意这类物质对人体健康有影响,应谨慎使用。

（2）固体颗粒改性剂

主要有废橡胶粉、炭黑、高钙粉煤灰、火山灰等,这些固体颗粒的级配、表面性质和空隙状态等都影响着沥青混合料的高温流变特性和低温变形能力。

（3）硫磷类改性剂

硫磷在沥青中的链桥作用,可提高沥青的高温稳定性,但应采用"预熔法",否则改善了高温稳定性,但低温抗裂性则明显降低。

（4）黏附性改性剂

①无机类如水泥、石灰或电石渣。用这类改性剂预处理集料表面或直接加入沥青中,可提高沥青与集料的黏附性。

②有机酸类。掺加各类合成高分子有机酸,可提高沥青活性。

③重金属皂类。常用的有皂脚铁、环烷酸铝皂等,可降低沥青与集料的界面张力,改善黏附性。

④合成化学抗剥剂。如醚胺、醇胺类、烷基胺类、酰胺类等,这些高效低剂量抗剥剂对黏附性的改善效果较好,一般用于对黏附性要求很高的高等级路面。

5. 耐老化改性剂

受阻酚、受阻胺等抗老化剂的改性效果好,但价格较为昂贵,目前常用的是炭黑。炭黑粒径小、表面积大,弥散于沥青中,可吸附沥青热氧化作用产生的游离基,阻止沥青老化的链式反应,并且炭黑又是一种屏蔽剂,能阻止紫外线进入,使光致老化作用受到抑制。

7.3.2　改性沥青的评价指标

由于改性沥青具有不同的技术特点,除沥青常规试验针入度、延度、软化点、黏度等指标外,还采用了几项与评价沥青性能不同的技术指标,如聚合物改性沥青离析试验、沥青弹性恢复试验、黏韧性试验、测力延度试验等。

1. 弹性恢复（回弹）

弹性恢复试验采用一般的沥青延度试验设备,首先按规定浇筑沥青试样,冷却后放在15℃的水中保温 1h,接着脱模并在延度仪上进行拉伸,拉伸温度为 15℃,拉伸速率为5cm/min。当拉伸到 10cm 时,停止拉伸并从中间剪断试样,在水中原封不动地保持 1h 后,把剪断的试样两头对接起来并测量其恢复后的长度。按式(7-13)计算其弹性恢复率。

$$弹性恢复率 = \frac{10 - X}{10} \times 100\% \tag{7-13}$$

式中：X——恢复后的试样长度,cm。

弹性恢复率越大,表明沥青的弹性性质越好。

2. 聚合物改性沥青的离析试验

聚合物改性沥青在停止搅拌,冷却过程中,聚合物可能从沥青中离析,当聚合物改性沥青在生产后不能立即使用,而需经过储运再加热等过程后使用时,需进行离析试验。

不同改性沥青离析的状况有所不同,SBR、SBS 类改性沥青,离析时表现为聚合物上浮。采用的试验是将试样置于规定条件的盛样管中,并在 163℃烘箱中放置 48h 后从聚合物改性沥青的顶部和底部分别取样,测定其环球法软化点之差来判定;对 PE、EVA 类聚合物改性沥青,用改性沥青在135℃存放24h过程中是否结皮,或凝聚在容器表面四壁的情况进行判定。

3.沥青黏韧性试验

经国内外研究表明,沥青黏韧性试验是评价橡胶类改性沥青的一种较好的方法,并已列入我国《公路沥青路面施工技术规范》(JTG F40—2004)。沥青黏韧性试验是测定沥青在规定温度条件下高速拉伸时与金属半球的黏韧性和韧性。非经注明,试验温度为 25℃,拉伸速度为 500mm/min。在图 7-29 中的荷重变形曲线 ABCE 及 CDFE 所包围的面积分别表示所测试样的黏韧性和韧性。

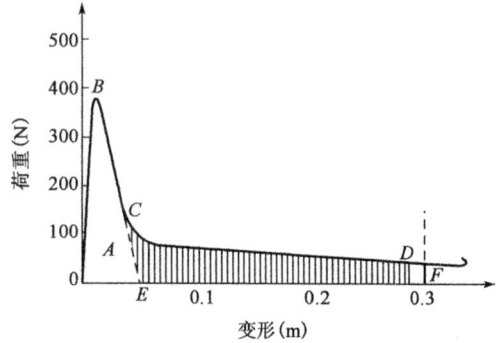

图 7-29　黏韧性试验荷重—变形曲线

4.测力延度试验

测力延度试验是在普通的延度仪上附加测力传感器,试验用的试模与沥青弹性恢复试验相同。试验温度通常采用5℃,拉伸速度5cm/min,传感器最大负荷≥100kg 即可。试验结果可有 X—Y 函数记录仪记录拉力—变形(延度)曲线。曲线形状和面积对评价改性沥青的性能具有重要意义。

7.3.3　改性沥青的技术标准

我国《公路沥青路面施工技术规范》(JTG F40—2004)中聚合物改性沥青性能评价方法增加一些评价聚合物性能指标,如弹性恢复、黏韧性和离析(软化点差)等技术指标,见表 7-7。首先根据聚合物类型将改性沥青分为Ⅰ、Ⅱ、Ⅲ类,按照软化点的不同,将聚合物改性沥青分为 A、B、C 和 D 四个等级。同一类型中的 A、B、C 或 D 主要反映基质沥青标号及改性剂含量的不同,由 A 至 D 表示改性沥青针入度减小、黏度增加,即高温性能提高,但低温性能下降。等级划分以改性沥青的针入度作为主要依据。

聚合物改性沥青技术标准　　　　　　　　　　　　　　　　　　表7-7

指　　标	单　位	SBS 类(Ⅰ型)				SBR 类(Ⅱ类)			EVA、PE 类(Ⅲ类)			
		Ⅰ-A	Ⅰ-B	Ⅰ-C	Ⅰ-D	Ⅱ-A	Ⅱ-B	Ⅱ-C	Ⅲ-A	Ⅲ-B	Ⅲ-C	Ⅲ-D
针入度(25℃,100g,5s)	0.1mm	>100	80~100	60~80	30~60	>100	80~100	60~80	>80	60~80	40~60	30~40
针入度指数 PI　≥		-1.2	-0.8	-0.4	0	-1.0	-0.8	-0.6	-1.0	-0.8	-0.6	-0.4
延度(5℃,5cm/min)　≥	cm	50	40	30	20	60	50	40	—			
软化点 $T_{R\&B}$　≥	℃	45	50	55	60	45	48	50	48	52	56	60
运动黏度(135℃)　≤	Pa·s	3										
闪点　≥	℃	230				230			230			
溶解度　≥	%	99				99			—			
弹性恢复(25℃)	%	55	60	65	75	—						
黏韧性　≥	N·m	—				5						
韧性　≥	N·m	—				2.5						

指　　标	单　位	SBS 类（Ⅰ型）				SBR 类（Ⅱ类）			EVA、PE 类（Ⅲ类）			
		Ⅰ-A	Ⅰ-B	Ⅰ-C	Ⅰ-D	Ⅱ-A	Ⅱ-B	Ⅱ-C	Ⅲ-A	Ⅲ-B	Ⅲ-C	Ⅲ-D
储存稳定性，离析 （48h 软化点差）　≤	℃	2.5				—			无改性剂明显析出、凝聚			
TFOT（或 RTFOT）后残留物												
质量变化　≤	%	±1.0										
针入度比（25℃）　≥	%	50	55	60	65	50	55	60	50	55	58	60
延度（5℃）　≥	cm	30	25	20	15	30	20	10	—			

具体对一个工程,使用改性沥青时,可参照以下步骤运用:

(1)根据当地的气候条件和交通条件,选择适当的基质沥青。希望提高高温性能的路段,基质沥青的标号宜为当地同类公路使用的沥青标号;希望提高低温性能的路段,基质沥青的标号宜为针入度大一个等级的沥青。

(2)根据改性目的和经济条件,在改性剂的合理使用范围内,选择一个初试剂量。各类改性沥青的合理范围,除特殊情况外,宜在下列范围内选择:

①对 SBS 改性沥青,SBS 的剂量宜为 3% ~ 6%,通常采用 3% ~ 4%,要求高时采用5% ~6%。

②对 SBR 改性沥青,SBR 的剂量宜为 3% ~ 5%,通常采用 3% ~ 4%,要求高时采用5% ~6%。

③对 EVA 或 PE 改性沥青,EVA 或 PE 的剂量宜为 4% ~6%,通常采用 4% ~5%,要求高时采用6%。

(3)按照改性沥青的加工工艺,采用适宜的方法制作改性沥青样品,测定改性沥青的15℃、25℃、30℃针入度,计算针入度指数 PI,再根据 25℃针入度确定属于哪一个等级。例如针入度88 的基质沥青采用4% SBS 改性后,针入度为66,则属于Ⅰ-C 级。

(4)按照各类改性沥青的关键性技术指标,试验各项性质,对照相应的指标,评定其是否合格。

(5)如果达不到要求的指标,或指标过高,可以适当调整改性剂剂量,以符合标准要求。也可以一开始就试验几个不同剂量的改性沥青,从中选择一个适宜的剂量。

(6)试验技术要求规定的其他指标,检验其是否合乎各自技术要求。

7.3.4　常用改性沥青的性质及应用

1.几种常用的改性沥青

(1)SBS 改性沥青

SBS 改性沥青的主要特点包括:

①温度高于 160℃后,改性沥青的黏度与原沥青基本相近,可与普通沥青一样拌和使用;

②温度低于 90℃后,改性沥青的黏度是原沥青的数倍,高温稳定性好,因而改性沥青混合料路面的抗车辙能力大大提高;

③改性沥青的低温延度、脆点较原沥青均有明显改善,因而改性沥青混合料的低温抗裂能力及疲劳寿命均明显提高。

（2）PE 改性沥青

这类改性沥青的高温稳定性与矿料黏附性、感温性、抗老化性能都有不同程度的改善，不过常温（25℃）时的延性有所降低。

（3）SBR 改性沥青

SBR 改性沥青的热稳定性、延性以及黏附性，均较原沥青有所改善，并且热老化性能也有所提高。

（4）EVA 改性沥青

EVA 改性沥青的热稳定性有所提高，但耐久性改变不大。

2. 常用改性沥青的应用

SBS 类改性沥青最大特点是高温、低温性能都好，具有良好的弹性恢复性能。在炎热地区、温暖地区，还是寒冷地区都适用。

橡胶类 SBR 改性沥青最大特点是低温柔性好，主要适合在寒冷气候条件下使用。

EVA 改性沥青除寒冷地区不宜使用外，炎热地区和一般温暖地区都可使用。PE 改性沥青主要适宜于炎热地区，寒冷地区不适用，一般温暖地区也不宜采用 PE 改性沥青。在西欧、北美地区以及日本 PE 的应用日趋减少，基本被淘汰。

我国聚合物改性沥青适用地区：

（1）Ⅰ类是 SBS 热塑性橡胶类聚合物改性沥青：Ⅰ-C 型用于较热地区，Ⅰ-D 型用于炎热地区及重交通路段。

（2）Ⅱ类是 SBR 橡胶类聚合物改性沥青：Ⅱ-A 型用于寒冷地区，Ⅱ-B 型和Ⅱ-C 型适用于较热地区。

（3）Ⅲ类是树脂类聚合物改性沥青：如 EVA 和 PE 改性沥青，适用于较热和炎热地区。通常要求软化点温度比最高月使用温度的最大日空气温度要高 20℃左右。

SBS、PE 改性沥青的制备必须使用专门的加工设备，故一般只有大型工程才有条件采用。

EVA 与沥青有较好的相容性，在沥青中只要用对流式搅拌器或简单的高剪切混溶机就能使 EVA 分散开来，制备方便，一般单位都可选用。

用废旧轮胎磨细的橡胶粉制备改性沥青，设备简单，尤其适合道路养护部门使用。

7.4 沥青基防水卷材

以原纸、纤维毡、纤维布、金属箔、塑料膜或纺织物等材料中的一种或数种复合为胎基，浸涂石油沥青、煤沥青、高聚物改性沥青制成的或以合成高分子材料为基料加入助剂、填充剂，经过多种工艺加工而成的长条片状成卷供应，并起防水作用的产品称为防水卷材。

防水卷材在我国建筑工程及路桥工程应用中处于主导地位，其作用是隔绝水分对建筑物或路面桥面的渗漏。广泛应用于建筑物地上、地下和其他特殊构筑物防水、路桥工程防水，是一种面广量大的防水材料。防水卷材目前的规格品种已由 20 世纪 50 年代单一的沥青油毡发展到具有不同物理性能的几十种高、中档新型防水卷材。常用的防水卷材按照材料的组成不同一般可分为沥青防水卷材、高聚物改性沥青防水卷材和合成高分子防水卷材三大类，防水卷材的具体分类如下：

防水卷材
├─ 沥青防水卷材
│   ├─ 纸胎油毡
│   ├─ 纤维胎油毡
│   │   ├─ 织物类:玻璃布、玻璃席
│   │   └─ 纤维毡类:玻纤、化纤、黄麻
│   └─ 特殊胎油毡
│   ├─ 金属箔胎
│   ├─ 合成膜胎
│   └─ 复合胎
├─ 高聚物改性沥青防水卷材
│   ├─ SBS改性沥青防水卷材
│   ├─ APP改性沥青防水卷材
│   ├─ PVC改性沥青防水卷材
│   ├─ 再生胶改性沥青防水卷材
│   └─ 废橡胶粉改性沥青防水卷材
└─ 合成高分子防水卷材
    ├─ 橡胶型
    │   ├─ 三元乙丙橡胶防水卷材
    │   ├─ 丁基橡胶防水卷材
    │   └─ 再生橡胶防水卷材等
    ├─ 树脂型
    │   ├─ 聚氯乙烯防水卷材
    │   ├─ 氯化聚乙烯防水卷材
    │   └─ 聚乙烯防水卷材等
    └─ 橡塑型—氯化聚乙烯—橡胶共混防水卷材等

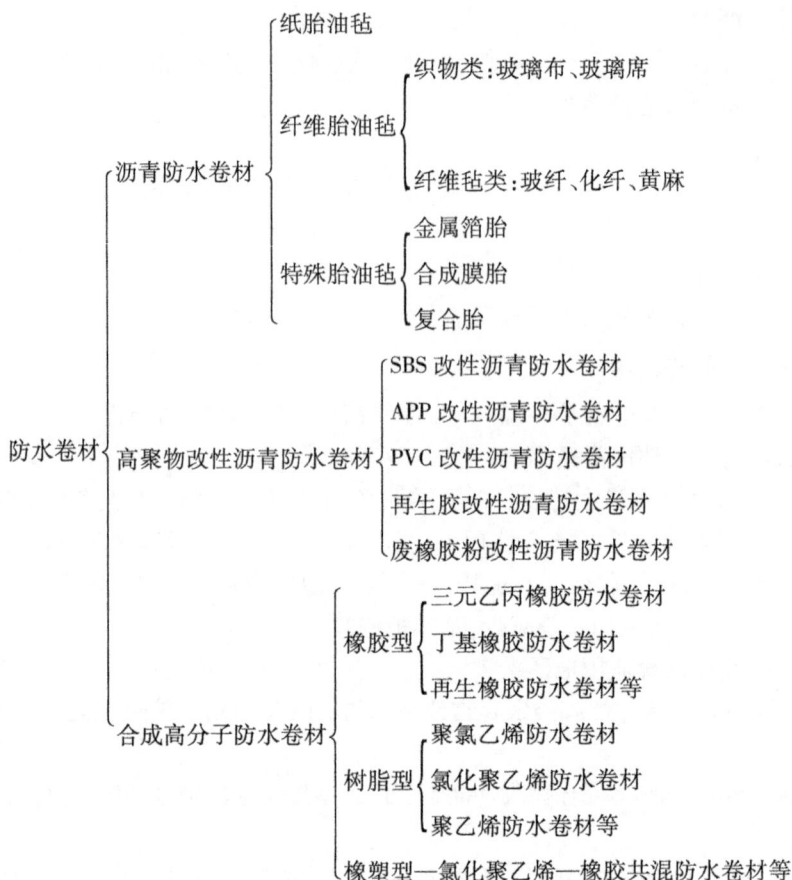

防水卷材品种繁多,性能和特点各异,但作为防水卷材,要满足建筑防水工程的要求,必须具备以下性能:

(1)具有较强的抗渗能力,可抵抗脉冲动态水压,不渗水和不溶于水,不受冻融循环的影响。

(2)具备良好的耐高温和耐低温能力,在高温条件下不流淌、不起泡、不滑动,在低温条件下不脆裂。适应当地的气候环境,应保证材料在最严酷环境中保持正常的工作状态。

(3)具有足够的抗拉强度,可承受一定荷载、应力或在一定变形的条件下不断裂的性能。

(4)具有良好的柔韧性,在低温条件下保持柔韧性的性能。

(5)具备抵抗阳光、热、臭氧及其他化学侵蚀介质等因素长期综合作用下抗侵蚀的能力。

7.4.1 沥青防水卷材

沥青防水卷材是在基胎(如原纸、纤维织物、毡等)上浸涂沥青后,再在表面撒布不同矿物粉料、粒料或合成高分子薄膜、金属膜作为隔离材料而制成的可卷曲片状防水材料。沥青类防水卷材具有原材料广、价格低、施工技术成熟等特点,可以满足建筑物的一般防水要求,是目前用量最大的防水卷材品种。沥青类防水卷材有石油沥青纸胎油毡和油纸,石油沥青玻璃纤维胎油毡,玻璃布油毡和铝箔面油毡等品种。其中纸胎油毡是限制使用和即将淘汰的品种。

1. 石油沥青纸胎油毡

石油沥青纸胎油毡是采用低软化点石油沥青浸渍原纸,然后用高软化点石油沥青涂盖油纸两面,再涂或撒隔离材料制成的一种可卷曲的片状防水材料。油毡幅宽有 915mm 和 1 000mm 两种规格,每卷面积为 $20m^2 \pm 0.3m^2$。油毡按其原纸胎 $1m^2$ 的质量克数分为 200、350 和 500 号三个标号;按油毡的物理性能分为优等品、一等品和合格品。各标号、等级油毡的物理性能应满足《石油沥青纸胎油毡》(GB 326—2007)中的要求,见表 7-8。

石油沥青纸胎油毡的物理性能 表 7-8

标号与等级 指标		200 号			350 号			500 号		
		合格	一等	优等	合格	一等	优等	合格	一等	优等
单位面积浸涂材料质量,不小于 (g/m^3)		600	700	800	1 000	1 050	1 100	1 400	1 450	1 500
不透水性	压力,不小于(MPa)	0.05			0.10			0.15		
	保持时间, 不小于(min)	15	20	30	30		45	30		
吸水率 不大于(%)	粉毡	1.0			1.0			1.5		
	片毡	3.0			3.0			3.0		
耐热度	℃	85 ±2		90 ±2	85 ±2		90 ±2	85 ±2		90 ±2
	要求	受热 2h 涂盖层应无滑动和集中性气泡								
纵向拉力(25℃),不小于(N)		240		270	340		370	440		470
柔度	℃	18 ±2			18 ±2	16 ±2	14 ±2	18 ±2		14 ±2
	要求	绕 ϕ20mm 圆棒或弯板无裂纹						绕 ϕ25mm 圆棒或 弯板无裂纹		

由于沥青材料的温度敏感性大,低温柔性差,易老化,因而使用年限较短。其中 200 号用于简易防水,临时性建筑防水,防潮及包装等,350 号、500 号油毡用于屋面工程及地下工程的多层防水。在防水材料的应用中应限制、并逐渐淘汰纸胎油毡的使用。

2. 石油沥青玻璃纤维油毡、玻璃布油毡

玻璃纤维油毡是采用玻璃纤维薄毡为胎基,浸涂石油沥青,表面撒以矿物粉料或覆盖以聚乙烯薄膜等隔离材料,制成的一种防水卷材。其指标应符合《石油沥青玻璃纤维油毡》(GB/T 14686—2008)的规定,柔性好,耐化学微生物的腐蚀,寿命长。用于防水等级为Ⅲ级的屋面工程。

玻璃布油毡是采用玻璃布为胎基,浸涂石油沥青,表面撒以矿物粉料或覆盖以聚乙烯薄膜等隔离材料,制成的一种防水卷材。按照《石油沥青玻璃布油毡》(JC/T 84—1996)的规定规格宽为 1 000mm,分为一等品和合格品两个等级,每卷油毡的总面积为 $20m^2 \pm 0.3m^2$。

3. 铝箔面油毡

铝箔油毡是用玻璃纤维毡为胎基,浸涂氧化沥青,表面用压纹铝箔贴面,底面撒以细颗粒矿物料或覆盖以聚乙烯膜制成的一种具有热反射和装饰功能的防水卷材。油毡幅面宽度为 1 000mm,按物理性能分为优等品、一等品和合格品三个等级,各等级质量要求应符合《铝箔面油毡》(JC/T 504—2007)的规定。

常用的沥青防水卷材的特点和适用范围见表7-9。

石油沥青防水卷材的特点及适用范围   表7-9

卷 材 种 类	特 点	适 用 范 围
石油沥青纸胎油毡	低温柔性差、防水耐用年限较短,价格较低	三毡四油、二毡三油铺设的屋面工程
玻璃纤维沥青油毡	耐水性、耐久性、耐腐蚀性较好,柔韧性优于纸胎油毡	屋面或地下防水工程、包扎管道作防腐保护层
玻璃布沥青油毡	柔韧性较好,抗拉强度较高,胎体不易腐烂,耐久性比纸胎油毡好	地下水管及金属管道的防腐保护层、防水层及屋面防水层
铝箔胎沥青油毡	防水功能好,有一定的抗拉强度,阻隔蒸汽渗透能力高	可单独使用或与玻璃纤维油毡配合用于隔气层和热反射屋面

7.4.2 高聚物改性沥青防水卷材

以高分子聚合物改性沥青为涂盖层,纤维毡、纤维织物或塑料薄膜为胎体,粉状、粒状、片状或塑料膜为覆面材料制成可卷曲的片状防水材料,称为高聚物改性沥青防水材料。高聚物改性沥青防水材料克服了传统沥青防水卷材的温度稳定性差、延伸率小的不足,具有高温不流淌、低温不脆裂、拉伸强度高、延伸率较大等优点。国内几种主要的高聚物改性沥青防水卷材介绍如下。

1. SBS 改性沥青防水卷材(弹性体沥青防水卷材)

SBS 改性沥青防水卷材属弹性体沥青防水卷材,弹性体沥青防水卷材是用沥青或热塑性弹性体(如苯乙烯—丁二烯—苯乙烯嵌段共聚物 SBS)改性沥青浸渍胎基,两面涂以弹性体沥青涂盖层,上表面撒以细砂、矿物粒(片)料或覆盖聚乙烯膜,下表面撒以细砂或覆盖聚乙烯膜所制成的一类防水卷材。

SBS 改性沥青防水卷材具有良好的不透水性和低温柔性,在 –15℃ ~25℃下仍能保持其韧性;同时还具有抗拉强度高、延伸率大、耐腐蚀性及耐热性好等优点。适用于工业与民用建筑的屋面及地下、卫生间等的防水、防潮以及游泳池、隧道、蓄水池等的防水工程,尤其适用于寒冷地区建筑物防水,并可用于Ⅰ级防水工程。该类防水卷材使用玻璃纤维毡(G)和聚酯毡(PY)两种胎体,按物理力学性能分为Ⅰ型和Ⅱ型,其物理力学性能应符合规范《弹性体改性沥青防水卷材》(GB 18242—2008)的规定。

2. APP 改性沥青防水卷材(塑性体改性沥青防水材料)

APP 改性沥青防水卷材属塑性体沥青防水卷材,塑性体沥青防水卷材是用沥青或热塑性塑料(如无规聚丙烯 APP)改性沥青浸渍胎基,两面涂以塑性体沥青涂盖层,上表面撒以细砂、矿物粒(片)料或覆盖聚乙烯膜,下表面撒以细砂或覆盖聚乙烯膜所制成的一类防水卷材。

与弹性体沥青防水卷材相比,塑性体防水卷材具有更高的耐热性,但低温柔韧性较差,其他性质基本相同。APP 改性沥青防水卷材具有良好的防水性能、耐高温性能和较好的柔韧性,能形成高强度、耐撕裂、耐穿刺的防水层,耐紫外线照射,耐久寿命长。采用热熔法黏结,可靠性强。广泛适用于各种领域和类型的防水、防潮工程,尤其适用于高温或有强烈太阳辐照地区的建筑物防水。该类防水卷材的物理力学性能应符合规范《塑性体改性沥青防水卷材》(GB 18243—2008)的规定。

高聚物改性沥青防水卷材除 SBS 改性沥青防水卷材和 APP 改性沥青防水卷材外,常用的还有 PVC 改性沥青防水卷材、再生胶改性沥青防水卷材及废橡胶粉改性沥青防水卷材等。它们因聚合物和胎体的品种不同而性能各异,使用时应根据其性能特点合理选择。常见的高聚物改性沥青防水卷材的特点和适用范围见表 7-10。

常见高聚物改性沥青防水卷材的特点及适用范围　　　　　　　表 7-10

卷 材 名 称	特 点	使 用 范 围
SBS 改性沥青防水卷材	高温稳定性和低温柔韧性明显改善,抗拉强度和延伸率较高,耐疲劳性和耐老化性好	单层铺设的防水层或复合使用,适合寒冷地区和结构变形频繁的结构
APP 改性沥青防水卷材	抗拉强度高、延伸率大,耐老化性、耐腐蚀性和耐紫外线老化性能好,使用温度范围宽(−15～130℃)	单层铺设或复合使用的防水层,适合紫外线辐射强烈及炎热地区的屋面使用
PVC 改性沥青防水卷材	有良好的耐高温及耐低温性能,最低开卷温度为 −18℃,可在低温下施工	单层或复合的防水层,有利于在冬季负温度下施工
再生胶改性沥青防水卷材	有一定的延伸性和防腐蚀能力,低温柔性较好,价格低廉	适合变形较大或档次较低的防水工程
废橡胶粉改性沥青防水卷材	抗拉强度、低温柔性及高温稳定性均比沥青防水卷材有明显改善	一般叠层使用,宜用于寒冷地区的防水工程

7.4.3　合成高分子防水卷材

合成高分子防水卷材是以合成橡胶、合成树脂或它们两者的共混体为基料,加入适量的化学助剂和填充料等,经混炼、压延或挤出等工序加工制成的可卷曲片状防水材料。合成高分子防水卷材可分为加筋和不加筋两种。

合成高分子防水卷材具有抗拉强度高,断裂伸长率大,抗撕裂强度高,耐热、耐低温性能好及耐腐蚀、耐老化、可冷施工等优良特性,是高档次防水卷材,也是我国今后要大力发展的新型防水材料。常见的合成高分子防水卷材有三元乙丙橡胶防水卷材、聚氯乙烯防水卷材、氯化聚乙烯防水卷材、氯化聚乙烯—橡胶共混防水卷材等。

1. 三元乙丙(EPDM)橡胶防水卷材

三元乙丙橡胶防水卷材简称 EPDM,是以乙烯、丙烯及双环戊二烯或乙叉降冰片烯等 3 种单体共聚合成的三元乙丙橡胶为主体,掺入适量的丁基橡胶、软化剂、补强剂、填充剂、促进剂及硫化剂等,经配料、密炼、拉片、过滤、热炼、挤出或压延成型、硫化、检验、分卷、包装等工序加工制成的可卷曲高弹性防水材料,属目前国内高档防水卷材。

三元乙丙橡胶由于其分子结构中的主链没有双键,当其受到臭氧、光和湿热作用时,主链不易断裂,故该卷材耐老化性能比其他类型卷材优越,使用寿命长。此外,还具有重量轻、使用温度范围宽、抗拉强度高、延伸率大、对基层变形适应性强、耐酸碱腐蚀等特点,广泛适用于工程的外露屋面防水和大跨度受振动工程的防水,也适用于埋置式的屋面、地下室及隧道、水池、水渠等工程防水。

2. 聚氯乙烯(PVC)防水卷材

聚氯乙烯防水卷材是以聚氯乙烯树脂(PVC)为主要原料,掺入适量的改性剂、抗氧化剂、紫外线吸收剂、着色剂、填充剂等,经捏合、塑化、挤出压延、整形、冷却、检验、分卷、包装等工序加工制成可卷曲的片状防水材料。按基料分为 S 形、P 形两种。S 形是以煤焦油与聚氯乙烯树脂混溶料为基料的柔性卷材,P 形是以增塑聚氯乙烯树脂为基料的塑性卷材。

聚氯乙烯防水卷材的拉伸强度高,伸长率大,对基层的伸缩和开裂变形适应性强;卷材幅面宽,可焊接性好;具有良好的水蒸气扩散性,冷凝物容易排出;耐穿透、耐腐蚀、耐老化。其低温柔性和耐热性好,可用于各种屋面防水、地下防水及旧屋面维修工程。

3. 氯化聚乙烯—橡胶共混防水卷材

氯化聚乙烯—橡胶共混防水卷材是以氯化聚乙烯树脂(CPE)和合成橡胶共混为主体,加入适量的硫化剂、促进剂、稳定剂、软化剂及填充剂等,经过素炼、混炼、过滤、压延(或挤出)成形、硫化、检验、分卷、包装等工序加工制成的高弹性防水卷材。

氯化聚乙烯—橡胶共混防水卷材兼有塑料和橡胶的共有特点,以这种合成高分子聚合物的橡胶共混改性材料,在工业上称为高分子"合金"。该材料具有氯化聚乙烯特有的高强度和优异的耐候性,同时还表现出橡胶的高弹性、高延伸率及良好的耐低温性能,适用于寒冷地区或变形较大的建筑防水工程。

合成高分子防水卷材除以上三种典型品种外,还有丁基橡胶、氯化聚乙烯等防水卷材。它们因所用的基材不同而性能差异较大,使用时应合理选择,常用的合成高分子防水卷材的特点和适用范围见表 7-11。

常见合成高分子防水卷材的特点及适用范围 表 7-11

卷材名称	特点	使用范围
三元乙丙橡胶防水卷材	防水性能好,弹性和抗拉强度大,耐候性和耐臭氧性好,抗裂性强,使用温度范围宽,寿命长,质量轻,但价格高	单层或复合使用,适用于防水要求高、耐用年限要求长的防水工程
丁基橡胶防水卷材	有较好的耐候性和耐油性,抗拉强度、延伸率和耐低温性能稍低于三元乙丙橡胶防水卷材	单层或复合使用,适用于防水要求较高和有耐油要求的工程
氯化聚乙烯防水卷材	强度高,延伸率大,收缩率低,耐候、耐臭氧、耐热老化、耐化学腐蚀性好,使用寿命长,质量轻,综合性能接近三元乙丙橡胶防水卷材	单层或复合使用,特别适用于紫外线强的炎热地区
聚氯乙烯防水卷材	拉伸强度和撕裂强度较高,延伸率较大,耐老化性能好,原材料丰富,价格便宜	单层或复合使用,适用于各种防水工程和有一定腐蚀的防水工程
氯化聚乙烯—橡胶共混防水卷材	不但具有高强度和优异的耐臭氧、耐老化性能,而且有高弹性、高延伸率和良好的低温柔性	单层或复合使用,特别适用于寒冷地区和变形较大的防水工程

7.5 沥青防水涂料

防水涂料是由沥青、合成高分子聚合物、合成高分子聚合物与沥青、合成高分子聚合物与水泥或以无机复合材料等为主要成膜物质,掺入适量的颜料、助剂、溶剂等加工制成的溶剂型、水乳型或反应型的,在常温下呈无固定形状的黏稠状液态或可液化的固体粉末状态的高分子合成材料,是单独或与胎体增强材料复合,分层涂刷或喷涂在需要进行防水处理的基层表面上,通过溶剂的挥发或水分的蒸发或反应固化后可形成一个连续、无缝、整体的,且具有一定厚度的、坚韧的,能满足工业与民用建筑、路桥工程等部位的防止渗透要求的一类材料的总称。

在实际工程中,防水涂料品种繁多,可以按涂料的组分、类型和成膜物质的主要成分进行分类。根据组分不同,防水涂料可分为单组分和双组分防水涂料。单组分防水涂料使用方便,靠溶剂或水分的挥发固化成膜。双组分防水涂料,在施工时按一定比例将甲、乙两个组分混合,搅拌,涂布,两组分自然发生化学反应,固化成膜。按涂料的类型可将涂料分为溶剂型、水乳型和反应型三类。按涂料成膜物质的主要成分可分为沥青基防水涂料、高聚物改性沥青防水涂料、合成高分子防水涂料三类。

不同类型的防水涂料其特点有很大不同,可根据不同防水涂料的特点及适用范围在实际施工时进行选用。总的来说,防水涂料也有一些共同特点,如下:

(1)防水性能好

能满足各种建筑、路桥工程防水要求。防水涂料固化成膜后,形成的防水涂膜具有一定的延伸性、抗裂性、抗渗、抗拉性,除用于通常防水层外,特别适用于各种异型建筑的节点、形状复杂部位的防水,形成无接缝的防水整体,起到防水、防渗、防潮作用。

(2)耐高、低温性能好

根据防水涂料材质不同,可制成低温不脆裂、高温不流淌的防水涂料,能满足严寒和炎热地区应用。

(3)操作方便,施工速度快

防水涂料为液体冷施工,施工方式根据工作面实际情况,可分别选用刷涂和喷涂施工。

(4)易于维修

当面层发生渗漏时,不需要把原有防水层清除,可在防水渗漏处进行局部修理。

7.5.1 沥青基防水涂料

沥青基防水涂料是以沥青为基料配制而成的溶剂型或水乳型防水涂料。

将未经改性的石油沥青直接溶解于汽油等有机溶剂中而配制成的涂料,称之为溶剂型沥青涂料,实质上就是一种沥青溶液。此类涂料由于形成的涂膜较薄,沥青又未改性,故一般不单独做防水涂料使用,仅作为某些防水材料的配套材料使用。

将石油沥青分散于水中,在乳化剂和稳定剂的作用下形成稳定的水分散体构成的涂料,称为水乳型沥青类防水涂料。这类材料和溶剂型沥青涂料一样,由于形成的薄膜较薄,一般不单独做屋面防水涂料使用,而是作为防水施工配套材料使用,或用来配制各种水乳型橡胶沥青防水涂料。熔化的沥青可以在石灰、石棉或黏土中与水借机械分裂作用(分散作用)制得膏状沥青悬浮体,常见的有石灰膏乳化沥青防水涂料、水性石棉沥青防水涂料和膨润土沥青乳液防水涂料。

（1）石灰膏乳化沥青是以石油沥青为基料，以石灰膏（氢氧化钙）为分散剂，以石棉绒为填充料加工而成的一种沥青浆膏（冷沥青悬浮液）。石灰乳化沥青生产工艺简单，一般在现场施工时配制。该涂料材料来源丰富，生产工艺简单，成本较低，在使用中都做成厚涂层，有较好的耐候性。缺点是涂层的延伸率较低，抗裂性较差，容易因基层变形而开裂，从而导致漏水、渗水。另外在温度较低时易发脆，单位面积的耗用量也较大。一般结合嵌缝油膏、胶泥等密封材料用于工业厂房的屋面防水。

（2）水性石棉沥青防水涂料是将石棉和水组成悬浮液，再将熔化的石油沥青加入其中，强烈搅拌，即成为水性石棉沥青防水涂料。石棉纤维具有改性作用，使涂料在储存稳定性、耐水性、耐裂性、耐候性等较一般乳化沥青好，可形成较厚的涂膜，可单独作防水涂料使用。但单位面积涂料用量亦大，另外，石棉纤维对人体有害。

（3）膨润土沥青乳液是以优质石油沥青为基料，膨润土为分散剂，经搅拌而成。这种厚质防水涂料可在潮湿但无积水的基层上施工，膨润土沥青乳液一般和胎体增强材料配合使用，用于工业与民用建筑屋面、地下工程、厕浴间等工程防水防潮。

7.5.2 高聚物改性沥青防水涂料

高聚物改性沥青类防水涂料一般是利用再生橡胶、合成橡胶或 SBS 对沥青进行改性从而制成的水乳型或溶剂型涂膜防水材料。高聚物改性沥青防水涂料亦称为橡胶沥青类防水涂料，其成膜物质中的胶黏材料是沥青和橡胶。此类防水涂料是以橡胶对沥青进行改性作为基础的。用再生橡胶进行改性，可以改善沥青低温的冷脆性、抗裂性、增加涂料的弹性；用合成橡胶进行改性可以改善沥青的气密性、耐化学腐蚀性、耐燃性、耐光、耐气候性等；用 SBS 进行改性，可以改善沥青的弹塑性、延伸性、耐老化、耐高低温性能等。

1. 氯丁橡胶改性沥青防水涂料

溶剂型氯丁橡胶沥青防水涂料是以氯丁橡胶改性石油沥青为基料，以汽油为溶剂，加入高分子填料、无机填料、防老化剂、助剂等制成的防水涂料，其延伸性好，耐候性、耐腐蚀性优良，能在复杂基层形成无接缝完整的防水层，且适应基层的变形能力强。需要反复多次涂刷才能形成较厚的涂膜，形成涂膜的速度较快且致密完整，能在较低温度下进行冷施工。

水乳型氯丁橡胶沥青防水涂料是阳离子氯丁乳胶与阳离子型石油沥青乳液的混合体，是氯丁橡胶的微粒和石油沥青的微粒借助于阳离子表面活性剂的作用，稳定分散在水中所形成的一种乳状液。与溶剂型同类涂料相比较，二者都以氯丁橡胶和石油沥青为主要成膜物质，故性能相似，但水乳型氯丁橡胶沥青防水涂料以水代替有机溶剂，不但成本降低，而且具有无毒、无燃爆、施工中无环境污染等优点。

2. 再生橡胶改性沥青防水涂料

溶剂型再生橡胶沥青防水涂料是以再生橡胶为改性剂，以汽油为溶剂，添加各种填料而制成的防水涂料。该种涂料由于是以汽油为溶剂，故涂料干燥固化迅速，但在生产、贮存、运输、使用过程中有燃爆危险，应严禁烟火，并配备消防设备。施工时应保持通风良好，及时扩散挥发掉汽油分子，故对环境有一定污染。

水乳型再生橡胶改性沥青防水涂料是由阴离子型再生乳胶和阴离子型沥青乳胶混合均匀构成，再生橡胶和石油沥青的微粒借助于阴离子表面活性剂的作用，稳定分散在水中而形成的乳状液。该涂料以水为分散剂，具有无毒、无味、不燃的优点，可在常温下冷施工作业，并可在稍潮湿无积水的表面施工,涂膜有一定的柔韧性和耐久性,材料来源广,价格低。它属于薄型涂料,一次涂刷涂膜较薄,需多次涂刷才能达到规定厚度。该涂料一般要加衬玻璃纤维布或合成纤维加筋毡构成防水层,施工时再配以嵌缝密封膏,以达到较好的防水效果。该涂料适用于工业与民用建筑混凝土基层屋面防水;以沥青珍珠岩为保温层的保温屋面防水;地下混凝土建筑防潮以及旧油毡屋面翻修和刚性自防水屋面的维修等。

3. 丁苯橡胶改性沥青防水涂料

溶剂型丁苯橡胶改性沥青防水涂料是以石油沥青为基料,以丁苯橡胶为改性材料,并添加其他助剂且以溶剂为分散剂配置而成。该防水涂料为冷作业防水涂料,可广泛应用于厕浴间、地下室、隧道等的防水以及屋面补漏,也可与防水卷材配套使用,形成复合防水层。溶剂型丁苯橡胶改性沥青防水涂料应在室内存放,防止曝晒,并应远离火源和热源,严格按照施工操作规程进行施工,现场严禁动用明火。本品可在0℃以下施工,便于冬季使用。

水乳型丁苯橡胶改性沥青防水涂料是以石油沥青为基料,以丁苯胶乳为改性剂,经乳化、共混配制而成。该涂料涂膜具有橡胶状弹性和延伸性,易形成厚膜,冷施工,不污染环境。在冰冻期、雨天不能施工,其施工温度必须在5℃以上,以10~35℃为宜,涂布后6h内不能淋雨。运输、储存应在0℃以上,严防曝晒,勿近热源,以防破乳。

4. SBS 改性沥青防水涂料

溶剂型 SBS 改性沥青防水涂料是以石油沥青为基料,采用 SBS 热塑性弹性体作沥青的改性材料,配合以适量的辅助剂,防老化剂等制成的溶剂型弹性防水涂料。该涂料具有优良的防水性、黏结性、弹性和低温柔性,因此是一种性能良好的建筑防水涂料,广泛应用于各种防水、防潮工程。

水乳型 SBS 改性沥青防水涂料是以沥青、橡胶、合成树脂、SBS 及表面活性剂等高分子材料组成的一种水乳型弹性沥青防水涂料。该涂料的优点是低温柔韧性好、抗裂性强、黏结性能优良、耐老化性能好,与坡纤布等增强胎体复合,能用于任何复杂的基层,防水性能好,可冷施工作业,是较为理想的中档防水涂料。SBS 改性沥青防水涂料适用于复杂基层的防水防潮施工,如厕浴间、地下室、厨房、水池等,特别适合于寒冷地区的防水施工。

7.5.3 合成高分子防水涂料

高分子防水涂料是以合成橡胶或合成树脂为主要成膜物质,再加入其他添加剂制成的单组分或双组分防水涂料。合成高分子防水涂料的品种很多,常见的有聚氨酯、硅橡胶、PVC、丙烯酸酯、聚合物水泥等防水涂料。

1. 聚氨酯防水涂料

聚氨酯防水涂料具有很好的弹性、延伸性、抗拉强度、耐老化、耐腐蚀、耐高低温,黏结性好,是防水涂料中的高档产品。聚氨酯防水涂料施工方便,质量好,但有一定的毒性和可燃性,应有良好的通风和防火设施。聚氨酯防水涂料最适宜在结构复杂、狭窄和易变形的部位,如厕浴间、厨房、隧道、走廊、游泳池等防水及屋面工程和地下室工程的复合防水。

2. 硅橡胶防水涂料

硅橡胶防水涂料是以硅橡胶乳液及其他乳液的复合物为主要基料与各种助剂配制而成的乳液型防水涂料。该涂料兼有涂膜防水和渗透性防水涂料两者的优良性能,具有良好的防水性、渗透性、成膜性、弹性、黏结性和耐高低温性等优点。它适应基层变形的能力强,可渗入基底,与基底牢固黏结,成膜速度快,可在潮湿基层上施工,而且无毒、无味、不燃、安全可靠、可配成各种颜色。冷施工,易修补,可涂刷、喷涂或滚涂。硅橡胶防水涂料适用于地下工程及贮水构筑物、卫生间、屋面等防水、防渗及渗漏修补工程。硅橡胶防水涂料有Ⅰ型和Ⅱ型两种。

3. PVC 防水涂料

PVC 防水涂料亦称 PVC 防水冷胶料,系以多种化工原料混炼而成。它具有优良的弹性,延伸率较大,能牢固地与基层黏结成一体,其抗老化性优于热施工塑料油膏和沥青油毡。通常采用多层涂抹,冷施工,不但操作简便,而且可消除热施工导致的环境污染及火灾隐患,也改善了施工人员的劳动条件。而且,该涂料也可在潮湿的基层上施工,干固后涂膜富有弹性。PVC 防水涂料可用于工业与民用建筑屋面、楼地面、地下工程的防水、防渗、防潮;水利工程的渡槽、储水池、蓄水屋面、水沟、天沟等的防水、防腐等;建筑物的伸缩缝、钢筋混凝土屋面板缝、水落管接口处等的嵌缝、防水、止水;粘贴耐酸瓷砖及化工车间屋面、地面的防腐蚀工程。

4. 丙烯酸弹性防水涂料

丙烯酸弹性防水涂料是以丙烯酸为主料,配以助剂、填料等优质材料复合而成的一种水乳型、不含有机溶剂、无毒、无味、无污染的单组分建筑防水涂料。可以在多种材质表面直接施工。涂敷后可形成具有高弹性、坚韧、无接缝、耐老化、耐候性优异的防水涂膜,并可根据需要加入颜料配成彩色涂层,美化环境。丙烯酸弹性防水涂料可用于潮湿或干燥混凝土、砖石、木材、石膏板、泡沫板等基面上直接涂刷施工;适用于新旧建筑物及构筑物的屋面、墙面、室内、卫生间等防水工程;也适用于非长期浸水环境下的地下工程、隧道、桥梁等防水工程。

5. 聚合物水泥防水涂料

聚合物水泥防水涂料也称 JS 复合防水涂料,由有机液体料(如聚丙烯酸酯、聚醋酸乙烯乳液及各种添加剂组成)和无机粉料(如高铝、高铁水泥、石英粉及各种添加剂组成)复合而成的双组分防水涂料,是一种既具有弹性又具有耐久性的新型环保型建筑防水涂料。涂覆后可形成高强坚韧的防水涂膜,并可以根据需要配成各种彩色涂层。JS 防水涂料广泛应用于厕浴、厨房间、建筑物外墙、坡瓦屋面、地下工程和储液池等的防水。

【案例分析7-1】 沥青老化导致路面开裂

(1)工程概况

某通乡公路为沥青路面,使用三年后出现一些裂缝,裂缝大多是横向的,且几乎是等间距的,冬天裂缝尤其明显。

(2)原因分析

从裂缝的形状来看,沥青老化及低温引起的裂缝大多为横向,且裂缝几乎为等距离间距,这与该路面破损情况相吻合。沥青与空气接触会逐渐氧化,沥青中的极性含氧基团逐渐联结成高分子的胶团,促使沥青黏度提高,形成的极性羟基、羰基和羧基形成更大更复杂的分子使沥青硬化并降低柔韧性,导致沥青老化。冬天气温下降,沥青混合料受基层的约束而不能收缩,产生了应力,老化了的沥青致使混合料的脆性增加,路面便产生开裂,因而冬天裂缝尤为显著。

【案例分析7-2】 选材错误导致屋面渗水

(1)工程概况

某高层公寓楼,屋面防水等级为Ⅱ级,设计选用(3+3)mm 厚 SBS 防水卷材做防水层。工程完工后的第一个雨季,屋面出现了渗水、滴漏等大量渗水点,严重影响了该公寓楼顶层住户的使用。

(2)原因分析

该防水工程经检查未按设计要求选用 SBS 防水卷材,而使用了石油沥青纸胎油毡。石油沥青纸胎油毡低温柔性差,易老化,耐水性差、耐久性差,属限制使用产品。在 2001 年建设部发布《关于发布化学建材技术与产品公告》(27 号公告)中规定,石油沥青纸胎油毡不得用于防水等级为 Ⅰ、Ⅱ级的建筑屋面及各类地下防水工程。

复习思考题

7-1 采用沥青化学组分分析方法可将沥青分离为哪几个组分?沥青各组分与其技术性质有何关系?

7-2 按流变学观点,石油沥青可划分为哪几种胶体结构?各种胶体结构的石油沥青有何特点?

7-3 石油沥青的"三大指标"表征沥青哪些特征?

7-4 沥青的低温性能可能采用哪些方法来测试?

7-5 影响沥青耐久性的因素有哪些?现行评价沥青老化性能的方法有哪些?

7-6 试述乳化沥青乳化剂的种类及其作用。

7-7 试述乳化沥青的形成和分裂机理及其在节约能源、保护环境和经济效益等方面的优越性。

7-8 为什么要对沥青进行改性?常用的聚合物改性沥青有哪几种?

7-9 简述改性沥青的主要生产工艺方式。

7-10 石油沥青防水卷材主要有哪几类?各自适用于什么工程?

7-11 为满足防水要求,防水卷材应具备哪些技术性质?

7-12 试述沥青防水涂料的种类和特点。

第8章 沥青混合料

内容提要

本章重点讲述热拌沥青混合料的组成结构和强度理论;热拌混合料的技术性质和技术标准;热拌沥青混合料组成材料的技术要求。重点介绍了热拌沥青混合料马歇尔设计法。同时,介绍了 SMA、OGFC 沥青混合料的性能特点、设计方法。本章中还简要介绍了冷铺沥青混合料的定义及组成。

学习目标

通过本章学习,要求理解沥青混合料的三种结构类型和影响强度的因素;熟悉沥青混合料的技术性质和相应的技术指标及要求,熟练掌握普通热拌沥青混合料配合比设计方法和过程。熟悉其他混合料中 SMA 沥青混合料的路用性能、配合比设计方法;对其他两种沥青混合料作一般性的了解。

沥青混合料(Asphalt Mixtures)是矿料(包括碎石、石屑、砂)和填料与沥青经混合拌制而成的混合料的总称。其中矿料起骨架作用,沥青与填料起胶结填充作用。沥青混合料经摊铺、压实成型后就成为沥青路面。

随着我国公路等级的提高,沥青路面已成为高等级道路路面中占主要地位的路面结构。它具有优良的力学性能,良好的耐久性和抗滑性等特点,并便于分期修筑及再生利用,且修成的路面具有晴天少尘、雨天不泞、减振吸声、行车舒适等多方面的优点。

8.1 沥青混合料的分类、结构组成及强度理论

8.1.1 沥青混合料的分类

沥青混合料的分类方法取决于矿质集料的级配、最大公称粒径;压实后混合料的密实度、所用沥青的类型等。根据不同的分类方法,沥青混合料可分成五个不同的大类。

1.按沥青类型分类

(1)石油沥青混合料:以石油沥青为结合料的沥青混合料;

(2)焦油沥青混合料:以煤焦油为结合料的沥青混合料。

2.按施工温度分类

(1)热拌热铺沥青混合料:沥青与矿料经加热后拌和,并在一定的温度下完成摊铺和碾压施工过程的混合料。

(2)常温沥青混合料:以乳化沥青或液态沥青在常温下与矿料拌和,并在常温下完成摊铺碾压过程的混合料。

3.按矿质集料级配类型分类

(1)连续级配沥青混合料:沥青混合料中的矿料是按级配原则,从大到小各级粒径都有,

按比例互相搭配组成的连续级配混合料。

(2)间断级配沥青混合料:矿料级配中缺少若干粒级所形成的沥青混合料。

4. 按压实后混合料的密实度分类

(1)密级配沥青混合料(Dense-Graded Asphalt Mixtures):按密实级配原理设计组成的各种粒径颗粒的矿料,与沥青结合料拌和而成的混合料。设计空隙率一般在 3%~6% 之间(对不同交通及气候情况、层位可作适当调整)。主要包括:密实式沥青混凝土混合料(以 AC 表示)、密实式沥青稳定碎石混合料(以 ATB 表示)。沥青玛蹄脂碎石混合料(SMA)也属于密级配沥青混合料。

(2)半开级配沥青混合料(Open Graded Asphalt Mixtures):由适当比例的粗集料、细集料及少量填料(或不加填料)与沥青结合料拌和而成的混合料。此种混合料经压实后的剩余空隙率在 6%~12% 之间。主要包括半开式沥青碎石混合料(以 AM 表示)。

(3)开级配沥青混合料(Half Open Graded Asphalt Mixtures):矿料主要由粗集料组成,细集料和填料较少,采用高黏度沥青结合料黏结形成,压实后空隙率在 18% 以上。主要包括开级配沥青磨耗层混合料,以 OGFC 表示;另有排水式沥青稳定碎石基层,以 ATPB 表示。

5. 按矿料的公称最大粒径分类

(1)特粗式沥青混合料:矿料公称最大粒径为 37.5mm;

(2)粗粒式沥青混合料:矿料公称最大粒径分别为 26.5mm 或 31.5mm;

(3)中粒式沥青混合料:矿料公称最大粒径分别为 16mm 或 19mm;

(4)细粒式沥青混合料:矿料公称最大粒径分别为 9.5mm 或 13.2mm;

(5)砂粒式沥青混合料:矿料公称最大粒径等于或小于 4.75mm。

这些沥青混合料类型汇总于表 8-1。

热拌沥青混合料种类　　　　表 8-1

混合料类型	密级配			开级配		半开级配	公称最大粒径(mm)	最大粒径(mm)
	连续级配		间断级配	间断级配		沥青稳定碎石		
	沥青混凝土	沥青稳定碎石	沥青玛蹄脂碎石	排水式沥青磨耗层	排水式沥青碎石基层			
特粗式	—	ATB-40	—	—	ATPB-40	—	37.5	53
粗粒式	—	ATB-30	—	—	ATPB-30	—	31.5	37.5
	AC-25	ATB-25	—	—	ATPB-25	—	26.5	31.5
中粒式	AC-20	—	SMA-20	—	—	AM-20	19	26.5
	AC-16	—	SMA-16	OGFC-16	—	AM-16	16	19
细粒式	AC-13	—	SMA-13	OGFC-13	—	AM-13	13.2	16
	AC-10	—	SMA-10	OGFC-10	—	AM-10	9.5	13.2
砂粒式	AC-5	—	—	—	—	AM-5	4.75	9.5
设计空隙率	3~5	3~6	3~4	>18	>18	6~12		

8.1.2　沥青混合料的组成结构

在以沥青作为胶结材料的沥青混合料中,由粗集料、细集料、矿粉(填料)组成一定类型的级配,其中粗集料分布在由细集料和沥青组成的沥青砂浆中,而细集料又分布在沥青与矿粉构成的沥青胶浆中,形成具有一定内摩阻力和黏聚力的多级空间网络结构。由于各组成材料用量比例的不同,压实后沥青混合料内部的矿料颗粒分布状态、剩余空隙率也会呈现出不同的特点,形成不同的组成结构,而具有不同组成结构特点的沥青混合料在使用时则会表现出不同的性质。

1. 悬浮密实结构(Suspended Dense Structure)

在采用连续密级配矿料配制的沥青混合料中,一方面矿料的颗粒由大到小连续分布,并通过沥青胶结作用形成密实结构。另一方面较大一级的颗粒只有留出充足的空间才能容纳下一级较小的颗粒,这样粒径较大的颗粒就往往被较小一级的颗粒挤开,造成粗颗粒之间不能直接接触,也就不能相互支撑形成嵌挤骨架结构,而是彼此分离悬浮于较小颗粒和沥青胶浆中间,这样就形成了所谓悬浮密实结构的沥青混合料[其结构组成示意如图 8-1a)所示]。工程中常用的 AC 型沥青混凝土就是这种结构的典型代表。

2. 骨架空隙结构(Void Framework Structure)

当采用连续开级配矿料与沥青组成沥青混合料时,由于矿料大多集中在较粗的粒径上,所以粗粒径的颗粒可以相互接触,彼此相互支撑,形成嵌挤的骨架。但因很少含有细颗粒,粗颗粒形成的骨架空隙无法填充,从而压实后在混合料中留下较多的空隙,形成所谓骨架空隙结构[其结构组成示意如图 8-1b)所示]。工程实践中使用的开级配沥青碎石混合料(AM)和排水沥青混合料(OGFC)是典型的骨架空隙型结构。

3. 骨架密实结构(Dense Framework Structure)

当采用间断型密级配矿料与沥青组成沥青混合料时,由于矿料颗粒集中在级配范围的两端,缺少中间颗粒,所以一端的粗颗粒相互支撑嵌挤形成骨架,另一端较细的颗粒填充于骨架留下的空隙中间,使整个矿料结构呈现密实状态,形成所谓骨架密实结构[其结构组成示意如图 8-1c)所示]。沥青碎石玛蹄脂混合料(SMA)是一种典型的骨架密实型结构。

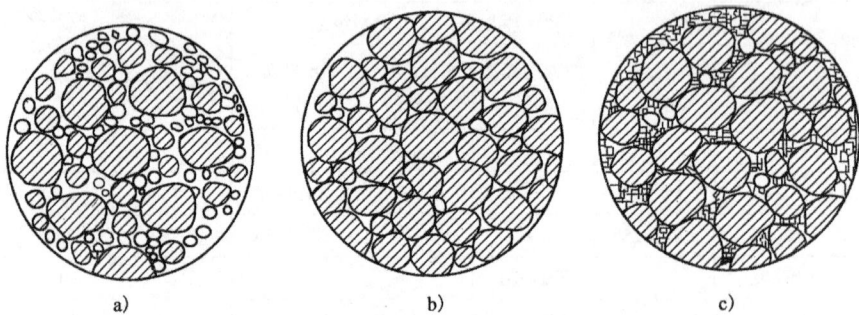

图 8-1 三种典型沥青混合料结构组成示意图
a)悬浮密实结构;b)骨架空隙结构;c)密实骨架结构

三种不同结构的沥青混合料,在路用性能上呈现不同的特点。悬浮密实结构的沥青混合料密实程度高,空隙率低,从而能够有效地阻止使用期间水的侵入,降低不利环境因素的直接影响。因此悬浮密实结构的沥青混合料具有水稳性好、低温抗裂性和耐久性好的特点。但由于该结构是一种悬浮状态,整个混合料缺少粗集料颗粒的骨架支撑作用,所以在高温使用条件下,因沥青结合料黏度的降低而导致沥青混合料产生过多的变形,形成车辙,造成高温稳定性的下降。

而骨架空隙结构的特点与悬浮密实结构的特点正好相反。在骨架空隙结构中,粗集料之间形成的骨架结构对沥青混合料的强度和稳定性(特别是高温稳定性)起着重要作用。依靠粗集料的骨架结构,能够有效地防止高温季节沥青混合料的变形,以减缓沥青路面车辙的形成,因而具有较好的高温稳定性。但由于整个混合料缺少细颗粒部分,压实后留有较多的空隙,在使用过程中,水易于进入混合料中引起沥青和矿料黏附性变差,不利的环境因素也会直接作用于混合料,引起沥青老化或将沥青从集料表面剥离,使沥青混合料的耐久性下降。

当采用间断密级配矿料形成骨架密实结构时,在沥青混合料中既有足够数量的粗集料形成骨架,对夏季高温防止沥青混合料变形,减缓车辙的形成起到积极的作用;同时又因具有数量合适的细集料以及沥青胶浆填充骨架空隙,形成高密实度的内部结构,不仅很好地提高了沥青混合料的抗老化性,而且在一定程度上还能减缓沥青混合料在冬季低温时的开裂现象。因而这种结构兼具了上述两种结构的优点,是一种优良的路用结构类型。

8.1.3 沥青混合料的强度理论

用沥青混合料铺筑的路面产生破坏的主要原因是由于夏季高温时的抗剪强度不足和冬季低温时的抵抗变形能力过差引起的。而抵抗变形能力的大小主要取决于沥青材料本身的性质,因此,研究沥青混合料的强度可以从抗剪强度着手。目前,一般通过三轴剪切试验来研究沥青混合料的抗剪强度。试验表明:沥青混合料的抗剪强度 τ 取决于沥青混合料的内摩擦角 φ 和黏聚力 c。

1.影响沥青混合料内摩擦角的因素

(1)矿质集料对内摩擦角的影响

矿质集料的尺寸、颗粒形状及表面粗糙程度对内摩擦角大小有很大的影响,一般来说,矿质集料的尺寸大,形状近似立方体,有一定的棱角,表面粗糙较之矿质集料的尺寸小,形状近似球形,缺少棱角,表面光滑具有更大的内摩擦角。因此,在选择集料的时候,宜采用较大的均匀的碎石,而不宜用小粒径的卵石。

另外,采用不同的矿料级配对内摩擦角的影响也是不同的。连续型密级配的矿质混合料,由于其粗集料的数量太少,呈悬浮状态分布,因而它的内摩擦角较小,而连续型开级配的矿质混合料,粗集料的数量比较多,形成一定的骨架结构,内摩擦角也就大。

(2)沥青含量对内摩擦角的影响

沥青含量越少,矿料表面形成的沥青膜越薄,内摩擦角越大,反之,沥青含量越大,沥青的润滑作用越明显,内摩擦角越小。

2.影响沥青混合料黏聚力的因素

(1)沥青材料的黏结性对黏聚力的影响

在沥青混合料中,沥青作为胶凝材料,对矿质混合料起胶结作用,因此,沥青本身的黏度高低直接影响着沥青混合料黏聚力的大小。沥青的黏度越大,混合料的黏滞阻力也越大,抵抗剪切变形的能力越强,则混合料的黏聚力就越大,同时,沥青的黏度随温度的变化而变化,温度升高,黏度降低,混合料的黏聚力也显著降低。

(2)矿料颗粒间的联结形式对黏聚力的影响

沥青与矿料之间的相互作用,前苏联学者认为:矿料对其周围的沥青有吸附作用,因而贴近矿粉的沥青的化学组分会重新排列,沥青在矿粉表面形成一层厚度为 δ_0 的扩散结构膜,结构膜内的这层沥青称为结构沥青。扩散结构膜外的沥青,因受矿粉吸附影响很小,化学组分并未改变,称为自由沥青,如图8-2a)所示。当矿粉颗粒之间以结构沥青的形式相联结时,如图8-2b)所示,混合料的黏聚力较大。反之,以自由沥青的形式相联结时,如图 8-2c)混合料的黏聚力较小。

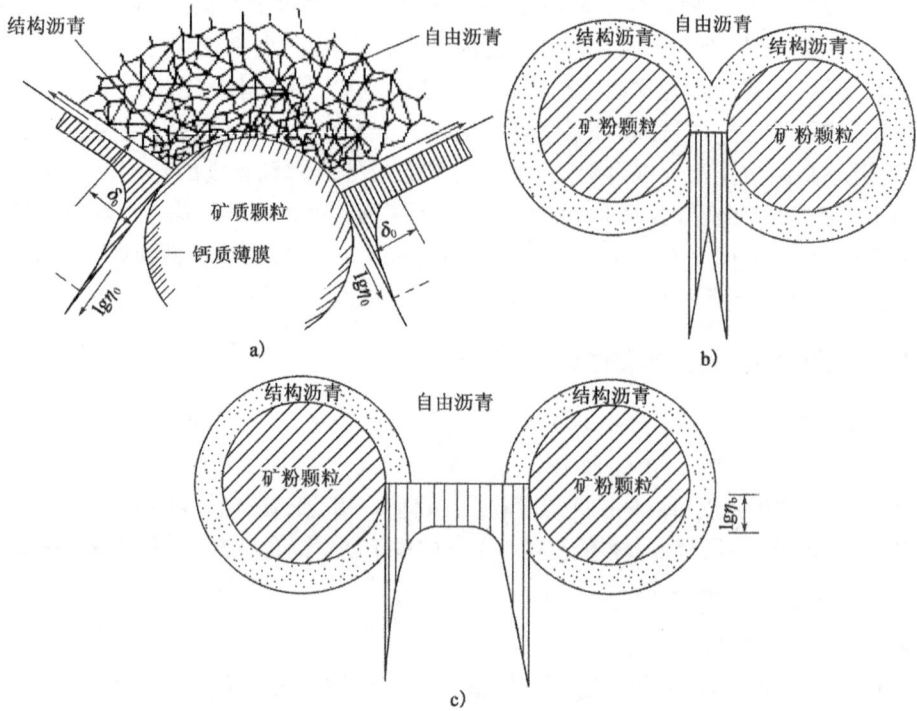

图 8-2　沥青与矿粉交互作用的结构模式

a)沥青与矿粉交互作用形成结构沥青;b)矿粉颗粒之间为结构沥青联结,其黏聚力为 $\lg\eta_a$;c)矿粉颗粒之间为自由沥青联结,其黏聚力为 $\lg\eta_b$,$\lg\eta_b < \lg\eta_a$

（3）矿粉的化学性质对黏聚力的影响

从矿粉的化学性质来看,不同性质的矿粉与沥青的吸附情况是不同的。H. M. 饱尔雪曾采用紫外线分析法对两种最典型的矿粉进行研究,在石灰石和石英石的表面形成一层吸附溶化膜,如图 8-3 所示。研究认为,在不同性质矿粉表面形成不同组成结构和厚度的吸附溶化膜,在石灰石粉表面形成较为发育的吸附溶化膜。所以,在沥青混合料中,当采用石灰石矿粉时,矿粉之间更有可能通过结构沥青来联结,因而具有较高的黏聚力。

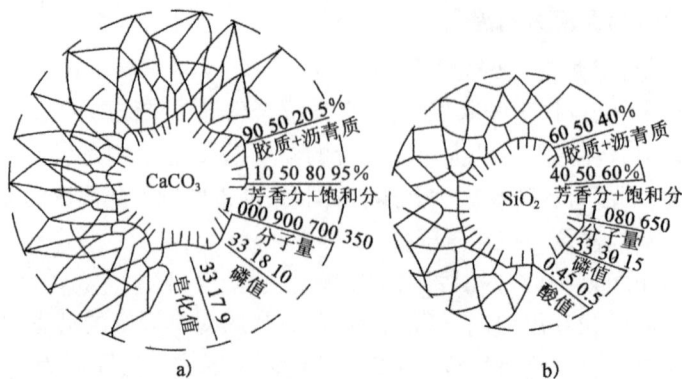

图 8-3　不同矿粉的吸附溶化膜结构图示

a)石灰石矿粉;b)石英石矿粉

（4）沥青用量对黏聚力的影响

从沥青的用量来看，沥青用量的多少可以影响沥青结构膜的数量，从而影响沥青混合料黏聚力的大小。沥青用量过少，沥青不足以包裹矿粉表面，矿粉间不能完全地靠沥青薄膜联结，因而沥青混合料的黏聚力很差。随着沥青用量的增加，结构沥青的数量不断增多，混合料的黏聚力也不断提高，当沥青用量达到一定程度时，形成的结构沥青数量最多，混合料的黏聚力达到最大。随着沥青用量的继续增加，多余的沥青，将矿粉颗粒推开，在颗粒间形成未与矿粉作用的自由沥青，混合料的黏聚力开始逐渐降低。当然，少量自由沥青的存在也是必要的，它可以增加沥青混合料的塑性，减少沥青路面的开裂。

8.2 沥青混合料的路用性能与技术标准

8.2.1 沥青混合料的路用性能

沥青混合料作为沥青路面材料，在使用过程中要承受行驶车辆荷载的反复作用，以及环境因素的长期影响。所以沥青混合料在具备一定的承载能力的同时，还必须具有良好的抵抗自然因素作用的耐久性，也就是说，要能表现出足够的高温环境下的稳定性、低温状况下的抗裂性、良好的水稳性、持久的抗老化性和利于安全的抗滑性等诸多技术特点，以保证沥青路面良好的服务功能。

1.高温稳定性

沥青混合料是一种典型的黏—弹—塑性材料，它的承载能力或模量随着温度的变化而改变，温度升高，承载力下降。特别是在高温条件下或长时间承受荷载作用时会产生明显的变形，变形中的一些不可恢复的部分累积成为车辙，或以波浪和拥包的形式表现在路面上。所以沥青混合料的高温稳定性是指在高温条件下，沥青混合料能够抵抗车辆反复作用，不会产生显著永久变形，保证沥青路面平整的特性。

对于沥青混合料的高温稳定性，实际工作中通过马歇尔稳定度试验方法和车辙试验法进行测定和评价。

（1）马歇尔稳定度试验：该试验用来测定沥青混合料试样在一定条件下承受破坏荷载能力的大小和承载时变形量的多少。马歇尔稳定度（Mashall Stability，简称 MS）是指试件受压至破坏时能承受的最大荷载。而流值（Flow Value，简称 FL）则是达到最大荷载时试件的垂直变形。

（2）车辙试验：用来模拟车辆轮胎在路面上行驶时所形成的车辙深度的多少，是对沥青混合料高温稳定性进行评价的一种试验方法。试验采用标准方法成型沥青混合料板型试件，在规定的试验温度和轮碾条件下，沿试件表面同一轨迹反复碾压行走，测定试件表面在试验过程中形成的车辙深度。以每产生 1mm 车辙变形所需要的碾压次数（称之为动稳定度）作为评价沥青混合料抗车辙能力大小的指标。显然动稳定度值愈大，相应沥青混合料高温稳定性愈好。

影响沥青混合料高温稳定性的主要因素有沥青的用量，沥青的黏度，矿料的级配，矿料的尺寸、形状等。过量沥青，不仅降低了沥青混合料的内摩阻力，而且在夏季容易产生泛油现象，因此，适当减少沥青的用量，可以使矿料颗粒更多地以结构沥青的形式相联结，增加混合料黏聚力和内摩阻力，提高沥青的黏度，增加沥青混合料抗剪变形的能力。由合理矿料级配组成的沥青混合料，可以形成骨架密实结构，这种混合料的黏聚力和内摩阻力都比较大。在矿料的选择上,应挑选粒径大的,有棱角的矿料颗粒,提高混合料的内摩擦角。另外,还可以加入一些外加剂,来改善沥青混合料的性能。所有这些措施,都是为了提高沥青混合料的抗剪强度和减少塑性变形,从而增强沥青混合料的高温稳定性。

2. 低温抗裂性

与高温变形相对应,冬季低温时沥青混合料将产生体积收缩,但在周围材料的约束下,沥青混合料不能自由收缩,从而在结构层内部产生温度应力。由于沥青材料具有一定的应力松弛能力,当降温速率较为缓慢时,所产生的温度应力会随时间逐渐松弛减小,不会对沥青路面产生明显的消极影响。但当气温骤降时,这时产生的温度应力就来不及松弛,当温度应力超过沥青混合料允许应力值时,沥青混合料被拉裂,导致沥青路面出现裂缝造成路面的破坏。因此要求沥青混合料应具备一定的低温抗裂性能,即要求沥青混合料具有较高的低温强度或较大的低温变形能力。

目前用于研究和评价沥青混合料低温性能的方法可以分为三类:预估沥青混合料的开裂温度、评价沥青混合料的低温变形能力或应力松弛能力,以及评价沥青混合料断裂能等几种方法。我国现行规范《公路沥青路面施工技术规范》(JTG F40—2004)对密级配沥青混合料采用−10℃条件下测得破坏强度、破坏应变、破坏劲度模量及应力应变曲线的形状,综合评价沥青混合料的低温抗裂性能。

3. 耐久性

耐久性是指沥青混合料在使用过程中抵抗环境不利因素的能力及承受行车荷载反复作用的能力,主要包括沥青混合料的抗老化性、水稳性、抗疲劳性等几个方面。

沥青混合料的老化主要是受到空气中氧气、水、紫外线等因素的作用,引发沥青材料多种复杂的物理化学变化,逐渐使沥青变硬、发脆,最终导致沥青老化,产生裂纹或裂缝等与老化有关的病害。水稳定性问题是因为水的影响,促使沥青从集料表面剥离而降低沥青混合料的黏结强度,最终造成混合料松散被车轮带走,形成大小不等的坑槽等水损害现象。

影响沥青混合料耐久性的因素很多,一个很重要的因素是沥青混合料的空隙率。空隙率的大小取决于矿料的级配、沥青材料的用量以及压实程度等多个方面。沥青混合料中的空隙率小,环境中易造成老化的因素介入的机会就少,所以从耐久性考虑,希望沥青混合料空隙率尽可能地小一些。但沥青混合料中还必须留有一定的空隙,以备夏季沥青材料的膨胀变形之用。另一方面,沥青含量的多少也是影响沥青混合料耐久性的一个重要因素。当沥青用量较正常用量减少时,沥青膜变薄,则混合料的延伸能力降低,脆性增加;同时因沥青用量偏少,混合料空隙率增大,沥青暴露于不利环境因素的可能性加大,加速老化,同时还增加了水侵入的机会,造成水损害。综上所述,我国现行规范《公路沥青路面施工技术规范》(JTG F40—2004)采用空隙率、饱和度和残留稳定度等指标来表征沥青混合料的耐久性。

4. 抗滑性

抗滑性是保障公路交通安全的一个很重要因素,特别是行驶速度很高的高速公路,确保沥青路面的抗滑性要求显得尤为重要。

沥青路面的抗滑性主要取决于矿料自身或级配形成的表面构造深度、颗粒形状与尺寸、抗磨光性等方面。因此,用于沥青路面表层的粗集料应选用表面粗糙、坚硬、耐磨、抗冲击性好、磨光值大的碎石或破碎的碎砾石集料。同时,沥青用量对抗滑性也有非常大的影响,沥青用量超过最佳用量的0.5%,就会使沥青路面的抗滑性指标有明显的降低,所以对沥青路面表层的沥青用量要严格控制。

5. 施工和易性

沥青混合料应具备良好的施工和易性,要求在整个施工的各个工序中,尽可能使沥青混合料的集料颗粒以设计级配要求的状态分布,集料表面被沥青膜完整覆盖,并能被压实到规定的密度,这是保证沥青混合料实现上述路用性能的必要条件。

影响沥青混合料施工和易性的因素首先是材料组成。例如,当组成材料确定后,矿料级配和沥青用量都会对和易性产生一定影响。如采用间断级配的矿料,当粗细集料颗粒尺寸相差过大,缺乏中间尺寸颗粒时,沥青混合料容易离析。又比如当沥青用量过少时,则混合料疏松且不易压实;但当沥青用量过多时,则容易使混合料黏结成团,不易摊铺。另一个影响和易性的因素是施工条件,例如施工时的温度控制。如温度不够,沥青混合料就难以拌和充分,而且不易达到所需的压实度;但温度偏高,则会引起沥青老化,严重时将会明显影响沥青混合料的路用性能。

8.2.2 沥青混合料的技术标准

按沥青混合料路用性能要求,《公路沥青路面施工技术规范》(JTG F40—2004)对热拌沥青混合料的相应技术标准做如下规定。

1. 密级配沥青混凝土混合料马歇尔试验技术标准

表8-2中列出密级配沥青混凝土混合料马歇尔试验的技术指标和要求达到的标准。该标准对采用马歇尔试验方法确定马歇尔试件体积参数和力学参数与沥青用量之间的关系有指导意义。

密级配沥青混凝土混合料马歇尔试验技术标准

表8-2

试验指标		单位	高速公路、一级公路				其他等级公路	行人道路
			夏炎热区(1-1、1-2、1-3、1-4区)		夏热区及夏凉区(2-1、2-2、2-3、2-4、3-2区)			
			中轻交通	重载交通	中轻交通	重载交通		
击实次数(双面)		次	75				50	50
试件尺寸		mm	$\phi101.6mm \times 63.5mm$					
空隙率VV	深约90mm以内	%	3~5	4~6	2~4	3~5	3~6	2~4
	深约90mm以下	%	3~6		2~4	3~6	3~6	—
稳定度MS 不小于		kN	8				5	3
流值FL		mm	2~4	1.5~4	2~4.5	2~4	2~4.5	2~5
矿料间隙率VMA(%)不小于	设计空隙率(%)	相应于以下公称最大粒径(mm)的最小VMA及VFA技术要求(%)						
		26.5	19	16	13.2	9.5	4.75
	2	10	11	11.5	12	13	15
	3	11	12	12.5	13	14	16
	4	12	13	13.5	14	15	17
	5	13	14	14.5	15	16	18
	6	14	15	15.5	16	17	19
沥青饱和度VFA(%)		55~70		65~75		70~85	

2. 沥青混合料高温稳定性车辙试验技术标准（表8-3）

沥青混合料车辙试验动稳定度技术要求　　　　　　　　　　表8-3

气候条件与技术指标		相应于下列气候分区所要求的动稳定度（次/mm）								
七月平均最高气温（℃）及气候分区		>30				20～30				<20
		1. 夏炎热区				2. 夏热区				3. 夏凉区
		1-1	1-2	1-3	1-4	2-1	2-2	2-3	2-4	3-2
普通沥青混合料　不小于		800		1 000		600		800		600
改性沥青混合料　不小于		2 400		2 800		2 000		2 400		1 800
SMA混合料	非改性　不小于	1 500								
	改性　不小于	3 000								
OGFC混合料		1 500（一般交通路段）、3 000（重交通量路段）								

3. 沥青混合料水稳定性检验的技术标准（表8-4）

沥青混合料水稳定性检验技术要求　　　　　　　　　　表8-4

气候条件与技术指标		相应于下列气候分区的技术要求（%）			
年降雨量（mm）及气候分区		>1 000	500～1 000	250～500	<250
		1. 潮湿区	2. 湿润区	3. 半干区	4. 干旱区
浸水马歇尔试验残留稳定度（%）　不小于					
普通沥青混合料		80		75	
改性沥青混合料		85		80	
SMA混合料	普通沥青	75			
	改性沥青	80			
冻融劈裂试验的残留强度比（%）　不小于					
普通沥青混合料		75		70	
改性沥青混合料		80		75	
SMA混合料	普通沥青	75			
	改性沥青	80			

4. 沥青混合料低温抗裂性能检验技术标准（表8-5）

沥青混合料低温弯曲试验破坏应变（με）技术要求　　　　　　　　　　表8-5

气候条件与技术指标		相应于下列气候分区所要求的破坏应变（με）							
年极端最低气温（℃）及气候分区		< -37.0		-21.5～-37.0			-9.0～-21.5		> -9.0
		1. 冬严寒区		2. 冬寒区			3. 冬冷区		4. 冬温区
		1-1	2-1	1-2	2-2	3-2	1-3	2-3	1-4	2-4
普通沥青混合料　不小于		2 600		2 300			2 000		
改性沥青混合料　不小于		3 000		2 800			2 500		

5. 沥青混合料渗水系数检验技术标准（表 8-6）

沥青混合料试件渗水系数（mL/min）技术要求　　　表 8-6

级 配 类 型		渗水系数要求（mL/min）
密级配沥青混凝土	不大于	120
SMA 混合料	不大于	80
OGFC 混合料	不小于	实测

8.3　沥青混合料组成材料的技术要求

沥青混合料的技术性质决定于组成材料的性质、组成配合的比例和混合料的制备工艺等因素。为保证沥青混合料的技术性质，首先应正确选择符合质量要求的组成材料。

1. 道路石油沥青材料

道路石油沥青按针入度分级可以划分出很多标号的沥青。不同标号沥青材料的技术性质不同。在选择沥青材料的时候，应结合沥青路面使用性能气候分区的要求确定沥青路面用沥青的标号范围。

沥青路面气候分区是公路研究部门与气象部门合作，通过对我国 615 个气象站点 30 年的气象资料分析，在大量的气象要素中选择了能够较好地表征我国气候特点，并且对沥青材料性能有影响的指标，经过计算机网格化处理和气象上常用的等概原则划分的。按我国气候特点，在考虑沥青路面使用性能前提下进行气候分区时确定了三个气候指标：①高温指标：采用最近 30 年内年最热月的平均日最高气温的平均值作为反映高温和重载条件下出现车辙等流动变形的气候因子，并作为气候区划的一级指标。按照设计高温指标，一级区划分为 3 个区（1—夏炎热区、2—夏热区、3—夏凉区）；②低温指标：采用最近 30 年内的极端最低气温作为反映路面温缩裂缝的气候因子，并作为气候区划的二级指标。按照设计低温指标，二级区划分为 4 个区（1—冬严寒区、2—冬寒区、3—冬冷区、4—冬温区）；③雨量指标：采用最近 30 年内的年降水量的平均值作为反映沥青路面受雨（雪）水影响的气候因子。并作为气候区划的三级指标。按照设计雨量指标，三级区划分为 4 个区（1—潮湿区、2—湿润区、3—半干区、4—干旱区）。具体划分见《公路沥青路面施工技术规范》（JTG F40—2004）附录 A。

沥青路面使用性能分区由一、二、三级区划组合而成，以综合反映该地区的气候特征。每个气候分区用三个数字表示。第一个数字代表高温分区，第二个数字代表低温分区，第三个数字代表雨量分区。如我国哈尔滨市属于 2（高温指标）—2（低温指标）—2（雨量指标）分区，即为夏热冬寒湿润区。

按沥青路面使用性能气候分区确定沥青路面用沥青的标号范围后，再按照公路等级、气候条件、交通条件、路面类型及在结构层中的层位及受力特点、施工方法等，结合当地的使用经验，并经技术论证后确定最终沥青标号。对高速公路、一级公路，夏季温度高、高温持续时间长、重载交通、山区及丘陵区上坡路段、服务区、停车场等行车速度慢的路段，尤其是汽车荷载剪应力大的层次，宜采用稠度大、60℃黏度大的沥青，也可提高高温气候分区的温度水平选用沥青等级；对冬季寒冷的地区或交通量小的公路、旅游公路宜选用稠度小、低温延度大的沥青；对温度日温差、年温差大的地区宜注意选用针入度指数大的沥青。当高温要求与低温要求发生矛盾时应优先考虑满足高温性能的要求。沥青混合料用石油沥青材料的主要技术要求参考第7章中表7-2。

2. 粗集料

沥青混合料的粗集料一般是由各种岩石经过轧制而成的碎石组成。在石料紧缺的情况下,也可利用卵石经轧制破碎而成;或利用某些冶金矿渣,如碱性高炉矿渣等,但应确认其对沥青混凝土无害才可使用。

沥青混合料的粗集料要求洁净、干燥、无风化、无杂质,并且具有足够的强度和耐磨性,(JTG F40—2004)规定,其各项质量要求符合表8-7。

沥青混合料用粗集料质量技术要求 表8-7

技术指标		高速公路及一级公路		其他等级公路	
		表面层	其他层次	表面层	其他层次
石料压碎值(%)	不大于	26	28	30	
洛杉矶磨耗损失(%)	不大于	28	30	35	
表观相对密度	不小于	2.60	2.50	2.45	
吸水率(%)	不大于	2.0	3.0	3.0	
坚固性(%)	不大于	12	12	—	
针、片状颗粒含量(混合料)(%)	不大于	15	18	20	
其中粒径大于9.5mm	不大于	12	15	—	
其中粒径小于9.5mm	不大于	18	20	—	
水洗法 <0.075mm 颗粒含量(%)	不大于	1	1	1	
软石含量(%)	不大于	3	5	5	
破碎面颗粒含量(%) 不小于	1 个破碎面	100	90	80	70
	2 个或 2 个以上破碎面	90	80	60	50

对路面抗滑表层的粗集料应选用坚硬、耐磨、抗冲击性好的碎石或破碎砾石,不可使用筛选砾石、矿渣及软质集料。《公路沥青路面施工技术规范》(JTG F40—2004)规定,高速公路、一级公路沥青路面的表面层(或磨耗层)的磨光值应符合表8-8的要求。粗集料于沥青的黏附性应符合要求。当使用不符要求的粗集料时,可采取在填料中加矿料总量1%~2%的干燥生石灰或消石灰粉、水泥,或在沥青中掺加抗剥离剂,或将粗集料用石灰浆处理后使用等措施来达到要求。

粗集料与沥青的黏附性、磨光值的技术要求 表8-8

雨量气候区	1(潮湿区)	2(湿润区)	3(半干区)	4(干旱区)
年降雨量(mm)	>1 000	1 000~500	500~250	<250
粗集料的磨光值 PSV,不小于 高速公路、一级公路表面层	42	40	38	36
粗集料与沥青的黏附性,不小于 高速公路、一级公路表面层	5	4	4	3
高速公路、一级公路的其他层次及 其他等级公路的各个层次	4	4	3	3

粗集料的粒径规格应满足表8-9的要求,如粗集料不符合要求,但确认与其他材料配合后的级配符合各类沥青混合料矿料级配范围要求时也可以使用。

规格	公称粒径（mm）	通过下列筛孔（方孔筛，mm）的质量百分率（%）								
		37.5	31.5	26.5	19	13.2	9.5	4.75	2.36	0.6
S6	15～30	100	90～100	—		0～15	—	0～5		
S7	10～30	100	90～100	—	—	—	0～15	0～5		
S8	15～25		100	90～100	—	0～15	—	0～5		
S9	10～20			100	90～00	—	0～15	0～5		
S10	10～15				100	90～100	0～15	0～5		
S11	5～15				100	90～100	40～70	0～15	0～5	
S12	5～10					100	90～100	0～15	0～5	
S13	3～10					100	90～100	40～70	0～15	0～5
S14	3～5						100	90～100	0～25	0～3

3. 细集料

沥青混合料的细集料一般采用天然砂或机制砂，在缺少砂的地区，也可以用石屑代替。

天然砂：岩石经风化、搬运等作用后形成的粒径小于 2.36mm 的颗粒部分。

机制砂：由碎石及砾石反复破碎加工至粒径小于 2.36mm 的部分，亦称人工砂。

石屑：采石场加工碎石时通过 4.75mm 或 2.36mm 筛孔的筛下部分集料的统称。

将石屑全部或部分代替砂拌制沥青混合料的做法在我国甚为普遍，这样可以节省造价充分利用碎石场下脚料。但应注意，石屑与机制砂有本质区别。石屑大部分为石料破碎过程中表面剥落或撞下的棱角，强度很低且细扁片含量及碎土比例很大，用于沥青混合料时势必影响质量，在使用过程中也易进一步压碎细粒化，因此对于高等级公路的面层或抗滑表层，石屑的用量不宜超过砂的用量。细集料同样应洁净、干燥、无风化、无杂质，并且与沥青具有良好的黏结力。（JTG F40—2004）对细集料提出技术要求，见表 8-10。

沥青混合料用细集料质量技术要求   表 8-10

指 标		高速公路、一级公路	其他等级公路
表观相对密度	不小于	2.50	2.45
坚固性（>0.3mm 部分）（%）	不大于	12	—
砂当量（%）	不小于	60	50
含泥量（小于 0.075mm 的含量）（%）	不大于	3	5
亚甲蓝值（g/kg）	不大于	25	—
棱角性（流动时间）（s）	不小于	30	—

细集料的级配，天然砂宜按表 8-11 中的粗砂、中砂或细砂的规格选用，石屑宜按表 8-12 的规格选用。但细集料的级配在沥青混合料中的适用性，应以其与粗集料和填料配制成矿质混合料后，判定其是否符合矿质混合料的级配要求来决定。当一种细集料不能满足级配要求时，可采用两种或两种以上的细集料掺和使用。

分　类		粗　砂	中　砂	细　砂
通过各筛孔的质量百分率	筛孔尺寸(mm)	通过百分率(%)		
	9.5	100	100	100
	4.75	90 ~ 100	90 ~ 100	90 ~ 100
	2.36	65 ~ 95	75 ~ 90	85 ~ 100
	1.18	35 ~ 65	50 ~ 90	75 ~ 100
	0.6	15 ~ 30	30 ~ 60	60 ~ 84
	0.3	5 ~ 20	8 ~ 30	15 ~ 45
	0.15	0 ~ 10	0 ~ 10	0 ~ 10
	0.075	0 ~ 5	0 ~ 5	0 ~ 5
细度模数 M_X		3.7 ~ 3.1	3.0 ~ 2.3	2.2 ~ 1.6

沥青面层的石屑规格表　　　　　　　　　　表 8-12

规格	公称粒径(mm)	通过下列筛孔(方孔筛,mm)的质量百分率(%)							
		9.5	4.75	2.36	1.18	0.6	0.3	0.15	0.075
S15	0 ~ 5	100	90 ~ 100	60 ~ 90	40 ~ 75	20 ~ 55	7 ~ 40	2 ~ 20	0 ~ 10
S16	0 ~ 3	100	100	80 ~ 100	50 ~ 80	25 ~ 60	8 ~ 45	0 ~ 25	0 ~ 15

4. 填料

填料是指在沥青混合料中起填充作用的粒径小于 0.075mm 的矿质粉末。沥青混合料的填料宜采用石灰岩或岩浆岩中的强基性(憎水性)岩石磨制而成的,也可以由石灰、水泥、粉煤灰代替,但用这些物质作填料时,其用量不宜超过矿料总量的 2%。其中粉煤灰的用量不宜超过填料总量的 50%。粉煤灰的烧失量应小于 12%,塑性指数应小于 4%,其余质量要求与矿粉相同。高速公路、一级公路的沥青面层不宜采用粉煤灰做填料。在工程中,还可以利用拌和机中的粉尘回收来作矿粉使用,其量不得超过填料总量的 50%,并且要求粉尘干燥,掺有粉尘的填料的塑性指数不得大于 4%。

矿粉要求洁净、干燥,并且与沥青具有较好的黏结性。为提高矿粉的憎水性,可加入 1.5% ~ 2.5% 的矿粉活化剂。《公路沥青路面施工技术规范》(JTG F40—2004)对矿粉的质量要求见表 8-13。对粉煤灰、粉尘等作同样的要求。

沥青混合料用矿粉质量技术要求　　　　　　　　　表 8-13

指　标		高速公路、一级公路	其他等级公路
表观密度(t/m³)　不小于		2.50	2.45
含水率(%)　不大于		1	1
粒度范围(%)	<0.6mm	100	100
	<0.15mm	90 ~ 100	90 ~ 100
	<0.075mm	75 ~ 100	70 ~ 100
外观		无团粒结块	
亲水系数		<1	
塑性指数		<4	
加热安定性		实测记录	

8.4 热拌沥青混合料配合比设计

热拌沥青混合料(Hot-mix Asphalt Mixtures,简称 HMA)是经人工组配的矿质混合料与黏稠沥青在专门设备中加热拌和而成,用保温运输工具运送至施工现场,并在热态下进行摊铺和压实的混合料,通称"热拌热铺沥青混合料",简称"热拌沥青混合料"。

热拌沥青混合料配合比设计的任务就是通过确定粗集料、细集料、填料和沥青之间的比例关系,使沥青混合料的各项指标达到工程要求。

沥青混合料配合比设计包括三个阶段:目标配合比设计阶段、生产配合比设计阶段和试拌试铺配合比调整阶段。本节着重介绍目标配合比设计阶段的配合比设计过程。

目标配合比设计分为矿质混合料组成设计和沥青最佳用量确定两部分。

8.4.1 矿质混合料组成设计

矿质混合料组成设计的主要内容包括:沥青混合料类型确定、矿质混合料级配范围确定、矿质混合料中各组成材料比例确定。矿质混合料设计的目的是选配一个具有足够密实度并且有较高内摩阻力的矿质混合料。

1. 确定沥青混合料类型

沥青混合料的类型决定组成沥青混合料中矿质混合料的级配类型。因此,确定矿质混合料的级配首先要知道沥青混合料类型。通常,沥青混合料类型与混合料所使用的道路等级、所处的路面结构类型及层位有关。沥青混合料的类型可以按沥青路面设计规范中的相关规定选用。表 8-14 列出 AC 类型沥青混凝土混合料和 AM 类型沥青碎石混合料与公路等级和结构层位的关系。

沥青混合料类型　　　　　　　　　　　　　　　　表 8-14

结构层次	高速公路、一级公路 城市快速路、主干路		其他等级公路		一般城市道路及其他 道路工程	
	三层式沥青 混凝土路面	两层式沥青 混凝土路面	沥青混凝土 路面	沥青碎石 路面	沥青混凝土路面	沥青碎石 路面
上面层	AC-13 AC-16 AC-20	AC-13 AC-16	AC-13 AC-16	AM-13	AC-5 AC-13	AM-5 AM-10
中面层	AC-20 AC-25	— —	— —	— —	— —	— —
下面层	AC-25 AC-30	AC-20 AC-25 AC-30	AC-20 AC-25 AC-30 AM-25 AM-30	AM-25 AM-30	AC-20 AM-25 AM-30	AM-25 AM-30 AM-40

确定沥青混合料类型时,还需要确定矿质混合料的最大粒径。各国对沥青混合料的最大粒径(D)同路面结构层最小厚度(h)的关系均有规定,我国研究表明:随 h/D 增大,耐疲劳性提高,但车辙量增大。相反 h/D 减小,车辙量也减小,但耐久性降低,特别是在 $h/D < 2$ 时,疲劳耐久性急剧下降。《公路沥青路面施工技术规范》(JTG F40—2004)中提出,对热拌沥青混合料,沥青层每层的压实厚度不宜小于集料公称最大粒径的 2.5～3 倍,对 SMA 和 OGFC 等嵌挤型混合料不宜小于公称最大粒径的 2～2.5 倍。所以,实际设计中考虑矿料最大粒径和路面结构层厚度之间的匹配关系,针对道路等级、路面结构层位,根据设计要求的路面结构层厚度选择适宜的矿料类型。

2. 确定矿质混合料的级配范围

为了使设计的矿质混合料具有足够的密实度和较高的摩阻力,矿质混合料必须具有合理的级配。根据级配理论,工程中具有良好使用性能的混合料,其级配通常是在一个范围内。目前,通常根据已有的研究成果和实践经验,采用行业规范中推荐的矿质混合料级配范围。表 8-15 列出(JTG F40—2004)规范规定的级配范围。

密级配沥青混凝土混合料矿料级配范围

表 8-15

级配类型		通过下列筛孔(mm)的质量百分率(%)											
		31.5	26.5	19	16	13.2	9.5	4.75	2.36	1.18	0.6	0.3	0.15	0.075
粗粒式	AC – 25	100	90～100	75～90	65～83	57～76	45～65	24～52	16～42	12～33	8～24	5～17	4～13	3～7
中粒式	AC – 20		100	90～100	78～92	62～80	50～72	26～56	16～44	12～33	8～24	5～17	4～13	3～7
	AC – 16			100	90～100	76～92	60～80	34～62	20～48	13～36	9～26	7～18	5～14	4～8
细粒式	AC – 13				100	90～100	68～85	38～68	24～50	15～38	10～28	7～20	5～15	4～8
	AC – 10					100	90～100	45～75	30～58	20～44	13～32	9～23	6～16	4～8
砂粒式	AC – 5						100	90～100	55～75	35～55	20～40	12～28	7～18	5～10

目前,行业规范推荐的矿料级配范围有两个层次。第一个层次是规范规定的级配范围(表 8-15)。由于它适用于全国,适用于不同道路等级、不同气候条件、不同交通条件、不同层次等情况,所以这个范围规定的很宽。通常可以根据给定的同一个级配范围,配制出不同空隙率的沥青混合料,以满足各种需要。第二个层次是工程设计级配范围。这是设计单位在对条件基本相同的工程建设经验的调查研究的基础上,针对当地具体的设计工程,并符合当地工程的气候条件、交通条件、公路等级和所处的层位提出的,是最接近当地条件的级配范围。因此,工程设计级配范围一般在规范规定的级配范围内,但必要时也允许超出。

3. 矿质混合料组成材料比例确定

为了能够满足规范中要求工程设计级配范围的要求,矿质混合料会由几种不同规格的粗、细集料和矿粉组成。矿质混合料组成设计的目的就是确定各种组成集料在混合料中的比例。按这个比例配制的矿质混合料的合成级配满足工程设计级配范围的要求。

具体确定步骤如下:

(1)测定组成矿料的各种原材料的表观密度、毛体积密度;对粗集料、细集料和矿粉进行筛析试验得到筛析结果。

(2)根据各组成材料的筛析结果计算组成材料的初试比例。通常,先按图解法或试算法确定出矿质混合料中各组成材料的初试比例。

(3)初试比例的调整。此过程需要借用计算机的电子表格完成。利用电子表格绘制矿料

级配曲线,采用人机交互的形式对初试比例不断进行调整,最终使合成级配曲线在工程设计级配范围内。调整时可以考虑以下原则:

①合成级配曲线尽量接近级配中限,尤其应使 0.075mm、2.36mm 和 4.75mm 筛孔的通过量尽量接近级配范围中限。

②对高速公路、一级公路、城市快速路、主干路等交通量大、轴载重的道路,宜偏向级配范围的下(粗)限。对一般道路、中小交通量或人行道路等宜偏向级配范围的上(细)限。

③合成的级配曲线应接近连续或有合理的间断级配,不得有过多的犬牙交错,且在 0.3 ~ 0.6mm 范围内不出现"驼峰"。当经过再三调整、仍有两个以上的筛孔超过级配范围时,必须对原材料进行调整或更换原材料重新设计。

8.4.2 确定最佳沥青用量

目前,沥青混合料配合比设计方法仍以体积设计法为主。《公路沥青路面施工技术规范》(JTG F40—2004)规定,采用马歇尔试验的方法确定沥青混合料的最佳沥青用量(Optimum Asphalt Content,简称 OAC)。沥青混合料试件的制备通过马歇尔试验完成。根据不同沥青用量的马歇尔试件对应的各个力学指标和体积指标,可以确定一个最佳的沥青用量。确定沥青用量的具体确定过程如下。

1. 制备马歇尔试件

(1)按确定的矿质混合料配合比计算各种矿质材料的用量。

(2)根据矿质混合料中各种组成材料的表观密度和毛体积密度计算矿料的合成毛体积密度 γ_{sb} 和矿料的有效密度 γ_{se}。

①合成毛体积密度 γ_{sb}

按式(8-1)计算:

$$\gamma_{sb} = \frac{100}{\dfrac{P_1}{\gamma_1} + \dfrac{P_2}{\gamma_2} + \cdots + \dfrac{P_n}{\gamma_n}} \tag{8-1}$$

式中:P_1、P_2、$\cdots P_n$——各种矿料成分的配比,其和为 100;

γ_1、γ_2、$\cdots\gamma_n$——各种矿料相应的毛体积相对密度。

②矿料的有效相对密度

矿质混合料的有效密度指矿料单位有效体积的质量。矿料的有效体积指的是矿料的毛体积中除去吸收的沥青的体积。即固体矿料实体所占的体积加上矿料表面空隙中没有吸附沥青的空隙的体积(图8-4)。矿料的有效相对密度指矿料的有效密度与同温度水密度的比值。

对非改性沥青混合料,可以按预估的最佳油石比(见下节)拌和两组的混合料,采用真空法实测最大相对密度,取平均值。然后由式(8-2)反算合成矿料的有效相对密度 γ_{se}。

$$\gamma_{se} = \frac{100 - P_b}{\dfrac{100}{\gamma_t} - \dfrac{P_b}{\gamma_b}} \tag{8-2}$$

式中:γ_{se}——合成矿料的有效相对密度;

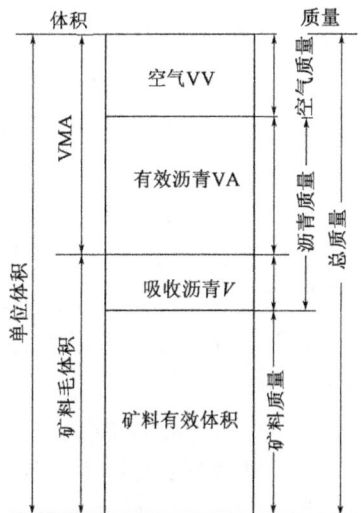

图 8-4 马歇尔试件体积—质量分布图

P_b——试验采用的沥青含量(占混合料总量的百分数),%;

γ_t——试验沥青用量条件下实测得到的最大相对密度,无量纲;

γ_b——沥青的相对密度(25℃/25℃),无量纲。

(3)预估沥青混合料的适宜的油石比 P_a 或沥青含量为 P_b。

沥青混合料中沥青用量的表达形式有两种:沥青含量和油石比。沥青含量是指沥青混合料中沥青质量占沥青混合料总质量的比值。油石比指沥青质量占矿质混合料总质量的比值。可以按式(8-3)或式(8-4)预估初始最佳沥青含量或油石比。

$$P_a = \frac{P_{a1} \times \gamma_{sb1}}{\gamma_{sb}} \quad\quad\quad (8\text{-}3)$$

$$P_b = \frac{P_a}{100 + P_a} \times 100 \quad\quad\quad (8\text{-}4)$$

式中:P_a——预估的最佳油石比(与矿料总量的百分比),%;

P_b——预估的最佳沥青含量(占混合料总量的百分数),%;

P_{a1}——已建类似工程沥青混合料的标准油石比,%;

γ_{sb}——集料的合成毛体积相对密度;

γ_{sb1}——已建类似工程集料的合成毛体积相对密度。

(4)以预估的油石比为中值,按一定间隔(对密级配沥青混合料通常为0.5%,对沥青碎石混合料可适当缩小间隔为0.3%~0.4%),取5个或5个以上不同的油石比分别成型马歇尔试件。

2.测定马歇尔试件的体积指标

目前,在进行沥青混合料各项体积指标计算时考虑了有效沥青的概念。沥青混合料中的各种矿料表面都有开口孔隙存在。当加热的矿料与热沥青拌和时,会有一部分沥青进入到矿料表面的开口孔隙中。尽管计算沥青含量时,以加入沥青的总质量作为沥青含量的计算标准,但实际裹覆在矿料表面的沥青胶结料膜层中的沥青(有效沥青)不包括矿料表面开口孔隙中的沥青,如图8-4所示。

马歇尔试件的体积指标主要指试件密度(毛体积相对密度、最大理论相对密度)、空隙率、沥青饱和度、矿料间隙率。

(1)马歇尔试件毛体积相对密度 γ_f

试件毛体积密度是指试件在饱和面干状态下测得的密度。在测试沥青混合料密度时,应根据沥青混合料类型及密实程度选择测试方法。在工程中,吸水率小于0.5%的密实型沥青混合料试件应采用水中重法测定(表观相对密度);吸水率不大于2%的较密实型沥青混合料试件应采用表干法测定(毛体积相对密度);吸水率大于2%的沥青混合料、沥青碎石等不能用表干法测定的时间应采用蜡封法测定(毛体积相对密度);空隙率较大的沥青碎石混合料、开级配沥青混合料可采用体积法测定(毛体积相对密度)。具体测试方法和计算见试验部分13.8。

(2)马歇尔试件的最大理论密度

假定沥青混合料压至绝对密实,而不考虑其内部空隙时试件的密度为最大理论密度。非改性沥青混合料的最大理论密度,可以通过真空法测得。对于改性沥青混合料可以通过式(8-5)或式(8-6)计算得到:

$$\gamma_{ti} = \frac{100 + P_{ai}}{\dfrac{100}{\gamma_{se}} + \dfrac{P_{ai}}{\gamma_b}} \tag{8-5}$$

$$\gamma_{ti} = \frac{100}{\dfrac{P_{si}}{\gamma_{se}} + \dfrac{P_{bi}}{\gamma_b}} \tag{8-6}$$

式中:γ_{ti}——相对于计算沥青用量 P_{bi} 时沥青混合料的最大理论相对密度,无量纲;

P_{ai}——所计算的沥青混合料中的油石比,%;

P_{bi}——所计算的沥青混合料的沥青用量,$P_{bi} = P_{ai}/(1 + P_{ai})$,%;

P_{si}——所计算的沥青混合料的矿料含量,$P_{si} = 100 - P_{bi}$,%;

γ_{se}——矿料的有效相对密度,按式(8-2)计算,无量纲;

γ_b——沥青的相对密度(25℃/25℃),无量纲。

(3)沥青混合料试件的空隙率 VV

经过击实后存留在马歇尔试件中的空气体积占整个试件体积的百分率称为空隙率(图 8-4),可按式(8-7)计算。

$$VV = \left(1 - \frac{\gamma_f}{\gamma_t}\right) \times 100 \tag{8-7}$$

式中:VV——试件的空隙率,%;

γ_f——试件的毛体积相对密度,无量纲;

γ_t——沥青混合料的最大理论相对密度,无量纲。

(4)沥青混合料试件的矿料间隙率 VMA 和有效沥青饱和度 VFA

沥青混合料试件中有效沥青体积与空气体积之和占整个试件体积的百分率为矿料间隙率 VMA(图 8-4),可按式(8-8)计算。有效沥青的饱和度 VFA 是指有效沥青体积占试件中矿料以外体积的百分率(图 8-4),可按式(8-9)计算。

在一个合理的矿料间隙率的条件下,有效沥青饱和度过小,填充在矿料级配间隙中的有效沥青数量少,沥青难以充分裹覆在矿料表面,影响沥青混合料的黏聚性,降低沥青路面的耐久性;有效沥青饱和度过大,沥青混合料的空隙率减小,妨碍夏季沥青体积膨胀,容易引起沥青路面泛油,降低路面的高温稳定性。因此,沥青混合料设计时,要有适当的饱和度。

$$VMA = \left(1 - \frac{\gamma_f}{\gamma_{sb}} \times P_s\right) \times 100 \tag{8-8}$$

$$VFA = \frac{VMA - VV}{VMA} \times 100 \tag{8-9}$$

式中:VMA——试件的矿料间隙率,%;

VFA——试件的有效沥青饱和度(有效沥青含量占 VMA 的体积比例),%;

P_s——各种矿料占沥青混合料总质量的百分率之和,即 $P_s = 100 - P_b$,%;

γ_{sb}——矿料混合料的合成毛体积相对密度。

3. 测定马歇尔试件的力学指标

沥青混合料设计时需要用到的力学指标为马歇尔稳定度和流值。稳定度反映了试件在温度 60℃ 环境中,受压产生剪切破坏时所承受的最大荷载。流值反映了试件产生剪切破坏时的最大变形值。可以通过马歇尔稳定度试验仪测得稳定度和流值。具体实验方法见试验部分13.10。

4. 绘制沥青用量与马歇尔试件体积—力学指标关系图

（1）以油石比或沥青用量为横坐标，分别以马歇尔试件各体积指标（毛体积密度、空隙率、矿料间隙率、有效沥青饱和度）和力学指标（稳定度、流值）为纵坐标，将试验结果点入图中，连成圆滑的曲线，绘制沥青用量与马歇尔试件体积—力学指标关系图，如图8-5所示。

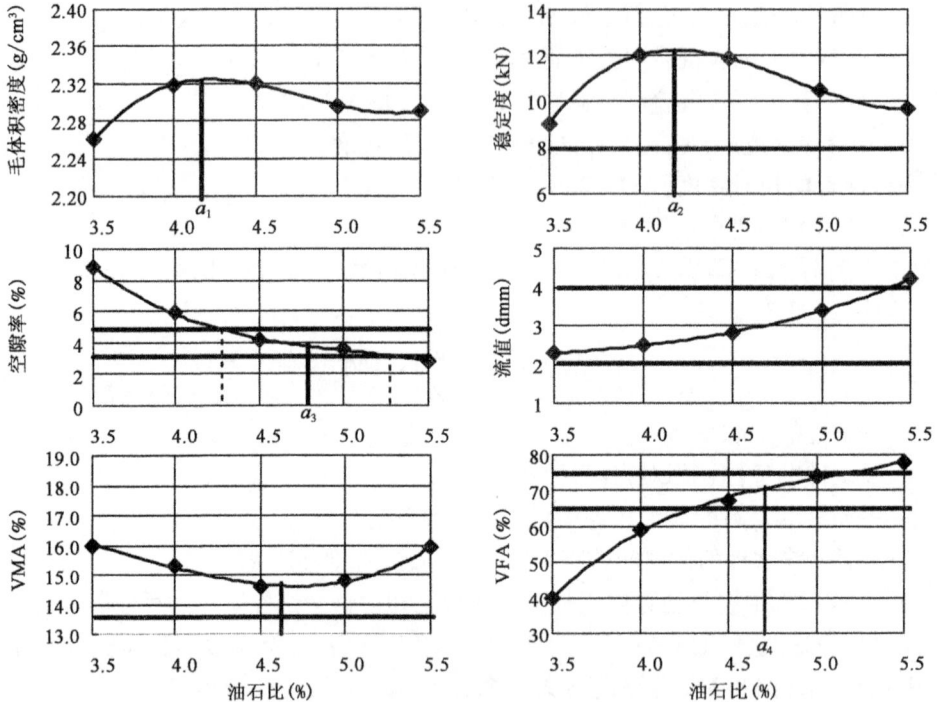

图8-5　油石比与马歇尔试件体积—力学指标关系图

（2）根据表8-2中规定的马歇尔试件各指标要求的范围，在沥青用量与马歇尔试件体积—力学指标关系图（图8-5）中找出相应的沥青用量范围。例如，按表8-2可知为高速公路重载交通设计沥青混凝土混合料的沥青饱和度VFA规定是65~75。从图8-5中VFA与沥青用量关系图可查到VFA体积指标对应的沥青用量范围是4.3%~5.0%。按此方法可以获得各个指标对应的沥青用量范围。然后以油石比或沥青用量为横坐标，以马歇尔试件体积指标（毛体积密度、空隙率、有效沥青饱和度）和力学指标（稳定度、流值）为纵坐标，将不同指标对应的沥青用量（或油石比）范围绘制到一张图中，如图8-6所示。取图中满足各项指标要求的最大值对应的沥青用量（或油石比）为OAC$_{min}$和满足各项指标要求的最小值对应的沥青用量（或油石比）为OAC$_{max}$。最终确定满足各指标要求的沥青用量范围OAC$_{min}$~OAC$_{max}$。

选择的沥青用量范围必须涵盖设计空隙率的全部范围。并尽可能涵盖沥青饱和度的要求范

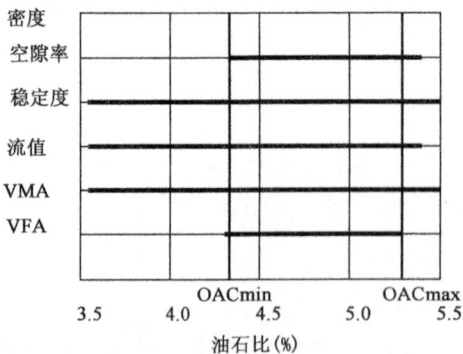

图8-6　马歇尔试件各指标与油石比关系图

围,并使密度及稳定度曲线出现峰值。如果没有涵盖设计空隙率的全部范围,试验必须扩大沥青用量范围重新进行。

5. 确定沥青混合料的第一个最佳沥青用量 OAC_1

(1)在沥青用量与马歇尔试件体积—力学指标关系图上分别找出对应于密度最大值、稳定度最大值、目标空隙率(或中值)、沥青饱和度范围的中值的沥青用量 a_1、a_2、a_3、a_4。按式(8-10)取平均值作为 OAC_1。

$$OAC_1 = (a_1 + a_2 + a_3 + a_4)/4 \tag{8-10}$$

(2)如果所选择的沥青用量范围 $OAC_{min} \sim OAC_{max}$ 未能涵盖沥青饱和度的要求范围,可按式(8-11)求取 3 者的平均值作为 OAC_1。

$$OAC_1 = (a_1 + a_2 + a_3)/3 \tag{8-11}$$

(3)对所选择试验的沥青用量范围 $OAC_{min} \sim OAC_{max}$,密度或稳定度没有出现峰值(最大值经常在曲线的两端)时,可直接以目标空隙率所对应的沥青用量 a_3 作为 OAC_1,但 OAC_1 必须介于 $OAC_{min} \sim OAC_{max}$ 的范围内,否则应重新进行配合比设计。

6. 确定沥青混合料的第二个最佳沥青用量 OAC_2

以各项指标均符合表 8-2 中技术标准(不含 VMA)的沥青用量范围 $OAC_{min} \sim OAC_{max}$ 的中值作为 OAC_2,按式(8-12)计算。

$$OAC_2 = (OAC_{min} + OAC_{max})/2 \tag{8-12}$$

通常情况下取 OAC_1 及 OAC_2 的中值作为计算的最佳沥青用量 OAC。

$$OAC = (OAC_1 + OAC_2)/2$$

按计算的最佳油石比 OAC,从图 8-6 中查出所对应的空隙率和 VMA 值,检验是否能满足表 8-2 关于最小 VMA 值的要求。

7. 根据实践经验和公路等级、气候条件、交通情况,调整确定最佳沥青用量 OAC

(1)调查当地各项条件相接近的工程的沥青用量及使用效果,论证适宜的最佳沥青用量。检查计算得到的最佳沥青用量与其是否相近,如相差甚远,应查明原因,必要时重新调整级配,进行配合比设计。

(2)对炎热地区公路以及车辆渠化交通的高速公路、一级公路的重载交通路段,山区公路的长大坡度路段,预计有可能产生较大车辙时,可以在中限值 OAC_2 与下限值 OAC_{min} 的范围内决定最佳沥青用量,但一般不宜小于 $OAC_2 - 0.5\%$。

(3)对寒区公路、旅游公路、交通量很少的公路,最佳沥青用量可以在中限值 OAC_2 与上限值 OAC_{max} 范围内决定,但一般不宜大于 $OAC_2 + 0.3\%$。

8.4.3 沥青混合料的性能检验

通过马歇尔试验和结果分析,得到的最佳沥青用量 OAC(必要时应包括 OAC_1 和 OAC_2)还需进一步的试验检验,以验证沥青混合料的关键性能是否满足路用技术要求。

(1)沥青混合料的水稳定性检验

按最佳沥青用量 OAC 制作马歇尔试件进行浸水马歇尔试验或冻融劈裂试验,检验其残留稳定度或冻融劈裂强度是否满足要求(表 8-4)。如不符合要求,应重新进行配合比设计,或者采用掺加抗剥剂方法来提高水稳定性。

（2）沥青混合料的高温稳定性检验

按最佳沥青用量 OAC 制作车辙试验试件，采用规定的方法进行车辙试验，检验设计的沥青混合料的高温抗车辙能力是否达到规定的动稳定度指标（表8-3）。当动稳定度不符合要求时，应对矿料级配或沥青用量进行调整，重新进行配合比设计。

如果试验中除了 OAC 以外，还要对 OAC_1 和 OAC_2 同时进行相应的试验检测，则要通过试验结果综合判断在何种沥青用量条件下，沥青混合料具有更好的性能表现，或能更好的满足特定路用要求，以此决定最终的最佳沥青用量。

【案例分析8-1】　沥青路面水损坏

（1）工程概况

广东省内某高速公路某一路段，在竣工后第二年的台风季节经受几场暴风雨后，沥青路面很快出现了很多的坑槽。坑槽边缘的沥青混合料在车辆荷载作用下出现松散，并迅速扩大，使路面破坏。这种路面病害是典型的水损坏。对于案例中的路段属于新建成不久的路面，路面没有横向或纵向裂缝出现。

（2）原因分析

分析原因是路面沥青混合料的空隙率过大，造成水损坏。后经过现场钻芯取样，测得芯样的空隙率在8%~12%范围之间，远高于设计空隙率3%~5%。对于处于多雨地区的沥青路面，下雨使空隙中充满水，达到饱和状态。行车车轮在瞬间通过时，轮荷对路面产生的动水压力，先是挤压，迫使空隙中的滞留水沿孔隙四周挤压、渗流。车轮驶离时，轮后的真空抽吸、路面自身的回弹，又会促使结构内的滞留水产生抽吸和回流，如此动水压力的挤压、抽洒，频繁交替作用于沥青混合料。另外，高能量的水分子与集料的黏附力比沥青与集料的黏附力要大，会在集料表面加速与沥青分子的置换，使沥青混合料的品质迅速变坏。研究表明，密集配沥青混合料空隙率在8%~12%范围内，水损害很容易发生。因此，沥青路面施工时，一定要严格控制沥青路面各层的压实度标准。根据试验段得出的碾压数据，控制碾压遍数、速度、时间和温度，使路面达到设计要求的空隙率。同时，在多雨地区进行沥青混合料设计时，应当重点进行沥青混合料的抗水损坏性能的检验。

【案例分析8-2】　沥青路面的低温开裂

（1）工程概况

黑龙江省哈尔滨市内某城市主干路，在修建后两年内，路面出现了很多横向裂缝。裂缝与行车方向垂直，基本贯穿整个路面。裂缝出现的间距很有规律，基本每隔15~20m就会出现一条。

（2）原因分析

案例中提到的路面裂缝破坏属于沥青路面的低温开裂，主要由于沥青混合料的低温性能不好造成。低温横向裂缝性质属于非荷载型的裂缝。哈尔滨市冬季温度较低，沥青路面容易受到温度变化出现裂缝。而且，这种低温裂缝的出现与温度下降的速率有很大关系。如果温度下降比较缓慢，沥青混合料中的沥青材料有足够的应力松弛时间，此时沥青路面不易产生裂缝。如果温度出现骤降，沥青混合料低温收缩较大，由于沥青面层在路面中是受到约束的，沥青面层中产生的收缩拉应力或拉应变一旦超过沥青混合料的抗拉强度或极限拉应变，沥青面层就会开裂。因此，在北方地区进行沥青混合料设计时，应当重点进行沥青混合料的低温性能检验。

【案例分析8-3】 沥青路面的车辙

(1)工程概况

哈尔滨绕城高速在修建3年后,有几处出现了严重的车辙病害。车辙出现的地方,沥青路面有明显的向外推挤、两侧隆起现象,断面成W非对称形状。这种形式的车辙属于失稳性车辙。

(2)原因分析

车辙的出现主要是因为沥青路面结构层在车辆荷载作用下,路面抗剪强度不足造成。按气候分区,哈尔滨属于冬季冷,夏季热的2-2区。其夏季平均温度在30℃以下。但近些年,哈尔滨也会出现极端天气的情况。夏季也会有35℃以上的温度出现。哈尔滨绕城高速经常会有重载车行驶,在夏季高温时,也会有车辙出现。因此,在北方地区进行沥青混合料设计时,如果极端高温天气出现时,沥青混合料的高温稳定性检验也是很重要的。

8.4.4 热拌沥青混凝土混合料(AC)配合比设计示例

【例题8-1】 采用马歇尔试验法对某高速公路沥青路面上面层用沥青混凝土混合料进行配合比设计。

[原始资料]

1.道路等级

高速公路、重载交通。

2.气候条件

本工程所处气候分区为的2-2-3区。

3.路面类型

三层式沥青混凝土路面的上面层,结构层厚度为4cm。

4.材料技术性能

(1)沥青

根据气候分区,本工程地处于半干区的2-2-3区,即为夏热冬寒半干旱区。按规范要求选择沥青标号为90号。经检验质量符合我国道路石油沥青技术要求,其主要技术指标见表8-16。

(A级)沥青质量检测结果 表8-16

项 目		单 位	技术要求	试验结果
针入度(25℃,100g,5s)		0.1mm	80~100	83
延度(5cm/min)	15℃	cm	≥100	>100
	10℃	cm	≥30	>30
软化点		℃	≥44	44.7
溶解度		%	>99.5	99.5
闪点		℃	>245	342
密度		g/cm³	实测	1.003
蜡含量		%	≤2.2	0.64
TFOT后	质量损失	%	≤0.8	+0.11
	针入度比	%	≥57	79.5
	延度	15℃	cm	≥20	>80
		10℃	cm	≥8	>10

（2）矿质材料

粗集料采用某采石场的石灰石，材料筛分结果如表8-17所列，技术检测结果列于表8-18中，各项指标均符合规范要求，可以使用。

矿质材料筛析结果 表8-17

原材料	筛孔尺寸（mm）									
	16.0	13.2	9.5	4.75	2.36	1.18	0.6	0.3	0.15	0.075
	通过百分率（%）									
碎石	100	95	26	0	0	0	0	0	0	0
石屑	100	100	100	80	40	17	0	0	0	0
砂	100	100	100	100	94	90	76	38	17	0
矿粉	100	100	100	100	100	100	100	100	100	83

粗集料质量规格 表8-18

指　　标	单　　位	规范要求	碎石规格	
			9.5～13.2	4.75～9.5
压碎值	%	≤26	15.0	
洛杉矶磨耗值	%	≤28	19.2	
磨光值		≥40	46	
视密度	g/cm³	≥2.60	2.720	2.712
吸水率	%	≤2.0	0.85	
针片状含量	%	≤15	5.7	—
含泥量	%	≤1	接近0	
坚硬性	%	≤12	石质良好，经判断可以不做	

细集料采用某地河砂，技术检测结果如表8-19所列。符合规范要求，可以使用。

砂的质量指标 表8-19

指　　标	规范要求	试验结果
细度模数	粗砂：3.7～3.1 中砂3.0～2.3	
表观密度（g/cm³）	≥2.50	2.6227
砂当量	≥60	64
外观	—	洁净、坚硬、无杂质
<0.075mm含量（%）	≤3	0.15
坚固性（%）	≥12	砂质良好，经判断可以不做

填料采用石灰石磨制，技术检测结果如表8-20所列，符合规范要求，可以使用。

矿粉质量指标 表8-20

指　　标	规范要求	石灰石粉
岩石品种及产地	石灰石	某地石灰石
表观密度（g/cm³）	≥2.50	2.014
亲水系数	≤1	<1.0
含水率（%）	≤1	0.15

[设计要求]

1. 用图解法确定各种矿质集料的用量比例。

2. 用马歇尔试验确定最佳沥青用量。

解:

1. 矿质混合料级配组成的确定

1) 确定沥青混合料类型

由原始资料可知,沥青混合料用于高速公路三层式沥青混凝土路面上面层,故参照表8-14可知,沥青混合料类型可选用 AC-13、AC-16、AC-20,又知该沥青路面面层厚度为4cm,因此,确定沥青混合料类型为 AC-13 沥青混凝土混合料。

2) 确定矿质混合料级配范围

参照表8-15 的要求,细粒式 AC-13 型沥青混凝土混合料的矿质混合料级配范围见表8-21。

矿质混合料要求级配范围(通过百分率,%)　　　　　　　　表 8-21

级配类型	筛孔尺寸(mm)									
	16.0	13.2	9.5	4.75	2.36	1.18	0.6	0.3	0.15	0.075
AC-13	100	90~100	68~85	38~68	24~50	15~38	10~28	7~20	5~15	4~8

3) 测出沥青和集料的各项指标,以及矿质集料的筛分结果,见原始资料。用图解法求出矿质集料的初试比例,如图8-7 所示。

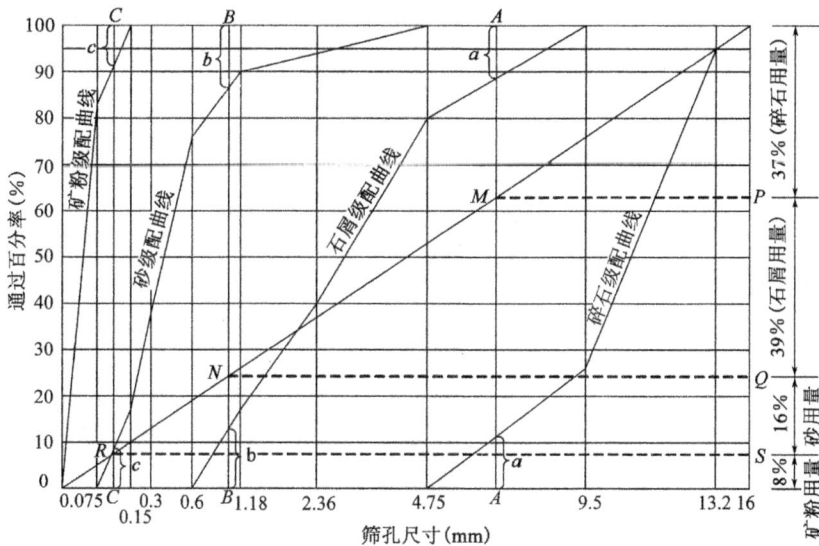

图8-7　图解法确定各种矿料的比例示意图

利用 Excel 表格计算矿质混合料的合成级配(表8-22),并绘制矿质混合料的级配曲线图(绘制方法参见(JTG E20 0725—2011)。从图8-8 中可以看出,根据图解法得到的各种矿料的初试比例计算得到的矿料的合成级配满足工程设计级配范围的要求。由此可得出矿质混合料的组成为碎石∶石屑∶砂∶矿粉 =37%∶39%∶16%∶8%。

2. 沥青最佳用量的确定

1) 根据工程当地的实践经验选择适宜的初始沥青用量(或油石比)。本例题中选用的初始沥青用量为5.5%。以初始沥青用量5.5%为中值,按间隔0.5%,取5 个不同的沥青用量,制备5组马歇尔试件。测定各组马歇尔试件的各项指标,试验结果见表8-23。最后、绘制不同沥青用量与马歇尔试件各项指标的关系图,如图8-9所示。

矿质混合料合成级配计算表 表8-22

设计混合料配合比(%)	通过下列筛孔(mm)的质量百分率(%)									
	16.0	13.2	9.5	4.75	2.36	1.18	0.6	0.3	0.15	0.075
碎石 37%	37.0	35.2	9.6	0.0	0.0	0.0	0.0	0.0	0.0	0.0
石屑 39%	39.0	39.0	39.0	31.2	15.6	6.6	0.0	0.0	0.0	0.0
砂 16%	16.0	16.0	16.0	16.0	15.0	14.4	12.2	6.1	2.7	0.0
矿粉 8%	8.0	8.0	8.0	8.0	8.0	8.0	8.0	8.0	8.0	6.6
合成级配	100.0	98.2	72.6	55.2	38.6	29.0	20.2	14.1	10.7	6.6
要求级配	100	90~100	68~85	38~68	24~50	15~38	10~28	7~20	5~15	4~8
级配中值	100	95.0	76.5	53.0	37.0	26.5	19.0	13.5	10.0	6.0

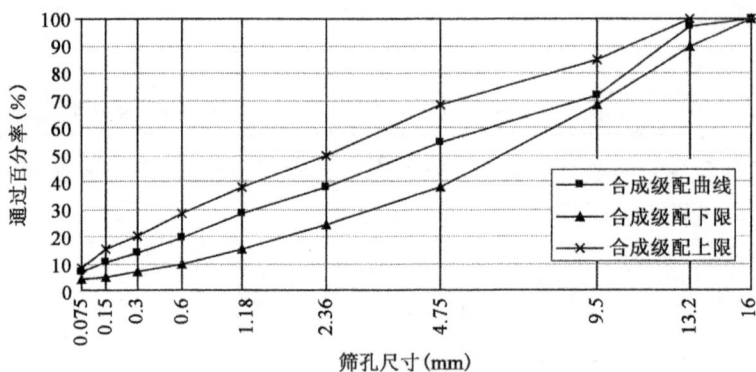

图8-8 矿质混合料合成级配曲线图

沥青混合料马歇尔试验数据统计表 表8-23

组数编号	沥青用量(%)	实测密度(g/cm³)	空隙率(%)	饱和度(%)	稳定度(kN)	流值(0.1mm)
1	4.5	2.472	7.5	53.3	10.4	28.8
2	5.0	2.512	5.5	63.6	11.9	29.3
3	5.5	2.542	4.1	72.6	12.4	30.7
4	6.0	2.531	3.4	77.6	10.9	33.2
5	6.5	2.521	2.6	83.4	9	36.2

2)从图8-9中可得 $a_1 = 5.5\%$,$a_2 = 5.4\%$,$a_3 = 5.5\%$,$a_4 = 5.3\%$。则:$OAC_1 = (a_1 + a_2 + a_3 + a_4)/4 = (5.5\% + 5.4\% + 5.5\% + 5.3\%) = 5.4\%$

根据密级配沥青混凝土混合料马歇尔试验技术标准(表8-2),在沥青用量与各指标关系曲线上确定沥青用量的适宜范围(图8-9),然后取其共同部分可得:

$$OAC_{min} = 5.2\% \qquad OAC_{max} = 5.7\%$$

因此,$OAC_2 = (OAC_{min} + OAC_{max})/2 = (5.2\% + 5.7\%)/2 = 5.4\%$

则最佳沥青用 OAC 为：

$$OAC = (OAC_1 + OAC_2)/2 = (5.4\% + 5.4\%)/2 = 5.4\%$$

因为气候条件属于温和地区,且是车辆渠化交通的高速公路,预计有可能出现车辙,则 OAC 的取值在 OAC_2 与 OAC_{min} 的范围内决定,故根据经验取 OAC = 5.2%。

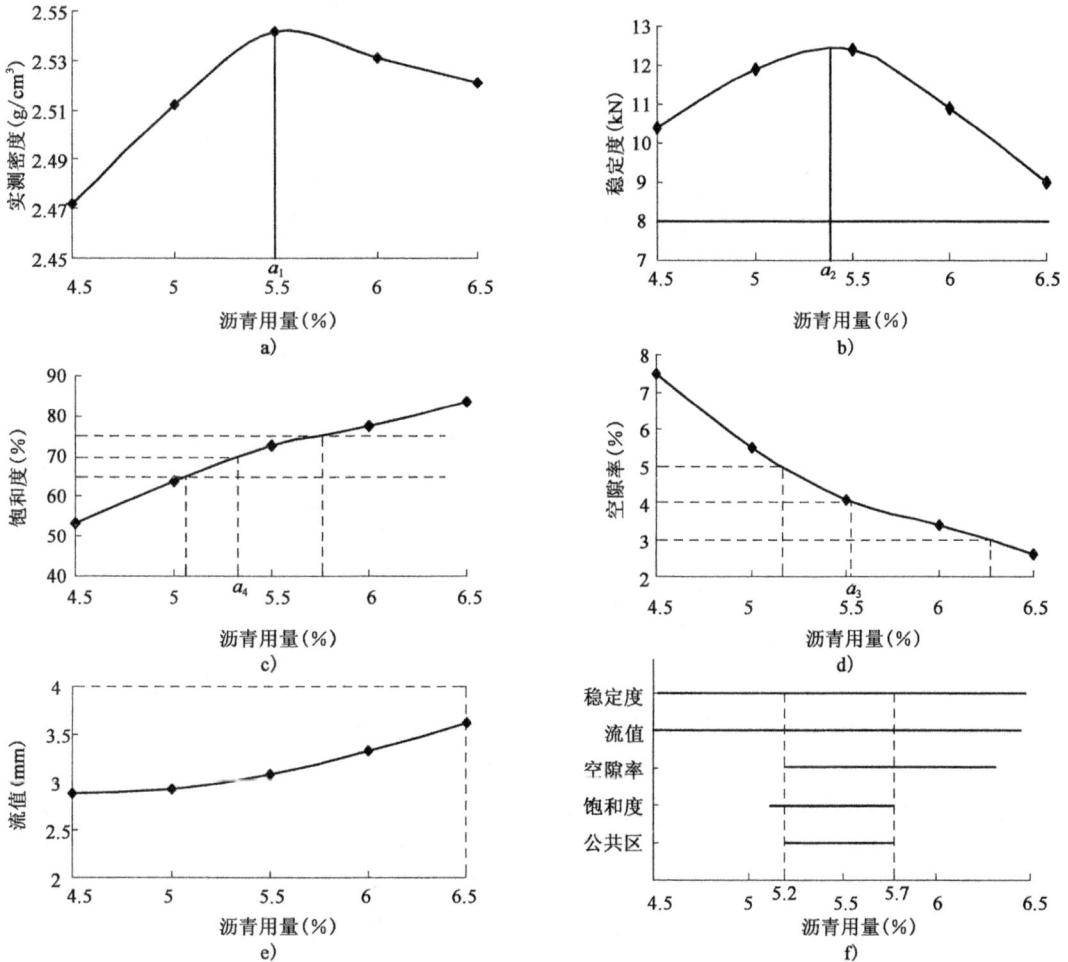

图 8-9　马歇尔试验各项指标与沥青用量关系

3. 沥青混合料性能检验

1)按最佳沥青用量 5.2% 制作马歇尔试件,进行浸水马歇尔试验,测得的试验结果见表 8-24。由表 8-24 可见,残留稳定度大于 75%,符合规定要求。

浸水马歇尔试验数据统计表 表 8-24

沥青用量 (%)	密度 (g/cm^3)	空隙率 (%)	饱和度 (%)	马歇尔稳定度 (kN)	浸水马歇尔 稳定度(kN)	残留稳定度 (%)
5.2	2.537	3.7	74.9	12.4	9.8	79

2)按最佳沥青用量 5.2% 制作车辙试件,测定其动稳定度,其结果大于 800 次/mm,符合规定要求。

通过以上试验和计算,可以确定最佳沥青用量为 5.2%。

8.5 其他沥青混合料

8.5.1 沥青玛蹄脂碎石混合料

沥青玛蹄脂碎石(Stone Mastic Asphalt,简称SMA,在美国也称Stone Matrix Asphalt)混合料是一种新型沥青路面材料。由沥青结合料与少量的纤维稳定剂、细集料以及较多量的填料(矿粉)组成的沥青玛蹄脂,填充于间断级配的粗集料骨架的间隙,组成一体的沥青混合料。

SMA沥青混合料产生于20世纪60年代的德国。当时为了抵抗带钉轮胎(或防滑链)、履带车对路面的磨耗,在原有路面结构上增铺一层碎石用量较多的沥青混凝土抗磨耗层。由于SMA混合料路面有很好的耐磨抗滑性能,尤其抗车辙性能较突出,此种路面很快推广应用到高速公路和城市道路中。从20世纪80年代起,SMA混合料很快在欧洲其他国家推广,尤其是北欧瑞典、芬兰等国得到了应用,并且欧洲大部分国家都有相应的SMA规范标准。

美国于1990年9月派出了一个高级代表团对欧洲SMA沥青混凝土路面进行考察学习。回国后在许多州作了进一步研究。1991年有23个州采用这种结构铺筑了高速公路面层试验段。通过对试验路段使用效果调查,认为SMA沥青混合料在抗车辙、抗开裂、抗水损害等各方面都有良好的性能。同时指出集料品种、级配、沥青结合料、稳定剂、矿粉对性能有较大影响。

1992年以来,我国开始对SMA混合料技术进行研究。1993年交通部公路科研所结合欧美的研究和使用状况,参照美国的级配对SMA沥青混合料进行了试验研究,并应用于首都机场路。这是我国公路工程中首次使用此技术。由于在首都机场路使用状况良好,1996年北京首都国际机场东跑道和八达岭高速公路再次利用改性沥青技术铺筑了SMA沥青混合料。首都机场跑道采用改性重交通沥青和德国产木质素纤维,而八达岭高速公路是采用改性普通沥青和石棉纤维。这几次实体工程使用状况均良好,充分体现了混合料的优良性能。随后一段时间里,河北、山东、吉林、辽宁、江苏、广东等地也铺筑了试验路。不仅如此,SMA沥青混合料还应用在许多桥面铺装工程中尤其要求很高的钢桥面铺装工程。在应用SMA沥青混合料的过程中,我国的公路建设者们大量吸取了欧美等国家的相关研究成果,并结合我国国情及工程实践,将SMA沥青混合料的施工工艺和性能指标得到进一步的完善和发展。

1. SMA沥青混合料的路用性能

沥青玛蹄脂碎石混合料为间断级配,粗集料多,细集料少,矿粉和沥青用量多。SMA沥青混合料属于骨架密实结构。粗集料颗粒相互接触,形成骨架结构。由沥青、矿粉、纤维和细集料组成的沥青玛蹄脂填充在骨架结构的空隙中,成为一种密实结构的沥青混合料。SMA路面与传统的密级配AC沥青路面相比较,具有如下技术特性。

(1)优良的高温稳定性

按沥青混合料强度理论,沥青混合料的抗剪强度 τ 主要由沥青混合料的内摩擦角 φ 和黏聚力 c 提供。SMA混合料中粗集料形成石—石接触,使混合料内摩擦角 φ 增加。在黏聚力 c 不减小的情况下,沥青混合料的抗剪强度增加。同时,石—石接触形成的骨架结构,能够有效支撑车轮荷载,将荷载传递至下层路面。因此,SMA路面能够承受较大的车轮荷载而不容易产生变形,始终保持较好的平整度。传统的AC类型沥青混合料,其结构为悬浮密实型,对车轮荷载主要由细集料和沥青胶结料所承受。在路面温度较高时,沥青胶结料容易产生变形,高温稳定性不如由粗集料形成石—石相抵的骨架密实结构。有资料表明,使用相同的SBS改性沥青的 SMA 混合料和 AC 混合料,其动稳定度测试结果中,SMA 混合料 4 573 次/min,AC 混合料为 1520 次/min。SMA 混合料的动稳定度比 AC 的提高近 2 倍。

(2)良好的耐久性

在 SMA 混合料中,粗集料的骨架空隙由沥青、矿粉、细集料和纤维组成的玛蹄脂填充,成为密实结构。由于沥青和矿粉用量相对较多,细集料较少,裹覆在粗集料表面的沥青胶结料膜层较厚。SMA 混合料空隙率较小,沥青与水或空气的接触较少,不易受到水和空气中氧的侵害。因而 SMA 混合料的水稳定性和抗老化性较普通沥青混合料为好。德国早期所铺装的 SMA 路面,使用期长达 20 年以上而不需要大修。因此,尽管铺筑 SMA 路面初期投入较高,但其良好的耐久性能,使得路面的周期投资费用大大减小,降低养护和维修的费用。

(3)良好的表面特性

SMA 沥青混合料粗集料多,所用石料技术标准高,铺筑路面的表面构造深度较大,一般在 1mm 以上。这使得路面的抗滑性能增加,雨天高速行车时溅水现象减轻,提高了行车的安全性。SMA 路面良好的宏观构造还提高了其吸收车轮滚动噪声的性能。有试验数据显示 SMA 混合料吸声系数的峰值高达 0.7,而传统沥青混合料的吸收系数峰值仅为 0.25,吸声系数越大,吸收噪声的效果越好。因此,在城市道路中铺筑 SMA 路面,可以有效降低交通噪声污染、保护环境。

(4)良好的低温抗裂性

SMA 混合料骨架空隙中填充的沥青玛蹄脂,使混合料具有良好的柔韧性。同时,裹覆在粗集料表面的沥青胶结料膜层较厚,增强了混合料低温时的抗裂性能。美国威斯康辛州修筑的试验路中,对 SMA 路面的抗裂性与传统路面进行了对比。结果表明,使用 3 年后的两种路面,SMA 路面出现的温缩裂缝明显少于传统路面。研究还发现,在旧路上铺筑 SMA 路面有很好的抗反射裂缝的能力,由于 SMA 中的玛蹄脂与下层路面结构黏结良好,路面也不容易出现松散现象。

2. SMA 混合料的组成材料及技术要求

1)沥青结合料

SMA 混合料使用沥青应有较高的黏度,以及与集料有良好的黏附性。SMA 所用沥青质量必须符合《公路沥青路面施工技术规范》(JTG F40—2004)中道路使用沥青技术要求,并采用比当地常用普通热拌沥青混合料所用沥青硬一级的沥青。南方炎热地区可以采用 50 号 A、B 级沥青,中部及北方温暖地区用 70 号 A、B 级沥青,寒冷地区用 70 号或 90 号沥青。对于高速公路、承受交通较大的重大工程道路、夏季特别炎热和冬季特别寒冷地区的道路,最好采用改性沥青配制 SMA 混合料。

2)集料与填料

用于 SMA 混合料中的粗集料应采用质地坚硬,表面粗糙,形状接近正方体,有良好的嵌挤能力的轧制碎石,如玄武岩、辉绿岩、花岗岩等石料。

细集料最好使用坚硬的机制砂,也可以从洁净的石屑中筛取粒径范围 0.5 ~ 3mm 部分作为机制砂使用。当采用普通石屑作为细集料时,宜采用石灰岩石屑,石屑中不得含有泥土类杂物。当与天然砂混用时,天然砂的含量不宜超过机制砂或石屑的用量。细集料质量除了满足普通热拌沥青混合料对细集料的要求外,棱角性最好大于 45%。

填料必须采用由石灰石等碱性岩石磨细的矿粉。为改善沥青结合料与集料的黏附性,使用消石灰粉和水泥时,其用量不宜超过矿料总质量的2%。

3)纤维

纤维作为SMA混合料中的稳定剂,可以防止因沥青含量较大而出现的滴漏现象。纤维在SMA混合料中不仅起到吸油和防滴漏的作用,还会起到吸附、稳定和增韧抗裂的作用。

(1)纤维的吸附作用

纤维直径一般小于$2\mu m$,有相当大的比表面积。纤维分散在沥青中,其较大的表面积成为浸润界面。在界面层中,沥青和纤维之间会产生物理和化学作用,使得沥青在纤维表面以单分子形式排列,形成结合力牢固的结构沥青界面层。由于纤维及结构沥青一起裹覆在集料表面,使集料表面的沥青膜增加,有利于减缓沥青的老化速度。

(2)纤维的稳定作用

纤维对沥青的吸附作用,增大了结构沥青的比例,减少了自用沥青含量。增加了沥青玛蹄脂的黏性,提高软化点,使得SMA混合料的高温稳定性得到提高。

(3)增韧抗裂作用

沥青玛蹄脂中纤维是呈三相随机分布,数量众多。因此SMA混合料中纤维对混凝土受到外力作用产生的开裂有阻滞作用,提高路面的抗裂能力。同时,纤维对沥青的增韧作用,能够增加集料颗粒的裹握能力,保持路面的整体性而不易松散。

(4)纤维的种类

SMA混合料中掺加的纤维稳定剂宜选用木质素纤维、矿物纤维等。木质纤维是植物纤维,是天然木材经过化学处理得到的有机纤维。外观为棉絮状,呈白色或灰白色。通过筛选、分裂、高温处理、漂白、化学处理、中和、筛分成不同长度和粗细度的纤维以适应不同应用材料的需要。由于处理温度高达250℃以上,在通常条件下是化学上非常稳定的物质,不为一般的溶剂、酸、碱腐蚀。木质纤维素吸油效果较好,价格低廉,且对人体无害,是目前应用比较广泛的一种路用纤维。

矿物纤维包括石棉纤维和玄武岩纤维等。石棉纤维是蛇纹岩及角闪石系的无机矿物纤维。石棉纤维的特点是耐热、不燃、耐水、耐酸、耐化学腐蚀。早期SMA混合料中曾大量使用石棉纤维,后因石棉纤维对人体有害,而逐渐减小了对它的使用量。

玄武岩纤维是玄武岩石料在1 450~1 500℃熔融后,通过特殊工艺高速拉制而成的连续纤维。类似于玻璃纤维,其性能介于高强度S玻璃纤维和无碱E玻璃纤维之间。纯天然玄武岩纤维的颜色一般为褐色,有些似金色。玄武岩纤维是一种新出现的新型无机环保绿色高性能纤维材料,玄武岩纤维不仅稳定性好,而且还具有抗腐蚀、抗燃烧、耐高温等多种优异性能。此外,玄武岩纤维的生产工艺产生的废弃物少,对环境污染小,产品废弃后可直接转入生态环境中,无任何危害。

用于SMA混合料中用的纤维需要重点考虑两项性能:耐热性和吸油性。为了使纤维在混合料中拌和均匀,纤维在拌制过程中,需要与集料一起干拌。经过干燥筒加热干燥后的集料温度可达到180~200℃,因此,纤维必须能够承受这样的高温而不发生物理和化学变化。同时,纤维在SMA混合料中也起到稳定和吸附作用。因此,纤维应该有良好的吸油性。表8-25中列出木质素纤维的技术要求。

3. SMA混合料的配合比设计

(1)SMA混合料的配合比设计原则

SMA混合料的结构可以理解为两个部分:一是由粗集料构成的空间骨架结构;二是由沥

青、填料、细集料和纤维组成的沥青玛蹄脂。玛蹄脂填充到空间骨架结构的空隙中,形成骨架密实结构。因此,SMA 混合料配合比设计需要遵循以下两个原则:

①粗集料骨架结构的形成;

②沥青玛蹄脂完全填充到骨架结构的空隙中。

木质素纤维质量技术要求

表 8-25

项　　目	单　位	指　标	试　验　方　法
纤维长度　不大于	mm	6	水溶液用显微镜观测
灰分含量	%	18 ± 5	高温 590 ~ 600℃燃烧后测定残留物
pH 值		7.5 ± 1.0	水溶液用 pH 试纸或 pH 计测定
吸油率　不小于		纤维质量的 5 倍	用煤油浸泡后放在筛上经振敲后称量
含水率(以质量计)　不大于	%	5	105℃烘箱烘 2h 后冷却称量

(2)SMA 混合料的体积参数

SMA 混合料的配合比设计采用马歇尔试件的体积设计方法进行。由于 SMA 混合料结构上与密级配 AC 类沥青混合料有区别,所以,选用的体积参数比 AC 类型沥青混合料的复杂。以下介绍 SMA 混合料设计时一些新的体积参数的物理意义。

①捣实状态下粗集料松装间隙率 VCA_{DRC}

捣实状态下粗集料松装间隙率是指将 4.75mm(或 2.36mm)筛孔以上的干燥粗集料按照规定条件在容量桶中捣实,所形成的粗集料骨架实体的间隙体积占容量体积的百分率,用 VCA_{DRC} 表示,按式(8-13)计算。

$$VCA_{DRC} = \left(1 - \frac{\gamma_S}{\gamma_{CA}}\right) \times 100 \tag{8-13}$$

式中:VCA_{DRC}——粗集料骨架的松装间隙率,%;

$\quad\gamma_{CA}$——粗集料骨架的毛体积相对密度,按式(8-14)计算,g/cm³;

$\quad\gamma_S$——粗集料骨架的松方毛体积相对密度,g/cm³。

$$\gamma_{CA} = \frac{P_1 + P_2 + \cdots + P_n}{\dfrac{P_1}{\gamma_1} + \dfrac{P_2}{\gamma_2} + \cdots + \dfrac{P_n}{\gamma_n}} \tag{8-14}$$

式中:P_1、P_2、$\cdots P_n$——为粗集料骨架部分各种集料在全部矿料级配混合料中的配比;

$\quad\gamma_1$、γ_2、$\cdots\gamma_n$——为各种粗集料相应的毛体积相对密度。

②SMA 混合料的粗集料骨架间隙率 VCA_{mix}

压实的 SMA 沥青混合料试件,其内部粗集料骨架以外体积占整个试件体积的百分率,称为 SMA 混合料的粗集料骨架间隙率,用 VCA_{mix} 表示,用式(8-15)计算。对于粗集料公称最大粒径 $d_{max} \geqslant 13.2mm$ 的 SMA 混合料,以 4.75mm 作为粗集料骨架的分界筛孔;对于最大公称粒径 $d_{max} \leqslant$ 小于 9.5mm 的,SMA 混合料,以 2.36mm 作为粗集料骨架的分界筛孔。

$$VCA_{mix} = \left(1 - \frac{\gamma_f}{\gamma_{ca}} \times P_{CA}\right) \times 100 \tag{8-15}$$

式中:P_{CA}——沥青混合料中粗集料的比例,即大于 4.75mm 的颗粒含量,%;

$\quad\gamma_{ca}$——粗集料骨架部分的平均毛体积相对密度;

$\quad\gamma_f$——沥青混合料试件的毛体积相对密度,由表干法测定。

SMA 混合料是按照骨架嵌挤原则设计的。如何判断 SMA 混合料中粗集料是否形成骨架嵌挤状态,是骨架结构形成的关键。没有添加玛蹄脂的粗集料,经过捣实作用基本形成石—石相抵的状态。压实状态下的 SMA 沥青混合料,其中的粗集料要形成石—石相抵的骨架结构,粗集料的骨架间隙率 VCA_{mix} 必须小于没有添加玛蹄脂的粗集料的松装间隙率 VCA_{DRC},即满足式(8-16)的要求。如果没有满足这个条件,混合料中粗集料骨架结构实际上是被所填充沥青玛蹄脂撑开,表明在混合料中沥青玛蹄脂过多、或者粗集料骨架间隙过小。

$$VCA_{mix} \leqslant VCA_{DRC} \tag{8-16}$$

SMA 混合料设计中的其他体积参数与密级配 AC 混合料的物理意义相同。由于 SMA 混合料结构与密级配 AC 混合料的不同,所以对一些体积参数技术要求会有不同(表 8-26)。矿料间隙率 VMA 足够大是保证加入足量的沥青的前提,否则,在路面使用的压密过程中,过多的沥青会浮于混合料的表面,出现泛油或油斑等病害。由于 SMA 混合料中沥青用量高于普通沥青混合料,所以对其矿料间隙率的要求较大。

SMA 混合料马歇尔试验配合比设计技术要求　　　　表 8-26

试 验 项 目	单位	技 术 要 求	
		不使用改性沥青	使用改性沥青
马歇尔试件尺寸	mm	$\phi 101.6mm \times 63.5mm$	
马歇尔试件击实次数		两面击实 50 次	
空隙率 VV	%	3 ~ 4	
矿料间隙率 VMA 不小于	%	17.0	
粗集料骨架间隙率 VCA_{mix} 不大于		VCA_{DRC}	
沥青饱和度 VFA	%	75 ~ 85	
稳定度 不小于	kN	5.5	6.0
流值	mm	2 ~ 5	—
谢伦堡沥青析漏试验的结合料损失	%	不大于 0.2	不大于 0.1
肯塔堡飞散试验的混合料损失或浸水飞散试验	%	不大于 20	不大于 15

4. SMA 混合料配合比设计过程

SMA 混合料设计包括目标配合比设计和生产配合比设计。目标配合比设计在实验室内完成,具体过程为:

(1)材料选择

按《公路沥青路面施工技术规范》(JTG F40—2004)中相关规定进行选择。

(2)设计矿料级配的确定

SMA 路面的工程设计级配范围可以按表 8-27 中规定的矿料级配范围。公称最大粒径等于或小于 9.5mm 的 SMA 混合料,以 2.36mm 作为粗集料骨架的分界筛孔,公称最大粒径等于或大于 13.2mm 的 SMA 混合料以 4.75mm 作为粗集料骨架的分界筛孔。

在工程设计级配范围内,调整各种矿料比例,设计 3 组不同粗细的初试级配。3 组级配的粗集料骨架分界筛孔的通过率处于级配范围的中值、中值 ±3% 附近,矿粉含量在 10% 左右。

计算初试级配的矿料的合成毛体积相对密度 γ_{sb}、合成表观相对密度 γ_{sa}、有效相对密度 γ_{se}。把每个合成级配中小于粗集料骨架分界筛孔的集料筛除,按现行《公路工程集料试验规程》T 0309 的规定,用捣实法测定粗集料骨架的松方毛体积相对密度 γ_s,按式(8-14)计算粗集料骨架混合料的平均毛体积相对密度 γ_{CA}。按式(8-13)计算各组初试级配的捣实状态下的粗集

料松装间隙率 VCA_{DRC}。

沥青玛蹄脂碎石混合料矿料级配范围

表 8-27

级配类型		通过下列筛孔(mm)的质量百分率(%)										
		26.5	19	16	13.2	9.5	4.75	2.36	1.18	0.6	0.3	0.15	0.075
中粒式	SMA-20	100	90~100	72~92	62~82	40~55	18~30	13~22	12~20	10~16	9~14	8~13	8~12
	SMA-16		100	90~100	65~85	45~65	20~32	15~24	14~22	12~18	10~15	9~14	8~12
细粒式	SMA-13			100	90~100	50~75	20~34	15~26	14~24	12~20	10~16	9~15	8~12
	SMA-10				100	90~100	28~60	20~32	14~26	12~22	10~18	9~16	8~13

预估新建工程 SMA 混合料的适宜的油石比 P_a 或沥青用量为 P_b,作为马歇尔试件的初试油石比。按照选择的初试油石比和矿料级配制作马歇尔试件,用表干法测定试件的毛体积相对密度。按式(8-17)计算不同沥青用量条件下 SMA 混合料的最大理论相对密度 γ_t,其中纤维部分的比例不得忽略。

$$\gamma_t = \frac{100 + P_a + P_x}{\dfrac{100}{\gamma_{se}} + \dfrac{P_a}{\gamma_a} + \dfrac{P_x}{\gamma_x}}$$ (8-17)

式中:γ_{se}——矿料的有效相对密度,由式(8-2)确定;

P_a——沥青混合料的油石比,%;

γ_a——沥青结合料的表观相对密度;

P_x——纤维用量,以沥青混合料总量的百分数代替,%;

γ_x——纤维稳定剂的密度,由供货商提供或由比重瓶实测得到。

按式(8-15)计算 SMA 马歇尔混合料试件中的粗集料骨架间隙率 VCA_{mix}。

计算马歇尔试件各项体积指标:空隙率 VV、集料间隙率 VMA、沥青饱和度 VFA 等。

从 3 组初试级配的试验结果中选择设计级配时,必须符合 $VCA_{mix} < VCA_{DRC}$ 及 VMA >16.5% 的要求,当有 1 组以上的级配同时符合要求时,以粗集料骨架分界集料通过率大且 VMA 较大的级配为设计级配。

(3)确定设计沥青用量

根据所选择的设计级配和初试油石比试验的空隙率结果,以 0.2%~0.4% 为间隔,调整 3 个不同的油石比,制作马歇尔试件,计算空隙率等各项体积指标。进行马歇尔稳定度试验,检验稳定度和流值是否符合本规范规定的技术要求。最后,根据希望的设计空隙率,确定油石比,并作为最佳油石比 OAC。

(4)SMA 混合料性能检验

SMA 混合料的配合比确定后,应根据需要对混合料进行高温稳定性检验、水稳定性检验、低温抗裂性能检验,进行表面的渗水系数和构造深度检验。同时还应进行谢伦堡沥青析漏试验和肯塔堡飞散试验。前者用于确定沥青用量的上限,后者用于确定沥青用量的下限。综合比较可得出较为合理的沥青用量范围。

谢伦堡沥青析漏试验用以检测沥青混合料在高温状态下从沥青混合料中析出的数量。沥青析漏随着沥青用量增加而增加。根据析漏量的多少,可以确定沥青混合料中有无多余的自由沥青或过多的沥青玛蹄脂,用以限定 SMA 混合料的最大沥青用量。沥青用量过大,将成为集料颗粒间的润滑剂,造成沥青玛蹄脂上浮,影响路表构造深度、降低混合料的高温稳定性、产生泛油等病害。

肯塔堡飞散试验用以检验 SMA 混合料中集料与沥青结合料的黏结力的辅助试验,用于确定最低沥青用量。肯塔堡飞散试验采用马歇尔试件在洛杉矶磨耗试验机中进行。飞散损失在以试件在洛杉矶磨耗试验机中旋转撞击规定次数后,试件的损失质量百分率表示。

8.5.2 开级配抗磨耗层沥青混合料

开级配抗磨耗层(Open Graded Friction Course,简称 OGFC),是铺筑在沥青路面表面的一层结构。开级配抗磨耗层(OGFC)采用骨架空隙结构的沥青混合料类型,具有表面构造好(抗滑)、透水、降噪等功能。

1. 开级配抗磨耗层发展历史

OGFC 沥青混合料最早在欧洲出现。欧洲国家从 20 世纪 60 年代以来,研发了一种空隙率达到 20% ~25% 的沥青路面磨耗层。由于该种混合料的空隙率大,且很多孔隙之间连通,雨水很容易渗透到路面内部,并从连通孔隙中排走。因此,这种磨耗层在雨天,不会在路表面形成很厚的水膜,避免了行车时发生水漂和路面溅水的现象,大大提高了雨天行车的安全性。在欧洲,这种大空隙率的沥青路面磨耗层称之为排水性沥青路面(Drainage Asphalt Pavement)或多孔性沥青磨耗层(Porous Friction Course)。

美国是在 20 世纪 70 年代研究开发了开级配沥青磨耗层(OGFC),目的是取代沥青路面维修中的表面处治。美国提出的开级配沥青磨耗层(OGFC)与欧洲的沥青路面磨耗层不完全相同。它更加强调 OGFC 提供良好的抗滑性,排水功能仅作为辅助功能应用。因此,美国修筑的OGFC 路面,空隙率一般为 15%,而铺筑厚度仅为 19 ~25mm。

我国的沥青路面在开级配抗磨耗层使用上还缺乏经验,大部分仍停留在试验路阶段。但考虑到开级配抗磨耗层(OGFC)的特点,在现行沥青路面设计规范中在参考了国外其他国家的应用经验,对其做了相应规定。现行设计规范中兼顾了开级配抗磨耗层抗滑性和排水性好的特点,提出 OGFC 路面适合于年平均降水量大于 800mm 地区使用。其中,只考虑其磨耗功能时,其铺筑厚度宜控制在 20mm 左右。以排水功能为主时,铺筑厚度宜在 30 ~40mm。

尽管开级配抗磨耗层(OGFC)具有表面构造好(抗滑)、透水、降噪优点,但是由于 OGFC 的结构特点,在材料和使用条件上也有不少需要注意之处。首先是 OGFC 的空隙较大,如果进入孔隙的灰尘不能被汽车高速行驶的负压吸走,灰尘不断的填充孔隙、被汽车压实而堵塞,则其功效将迅速降低。而一旦堵塞,将很难清除。另外由于空隙大,在有冰冻地区,一旦进水而发生冰冻,也将影响其耐久性。

2. OGFC 沥青混合料设计的技术要求

(1)原材料技术要求

①集料和填料

OGFC 沥青混合料是骨架空隙结构,构成骨架空隙结构的粗集料的坚硬程度、颗粒棱角性、针片状、耐磨性等性能需要重点考虑。同时,为了形成骨架结构,粗集料的级配范围也有所要求。表 8-28 列出开级配排水式磨耗层混合料矿料级配范围。

细集料需要洁净、坚硬、棱角多。填料采用碱性矿粉,如石灰石粉。为了提高 OGFC 沥青混合料的水稳性,也可以采用消石灰替代部分矿粉。

②沥青结合料

OGFC 沥青混合料的骨架空隙结构中,粗集料较多,细集料和填料较少。骨架完全由粗集料之间的点接触。这需要沥青结合料有很好的黏结性。OGFC 沥青混合料中的空隙有透水和存水的功能。由于水的存在,容易造成沥青从集料表面的剥落,使得混合料松散。因此,OGFC 宜采用高黏度改性沥青,其质量宜符合表 8-29 的技术要求。

开级配排水式磨耗层混合料矿料级配范围 表 8-28

级配类型		通过下列筛孔(mm)的质量百分率(%)										
		19	16	13.2	9.5	4.75	2.36	1.18	0.6	0.3	0.15	0.075
中粒式	OGFC-16	100	90~100	70~90	45~70	12~30	10~22	6~18	4~15	3~12	3~8	2~6
	OGFC-13		100	90~100	60~80	12~30	10~22	6~18	4~15	3~12	3~8	2~6
细粒式	OGFC-10			100	90~100	50~70	10~22	6~18	4~15	3~12	3~8	2~6

高黏度改性沥青的技术要求 表 8-29

试 验 项 目		单 位	技 术 要 求
针入度(25℃,100g,5s)	不小于	0.1mm	40
软化点($T_{R\&B}$)	不小于	℃	80
延度(15℃)	不小于	cm	50
闪点	不小于	℃	260
薄膜加热试验(TFOT)后的质量变化	不大于	%	0.6
黏韧性(25℃)	不小于	N·m	20
韧性(25℃)	不小于	N·m	15
60℃黏度	不小于	Pa·s	20 000

(2)OGFC 混合料技术要求

现行公路沥青路面施工技术规范(JTG F40—2004)中给出室内试验确定 OGFC 沥青混合料配合比设计时的技术要求,见表 8-30。

OGFC 混合料技术要求 表 8-30

试 验 项 目	单位	技 术 要 求
马歇尔试件尺寸	mm	$\phi101.6mm \times 63.5mm$
马歇尔试件击实次数		两面击实50次
空隙率	%	18~25
马歇尔稳定度	kN	≥3.5
析漏损失	%	<0.3
肯特堡飞散损失	%	<20

3. OGFC 沥青混合料配合比设计过程介绍

(1)根据当地材料,选择合适原材料。测定各种原材料的技术参数。

(2)按工程设计级配范围,选出 3 组不同 2.36mm 通过率的矿料级配作为初选级配。

(3)对每一组初选的矿料级配,按式(8-18)计算集料的表面积。根据希望的沥青膜厚度,按式(8-19)计算每一组混合料的初试沥青用量 P_b。通常情况下,OGFC 混合料的沥青膜厚度 h 宜为 14μm。

$$A = (2 + 0.02a + 0.04b + 0.08c + 0.14d + 0.3e + 0.6f + 1.6g)/48.74 \quad (8-18)$$

$$P_b = h \times A \quad (8-19)$$

式中：　　　　　A——集料的总的表面积；

a、b、c、d、e、f、g——分别代表 4.75mm、2.36mm、1.18mm、0.6mm、0.3mm、0.15mm、0.075mm 筛孔的通过百分率，% 。

（4）制作马歇尔试件，马歇尔试件的击实次数为双面 50 次。用体积法测定试件的空隙率，绘制 2.36mm 通过率与空隙率的关系曲线。根据期望的空隙率确定混合料的矿料级配，重复过程（3）计算初始沥青用量。

（5）以确定的矿料级配和初始沥青用量拌和沥青混合料，分别进行马歇尔试验、谢伦堡析漏试验、肯特堡飞散试验、车辙试验，各项指标应符合相应的技术要求，其空隙率与期望空隙率的差值不宜超过 ±1% 。如不符合要求，应重新调整沥青用量拌和沥青混合料进行试验，直至符合要求为止。

8.5.3　冷铺沥青混合料

冷铺沥青混合料也称常温沥青混合料，是指矿料与乳化沥青或稀释沥青在常温状态下拌和、铺筑的沥青混合料。这种混合料一般比较松散，存放时间达 3 个月以上，可随时取料施工。但一般只能适用于低等级公路的面层和其他等级公路沥青路面的联结层或整平层。

1. 冷铺沥青混合料的组成材料

冷铺沥青混合料中对矿料的要求与热铺沥青混合料大致相同，对矿质混合料的级配同样要求符合规定。冷铺沥青混合料中的沥青可采用液体石油沥青、乳化沥青、软煤沥青等，但考虑到制备液体石油沥青要耗费大量轻质油，且在铺筑后，由于轻质油的挥发而造成环境污染，而煤沥青中含有致癌物质，且在路面使用中易老化，寿命短，故我国普遍采用乳化沥青。乳化沥青的用量应根据当地实践经验以及交通量、气候、石料情况、沥青标号、施工机械等条件确定，也可以按热拌沥青碎石混合料的沥青用量折算，一般情况较热拌沥青碎石混合料沥青用量减少 15% ~20% 。

2. 冷铺沥青混合料的强度形成

冷铺沥青混合料强度的形成有三方面因素。其一，采用合理的配合比，使矿质集料的级配和沥青的用量均达到最佳值，从而使沥青混合料具有更大的黏聚力和内摩阻力。其二，在摊铺后，随着轻质油的挥发（液体沥青）或乳液的破乳、排水、蒸发（乳化沥青），沥青变得越来越稠，沥青混合料间的黏聚力随之提高。其三，随着碾压的进行，矿料颗粒之间排列更加紧密有序，其内摩阻力逐渐增大，冷铺沥青混合料的强度由此而形成。

复习思考题

8-1　沥青混合料的定义是什么？沥青混凝土混合料与沥青碎石混合料的区别是什么？

8-2　沥青混合料的结构类型有哪些？各种结构类型混合料的路用性能有什么区别？

8-3　分析影响沥青混合料抗剪强度的因素。

8-4　论述沥青混合料的主要技术性质以及评定它们的方法。

8-5　沥青混合料组成材料主要技术要求有哪些？这些技术要求对沥青混合料的技术性质有什么影响？

8-6　简述矿质混合料组成设计过程。

8-7　什么是矿料的有效密度，如何得到矿料的有效密度？

8-8　如何确定沥青混合料的初始沥青含量或油石比？

8-9　什么是有效沥青？提出有效沥青的意义是什么？

8-10　热拌沥青混合料需要进行哪些性能检验？各项检验的目的是什么？

8-11　简述SMA沥青混合料的路用性能内容。

8-12　SMA混合料的配合比设计原则是什么？

8-13　什么是捣实状态下粗集料松装间隙率VCA_{DRC}，如何计算？

8-14　SMA混合料的粗集料骨架间隙率VCA_{mix}，如何计算？

8-15　开级配抗磨耗层（OGFC）沥青混合料的优缺点是什么？

8-16　试设计某一级公路沥青路面面层用细粒式沥青混凝土的配合比设计。

［设计资料］

（1）道路等级：一级公路；路面类型：沥青混凝土；结构层位：三层沥青混凝土上面层，设计厚度4cm；气候条件：所处地区为2-2区。

（2）材料参数：采用A级70号沥青，密度1.021g/cm³；其他各项指标满足技术要求；碎石与石屑：I级石灰岩轧制碎石，视密度2.720g/cm³，其他各项指标满足技术要求；细集料：洁净河沙，属于中砂，视密度2.690g/cm³，其他各项指标满足技术要求；矿粉：石灰石粉，视密度2.580g/cm³。矿质集料的筛分结果见表8-31。

［设计要求］

（1）根据道路等级，路面类型和结构层位，确定沥青混合料类型和矿料级配范围（规范级配范围）；

（2）根据矿料筛析结果，用图解法进行矿质集料的组成设计，并用Excel进行调整；

（3）根据预估最佳油石比选择3.8%～5.8%的掺量范围，通过马歇尔试件的物理、力学指标（表8-32）确定最佳沥青用量。

各种组成材料筛分结果　　　　　　　　　　　　　表8-31

原材料	筛 孔 尺 寸（mm）									
	16.0	13.2	9.5	4.75	2.36	1.18	0.6	0.3	0.15	0.075
	通过百分率（%）									
碎石	100	96	20	2	0	0	0	0	0	0
石屑	100	100	100	80	45	18	3	0	0	0
砂	100	100	100	100	91	80	71	36	18	2
矿粉	100	100	100	100	100	100	100	100	100	85

马歇尔试验结果汇总表　　　　　　　　　　　　　表8-32

组数编号	沥青用量（%）	实测密度（g/cm³）	空隙率（%）	饱和度（%）	间隙率（%）	稳定度（kN）	流值（0.1mm）
1	3.8	2.362	6.1	66.7	17.4	9.3	20
2	4.3	2.379	4.6	75.4	17.1	10.8	23
3	4.8	2.394	3.5	81.2	16.9	10.6	28
4	5.3	2.38	2.8	84.3	17.3	8.9	36
5	5.8	2.378	2.4	85.7	17.9	7.3	45

第9章 木　　材

内容提要

　　本章主要讲述木材的分类与构造,木材的主要技术性质,木材的防护与应用。本章重点是木材的物理性质,力学性质。难点是木材的力学性质。

学习目标

　　通过本章的学习,了解木材的分类,熟悉木材的构造,掌握木材的主要技术性质,了解木材的干燥、防腐、防火及应用。

　　木材与水泥、钢材并列为土木工程中的三大材料,是人类最早使用的天然有机材料。我国使用木材的历史不仅悠久,而且在技术上还有独到之处,如闻名于世的故宫太和殿、山西佛光寺正殿、山西应县木塔等都是木结构的优秀代表,体现了中国古代建筑的辉煌。

　　木材之所以应用于土木工程,是因其具有很多优点:①轻质高强,比强度大;②弹性、韧性好,能承受一定的冲击和振动荷载;③对电、热、声的传导性能低,具有较好的绝缘、绝热、隔声性能;④在干燥环境或长期置于水中均有较好的耐久性;⑤纹理美观,色调温和,极富装饰性;⑥易于加工,可制成各种形状的产品;⑦无毒无污染,生产能耗低。目前,木结构用于结构相应减少,但由于木材具有美丽的天然花纹,给人以淳朴、古雅、亲切的质感,因此木材作为装饰与装修材料,有其独特的功能和价值,因此被广泛应用。

　　同时木材也有使其应用受到限制的缺点:①构造不均匀,呈各向异性;②易吸湿吸水从而导致形状、尺寸、强度等物理、力学性能变化;③长期处于干湿交替中,其耐久性变差;④易腐蚀、易燃、易虫蛀;⑤天然疵病较多,影响材质。不过,木材经过一定的加工和处理后,这些缺点可得到相当程度的克服。

　　树木是由树根、树干和树冠三部分组成,土木工程中所用木材主要来自某些树木的树干部分。然而,树木的生长缓慢,而木材的使用范围广、需求量大,故木材属于短缺材料,目前工程中主要用作装饰材料。随着木材加工技术的提高,木材的节约使用与综合利用有着良好的前景。

9.1　木材的分类与构造

9.1.1　木材的分类

　　木材的树种很多,按树叶的外形分类,一般可分为针叶树木和阔叶树木两大类。

　　针叶树木也称软木材。叶呈针状,树干直而高大,枝杈较小,分布紧密,易得大材;纹理顺直,材质较软,易于加工;表观密度和胀缩变形较小,强度较高,耐腐蚀性较强。建筑工程上常用作承重结构材料。如红松、白松、冷杉、云杉、黄华松等。

阔叶树木也称硬木材。叶宽大,树干短曲,枝杈较大,分布稀疏,不易得大材;材质坚硬,加工难度较大;表观密度和胀缩变形较大,易翘曲开裂,不宜作承重结构材料。但阔叶树木纹理美观,常用于室内装饰、制作家具以及加工成胶合板材。如水曲柳、柞木、榆木、榉木、桦木等。

9.1.2 木材的构造

木材的构造直接决定和影响木材的性质。各种树木由于生长的环境不同,具有不同的构造。研究木材的构造通常从宏观和微观两个层次进行。

1. 木材的宏观构造

用肉眼或放大镜所观察到的木材的特征,称为木材的宏观构造或粗观构造。木材的宏观构造往往在木材的三切面上观察,即横切面、径切面和弦切面(图 9-1)。横切面(Cross Section)是指与树干主轴或木纹相垂直的切面,即树干的端面或横断面;径切面(Radial Section)是指顺着树干轴向,通过髓与木射线平行或与年轮垂直的切面;弦切面(Tangential Section)是没有通过髓心的纵切面,顺着木材纹理。

木材的宏观特征包括木材的心材和边材,生长轮(年轮)和早材、晚材,阔叶树材的管孔,胞间道,木射线和轴向薄壁组织。

心材(Heartwood)指许多树种木材(生材)的横切面上,靠近髓心部分,材色较深,水分较少的木质部;边材(Sapwood)指许多树种木材的横切面上,靠近树皮部分,材色较浅,水分较多的部分。

生长轮(Growth ring)为树木在每个生长周期所形成的木材,围绕着髓心构成的同心圆;年轮(Annual Growth Ring)指如果在温带和寒带,树木的生长周期在一年中只有一度,形成层在一年中向内只生长一层木材,那么此时的生长轮也叫年轮。轮界线(Growth-ring Boundary)为年轮之间的

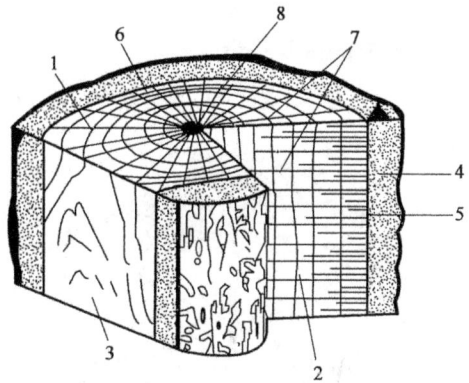

图 9-1 木材的宏观构造
1-横切面;2-径切面;3-弦切面;4-树皮;5-木质部;6-年轮;7-髓线;8-髓心

界限。有些树种轮界线清晰可见,有的不清晰。早材(Early Wood)指温带和寒带的树种,通常生长季节早期所形成的木材,由于细胞分裂快,所形成的细胞腔大壁薄,材质较松软,材色浅,称为早材;晚材(Late Wood)指温带和寒带的树种,通常生长季节晚期所形成的木材,由于细胞分裂慢,所形成的细胞腔小壁厚,材质较致密,材色深,称为晚材。根据早材到晚材的变化情况,有急变和缓变之分。急变的树种如针叶树松科中的硬松类,如油松、马尾松,以及阔叶树材中的环孔材,如水曲柳、榆木等;缓变的树种如针叶树松科中的软松类,如华山松、红松,以及阔叶树材中的散孔材,如杨木、桦木、椴木等。

导管(Vessel)是绝大多数阔叶树材具有的输导组织,为一串轴向的细胞;导管分子(Vessel Element)为组成导管的每一个细胞;管孔(Pore)指导管在横切面上呈孔穴状;导管线(Vessel Line)指导管在纵切面上呈细沟状。根据阔叶树材横切面上管孔的排列,阔叶树材可以分为散孔材、环孔材、半环孔材(或半散孔材)。散孔材(Diffuse-Porous Wood)指一个年轮内早晚材管孔的大小没有显著区别,分布也均匀,如槭木、杨木、椴木、桦木、柳木等。环孔材(Ring-Porous Wood)指木材中早材管孔明显比晚材管孔大,沿年轮呈环状排列,有一至多列,如水曲柳、刺槐、黄波罗、榆木、柞木。半环孔材(Semi-Ring Porous Wood,也称为半散孔材)指在一个生长轮

内,管孔的排列介于环孔材与散孔材之间,早材管孔较大,略成环状排列,早材管孔到晚材管孔渐变,界限不很明显,如核桃、核桃楸。

木射线(Ray)指在木材横切面上由颜色较浅的,从髓心向树皮呈辐射状排列的细胞构成的组织,来源于形成层中的射线原始细胞。木射线在木材三个切面上的形态不同,在横切面上为辐射状,在径切面上为横行的短线条或横向片状花纹,在弦切面上为断续的纵向的短线条。

胞间道指分泌细胞围绕而成的长形胞间空隙,分树脂道和树胶道,针叶树材中的胞间道即为树脂道,阔叶树材中的胞间道为树胶道。树脂道分轴向和横向树脂道,横向树脂道存在于树木的木射线内,因此针叶树材的木射线在弦切面上呈纺锤形木射线。树脂道存在于松科中的六个属:松、落叶松、云杉、黄杉、银杉、油杉,其中油杉属无横向树脂道。

此外,木材的宏观特征还包括木材的颜色和光泽,结构、纹理和花纹,髓斑和色斑,材表等。纹理(Grain)指木材细胞(纤维、导管、管胞等)排列的方向。有直纹理和斜纹理之分,斜纹理又包括螺旋纹理、交错纹理、波状纹理等。结构(Structure)指木材细胞的大小和差异的程度。而花纹是个综合的概念,木材由于年轮、木射线、轴向薄壁组织、材色、节疤、斜纹理等产生图案,称为木材的花纹,如银光花纹、带状花纹、鱼骨花纹、鸟眼花纹、树瘤花纹等。

2. 木材的微观构造

在显微镜下所看到的木材组织,称为木材的微观构造(图 9-2 和图 9-3)。

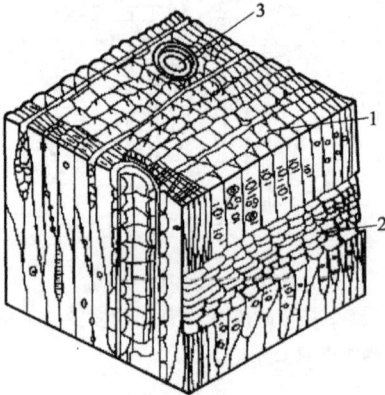

图 9-2　针叶树种马尾松的微观构造
1-管胞;2-髓线;3-树脂道

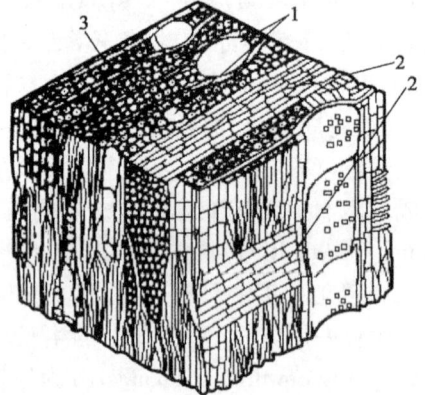

图 9-3　阔叶树种柞木的微观构造
1-导管;2-髓线;3-木纤维

在显微镜下可知,木材是由无数管状细胞紧密结合而成。细胞横断面呈四角略圆的正方形。每个细胞分为细胞壁和细胞腔两个部分,细胞壁由若干层纤维组成。细胞之间纵向联结比横向联结牢固,造成细胞纵向强度高,横向强度低。细胞之间有极小的空隙,能吸附水和渗透水分。木材的细胞壁越厚,细胞腔就越小,细胞就越致密,宏观表现为木材的表观密度大、强度高,同时细胞壁吸附水分的能力也越强,宏观表现为湿胀干缩变形也大。春材的细胞壁薄、腔大,夏材的细胞则壁厚、腔大。

木材的细胞因功能不同可分成许多种,树种不同其构造细胞不同。针叶树的微观构造简单而规则,主要由管胞和髓线组成。管胞为纵向细胞,起支撑和输送养分的作用;其髓线较细不明显;某些树种(如马尾松)在管胞间还有树脂道以储存树脂。阔叶树的微观构造较复杂,主要由导管、木纤维和髓线组成。导管由壁薄而腔大的细胞构成,大的导管孔肉眼可见;木纤维由壁厚而腔小的细胞构成,起支撑作用;其髓线很发达,粗大而明显。有无导管及髓线的粗细是区分针叶树和阔叶树的重要特征。

9.2 木材的主要技术性质

9.2.1 化学性质

木材是一种天然生长的有机材料,它的化学组分因树种、生长环境、组织存在的部位不同而差异较大,主要有纤维素、半纤维素和木质素等细胞壁的主要成分,以及少量树脂、油脂、果胶质和蛋白质等次要成分,其中,纤维素占50%左右。所以木材的组成主要是一些天然高分子化合物。

木材的化学性质复杂多变,在常温下木材对盐溶液、稀酸、弱碱有一定的抵抗能力;但随着温度的升高,其抵抗能力显著降低。而强氧化性的酸、强碱在常温下也会使木材发生变色、湿胀、水解、氧化、酯化、降解交联等反应。在高温下即使是中性水,也会使木材发生水解反应。

总之,木材的化学性质是对木材进行处理、改性以及综合利用的工艺基础。

9.2.2 物理性质

木材的物理性质是指木材在不受外力和不发生化学变化的条件下,所表现的各种性质。

1. 密度和表观密度(Density and Apparent Density)

木材的密度反映材料的分子结构,由于各树木材的分子构造基本相同,因而其密度相差不大,一般为 $1.48 \sim 1.56 \text{g/cm}^3$。

木材的表观密度则随木材孔隙率、含水率以及其他一些因素的变化而不同。一般有气干表观密度、绝干表观密度和饱水表观密度之分。木材的表观密度越大,其湿胀干缩率也越大。

2. 含水率(Moisture Content)

木材中的水分按其存在的状态可分自由水(毛细管水)、吸附水和化合水三类。

自由水是指以游离态存在于木材细胞的胞腔、细胞间隙和纹孔腔这类大毛细管中的水分,包括液态水和细胞腔内水蒸气两部分;理论上,毛细管内的水均受毛细管张力的束缚,张力大小与毛细管直径大小成反比,直径越大,表面张力越小,束缚力也越小。木材中大毛细管对水分的束缚力较微弱,水分蒸发、移动与水在自由界面的蒸发和移动相近。自由水多少主要由木材孔隙体积(孔隙度)决定,它影响到木材质量、燃烧性、渗透性和耐久性,对木材体积稳定性、力学、电学等性质无影响。

吸附水是指以吸附状态存在于细胞壁中微毛细管的水,即细胞壁微纤丝之间的水分。木材胞壁中微纤丝之间的微毛细管直径很小,对水有较强的束缚力,除去吸附水需要比除去自由水要消耗更多的能量。吸附水多少对木材物理力学性质和木材加工利用有着重要的影响。木材生产和使用过程中,应充分关注吸附水的变化与控制。

化合水是指与木材细胞壁物质组成呈牢固地化学结合状态的水。这部分水分含量极少,而且相对稳定,是木材的组成成分之一。一般温度下的热处理是难以将木材中的化合水除去,如要除去化合水必须给予更多能量加热木材,此时木材已处于破坏状态,不属于木材的正常使用范围。因此化合水对日常使用过程中的木材物理性质没有影响。

水分进入木材后,首先吸附在细胞壁中的细纤维间,成为吸附水,吸附水饱和后,其余的水成为自由水;反之,木材干燥时,首先失去自由水,然后才失去吸附水。当自由水蒸发完毕而吸附水处于饱和状态时,木材的含水率称为木材的纤维饱和点。其数值随树种而异,通常在25%~35%,平均为30%左右。木材的纤维饱和点是木材物理力学性质发生变化的转折点。

木材具有吸湿性,干燥的木材会从周围的湿空气中吸收水分,而潮湿的木材也会向空气中蒸发水分。在一定湿度和温度的环境中,木材的含水率相对稳定,此时的含水率称为平衡含水率。平衡含水率随周围空气的温湿度而变化,通常在12%~18%。图9-4为各种温度和湿度的环境条件下,木材相应的平衡含水率。平衡含水率是木材进行干燥时的控制指标。

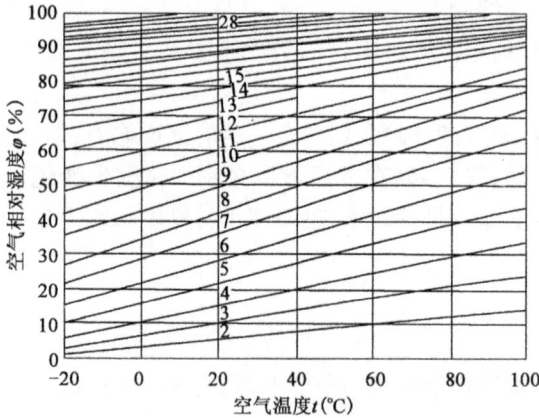

图9-4 木材的平衡含水率

3. 干缩和湿胀(Shringage and Swell)

湿材因干燥而缩减其尺寸的现象称之为干缩;干材因吸收水分而增加其尺寸与体积的现象称之为湿胀。干缩和湿胀现象主要在木材含水率小于纤维饱和点的这种情况下发生,当木材含水率在纤维饱和点以上,其尺寸、体积是不会发生变化的。木材干缩与木材湿胀是发生在两个完全相反的方向上,二者均会引起木材尺寸与体积的变化。对于小尺寸而无束缚应力的木材,理论上说其干缩与湿胀是可逆的;对于大尺寸实木试件,由于干缩应力及吸湿滞后现象的存在,干缩与湿胀是不完全可逆的。

木材的干缩湿胀对木材的使用有严重影响,干缩使木材产生裂缝或翘曲变形,以致引起木结构的结合松弛,湿胀则会造成凸起变形。为了避免这种情况,最根本的办法是预先将木材进行干燥,使木材的含水率与构件所使用的环境湿度相适应,即将木材预先干燥至平衡含水率后才使用。木材的干缩性质常用干缩率、干缩系数和差异干缩来表达。

9.2.3 力学性质

1. 木材的强度

强度是指材料抵抗其受施应力而不致破坏的能力,表示单位截面积上材料的最大承载能力。木材按受力状态分为抗压、抗拉、抗弯和抗剪四种强度;同时木材是各向异性的高分子材料,根据所施加应力的方式和方向的不同,木材的强度有顺纹(力作用方向与纤维方向平行)和横纹(力作用方向与纤维方向垂直)之分。由于木材中的细胞大多是纵向排列的,故木材的顺纹强度比横纹强度大很多,工程上均充分利用其顺纹强度,它们之间的比例关系见表9-1。

木材各种强度的大小关系 表9-1

抗压强度		抗拉强度		抗弯强度	抗剪强度	
顺纹	横纹	顺纹	横纹		顺纹	横纹切断
1	1/10~1/3	2~3	1/20~1/3	3/2~2	1/7~1/3	1/2~1

(1)抗压强度(Compresive Strength)

抗压强度是木材各种力学性质中的基本指标。木材的顺纹抗压强度很高,顺纹受压破坏是管状细胞受压失稳,而不是纤维的断裂。其强度仅次于顺纹抗拉和抗弯强度,且木材的疵点对其影响较小。因此,这种强度在工程中应用很广,常用于柱、桩、斜撑及桁架等承重构件。木材横纹受压时,其初始变形与外力呈正比,当超过比例极限时,细胞壁失去稳定,细胞腔被挤紧、压扁,产生显著的变形而破坏,但并非纤维断裂。因此木材的横纹抗压强度以使用中所限制的变形量来确定,通常取其比例极限作为横纹抗压强度的极限指标。木材的横纹抗压强度通常只有顺纹抗压强度的10% ~20%,常用作枕木和垫板等。

(2)抗拉强度(Tensile Strenth)

木材的顺纹抗拉强度是其各种力学强度中最高的指标。顺纹受拉破坏时,木纤维一般不会被拉断,而是纤维间的连接被撕裂。一般顺纹抗拉强度为顺纹抗压强度的2 ~3 倍。由于木材的疵病(节子、斜纹、裂缝等)的存在,对强度的影响极为显著,会使木材实际能承受的作用力远远低于单纤维受力,同时木材受拉构件在连接处应力复杂,使顺纹抗拉强度难以被充分利用,故木材在实际使用中很少用作受拉构件。因为木材纤维之间的横向连接薄弱,木材的横纹抗拉强度很低,仅为顺纹抗拉强度的1/40 ~1/10,工程中一般不使用。

(3)抗弯强度(Bending Strenth)

木材的抗弯强度很高,为顺纹抗压强度的1.5 ~2 倍,仅次于顺纹抗拉强度。木材受弯曲时将产生压、拉、剪等复杂应力:上部是顺纹受压,下部为顺纹受拉,在中部水平面和垂直面上产生剪切力。受弯破坏时,上部受压区首先达到极限强度,出现细小的皱纹但不会立即破坏;当外力继续增大时,皱纹在受压区逐渐扩展,产生大量塑性变形,但这时构件仍有一定的承载力;当下部受拉区达到极限强度,纤维本身及纤维间连接断裂则导致木材的最后破坏。

在土木工程中木材常用作受弯构件,如桥梁、桁架、梁、支撑架、脚手板、地板等。但木材的疵点和缺陷对抗弯强度影响很大,特别是木节子出现在受拉区时尤为显著,另外裂纹不能承受弯曲构件中的顺纹剪切,使用中应加以注意。

(4)抗剪强度(Shearing Strenth)

抗剪强度又称剪断强度。木材受剪时,根据作用力对于木材纤维方向的不同分为顺纹剪切、横纹剪切和横纹切断,如图9-5 所示。

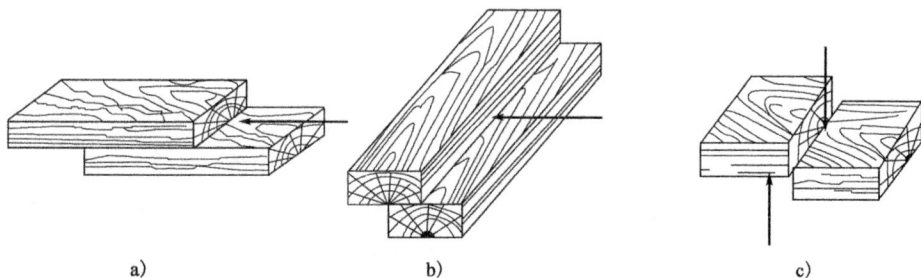

图9-5 木材的剪切
a)顺纹剪切;b)横纹剪切;c)横纹切断

顺纹受剪时,剪力方向和受剪面均与木材纤维平行,破坏时绝大部分纤维本身并不损坏,而是纤维间连接撕裂产生纵向位移。所以顺纹抗剪强度很小,一般为同一方向抗压强度(顺纹抗压强度)的15% ~30%。横纹受剪时,剪力方向与纤维垂直,而受剪面与纤维平行,破坏时剪切面中纤维的横向连接被撕裂。因此木材的横纹剪切强度比顺纹剪切强度还要低。横纹切断时,剪力方向和受剪面均与纤维垂直,破坏时纤维被切断。横纹切断强度较大,一般为顺纹剪切强度的4 ~5 倍。因此,木材的剪切强度由大到小顺序为:横纹切断 > 顺纹剪切 > 横纹剪切。

我国土木工程常用木材的主要物理和力学性质见表9-2。

常用木材的主要物理和力学性质　　　　　　　　　　　　　　表9-2

树种名称		产地	气干表观密度（g/cm³）	干缩系数		顺纹抗压强度（MPa）	顺纹抗拉强度（MPa）	抗弯强度（MPa）	顺纹抗剪强度（MPa）	
				径向	弦向				径面	弦面
针叶树	杉木	湖南	0.317	0.123	0.277	33.8	77.2	63.8	4.2	4.9
		四川	0.416	0.136	0.286	39.1	93.5	68.4	6.0	5.0
	红松	东北	0.440	0.122	0.321	32.8	98.1	65.3	6.3	6.9
	马尾松	安徽	0.533	0.140	0.270	41.9	99.0	80.7	7.3	7.1
	落叶松	东北	0.641	0.168	0.398	55.7	129.9	109.4	8.5	6.8
	鱼鳞云杉	东北	0.451	0.171	0.349	42.4	100.9	75.1	6.2	6.5
	冷杉	四川	0.433	0.174	0.341	38.8	97.3	70.0	5.0	5.5
阔叶树	柞栎	东北	0.766	0.199	0.316	55.6	155.4	124.0	11.8	12.9
	麻栎	安徽	0.930	0.210	0.389	52.1	155.4	128.0	15.9	18.0
	水曲柳	东北	0.686	0.197	0.353	52.5	138.1	118.6	11.3	10.5
	椰榆	浙江	0.818	—	—	49.1	149.4	103.8	16.4	18.4

2. 影响木材强度的主要因素

（1）含水率的影响

木材的含水率对木材的强度影响很大。当木材的含水率在纤维饱和点以上变化时，只是自由水在变化，因而对木材的强度没有影响。但当木材的含水率在纤维饱和点以下变化时，随着含水率的降低，吸附水减少，细胞壁趋于紧密，木材强度增大；反之，木材的强度减小。含水率对木材各种强度的影响程度并不相同，对顺纹抗压强度和抗弯强度影响较大，对顺纹剪切强度影响较小，对顺纹抗拉强度影响最小，如图9-6所示。

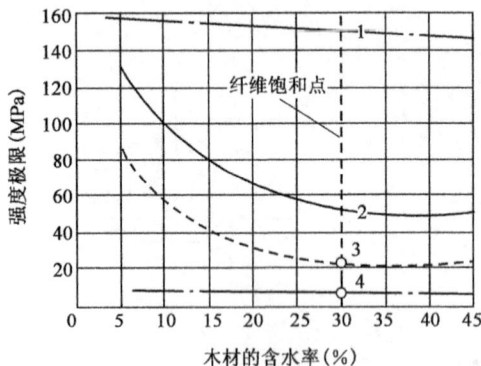

图9-6　含水率对木材强度的影响
1-顺纹受拉；2-弯曲；3-顺纹受压；4-顺纹受剪

木材力学试样制作要求用气干材，气干材含水率不是恒定的。因此当测定木材的强度时，必须测定试验时木材试样的含水率，并将强度调整为标准试验方法所规定的同一含水率下的木材强度，以便于不同树种或不同株间木材强度的比较。我国国家标准《木材物理力学试验方法》（GB 1927—1991）、《木材物理力学试验方法总则》（GB/T 1928—2009）中规定，以同一含水率12%（标准含水率）时的强度作为标准值，其他含水率时的强度按式（9-1）换算（适用于木材含水率在9% ~15%范围内）。

$$\sigma_{12} = \sigma_w[1 + \alpha(W - 12)] \tag{9-1}$$

式中：σ_{12}——含水率为12%时的木材强度，MPa；

σ_w——含水率为 W% 时的木材强度，MPa；

W——实测木材的含水率，%；

α——含水率校正系数。随荷载种类和力作用方式而异。顺纹抗压为 0.05;顺纹抗拉阔叶树为 0.015,针叶树为 0;抗弯为 0.04;顺纹抗剪为 0.03。

(2)负荷时间的影响

木材在长期荷载作用下的强度称为木材的持久强度。它仅为木材在短期荷载作用下极限强度的 50%～60%。木材在外力长期作用下,只有当其应力在低于强度极限的某一定范围以下时,才可避免木材因长期负荷而破坏。这是由于木材在长期荷载作用下将发生较大的蠕变,随着时间的增长,产生大量连续的变形而破坏。木结构一般都处于长期负荷状态,所以在设计木结构时,通常以木材的持久强度为依据。

(3)环境温度的影响

环境温度对木材的强度有直接影响。在通常的气候条件下,温度的变化不会引起木材化学成分的改变。但当环境温度升高时,木材中的胶结物质会逐渐软化,强度和弹性均会随之降低;温度降低时,木材还将恢复原来的强度。当木材长期处于 40～60℃ 温度时,会发生缓慢碳化;当木材长期处于 60～100℃ 温度时,会引起木材水分和所含挥发物的蒸发;当温度在 100℃ 以上时,木材开始分解为组成它的化学元素。通常在长期受热环境中,如温度可能长期超过 50℃ 时,则不应采用木结构。当环境温度降至 0℃ 以下时,木材中的水分结冰,强度增大,但木材变得较脆,一旦解冻,各项强度都将比未解冻时的强度低。

(4)疵病的影响

木材在生长、采伐、保存过程中,所产生的内部和外部的缺陷,统称为疵病。木材中的疵病主要有木节、斜纹、裂纹、虫蛀、腐朽等。一般木材或多或少都存在一些疵病,使木材的物理力学性质受到影响。

木节使木材的顺纹抗拉强度显著降低,而对顺纹抗压强度影响较小,在横纹抗压和剪切时。木节反而提高其强度。在装饰工程中木材的缺陷会给装饰效果带来不良的影响。

在木纤维与树轴呈一定夹角时,形成斜纹。木材中的斜纹严重降低其顺纹抗拉强度,对抗弯强度也有较大影响,对顺纹抗压强度影响较小。

裂纹、虫蛀、腐朽等疵病,会造成木材构造的不连续或破坏其组织,严重地影响木材的力学性质,有时甚至能使木材完全失去使用价值。

9.3　木材的防护与应用

木材作为土木工程材料有很多优点,但天然木材易变形、易腐蚀、易燃烧。为了延长木材的使用寿命并扩大其使用范围,木材在加工和使用前必须进行干燥、防腐、防虫、防火等各种防护处理。

9.3.1　木材的干燥

木材具有较小的密度和较大的强度(品质系数较高),耐酸碱腐蚀,绝缘性能较好,易于切削,纹理和色泽美丽等优良性质。在建筑、机械、车辆、船舶、纺织、农具、家具、乐器、航空等国民经济的各部分都需要使用大量的木材,但是,用未经干燥的木材制成的产品不能保证质量,所以必须对木材进行干燥处理。木材经过干燥处理以后,可以提高木材和木制品使用的稳定性,减少木材在使用过程中发生收缩裂缝,提高木材和木制品的强度和耐久性。木材干燥的方法可分为天然干燥和人工干燥,并以平衡含水率作为干燥的指标。

1. 天然干燥

这种方法是将锯开的板材或方材按一定的方式堆积在通风良好的空旷场地或通风棚内，但应避免阳光直射和雨淋，利用大气热能蒸发木材中的水分，使木材在天然条件下自行干燥。该方法简单易行，不需要特殊设备，干燥后木材的质量良好；但干燥时间长，占用场地大，只能干燥到风干状态。

2. 人工干燥

人工干燥常用的方法有炉气干燥、蒸汽干燥、化学干燥、辐射干燥等。炉气干燥是用炉灶燃烧时的炽热炉气为热源，以炉气—湿空气混合气体为干燥介质对木材进行干燥。蒸汽干燥是用饱和水蒸气，通过加热器加热干燥介质来干燥木材的传统干燥方法。化学干燥是指用化学物品处理木材进行干燥。辐射干燥是利用微波、远红外射线等为热源对木材进行干燥。

9.3.2 木材的防腐

木材是天然有机材料，易受真菌、昆虫侵害而腐朽变质。侵蚀木材的真菌主要有三种：霉菌、变色菌和腐朽菌。霉菌只寄生于木材表面，对木材不起破坏作用，仅使木材颜色发生变化，通常称为发霉，经过抛光后可去除。变色菌多寄生于边材，以细胞腔内物质为养料，不破坏细胞壁。所以霉菌、变色菌只使木材变色，影响外观，而不影响木材的强度。腐朽菌是将细胞壁物质分解为其可吸收的养料，进行繁殖、生长，破坏细胞壁，使木材的密度、硬度、强度等物理、力学性质降低，最后变得松软易碎。故木材的腐蚀主要来源于腐朽菌。

木材除受真菌腐蚀外，还会遭受昆虫的蛀蚀，如白蚁、天牛、蠹虫等。它们在树皮或木质内部生存、繁殖，致使木材强度降低，甚至结构崩溃。

木材的防腐就是应用构造措施和化学药剂等方法处理木材，以延长木材的使用年限。通常采用以下两种处理方法。

1. 构造预防法

无论是真菌还是昆虫，它们的生存繁殖均需要适宜的条件，如水分、空气、温度、养料等。真菌最适宜的生长繁殖条件是：温度在 25 ~ 30℃；木材的含水率为 30% ~ 60%；有一定量空气存在。当温度高于 60℃ 或低于 5℃，木材含水率低于 25% 或高于 150%，隔绝空气时，真菌的生长繁殖就会受到抑制，甚至停止。因此，将木材置于通风、干燥处或浸没在水中或深埋于地下等方法，都可作为木材的构造防腐措施。在设计和施工中，要求将木结构的各个部分处于通风良好的条件下，木地板下设防潮层或设通风道等，使木材构件不受潮湿，即使一时受潮也能及时风干，可起到防护作用。

2. 防腐剂法

对于经常受潮或间歇受潮的木结构或构件，以及不得不封闭在墙内的木梁端头、木砖、木龙骨等，都必须用防腐剂处理。即用防腐剂涂刷木材表面或浸渍木材。使木材含有有毒物质，以起到防腐和杀虫作用。

木材防腐剂主要包括油剂性防腐剂、水溶性防腐剂和复合防腐剂三类，目前使用最为广泛的是水溶性防腐剂。

油剂性防腐剂，这类防腐剂毒杀效力强且持久，但有刺激性臭味，且处理后木材表面呈黑色，故多用于室外、地下或水下木构件。但是由于它对人畜毒性较大以及对环境的影响，因此在许多国家如新西兰已经被禁止使用。这种防腐剂对腐朽菌及大部分的虫类有效，但是对海底钻孔的虫类无效。

水溶性防腐剂,主要用于室内木构件的防腐。由于表面特性以及性能优越的水溶性防腐剂的出现,再加上能源危机,在许多应用场合油剂性防腐剂逐渐被水溶性防腐剂所取代。水溶性防腐剂在目前以及今后的一段时间内仍将是最主要的木材防腐剂种类,所需要解决的关键问题是提高防腐剂中有效成分的抗流失性。

由于对环境问题的日益关注,防腐剂配方中的金属成分因为对环境不利终将被淘汰。因此,未来的木材防腐剂应该是复合防腐剂,复合防腐剂是几种有机生物杀灭剂的混合物,这几种不同的生物杀灭剂将有不同的针对性,如有的针对腐朽菌,有的针对虫类等。在北欧,目前已经有商品化的复合防腐剂,这类防腐剂对菌和虫的毒性大,对人和畜的毒性小,且效力持久,是今后的发展方向。

9.3.3　木材的防火

木材的易燃性是其主要缺点之一。木材的防火处理也称阻燃处理,经处理后,可提高木材的耐火性,使其不易燃烧;或木材在高温下只炭化,没有火焰,不至于很快波及其他可燃物;或当火焰移开后,木材表面上的火焰立即熄灭。

常用的防火处理方法为:

(1)用防火浸剂对木材进行浸渍处理,并应保证一定的吸药量和透入深度,会起到阻燃作用;

(2)将防火涂料涂刷或喷洒于木材表面,待涂料固结后即构成防火保护层,其防火效果与涂层厚度或每平方米涂料用量有密切关系;

(3)在生产纤维板、胶合板、刨花板等木质人造板时,添加适量阻燃剂,使板材不易燃烧。

9.3.4　木材的综合应用

木材的应用涵盖了采伐、制材、防护、木制品生产、剩余物利用、废弃物回收等多个环节,在这些环节中,应当对每株树木的各个部分按照各自的最佳用途予以收集加工,实现多次增值以达到木材在量与质的总体上的高效益综合利用。其基本原则是:合理使用,高效利用,综合利用;产品及其生产应符合安全、健康、环保、节能要求;加强木材防护,延长木材使用寿命;废弃木材的利用要减量化、资源化、无害化,实现木材的重新利用和循环利用。

1. 木材的初级产品

木材的初级产品按加工程度和用途的不同,分为原条、原木、锯材等。

原条是指已经除去根、梢、枝,但尚未进行加工的木料,主要用于土木工程中的脚手架、支撑架和供进一步加工。

原木是指已经除去根、梢、枝和树皮,并按一定尺寸加工成规定直径和长度的圆木段。其又有直接使用原木和加工原木之分,直接使用原木在工程中用作屋架、檩条、木桩等,加工原木用于加工成锯材和胶合板等。

锯材是原木经制材加工得到的产品。锯材又可分为板材和方材两大类。宽度为厚度的3倍及以上的木料称板材,按其厚度、宽度可分为薄板、中板、厚板和特厚板;宽度不足厚度3倍的木料称为方材,按截面积分为小方、中方、大方。方材可直接在工程中用作支撑、檩条、木龙骨等,或用于制作门窗、扶手、家具等。

2. 木质人造板

由于天然木材不可避免地存在各种缺陷,同时木材加工时也产生大量的边角废料,为了提高木材的利用率和木制品质量,用木材、边角废料制作的人造板材已得到广泛的应用。人造板材与锯材相比,具有幅面大、尺寸稳定、材质均匀、结构性好、不易变形开裂、且施工方便等优点。但人造板材生产中常采用胶黏剂,而胶黏剂中可含有甲醛,甲醛会污染室内环境,所以必须限制人造板材产品的甲醛释放量。

木质人造板的主要品种有胶合板、刨花板(或木丝板、木屑板)、纤维板和细木工板等几类,其延伸产品达上百种之多。

(1)胶合板

胶合板又称层压板、多层板。它是由圆木蒸煮软化后旋切成单板薄片,然后将各单板按相邻层木纤维互相垂直的方向放置,经涂胶黏结、加压、干燥、锯边、表面修整而成的板材。胶合板的层数呈奇数,一般为 3~13 层,常用的是 3 层和 5 层,称作三合板、五合板。胶合板的特点是:消除了木材的天然缺陷,变形较小;材质均匀,各向异性小,强度较高;表面平整、纹理美观、极富装饰性。薄层胶合板常用于室内隔墙、墙裙、顶棚灯装饰和制作门面板、家具等,厚层胶合板多用于土木工程中的木模板。

(2)刨花板、木丝板和木屑板

刨花板、木丝板和木屑板是分别利用木材的刨花碎片、短小废料刨制的木丝和木屑,经干燥、拌胶黏剂、热压而成的板材。这类板材表观密度小、材质均匀,但强度不高,常用作室内的保温、吸声或装饰材料。

(3)纤维板

纤维板也称密度板,是利用木材碎料、树皮、树枝等废料或加入其他植物纤维为原料,经破碎、浸泡、研磨成木浆,再经施胶、加压成型、干燥处理而制成的板材。纤维板按成型时温度和压力不同,分为硬质纤维板、半硬质纤维板和软质纤维板三种。纤维板材质均匀、各向同性,完全克服了木材的各种缺陷,不易变形、翘曲和开裂。硬质纤维板密度大、强度高,可用于室内墙面、顶棚等装饰以及制作门面板、家具等;半硬质纤维板表面光滑、材质细密、强度较高,且板面再装饰性好,是用于室内装饰和制作家具的优良材料;软质纤维板密度小,可用作保温和吸声材料。

(4)细木工板

细木工板是一种夹心板,它是利用木材加工中产生的边角废料,经整形、刨光成小块木条并拼接起来作为芯材,两个板面粘贴单层薄板,经热压黏合而成的板材。细木工板构造均匀,具有较高的刚度和强度,且吸声性、绝热性好,易于加工。细木工板主要用于室内装饰和制作家具,既可用作表面装饰,也可直接作为构造材料。

3. 木地板

由于木地板是用天然木材加工而成,有着独特的质感和纹理,且具有轻质高强、可缓和冲击、保温调温性能好等优点,迎合了人们回归自然、追求质朴的心理,所以木地板成为建筑装饰中广泛采用的地板材料。木地板按构造和材料来分,主要有实木地板、实木复合地板、强化木地板等几类。

(1)实木地板

实木地板是用天然木材直接加工而成,又称原木地板,常用的是条木地板和拼花木地板。

条木地板保持了天然木材的性能，具有花纹自然、脚感舒适、保温隔热、易于加工等优点，是室内装饰中普遍使用的理想材料。拼花木地板是采用优质硬木材，经加工处理后制成一定尺寸的小木条，再按一定图案（如芦席纹、人字纹、清水墙纹等）拼装而成的方形地板材料。拼花木地板材质坚硬而富有弹性，纹理美观质感好，耐磨及耐蚀性好，且不易变形，常用于体育馆、练功房、舞台、高级住宅等高级场所的室内地面装饰。

（2）实木复合地板

实木复合地板是采用优质硬木材作表层，材质较软的木材为中间层，旋切单板为底层，经热压胶合而成的多层结构复合地板。由于实木复合地板是由不同树种的板材交错层压而成，有效调整了木材之间的内应力，所以既保持了普通实木地板的各种优点，又具有不变形、不开裂、铺装简易、表面耐磨性及防滑阻燃性能好等特点。它既适合普通地面的铺设，又适合地热采暖地面的铺设。

（3）强化木地板

强化木地板也称为浸渍纸层压木质地板，是以一层或多层专用纸浸渍热固性氨基树脂，铺装在刨花板、中密度纤维板、高密度纤维板等人造板基材表面，背面加防潮平衡层，正面加耐磨层，经热压而成的地板。强化木地板的色彩图案种类很多，装饰效果好，且具有抗冲击、不变形、耐磨、耐腐蚀、阻燃、防潮、易清理等优点，但其弹性较小、脚感稍差、可修复性差。

复习思考题

9-1　木材按树叶的外形分类，可分为几类，各有什么特点？

9-2　何谓木材的纤维饱和点、平衡含水率？在实际使用中有何意义？

9-3　木材含水率的变化对木材哪些性质有影响？有什么样的影响？

9-4　简述木材的主要力学性质有哪些。

9-5　解释木材干缩、湿胀的原因，说明各向异性变形的特点。

9-6　试分析影响木材强度的主要因素。

9-7　木材的防护包括哪几方面？主要的防护措施是什么？

9-8　简述木材的初级产品和木制品的特点及应用。

第10章 合成高分子材料

内容提要

本章主要介绍高分子化合物的基本概念;以及建筑塑料、高分子黏结剂等土木工程常用的高分子材料。重点是建筑塑料的分类、构成及应用;了解高分子黏结剂的成分及应用范围。

学习目标

通过本章学习,掌握塑料的定义、基本组成、分类、特点及其作用;理解以高分子化合物为基础的塑料建材。

高分子材料是由高分子化合物组成的材料。在土木工程中所涉及的主要有建筑塑料、胶黏剂、橡胶制品和高聚物合金等。本章主要介绍建筑塑料和胶黏剂。有机高分子材料的基本成分是人工合成的高分子化合物,简称高聚物。由高聚物加工或用高聚物对传统材料改性所制得的土木工程材料,习惯上称为化学合成建筑材料,即化学建材。化学建材在土木工程中的应用日益广泛,在装饰、防水、胶黏、防腐等各个方面所起的重要作用是其他材料不可替代的。

10.1 合成高分子材料的合成与分类

以石油、煤、天然气、水、空气及食盐等为原料,制得的低分子化合物单体(如乙烯、氯乙烯、甲醛等)经合成反应即得到合成高分子化合物,这些化合物的分子量一般都在几千以上,甚至可达到数万、数十万或更大。从结构上看,高分子化合物是由许多结构相同的小单元(称为链节)重复构成的长链化合物。如乙烯($CH_2 = CH_2$)的分子量为28,而由乙烯为单体聚合而成的高分子化合物聚乙烯($CH_2—CH_2$)n 分子量则在 1 000 ~ 35 000 之间或更大。其中每一个"$—CH_2—CH_2—$"为一个链节,n 称为聚合度,表示一个高分子中的链节数目。

一种高分子化合物是由许多结构和性质相类似而聚合度不完全相等,即分子量不同的高分子形成的混合物,称为同系聚合物,故高分子化合物的分子量只能用平均分子量表示。

10.1.1 合成高分子化合物的分类

从不同的角度对合成高分子化合物有不同的分类。

1. 按分子链的形状分类

根据分子链的形状不同,可将高分子化合物分为线形的、支链形(支化形)的和体形(网状)的3种。

(1)线形高分子化合物

线形高分子化合物的主链原子排列成长链状,如聚乙烯、聚氯乙烯等属于这种结构。

(2)支链形高分子化合物

支链形高分子化合物的主链也是长链状,但带有大量的支链,如 ABS 树脂、聚苯乙烯树脂等属于支链形结构。

（3）体形高分子化合物

体形高分子化合物的长链被许多横跨链交联成网状,或在单体聚合过程中在二维或三维空间交联形成空间网络,分子彼此固定。例如,环氧树脂、聚酯树脂等的最终产物属于体形结构。

2. 按对热的性质分类

按对热的性质可分为热塑性和热固性两类。

（1）热塑性高聚物

热塑性高聚物在加热时呈现出可塑性,甚至熔化,冷却后又凝固硬化。这种变化是可逆的,可以重复多次。这类高分子化合物其分子间作用力较弱,为线形及带支链的高聚物。

（2）热固性高聚物

热固性高聚物是一些支链形高分子化合物,加热时转变成黏稠状态,发生化学变化,相邻的分子互相连接（交联）,转变成体形结构而逐渐固化,其分子量也随之增大,最终成为不能熔化、不能溶解的物质。这种变化是不可逆的,大部分缩合树脂属于此类。

10.1.2　合成高分子化合物的合成方法及命名

将低分子单体经化学方法聚合成为高分子化合物,常用的合成方法有加成聚合和缩合聚合两种。

1. 加成聚合

加成聚合又称为加聚反应。它是由许多相同或不相同的不饱和（具有双键或三键的碳原子）单体（通常为烯类）在加热或催化剂的作用下,不饱和键被打开,各单体分子相互连接起来而成为高聚物。

加聚反应得到的高聚物一般为线形分子不产生副产物。

由加聚反应生成的树脂称为聚合树脂,其命名一般是在其原料名称前面冠以"聚"字,如聚乙烯、聚苯乙烯、聚氯乙烯等。

2. 缩合聚合

缩合聚合又称为缩聚反应。它是由一种或数种带有官能团（H—、—OH、CL—、—NH$_2$、—COOH 等）的单体在加热或催化剂的作用下,逐步相互结合而成为高聚物。同时,单体中的官能团脱落并化合生成副产物（如水、醇、氨等）。

缩聚反应生成物的组成与原始单体完全不同,得到的高聚物可以是线形的或体形的。

缩聚反应生成的树脂称为缩合树脂。其命名一般是在原料名称后加上"树脂"两字,如酚醛树脂、环氧树脂、聚酯树脂等。

10.1.3　合成高分子化合物的基本性质

1. 质轻

密度一般在 $0.9 \sim 2.2 \text{kg/m}^3$ 之间,平均约为铝的 1/2,钢的 1/5,混凝土的 1/3,与木材相近。

2. 比强度高

这是由于长链形的高分子化合物分子与分子之间的接触点多,相互作用很强,而且其分子链是蜷曲的,相互纠缠在一起。

3. 弹性好

这是因为高分子化合物受力时,其蜷曲的分子可以被拉直而伸长,当外力除去后,又能恢复到原来的蜷曲状态。

4. 绝缘性好

由于高分子化合物分子中的化学键是共价键,又因为其分子细长而蜷曲,在受热或声波作用时,分子不容易振动,所以高分子化合物对于热、声也具有良好的隔绝性能。

5. 耐磨性好

许多高分子化合物不仅耐磨,而且有优良的自润滑性,如尼龙、聚四氟乙烯等。

6. 耐腐蚀性优良

这是因为许多分子链上的基团被包在里面,当接触到能与分子中某一基团起反应的腐蚀性介质时,被包在里面的基团不容易发生变化。因此,高分子化合物具有耐酸、耐腐蚀的特性。

7. 耐水性、耐湿性强

多数高分子化合物憎水性很强,有很好的防水和防潮性。

高分子化合物的主要缺点是耐热性与耐火性差、易老化、弹性模量低、价格较高。土木工程中应用时,应尽量扬长避短,发挥其优良的性质。

10.2 合成高分子材料在土木工程中的应用

10.2.1 建筑塑料

塑料(Plastic)是以高分子化合物为基本材料,加入各种填料和改性添加剂,在一定的温度和压力下塑制而成的。也有不加任何添加剂和填料,只含合成树脂的塑料,即单成分塑料,如以聚甲基丙烯酸甲酯制成的塑料,即有机玻璃。大多数塑料为多成分塑料。塑料在土木工程中常用做装饰材料、绝热材料、防水与密封材料、管道及卫生洁具等,应用于土木工程中的塑料习惯上称为建筑塑料。

1. 建筑塑料的特性

与传统土木工程材料相比,建筑塑料具有以下一些特性:

(1)密度低,自重轻。

(2)易加工。塑料的成型加工与金属加工相比,不仅能耗低,且加工方便,效率高。

(3)多功能。建筑塑料具有多种特殊的功能,如防水性、隔热性、隔声性、耐化学腐蚀性等,种类繁多,既可加工成刚度较大的建筑板材,也可制成柔软富有弹性的密封材料。

(4)装饰性好。现代先进的塑料加工技术可以把塑料加工成装饰性能优异的各种材料。

(5)耐热性差,易燃烧,且燃烧时放出对人体有害的气体。

(6)易老化。在日光、大气及热等外界因素作用下,塑料会产生老化,性能发生变化。

(7)刚度差。与钢铁等金属材料比较,塑料的强度及弹性模量均较低,容易变形。

前面四点是建筑塑料的优异性能,是传统材料所不能比拟的。后面三点则是建筑塑料的主要缺点,它们给建筑塑料的使用带来了一定的局限性,可以通过改变生产配方或在应用中采取必要的措施来弱化这些缺点的影响。

2. 塑料的组成

（1）合成树脂

合成树脂是塑料的基本组成材料,起着胶黏剂的作用,能将其他材料牢固地胶结在一起。在多成分塑料中合成树脂的含量为 30% ~ 60%。塑料的主要性能及成本取决于所采用的合成树脂。

（2）填充料

填充料的作用是节约树脂,降低成本,调节塑料的物理化学性能。例如,纤维、布类填充料可提高塑料的机械强度,石棉填充料可增加塑料的耐热性,云母填充料可增强塑料的电绝缘性能,石墨、三硫化铝填充料可改善塑料的摩擦、磨耗等性能。填充料的含量为 40% ~ 70%。

常用的有机填充料有木粉、纸屑、废棉、废布等;常用的无机填充料有滑石粉、石棉、玻璃纤维等。

（3）添加剂

添加剂是为了改善或调节塑料的某些性能,以适应使用或加工时的特殊要求而加入的辅助材料,如增塑剂、固化剂、着色剂、阻燃剂、稳定剂等。

①增塑剂。增塑剂通常是沸点高、难挥发的液体,或是低熔点的固体,它可提高塑料在高温加工条件下的可塑性,改进低温脆性和增加柔性。对增塑剂的要求是增塑效率高,不易挥发,与合成树脂相溶性好,稳定性好,价廉等。常用的增塑剂有邻苯二甲酸酯、磷酸三甲酚酪、樟脑、二苯甲酮等。

②固化剂。固化剂又称硬化剂或胶联剂。其主要作用是在聚合物中生成横跨键,使线形高聚物交联成体形高聚物,从而使树脂具有热固性,制得坚硬的塑料制品。

塑料的品种及加工条件不同,所采用的固化剂也不相同。环氧树脂中常用胺类、酸酐类化合物(如乙二胺、间苯二胺、邻苯二甲酸酐等),聚酯树脂中常用过氧化物,酚醛树脂中常用乌洛托品(六亚甲基四胺)。

③着色剂。加入着色剂可使塑料具有鲜艳的色彩和光泽。着色剂除满足色彩要求外,还应具有分散性好,附着力强,不与塑料成分发生化学反应,不褪色等待性。

着色剂常采用染料或颜料,采用能产生荧光或磷光的颜料可生产发光塑料。

④阻燃剂。阻燃剂又称防火剂。加入后能提高塑料的耐燃性和自熄性。

⑤稳定剂。稳定剂的作用是防止和缓解高聚物的老化,延长塑料制品的使用寿命。

此外,根据建筑塑料使用及加工中的需要,还可加入其他添加剂,如生产泡沫塑料可加入发泡剂,为提高塑料抗静电能力可加入抗静电剂等。

3. 建筑塑料在土木工程中的应用

塑料在土木工程中常用于制作管材、板材、门窗、壁纸、地毯、器皿、绝缘材料、装饰材料、防水及保温材料等。在选择和使用塑料时应注意其耐热性,抗老化能力,强度和硬度等性能指标。

常用的热塑性塑料有以下几种。

（1）聚氯乙烯（PVC）

聚氯乙烯分为硬质和软质两种。硬质聚氯乙烯制品基本上不含增塑剂，其机械性能好，但抗冲击性较差，尤其在低温时呈现脆性，通常需要加入一些改性树脂，以提高其抗冲击性。硬质聚氯乙烯制品的柔性随所增加的增塑剂量而改变。

硬质聚氯乙烯可制成百叶窗、墙面板、屋面采光板、踢脚板、门窗框、扶手、地板砖、管材，又可制成泡沫塑料用做隔声、隔热材料；软质聚氯乙烯可制成壁纸、织物、塑料金属复合板等。

（2）聚乙烯（PE）

聚乙烯耐溶性很好，能耐大多数酸碱，只有硝酸和浓硫酸会对其缓慢腐蚀，其缺点为易燃烧。聚乙烯主要用做建筑防水材料、排水管、卫生洁具等。

（3）聚苯乙烯（PS）

聚苯乙烯化学稳定性好，但性脆、易燃，能溶于芳香族溶剂。聚苯乙烯泡沫塑料导热性低，一般用做绝热和隔声材料。

（4）聚甲基丙烯酸甲脂（PMMA）

聚甲基丙烯酸甲脂俗称"有机玻璃"，该材料对日光和紫外线的透光率都很大，耐候性强。但表面易划伤、易溶于丙酮、甲苯、四氯化碳等有机溶剂中。常代替玻璃用于有振动或易碎处，也可做室内隔墙板、天窗、装饰板及制造浴缸等。

常用的热固性塑料有以下几种。

（1）酚醛树脂（PF）

酚醛树脂制品强度高、刚性大、耐腐蚀、耐热、电绝缘性好。属自熄性塑料。工程上利用酚醛树脂制成玻璃钢、建筑配件和小五金等。此外，还可用来配制涂料和胶黏剂。

（2）脲醛树脂（UF）

脲醛树脂有自熄性、着色性好，耐水性和耐热性差等特点。工程上利用脲醛树脂制成建筑饰品、电气绝缘材料、建筑小五金和泡沫塑料等。

（3）环氧树脂（EP）

环氧树脂的黏结力强，与金属、木材、玻璃、陶瓷及混凝土均能黏结。环氧树脂稳定性好，固化后抗化学腐蚀性强，收缩性小，并有良好的物理力学性能。它可制作玻璃钢、配制涂料和黏结剂等。

（4）不饱和聚酯树脂（UP）

不饱和聚酯树脂的特点是具有工艺性能良好，可在室温固化。它主要用来生产玻璃钢，还用来制作卫生洁具、人造大理石和塑料涂布地板等。

（5）玻璃钢

玻璃钢是用玻璃纤维增强酚醛树脂、不饱和聚酯树脂或环氧树脂等而得到的一种热固性塑料。玻璃钢的应用非常广泛，如可做建筑围护材料、采光材料、门窗框架等，还可做成各种容器、管道、便池、浴盆、家具等。其密度在 $1.5 \sim 2.0 kg/m^3$ 之间，是钢的 $1/5 \sim 1/4$，而抗拉强度却达到或超过碳素钢，其比强度与高级合金相近，属轻质高强材料。其主要缺点是弹性模量低，刚度不如金属材料。

玻璃钢成型方法主要有：手糊法、模压法、喷射法和缠绕法。

增强纤维常用玻璃纤维或玻璃布，有特殊要求时也采用碳纤维或硼纤维。对耐酸性要求高的玻璃钢应选用酚醛或环氧树脂等作胶结材料，且应选用无碱纤维。

10.2.2 胶黏剂

胶黏剂(Adhesive)是一种能在两个物体的表面间形成薄膜,并能把它们紧密地黏结起来的材料,又称为黏结剂或黏合剂。胶黏剂在土木工程中主要用于室内装修、预制构件组装、室内设备安装等。此外,混凝土裂缝和破损也常采用胶黏剂进行修补。胶黏剂的用途越来越广,品种和用量也日益增加,已成为土木工程材料中不可缺少的组成部分。

1.胶黏剂的组成、要求及分类

胶黏剂一般都是多组分材料,除基本成分为高分子合成树脂外,为了满足使用要求,还需加入各种助剂,如填料、稀释剂、固化剂、增塑剂、防老化剂等。

对胶黏剂的基本要求主要是具有足够的流动性,能充分浸润被黏物表面,黏结强度高,胀缩变形小,易于调节其黏结性和硬化速度,不易老化失效。

根据所用黏料的不同,可将胶黏剂分为有机胶黏剂和无机胶黏剂。

1)有机胶黏剂

(1)天然胶黏剂

①动物胶:鱼胶、骨胶、虫胶等。

②植物胶:淀粉、松香、阿拉伯树胶。

(2)树脂胶黏剂

①热固性树脂胶黏剂:环氧树脂、酚醛树脂、腮醛树脂、有机硅等。

②热塑性树脂胶黏剂:聚醋酸乙烯酯、乙烯—醋酸乙烯酯等。

③橡胶型胶黏剂:氯丁橡胶、丁腈橡胶、硅橡胶等。

④混合型胶黏剂:酚醛—环氧、酚醛—丁腈、环氧—尼龙等。

2)无机胶黏剂

无机胶黏剂主要有磷酸盐型、硅酸盐型、硼酸盐型。

2.土木工程中常用的胶黏剂

(1)环氧树脂胶黏剂

环氧树脂胶黏剂是由环氧树脂、固化剂、增塑剂、稀释剂、填料等,通过调整配方,可得到不同品种和用途的产物。

环氧树脂胶黏剂具有黏合力强、收缩性小、稳定性高、耐化学腐蚀、耐热、耐久等优点。对于铁制品、玻璃、陶瓷、木材、塑料、皮革、水泥制品、纤维材料等都具有良好的黏结能力。适用于水中作业和需耐酸碱等场合及建筑物的修补,俗称万能胶。

(2)酚醛树脂胶黏剂

酚醛树脂胶黏剂的黏结强度高,但必须在加压、加热条件下进行黏结。用松香、干性油或脂肪酸等改性后的酚醛树脂可溶性增加,韧性提高。主要用于黏结纤维板、非金属材料和塑料。

(3)聚醋酸乙烯胶黏剂

聚醋酸乙烯乳液俗称白乳胶。该乳液是一种白色黏稠液体,呈酸性,具有亲水性,流动性好。白乳胶主要用于承受力不太大的胶结中。如纸张、木材、纤维等的黏结。另外,可将其加入涂料中,作为主要成膜物质,也可加入水泥砂浆中组成聚合物水泥砂浆。

(4)聚乙烯醇缩甲醛胶黏剂

聚乙烯醇缩甲醛胶黏剂商品名为 801 胶。它耐热性好,胶结强度高,施工方便,抗老化性好,是常用水溶性胶黏剂。多用来黏结塑料壁纸、墙布、瓷砖等。在水泥砂浆中掺入少量的水溶性聚乙烯醇缩甲醛能提高砂浆的黏结性、抗渗性、柔韧性,以及减少砂浆的收缩性。

10.2.3 橡胶制品

橡胶(Rubber)制品是以橡胶为原料,加入配合剂改性,并进行硫化处理制成的产品。硫化处理的目的是使橡胶大分子相交联,并使橡胶线形分子结构交联成为网形分子结构,从而形成空间网络分子结构,使塑性的黏弹性体变成高弹性固体。按橡胶来源可分为天然橡胶、合成橡胶及再生橡胶三大类。随着目前高分子材料的发展,橡胶实际上与塑料(树脂)越来越重叠交叉。

为改善橡胶的性能常加入某些改性物质,如填充剂、软化剂、增塑剂、稳定剂等。

常用橡胶有丁苯橡胶(简称 SBR,是合成橡胶中应用最广泛的一种通用橡胶,常用做水泥混凝土和沥青混凝土的改性剂)、丁基橡胶(简称 IIR,常作为沥青改性剂)、氯丁橡胶(简称 CR,性能较为全面,是一种常用胶种)、聚丁二烯橡胶(简称 BR,改善沥青低温性能效果明显)、乙丙橡胶(简称 EPM,具有较好的综合力学性能、耐热性能和耐老化性能,故目前普遍用乙丙橡胶改性沥青)等。在土建工程中除了常用橡胶作为黏结剂、涂料、沥青、卷材的改性剂外,还可生产橡胶止水条、橡胶伸缩缝、橡胶桥梁支座、橡胶冷胶料等。

工程中应注意橡胶的硬度、强度、耐热性、耐寒性、耐候性与耐臭氧性等是否适应使用环境和使用要求。

复习思考题

10-1 塑料的主要成分有哪些? 其作用如何?

10-2 塑料应用在哪些方面?

10-3 热塑性高聚物与热固性高聚物各自的特征是什么?

10-4 简述常用塑料的特性与用途。

10-5 与传统材料相比,建筑塑料有什么优缺点?

10-6 对胶黏剂的基本要求有哪些? 试举 3 种土木工程中常用的胶黏剂,并说明其特性与用途。

10-7 合成高分子化合物的基本性质包括哪些方面?

第11章　建筑功能材料

内容提要

　　本章主要介绍绝热材料、吸声与隔声材料、装饰材料的基本组成、分类、基本特性与应用。本章的重点是各种建筑功能材料的基本特性与应用。

学习目标

　　通过本章学习,掌握绝热材料、吸声与隔声材料的作用原理;了解绝热材料、吸声与隔声材料的主要类型及性能特点;了解建筑装饰材料的基本要求、主要类型及性能特点。

　　建筑功能材料是以材料的力学性能以外的功能为特征的材料,它赋予建筑物防水、防火、绝热、采光、防腐等功能。目前,国内外现代建筑中常用的建筑功能材料有:防水堵水材料、保温隔热材料、吸声材料、装饰材料、光学材料、防火材料、建筑加固修复材料等。防水材料在第7章已作介绍,本章重点介绍保温隔热材料、吸声材料和装饰材料。

11.1　绝热材料

　　在建筑中,习惯上把用于控制室内热量外流的材料叫做保温材料;把防止室外热量进入室内的材料叫做隔热材料。保温、隔热材料统称为绝热材料。

　　建筑绝热材料按其化学组成,可以分为无机绝热材料和有机绝热材料。

　　无机绝热材料是用无机矿物质原材料制成,常呈纤维状、松散颗粒状或多孔状,可制成板、片、卷材或型制品。有机绝热材料是用有机原材料(各种树脂、软木、木丝、刨花等)制成。一般来说,无机绝热材料的表观密度大,不易腐蚀,耐高温,而有机绝热材料吸湿性大,不耐久,不耐高温,只能用于低温绝热。

11.1.1　无机绝热材料

1.石棉及其制品

　　石棉为常见的绝热材料,是一种纤维状无机结晶材料。石棉纤维具有极高的抗拉强度,并具有耐高温、耐腐蚀、绝热、绝缘等优良特性,是一种优质绝热材料,通常将其加工成石棉粉、石棉板、石棉毡等制品,用于热表面及防火覆盖。

2.矿棉及其制品应用

　　岩棉和矿渣棉统称为矿棉。岩棉是由玄武岩、火山岩等矿物为主要原料,经高温熔化、纤维化制成的无机质纤维;矿渣棉是以工业废料矿渣为主要原料,熔化后,用高速离心法或压缩空气喷吹法制成的一种棉丝状的纤维材料。矿棉具有质轻、不燃、绝燃和电绝缘等性能,且原料来源广、成本低,可制成矿棉板、矿棉保温带、矿棉管壳等。

矿棉用于建筑保温大体包括墙体保温、屋面保温和地面保温等几个方面。其中墙体保温最为重要,可采用现场复合墙体和工厂预制复合墙体两种形式。矿棉复合墙体的推广对我国尤其是北方地区的建筑节能具有重要的意义。

3. 玻璃棉及其制品

玻璃棉是以石灰石、萤石等天然矿物、岩石为主要原料,在玻璃窑炉中熔化后,经喷制而成的。建筑业中常用的玻璃棉分为两种,即普通玻璃棉和超细玻璃棉。普通玻璃棉的纤维长度一般为 50 ~ 150mm,纤维直径为 12mm,而超细玻璃棉细得多,一般在 4mm 以下,其外观洁白如棉,可用来制作玻璃棉毡、玻璃棉板、玻璃棉套管以及一些异性制品。玻璃棉制品用于建筑保温在我国应用极少,主要原因是生产成本较高,在较长一段时间内,我国的建筑保温材料仍会以矿棉以及其他保温材料为主。

4. 膨胀珍珠岩及其制品

珍珠岩是一种酸性火山玻璃质岩石,内部含有3% ~6%的结合水,当受高温作用时,玻璃质由固态转化为黏稠态,内部水则由液态变为一定压力的水蒸气向外扩散,黏稠的玻璃质不断膨胀,当被迅速冷却到软化温度以下时,就形成一种多孔结构的物质,称为膨胀珍珠岩。它具有表观密度小、热导率低、化学稳定性好、使用温度广泛、吸湿能力小,且无毒、无味、吸声等特点,占我国保温材料年产量的一半以上,是国内使用最为广泛的一类轻质保温材料。

5. 膨胀蛭石及其制品

膨胀蛭石是由天然矿物蛭石经烘干、破碎、焙烧(800 ~ 1 000℃),在短时间内体积急剧膨胀(6 ~ 20 倍)而成的一种金黄色或灰白色的颗粒状材料,具有表观密度小、热导率小、防火、防腐、化学性能稳定、无毒无味等特点,因而是一种优良的保温隔热材料。在建筑领域内,膨胀蛭石的应用方式和方法与膨胀珍珠岩相同,除用作保温绝热填充材料外,还可以用胶结材料将膨胀蛭石胶结在一起,制成膨胀蛭石制品,如水泥膨胀蛭石制品等。

6. 泡沫玻璃

泡沫玻璃是以天然玻璃或人工玻璃碎料和发泡剂配成的混合物,经高温煅烧而得到的一种内部多孔的块状绝热材料。玻璃质原料在加热软化或熔融冷却时,具有很高的黏度,此时引入发泡剂,体内有气泡产生,使黏流体发生膨胀,冷却固化后便形成微孔结构。泡沫玻璃具有均匀的微孔结构,孔隙率高达80% ~90%,且多为封闭气孔,因此,具有良好的防水抗渗性、不透气性、耐热性、抗冻性、防火性和耐腐蚀性。大多数绝热材料都具有吸水透湿性,随着时间的增长,其绝热效果也会降低,而泡沫玻璃的导热系数则长期稳定,不因环境影响发生改变。实践证明,泡沫玻璃在使用 20 年后,其性能没有任何改变。同时,其使用温度较宽,其工作温度一般在 −200 ~430℃,这也是其他材料无法替代的。

11.1.2 有机绝热材料

1. 泡沫塑料

泡沫塑料是高分子化合物或聚合物的一种,以各种树脂为基料,加入各种辅助材料加热发泡制得的轻质、保温、隔热、吸声、防震材料。它保持了原有树脂的性能,并且同塑料相比,具有表观密度小、热导率低、防震、吸声、耐腐蚀、耐霉变、加工形成方便、施工性能好等优点。由于这类材料造价高,且具有可燃性,所以,应用上受到一定的限制。今后随着这类材料性能的改善,将向着高效多功能方向发展。

2. 碳化软木板

碳化软木板是以一种软木橡树的外皮为原料,经适当破碎后再在模型中成型,在300℃左右热处理而成。由于软木皮中含有无数气泡,所以成为理想的保温、隔热、吸声材料,且具有不透水、无味、无毒等特性,碳化软木板有弹性,柔和耐用,不起火焰,只能阻燃。

3. 植物纤维复合板

植物纤维复合板是以植物纤维为重要材料加入胶结料和填料而制成。如木丝板是以木材下脚料制成的木丝加入硅酸钠溶液及普通硅酸盐水泥混合,经成型、冷却、养护、干燥而制成。甘蔗板是以甘蔗汁为原料,经过蒸制、加压、干燥等工序制成的一种轻质、吸声、保温材料。

11.1.3 反射性绝热材料

目前在建筑工程中,普遍采用多孔保温材料和在维护结构中设置普通空气层的方法来解决隔热。但维护结构较薄,用第二种方法解决保温隔热的问题比较困难。反射性保温隔热材料为解决上述问题提供了一条新途径。如铝箔型保温隔热板是以波形纸板为基层,铝箔作为面层加工而制成的,具有保温隔热性能、防潮性能,吸声效果好,且质量轻,成本低,可固定在钢筋混凝土屋面板下作保温隔热天棚用,也可以设置在复合墙体内作为冷藏室、恒温室以及其他类似房间的保温隔热墙体使用。

11.2 吸声与隔声材料

建筑声学主要研究两个问题:一是室内音质,二是建筑物的隔声。不论是改善室内混响条件,提供良好音质,还是控制噪声对室内污染,都需要使用吸声材料。

11.2.1 吸声材料

吸声材料是能在较大程度上吸收由空气传递的声波能量的建筑材料。描述吸声的指标是吸声系数 α。吸声系数(α)指的是材料吸收的声能与入射到材料上的总声能之比。当入射声能被完全反射时,$\alpha = 0$,表示无吸声作用;当入射声波完全没有被反射时,$\alpha = 1$,表示完全被吸收。一般材料或结构的吸声系数 $\alpha = 0 \sim 1$,α 值越大,表示吸声性能越好,它是目前表征吸声性能最常用的参数。为全面反映材料的吸声频率特性,工程上通常认为对 125、250、500、1 000、2 000 和 4 000Hz 六个频率的平均吸声系数大于 0.2 的材料,才可称为吸声材料。

1. 影响吸声性能的因素

(1)材料内部孔隙率及孔隙特征

一般来说,互相连通、细小的开放性孔隙吸声效果好,而粗大孔、封闭的微孔对吸声性能是不利的,这与保温隔热材料有着完全不同的要求,同样是多孔材料,保温绝热材料要求必须是封闭的不能连通的孔。

(2)材料的厚度

增加材料的厚度,可提高材料的吸声系数,但厚度对高频声波系数的影响并不显著,因而为了提高材料的吸声能力而盲目增加材料的厚度是不可取的。

（3）材料背后的空气层

空气层相当于增加了材料的有效厚度，因此它的吸声性能一般来说随空气层厚度增加而提高，特别是改善对低频的吸收，它比增加材料厚度来提高低频的吸声效果更有效。

（4）温度和湿度的影响

温度对材料的吸声性能影响并不显著，温度的影响主要改变入射声波的波长，使材料的吸声系数产生相应的改变。湿度对多孔材料的影响主要表现在多孔材料容易吸湿变形，滋生微生物，从而堵塞孔洞，使吸声性能降低。

2. 吸声结构

吸声结构的种类很多，按其材料结构状况可分为如下几类。

（1）多孔吸声结构

多孔吸声结构从表到里都有大量内外连通的微小间隙和连续气泡，有一定的通气性。这些结构特征和隔热材料的结构特征有区别，隔热材料要求封闭的微孔。当声波入射到多孔材料表面时，声波顺着微孔进入材料的内部，引起孔隙的空气振动，由于空气与孔壁的摩擦，空气的黏滞阻力，使振动空气的动能不断转化为微孔热能，从而使声能衰减；在空气绝热压缩时，空气与孔壁不断发生交换，由于热传导的作用，也会使声能转化为热能。

多孔吸声材料品种很多。有呈松散状的超细玻璃棉、矿棉、海草、麻绒等；有的已加工成板状材料，如玻璃棉毡、穿孔吸声玻璃纤维板、软质木纤维被、木丝板；另外还有微孔吸声砖、矿渣膨胀珍珠岩吸声砖、泡沫玻璃等。

（2）薄板振动吸声结构

薄板振动吸声结构具有良好的低频吸声效果，同时还有助于声波的扩散。建筑中通常把胶合板、薄木板、硬质纤维板、石膏板、石棉水泥板或金属板等周边固定在墙体或顶棚的龙骨上，并在后面留有空气，即构成薄板振动吸声结构。由于低频声波比高频声波容易激起薄板产生振动，所以薄板振动吸声具有低频吸声的特性。

（3）共振吸声结构

共振吸声结构中间封闭有一定体积的空腔，并通过一定深度的小孔与声场相联系。受外力振荡时，空腔内的空气会按一定的共振频率振动，此时空腔开口颈部的空气分子在声波作用下，像活塞一样往复振动，因摩擦而消耗声能，能起到吸声的效果。如腔口蒙一层细布或疏松的棉絮，可有助于加宽吸声频率范围和提高吸声量。也可同时用几种不同共振频率的共振器，加宽和提高共振频率范围内的吸声量。和多孔吸声材料相比，共振吸声结构一般吸声的频率范围较窄，吸声效率较低，但是它的优点是具有较好的低频吸声效果，吸收的频率容易选择和控制，从而可以弥补多孔吸声材料在低频区域吸声性能的不足。在厅堂的声学处理和噪声控制中，常常用到各种形式的共振吸声结构。

（4）穿孔板组合共振吸声结构

穿孔板组合共振吸声结构在各种穿孔板、狭缝板背后设置空气层形成吸声结构，属于空腔共振吸声类结构，它们相当于若干个共振器并列在一起，这类结构取材方便，并有较好的装饰效果，所以使用广泛。穿孔板具有适合于中频的吸声特性。穿孔板还受其板厚、孔径、孔距、背后空气层厚度的影响，它们会改变穿孔板的主要吸声频率和共振频率；若穿孔板背后空气层还填有多孔吸声材料，则吸声效果更好。

（5）悬挂空间吸声体结构

悬挂于空间的吸声体，由于声波与吸声材料的两个或两个以上的表面接触，增加了有效吸声面积,产生边缘效应,加上声波的衍射作用,大大提高实际的吸声效果。实际使用时,可以根据不同的使用地点和要求,设计成各种形式的悬挂在顶棚下的空间吸声体,既能获得良好的声学效果,又能获得良好的艺术效果。空间吸声体有平板形、球形、圆锥形和棱锥形等多种形式。

(6)帘幕吸声体结构

帘幕吸声体结构是用具有通气性的纺织品制成,安装时离墙或窗洞一定距离,并在背后设置空气层。这种吸声体对中、高频都有一定的吸声效果。帘幕的吸声效果与材料的种类和褶纹有关。帘幕吸声体安装、拆卸方便。同时兼具装饰的功能,应用价值高。

(7)柔性吸声材料

柔性吸声材料是具有密闭气孔和一定弹性的材料,如聚氯乙烯泡沫塑料,表面近似为多孔材料,但因具有密闭气孔,声波引起的空气振动不易直接传递至材料内部,只能相应地产生振动,在振动过程中由于克服材料内部的摩擦而消耗了声能,引起声波衰减。这种材料的吸声特性是在一定的频率范围内会出现一个或多个吸收频率。

3. 吸声材料的选择

吸声材料和吸声结构的种类很多,使用时应根据其各自的吸声频率、效果以及自身结构特点来选择。在选择的过程中应注意以下几点:

(1)首先吸声性能应符合使用要求,如果要降低中高频噪声或降低中高频混响时,应选择中高频吸声系数较高的材料。

(2)吸声系数不受环境和时间的影响,材料吸声性能应能保持长期稳定可靠。

(3)防水、防潮、防蛀、防霉、防菌,这对潮湿环境条件下使用时非常重要。如游泳馆、地下工程以及潮湿地区。

(4)防火性能好,应具有阻燃、难燃或不燃性能,对剧院或地铁工程等公共场所尽可能采用不燃材料。

(5)吸声材料要有一定的力学强度,以便在搬运安装和使用过程中,不易损坏、经久耐灼,不宜老化。

(6)材料可加工性好,质量轻,便于加工安装以及维修调换,对于大型轻薄屋顶结构如大跨度体育馆,其吸声吊顶的重量是至关重要的制约因素。

(7)吸声材料及其制品在施工安装过程中不会散落粉尘,挥发有害气味,辐射有害物质,损害人体健康。

(8)吸声材料一般安装在室内表面,它是室内设计的重要组成部分,特别是影剧院、多功能餐厅、会议厅、广播、电视及电影录音室和审听室等音质设计,吸声材料应具有装饰效果。

11.2.2 隔声材料与隔声处理

建筑上把主要起隔绝声音作用的材料称为隔声材料。隔声材料主要用于外墙、门窗、隔墙以及隔断等。隔声材料与吸声材料不同,吸声材料一般为轻质、疏松、多孔性材料,而隔声材料则多为沉重、密实性材料。通常隔声性能好的材料其吸声性能就差,同样吸声性能好的材料其隔声能力也较弱。但是,如果将两者结合起来应用,则可以使吸声性能与隔声性能都得到提高。比如,实际中常采用在隔声较好的硬质基板上铺设高效吸声材料的做法制作隔声墙,不但使声音被阻挡、反射回去,而且使声音能量大幅度降低,从而达到极高的隔声效果。

隔声可分为隔绝空气声(通过空气传播的声音)和隔绝固体声(通过撞击或振动传播的声音)。两者的隔声原理截然不同。声音如果只通过空气的振动而传播,称为空气声,如说话、唱歌、拉小提琴、吹喇叭等都产生空气声;如果某种声源不仅通过空气辐射其声能,而且同时引起建筑结构某一部分发生振动时,称为撞击声或固体声,例如大提琴、脚步声以及电动机、风扇等产生的噪声为典型的固体声。对于空气声的隔绝应选用不易振动的单位面积质量大的材料,因此必须选用密实、沉重的(如黏土砖、混凝土等)材料。对固体声最有效的隔声措施是结构处理,即在构件之间加设弹性衬垫如软木、矿棉毡等,以隔断声波的传递。

对于空气声,其传声的大小主要取决于墙或板的单位面积质量,质量越大,越不易振动,隔声效果就越好。固体声的隔绝主要是吸收,这和吸声材料是一致的;空气声的隔绝主要是反射,因此需要选择密实、宽厚的墙体作为隔声材料。

对于隔绝固体声音,目前尚无行之有效的隔声方法。目前解决的办法是材料表面加设弹性面层或弹性垫层,这些衬垫的材料大多可采用吸声材料。将固体声转化成空气声后被吸声材料吸收。

隔声材料五花八门,日常人们比较常见的有实心砖块、钢筋混凝土墙、木板、石膏板、铁板、隔声毡、纤维板等等。严格意义上说,几乎所有的材料都具有隔声作用,其区别就是不同材料隔声量的大小不同而已。同一种材料,由于面密度不同,其隔声量存在比较大的变化。隔声量遵循质量定律原则,就是隔声材料的单位密集面密度越大,隔声量就越大,面密度与隔声量成正比关系。隔声材料在物理上有一定弹性,当声波入射时便激发振动在隔层内传播。

在实际工程中一般采用双层隔声结构,在两隔声板中间设有空气层,形成固体—空气—固体的双层结构。如果两层固体隔层由刚性构件相连、使两个隔层的振动连在一起,隔声量便大为降低。尤其是双层结构隔声,相互之间必须相互支撑或连接时,一定要用弹性构件支撑或悬吊,同时注意需要分割的两个空间之间,不能有缝或孔相通。"漏气"就要漏声,所以应保证隔声构件的密封性。

11.3 装饰材料

建筑装饰装修材料一般是指主体结构工程完成后,进行室内外墙面、顶棚、地面的装饰和室内空间装饰装修所需要的材料,它起着保护建筑构件,美化建筑工程内外环境,增加使用功能的基本作用。从根本上说,建筑装饰材料是建筑工程的组成部分,是集材料、工艺、造型设计、色彩、美学于一体的材料。

装饰材料按使用部位分为外墙装饰材料、内墙装饰材料、地面装饰材料和顶棚装饰材料;按化学成分分为无机装饰材料、有机装饰材料和复合装饰材料。装饰材料的种类繁多,有些在前面的章节中已介绍了,本章主要介绍陶瓷、玻璃、涂料及木地板。

11.3.1 建筑陶瓷

凡以黏土、石英、长石为基本原料,经配料、制坯、干燥、焙烧而制成的成品,称为陶瓷(Ceramic)制品。用于建筑饰面或作为建筑构件的陶瓷制品称为建筑陶瓷,它属于精陶或粗瓷类。主要品种有内外墙贴面砖、地砖、陶瓷锦砖及室内外卫生用陶瓷等。

1. 建筑陶瓷的分类

陶瓷制品按其致密程度分为陶质、瓷质和半瓷(炻质)三大类。

(1)陶质制品

陶质制品为多孔结构,通常吸水率较大,断面粗糙无光,敲击时声音粗哑,有无釉和施釉两种制品。根据原料土杂质含量的多少,又可分为粗陶和精陶两种。粗陶不施釉,建筑上常用的烧结黏土砖,就是最常见的粗陶制品;精陶一般上釉,建筑饰面用的釉面砖以及卫生陶瓷和彩陶等均属此类。

(2)瓷质制品

瓷质制品结构致密、吸水率小,有一定透明性,表面一般上釉。根据其原料的化学成分和制作工艺的不同,又可分为粗瓷和细瓷两种。瓷质制品多见于日用餐具、陈设瓷、电瓷及美术用品等。

(3)半瓷制品(炻器)

半瓷制品是介于陶质和瓷质之间的同一类陶瓷制品,也称炻质制品。其构造比陶质致密,一般吸水率较小,但又不如瓷质制品洁白,其坯体多带有颜色,且为半透明性。按其坯体的致密程度不同,又可分为粗炻器和细炻器两种。建筑饰面用的外墙面砖、地砖和陶瓷锦砖等均属半瓷制品。

2. 常用建筑陶瓷的主要技术性能及应用

常用建筑饰面陶瓷制品有釉面内墙砖、墙地砖和陶瓷锦砖等

1)釉面内墙砖

釉面内墙砖简称釉面砖,属于多孔精陶或炻质釉面制品,习惯上常称为瓷砖、瓷片。釉面砖主要是以黏土、石英、长石、助溶剂、颜料以及其他矿物原料为主要原料,经破碎、研磨、筛分、配料等工序加工成含有一定水分的生料,再经模压成型、烘干、素烧、施釉和釉烧而成,或坯体施釉一次烧成。

(1)品种、形状及规格尺寸

釉面砖按釉面颜色分为单色(含白色)、花色和图案砖三种。按正面形状分为正方形、长方形和异形配件砖。为了增强黏贴力,釉面砖背面做有凹槽纹,背纹深度应不小于0.2mm。

釉面砖的主要规格尺寸有297mm×247mm×5mm～98mm×98mm×5mm等多种,异形配件砖的外形及规格尺寸更多,可按需要选配。

(2)技术要求

根据《釉面内墙砖》(GB/T 4100—2006)相关要求执行。

①尺寸偏差:釉面砖尺寸偏差应符合允许范围要求,通常误差均在±0.5mm左右。

②外观质量:釉面砖根据表面缺陷、色差、平整度、边直度和角直度、白度等外观质量分为优等品、一级品、合格品三个等级。其表面缺陷允许范围见表11-1。

釉面砖表面缺陷允许范围   表11-1

缺陷名称	优 等 品	一 等 品	合 格 品
开裂、夹层、釉裂	不允许		
背面磕碰	深度为砖厚的1/2	不影响使用	
剥边、落脏、釉泡、斑点、坯粉、釉缕、桔釉、波纹、缺釉、棕眼、裂纹、图案缺陷、正面磕碰	距离砖面1m处目测,无可见缺陷	距离砖面2m处目测,无可见缺陷	距离砖面3m处目测,无可见缺陷

③物理力学性能:对釉面砖物理力学性能的要求包括:吸水率应不大于21%;弯曲强度平均值应不小于16MPa,当厚度大于或等于7.5mm时,弯曲强度平均值应不小于13MPa;经急冷急热试验和抗龟裂试验后,釉面不应出现裂纹。

（3）釉面砖的特点与应用

釉面砖色泽柔和典雅，朴实大方，热稳定性好，防火耐酸，易于清洁，主要适用于厨房、浴室、卫生间、实验室、精密仪器车间及医院等室内墙面和台面等的饰面材料，其效果是既清洁卫生，又美观耐用。

通常釉面砖不宜用于室外，因其为多孔精陶坯体，吸水率较大，吸水后将产生湿胀，而其表面釉层的湿胀性很小，若用于室外则经常受大气温、湿度变化的影响，当砖坯体产生的湿胀应力超过了釉层本身的抗拉强度时，就会导致釉层产生裂纹或剥落，严重影响对建筑物的饰面效果。

釉面砖铺贴前必须浸水 2h 以上，然后取出晾干至表面无明显水，才可进行粘贴施工。否则，干砖粘贴会吸走水泥浆中的水分，影响水泥砂浆的正常凝结硬化，降低粘贴强度，从而造成空鼓、脱落等现象。

2）墙地砖

墙地砖包括建筑物外部装饰贴面用砖和室内外地面装饰铺贴用砖，由于目前这类砖的发展趋向为墙、地两用，故称为墙地砖。

墙地砖是以优质陶土为主要原料，加入其他材料配成生料，经半干压成型后于 1 100℃ 左右焙烧而成。墙地砖按其表面是否施釉分为彩色釉面陶瓷地砖（简称彩釉砖）和无釉陶瓷墙地砖两类。上釉的墙地砖过去多为二次烧成，现推广一次烧成工艺。

墙地砖的表面质感多种多样，通过配料和改善制作工艺，可制成平面、麻面、毛面、磨光面、抛光面、无光釉面、纹点面、仿花岗岩面、防滑面、耐磨面等等。釉面墙地砖通过釉面着色可制成红、蓝、绿等各种颜色，通过丝网印刷可获得丰富的套花图案。无釉墙地砖坯体着色也可制得单色、多色等多种制品。墙地砖的主要技术性能指标有：

（1）产品等级和规格

通常按表面质量和变形允许偏差分为优等品、一等品和合格品三个等级，其规格尺寸很多，可根据需要选用。

（2）外观质量

墙地砖的外观质量主要包括表面缺陷、色差、平整度、边直度和直角度等。同时在产品的侧面和背面不允许有妨碍粘贴的明显附着釉及其他缺陷。尺寸偏差应符合相关标准的规定且背纹深度一般不小于 0.5mm。

（3）物理力学性能

①吸水率：吸水率不宜大于 10% ，吸水率越小，抗变形能力和抗冻性越好，寒冷地区应选用吸水率较低的产品。

②耐急冷急热性：经 3 次急冷急热循环不出现裂纹或炸裂。

③抗冻性：经 20 次冻融循环不出现破裂、剥落或裂纹。

④抗弯强度：平均值不低于 24.5MPa。

⑤耐磨性：仅指地砖，根据釉顶出现可见磨损时的研磨转数，将墙地砖分为 Ⅰ 类（ <150r）、Ⅱ 类（300～600r）、Ⅲ 类（750～1 500r）、Ⅳ 类（ >1 500r）四个级别。

⑥耐化学腐蚀性：根据耐酸和耐腐蚀试验，分为 AA、A、B、C、D 共 5 个等级。

（4）新型墙地砖

新型墙地砖主要有劈离砖、彩胎砖、麻面砖、金属光泽釉面砖、玻化砖、陶瓷艺术砖、大型陶瓷装饰面板等。

（5）墙地砖的特性和应用

墙地砖具有质地较致密、强度高、吸水率小、热稳定性好、耐磨性和抗冻性均较好、较易清洁、经久不裂等特点，主要用于室内外地面装饰和外墙装饰。用于室外装饰的墙地砖吸水率一般不大于 6%，严寒地区吸水率应更小。

墙地砖通过垂直或水平、错缝或齐缝、宽缝或密缝等不同排列组合，可获得各种不同的装饰效果。

3）陶瓷锦砖

陶瓷锦砖俗称马赛克，是以优质瓷土为主要原料，经压制烧成的边长不大于 50mm，具有多种几何形状的小瓷片，可按设计组拼成不同的图案，用于地面或外墙面的铺饰。出厂前按设计图案反贴在牛皮纸上，每张大小约 30cm²，称为一联。按其表面性质分为无釉和有釉两大类，按其允许尺寸偏差和外观质量分为优等品和合格品两个等级。

（1）主要技术性能

①尺寸偏差和色差：尺寸偏差和色差均应符合《陶瓷锦砖》（JC/T 456—1996）标准要求。

②吸水率：无釉锦砖吸水率不宜大于 0.2%，有釉锦砖不宜大于 1.0%

③抗压强度：要求在 15 ~ 25MPa 之间。

④耐急冷急热：有釉锦砖应无裂缝，无釉锦砖不作要求。

⑤耐酸碱性：要求耐酸度大于 95%，耐碱度大于 84%。

⑥成联性：锦砖与牛皮纸粘贴牢固，不得在运输或铺贴施工时脱落。浸水后应脱纸方便。

（2）陶瓷锦砖的特点和应用

陶瓷锦砖具有色泽明净、图案美观、质地坚硬、抗压强度高、耐污染、耐酸碱、耐磨、耐水、易清洗等优点，而且造价便宜，主要用于车间、化验室、门厅、走廊、厨房、卫生间等的地面装饰，用于外墙饰面时具有一定的白洁作用。陶瓷锦砖还可用于镶拼壁画、文字及花边等。

11.3.2 建筑熔融制品——玻璃

在建筑上所使用的熔融制品一般就是指各类建筑玻璃，它是以石英砂、纯碱、长石和石灰石为主要原料，在 1 550 ~ 1 600℃ 的高温下经过熔融、成型、急冷而形成的一种无定形非晶态硅酸盐致密材料，其主要化学成分为 SiO_2、Na_2O 和 CaO 等。作为一种重要的建筑材料，建筑玻璃除了具有透光、透视、隔音、保温及绝热作用外，还具有艺术装饰作用，特种玻璃还具有防辐射、防弹、防爆等用途。

1. 玻璃的制造工艺

建筑玻璃一般为平板玻璃，制造方法有垂直引上法、水平引拉法和浮法。垂直引上法是指用引上机将从耐火材料槽子砖的中央狭缝中冒出的玻璃熔触体垂直拉起，经石棉辊上引成薄片状，冷却硬化后裁成所需的尺寸；水平引拉法是将引上约 1m 处的原板转向为水平方向引拉，经退火冷却，切割成一定规格的平板玻璃；浮法生产是目前国内外普遍流行的玻璃生产方法，该法将高温玻璃液从溢流口引入到锡槽中的锡液表面，在重力及表面张力的作用下，玻璃液摊成玻璃带，向锡槽尾部拉引，经抛光、拉薄、硬化和冷却后退火。浮法生产的玻璃表面光洁平整、厚薄均匀、光学畸变极小，并可生产特厚和极薄（0.55 ~ 25mm）的多种规格的玻璃。

2. 玻璃的性质

（1）玻璃的密度为 2.45 ~ 2.55kg/m³，孔隙率接近于零。

(2)玻璃没有固定的熔点,液态时有极大的黏性,冷却后形成非结晶体,其质点排列特点是短程有序而长程无序,即宏观均匀,体现为各向同性性质。

(3)力学性质

玻璃在建筑中经常受到弯曲、拉伸和冲击作用,所以其主要力学指标为抗拉强度和脆性指数。普通玻璃的抗压强度一般为 $600 \sim 1\,200MPa$,抗拉强度为 $40 \sim 80MPa$,其弹性模量为 $(6 \sim 7.5) \times 10^4 MPa$,脆性指数(弹性模量与抗拉强度指数之比)为 $1\,300 \sim 1\,500$(建筑用钢为 $400 \sim 460$,混凝土为 $4\,200 \sim 9\,350$,橡胶为 $0.4 \sim 0.6$),玻璃属于脆性较大的建筑材料。

(4)光学性质

玻璃的基本光学性质是透光性、折光性、光反射、光散射等。 $2 \sim 6mm$ 的普通玻璃光透射比为 $80\% \sim 82\%$,且随厚度增加而降低,随入射角增大而减小。折射率为 $1.5 \sim 1.52$,反射率为 $7\% \sim 9\%$。玻璃对光波吸收有选择性,因此,玻璃内掺入少量着色剂,可使某些波长的光波被吸收而使玻璃着色。

(5)热物理性质

玻璃的比热与化学成分有关,在室温至 $100℃$ 内,玻璃的比热为 $0.33 \sim 1.05kJ/(kg \cdot K)$,导热系数为 $0.40 \sim 0.82W/(m \cdot K)$,热膨胀系数为 $(9 \sim 15) \times 10^6 K^{-1}$。玻璃的热稳定性差,原因是玻璃的热膨胀系数虽然不大,但玻璃的导热系数小,弹性模量高,所以在产生热变形时,在玻璃中会产生很大的应力,从而导致其炸裂。

(6)化学性质

在化学性质方面,玻璃的化学稳定性很强,除氢氟酸外,能抵挡各种介质腐蚀。

3. 常见的建筑玻璃制品

(1)普通平板玻璃

普通平板玻璃是指由"浮法"或"引上法"熔制的,经热处理消除或减小其内部应力至允许值的平板玻璃。平板玻璃是建筑玻璃中用量最大的一种,厚度从 $2 \sim 12mm$ 不等,其中以 $3mm$ 厚的使用量最大。引上法生产的平板玻璃质量应符合《普通平板玻璃》(GB 4871—1995)的规定,浮法生产的平板玻璃的质量应符合《浮法玻璃》(GB 11614—1999)的规定。

平板玻璃的产量以标准箱计,以厚度为 $2mm$ 的平板玻璃,每 $10m^2$ 为一标准箱。对于其他厚度规格的平板玻璃,均需要进行标准箱换算。

普通平板玻璃大部分直接用于房屋建筑和维修镀膜、中空等玻璃,少量用作工艺玻璃。

(2)安全玻璃

安全玻璃是指具有良好安全性能的玻璃。主要特性是力学强度较高,抗冲击能力较好,被击碎时,碎片不会飞溅伤人,并兼有防火的功能。我国《建筑玻璃应用技术规程》(JGJ 113—2009)规定,钢化玻璃和夹层玻璃为安全玻璃。另外,夹丝玻璃也具有一定的安全性能。

①钢化玻璃

钢化玻璃是指平板玻璃经物理强化方法或化学强化方法处理后所得的玻璃制品。比普通玻璃好得多的机械强度和耐热、抗震性能,也称强化玻璃。

物理强化方法也称淬火法,它是将玻璃加热到接近玻璃软化的温度($600 \sim 650℃$)后迅速冷却的方法,化学法也称离子交换法,它是将待处理的玻璃浸入钾盐溶液中,使玻璃表面的钠离子扩散到溶液中,而溶液中的钾离子则填充进玻璃表面钠离子的位置。上述两种强化处理方法都可以使玻璃表面产生一个预压应力,这种表面预压应力使玻璃的机械强度和抗冲击性能大为提高。一旦受损,整块玻璃呈现网状裂纹,破碎后,碎片小且无尖锐棱角,不易伤人。钢化玻璃在建筑上主要用作高层建筑的门窗、隔墙与幕墙。钢化玻璃的质量应符合《钢化玻璃》（GB/T 9963—1998）的规定。

②夹层玻璃

夹层玻璃是指两片或多片平板玻璃之间嵌夹透明塑料薄片，经加热、加压、黏合而成的平面或弯曲的复合玻璃制品。

夹层玻璃的原片可以采用普通平板玻璃、钢化玻璃、吸热玻璃或热反射玻璃等，目前最常用的夹层材料为聚乙烯醇缩丁醛，它具有无色透明、吸湿性小、弹性大、黏结力强、光稳定性强及耐候性强等优点。夹层玻璃抗冲击性和抗穿透性好，玻璃破碎时，不裂成分离的碎片，只有辐射状裂纹和少量玻璃碎屑，碎片仍粘在膜片上，不致伤人。夹层玻璃在建筑上主要用于有特殊安全要求的门窗、隔墙、工业厂房的天窗和某些水下工程。夹层玻璃的质量应符合《夹层玻璃》（GB 9962—1999）的要求。

③夹丝玻璃

夹丝玻璃是将预先编制好的钢丝网压入已软化的红热玻璃中而制成。其抗折强度、抗弯强度、抗冲击强度均有较大提高，防火性能好，破碎时即使有许多裂缝，其碎片仍能附着在钢丝上，不致四处飞溅伤人。夹丝玻璃主要用于厂房天窗、各种采光屋顶和防火门窗等。夹丝玻璃的质量应符合《夹丝玻璃》（JC 433—1991）的规定。

（3）保温绝热玻璃

保温绝热玻璃既具有特殊的保温绝热功能，又具有良好的装饰效果，包括吸热玻璃、热反射玻璃、中空玻璃等。除了用于一般门窗外，常用做幕墙玻璃。普通平板玻璃对阳光中的红外线透过率高，易引起温室效应，使室内空调能耗增大，故一般不用做幕墙玻璃。

①吸热玻璃

吸热玻璃是既能吸收大量红外线辐射能，又能保持良好的透光率的平板玻璃。吸热玻璃是在玻璃中引入有着色作用的氧化物，或在玻璃表面喷涂着色氧化物薄膜而成，主要有灰色、茶色、蓝色、绿色等颜色。吸热玻璃广泛应用于建筑工程的门窗或幕墙。它还可以作为原片加工成钢化玻璃、夹层玻璃或中空玻璃。吸热玻璃的质量应符合《吸热玻璃》（JC/T 536—1994）的规定。

②热反射玻璃

热反射玻璃是既具有较高的热反射能力，又能保持良好透光性的玻璃，又称为镀膜玻璃或镜面玻璃。热反射玻璃是在玻璃表面用热、蒸发、化学等方法喷涂金、银、铜、镍、铁等金属及金属氧化物薄膜而成。热反射玻璃反射率高（达30%以上），装饰性强，具有单向透视作用，因此日益广泛地用做高层建筑的玻璃幕墙。但若使用不当，会对环境造成光污染。

③中空玻璃

中空玻璃由两片或多片平板玻璃构成，用边框隔开，四周边缘部分用密封胶密封，玻璃层间充有干燥气体。构成中空玻璃的原片玻璃除了普通退火玻璃外，还可采用钢化玻璃、吸热玻璃、热反射玻璃等。中空玻璃的特性是保温、绝热、节能性好，隔声性能优越，并能有效防止结露，非常适合在住宅建筑中使用。中空玻璃的质量应符合《中空玻璃》（GB 11944—2002）的规定。

④压花玻璃

压花玻璃是将熔融的玻璃液在快冷时，通过带图案花纹的辊轴滚压而成的制品，又称花纹玻璃或滚花玻璃。

4. 玻璃的运输和保管

玻璃及其制品质重性脆，容易碎裂，因此在储运过程中应采取相应的具体措施。运输时，箱头朝向运输方向,箱盖朝上放稳,大片玻璃的扁箱要垂直放置,不能平放或斜放。要有防止箱架滑动及倾倒的措施。同时,在运输途中或装卸时,要防止雨淋和受潮。

玻璃及其制品必须存放于干燥、通风、不结露的房间内。按品种、规格、等级有规则地码放,视箱体大小决定码几层,不可承受重压或碰撞。大尺寸的扁箱要垂直放置,必须有可靠的支护,箱底应加垫木,以便通风,货箱之间留有足够的通道,以便于检查和取放。拆箱后的玻璃,应防止混入砂粒等杂物,以防表面划伤。

11.3.3 建筑涂料

涂料是指涂敷于物体表面,能与基体材料黏结良好并形成完整、坚韧的保护膜的材料。涂料早期是以天然植物油脂(如桐油、亚麻油等)、天然树脂为主要原料制成的,故以前通称为油漆。随着科技发展,各种高分子合成树脂广泛用做涂料原料,使油漆产品的面貌发生了根本变化。现在我国已正式采用涂料这一名称,而仅将以天然油脂、树脂为主要成膜物质或经合成树脂改性的一类油性涂料称为油漆。建筑涂料则是指用于建筑物,起装饰、保护作用以及其他特殊功能作用的一类涂料。

1. 涂料的组成

涂料的基本组成包括基料(成膜物质)、液体(分散介质)、辅料(助剂)以及颜料等。

(1)基料(成膜物质):常用的有油料、天然树脂和合成树脂等;

(2)分散介质:包括溶剂和水,是液态建筑涂料的主要成分;

(3)增白剂、乳化剂、增稠剂、分散剂、防污剂、流平剂、消泡剂、固化剂、催干剂等;

(4)颜料:包括着色颜料和体质颜料(即填料,起改善涂膜机械性能、增加涂膜厚度等作用)。

2. 涂料的分类及命名

涂料的分类方法很多,如根据涂料的使用部位可分为外墙涂料、内墙涂料、地面涂料等。根据涂料功能可分为防水涂料、防火涂料、防霉涂料等;根据涂料使用成膜物质的类型及涂料的分散特性可分为油性涂料、溶剂型涂料、无机建筑涂料、有机—无机复合型建筑涂料等。其中水性涂料又可分为乳液型涂料和水溶性涂料。

由于建筑涂料的分类不统一,建筑涂料的命名也就相应地显得较为混乱。目前一般多采用习惯命名法,即由成膜物质的名称、涂料的类型、涂料的特点三项顺序构成涂料的名称,如过氯乙烯外墙涂料、醋酸乙烯—丙烯酸酯乳液涂料(乙—丙乳液涂料)、聚氯酯地面弹性涂料等。

3. 常用的建筑涂料

建筑涂料种类繁多,性能各异,这里仅按照涂料的使用部位不同,分别就外墙涂料、内墙涂料及地面涂料的常见品种作一简介。

(1)外墙涂料:主要包括苯乙烯—丙烯酸酯乳液涂料(简称苯—丙乳液涂料)、丙烯酸酯系外墙涂料(分为溶剂型和乳液型)、聚氨酯系外墙涂料(弹性及抗疲劳性好,并具有极好的耐水、耐酸碱性能,但价格较贵),以及合成树脂乳液砂壁状外墙涂料(即彩砂涂料)等。

(2)内墙涂料:主要包括聚醋酸乙烯乳液涂料、醋酸乙烯—丙烯酸酯乳液涂料、多彩涂料等。

(3)地面涂料:主要包括聚氨酯厚质弹性地面涂料、环氧树脂厚质地面涂料以及聚醋酸乙烯水泥地面涂料等。

涂料的技术性质主要包括流变性(包括黏度、触变性、屈服值等)、干燥时间、流平性(涂料涂刷后能自动流展为平滑表面的性能)、遮盖力、附着力、硬度、耐磨性等。建筑涂料的选用既要满足工程需要,又要经济合理,主要应考虑基层材料、环境条件、使用部位、建筑标准及造价等主要因素。

11.3.4 地板

1. 实木地板

性能:脚感好,纹理清晰,色彩明亮自然,只要一想起它,就有打地铺睡在地上的冲动,但硬度稍差,容易被划伤,且因其是自然的,所以纹理、色彩差别较大,铺装时需订木龙骨,价格相对较高。选购时,应尽量挑选材性稳定的树种,避免变形。

2. 复合地板

性能:复合地板既有实木地板美观自然、脚感舒适、保温性能好的长处,又克服了实木地板因单体收缩,容易起翘、裂缝的不足,且复合地板安装简便,一般情况下不用打龙骨。复合地板因产地、甲醛释放量不同,价格也不统一。

3. 竹地板

优点:材质厚实,不怕水。

缺点:怕划伤。

竹地板特点:色差小,因为竹子的生长半径比树木要小得多,受日照影响不严重,没有明显的阴阳面的差别。因此竹地板有丰富的竹纹,而且色泽匀称,表面硬度高也是竹地板的一个优点。竹地板因为是植物粗纤维结构,它的自然硬度比木材高出一倍多,而且不易变形。理论上的使用寿命达 20 年。稳定性上,竹地板收缩和膨胀要比实木地板小。但在实际的耐用性上竹地板也有缺点,且受日晒和湿度的影响会出现分层现象。

复习思考题

11-1 在建筑工程中,正确选择保温隔热材料的依据是什么?

11-2 隔热材料为什么总是轻质的,绝热材料为什么要注意防潮?

11-3 简述吸声材料与隔声材料的区别。

11-4 简述对固体声、空气声以及振动采取隔绝措施的区别。

11-5 釉面内墙砖有什么特点,为什么不能用于室外?

11-6 简述复合地板的特点。

下篇　土木工程材料试验方法

第 12 章　水泥及水泥混凝土试验

内容提要

　　本章主要选编了十二个试验,包括:(1)水泥细度、标准稠度用水量、凝结时间及体积安定性试验;(2)水泥胶砂强度试验;(3)集料的表观密度、堆积密度和空隙率试验;(4)粗集料针、片状颗粒含量试验(规准仪法);(5)碎石的压碎性试验;(6)集料的含水率试验;(7)集料含泥量试验;(8)集料筛析试验(干筛法);(9)混凝土配合比设计;(10)水泥混凝土混合料的拌制和工作性试验;(11)混凝土混合料实测密度试验;(12)水泥混凝土力学性质。

学习目标

　　通过本章学习,要求明确试验目的,掌握各项试验方法,根据水泥胶砂强度试验结果能够确定水泥强度等级;根据各项试验结果能够判断组成混凝土的原材料性质能否满足混凝土对其提出的要求,即能否用来配制混凝土;根据设计资料及实测原材料试验数据,完成混凝土初步配合比的计算;根据混凝土初步配合比制备混凝土拌和物,并会测定工作性,同时确定试拌配合比;掌握测试混凝土抗压强度和抗弯拉强度的方法,并会确定混凝土强度值;学会混凝土混合料实测密度的测定,确定试验室配合比;最后根据实测结果,完成混凝土施工配合比的换算。

12.1　水泥细度、标准稠度用水量、凝结时间和体积安定性试验

12.1.1　水泥细度试验

1. 比表面积法

1)试验目的

　　根据一定量的空气通过一定孔隙率和厚度的水泥层时,所受阻力不同而引起流速的变化来测定水泥的比表面积(单位质量的粉末所具有的总表面积),用以评定硅酸盐水泥和普通硅酸盐水泥的细度,以 m^2/kg 表示,《通用硅酸盐水泥》(GB 175—2007)规定:硅酸盐水泥和普通硅酸盐水泥的比表面积不小于 $300m^2/kg$。

2)试验仪器

(1)勃氏透气仪

　　由透气圆筒、穿孔板、捣器、U 形压力计、抽气装置等组成,其基本结构示意如图 12-1、图 12-2 所示。

　　①透气圆筒。内径为 $12.70^{+0.05}_{0}$ mm,由不锈钢制成。圆筒内表面的

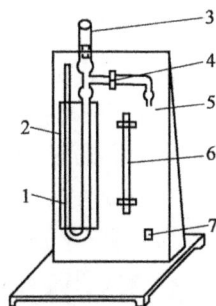

图 12-1　透气仪示意图
1-U 形压力计;2-平面镜;3-透气圆筒;4-活塞;5-背面接微型电磁泵;6-温度计;7-开关

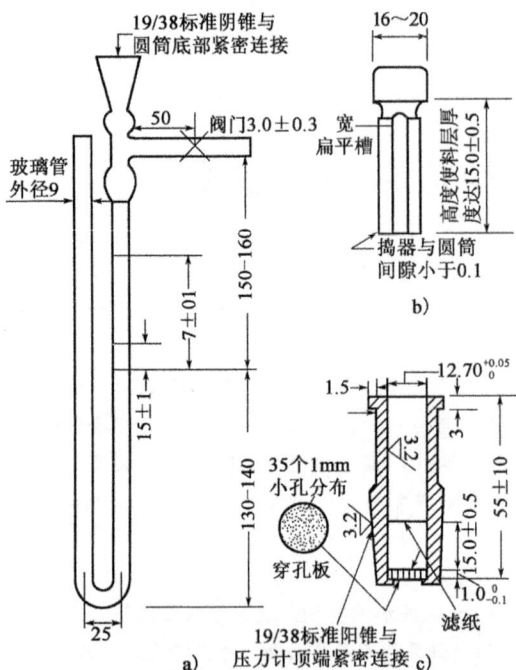

图 12-2 透气仪结构及主要尺寸(尺寸单位:mm)
a)U 形压力计;b)捣器;c)透气圆筒

粗糙度 $R_a \leqslant 1.60\mu m$,圆筒的上口边应与圆筒主轴垂直,圆筒下部锥度应与压力计上玻璃磨口锥度一致,两者应严密连接。在圆筒内壁,距离圆筒上口边 55mm ± 10mm 处有一突出的宽度为 0.5 ~ 1mm 的边缘,以放置金属穿孔板。

②穿孔板。由不锈钢或铜质材料制成,直径为 $12.70_{-0.05}^{0}$,厚度为 $1.0mm ± 0.1mm$,在其上,等距离地打有 35 个直径 1mm 的小孔,穿孔板与圆筒内壁密合,穿孔板两平面应平行。

③捣器。由不锈钢或铜质材料制成,插入圆筒时,其间隙不大于 0.1mm。捣器的底面应与主轴垂直,侧面有一个扁平槽,宽度为 3.0mm ± 0.3mm。捣器的顶部有一个支持环,当捣器放入圆筒时,支持环与圆筒上口边接触,这时捣器底面与穿孔板之间的距离为 15.0mm ± 0.5mm。

④压力计。U 形压力计尺寸如图 12-2a) 所示,由外径为 9.0mm ± 0.5mm 的玻璃管制成。压力计有一个臂的顶端有一锥形磨口与透气圆筒紧密连接,在连接透气圆筒的压力计臂上刻有环形线。U 形压力计底部到第一条刻度线的距离为 130 ~ 140mm,第一条刻度线到第二条刻度线的距离为 15mm ± 1mm,第一条刻度线与第三条刻度线的距离为 70mm ± 1mm,从压力计底部往上 280 ~ 300mm 处有一个出口管,管上装有一个阀门,连接抽气装置。

⑤抽气装置。用小型电磁泵,也可用抽气球,其吸力能保证水面超过第三条刻度线。

(2)干燥箱

(3)分析天平

感量为 1mg。

(4)滤纸

采用中速定量滤纸。

(5)基准材料

(6)汞:分析纯

3)试验方法

(1)漏气检查

将透气圆筒上口用橡皮塞塞紧,接到压力计上。用抽气装置从压力计一臂中抽出部分气体,然后关闭阀门,观察是否漏气。如发现漏气,用活塞油脂加以密封。

(2)试料层体积测定

水银排代法:将两片滤纸沿筒壁放入圆筒内,用一个直径略比透气圆筒小的细长棒往下按,直到滤纸平整放在金属的穿孔板上。然后装满水银,用一小块薄玻璃板轻压水银表面,使水银面与圆筒口平齐,保证在玻璃板和水银表面之间没有气泡或空洞存在。从圆筒中倒出水银,称量,精确至 0.05g。重复几次测定,到数值基本不变为止。然后从圆筒中取出一片滤纸,试用约 3.3g 的水泥,按制作试料层的方法压实水泥层。再在圆筒上部注入水银,同上述方法压平后,倒出水银称量,重复几次,直到水银称量值相差小于 0.05g 为止。

（3）确定试料层体积

试料层体积 V 按式（12-1）计算。

$$V = 10^{-6} \times (P_1 - P_2)/\rho_{\text{水银}} \tag{12-1}$$

式中：V——试料层体积,cm^3;

P_1——未装水泥时,充满圆筒的水银质量,g;

P_2——装水泥后,充满圆筒的水银质量,g;

$\rho_{\text{水银}}$——试验温度下水银的密度,g/cm^3。

（4）确定试样量

试样量按式（12-2）计算。

$$W = \rho V(1 - \varepsilon) \tag{12-2}$$

式中：W——需要的试样量,g,精确至 1mg;

ρ——试样密度,g/cm^3;

V——试料层体积,cm^3;

ε——试料层空隙率,PⅠ、PⅡ型水泥的空隙率采用 0.500 ± 0.005,其他水泥或粉料的空隙率选用 0.530 ± 0.005,若有些粉料按式（12-2）算出的试样量在圆筒的有效体积中容纳不下或经捣实后未能充满圆筒的有效体积,则允许适当改变空隙率。

（5）试料层制备

将穿孔板放入透气圆筒的突缘上,用捣棒把一片滤纸（φ12.7mm）放到穿孔板上,边缘放平并压紧。称取按式（12-2）计算确定的试样量,精确至 0.001g,倒入圆筒,轻敲圆筒的边,使水泥层表面平坦,再放入一片滤纸,用捣器均匀捣实试料直至捣器的支持环与圆筒顶边接触,并旋转 1~2 圈,慢慢取出捣器。

（6）透气试验

把装有试料层的透气圆筒下锥面涂一薄层活塞油脂然后把它插入压力计顶端锥型磨口处,旋转 1~2 圈。保证紧密连接不漏气,并不振动所制备的试料层。

打开微型电磁泵慢慢从压力计一臂中抽出空气,直到压力计内液面上升到扩大部下端时关闭阀门。当压力计内液体的凹月面下降到第一条刻度线时开始计时,当液体凹月面下降到第二条刻度线时停止计时,记录液面从第一条刻度线到第二条刻度线所需的时间。以秒记录,并记录下试验时的温度（℃）。

4）结果计算

当被测物料的密度、试料层中空隙率与标准样品相同,试验时的温度与校准温度之差≤3℃时,按式（12-3）计算比表面积。

$$S = \frac{S_S \sqrt{T}}{\sqrt{T_S}} \tag{12-3}$$

当被测物料的密度、试料层中空隙率与标准样品相同,试验时的温度与校准温度之差

>3℃时,按式(12-4)计算比表面积。

$$S = \frac{S_\mathrm{s}}{\sqrt{\eta}}\frac{\sqrt{\eta_\mathrm{s}}}{\sqrt{T_\mathrm{s}}}\sqrt{T}$$ (12-4)

式中:S——被测试样的比表面积,cm^2/g;

  S_s——标准样品的比表面积,cm^2/g;

  T——被测试样试验时,压力计中液面降落测得的时间,s;

  T_s——标准样品试验时,压力计中液面降落测得的时间,s;

  η——被测试样试验温度下的空气粘度,$\mu\mathrm{Pa\cdot s}$;

  η_s——标准样品试验温度下的空气粘度,$\mu\mathrm{Pa\cdot s}$。

 注:不同温度下水银密度、空气黏度见《水泥比表面积测定方法—勃氏法》(GB/T 8074—2008)或《公路工程水泥及水泥混凝土试验规程》(JTG E30—2005)。

 由于目前勃氏透气仪多为自动,当被测试样的试料层中空隙率与标准样品试料层中空隙率不同时,计算方法略。

2. 筛析法

1)试验目的

通过筛析法测定水泥存留在 $80\mu\mathrm{m}$ 筛上的筛余量,用以评定水泥的质量,《通用硅酸盐水泥》(GB 175—2007)规定,矿渣硅酸盐水泥、火山灰质硅酸盐水泥、粉煤灰硅酸盐水泥和复合硅酸盐水泥 $80\mu\mathrm{m}$ 方孔筛筛余量不大于 10% 或 $45\mu\mathrm{m}$ 方孔筛筛余量不大于 30%。

2)试验仪具

(1)试验筛:由圆形筛框和筛网组成。负压筛和水筛结构尺寸如图 12-3 所示。负压筛应附有透明筛盖,筛盖与筛上口应有良好的密封性。筛网应紧绷在筛框上,筛网和筛框接触处,应用防水胶密封,防止水泥嵌入。

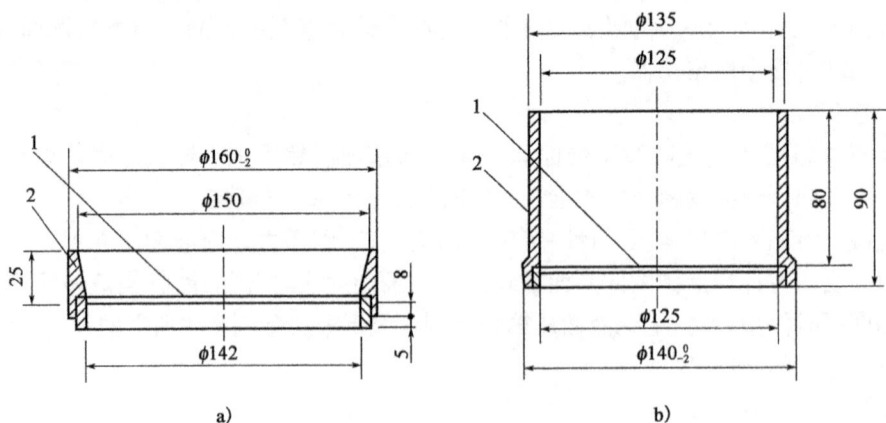

图 12-3 负压筛和水筛结构尺寸(尺寸单位:mm)
a)负压筛;b)水筛
1-筛网;2-筛框

(2)负压筛析仪:由筛座、负压筛、负压源和收尘器组成。其中筛座由转速为 (30 ± 2) r/min 的喷气嘴、负压表、控制板、微电机及壳体等构成,如图 12-4 所示。

(3)天平:最大称量为 100g,感量不大于 0.05g。

3）试验方法

负压筛法

（1）水泥样品应充分拌匀，通过0.9mm方孔筛，记录筛余物情况，要防止过筛时混进其他水泥。

（2）筛析试验前，应把负压筛放在筛座上，盖上筛盖，接通电源，检查控制系统，调整负压至4 000～6 000Pa范围内。

（3）称取试样25g，置于洁净的负压筛中，盖上筛盖，放在筛座上，开动筛析仪连续筛析2min，在此期间如有试样附着在筛盖上，可轻轻地敲击，使试样落下。筛毕，用天平称量筛余物。

（4）当工作负压小于4 000Pa时，应清理吸尘器内水泥，使负压恢复正常。

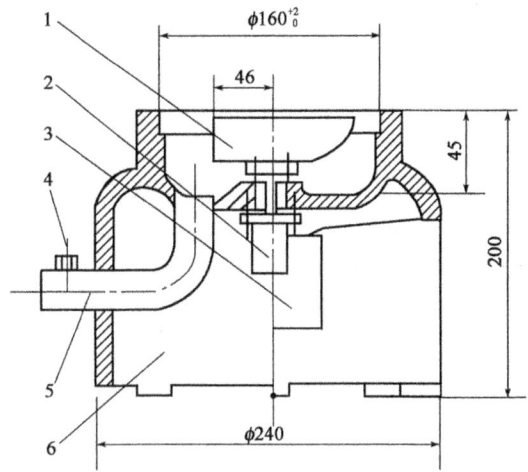

图12-4　负压筛筛座（尺寸单位 mm）

1-喷气嘴；2-微电机；3-控制板开口；4-负压表接口；5-负压源及收尘气接口；6-壳体

4）结果计算

水泥试验筛余百分数按式（12-5）计算：

$$F = \frac{m_s}{m} \times 100 \tag{12-5}$$

式中：F——水泥试样的筛余百分数，%；

m_s——水泥筛余物的质量，g；

m——水泥试样的质量，g。

计算结果精确至0.1%。

12.1.2　水泥标准稠度用水量试验

1.试验目的

测定水泥标准稠度用水量的目的，是为了在进行水泥凝结时间和安定性试验时，对水泥净浆在标准稠度的条件下测定，使不同水泥具有可比性。

2.试验仪具

（1）水泥净浆标准稠度与凝结时间测定仪（标准法维卡仪）：构造如图12-5所示。

该仪器是由铁座、可以自由滑动的金属圆棒构成。松紧螺丝用以调整金属棒的高低。金属棒上附有指针，在量程0～75mm的标尺可指示出金属棒的下降距离。

当测定标准稠度时，可在金属圆棒下装一试杆，见图12-5c），有效长度为50mm±1mm、由直径为ϕ10mm±0.05mm的耐腐蚀金属制成。测定凝结时间时取下试杆，用针代替，图12-5d）用于初凝时间的测定，图12-5e）用于终凝时间的测定。盛装水泥净浆的试模由耐腐蚀的、有足够硬度的金属制成。试模深为40mm±0.2mm、顶内径ϕ65mm±0.5mm、底内径ϕ75mm±0.5mm的截顶圆锥体。每个试模应配备一个边长或直径约为100mm、厚度4～5mm的平板玻璃底板或金属底板。

（2）水泥净浆搅拌机

由搅拌叶和搅拌锅组成，搅拌叶宽度：111mm，搅拌锅内径×最大深度：160mm×139mm，拌锅与搅拌叶之间工作间隙：2mm±1mm，见表12-1。

搅拌叶片转数及时间

表12-1

搅拌速度	公转（r/min）	自转（r/min）	自动控制程序时间（s）
慢	62±5	140±5	120±3
停			15
快	125±10	285±10	120±3

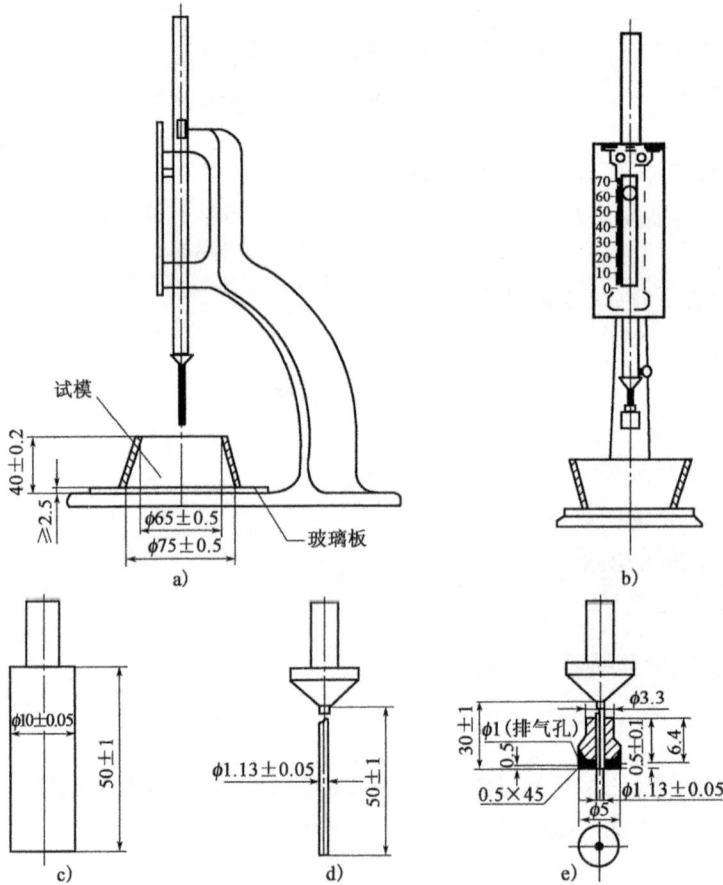

图 12-5　标准维卡仪（尺寸单位：mm）

a）初凝时间测定时维卡仪侧视图；b）终凝时间测定且反转试模时维卡仪正视图；c）标准稠度试杆；d）初凝用试针；e）终凝用试针

（3）量水器：精度为±0.5mL。

（4）天平：最大称量不小于1 000g，感量不大于1g。

3. 试验方法

（1）试验前必须做到

①维卡仪的金属棒能自由滑动。

②调整至试杆接触玻璃板时指针对准零点。

③搅拌机运转正常。

（2）水泥净浆的拌制

搅拌锅和搅拌叶片先用湿棉布擦过，将拌和水倒入搅拌锅内，然后在 5～10s 内小心将称好的 500g 水泥加入水中，防止水和水泥溅出；拌和时，先将锅放到搅拌机锅座上，升至搅拌位置。开动机器，低速搅拌 120s，停拌 15s，接着快速搅拌 120s 后停机。

（3）装模测试

拌和结束后，立即取适量水泥净浆一次性将其装入已置于玻璃底板上的试模中，浆体超过试模上端，用宽 25mm 的直边刀轻轻拍打超出试模部分的浆体 5 次以排除浆体中的空隙，然后在试模上表面约 1/3 处，略倾斜于试模分别向外轻轻锯掉多余净浆，再从试模边沿轻抹顶部一次，使净浆表面光滑。在锯掉多余净浆和抹平的操作过程中，注意不要压实净浆；抹平后迅速将试模和底板移到维卡仪上，并将其中心定在试杆下，降低试杆直至与水泥净浆表面接触，拧紧螺丝 1～2s 后，突然放松，使试杆垂直自由地沉入净浆中。在试杆停止沉入或释放试杆 30s 时记录试杆距底板之间的距离，升起试杆，立即擦净；整个操作应在搅拌后 1.5min 内完成。以试杆沉入净浆并距底板 6mm±1mm 的水泥净浆为标准稠度净浆。其拌和水量为该水泥的标准稠度用水量（P），按水泥质量的百分比计。

4. 试验结果

水泥的标准稠度用水量（P），按式（12-6）计算：

$$P = \frac{m_w \cdot \rho_w}{500} \times 100 \tag{12-6}$$

式中：P——标准稠度用水量，%；

m_w——拌和用水量，mL；

500——水泥试样，g；

ρ_w——水的密度（设水在 4℃时密度为 1g/mL）。

12.1.3　水泥净浆凝结时间

1. 试验目的

以标准稠度用水量制成的水泥净浆装在测定凝结时间用的圆模中，在凝结时间测定仪（标准维卡仪）上，以标准试针测试，用以检验水泥的初凝时间和终凝时间是否符合技术要求。

2. 试验仪具

（1）凝结时间测定仪（标准维卡仪）：在测定凝结时间时，用试针如图 12-5d）、e）部分。

（2）湿气养护箱：应能使温度控制在 20℃±1℃，湿度大于 90%。

（3）其他仪具同上。

3. 试验方法

（1）凝结时间用标准稠度凝结时间测定仪测定，此时仪器棒下端应改装为试针。

（2）测定前的准备工作：将圆模放在玻璃板上，在玻璃板及圆模内侧稍稍涂上一层机油，调整凝结时间测定仪的试针接触玻璃板时指针应对准标尺零点。

（3）试件的制备，以标准稠度用水量加水，按标准稠度净浆拌制操作方法制成标准稠度水泥净浆，按测定标准稠度用水量方法装模和刮平后，立即放入湿气养护箱内。记录水泥全部加入水中时间作为凝结时间的起始时间。

（4）初凝时间的测定

试件在湿气养护箱中养护至加水后 30min 时，将圆模取出，进行第一次测定。测定时，将圆模放到试针下，使试针与水泥净浆表面接触，拧紧螺丝 1～2s 后突然放松，试针垂直自由沉入水泥净浆，观察试针停止下沉或释放试针 30s 时指针读数。

当试针沉至距底板 4mm ±1mm 时，为水泥达到初凝状态；由水泥全部加入水中至初凝状态的时间为水泥的初凝时间，用"min"表示。

（5）终凝时间的测定

为准确观测试针沉入的状况，在终凝针上安装了一个环形附件。在完成初凝时间测定后，立即将试模连同浆体以平移的方式从玻璃板取下，翻转 180°，直径大端向上，小端向下放在玻璃板上，再放入湿气养护箱中继续养护，临近终凝时间时每隔 15min 测定一次，当试针沉入试体 0.5mm 时，即环形附件开始不能在试体上留下痕迹时，为水泥达到终凝状态，由水泥全部加入水中至终凝状态的时间为水泥的终凝时间，用"min"表示。

最初测定时，应轻轻扶持金属棒，使其徐徐下降，以防试针撞弯，但结果以自由下落为准；在整个测试过程中，试针贯入的位置至少要距圆模内壁 10mm。

临近初凝时，每隔 5min 测定一次，临近终凝时，每隔 15min 测定一次。到达初凝时应立即重复测一次，当两次结论相同时才能确定到达初凝状态，到达终凝时，需要在试体另外两个不同点测试，确认结论相同才能确定到达终凝状态。每次测定不得让试针落入原针孔内，每次测定完毕应将试针擦净并将圆模放回湿气养护箱内，测定全过程中要防止圆模受振。

12.1.4　水泥安定性试验

1.试验目的

水泥安定性试验按现行国家标准《水泥标准稠度用水量、凝结时间、安定性检验方法》（GB/T 1346—2011）有两种测定方法，即雷氏法（标准法）和试饼法（代用法），有争议时以雷氏法为准。雷氏法是测定水泥净浆在雷氏夹中沸煮后的膨胀值，试饼法是观察水泥净浆试饼沸煮后的外形变化来检验水泥的体积安定性。二者冲突时，以雷氏夹法为准。本节只介绍雷氏法。

2.试验仪具

（1）沸煮箱：有效容积约为 410mm ×240mm ×310mm，篦板结构应不影响试验结果，篦板与加热器之间的距离大于 50mm。箱的内层由不易锈蚀的金属材料制成，能在 30min ±5min 内将箱内的试验用水由室温升至沸腾并可保持沸腾状态 3h 以上，整个试验过程中不需补充水量。

（2）雷氏夹：由铜质材料制成，其结构如图 12-6 所示。当一根指针的根部先悬挂在一根金属丝或尼龙丝上，另一根指针的根部再挂上 300g 质量的砝码时，两根指针的针尖距离增加应在 17.5mm ±2.5mm 范围以内，即 $2x = 17.5mm ±2.5mm$，当去掉砝码后针尖的距离能恢复至挂砝码前的状态。每个试验需成型两个试件，每个雷氏夹需配两个边长或直径约 80mm、厚度为 4 ~ 5mm 的玻璃板。

（3）雷氏夹膨胀值测定仪：如图 12-7 所示，标尺最小刻度为 1mm。

其他同上。

3. 试验方法（雷氏法）

（1）以标准稠度的用水量，按前述方法制成标准稠度净浆。

（2）将预先准备好的雷氏夹放在已稍擦油的玻璃板上，并立刻将制好的标准稠度净浆一次装满雷氏夹，装浆时一只手轻轻扶持雷氏夹，另一只手用宽约 25mm 的直边刀在浆体表面轻轻插捣 3 次，然后抹平，盖上稍擦油的玻璃板，立刻将试件移至湿气养护箱内养护 24h ± 2h。

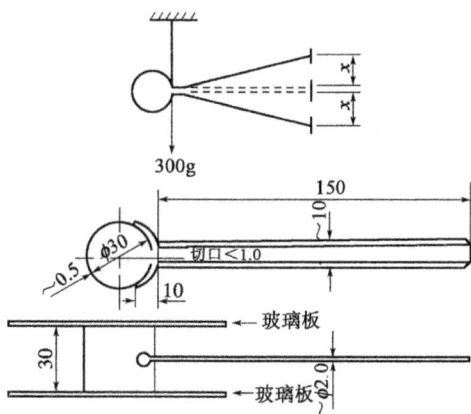

图 12-6　雷氏夹(尺寸单位：mm)

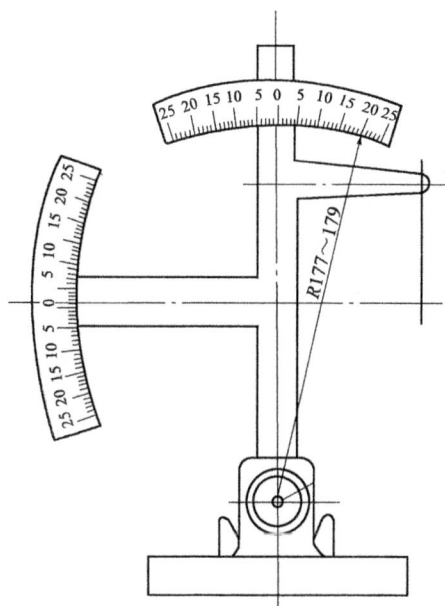

图 12-7　雷氏夹膨胀值测定仪(尺寸单位：mm)

（3）调整好沸煮箱内的水位，使能保证在整个煮沸过程中都没过试件，不需中途添补试验用水，同时保证能在 30min ± 5min 内升至沸腾。

（4）脱去玻璃板取下试件。测量雷氏夹指针尖端间的距离（A），精确到 0.5mm。然后将试件放入沸煮箱水中的试件架上，指针朝上，试件之间互不交叉，然后在 30min ± 5min 内加热至沸，并恒沸 180min ± 5min。

（5）沸煮结束，立即放掉沸煮箱中的热水，打开箱盖，待箱体冷却至恒温，取出试件，测量雷氏夹指针尖端间的距离（C），准确至 0.5mm。

4. 试验结果

当两个试件煮后增加距离（$C - A$）的平均值不大于 5.0mm 时，即认为该水泥安定性合格；当两个试件煮后增加距离（$C - A$）的平均值大于 5.0mm 时，或当两个试件的（$C - A$）值相差超过 4.0mm 时，应用同一样品水泥立即重做一次试验。以复检结果为准。

5. 试验记录

水泥细度，标准稠度用水量，凝结时间，体积安定性试验记录如表 12-2 所示。

试样编号		试样来源	
试样名称		初拟用途	

一、(1)水泥细度试验——筛析法

试 验 次 数	筛析用试样质量 $m(g)$	在0.08mm筛上筛余的质量 $m_s(g)$	筛余百分率 $F(\%)$
①	②	③	④＝③/②

(2)水泥细度试验——比表面积法

	试验次数	1	2
1. 试样层体积的测定	试验温度(℃)		
	未装水泥时,充满圆筒的水银质量(g)		
	装水泥后,充满圆筒的水银质量(g)		
	试验温度下水银的密度 ρ(g/cm³)		
	试料层体积(m³)		

	试验次数	1	2
2. 确定试样量	密度(kg/m³)		
	试料层空隙率(%)		
	需要的试样质量(kg)		

	试验次数	1		2	
	试样种类	标准试样	被测试样	标准试样	被测试样
3. 透气试验	试验温度(℃)				
	压力计中液面降落测得的时间(s)				
	试验温度下的空气黏度(Pa·s)				
	空隙率(%)				
	密度(kg/m³)				
	标准试样比表面积(m²/kg)				
	被测试样比表面积(m²/kg)				
	比表面积平均值(m²/kg)				

二、水泥标准稠度用水量、凝结时间、安定性试验

试验次数	标准稠度用水量试验		凝结时间试验		安定性试验	
	试杆下沉距底板距离 δ(mm)	计算用水量 $P_w(\%)$	初凝时间 (min)	终凝时间 (min)	雷氏法	试饼法
1						
2						
平均值						

试验者:_____;日期:_____;复核者:_____;日期:_____

12.2 水泥胶砂强度试验

1.试验目的

测定硅酸盐水泥、普通硅酸盐水泥、矿渣硅酸盐水泥、粉煤灰硅酸盐水泥、复合硅酸盐水泥、石灰石硅酸盐水泥的抗折与抗压强度,评定水泥的强度等级。

2.试验仪器与材料

（1）搅拌机

搅拌机,如图12-8所示,属行星式,应符合JC/T681要求。

（2）试模

试模由三个水平的模槽组成,如图12-9所示,可同时成型三条截面为 40mm × 40mm,长160mm 的棱形试体。

当试模的任何一个公差超过规定的要求时,就应更换。在组装备用的干净模型时,应用黄干油等密封材料涂敷模型的外接缝。

试模的内表面应涂上一薄层模型油或机油。

成型操作时,应在试模上面加有一个壁高的金属模套。

为了控制料层厚度和刮平胶砂,应备有如图 12-10 所示的两个播料器和一把金属刮平直尺。

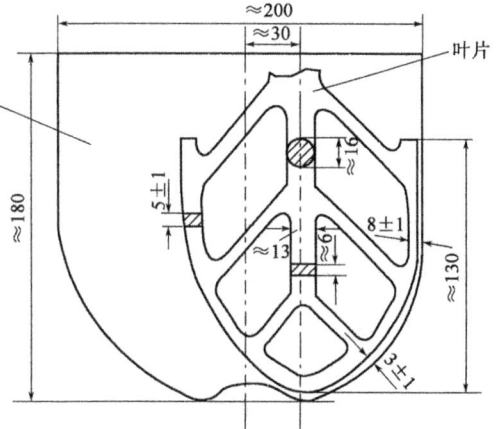

图 12-8　搅拌机

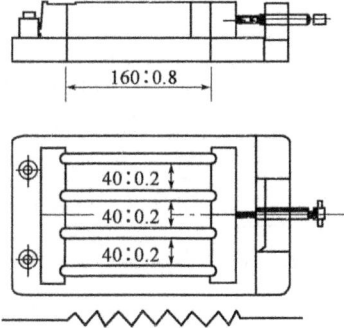

图 12-9　典型的试模

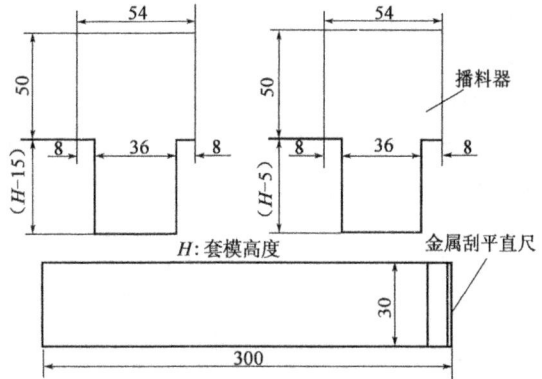

图 12-10　典型的播料器和金属刮平尺（尺寸单位 mm）

（3）振实台

振实台应符合JC/T 682要求。振实台应安装在高度约400mm 的混凝土基座上。混凝土体积约为 $0.25m^3$,重约600kg。需防外部振动影响振实效果时,可在整个混凝土基座下放一层厚约5mm 天然橡胶弹性衬垫。

将仪器用地脚螺丝固定在基座上,安装后设备成水平状态,仪器底座与基座之间要铺一层砂浆以保证它们的完全接触。

(4)抗折强度试验机

抗折强度试验机应符合 JC/T 724 的要求。

通过三根圆柱轴的三个竖向平面应该平行,并在试验时继续保持平行和等距离垂直试体的方向,其中一根支撑圆柱能轻微地倾斜使圆柱与试体完全接触,以便荷载沿试体宽度方向均匀分布,同时不产生任何扭转应力。

(5)抗压强度试验机

抗压强度试验机的吨位以 200～300kN 为宜,在较大的 4/5 量程范围内使用时,记录的荷载应有 ±1% 的精度,并具有按 2400N/s±200N/s 速率的加荷能力。它应有一个能指示试件破坏时荷载并把它保持到试验机卸荷以后的指示器。

注:试验机的最大荷载以 200～300kN 为佳,可以有两个以上的荷载范围,其中最低荷载范围的最高值大致为最高范围里的最大值的五分之一。

(6)抗压强度试验机用夹具

当需要使用夹具时,应把它放在压力机的上下压板之间并与压力机处于同一轴线,以便将压力机的荷载传递至胶砂试件表面。夹具受压面积为 40mm×40mm。

(7)天平

感量为 1g。

(8)中国 ISO 标准砂

中国 ISO 标准砂完全符合 ISO 679 要求。

(9)水泥

当试验水泥从取样至试验要保持 24h 以上时,应把它储存在基本装满和气密的容器里,这个容器应不与水泥起反应。

(10)水

仲裁试验或其他重要试验用蒸馏水,其他试验可用饮用水。

3.试验步骤

1)胶砂的制备

(1)配合比

胶砂的质量配合比应为一份水泥、三份标准砂和半份水(水灰比为 0.5)。一锅胶砂成型三条试体,每锅材料需要量见表 12-3。

每锅胶砂材料数量　　　　　　　　　　　　　　　　表 12-3

材料量＼水泥品种	硅酸盐水泥	普通硅酸盐水泥	矿渣硅酸盐水泥	粉煤灰硅酸盐水泥	复合硅酸盐水泥	石灰石硅酸盐水泥
水泥(g)	450±2					
标准砂	1350±5(g)					
水(mL)	225±1					

(2)配料

水泥、砂、水和试验用具的温度与试验室相同,即试体成型试验室的温度应保持在 20℃±2℃,相对湿度大于 50%。称量用的天平感量为 1g。当用自动滴管加 225mL 水时,滴管精度应达到 ±1mL。

（3）搅拌

每锅胶砂用搅拌机进行机械搅拌。先使搅拌机处于待工作状态，然后按以下的程序进行操作：

①把水加入锅里，再加入水泥，把锅放在固定架上，上升至固定位置。

②然后立即开动机器，低速搅拌30s后，在第二个30s开始的同时均匀地将砂加入。当各级砂是分装时，从最粗粒级开始，依次将所需的每级砂量加完。把机器转至高速再拌30s。

③停拌90s，在第一个15s内用一胶皮刮具将叶片和锅壁上的胶砂，刮入锅中间。在高速下继续搅拌60s。各个搅拌阶段，时间误差应在±1s以内。

（4）试件的制备

尺寸应是40mm×40mm×160mm的棱柱体。

胶砂制备后立即进行成型。将空试模和模套固定在振实台上，用一个适当的勺子直接从搅拌锅里将胶砂分两层装入试模，装第一层时，每个槽里约放300g胶砂，用大播料器播平，接着振实60次。再装入第二层胶砂，用小播料器播平，再振实60次。移走模套，从振实台上取下试模。用一金属直尺（图12-10）以近似90°的角度架在试模模顶的一端，然后沿试模长度方向以横向锯割动作慢慢向另一端移动，一次将超过试模部分的胶砂刮去，并用同一直尺以近乎水平的情况下将试体表面抹平。

在试模上作标记或加字条标明试件编号和试件相对于振实台的位置。

2）试件的养护

（1）脱模前的处理和养护

去掉留在模子四周的胶砂。立即将作好标记的试模放入温度为20℃±1℃，相对湿度大于90%雾室或养护箱的水平架子上养护，湿空气应能与试模各边接触。养护时不应将试模放在其他试模上。一直养护到规定的脱模时间时取出脱模。脱模前，用防水墨汁或颜料笔对试件进行编号和做其他标记。两个龄期以上的试件，在编号时应将同一试模中的三个试件分在两个以上龄期内。

（2）脱模

脱模时应非常小心，防止试件损伤。对于24h龄期的，应在破型试验前20min内脱模。对于24h以上龄期的，应在成型后20～24h之间脱模。

已确定作为24h龄期试验（或其他不下水直接做试验）的已脱模试体，应用湿布覆盖至做试验为止。

（3）水中养护

将作好标记的试件立即水平或竖直放在20℃±1℃水中养护，水平放置时刮平面应朝上。试件放在不易腐烂的篦子上，并彼此间保持一定间距，以让水与试件的六个面接触。养护期间试件之间间隔或试件上表面的水深不得小于5mm。最初用自来水装满养护池（或容器），随后随时加水保持适当的恒定水位，不允许在养护期间全部换水。

（4）强度试验试体的龄期

试体龄期是从水泥和水搅拌开始试验时算起。不同龄期强度试验在下列时间里进行。

①24h±15min；

②48h±30min；

③72h±45min；

④7d ± 2h;

⑤28d ± 8h。

4. 强度测定

（1）抗折强度测定

将试体一个侧面放在试验机支撑圆柱上,通过加荷圆柱以 50N/s ± 10N/s 的速率均匀地将荷载垂直地加在棱柱体相对侧面上,直至折断。

保持两个半截棱柱体处于潮湿状态直至抗压试验。

抗折强度以按式(12-7)进行计算。

$$R_f = \frac{1.5F_f L}{b^3} \tag{12-7}$$

式中:R_f——抗折强度,MPa;

F_f——破坏荷载,N;

L——支撑圆柱之间的距离,mm;

b——棱柱体正方形断面的边长,mm。

（2）抗压强度测定

抗折强度试验后的断块应立即进行抗压试验。需用抗压夹具进行,试件受压面为试件成型时的两个侧面,面积为 40mm × 40mm。试验前应清除试件受压面与加压板间的砂粒或杂物。试件的底面靠紧夹具定位销,断块试件应对准抗压夹具中心,并使夹具对准压力机压板中心,半截棱柱体中心与压力机压板中心差应在 ±0.5mm 内,棱柱体露在压板外的部分约有 10mm。

在整个加荷过程中以 2 400N/s ±200N/s 的速率均匀地加荷直至破坏。

抗压强度,按式(12-8)进行计算。

$$R_c = \frac{F_c}{A} \tag{12-8}$$

式中:R_c——抗压强度,MPa;

F_c——破坏时的最大荷载,N;

A——受压面积,mm^2($40mm \times 40mm = 1\,600mm^2$)。

5. 试验结果

（1）抗折强度

以一组三个棱柱体抗折结果的平均值作为试验结果精确至 0.1MPa,当三个强度值中有超出平均值 ±10% 时,应剔除后再取平均值作为抗折强度试验结果。

（2）抗压强度

以一组 6 个断块试件抗压强度测定值的算术平均值作为试验结果,精确至 0.1MPa。如 6 个测定值中有一个超出 6 个平均值的 ±10%,应剔除这个结果,而以剩下 5 个值的算数平均值为结果。如果 5 个测定值中再有超过它们平均数 ±10% 的,则此组结果作废。

6. 试验记录

水泥胶砂强度试验记录如表 12-4 所列。

试体编号	试体龄期（d）	抗折强度					抗压强度			水泥强度等级
		破坏荷载 F_f（N）	支点间距 L（mm）	试体尺寸（mm）		抗折强度 R_f（MPa）	破坏荷载 F_c（N）	受压面积 A（mm²）	抗压强度 R_c（MPa）	
				宽度 b	高度 h					
1										
2										
3										

试验者：＿＿＿＿＿＿＿＿；日期：＿＿＿＿＿＿＿＿；复核者：＿＿＿＿＿＿＿＿；日期：＿＿＿＿＿＿＿＿

12.3 集料的表观密度、堆积密度和空隙率试验

12.3.1 粗集料的表观密度、堆积密度和空隙率

1. 粗集料的表观密度

（1）试验目的

测定粗集料的表观密度，即单位表观体积（包括内部封闭孔隙与实体体积之和）的烘干质量。同时为水泥混凝土组成设计提供原始数据。

（2）试验仪具

①天平：称量5kg，感量5g，型号及尺寸应能允许在臂上悬挂盛试样吊篮，并能将吊篮放在水中称量；

②吊篮：直径和高度均为150mm，由孔径为1～2mm筛网或钻有2～3mm孔洞的耐锈金属板制成；

③盛水容器：容器的侧向有溢流孔；

④烘箱：能使温度控制在105℃±5℃；

⑤方孔筛：筛孔为4.75mm；

⑥温度计：0～100℃，分度1℃；

⑦搪瓷盘、刷子和毛巾等。

（3）试验方法

①将试样筛除4.75mm以下颗粒，用四分法缩分如表12-5、表12-6所列规定数量的样品，用刷子刷洗干净后分为2份备用。

测定表观密度所需要的试样最小质量（GB/T 14685—2011）　　表 12-5

最大粒径（mm）	<26.5	31.5	37.5	63	75
最少试样质量（kg）	2.0	3.0	4.0	6.0	6.0

测定密度所需要的试样最小质量（JTG E42—2005）　　表 12-6

公称最大粒径（mm）	4.75	9.5	16	19	26.5	31.5	37.5	63	75
每一份试样的最小质量（kg）	0.8	1	1	1	1.5	1.5	2	3	3

②取试样 1 份装入吊篮中，并浸入盛水容器中，水面至少应高出试样 50mm。浸水 24h 后，移放到称量用的盛水容器中，并用上下升降吊篮的方法排除气泡（试样不得露出水面）。吊篮升降速度为每次 1s，升降高度为 30~50mm。

③测定水温后（此时吊篮应全浸在水中），准确称出吊篮及试样在水中的质量，精确至 5g。称量时盛水容器中水面的高度由容器的溢流孔控制。

④提取吊篮，将试样置于浅盘中，放入 105℃ ±5℃ 的烘箱中烘干至恒重。取出冷却至室温后，称出试样的质量，精确至 5g（此时恒重系指相邻两次称量间隔时间大于 3h 的情况下，其前后两次称量之差小于该项试验所要求的称量精度，以下均同）。

⑤称量吊篮在同样温度的水中的质量，精确至 5g，称量时盛水容器的水面高度仍由溢流孔控制（试验时各项称量可以在 15~25℃ 的温度范围内进行，但从加水静置的最后 2h 起直至试验结束，其温度相差不应超过 2℃）。

（4）结果计算

粗集料的表观密度按式（12-9）计算，精确至 10kg/m^3：

$$\rho_1 = \left(\frac{m_0}{m_0 + m_2 - m_1} - \alpha_t \right)\rho_w \qquad (12\text{-}9)$$

式中：ρ_1——表观密度，kg/m^3

m_0——烘干后试样质量，g；

m_1——吊篮及试样在水中的质量，g；

m_2——吊篮在水中的质量，g；

α_t——水温对表观密度影响的修正系数，参见表 12-7；

ρ_w——1 000，水的密度，kg/m^3。

不同水温下碎石和卵石表观密度的修正系数表　　表 12-7

水温（℃）	15	16	17	18	19	20	21	22	23	24	25
修正系数 α	0.002	0.003	0.003	0.004	0.004	0.005	0.005	0.006	0.006	0.007	0.007

取两次试验结果的算术平均值作为试验结果，两次试验结果之差大于 20kg/m^3 时，应重新取样进行试验。对颗粒材质不均匀，如两次试验结果之差超过 20kg/m^3，可取 4 次试验结果的算术平均值作为试验结果。

2. 粗集料的堆积密度

1）试验目的

测定粗集料的堆积密度，即集料装填于容器中，包括集料空隙（颗粒之间的）和孔隙（颗粒内部的）在内的单位体积质量。粗集料的堆积密度，包括松散堆积密度（自然堆积密度）、紧密堆积密度（振实密度）、捣实密度。

注:(GB/T 14685—2011 称为松散堆积密度、紧密堆积密度,JTG E42—2005 称为自然堆积密度、振实密度)。

2)试验仪具

①天平:称量 10kg,感量 10g;称量 50kg 或 100kg,感量 50g 各一台;

②容量筒:金属制,规格符合表 12-8、表 12-9 要求;

③平头铁锹;

④烘箱:能使温度控制在 105℃ ±5℃;

⑤垫棒(捣棒):直径 16mm,长 600mm,一头为圆头的钢棒。

容量筒的规格要求(GB/T 14865—2011)　　　　　　　表 12-8

最大粒径 (mm)	容量筒容积 (L)	容量筒规格(mm)		
		内径	净高	壁厚
9.5,16.0,19.0,26.5	10	208	294	2
31.5,37.5	20	294	294	3
53.0,63.0,75.0	30	360	294	4

容量筒的规格要求(JTG E42—2005)　　　　　　　表 12-9

粗集料公称最大粒径 (mm)	容量筒容积 (L)	容量筒规格(mm)			壁厚 (mm)
		内径	净高	底厚	
≤4.75	3	155 ±2	160 ±2	5.0	2.5
9.5 ~26.5	10	205 ±2	305 ±2	5.0	2.5
31.5 ~37.5	15	255 ±2	295 ±2	5.0	3.0
≥53.0	20	355 ±2	305 ±2	5.0	3.0

3)试验方法

(1)用四分法缩分至约如表 12-10 规定的代表样,在 105℃ ±5℃ 的烘箱中烘干,也可以摊在清洁的地面上风干,拌匀后分成 2 份备用。

测定堆积密度所需要的试样最小质量　　　　　　　表 12-10

公称最大粒径 (mm)	方孔筛	9.5	16	19	26.5	31.5	37.5	63	75
每一份试样的最小质量(kg)		40	40	40	40	80	80	120	120

(2)按下列方法测定堆积密度和振实密度

①松散堆积密度(自然堆积密度)测定　取样品 1 份,置于平整干净的地板(或铁板)上,用平头铁锹铲起试样,从铁锹的齐口至密度筒上口中心的距离约为 50mm,使石子自由落入容量筒内,当容量筒上部试样呈堆体,且容量筒四周溢满时,即停止加料。除去凸出筒口表面的颗粒,并以合适的颗粒填入凹陷部分,使表面稍凸起部分和凹陷部分的体积大致相等(试验过程应防止触动容量筒),称出试样和容量筒总质量,准确至 10g。

②紧密堆积密度(振实密度)测定　取样品 1 份,分 3 层装入容量筒中,每装完一层,在筒底垫放 1 根直径为 16mm 钢筋,把筒按住,左右交替颠击地面各 25 次然后装入第二层,第二层装满后用同样方法颠实(筒底所垫钢筋的方向与第一次时的方向垂直),然后再装入第三层,第三层装满后用同样方法颠实(筒底所垫钢筋的方向与第一次时的方向平行)。三

层试样装填完毕后,加料直到试样超出容量筒口,用钢筋在筒边缘滚转,刮下高出筒口的颗粒,并以合适的颗粒填入凹陷处,使与表面稍凸部分的体积大致相等,称取试样和容量筒的总质量,精确至10g。

③捣实密度测定(JTG E42—2005)

根据沥青混合料的类型和公称最大粒径,确定起骨架作用的关键性筛孔(通常为4.75mm或2.36mm等)。将矿质混合料中此筛孔以上颗粒筛出,作为试样装入符合要求规格的容量筒中1/3的高度,由边至中用捣棒均匀捣实25次。再向容量筒中装入1/3高度的试样,用捣棒均匀捣实25次,捣实深度均至下层的表面。然后重复上一步骤,加最后一层,捣实25次,使集料与容器口齐平。用合适的集料填充表面的大空隙,用直尺大体刮平,目测估计表面凸起部分与凹陷部分的容积大致相等,称取容量筒与试样总质量。

④容量筒容积的标定

将温度为20℃±2℃的饮用水装满容量筒,用一玻璃板沿筒口推移,使其紧贴水面。擦干筒外壁水分,然后称出其质量,精确至10g。

4)结果计算

(1)容量筒的容积按式(12-10)计算,精确至1mL:

$$V = \frac{m_w - m_1}{\rho_T} \tag{12-10}$$

式中:V——容量筒的容积,L;

m_w——容量筒、玻璃板与水的总质量,g;

m_1——容量筒和玻璃板的质量,kg;

ρ_T——试验温度 T 时水的密度,g/cm^3。

(2)松散(自然)堆积密度、紧密堆积密度(振实密度)和捣实密度按式(12-11)计算。

$$\rho_2 = \frac{m_2 - m_1}{V} \tag{12-11}$$

式中:ρ_2——松散(自然)堆积密度、紧密堆积密度(振实密度)或捣实密度 kg/m^3;

m_1——容量筒的质量,g;

m_2——试样与筒的质量,g;

V——容量筒的容积,L。

(3)空隙率

粗集料空隙率按式(12-12)计算。

$$V_0 = \left(1 - \frac{\rho_2}{\rho_1}\right) \times 100 \tag{12-12}$$

式中:V_0——粗集料的空隙率,%;

ρ_2——粗集料松散(自然)堆积密度或紧密堆积密度(振实密度)kg/m^3;

ρ_1——粗集料表观密度,kg/m^3。

(4)沥青混合料用粗集料骨架捣实状态下的间隙率按式(12-13)计算。

$$\mathrm{VCA}_{DRC} = \left(1 - \frac{\rho_2}{\rho_b}\right) \times 100 \tag{12-13}$$

式中:VCA_{DRC}——捣实状态下粗集料骨架间隙率,%;

ρ_b——粗集料的毛体积密度(试验方法见 JTG E42—2005),kg/m^3;

ρ_2——按捣实方法测定的粗集料自然堆积密度,kg/m^3。

堆积密度取两次试验结果的算术平均值,精确至 $10kg/m^3$。空隙率取两次试验结果的算术平均值,精确至 1%。

5)试验记录

粗集料的表观密度、堆积密度和空隙率试验记录见表12-11。

粗集料的表观密度、堆积密度和空隙率试验记录表 表 12-11

试样编号				试样来源	
试样描述				初拟用途	
表观密度	试验次数	粗集料试样质量 $m_0(g)$	试样及吊篮在水中的质量 $m_1(g)$	吊篮在水中的质量 $m_2(g)$	粗集料的表观密度 $\rho_1(kg/m^3)$
	①	②	③	④	⑤ = [②/(② − ③ + ④) − α_t]ρ_w
	1				
	2				
堆积密度	试验次数	容量筒体积 $V(L)$	容量筒质量 $m_1(g)$	试样 + 容量筒质量 $m_2(g)$	试样质量 $m(g)$	粗集料的堆积密度 $\rho_2(kg/m^3)$
	①	②	③	④	⑤ = ④ − ③	⑥ = ⑤/②
	1					
	2					
空隙率	试验次数	粗集料的表观密度 $\rho_1(kg/m^3)$		粗集料的堆积密度 $\rho_2(kg/m^3)$	粗集料的空隙率 $V_0(\%)$
	①	②		③	④ = [1 − (③/②)] × 100
	1				
	2				

试验者:_____;日期:_____;复核者:_____;日期:_____

12.3.2 细集料的表观密度,装填密度和空隙率

1. 细集料的表观密度

(1)试验目的

测定细集料的表观密度,即单位体积(包括内部封闭孔隙与实体体积之和)的烘干质量,同时为水泥混凝土组成设计提供原始数据。

(2)试验仪具

①天平:称量 1 000g,感量 0.1g。

②容量瓶:500mL。

③烘箱:规格同前。

④烧杯:500mL。

⑤干燥器、搪瓷盘、滴管、铝制料勺、毛刷、温度计等。

(3)试验方法

①将缩分至650g左右的试样,在温度为 105℃ ± 5℃ 的烘箱中烘干至恒量,并在干燥器中冷却至室温,分成两份备用。

②称取烘干的试样 300g，准确至 0.1g，装入盛有半瓶冷开水的容量瓶中。

③摇转容量瓶，使试样充分搅动以排除气泡，塞紧瓶塞，静置 24h 左右。然后用滴管填水，使水面与瓶颈 500mL 刻度线齐平，再塞紧瓶塞，擦干瓶外水分，称出试样、水和容量瓶的质量，精确至 1g。

④倒出瓶中的水和试样，将容量瓶的内外表面洗净，再向瓶中注水（水温相差不超过 2℃，并在 15～25℃ 范围内）至瓶颈 500mL 刻度线处。塞紧瓶塞，擦干瓶外水分，称出水和容量瓶的质量，精确至 1g。

在砂的表观密度试验过程中应测量并控制水的温度，试验的各项称量可在 15～25℃ 的温度范围内进行，从试样加水静置的最后 2h 起直至试验的结束，其温度相差不超过 2℃。

（4）结果计算

细集料的表观密度按式（12-14）计算。

$$\rho_0 = \left(\frac{m_0}{m_0 + m_2 - m_1} - \alpha_t \right) \rho_w \qquad (12\text{-}14)$$

式中：ρ_0——细集料的表观密度，kg/m³；

　　　ρ_w——1 000，水的密度，kg/m³；

　　　m_0——烘干后试样的质量，g；

　　　m_1——试样、水和容量瓶的质量，g；

　　　m_2——水和容量瓶的质量，g；

　　　α_t——水温对表观密度影响的修正系数，见表 12-7。

表观密度取两次试验结果的算术平均值，精确至 10kg/m³；如两次试验结果之差大于 20kg/m³，应重新试验（GB/T 14684—2011）；如两次试验结果之差大于 10kg/m³，应重新试验（JTG E42—2005）。

2. 细集料的堆积密度

1）试验目的

测定细集料的堆积密度，即集料装填于容器中包括集料空隙（颗粒之间的）和孔隙（颗粒内部的）在内的单位体积质量，细集料的堆积密度包括松散堆积密度和紧密堆积密度。

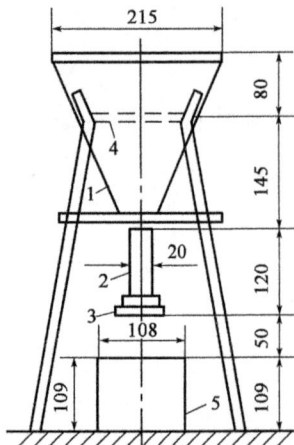

图 12-11　标准漏斗（尺寸单位：mm）

1-漏斗；2-φ20mm 管子；3-活动门；

4-筛；5-金属容量筒

2）试验仪具

①容量筒：圆柱形金属筒，标准尺寸为内径 108mm，净高 109mm，壁厚 2mm，筒底厚 5mm，容积为 1L；

②天平：称量 10kg，感量 1g；

③烘箱：规格同前。

④标准漏斗：规格尺寸如图 12-11 所示，或料勺；

⑤方孔筛：孔径为 4.75mm 的筛一只；

⑥垫棒：直径 10mm，长 500mm 的圆钢；

⑦直尺、搪瓷盘、毛刷等。

3）试验方法

（1）用搪瓷盘取试样约 3L，在温度为 105℃ ±5℃ 的烘箱中烘干至恒量，取出并冷却至室温，筛出大于 4.75mm 的颗粒，分成大致相等的 2 份备用。

（2）按下列方法测定松散堆积密度和紧密堆积密度：

①松散堆积密度测定 取试样 1 份,用漏斗或料勺将试样从容量筒中心上方 50mm 处徐徐倒入,让试样以自由落体落下,当容量筒上部试样呈堆体,且容量筒四周溢满时,即停止加料,然后用直尺将多余的试样沿筒口中心线向两个相反方向刮平(试验过程中应防止触动容量筒),称出试样和容量筒总质量,精确至 1g。

②紧密堆积密度测定 取试样 1 份,分两层装入容量筒。装完一层后(约计稍高于 1/2),在筒底垫放 1 根直径为 10mm 的钢筋,将筒按住,左右交替颠击地面各 25 下,然后再装入第二层。第二层装满后用同样方法颠实(但筒底所垫钢筋的方向应与第一层放置方向垂直)。二层装完并颠实后,加料直至试样超出容量筒筒口,然后用直尺将多余的试样沿筒口中心线向两个相反方向刮平,称出试样和容量筒总质量,精确至 1g。

(3)容量筒容积的校正

方法同前。

4)结果计算

(1)细集料的松散紧密堆积密度按式(12-15)计算。

$$\rho_1 = \frac{m_1 - m_0}{V} \tag{12-15}$$

式中:ρ_1——细集料的松散堆积密度或紧密堆积密度,kg/m³;

m_0——容量筒的质量,g;

m_1——容量筒和试样总质量,g;

V——容量筒容积,L。

(2)空隙率按式(12-16)计算。

$$V_0 = \left(1 - \frac{\rho_1}{\rho_0}\right) \times 100 \tag{12-16}$$

式中:V_0——细集料空隙率,%;

ρ_1——细集料的松散(或紧密)堆积密度,kg/m³;

ρ_0——细集料的表观密度,kg/m³。

堆积密度取两次试验结果的算术平均值作为测定结果,精确至 10kg/m³。空隙率取两次试验结果的算术平均值作为测定结果,精确至 1%。

5)试验记录

细集料的表观密度、堆积密度和空隙率试验记录见表 12-12。

细集料的表观密度、堆积密度和空隙率试验记录表   表 12-12

试样编号				试样来源	
试样描述				初拟用途	
表观密度	试验次数	细集料试样质量 m_0(g)	试样 + 水 + 容量瓶的质量 m_1(g)	水 + 容量瓶的质量 m_2(g)	细集料的表观密度 ρ_0(kg/m³)
	①	②	③	④	⑤ = [②/(②−③+④) − α_1]ρ_w
	1				
	2				

试样编号				试样来源		
试样描述				初拟用途		

堆积密度	试验次数	容量筒体积 $V(L)$	容量筒质量 $m_0(kg)$	试样 + 容量筒质量 $m_1(kg)$	试样质量 $m(kg)$	细集料的堆积密度 $\rho_1(kg/m^3)$
	①	②	③	④	⑤=④-③	⑥=⑤/②
	1					
	2					

空隙率	试验次数	细集料的表观密度 $\rho_0(kg/m^3)$		细集料的堆积密度 $\rho_1(kg/m^3)$		细集料的空隙率 $V_0(\%)$
	①	②		③		④=[1-(③/②)]×100%
	1					
	2					

试验者:_____;日期:_____;复核者:_____;日期:_____

12.4　粗集料针、片状颗粒含量试验

1.试验目的

测定粒径小于或等于37.5mm的碎石或卵石中针、片状颗粒的总含量,用以评价集料的形状并判断该碎石或卵石能否用来配制混凝土。

2.试验仪具

(1)针状规准仪和片状规准仪如图12-12及图12-13所示。

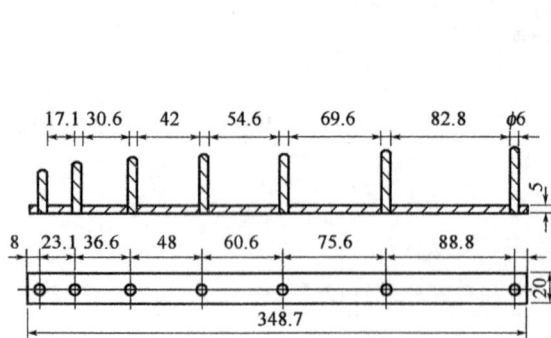

图12-12　水泥混凝土针状规准仪(尺寸单位:mm)

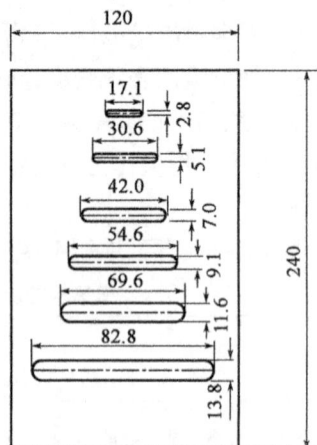

图12-13　水泥混凝土片状规准仪(尺寸单位:mm)

(2)天平:称量10kg,感量1g。

(3)方孔筛:孔径分别为4.75mm、9.5mm、16mm、19mm、26.5mm、31.5mm、37.5mm,根据需要选用。

3. 试验方法

（1）将来样在室内风干至表面干燥，并用四分法缩分至如表12-13规定的数量备用。

针、片状试验所需的试样最少质量 表12-13

公称最大粒径（mm）	9.5	16	19	26.5	31.5	37.5
试样最小质量（kg）	0.3	1.0	2.0	3.0	5.0	10.0

（2）根据试样的公称最大粒径，称取按表12-13规定数量试样1份，精确到1g，然后按表12-14规定的粒级规定进行筛分。

水泥混凝土针、片状试验的粒级划分及其相应的规准仪孔宽或间距 表12-14

石子粒级（mm）	4.75～9.5	9.5～16	16～19	19～26.5	26.5～31.5	31.5～37.5
针状规准仪上相对应的立柱之间的间距宽（mm）	17.1	30.6	42.0	54.6	69.6	82.8
片状规准仪上相对应的孔宽（mm）	2.8	5.1	7.0	9.1	11.6	13.8

（3）按表12-14规定的粒级用规准仪逐粒对试样进行鉴定，凡颗粒长度大于针状规准仪上相应间距者，为针状颗粒；厚度小于片状规准仪上相应孔宽者，为片状颗粒。称出其总质量，精确至1g。

4. 结果计算

碎石或卵石中针、片状颗粒含量按式（12-17）计算，精确至1%（GB/T 14685—2011）。

$$Q_c = \frac{m_1}{m_0} \times 100 \tag{12-17}$$

式中：Q_c——试样中针、片状颗粒含量，%；

m_1——试样中所含针、片状颗粒的总质量，g；

m_0——试样总质量，g。

注：（JTG E42—2005）规定，精确至0.1%。

5. 试验记录

粗集料针、片状颗粒含量试验记录见表12-15。

粗集料针、片状颗粒含量试验记录 表12-15

试样编号				试样来源		
集料名称				初拟用途		
试样总质量（g）	粒级（mm）	各级针状		各级片状		针、片状总含量（%）
		质量（g）	含量（%）	质量（g）	含量（%）	
①	②	③	④	⑤	⑥	⑦
总计						

试验者：_____；日期：_____；复核者：_____；日期：_____

12.5　水泥混凝土粗集料压碎指标值试验

试验方法一（GB/T 14685—2011）

1. 试验目的

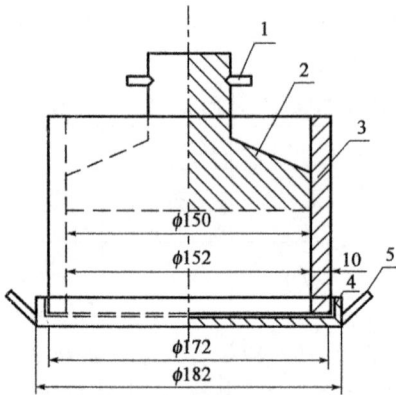

图 12-14　压碎值指标测定仪
1-把手；2-加压头；3-圆模；4-底盘；5-手把

用于衡量碎石或卵石在逐渐增加的荷载下抵抗压碎的能力，以间接地推测其相应的强度，并用以评定在工程中的适用性。

2. 试验仪具

（1）压力试验机：量程 300kN，示值相对误差 2%；

（2）受压试模（压碎指标测定仪），如图 12-14 所示。

（3）天平：称量 10kg，感量 1g；

（4）标准筛：孔径分别为 2.36mm、9.5mm 和 19mm 各一只；

（5）垫棒：直径 10mm，长 500mm 圆钢。

3. 试验方法

（1）按规定取样，风干后筛除大于 19mm 及小于 9.5mm 的颗粒，并去除针、片状颗粒，分为大致相等的三份备用。当试样中粒径在 9.5～19mm 之间的颗粒不足时，允许将粒径大于 19mm 的颗粒破碎成 9.5～19mm 之间的颗粒用作压碎指标试验。

（2）称取试样 3 000g，精确至 1g。将试样分两层装入圆模（置于底盘上），每装完一层试样后，在底盘下面放一直径为 10mm 的圆钢，将筒按住，左右交替颠击地面各 25 下，两层颠实后，平整模内试样表面，盖上压头，当圆模装不下 3 000g 试样时，以装至距离圆模上口 10mm 为准。

把装有试样的圆模置于压力机上，开动压力试验机，按 1kN/s 速度均匀加荷至 200kN 并稳荷 5s，然后卸荷。取下加压头，倒出试样，用孔径 2.36mm 的筛筛除被压碎的细粒，称出留在筛上的试样质量，精确至 1g。

4. 结果计算

压碎指标按式（12-18）计算，精确至 0.1%：

$$Q_e = \frac{m_1 - m_2}{m_1} \times 100 \qquad (12\text{-}18)$$

式中：Q_e——压碎指标，%；

m_1——试样的质量，g；

m_2——压碎试验后筛余的试样质量，g；

压碎指标取三次试验结果的算术平均值作为试验结果，精确至 1%。

试验方法二（JTG E42—2005）

1. 试验目的

用于衡量碎石或卵石在逐渐增加的荷载下抵抗压碎的能力,以间接地推测其相应的强度,并用以评定在工程中的适用性。

2. 试验仪具

(1)压力试验机:500kN,应能在 10min 内达到 400kN;

(2)压碎值试验仪,同上;

(3)天平:称量 2~3kg,感量不大于 1g;

(4)标准筛:孔径分别为 2.36mm、9.5mm、和 13.2mm 各一只;

(5)金属棒:直径 10mm,长 450~600mm,一端加工成半球形;

(6)金属筒:圆柱形,内径 112.0mm,高 179.4mm,容积 1767cm^3。

3. 试验准备

(1)采用风干石料用 13.2mm 和 9.5mm 标准筛过筛,取 9.5~13.2mm 的试样 3 组各 3 000g,供试验用。如过于潮湿需加热烘干时,烘箱温度不得超过 100℃,烘干时间不超过 4h。试验前,石料应冷却至室温。

(2)每次试验的石料数量应满足按下述方法夯击后石料在试筒内的深度为 100mm。

在金属筒中确定石料数量的方法如下:

将试样分 3 次(每次数量大体相同)均匀装入试模中,每次均将试样表面整平,用金属棒的半球面端从石料表面上均匀捣实 25 次。最后用金属棒作为直刮刀将表面仔细整平。称取量筒中试样质量(m_0)。以相同质量的试样进行压碎值的平行试验。

4. 试验方法

(1)将试筒安放在底板上。

(2)将要求质量(m_0)的试样分 3 次(每次数量大体相同)均匀装入试模中,每次均将试样表面整平,用金属棒的半球面端从石料表面上均匀捣实 25 次。最后用金属棒作直刮刀将表面仔细整平。

(3)将装有试样的试模放到压力机上,同时加压头放入试筒内石料面上,注意使加压头保持平正,勿楔挤试模侧壁。

(4)开动压力机,均匀地施加荷载,在 10min 左右的时间内达到总荷载 400kN,稳压 5s,然后卸荷,用孔径为 2.36mm 的筛筛除被压碎的细粒,称取通过 2.36mm 筛孔的全部细料质量(m_1),准确至 1g。

5. 结果计算

石料压碎值按式(12-19),精确至 0.1%。

$$Q'_a = \frac{m_1}{m_0} \times 100 \qquad (12\text{-}19)$$

式中:Q'_a——石料压碎值,%;

m_0——试样的质量,g;

m_1——试验后通过 2.36mm 筛孔的细料质量,g。

以 3 个试样平行试验结果的算术平均值作为压碎值的测定值。

注:新规范修订后,加荷由3~5min加至200kN统一为10min加至400kN,为与《公路水泥混凝土路面施工技术规范》(JTG F30—2003)压碎值指标相比较,按相关式$y = 0.816x - 5$换算,x为新标准(上述方法)测定的结果。

6.试验记录

碎石或卵石压碎值试验记录见表12-16。

碎石或卵石压碎值试验记录表 表12-16

	试件编号	外观描述	试验前试样质量 m_0(g)	试验后 <2.36mm 的质量 m_1(g)	压碎值 Q'_a(%)
压碎值	①	②	③	④	⑤ = 100 × ④/③

试验者:_____;日期:_____;复核者:_____;日期:_____

12.6 集料含水率试验

1.细集料含水率试验

(1)试验目的

测定细集料的含水率,用来确定混凝土的施工配合比。

(2)试验仪具

①烘箱:能使温度控制在105℃±5℃。

②天平:称量1 000g,感量0.1g。

③小铲、搪瓷盘、毛巾、刷子等。

(3)试验方法

①将自然潮湿状态下的试样用四分法缩分至约1 100g,拌匀后分为大致相等的两份备用。

②将试样倒入已知质量的干燥容器中称量,记下每盘试样与容器的总量,精确至0.1g。将容器连同试样放入温度为105℃±5℃的烘箱中烘干至恒重,称烘干后试样与容器的总量,精确至0.1g。

(4)结果计算

细集料的含水率按式(12-20)计算。

$$\omega = \frac{m_2 - m_3}{m_3 - m_1} \times 100 \qquad (12-20)$$

式中:ω——细集料的含水率,%;

m_1——容器质量,g;

m_2——未烘干的试样与容器总质量,g;

m_3——烘干后的试样与容器总质量,g。

含水率取两次试验结果的算术平均值为测定值,精确至0.1%。

2. 碎石或卵石的含水率试验

（1）试验目的

测定碎石或卵石的含水率，用来确定混凝土的施工配合比。

（2）试验仪具

①烘箱：能使温度控制在 105℃±5℃。

②天平：称量 10kg，感量 1g。

③小铲、搪瓷盘、毛巾、刷子等。

（3）试验方法

①用四分法缩分至约如表 12-17 规定的代表样，分 2 份备用。

测定粗集料含水率所需要的试样最小质量　　　　表 12-17

公称最大粒径(mm) 方孔筛	9.5	16	19	26.5	31.5	37.5	63	75
每一份试样的最小质量(kg)	2	2	2	2	3	3	4	6

②将试样置于干净的容器中，称量试样和容器的合重，精确至 1g。放在 105℃±5℃的烘箱中烘至恒重。取出试样，冷却后称取试样与容器的合重，精确至 1g。

（4）结果计算

碎石或卵石含水率的计算方法同细集料。

以两次试验结果的算术平均值为测定值，精确至 0.1%。

（5）试验记录

粗、细集料含水率试验记录见表 12-18。

粗、细集料含水率试验记录表　　　　表 12-18

试样编号				试样来源			
集料名称				初拟用途			
试验次数	浅盘质量(g)	浅盘+试样合重(g)	浅盘+烘干试样合重(g)	烘干后试样重(g)	含水质量(g)	含水率(%)	平均值(%)

试样编号				试样来源			
集料名称				初拟用途			
试验次数	浅盘质量(g)	浅盘+试样合重(g)	浅盘+烘干试样合重(g)	烘干后试样重(g)	含水重(g)	含水率(%)	平均值(%)

试验者：＿＿＿＿＿＿；日期：＿＿＿＿＿；复核者：＿＿＿＿＿＿；日期：＿＿＿＿

12.7　集料的含泥量和泥块含量试验

1. 粗集料含泥量和泥块含量试验

（1）试验目的

测定碎石或卵石中小于 0.075mm 的尘屑、淤泥和黏土的总含量及 4.75mm 以上泥块含量,用以确定可否直接用来配制混凝土。

(2)试验仪具

①天平:称量 10kg,感量 1g。

②烘箱:能使温度控制在 105℃±5℃。

③标准筛:孔径为 1.18mm、0.075mm 的方孔筛各一只;测泥块含量时,则用 2.36mm 及 4.75mm 的方孔筛各一只。

④容器:要求淘洗试样时,保持试样不溅出。

⑤搪瓷盘、毛刷等。

(3)试验方法

①将试样用四分法缩分至略大于表 12-19 所规定的 2 倍数量(注意防止细粉丢失并防止所含黏土块被压碎),置于温度为 105℃±5℃的烘箱内烘干至恒量,冷却至室温后分大致相等的 2 份备用。

测定粗集料含泥量及泥块含量所需要的试样最小质量　　　　表 12-19

公称最大粒径(mm)	9.5	16	19	26.5	31.5	37.5	63	75
每份样的最小质量(kg)	2.0	2.0	6.0	6.0	10.0	10.0	20.0	20.0

②根据试样公称最大粒径,称取按表 12-19 的规定数量试样 1 份,精确至 1g。将试样放入淘洗容器中,注入清水,使水面高于试样表面约 150mm,充分搅拌均匀后,浸泡 2h,然后用手在水中淘洗试样(或用毛刷洗刷),使尘屑、淤泥和黏土与较粗颗粒分开,并使之悬浮或溶解于水中;缓缓地将浑浊液倒入 1.18mm 及 0.075mm 的套筛上,滤去小于 0.075mm 的颗粒。试验前筛子的两面应先用水湿润,在整个试验过程中,应注意防止大于 0.075mm 的颗粒流失。

③再次加水于容器中,重复上述步骤,直到洗出的水清澈为止。

④用水淋洗余留在筛上的细粒,并将 0.075mm 筛放在水中(使水面略高于筛内颗粒)来回摇动,以充分洗除小于 0.075mm 的颗粒,而后将两只筛上余留的颗粒和清洗容器中已洗净的试样一并倒入搪瓷盘中,置于温度为 105℃±5℃的烘箱中烘干至恒重,取出冷却至室温后,称取试样的质量,精确至 1g。

⑤测定泥块含量时,称取筛去 4.75mm 以下颗粒,分为大致相等的两份备用。

⑥根据公称最大粒径,称取按表 12-19 的规定数量试样 1 份,精确至 1g。将试样放入淘洗容器中,注入清水,使水面高于试样表面,充分搅拌均匀后,浸泡 2h,然后用手在水中碾碎泥块,再把试样放在 2.36mm 筛上,用水淘洗,直至洗出的水清澈为止。

⑦小心地取出筛上试样,装入搪瓷盘后,置于温度为 105℃±5℃的烘箱中烘干至恒重,取出冷却至室温后,称出其质量,精确至 1g。

(4)结果计算

①碎石或卵石的含泥量按式(12-21)计算,精确至 0.1%。

$$Q_n = \frac{m_0 - m_1}{m_0} \times 100 \tag{12-21}$$

式中:Q_n——碎石或卵石的含泥量,%

　　　m_0——试验前烘干试样质量,g;

　　　m_1——试验后烘干试样质量,g。

以两次试验结果的算术平均值作为测定值,两次结果的差值超过 0.2% 时,应重新取样进行试验。

②碎石或卵石中黏土泥块含量按式(12-22)计算,精确至 0.1%。

$$Q_k = \frac{m_2 - m_3}{m_2} \times 100 \qquad (12\text{-}22)$$

式中:Q_k——碎石或卵石中黏土泥块含量,%;

m_2——4.75mm 筛筛余质量,g;

m_3——试验后烘干试样质量,g。

以两个试样两次试验结果的算术平均值为测定值,两次结果的差值超过 0.1%,应重新取样进行试验。

(5)试验记录

粗集料含泥量及泥块含量试验记录见表 12-20。

粗集料含泥量及泥块含量试验记录表　　　　　　表 12-20

试样编号				试样来源		
集料名称				初拟用途		
含泥量	试验次数	烘干粗集料试样质量 m_0(g)	0.075mm 筛上烘干质量 m_1(g)	含泥质量 m(g)	含泥量 Q_n(%)	平均值(%)
	①	②	③	④=②-③	⑤=④/②	⑥
	1					
	2					
泥块含量	试验次数	4.75mm 筛筛余质量 m_2(g)	2.36mm 筛上颗粒质量 m_3(g)	泥块质量 m(g)	泥块含量 Q_k(%)	平均值(%)
	①	②	③	④=②-③	⑤=④/②	⑥
	1					
	2					

试验者:_____;日期:_____;复核者:_____;日期:_____

2.细集料含泥量和泥块含量试验

1)试验目的

测定砂中粒径小于 0.075mm 的尘屑、淤泥和黏土的总含量。确定可否直接用来配制混凝土。

2)试验仪具

(1)天平:称量 1 000g,感量 0.1g;

(2)烘箱:能使温度控制在 105℃±5℃;

(3)筛:孔径为 0.075mm 及 1.18mm 方孔筛各一只;测泥块含量时,则用 0.6mm 及 1.18mm 的方孔筛各一只;

(4)容器:要求淘洗试样时,保持试样不溅出(深度大于 250mm);

(5)搪瓷盘、毛刷等洗砂用的筒及烘干用的浅盘等。

3)试验方法

(1)将试样在潮湿状态下用四分法缩分至约 1100g,置于温度 105℃±5℃的烘箱中烘至恒重,冷却至室温后,分为大致相等的2份备用。

(2)称取试样500g(《建设用砂》GB/T 14684—2011)或400g(《公路工程集料试验规程》JTG E42—2005),精确至0.1g。将试样放入淘洗容器中,注入清水,使水面高于试样表面约200mm,充分搅拌均匀后,浸泡2h,然后用手在水中淘洗试样,使尘屑、淤泥和黏土与砂粒分开,并使之悬浮或溶解于水中;缓缓地将浑浊液倒入1.18mm及0.075mm的套筛上,滤去小于0.075mm的颗粒。试验前筛子的两面应先用水湿润,在整个试验过程中,应注意防止大于0.075mm的颗粒流失。

(3)再次加水于筒中,重复上述过程,直至筒内洗出的水清澈为止。

(4)用水冲洗剩留在筛上的细粒,并将0.075mm筛放在水中(使水面略高出筛中砂料的上表面)来回摇动,以充分洗除小于0.075mm的颗粒,然后将两只筛上剩余的颗粒和清洗容器中已洗净的试样一并倒入搪瓷盘,置于温度为105℃±5℃的烘箱中烘干至恒重,取出冷却至室温后称量试样的质量,精确至0.1g。

(5)测定泥块含量时,将试样按四分法缩分至约5 000g,置于温度105℃±5℃的烘箱中烘至恒重,冷却至室温后,筛除小于1.18mm的颗粒,分为大致相等的两份备用。

(6)称取试样200g,精确至0.1g。将试样放入淘洗容器中,注入清水,使水面高于试样表面约200mm,充分搅拌均匀后,浸泡24h,然后用手在水中碾碎泥块,再把试样放在0.6mm筛上,用水淘洗,直至洗出的水清澈为止。

(7)小心地取出筛上试样,装入搪瓷盘后,置于温度为105℃±5℃的烘箱中烘干至恒重,取出冷却至室温后,称出其质量,精确至0.1g。

4)结果计算

(1)砂的含泥量按式(12-23)计算,精确至0.1%。

$$Q_n = \frac{m_0 - m_1}{m_0} \times 100 \qquad (12\text{-}23)$$

式中:Q_n——砂的含泥量,%;

　　m_0——试验前烘干试样质量,g;

　　m_1——试验后烘干试样质量,g。

以两次试验结果的算术平均值作为测定值,两次结果的差值超过0.5%时,应重新取样进行试验。

(2)砂中泥块含量按式(12-25)计算,精确至0.1%。

$$Q_k = \frac{m_2 - m_3}{m_2} \times 100 \qquad (12\text{-}24)$$

式中:Q_k——砂中泥块含量,%;

　　m_2——试验前1.18mm筛上烘干试样的质量,g;

　　m_3——试验后的烘干试样质量,g。

以两个试样试验结果的算术平均值作为测定值,两次结果的差值超过0.4%时,应重新取样进行试验。

5)试验记录

细集料含量及泥块含量试验记录见表12-21。

		试样编号		试样来源		
		集料名称		初拟用途		
含泥量	试验次数	烘干细集料试样质量 $m_0(g)$	0.075mm 筛上烘干质量 $m_1(g)$	含泥质量 $m(g)$	含泥量 $Q_n(\%)$	平均值 （%）
	①	②	③	④ = ② - ③	⑤ = ④/②	⑥
	1					
	2					
泥块含量	试验次数	1.18mm 筛筛余质量 $m_2(g)$	0.06mm 筛上颗粒质量 $m_3(g)$	泥块质量 $m(g)$	泥块含量 $Q_k(\%)$	平均值 （%）
	①	②	③	④ = ② - ③	⑤ = ④/②	⑥
	1					
	2					

试验者：_____；日期：_____；复核者：_____；日期：_____

12.8 细集料的筛析试验（干筛法）

1. 试验目的

测定细集料（天然砂、人工砂、石屑）的颗粒级配及粗细程度，并判断级配能否直接用来配制混凝土。

2. 试验仪具

（1）标准筛：规格为 0.15mm、0.3mm、0.6mm、1.18mm、2.36mm、4.75mm、9.5mm 的筛各一只，并附有筛底和筛盖；

（2）摇筛机；

（3）烘箱：能使温度控制在 105℃ ±5℃；

（4）天平：称量 1 000g，感量不大于 0.5g；

（5）其他：搪瓷盘、毛刷等。

3. 试样方法

（1）将来样筛除大于 9.5mm 的颗粒，并将试样缩分至约 1 100g，置于温度 105℃ ±5℃ 的烘箱中烘至恒重，冷却至室温后，分为大致相等的 2 份备用。

（2）准确称取烘干试样 500g，准确至 0.5g，将试样倒入按孔径大小从上到下组合的套筛（附筛底）上，将套筛装入摇筛机，摇筛约 10min，然后取下套筛，再按筛孔大小顺序，从最大的筛号开始，在清洁的搪瓷盘上逐个进行手筛，直到每分钟的筛出量不超过筛上剩余量的 0.1% 为止，将筛出通过的颗粒并入下一号筛，和下一号筛中的试样一起过筛，以此顺序进行至各号筛全部筛完为止。

（3）称量各筛筛余试样的质量，精确至 0.5g。

（4）所有各筛的分级筛余量和底盘中剩余量的总量与筛分前的试样总量，相差不得超过后者的 1%。

4. 结果计算

（1）分计筛余百分率

各号筛的筛余量除以试样总量的百分率，按式（12-25）计算，精确至0.1%。

$$a_i = \frac{m_i}{m} \times 100 \tag{12-25}$$

式中：a_i——某号筛分计筛余百分率，%；

m_i——某号筛的筛余量，g；

m——试样总量，g。

（2）累计筛余百分率

该号筛的分计筛余百分率及该号筛以上各筛分计筛余百分率之和，按式（12-26）计算，精确至0.1%。

$$A_i = a_1 + a_2 + \cdots + a_i \tag{12-26}$$

式中： A_i——某号筛的累计筛余百分率，%；

a_1、$a_2 \cdots a_i$——分别为4.75mm筛、2.36mm筛$\cdots$0.15mm、<0.15mm各筛分计筛余百分率，%。

（3）细度模数

细度模数按式（12-27）计算，精确至0.01。

$$M_x = \frac{(A_{0.15} + A_{0.3} + A_{0.6} + A_{1.18} + A_{2.36}) - 5A_{4.75}}{100 - A_{4.75}} \tag{12-27}$$

式中： M_x——砂的细度模数；

$A_{0.15}$、$A_{0.3}$、$\cdots$、$A_{4.75}$——分别为0.15mm、0.3mm$\cdots$4.75mm各号筛的累计筛余百分率，%。

应进行两次平行试验，累计筛余百分率取两次试验结果的算术平均值，精确至1%。细度模数取两次试验结果的算术平均值，精确至0.1%；如两次所得的细度模数之差超过0.20，应重新进行试验。

5. 试验记录

细集料筛分试验记录见表12-22。

细集料筛析试验记录表　　　　　　　　　　　　表12-22

试样编号		试样来源					
集料名称		初拟用量					
试样质量 （g）	筛孔尺寸 （mm）	第1次			第2次			平均
		分计筛余量 （g）	分计筛余 a_i（%）	累计筛余 A_i（%）	分计筛余量 （g）	分计筛余 α_i（%）	累计筛余 A_i（%）	累计筛余 A_i（%）
细度模数：							

试验者：_____；日期：_____；复核者：_____；日期：_____

12.9 普通混凝土配合比设计

[题目12-1] 试设计某工程预制钢筋混凝土梁用混凝土的配合组成该梁用于寒冷地区露天环境。

[设计资料]

1.设计图纸规定:水泥混凝土强度等级为 C30;混凝土保证率系数为 $t = 1.645$,强度标准差 $\sigma = 5.0\text{MPa}$。

2.施工要求坍落度为 35～50mm。

3.可供选择的材料:

(1)水泥:PO42.5 级普通硅酸盐水泥,表观密度 $\rho_c = 3.15\text{g/cm}^3$。

(2)石子:花岗岩轧制碎石,公称最大粒径为 31.5mm,实测表观密度为 _____,实测天然含水率为 _____,实测针、片状颗粒含量为 _____,实测含泥量、泥块含量 _____,该碎石实测压碎值为 _____。

(3)砂:中砂,实测表观密度为 _____,实测含泥量为 _____,实测天然含水率为 _____。

(4)水:饮用水,符合混凝土拌和用水要求。

[设计要求]

1.确定混凝土的配制强度,并选择适宜的组成材料。

2.用体积法确定混凝土的初步配合比。

3.确定试拌配合比(完成上述内容后,进行混凝土工作性试验,即 12.10,根据试验结果,确定试拌配合比)。

4.确定试验室配合比(完成 12.11、12.12,根据实测强度及实测密度,确定试验室配合比)。

5.施工配合比换算(根据实测含水率计算施工配合比)。

12.10 水泥混凝土拌和物的拌制和工作性试验

12.10.1 水泥混凝土拌和物的拌制

1.试验目的

拌制混凝土拌和物(新拌混凝土),用来测定其工作性及测定强度时的试件制备。

2.试验仪具

(1)搅拌机:自由式或强制式,应附有产品品质保证文件。

(2)拌板:1m×2m 的金属板。

(3)磅秤:感量满足称量总量1%的磅秤。

(4)天平:感量满足称量总量0.5%的天平。

(5)铲子:手工拌和用。

(6)量筒:1 000mL。

(7)其他:盛装水泥及各种集料用容器等。

3.试验方法

(1)人工拌制

①清除拌板上黏着的混凝土,并用湿抹布润湿,同时用湿抹布将铁锹润湿,然后按计算结果称取各种材料,分别装在各容器中。

②将称好的砂置于拌板上,然后倒上所需数量的水泥,用铲子拌和至均一颜色为止。

③加入所需数量的粗集料,并将全部拌和物加以拌和,使粗集料在整个干拌和物中分配均匀为止。

④将拌和物收集成细长与椭圆形的堆,中心扒成长槽,将称好的水倒入约一半,将其与拌和物仔细拌均不使水流散,再将材料堆成长堆,扒成长槽,倒入剩余的水,继续拌和,来回翻拌至少6遍。从试样制备完毕到开始做各项性能试验不宜超过5min(不包括成型试件)。

(2)机械拌制

①按计算结果将所需材料分别称好装在各容器中。

②使用拌和机前,应先用少量砂浆进行涮膛,再刮出涮膛砂浆,以避免正式拌和混凝土时,水泥砂浆黏附筒壁的损失。涮膛砂浆的水灰比及砂灰比,与正式的混凝土配合比相同。

③将称好的各种原材料,按顺序往搅拌机加入(粗集料、细集料和水泥),开动搅拌机,将材料拌和均匀,在拌和过程中将水徐徐加入,全部加料时间不宜超过2min。水全部加入后,继续拌和约2min,而后将拌和物倾出在拌和板上,再经人工翻拌1~2min,务必使拌和物均匀一致。

注:①拌和时保持室温20℃±5℃。

②拌制混凝土的材料用量以质量计,称量的精确度:集料为±1%,水、水泥、掺和料和外加剂为±0.5%。

12.10.2 混凝土拌和物工作性试验(坍落度仪法)

1.试验目的

坍落度为表示混凝土拌和物稠度的一种指标,测定的目的是判定混凝土稠度是否满足要求,同时作为配合比调整的依据;本试验适用于坍落度大于10mm,集料公称最大粒径不大于31.5mm的混凝土。

2.试验仪具

(1)坍落度筒:如图12-15所示,坍落度筒为铁板制成的截头圆锥筒,厚度不小于1.5mm,内侧平滑,没有铆钉头之类的凸出物,在筒上方约2/3高度处有两个把手,近下端两侧焊有两个踏脚板,保证坍落度筒可以稳定操作,坍落筒尺寸见表12-23。

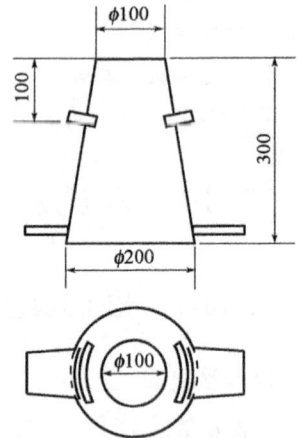

图 12-15 坍落度试验用坍落度筒
(尺寸单位:mm)

坍 落 筒 尺 寸 　　　　　　　　表 12-23

集料公称最大粒径(mm)	筒的名称	筒的内部尺寸(mm)		
		底部直径	顶部直径	高度
<31.5	标准坍落筒	200±2	100±2	300±2

(2)捣棒:直径16mm,长约600mm并具有半球形端头的钢质圆棒。

(3)其他:小铲、木尺、小钢尺、镘刀和钢平板等。

3.试验方法

（1）试验前将坍落筒内外洗净，放在经水润湿过的钢板上（平板吸水时应垫以塑料布），踏紧踏脚板。

（2）将代表样分三层装入筒内，每层装入高度稍大于筒高约1/3，用捣棒在每一层的横截面上均匀插捣25次。插捣在全部面积上进行，沿螺旋线由边缘至中心，插捣底层时插至底部，插捣其他两层时，应插透本层并插入下层约20~30mm，插捣须垂直压下（边缘部分除外），不得冲击。

在插捣顶层时，装入的混凝土应高出坍落筒口，随插捣过程随时添加拌和物，当顶层插捣完毕后，将捣棒用锯和滚的动作，清除掉多余的混凝土，用镘刀抹平筒口，刮净筒底周围的拌和物，而后立即垂直地提起坍落筒，提筒在5~10s内完成，并使混凝土不受横向及扭力作用，从开始装料到提起坍落度筒的整个过程应在150s内完成。

（3）将坍落筒放在锥体混凝土试样一旁，筒顶平放木尺，用小钢尺量出木尺底面至试样坍落后的最高点之间的垂直距离，即为该混凝土拌和物的坍落度，精确至1mm。

（4）当混凝土试件的一侧发生崩坍或一边剪切破坏，则应重新取样另测。如果第二次仍发生上述情况，则表示该混凝土和易性不好，应记录。

（5）当混凝土拌和物的坍落度大于220mm时，用钢尺测量混凝土扩展后最终的最大直径和最小直径，在这两个直径之差小于50mm的条件下，用其算术平均值作为坍落扩展度值；否则，此次试验无效。

（6）测定坍落度的同时，可用目测方法评定混凝土拌和物的下列性质，并与记录。

①棍度：按插捣混凝土拌和物时难易程度评定，分"上"、"中"、"下"三级。

"上"：表示插捣容易；

"中"：表示插捣时稍有石子阻滞的感觉；

"下"：表示很难插捣。

②含砂情况：按拌和物外观含砂多少而评定，分"多"、"中"、"少"三级。

"多"：表示镘刀抹拌和物表面时，一两次即可使拌和物表面平整无蜂窝；

"中"：表示抹五六次才可使表面平整无蜂窝；

"少"：表示抹面困难，不易抹平，有空隙及石子外露等现象。

③黏聚性：观测拌和物各组分相互黏聚情况，评定方法用捣棒在已坍落的混凝土锥体侧面轻打，如锥体在轻打后逐渐下沉，表示黏聚性良好，如锥体突然倒坍，部分崩裂或发生石子离析现象，即表示黏聚性不好。

④保水性：指水分从拌和物中析出情况，分"多量"、"少量"、"无"三级评定。

"多量"：表示提起坍落度筒后，有较多水分从底部析出；

"少量"：表示提起坍落度筒后，有少量水分从底部析出；

"无"：表示提起坍落度筒后，没有水分从底部析出。

4.结果计算

（1）混凝土拌和物坍落度和坍落扩展度以mm计，测量精确至1mm，结果修约至最接近的5mm。

（2）在测定新拌混凝土工作性时，实测坍落度，若与要求坍落度不符，要求调整材料组成，重新拌和，重新测定，直至符合要求为止，确定试拌配合比。

5. 试验记录

混凝土拌和物坍落度试验记录见表 12-24。

混凝土拌和物坍落度试验记录表 表 12-24

试验次数	集料公称最大粒径（mm）	坍落度				
		坍落度值（mm）	棍度	含砂情况	黏聚性	保水性

试验者:_____;日期:_____;复核者:_____;日期:_____

12.10.3 试件成型与养护方法

1. 试验目的

经稠度试验合格的混凝土混合料,为测定其技术性质,必须制备成各种不同尺寸的试件,试件成型按下列方法。

2. 试验仪具

(1)振动台:标准振动台,应符合《混凝土试验用振动台》;

(2)试模:应符合《混凝土试模》,内表面刨光磨光(粗糙度 Ra = 3.2μm)。内部尺寸允许偏差为 ±0.2%;相邻面夹角为 90° ±0.3°。试件边长的尺寸公差为 1mm。

试件标准尺寸:

立方体抗压强度试件　　　　　　150mm × 150mm × 150mm;

抗弯拉强度试件　　　　　　　　150mm × 150mm × 550mm。

(3)捣棒:直径 16mm,长约 650mm 并具有半球形端头的钢质圆棒;

(4)橡皮锤:应带有质量约 250g 的橡皮锤头。

3. 试验方法

(1)将试模内部涂敷一薄层矿物油脂或其他脱模剂,然后将拌好的拌和物装入试模中,并使其稍高出模顶,紧接着即实行捣实工作。

(2)混合料成型可采用下列方式:

①插入式振捣棒成型

对于坍落度小于 25mm 时,可采用 φ25mm 的插入式振捣棒成型。将混凝土拌和物一次装入试模,装料时应用抹刀沿各试模壁插捣,并使混凝土拌和物高出试模口;振捣时捣棒距底板 10~20mm,且不要接触底板。振捣直到表面出浆为止,且应避免过振,以防混凝土离析,一般振捣时间为 20s。振捣棒拔出时要缓慢,拔出后不得留有孔洞。用刮刀刮去多余的混凝土,在临近初凝时,用抹刀抹平,试件抹面与试模边缘高低差不得超过 0.5mm。

②标准振动台成型

当坍落度大于 25mm 且小于 70mm 时,用标准振动台成型。将试模放在振动台上夹牢,防止试模自由跳动,将拌和物一次装满试模并稍有富余,开动振动台至混凝土表面出现乳状水泥浆时为止,振动过程中随时添加混凝土使试模常满,记录振动时间(一般不超过 90s)。振动结束后,用金属直尺沿试模边缘刮去多余混凝土,用镘刀将表面初次抹平,待试件收浆后,再次用镘刀将试件仔细抹平,试件抹面与试模边缘高低差不得超过 0.5mm。

③人工成型

当坍落度大于70mm时,用人工成型。将拌和物分厚度大致相等的两层装入试模,捣固时按螺旋方向从边缘到中心均匀地进行。插捣底层混凝土时,捣棒应到达模底;插捣上层时,捣棒应贯穿上层后插入下层 20~30mm 处。插捣时应用力将捣棒压下,保持捣棒垂直,不得冲击,捣完一层后,用橡皮锤轻轻击打试模外端面 10~15 下,以填平插捣过程中留下的孔洞。

每层捣插次数 100cm² 截面积内不得少于 12 次。试件抹面与试模边缘高低差不得超过 0.5mm。

(3)用前述方法捣实之后,用镘刀将多余的混合料刮除,使与模口齐平,经 2~4h 后抹平表面。采用标准养护的试件成型后应覆盖表面,以防止水分蒸发,并在室温 20℃±5℃,相对湿度大于 50% 的情况下静放 1~2 昼夜(但不超过 2 昼夜),然后拆模,作第一次外观检查和编号,对有缺陷的试件应除去,或加工补平。

(4)将完好试件放入标准养护室进行养护,标准养护室温度 20℃±2℃,相对湿度在 95% 以上。试件宜放在铁架或木架上,彼此间距至少 10~20mm,试件表面应保持一层水膜,并避免直接用水冲淋,当无标准养护室时,混凝土试件允许放入温度为 20℃±2℃ 的不流动的 Ca(OH)₂ 饱和溶液中养护。

(5)至规定龄期时,自养护室取出试件,并继续设法保持其温度不变,进行力学试验。

12.11 混凝土拌和物表观密度试验

1. 试验目的

测定捣实的混凝土混合料密度,作为评定混凝土质量的一项指标,同时,作为混凝土试验室配合比计算的依据。

2. 试验仪具

(1)试样筒:试样筒为刚性金属圆筒,两侧装有把手,筒壁坚固且不漏水。对于集料公称最大粒径不大于 31.5mm 的拌和物采用 5L 的试样筒,其内径与内高均为 186mm±2mm,壁厚为 3mm。对于集料公称最大粒径不大于 31.5mm 的拌和物所采用试样筒,其内径与内高均应大于集料公称最大粒径的 4 倍。

(2)捣棒:同坍落度试验捣棒。

(3)磅秤:称量 100kg,感量 50kg。

(4)其他:振动台、金属直尺、镘刀、玻璃板等。

3. 试验方法

(1)试验前用湿布将量筒内外擦拭干净,称出质量,准确至 50g。

(2)捣固方法应与现场施工同。

①当坍落度不小于 70mm 时,宜用人工捣固。

对于 5L 试样筒,可将混凝土拌和物分两层装入,每层插捣次数为 25 次。

对于大于 5L 的试样筒,每层混凝土高度不应大于 100mm,每层插捣次数按每 10 000mm² 截面不小于 12 次计算。用捣棒从边缘到中心沿螺旋线均匀插捣。捣棒应垂直压下,不得冲击,捣底层时应至筒底,捣上两层时,须插入其下一层约 20~30mm。每捣毕一层,应在量筒外壁拍打 5~10 次,直至拌和物表面不出现气泡为止。

②当坍落度小于70mm时,宜用振动台振实,应将试样筒在振动台上夹紧,一次将拌和物装满试样筒,立即开始振动,振动过程中如混凝土低于筒口,应随时添加混凝土,振动直至拌和物表面出现水泥浆为止。

(3)用金属直尺齐筒口刮去多余的混凝土,仔细用镘刀抹平表面,并用玻璃板检验,而后擦净试样筒外部并称其质量,精确至50g。

4. 结果计算

按式(12-28)计算拌和物表观密度,精确至10kg/m³。

$$\rho_h = \frac{m_2 - m_1}{V} \times 1\,000 \tag{12-28}$$

式中:ρ_h——混凝土拌和物表观密度,kg/m³;

m_1——试样筒质量,kg;

m_2——捣实或振实后混凝土和试样筒总质量,kg;

V——试样筒容积,L。

以两次试验结果的算术平均值作为测定值,精确到10kg/m³,试样不得重复使用。

5. 试验记录

混凝土拌和物实测密度记录见表12-25。

混凝土拌和物实测密度记录表 表12-25

试验次数	试样筒重 (kg)	试样筒+混凝土重 (kg)	试样筒体积 (L)	混凝土密度 (kg/m³)	平均值 (kg/m³)

试验者:_____;日期:_____;复核者:_____;日期:_____

12.12 水泥混凝土力学强度试验

12.12.1 水泥混凝土抗压强度试验

1. 试验目的

本试验规定了测定混凝土抗压极限强度的方法,以确定混凝土的强度等级,作为评定混凝土品质的主要指标,同时,结合试验12.11,确定混凝土试验室配合比。

2. 试验仪具

(1)压力机或万能试验机:试件破坏荷载应大于压力机全量程的20%且小于压力机全量程的80%。同时应具有加荷速度指示装置或加荷速度控制装置。上下压板平整并有足够刚度,可以均匀地连续加荷卸荷,可以保持固定荷载,开机停机均灵活自如,能够满足试件破型吨位的要求。

(2)球座:钢质坚硬,面部平整度要求在100mm距离内高低差值不超过0.05mm,球面及球窝粗糙度 Ra=0.32μm,研磨、转动灵活,不应在大球座上作小试件破型。球座最好放置在试件顶面,并凸面朝上,当试件均匀受力后,一般不宜再敲动球座。

(3)混凝土强度等级大于等于C60时,试验机上、下压板之间应各垫一钢垫板,平面尺寸应不小于试件的承压面,其厚度至少为25mm。试件周围应设置防崩裂网罩。

3. 试验方法

（1）按 12.10 成型试件，经标准养护条件下养护到规定龄期。

（2）取出试件，检查其尺寸及形状，相对两面应平行。量出棱边长度，精确至 1mm。试件的受力截面积按其与压力机上、下接触面的平均值计算。在破型前，保持试件原有湿度，在试验时擦干试件。

（3）以成型时侧面为上下受压面，将试件妥放在球座上，球座置于压力机压板中心，试件中心应与压力机几何对中。

（4）强度等级小于 C30 的混凝土取 0.3～0.5MPa/s 的加荷速度；强度等级大于 C30 小于 C60 时则取 0.5～0.8MPa/s 的加荷速度；强度等级大于 C60 的混凝土取 0.8～1.0MPa/s 的加荷速度。当试件接近破坏而开始迅速变形时，应停止调整试验机油门，直至试件破坏，记下破坏极限荷载。

4. 结果计算

（1）混凝土立方体试件抗压强度按式（12-29）计算：

$$f_{cu} = \frac{F}{A} \tag{12-29}$$

式中：f_{cu}——混凝土立方体抗压强度，MPa；

F——极限荷载，N；

A——受压面积，mm^2。

（2）以 3 个试件测值的算术平均值为测定值，计算精确至 0.1MPa。三个测值中最大值或最小值中如有一个与中间值之差超过中间值的 15% 时，则取中间值为测定值；如最大和最小值与中间值之差均超过中间值的 15% 时，则该组试验结果无效。

（3）混凝土强度等级小于 C60 时，非标准试件的抗压强度应乘以尺寸换算系数（表 12-26），并应在报告中注明。当混凝土强度等级大于等于 C60 时，宜用标准试件，使用非标准试件时，换算系数由试验确定。

抗压强度尺寸换算系数表 　　　　表 12-26

试件尺寸（mm）	100×100×100	150×150×150	200×200×200
换算系数	0.95	1.00	1.05
集料公称最大粒径（mm）	26.5	31.5	53

5. 试验记录

水泥混凝土立方抗压强度试验记录见表 12-27。

水泥混凝土立方抗压强度试验记录　　　　表 12-27

试件编号	制备日期（y.m.d）	试验日期（y.m.d）	龄期（d）	最大荷载 F（N）	试件尺寸		试件截面 A（mm^2）	抗压强度		换算系数 k	换算后的立方抗压强度 f_{cu}（MPa）
					a（mm）	b（mm）		个别值 f_{cu}（MPa）	平均值 f_{cu}（MPa）		

试验者：_____；日期：_____；复核者：_____；日期：_____

12.12.2 水泥混凝土抗弯拉强度试验

1.试验目的

本试验规定了测定混凝土抗折(抗弯拉)极限强度的方法,以提供设计参数,检查混凝土施工品质和确定抗弯拉弹性模量试验加荷标准,适用于道路混凝土的直角小梁试件。

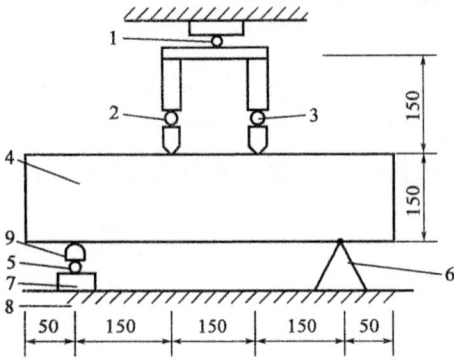

图12-16　抗弯拉试验装置图(尺寸单位:mm)
1、2—一个钢球;3、5—两个钢球;4-试件;6-固定支座;7-活动支座;8-机台;9-活动船形垫块

2.试验仪具

(1)试验机:50 ~ 300kN 抗折试验机或万能试验机。

(2)抗弯拉试验装置:即三分点处双点加荷和三点自由支承式混凝土抗弯拉强度与抗弯拉弹性模量试验装置,如图12-16 所示。

3.试验方法

(1)试验前先检查试件,如试件中部 1/3 区段内有直径大于 5mm、深度超过 2mm 的孔洞,该试件应即作废。

(2)试件取出后,用湿毛巾覆盖并及时进行试验,保持试件干湿状态不变。在试件中部量出其宽度和高度,精确至1mm。

(3)调整两个可移动支座,将试件安放在支座上,试件成型时的侧面朝上,几何对中后,务使支座及承压面与活动船形垫块的接触面平稳、均匀,否则应垫平。

(4)加荷时,应保持均匀、连续。当混凝土的强度等级小于 C30 时,加荷速度为 0.02 ~ 0.05MPa/s;当混凝土的强度等级大于等于 C30 且小于 C60 时,加荷速度为 0.05 ~ 0.08MPa/s;当混凝土的强度等级大于 C60 时,取 0.08 ~ 0.10MPa/s。当试件接近破坏而开始迅速变形时,不得调整试验机油门,直至试件破坏,记下破坏极限荷载。

4.结果计算

(1)当断面发生在两个加荷点之间时,抗弯拉强度按式(12-30)计算。

$$f_{cf} = \frac{FL}{bh^2} \tag{12-30}$$

式中:f_{cf}——混凝土抗弯拉强度,MPa;

F——极限荷载,N;

L——支座间距离,$L = 450$mm;

b——试件宽度,mm;

h——试件高度,mm。

(2)以 3 个试件测值的算术平均值作为测定值。3 个试件中的最大值或最小值中,如有一个与中间值之差超过中间值的15%,则把最大值或最小值一并舍除,取中间值为该组试件的抗弯拉强度。如最大值和最小值与中间值之差均超过中间值的15%,则该组试件的试验结果无效。

(3)3 个试件中如有一个断裂面位于加荷点外侧,则混凝土抗弯拉强度按另外两个试件的试验结果计算。如果这两个测值的差值不大于这两个测值中较小值的15%,则以两个测值的平均值作为测试结果,否则结果无效。如有两根试件均出现断裂面位于加荷点外侧,则该组结果无效。

(4)采用 100mm×100mm×400mm 非标准试件时,在三分点加荷的试验方法同前,但所取得的抗弯拉强度值应乘以尺寸换算系数 0.85。当混凝土强度等级大于等于 C60 时,应采用标准试件。

5. 试验记录

混凝土抗弯拉强度试验记录见表 12-28。

水泥混凝土抗弯拉强度试验记录 表 12-28

试件编号	制备日期(y.m.d)	试验日期(y.m.d)	龄期(d)	最大荷载 F(N)	试件尺寸		支座间距离 L(mm)	抗弯拉强度		换算系数 k	换算后的抗弯拉强度 f_{cf}(MPa)
					宽度 b(mm)	高度 h(mm)		个别值(MPa)	平均值(MPa)		
其他说明(养护条件,试件破坏情况等描述)											

试验者:＿＿＿＿＿＿＿＿;日期:＿＿＿＿＿＿＿＿＿;复核者:＿＿＿＿＿＿＿＿;日期:＿＿＿＿＿＿＿

第13章 钢筋、沥青及沥青混合料试验

内容提要

　　本章主要选编了十三个试验,包括:(1)石油沥青的针入度、延度和软化点试验;(2)沥青的黏附性试验;(3)集料磨耗试验;(4)粗集料针、片状颗粒含量试验(游标卡尺法);(5)粗、细集料及矿粉的筛析(水洗法)及级配试验;(6)沥青混合料组成设计;(7)沥青混合料的制备;(8)沥青混合料的物理(体积)指标测定;(9)沥青混合料马歇尔稳定度试验;(10)沥青混合料车辙试验;(11)沥青混合料中沥青含量试验;(12)钢筋拉伸试验;(13)钢筋冷弯试验。

学习目标

　　通过本章学习,要求明确试验目的,掌握各项试验方法,掌握沥青三大指标测定方法并会确定其标号;掌握沥青的黏附性试验,并能确定其等级;掌握筛析试验方法,并会进行矿质混合料组成设计;熟悉集料磨耗率的测定方法;掌握沥青混合料物理(体积)指标的测定方法,掌握沥青混合料马歇尔稳定度试验方法,了解车辙试验,并且能够确定沥青最佳用量,从而完成沥青混合料的组成设计;掌握离心分离法测定沥青混合料中沥青含量,能够评定沥青混合料的性能;掌握钢筋拉伸试验方法,熟悉钢筋冷弯试验方法,并能评定钢筋性能。

13.1　沥青的针入度、延度和软化点试验

13.1.1　沥青的针入度试验

1.试验目的

　　沥青的针入度是在规定温度和时间内,在规定的荷载作用下,标准针垂直贯入试样的深度,以0.1mm表示,非经注明,试验温度为25℃,荷载(包括标准针、针连杆与附加砝码的质量)为100g,时间为5s。

　　测定沥青的针入度,可以了解黏稠沥青的黏结性并确定其标号。

2.试验仪具

　　(1)针入度仪:为提高测试精度,针入度试验宜采用能够自动计时的针入度仪进行测定,要求针和针连杆必须在无明显摩擦下垂直运动,针的贯入深度必须准确至0.1mm。针和针连杆组合件总质量为50g±0.05g,另附50g±0.05g砝码一只,试验时总质量为100g±0.05g。仪器应有放置平底玻璃保温皿的平台,并有调解水平的装置,针连杆应与平台相垂直。应有针连杆制动按钮,使针连杆可自由下落。针连杆应易于装拆,以便检查其质量。仪器还设有可自由转动与调解距离的悬臂,其端部有一面小镜或聚光灯泡,借以观察针尖与试样表面接触情况。且应对装置的准确性经常校验。当采用其他试验条件时,应在试验结果中注明。

（2）标准针：由硬化回火的不锈钢制成，洛氏硬度 HRC54 ~ 60，表面粗糙度 Ra0.2 ~ 0.3μm，针及针杆总质量2.5g ± 0.05g，针杆上应打印有号码标志，针应设有固定用装置盒，以免碰撞针尖，每根针必须附有计量部门的检验单，并定期进行检验。其尺寸及形状如图 13-1 所示。

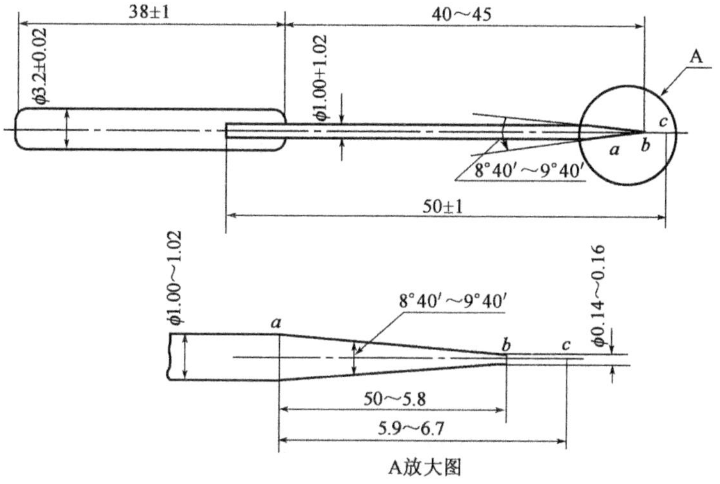

图 13-1　针入度试验用标准针（尺寸单位：mm）

（3）盛样皿：金属制，圆柱形平底。小盛样皿的内径 55mm，深 35mm（适用于针入度小于 200 的试样）；大盛样皿内径 70mm，深 45mm（适用于针入度 200 ~ 350 的试样）；对针入度大于 350 的试样需使用特殊盛样皿，其深度不小于 60mm，试样体积不小于 125mL。

（4）恒温水槽：容量不小于 10L，控温准确度为 0.1℃。水槽中应设有一带孔的搁架，位于水面下不得小于 100mm，距水槽底不得少于 50mm 处。

（5）平底玻璃皿：容量不小于 1L，深度不小于 80mm，内设有一个不锈钢三脚支架，能使盛样皿稳定。

（6）温度计或温度传感器：精度为 0.1℃。

（7）计时器：精度为 0.1s。

（8）位移计或位移传感器：精度 0.1mm。

（9）盛样皿盖：平板玻璃，直径不小于盛样皿开口尺寸。

（10）溶剂：三氯乙烯等。

（11）其他：电炉或砂浴、石棉网、金属锅或瓷把坩埚等。

3. 试验方法

（1）装有试样的盛样器带盖放入恒温烘箱中，当石油沥青试样中无水分时，烘箱温度宜为软化点温度以上 90℃，通常为 135℃左右。当石油沥青中含有水分时，烘箱温度 80℃左右，加热至沥青全部熔化后，供脱水用。当石油沥青中含有水分时，也可将盛样器皿放在可控温的砂浴、油浴、电热套上加热脱水，不得已采用电炉、燃气炉加热脱水时必须加放石棉垫。加热时间不超过 30min，并用玻璃棒轻轻搅拌，防止局部过热。在沥青温度不超过 100℃ 的条件下，仔细脱水至无泡沫为止，最后的加热温度不宜超过软化点以上 100℃（石油沥青）或 50℃（煤沥青）。用筛孔 0.6mm 的筛过滤除去杂质，不等冷却，立即一次灌入各项试验的模具中。在沥青灌模过程中，如温度下降可放入烘箱中适当加热，试样冷却后反复加热的次数不得超过两次。

（2）将试样注入盛样皿中，试样高度应超过预计针入度值10mm，并遮盖盛样皿，以防落入灰尘。盛有试样的盛样皿在15～30℃室温中冷却不少于1.5h（小试样皿）、2h（大试样皿）或3h（特殊盛样皿）后，应移入保持规定试验温度±0.1℃的恒温水槽中并应保温不少于1.5h（小试样皿）、2h（大试样皿）或2.5h（特殊盛样皿）。

（3）调整针入度仪使之水平，检查针连杆和导轨，以确认无水和其他外来物，无明显摩擦。用三氯乙烯或其他溶剂清洗标准针，并擦干，将标准针插入针连杆中固紧。按试验条件，加上附加砝码。

（4）到恒温时间后，取出盛样皿，并移入水温控制在试验温度±0.1℃的平底玻璃皿中的三脚架上，试样表面以上的水层深度应不少于10mm（平底玻璃皿可用恒温浴的水）。

（5）将盛有试样的平底玻璃皿，置于针入度仪的平台上。慢慢放下针连杆，用放置在合适位置的反光镜或灯光反射观察，使针尖恰好与试样表面接触，将位移计或刻度盘指针复位为零。

（6）开始试验，放下释放键，这时计时与标准针落下贯入试样同时开始，至5s时自动停止。

（7）读取位移计或刻度盘指针的读数，准确至0.1mm。

（8）同一试样平行试验至少3次，各测试点之间及测试点与盛样皿边缘之间的距离不应小于10mm。每次试验后，应将盛有盛样皿的平底玻璃皿放入恒温水槽，使平底玻璃皿中水温保持试验温度。每次试验应换一根干净的标准针或将标准针取下用蘸有三氯乙烯溶剂的棉花或布揩净，再用干棉花或布擦干。

（9）测定针入度大于200的沥青试样时，至少用3根标准针，每次测定后将针留在试样中，直至3次平行测定完成后，才能把标准针从试样中取出。

4. 试验结果

同一试样3次平行试验结果的最大值和最小值之差在下列允许误差范围内时，计算3次试验结果的平均值，取整数作为针入度试验结果，以0.1mm计。

针入度（0.1mm）	允许误差（0.1mm）
0～49	2
50～149	4
150～249	12
250～500	20

当试验值不符此要求时，应重新进行试验。

5. 允许误差

（1）当试验结果小于50（0.1mm）时，重复性试验的允许误差为2（0.1mm），再现性试验的允许误差为4（0.1mm）。

（2）当试验结果大于或等于50（0.1mm）时，重复性试验的允许误差为平均值的4%，再现性试验的允许误差为平均值的8%。

注：①重复性试验是指短期内，在同一实验室由同一个试验人员、采用同一仪器、对同一试样、完成两次以上的试验操作；

②再现性试验是指在两个以上不同的实验室，由各自的试验人员采用各自的仪器，按相同的试验方法对同一试样分别进行的试验操作。

13.1.2 沥青延度试验

1.试验目的

沥青的延度是规定形态的试样在规定温度下,以一定速度受拉伸至断开时的长度,以 cm 表示。

测定沥青的延度,可以了解黏稠沥青的延性(塑性)及低温变形能力。

试验温度与拉伸速率根据需要采用,通常采用的试验温度为 25℃、15℃、10℃ 或 5℃,拉伸速度为 5cm/min±0.25cm/min。当低温采用 1cm/min±0.5cm/min 拉伸速度时,应在报告中注明。

2.试验仪具

(1)延度仪:延度仪的测量长度不宜大于 150cm,仪器应有自动控温、控速系统。应满足试件浸没于水中,能保持规定的试验温度及规定的拉伸速度拉伸试件,且试验时无明显振动。其形状及组成如图 13-2 所示。

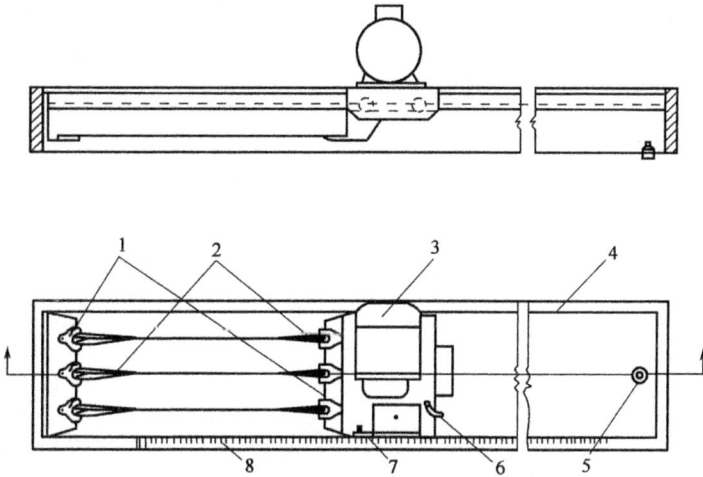

图 13-2 沥青延度仪(尺寸单位:mm)
1-试模;2-试样;3-电机;4-水槽;5-泄水孔;6-开关柄;7-指针;8-标尺

(2)试模:黄铜制,由两个端模和两个侧模组成,试模内侧表面粗糙度 Ra0.2μm,其形状及尺寸如图 13-3 所示。

(3)试模底板:玻璃板或磨光的铜板,不锈钢板(表面粗糙度 Ra0.2μm)。

(4)恒温水浴:(同针入度用)。

(5)温度计:(同针入度用)。

(6)砂浴或其他加热炉具。

(7)甘油滑石粉隔离剂(甘油与滑石粉的质量比2:1)。

(8)其他:平刮刀、石棉网、酒精、食盐等。

3.试验方法

(1)将隔离剂拌和均匀,涂于清洁干燥的试模底板和两个侧模的内侧表面,并将试模在试模底板上装妥。

(2)与针入度试验相同的方法准备沥青试样,将试样呈细流状,仔细自模的一端至另一端往返数次缓缓注入模中,最后使试样略高出试模。灌模时不得使气泡混入。

（3）试件在室温中冷却不少于1.5h,然后用热刮刀刮除高出试模的沥青,使沥青与试模齐平。沥青的刮法应自模的中间刮向两端,表面应刮得十分平滑。将试模连同底板再放入规定试验温度的水槽中保温1.5h。

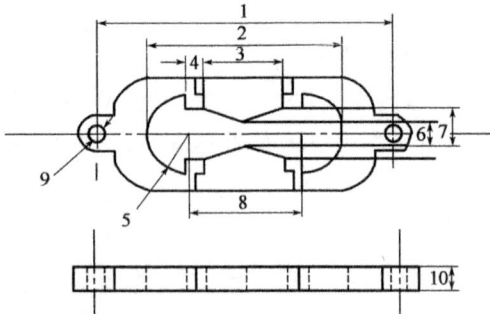

图13-3 沥青延度试模(尺寸单位:mm)

1-两端模环中心点距离 111.5～113.5mm;2-试件总长 74.5～75.5mm;3-端模间距 29.7～30.3mm;4-肩长 6.8～7.2mm;5-半径 15.75～16.25mm;6-最小横断面宽 9.9～10.1mm;7-端模口宽 19.8～20.2mm;8-两半圆心间距离 42.9～43.1mm;9-端模孔直径 6.5～6.7mm;10-厚度 9.9～10.1mm

（4）检查延度仪拉伸速度是否符合要求,然后移动滑板使其指针正对标尺的零点。将延度仪注水,并保温达试验温度 ±0.1℃。

（5）将保温后的试件连同底板移入延度仪的水槽中,然后将盛有试样的试模自金属底板上取下,将试模两端的孔分别套在滑板及槽端固定板的金属柱上,然后去掉侧模。水面距试件表面应不小于25mm。

（6）开动延度仪,注意观察沥青的延伸情况。此时应注意,在试验过程中,水温应始终保持在试验温度范围内,且仪器不得有振动,水面不得有晃动,当水槽采用循环水时,应暂时中断循环,停止水流。在试验中,如发现沥青细丝浮于水面或沉入槽底时,则应在水中加入酒精或食盐,调整水的密度至与试样的密度相近后,再重新试验。

（7）试件拉断时,读取指针所指标尺上的读数,即为试样的延度,以 cm 表示。在正常情况下,试件延伸时应成锥尖状,在拉断时实际断面接近于零。如不能得到上述结果,则应在报告中注明。

4. 试验结果

同一试样,每次平行试验不少于 3 个,如 3 个测定结果均大于 100cm 时,试验结果记作"＞100cm";特殊需要也可分别记录实测值。如 3 个测定结果中,有一个以上的测定值小于 100cm 时,若最大值或最小值与平均值之差满足重复性试验精度要求,则取 3 个测定结果的平均值的整数作为延度试验结果,若平均值大于 100cm,记作"＞100cm";若最大值或最小值与平均值之差不符合重复性试验精度要求时,试验应重新进行。

5. 允许误差

当试验结果小于 100cm 时,重复性试验的允许误差为平均值的 20%;再现性试验的允许误差为平均值的 30%。

13.1.3 沥青软化点试验

1. 试验目的

沥青的软化点是试样在规定尺寸的金属环内,上置规定尺寸和重量的钢球,放于水（或甘油）中,以 5℃/min ±0.5℃/min 的速度加热,至钢球下沉达规定距离 25.4mm 时的温度,以℃表示。

测定沥青的软化点,可以确定黏稠沥青的温度稳定性。

2.试验仪具

（1）软化点试验仪:其结构如图 13-4 所示。由下列几个部分组成。

①钢球:直径为 9.53mm,质量为 3.5g ±0.05g。

②试样环:黄铜或不锈钢制成,其形状和尺寸如图 13-5 所示。

③钢球定位环:黄铜或不锈钢制成,能使钢球定位于试样环中央。形状和尺寸如图 13-6 所示。

④金属支架:由两个主杆和三层平行的金属板组成。上层为一圆盘,直径略大于烧杯,中间有一圆孔,用以插放温度计。中层板上有两个孔,各放置试样环,中间有一小孔可支持温度计的测温端部。一侧立杆距环上面 51mm 处刻有水高标记,环下面距下层底板为 25.4mm,而下底板距烧杯底不少于 12.7mm,也不得大于 19mm。三层金属板和两个主杆由两螺母固定在一起。

⑤耐热玻璃烧杯:容积约 800 ~ 1 000mL,直径不小于 86mm,高度不小于 120mm。

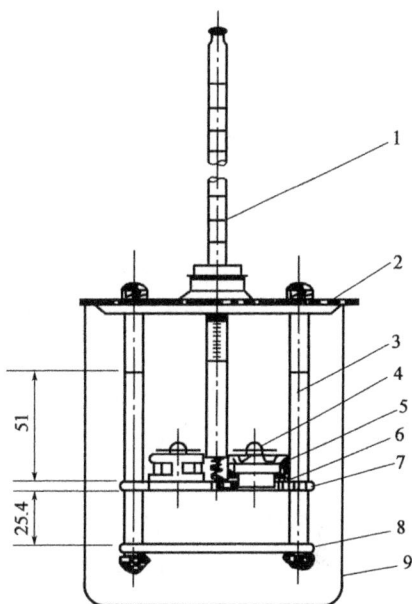

图 13-4 软化点试验仪(尺寸单位:mm)
1-温度计;2-上盖板;3-立杆;4-钢球;5-钢球位环;
6-金属环;7-中层板;8-下底板;9-烧杯

（2）温度计:刻度 0 ~ 100℃,分度 0.5℃。

（3）试样底板,金属板(表面粗糙度应达 $Ra0.8\mu m$)或玻璃板。

（4）装有温度调节器的电炉或其他加热炉具。应采用带有振荡搅拌器的加热电炉,振荡子置于烧杯底部。

（5）恒温水槽,控温的准确度为 ±0.5℃。

（6）蒸馏水或纯净水。

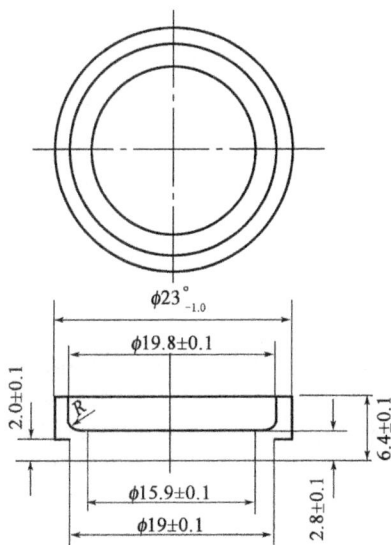

图 13-5 试样环(尺寸单位:mm)

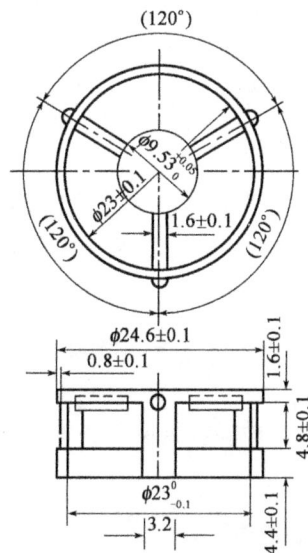

图 13-6 钢球定位环(尺寸单位:mm)

(7)甘油滑石粉隔离剂(配比同前)。

(8)平直刮刀。

(9)其他:石棉网。

3.试验方法

(1)将试样环置于涂有隔离剂的金属板上,与针入度试验相同方法准备沥青试样,将试样徐徐注入试样环内至略高出环面为止(如预估软化点在120℃以上时,应将试样环与金属板预热至80~100℃)。

(2)试样在室温冷却30min后,用热刀刮去高出环面上的试样,应使其与环面齐平。

(3)预估软化点低于80℃的试样

①将盛有试样的试样环及试样底板置于5℃±0.5℃水的恒温水槽中至少15min;同时将金属支架、钢球、钢球定位环等亦置于相同水槽中。

②烧杯内注入新煮沸并冷却至约5℃的蒸馏水或纯净水,水面略低于立杆上的深度标记。

③从恒温水槽中取出盛有试样的试样环放置在环架中层板的圆孔中,并套上钢球定位环,然后将整个环架放入烧杯中,调整水面至深度标记,并保持水温为5℃±0.5℃。环架上任何部分均不得有气泡。将0~100℃温度计由上层板中心孔垂直插入,使水银球底部与试样环下面齐平。

④将盛有水和环架的烧杯,移放在有石棉网的加热炉具上,然后将钢球放在定位环中间的试样中央,立即开动电磁振荡搅拌器,使水微微振荡,并开始加热,使杯中水温在3min内调节至维持每分钟上升5℃±0.5℃。在加热过程中,应记录每分钟上升的温度值,如温度上升速度超出此范围时,则试验应重做。

⑤试样受热软化逐渐下坠,至与下层底板表面接触时,立即读取温度,准确至0.5℃。

(4)预估软化点高于80℃的试样

①将盛有试样的试样环及金属板置于装有32℃±1℃甘油的恒温槽中至少15min;同时将金属支架、钢球、钢球定位环等亦置于甘油中。

②在烧杯内注入预先加热至32℃的甘油,其液面略低于立杆上的深度标记。

③从恒温槽中取出装有试样的试样环,按上述(3)的方法进行测定,准确至1℃。

4.试验结果

同一试样平行试验两次,当两次测定值的差值符合重复性试验精密度要求时,取其平均值作为软化点试验结果,准确至0.5℃。

5.允许误差

(1)当试样软化点小于80℃时,重复性试验的允许差为1℃,再现性试验的允许差为4℃。

(2)当试样软化点大于或等于80℃时,重复性试验的允许差为2℃,再现性试验的允许差为8℃。

6.试验记录

沥青针入度、延度和软化点记录,见表13-1。

试样编号				试样来源				
试样名称				初拟用途				

针入度	试验温度（℃）	试验时间（s）	试验荷载（g）	指针读数(0.1mm)			
				第1次	第2次	第3次	平均针入度
				针入度	针入度	针入度	

延度	试验温度 ℃		延伸速度（cm/min）	延度(cm)			
				试件1	试件2	试件3	平均值

软化点	试样编号	室内温度（℃）	烧杯内液体种类	开始加热时间（s）	开始加热液体温度（℃）	烧杯中液体在下列各分钟末温度上升记录（℃）															试样下垂与下层底板接触时的温度（℃）	软化点（℃）
						1	2	3	4	5	6	7	8	9	10	11	12	13	14	15		
	1																					
	2																					

试验者：_____；日期：_____；复核者：_____；日期：_____

13.2　沥青与粗集料的黏附性试验

1.试验目的

沥青黏附性试验是根据沥青黏附在粗集料表面的薄膜,在一定温度下,受水的作用产生剥离的程度,以检验沥青与粗集料的黏附性及抗水剥离能力。

对于最大粒径大于 13.2mm 的集料应用水煮法,对最大粒径小于或等于 13.2mm 的集料应用水浸法进行试验。对同一种料源集料最大粒径既有大于又有小于 13.2mm 的集料时,取大于 13.2mm 水煮法试验为标准,对细粒式沥青混合料以水浸法试验为标准。

2.试验仪具

(1)天平:称量 500g,感量不大于 0.01g。

(2)恒温水槽:能保持温度 80℃ ±1℃。

(3)拌和用小型容器:500mL。

(4)烧杯:1 000mL。

(5)试验架。

(6)细线:尼龙线或棉线、铜丝线。

(7)铁丝网。

(8)标准筛:方孔筛 9.5mm、13.2mm、19mm 各 1 个。

(9)烘箱:装有自动温度调节器。

(10)电炉、燃气炉。

(11)玻璃板:200mm×200mm 左右。

(12)搪瓷盘:300mm×400mm 左右。

(13)其他:拌和铲、石棉网、纱布、手套等。

3. 试验方法

(1)水煮法(适用于大于13.2mm 粗集料的试验方法)

①将集料过13.2mm、19mm 的筛,取粒径13.2～19mm 形状接近立方体的规则集料5个,用洁净水洗净,置温度为105℃±5℃的烘箱中烘干,然后放在干燥器中备用。

②将大烧杯中盛水,并置加热炉的石棉网上煮沸。

③将集料依次用细线在中部系牢,再置105℃±5℃烘箱内1h。

④逐个取出加热的矿料颗粒用线提起,浸入预先加热的沥青(石油沥青130～150℃)试样中45s 后,轻轻拿出,使集料颗粒完全为沥青膜所裹覆。

⑤将裹覆沥青的集料颗粒悬挂于试验架上,下面垫一张废纸,使多余的沥青流掉,并在室温下冷却15min。

⑥待集料颗粒冷却后,逐个用线提起,浸入盛有沸水的大烧杯中央,调整加热炉,使烧杯中的水保持微沸状态,但不允许有沸开的泡沫。

⑦浸煮3min 后,将集料从水中取出,适当冷却;然后放入一个盛有常温水的纸杯等容器中,在水中观察矿料颗粒上沥青膜的剥落程度,并按表13-2,评定其黏附性等级。

⑧同一试样应平行试验5个集料颗粒,并由两名以上经验丰富的试验人员分别评定后,取平均等级作为试验结果。

沥青与矿料黏附性等级　　　　　　　　　　表13-2

试验后石料表面上沥青膜剥落情况	黏附性等级
沥青膜完全保存,剥离面积百分率接近于0	5
沥青膜少部为水所移动,厚度不均匀,剥离面积百分率小于10%	4
沥青膜局部明显地为水所移动,基本保留在集料表面上,剥离面积百分率小于30%	3
沥青膜大部为水所移动,局部保留在集料表面上,剥离面积百分率大于30%	2
沥青膜完全为水所移动,集料基本裸露,沥青全浮于水面上	1

(2)水浸法(适用于小于13.2mm 粗集料的试验方法)

①将集料过9.5mm、13.2mm 筛,取粒径9.5～13.2mm 形状规则的集料200g 用洁净水洗净,并置温度为105℃±5℃的烘箱烘干,然后放在干燥器中备用。

②将煮沸过的热水注入恒温水浴中,维持80℃±1℃恒温。

③按四分法称取集料颗粒(9.5～13.2mm)100g 置搪瓷盘中,连同搪瓷盘一起放入已升温至沥青拌和温度以上5℃的烘箱中持续加热1h。

④按每100g 矿料加入沥青5.5g±0.2g 的比例称取沥青,准确至0.1g,放入小型拌和容器中,一起置入同一烘箱中加热15min。

⑤将搪瓷盘中的集料倒入拌和容器的沥青中后,从烘箱中取出拌和容器,立即用金属铲均匀拌和1～1.5min,使集料完全被沥青薄膜裹覆。然后,立即将裹有沥青的集料取20个,用小铲移至玻璃板上摊开,并置室温下冷却1h。

⑥将放有集料的玻璃板浸入温度为80℃±1℃的恒温水槽中,保持30min,并将剥离及浮于水面的沥青,用纸片捞出。

⑦由水中小心取出玻璃板,浸入水槽内的冷水中,仔细观察裹覆集料的沥青薄膜的剥离情况。由两名以上经验丰富的试验人员分别目测,评定剥离面积的百分率,评定后取平均值表示。

⑧由剥离面积百分率按表13-2评定沥青与集料黏附性的等级。

4. 试验记录

沥青黏附性试验记录见表13-3。

沥青与矿料黏附性等级　　　　　　　　　　　　　　　　表13-3

试样编号		试样来源		
试样名称		初拟用途		
沥青膜在沸水中的剥落情况			等级	性能

试验者:＿＿＿＿＿＿＿＿;日期:＿＿＿＿＿＿＿＿;复核者:＿＿＿＿＿＿＿＿;日期:＿＿＿＿＿＿＿＿

13.3　粗集料磨耗试验

1. 试验目的

测定标准条件下粗集料料抵抗摩擦,撞击和边缘剪切等联合作用的能力,确定粗集料的适用性。

2. 试验仪具

(1)洛杉矶式磨耗机:圆筒内径710mm±5mm,内侧长510mm±5mm,两端封闭,投料口的钢盖通过紧固螺栓和橡胶垫与钢筒紧闭密封。钢筒的回转速率为30～33r/min。

(2)钢球:直径约46.8mm,质量为390～445g,大小稍有不同,以便按要求组合成符合要求的总质量。

(3)台秤:感量5g。

(4)标准筛:符合要求的标准筛系列,以及筛孔为1.7mm的方孔筛一个。

(5)烘箱:能使温度控制在105℃±5℃范围内。

(6)搪瓷盘等。

3. 试验方法

(1)将不同规格的集料用水冲洗干净,置烘箱中烘至恒重。

(2)对所使用的集料,根据实际情况按表13-4选择最接近的粒料类别,确定相应的试验条件,按规定的粒级组成备料、筛分。其中水泥混凝土用集料宜采用A级粒度;沥青路面及各种基层、底基层的粗集料选择对应的粒度类别,表中16mm筛孔也可用13.2mm筛孔代替。对非规格集料,应根据材料的实际粒度,从表13-4中选择最接近的粒级类别及试验条件。

粒度类别	粒级组成（方孔筛）（mm）	试样质量（g）	试样总质量（g）	钢球数量（个）	钢球总质量（g）	转动次数（转）	适用的粗集料 规格	适用的粗集料 公称粒级
A	26.5~37.5 19.0~26.5 16.0~19.0 9.5~16.0	1 250±25 1 250±25 1 250±10 1 250±10	5 000±10	12	5 000±25	500		
B	19.0~26.5 16.0~19.0	2 500±10 2 500±10	5 000±10	11	4 850±25	500	S6 S7 S8	15~30 10~30 15~25
C	9.5~16.0 4.75~9.5	2 500±10 2 500±10	5 000±10	8	3 330±20	500	S9 S10 S11 S12	10~20 10~15 5~15 5~10
D	2.36~4.75	5 000±10	5 000±10	6	2 500±15	500	S13 S14	3~10 3~5
E	63~75 53~63 37.5~53	2 500±50 2 500±50 5 000±50	10 000±100	12	5 000±25	1 000	S1 S2	40~75 40~60
F	37.5~53 26.5~37.5	5 000±50 5 000±25	10 000±75	12	5 000±25	1 000	S3 S4	30~60 25~50
G	26.5~37.5 19~26.5	5 000±25 5 000±25	10 000±50	12	5 000±25	1 000	S5	20~40

注：①表中方孔筛筛孔 16mm 也可用 13.2mm 代替。

　　②A 级适用于未筛碎石混合料及水泥混凝土集料。

　　③C 级中 S12 可全部采用 4.75~9.5mm 颗粒 5000g；S9 及 S10 可全部采用 9.5~16mm 颗粒 5000g。

　　④E 级中 S2 中缺 63~75mm 颗粒可用 53~63mm 颗粒代替。

（3）分级称量（准确至 5g），称取总质量，装入磨耗机的圆筒中。

（4）选择钢球，使钢球的数量及总质量符合表 13-4 中规定。将钢球加入钢筒中，盖好筒盖，紧固密封。

（5）将计数器调整到零位，设定要求的回转次数，对水泥混凝土集料，回转次数为 500 转，对沥青混合料集料，回转次数应符合表 13-4 的要求。开动磨耗机，以 30~33r/min 的转速转动至要求的回转次数为止。

（6）取出钢球，将经过磨耗后的试样从投料口倒入接受器（搪瓷盘）中。

（7）将试样用 1.7mm 的方孔筛过筛，筛去试样中被撞击磨碎的细屑。

（8）用水冲干净留在筛上的碎石，置 105℃±5℃ 的烘箱中烘干至恒重（通常不少于 4h），准确称量。

4. 结果计算

按式 13-1 计算粗集料洛杉矶磨耗损失，准确至 0.1%。

$$Q = \frac{m_1 - m_2}{m_1} \times 100 \qquad\qquad (13\text{-}1)$$

式中: Q——洛杉矶磨耗损失, %;

　　m_1——装入圆筒中试样质量, g;

　　m_2——试验后在 1.7mm(方孔筛)筛上洗净烘干的试样质量, g。

粗集料的磨耗损失取两次平均试验结果的算术平均值作为测定值,两次试验的差值应不大于 2%,否则需重做试验。

5.试验记录

粗集料磨耗损失试验记录见表 13-5。

磨耗损失试验记录表　　　　　　　　　　　　　　表 13-5

试样编号			试样来源	
试样名称			初拟用途	

试件编号	外观描述	试验前烘干试样质量 m_1(g)	试验后洗净烘干试样质量 m_2(g)	磨耗损失 Q(%)
①	②	③	④	⑤ = 100 × (③ - ④)/③

试验者:＿＿＿＿＿＿＿＿;日期:＿＿＿＿＿＿＿＿;复核者:＿＿＿＿＿＿＿＿;日期:＿＿＿＿＿＿＿＿

13.4　粗集料针、片状颗粒含量试验(游标卡尺法)

1.试验目的

本试验方法测定的针片状颗粒,是指用游标卡尺测定的粗集料颗粒的最大长度(或宽度)方向与最小厚度(或直径)方向的尺寸之比大于 3 倍的颗粒,用于评价粗集料的工程适用性,同时评定粗集料该项指标是否满足沥青混合料对其提出的要求。

2.试验仪具

(1)标准筛:方孔筛 4.75mm。

(2)游标卡尺:精密度为 0.1mm。

(3)天平:感量不大于 1g。

3.试验方法

(1)按四分法选取 1kg 左右的试样。对每一种规格的粗集料,应按照不同的公称粒径,分别取样检验。

(2)用 4.75mm 标准筛将试样过筛,取筛上部分供试验用,称取试样的总质量,准确至 1g,试样数量不少于 800g,并不少于 100 颗。

(3)将试样平摊于桌面上,首先用目测挑出接近立方体的颗粒,剩下可能属于针(细长)和片状(扁平)的颗粒。

（4）按图 13-7 所示的方法将预测量的颗粒放在桌面上成一稳定的状态,图中颗粒平面方向的最大长度为 L,侧面厚度的最大尺寸为 t,颗粒最大宽度为 $\omega(t<\omega<L)$,用卡尺逐颗测量集料的 L 及 t,将 $L/t\geqslant 3$ 的颗粒(即最大长度方向与最大厚度方向的尺寸之比大于 3 的颗粒)分别挑出作为针片状颗粒。称取针片状颗粒的质量,准确至 1g。

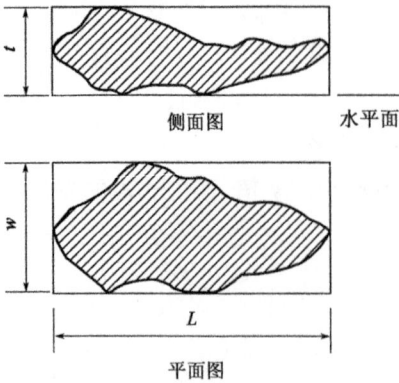

图 13-7 针片状颗粒稳定状态

注:稳定状态是指平放的状态,不是直立状态,侧面厚度的最大尺寸 t 为图中状态的颗粒顶部至平台的厚度,是在最薄的一个面上测量的,但并非颗粒中最薄部位的厚度。

4.结果计算

按式(13-2)计算针片状颗粒含量。

$$Q_c = \frac{m_1}{m_0} \times 100 \tag{13-2}$$

式中:Q_c——针片状颗粒含量,%;

m_0——试验用的集料总质量,g;

m_1——针片状颗粒的质量,g。

试验要平行测定两次,计算两次结果的平均值。如两次结果之差小于平均值的 20%,取平均值为试验值;如果大于或等于 20%,应追加测定一次,取三次结果的平均值为测定值。

5.试验记录

粗集料针片状颗粒含量试验记录见表 13-6。

针片状颗粒含量记录表　　　　　　　　　　　　　　　　表 13-6

试样编号			试样来源	
试样名称			初拟用途	

试件编号	外观描述	试验用集料总质量 m_0(g)	针片状颗粒质量 m_1(g)	针片状颗粒含量 Q_c(%)
①	②	③	④	⑤ = 100×④/③

试验者:_____;日期:_____;复核者:_____;日期:_____

13.5　粗、细集料的筛析试验

13.5.1　粗集料的筛析试验

1.试验目的

测定碎石或卵石的颗粒级配,并为沥青混合料组成设计提供必要的原始数据。

2.试验仪具

（1）试验筛:根据需要选用规定的标准筛。

（2）天平或台秤：感量不大于试样质量的0.1%。

（3）其他：盘子、铲子、毛刷等。

3. 试验方法

将来料用四分法，缩分至表13-7要求的试样所需量，风干后备用。对于水泥混凝土用粗集料，如果没有要求，也可不进行水洗，只进行干筛筛分。根据需要可按要求的最大粒径的筛孔尺寸过筛，除去超粒径部分颗粒后，再进行筛分。

粗集料筛分析试验所需试样的最少质量   表13-7

公称最大粒径（mm）	9.5	16	19	26.5	31.5	37.5	63	75
试样质量（kg）	≥1.0	≥1.0	≥2.0	≥2.5	≥4	≥5	≥8	≥10

（1）用水洗法测定集料中小于0.075mm的细粉部分质量。

①取一份试样，将试样置105℃±5℃烘箱中烘干至恒重，称取干燥试样的总质量（m_1），准确至0.1%。

②将试样置一洁净容器中，加入足够数量的洁净水，将集料全部淹没。

③用搅棒充分搅动集料，使集料表面洗涤干净，使细粉悬浮于水中，但不得破碎集料或有集料从水中溅出。

④根据集料粒径大小选择组成一组套筛，其底部为0.075mm标准套筛，上部为2.36mm或4.75mm筛。仔细将容器中混有细粉的悬浮液倒出，经过套筛流入另一容器中，尽量不将粗集料倒出，以免损坏标准筛筛面。

⑤重复以上步骤，直至倒出的水洁净为止，必要时可采用水流缓慢冲洗。

⑥将套筛每个筛子上的集料和容器中的集料全部回收在一个搪瓷盘中，容器上不得有沾附的集料颗粒，将搪瓷盘连同集料一起置105℃±5℃烘箱中烘干至恒重，称取干燥试样的总质量（m_2），准确至0.1%。

（2）用干筛法测定粗集料各个粒级质量百分率。

①将回收的干燥集料m_2，按下列方法筛分出0.075mm筛以上各筛的筛余量。

②用搪瓷盘作筛分容器，按筛孔大小排列顺序逐个将集料过筛，人工筛分时，需使集料在筛面上同时有水平方向及上下方向的不停顿运动，使小于筛孔的集料通过筛孔，直至1min内通过筛孔的质量小于筛上残余量的0.1%为止。采用摇筛机筛分时，应在摇筛机筛分后再依次由人工补筛。将筛出通过的颗粒并入下一号筛，和下一号筛中的试样一起过筛，顺序进行，直至各号筛全部筛完为止。以确认1min内通过筛孔的质量确实小于筛上存留量的0.1%为止。

③如果某个筛上的集料过多，影响筛分作业时，可以分两次筛分。当筛余颗粒的粒径大于19mm时，筛分过程中允许用手指轻轻拨动颗粒，但不得逐颗塞过筛孔。

④称取每个筛上的筛余量，准确至总质量的0.1%。各筛分计筛余质量及筛底存量的总和与筛分前试样的总质量m_2相比，其相差不得超过m_2的0.5%。

4. 计算

（1）集料中通过0.075mm的含量，按式（13-3）计算，精确至0.1%。

$$P_{0.075} = \frac{m_1 - m_2}{m_1} \times 100 \tag{13-3}$$

式中：$P_{0.075}$——粗集料中小于 0.075mm 的含量（通过率），%；

m_1——用于水洗的干燥集料的总质量，g；

m_2——水洗后的干燥集料总质量，g。

（2）筛分时的损耗按式（13-4）计算。

$$m_3 = m_1 - \left(\sum m_i + m_{0.075} \right) \tag{13-4}$$

式中：m_3——由于筛分造成的损耗，g；

m_1——用于水洗的干燥集料的总质量，g；

m_i——各号筛上的分级筛余质量，g；

i——依次为 0.075mm、0.15mm……，至集料最大粒径的排序；

$m_{0.075}$——水洗后得到的 0.075mm 以下部分质量（即 $m_1 - m_2$），g。

（3）分计筛余百分率

各号筛上的分计筛余百分率按式（13-5）计算，精确至 0.1%。

$$P_i = \frac{m_i}{m_1 - m_3} \times 100 \tag{13-5}$$

式中：P_i——各号筛上的分计筛余百分率，%；

m_1——用于水洗的干燥集料总质量，g；

m_i——水洗后各号筛上的分计筛余质量，g；

m_3——由于筛分造成的损耗，g；

i——依次为 0.075mm、0.15mm、0.3mm、0.6mm……，至集料最大粒径。

（4）累计筛余百分率

各号筛的累计筛余百分率为该号筛及大于该号筛的各号筛的分计筛余百分率之和，准确至 0.1%。

（5）各号筛的质量通过百分率

各号筛的质量通过百分率等于 100 减去该号筛累计筛余百分率，准确至 0.1%。

5. 试验记录

粗集料筛分试验结果以两次试验的平均值表示，记录见表 13-8。

13.5.2 细集料的筛析试验

1. 试验目的

测定细集料（天然砂、人工砂、石屑）的颗粒级配及粗细程度，并为沥青混合料组成设计提供必要的数据。

2. 试验仪具

（1）标准筛：孔径为 4.75mm、2.36mm、1.18mm、0.6mm、0.3mm、0.15mm、0.075mm 的方孔筛。

（2）天平：称量 1 000g，感量不大于 0.5g。

（3）摇筛机。

（4）烘箱：能控温在 105℃ ±5℃。

（5）其他：浅盘和硬、软毛刷等。

试样编号					试样来源				
试样名称					初拟用途				

干燥试样总质量 m_1(g)	第1组				第2组				
水洗后筛上总质量 m_2(g)									平均
水洗后0.075mm筛下质量 $m_{0.075}$(g)									
0.075mm通过百分率 $P_{0.075}$(g)									

筛孔尺寸 (mm)	筛上重 m_i(g)	分级筛余 (%)	累计筛余 (%)	通过百分率 (%)	筛上重 m_i(g)	分级筛余 (%)	累计筛余 (%)	通过百分率 (%)	通过百分率 (%)
	(1)	(2)	(3)	(4)	(5)	(6)	(7)	(8)	(9)
水洗后干筛法筛分									
筛底									
干筛后总量 $\sum m_i$(g)									
损耗 m_3(g)									
损耗率(%)									
扣除损耗后总量									

试验者：＿＿＿＿＿＿；日期：＿＿＿＿＿＿；复核者：＿＿＿＿＿＿；日期：＿＿＿＿＿＿

3. 试验方法

将试样通过 9.5mm 筛(水泥混凝土用天然砂)或 4.75mm 筛(沥青路面及基层用天然砂),然后在潮湿状态下充分拌匀,用四分法缩分至每份不少于 550g 的试样两份,在 105℃ ± 5℃ 的烘箱中烘干至恒重,冷却至室温后备用。

水洗法试验步骤：

（1）准确称取烘干试样约 500g（m_1），准确至 0.5g。

（2）将试样置一洁净容器中，加入足够数量的洁净水，将集料全部淹没。

（3）用搅棒充分搅动集料，使集料表面洗涤干净，使细粉悬浮于水中，但不得有集料从水中溅出。

（4）用 1.18mm 筛及 0.075mm 筛组成套筛，仔细将容器中混有细粉的悬浮液徐徐倒出，经过套筛流入另一容器中，但不得将集料倒出。

（5）重复以上步骤，直至倒出的水洁净为止。

（6）将容器中的集料倒入搪瓷盘中，用少量水冲洗，使容器上黏附的集料颗粒全部进入搪瓷盘中。将筛子反扣过来，用少量水将筛上的集料冲洗入搪瓷盘中。操作过程中不得有集料散失。

（7）将搪瓷盘连同集料一起置于 105℃ ±5℃烘箱中烘干至恒重，称取干燥试样的总质量（m_2），准确至 0.1%。m_1 与 m_2 之差即为通过 0.075mm 部分。

（8）将全部要求筛孔组成套筛（但不需 0.075mm 筛），将已经洗去小于 0.075mm 部分的干燥集料置于套筛上（一般为 4.75mm 筛），将套筛装入摇筛机，摇筛约 10min，然后取出套筛，再按筛孔大小顺序，从最大的筛号开始，在清洁的浅盘上逐个进行手筛，直到每分钟的筛出量不超过筛上剩余量的 0.1%为止，将筛出通过的颗粒并入下一号筛，和下一号筛中的试样一起过筛，这样顺序进行，直到各号筛全部筛完为止。

（9）称量各筛筛余试样的质量，精确至 0.5g。所有各筛的分计筛余量和底盘中剩余量的总质量与筛分前的试样总量 m_2 相比，其相差不得超过 1%。

4. 计算

（1）分计筛余百分率

各号筛的分计筛余百分率为各号筛上的筛余量除以试样总量（m_1）的百分率，准确至 0.1%。对沥青路面细集料而言，0.15mm 筛下部分即为 0.075mm 分计筛余，由 3. 试验方法（7）所测得的 m_1 与 m_2 之差即为小于 0.075mm 的筛底部分。

（2）累计筛余百分率

各号筛的累计筛余百分率为该号筛及大于该号筛的各号筛的分计筛余百分率之和，准确至 0.1%。

（3）质量通过百分率

各号筛的质量通过百分率等于 100 减去该号筛累计筛余百分率，准确至 0.1%。

（4）根据各筛的累计筛余百分率或通过百分率，绘制级配曲线，并计算细度模数。

（5）筛分试验应进行两次平行试验，以其试验结果的算术平均值作为测定值。如两次试验所得的细度模数之差大于 0.20 时，应重新进行试验。

5. 试验记录

细集料筛析试验记录见表 13-9。

13.5.3 矿粉的筛分试验

1. 试验目的

测定矿粉的颗粒级配，并为沥青混合料组成设计提供必要的数据。

试样编号								试样来源			
集料名称								初拟用量			

试样质量 (g)	筛孔尺寸 (mm)	第1次			第2次			平均
		分计筛余量(g)	分计筛余 a_i(%)	累计筛余 A_i(%)	分计筛余量(g)	分计筛余 a_i(%)	累计筛余 A_i(%)	累计筛余 A_i(%)
细度模数:								

试验者:＿＿＿＿＿＿＿＿;日期:＿＿＿＿＿＿＿＿;复核者:＿＿＿＿＿＿＿＿;日期:＿＿＿＿＿＿＿＿

2.试验仪具

（1）标准筛:孔径为 0.6mm、0.3mm、0.15mm、0.075mm。

（2）天平:感量不大于 0.1g。

（3）搪瓷盘。

（4）烘箱:能控温在 105℃±5℃。

（5）橡皮头研杵。

3.试验方法

（1）将矿粉试样放入 105℃±5℃ 的烘箱中烘干至恒重,冷却,称取 100g,精确至 0.1g。如有矿粉团粒存在,可用橡皮头研杵轻轻研磨粉碎。

（2）将 0.075mm 筛装在筛底上,仔细倒入矿粉,盖上筛盖。手工轻轻筛分,至大体上筛不下去为止。存留在筛底上的小于 0.075mm 的部分可弃去。

（3）除去筛盖和筛底,按筛孔大小顺序套成套筛。将存留在 0.075mm 筛上的矿粉倒回 0.6mm 筛上,在自来水龙头下方接一胶管,打开自来水,用胶管的水轻轻冲洗矿粉过筛,0.075mm 筛下部分任其流失,直至流出的水色清澈为止。水洗过程中,可以适当用手扰动试样,加速矿粉过筛,待上层冲洗干净后,取去 0.6mm 筛,接着从 0.3mm 或 0.15mm 筛上冲洗,但不得直接冲洗 0.075mm 筛。

（4）分别将各筛上的筛余反过来用小水流仔细冲洗入各个搪瓷盘中,待筛余沉淀后,稍稍倾斜,仔细除去清水,放入 105℃ 烘箱中烘干至恒重。称取各号筛上的筛余量,精确至 0.1g。

4.计算

各号筛上的筛余量除以试样总量的百分率,即为各号筛的分计筛余百分率,准确至0.1%。用 100 减去 0.6mm、0.3mm、0.15mm、0.075mm 各筛的分计筛余百分率,即为通过 0.075mm 筛的通过百分率,加上 0.075mm 的分计筛余百分率即为 0.15mm 筛的通过百分率,以此类推,计算出各号筛的通过百分率,准确至0.1%。

以两次平行试验结果的平均值作为试验结果。各号筛的通过百分率相差不得大于2%。

5.试验记录

矿粉筛析试验记录见表13-10。

矿粉筛析试验记录表 表 13-10

试样编号					试样来源			
集料名称					初拟用途			
试样质量 （g）	筛孔尺寸 （mm）	分计筛余量(g)			分计筛余 a_i（%）	累计筛余 A_i（%）	通过百分率 P_i（%）	
		1	2	平均				
①	②	③	④	⑤	⑥=⑤/①	⑦	⑧=100-⑦	

试验者:＿＿＿＿＿＿;日期:＿＿＿＿＿＿;复核者:＿＿＿＿＿＿;日期:＿＿＿＿＿＿

13.6 沥青混合料组成设计

[题目13-1] 试设计一级公路沥青路面面层用细粒式沥青混凝土混合料配合组成。

[原始资料]

1.道路等级:一级公路。

2.路面类型:沥青混凝土。

3.结构层位:两层式沥青混凝土路面的上面层。

4.气候条件:最低月平均气温为-12℃。

5.材料性能:

(1)沥青材料:可供应90号沥青,经检验三大指标分别为针入度＿＿＿＿＿＿(实测),延度＿＿＿＿＿＿(实测),软化点＿＿＿＿＿＿(实测)。其他指标符合技术要求。

(2)粗集料:石灰石轧制碎石,洛杉矶磨耗损失＿＿＿＿＿＿(实测),黏附性(水煮法)＿＿＿＿＿＿级(实测),视密度2.70g/cm³。

(3)细集料:洁净河砂,粗度属中砂,含泥量小于1%,视密度2.65g/cm³;石屑,视密度2.68g/cm³。

(4)矿粉:石灰石粉,粒度范围符合要求,无团粒结块,视密度2.58g/m³。

粗、细集料和矿粉级配组成,经筛分试验结果见表13-11(将本书13.5节筛析结果填入表13-11中)。

粗细集料和矿粉级配组成经筛分试验结果 表 13-11

材料名称	筛孔尺寸（mm）								
	13.2	9.5	4.75	2.36	1.18	0.6	0.3	0.15	0.075
	通过率(%)								
碎石									
石屑									
砂									
矿粉									

试验者:＿＿＿＿＿＿;日期:＿＿＿＿＿＿;复核者:＿＿＿＿＿＿;日期:＿＿＿＿＿＿

[设计要求]

1. 根据道路等级,路面类型和结构层次确定沥青混凝土的类型和矿质混合料的级配范围。根据现有各种矿质材料的筛析结果,用图解法确定各种矿质材料的配合比。

2. 根据已建类似工程,预估最佳油石比为4.2。通过马歇尔试验的物理力学指标,确定沥青最佳用量。

3. 马歇尔试验结果汇总见表13-12(可将本书13.7、13.8、13.9节试验结果填入表13-12中)。

马歇尔试验物理—力学指标测定结果汇总表   表13-12

试件组号 NO	沥青用量 (%)	技术性质					
		毛体积密度 ρ_f(g/cm³)	空隙率 VV(%)	矿料间隙率 VMA(%)	沥青饱和度 VFA(%)	稳定度 MS(kN)	流值 FL(mm)

试验者:_____;日期:_____;复核者:_____;日期:_____

4. 根据一级公路路面用沥青混合料要求,对矿质混合料的级配进行调整,并对沥青最佳用量按水稳性检验和抗车辙能力校核。

13.7 沥青混合料的制备

1. 试验目的

本方法规定了用标准击实法(集料公称最大粒径小于或等于26.5mm时)或大型击实法(集料公称最大粒径大于26.5mm时)制作沥青混合料试样的方法,以供试验室进行沥青混合料物理、力学性质试验使用。根据沥青混合料的力学指标(稳定度和流值)以及物理指标(实测密度、空隙率和饱和度),可以确定沥青混合料的配合组成(即沥青最佳用量)。

2. 试验仪具

(1)击实仪:由击实锤、φ98.5mm±0.5mm平圆形压实头及带手柄的导向棒组成。用机械将压实锤提升,至457.2mm±1.5mm高度沿导向棒自由落下连续击实,标准击实锤质量4536g±9g。

大型击实仪:由击实锤、φ149.4mm±0.1mm平圆形压实头及带手柄的导向棒组成。用机械将压实锤提升,至457.2mm±2.5mm高度沿导向棒自由落下击实,大型击实锤质量10210g±10g。

(2)试验室用沥青混合料拌和机:能保证拌和温度并充分拌和均匀,可控制拌和时间,容量不少于10L,搅拌叶自转速度70~80r/min,公转速度40~50r/min。

(3)脱模器:电动或手动,应能无破损地推出圆柱体试件,备有标准试件及大型试件尺寸的推出环。

(4)试模:由高碳钢或工具钢制成,每组包括内径101.6mm±0.2mm,高约87mm的圆柱形金属筒、底座(直径约 120.6mm)和套筒(内径 104.8mm,高约 70mm)各 1 个。

大型圆柱体试件的试模与套筒。套筒外径 165.1mm,内径 155.6mm ± 0.3mm,总高 83mm。试模内径 152.4mm ± 0.2mm,总高 115mm,底座板厚 12.7mm,直径 172mm。

(5)烘箱:大、中型各一台,装有温度调节器。

(6)天平或电子秤:用于称量矿料的感量不大于 0.5g;用于称量沥青的感量不大于 0.1g。

(7)布洛克菲尔德黏度计。

(8)插刀或大螺丝刀。

(9)温度计:分度值 1℃。宜采用有金属插杆的插入式数显温度计,金属杆的长度不小于 150mm,量程 0 ~ 300℃。

(10)其他:电炉或煤气炉、沥青熔化锅、拌和铲、试验筛、滤纸(或普通纸)、胶布、卡尺、秒表、粉笔、棉纱等。

3.试验方法

1)准备工作

1)确定制作沥青混合料试件的拌和与压实温度。

①用布洛克菲尔德黏度计法测定沥青的黏度,绘制黏温曲线,当使用石油沥青时,宜以黏度为 0.17Pa·s ± 0.02Pa·s 时的温度作为拌和温度范围;以 0.28Pa·s ± 0.03Pa·s 时的温度作为压实温度范围。

②当缺乏沥青黏度测定条件时,试件的拌和与压实温度可按表 13-13 选用,并根据沥青品种和标号作适当调整。针入度小,稠度大的沥青取高限;针入度大,稠度小的沥青取低限,一般取中值。

沥青混合料拌和及压实温度参考表   表 13-13

沥青种类	拌和温度(℃)	压实温度(℃)	沥青种类	拌和温度(℃)	压实温度(℃)
石油沥青	140 ~ 160	120 ~ 150	改性沥青	160 ~ 175	140 ~ 170

③常温沥青混合料的拌和及压实在常温下进行。

(2)将各种规格的矿料置 105℃ ±5℃ 的烘箱中烘干至恒重(一般不少于 4 ~6h)。

(3)按规定试验方法分别测定不同粒径粗、细集料及填料(矿粉)的各种密度,并测定沥青的密度。

(4)将烘干分级的粗、细集料,按每个试件设计级配要求称其质量,在一金属盘中混合均匀,矿粉单独放入小盆中,然后置烘箱中预热至沥青拌和温度以上约 15℃(采用石油沥青时通常为 163℃;采用改性沥青时通常需 180℃)备用。一般按一组试件(每组 4 ~6 个)备料,但进行配合比设计时宜对每个试件分别备料。常温沥青混合料的矿料不用加热。

(5)将沥青试样,用烘箱加热至规定的沥青混合料拌和温度,但不得超过 175℃。当不得已采用燃气炉或电炉直接加热进行脱水时,必须使用石棉垫隔开。

(6)用沾有少许黄油的棉纱擦净试模、套筒及击实座等,置 100℃ 左右烘箱中加热 1h 备用。常温沥青混合料的试模不加热。

2)混合料拌制

(1)将沥青混合料拌和机提前预热至拌和温度以上 10℃ 左右。

(2)将每个试件预热的粗细集料置于拌和机中,用小铲适当混合,然后再加入需要数量的已加热至拌和温度的沥青,开动拌和机,一边搅拌,一边将拌和叶片插入混合料中拌和 1 ~

1.5min,然后暂停拌和,加入单独加热的矿粉,继续拌和至均匀为止,并使沥青混合料保持在要求的拌和温度范围内,标准的总拌和时间为3min。

3)试件成型

(1)将拌好的沥青混合料,用小铲适当拌和均匀,称取一个试件所需的用量(标准马歇尔试件约1 200g,大型试件约4 050g)。当已知混合料的密度时,可根据试件的标准尺寸计算并乘以1.03得到要求的混合料数量。当一次拌和几个试件时,宜将其倒入经预热的金属盘中,用小铲适当拌和均匀分成几份,分别取用。试件制作过程中,为防止混合料温度下降,应连盘放入烘箱中保温。

(2)从烘箱中取出预热的试模及套筒,用蘸有少许黄油的棉纱擦拭套筒、底座及击实锤底面,将试模装在底座上,放一张圆形的吸油性小的纸,按四分法从四个方向用小铲将混合料铲入试模中,用插刀或大螺丝刀沿周边插捣15次,中间10次。插捣后将沥青混合料表面整平。对大型马歇尔试件,混合料分两次加入,每次插捣次数同上。

(3)插入温度计,至混合料中心附近,检查混合料温度。

(4)待混合料温度符合要求的压实温度后,将试模连同底座一起放在击实台上,固定。在装好的混合料上垫一张吸油性小的圆纸,再将装有击实锤及导向棒的压实头插入试模中,然后开启电动机,将击实锤从457mm的高度自由落下,击实规定的次数(75次或50次)。对大型马歇尔试件,击实次数为75次(相应于标准击实50次)或112次(相应于标准击实75次)。

(5)试件击实一面后,取下套筒,将试模掉头,装上套筒,然后以同样的方式和次数击实另一面。

(6)试件击实结束后,立即用镊子取掉上下面垫有的圆纸,用卡尺量取试件离试模上口的高度并由此计算试件高度,如高度不符合要求时,试件应作废,并按式(13-6)调整试件的混合料数量,使高度符合63.5mm±1.3mm(标准试件)或95.3mm±2.5mm(大型试件)的要求。

量测试件方法:量测试件的直径及高度时,用卡尺测量试件中部的直径,用卡尺在十字对称的4个方向量测离试件边缘10mm处的高度,准确至0.1mm,并以其平均值作为试件的高度。如试件高度不符合63.5mm±1.3mm或95.3mm±2.5mm要求,或两侧高度差大于2mm,此试件作废。

$$q = q_0 \times \frac{63.5}{h_0} \qquad (13\text{-}6)$$

式中:q——调整后沥青混合料用量,g;

q_0——制备试件的沥青混合料实际用量,g;

h_0——制备试件的实际高度,mm。

(7)卸去套筒的底座,将装有试件的试模横向放置冷却至室温后(不少于12h),置脱模机上脱出试件。将试件仔细置于干燥洁净的平面上,供试验用。

13.8 压实沥青混合料的密度试验

1.试验目的

测定沥青混合料的毛体积相对密度(表干法)、表观相对密度(水中重法),计算沥青混合料试件的空隙率、矿料间隙率和有效沥青饱和度等体积指标,结合稳定度、流值,根据沥青混合料技术标准确定沥青最佳用量。标准试验温度25℃±0.5℃。

2. 试验仪具

(1)浸水天平或电子秤,当最大称量在3kg以下时,感量不大于0.1g;最大称量3kg以上时,感量不大于0.5g。应有测量水中重的挂钩。

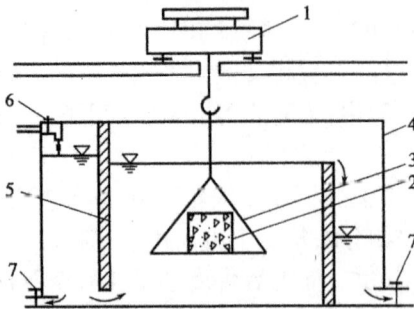

图13-8 溢流水箱及下挂法水中重称量方法示意图
1-浸水天平或电子天平;2-试件;3-网篮;4-溢流水箱;
5-水位搁板;6-注入口;7-放水阀门

(2)网篮。

(3)溢流水箱:如图13-8所示,使用洁净水,有水位溢流装置,保持试件和网篮浸入水中后的水位一定。能调整水温至25℃±0.5℃。

(4)试件悬吊装置:天平下方悬吊网篮及试件的装置,吊线应采用不吸水的细尼龙线绳,并有足够的长度,对轮碾成型机成型的板块状试件可用铁丝悬挂。

(5)秒表、毛巾、电扇或烘箱。

3. 试验方法

(1)表干法

适用于吸水率不大于2%的各种沥青混合料试件毛体积相对密度和毛体积密度。

①选择适宜的浸水天平或电子天平,最大称量应满足试件质量要求。

②除去试件表面的浮粒,称取干燥试件在空气中的质量(m_a)根据选择的天平的感量读数,准确至0.1g或0.5g。

③将溢流水箱水温保持在25℃±0.5℃。挂上网篮,浸入溢流水箱的水中,调节水位,将天平调平并复零,把试件置于网篮中(注意不要使水晃动)浸水3~5min,称取水中质量(m_w)。

④从水中取出试件,用洁净柔软的拧干湿毛巾轻轻擦去试件的表面水(不得吸走空隙内的水),称取试件的表干质量(m_f)。从试件拿出水面到擦拭结束不宜超过5s,称量过程中流出的水不得再擦拭。

⑤对从工地上钻取的非干燥试件,可先称取水中质量(m_w),然后用电风扇将试件吹干至恒重(一般不少于12h,当不需进行其他试验时,也可用60℃±5℃的烘箱烘干至恒重),再称取在空气中的质量(m_a)。

(2)水中重法

适用于测定吸水率小于0.5%的密实沥青混合料试件的表观相对密度和表观密度。当试件很密实,几乎不存在与外界连通的开口孔隙时,可用本方法代替表干法测定的毛体积相对密度,计算沥青混合料试件的各项体积指标。

①选择适宜的浸水天平或电子天平,最大称量应满足试件质量要求。

②除去试件表面的浮粒,称取干燥试件在空气中的质量(m_a)根据选择的天平的感量读数,准确至0.1g或0.5g。

③将溢流水箱水温保持在25℃±0.5℃。挂上网篮,浸入溢流水箱的水中,调节水位,将天平调平并复零,把试件置于网篮中(注意不要使水晃动)浸水3~5min,称取水中质量(m_w)。

4. 结果计算

(1)吸水率

按式(13-7)计算试件的吸水率,取1位小数。

$$S_a = \frac{m_f - m_a}{m_f - m_w} \times 100 \tag{13-7}$$

式中：S_a——试件的吸水率,%；

m_a——干燥试件的空中质量,g；

m_w——试件水中质量,g；

m_f——试件的表干质量,g。

（2）毛体积相对密度和毛体积密度

按式(13-8)、式(13-9)计算试件的毛体积相对密度和毛体积密度,取3位小数。

$$\gamma_f = \frac{m_a}{m_f - m_w} \tag{13-8}$$

$$\rho_f = \frac{m_a}{m_f - m_w} \rho_w \tag{13-9}$$

式中：　γ_f——试件毛体积相对密度,无量纲；

ρ_f——试件毛体积密度,g/cm³；

ρ_w——25℃时水的密度,取0.9971g/cm³；

m_a、m_w、m_f——意义同前。

（3）表观相对密度和表观密度

按式(13-10)、式(13-11)计算试件的表观相对密度和表观密度,取3位小数。

$$\gamma_s = \frac{m_a}{m_a - m_w} \tag{13-10}$$

$$\rho_s = \frac{m_a}{m_a - m_w} \rho_w \tag{13-11}$$

式中：　γ_s——试件的表观相对密度；

ρ_s——试件的表观密度,g/cm³；

m_a、m_w、ρ_w——意义同前。

（4）合成毛体积相对密度和合成表观相对密度

按式(13-12)、式(13-13)计算合成毛体积相对密度和合成表观相对密度,保留3位小数。

$$\gamma_{sb} = \frac{100}{\dfrac{P_1}{\gamma_1} + \dfrac{P_2}{\gamma_2} + \cdots + \dfrac{P_n}{\gamma_n}} \tag{13-12}$$

$$\gamma_{sa} = \frac{100}{\dfrac{P_1}{\gamma_1'} + \dfrac{P_2}{\gamma_2'} + \cdots + \dfrac{P_n}{\gamma_{n'}'}} \tag{13-13}$$

式中：　γ_{sb}——矿料的合成毛体积相对密度,无量纲；

γ_{sa}——矿料的合成表观相对密度,无量纲；

P_1、P_2、$\cdots P_n$——各种矿料占总质量的百分率,%（矿料总和为$\sum_1^n P_i = 100$）；

γ_1、γ_2、$\cdots \gamma_n$——各种矿料相应的毛体积相对密度,无量纲；

γ_1'、$\gamma_2'\cdots\gamma_n'$——各种矿料相应的表观相对密度,无量纲。

（5）空隙率

按式(13-14)计算试件的空隙率,取1位小数。

$$VV = \left(1 - \frac{\gamma_f}{\gamma_t}\right) \times 100 \qquad (13-14)$$

式中：VV——沥青混合料试件的空隙率，%；

γ_t——沥青混合料试件理论最大相对密度，测定方法见13.9，无量纲；

γ_f——试件的毛体积相对密度，无量纲，当按规定容许采用水中重法测定时，也可采用表观相对密度代替。

（6）矿料间隙率

按式（13-15）计算试件的矿料间隙率，取1位小数。

$$VMA = \left(1 - \frac{\gamma_f}{\gamma_{sb}} \times \frac{p_s}{100}\right) \times 100 \qquad (13-15)$$

式中：VMA——沥青混合料试件的矿料间隙率，%；

P_s——各种矿料占沥青混合料总质量的百分率之和，%，$P_s = 100 - P_b$；

P_b——沥青用量，即沥青质量占沥青混合料总质量的百分率，%；

γ_f、γ_{sb}——意义同前。

（7）有效沥青的饱和度

按式（13-16）计算试件的有效沥青的饱和度，取1位小数。

$$VFA = \frac{VMA - VV}{VMA} \times 100 \qquad (13-16)$$

式中：VFA——沥青混合料试件的有效沥青饱和度；

VMA、VV——意义同前。

5. 试验记录

沥青混合料密度试验记录如表13-14，将沥青混合料体积指标的试验结果，记录于13.10沥青混合料马歇尔稳定度试验记录表13-18中。

表13-14

沥青混合料密度试验记录表

	试样编号						初拟用途			
	沥青混合料类型						沥青品种及标号			
试样编号	干燥试件的空中质量 $m_a(g)$	试件的水中质量 $m_w(g)$	试件的表干质量 $m_f(g)$	试件的吸水率（%）	常温水的密度 $\rho_w(g/cm^3)$	试件的毛体积相对密度	试件的毛体积密度（g/cm³）	试件表观相对密度	试件的表观密度（g/cm³）

试验者：_____；日期：_____；复核者：_____；日期：_____

13.9 沥青混合料理论最大相对密度(真空法)

1.试验目的

测定沥青混合料理论最大相对密度,供沥青混合料配合比设计计算空隙率使用。

2.试验仪具

(1)天平:称量5kg以上,感量不大于0.1g;称量2kg以下,感量不大于0.05g。

(2)负压容器:根据试样数量选用表13-15中的A、B、C任何一种类型。负压容器口带橡皮塞,上接橡胶管,管口下方有滤网,防止细料部分吸入胶管。为便于抽真空时观察气泡情况,负压容器至少有一面透明或者采用透明的密封盖。

负压容器类型 表13-15

类 型	容 器	附 属 设 备
A	耐压玻璃,塑料或金属制的罐,容积大于2 000mL	有密封盖,接真空胶管,分别与真空装置和压力表连接
B	容积大于2 000mL的真空容量瓶	带胶皮塞,接真空胶管,分别与真空装置和压力表连接
C	4 000mL耐压真空器皿或干燥器	带胶皮塞,接真空胶管,分别与真空装置和压力表连接

(3)真空负压装置:由真空泵、真空表、调压装置、压力表及干燥或积水装置等组成。

①真空泵应使负压容器内产生3.7kPa±0.3kPa(27.5mmHg±2.5mmHg)负压;真空表分度值不得大于2kPa。

②调压装置应具备过压调节功能,以保持负压容器的负压稳定在要求范围内,同时还应具有卸除真空压力的功能。

③压力表应经过标定,能够测定0~4kPa(0~30mmHg)负压。当采用水银压力表时,分度值1mmHg,示值误差为2mmHg;非水银压力表分度值0.1kPa,示值误差为0.2kPa。压力表不得直接与真空装置连接,应单独与负压容器相接。

④采用干燥或积水装置主要是为了防止负压容器内的水分进入真空泵内。

(4)振动装置:试验过程中根据需要可以开启或关闭。

(5)恒温水槽:水温控制25℃±0.5℃。

(6)温度计:分度值0.5℃。

(7)其他:玻璃板、搪瓷盘、铲子等。

3.试验方法

(1)按本书13.7节的方法拌制沥青混合料,试样数量不少于表13-16的规定数量,分别拌制两个平行试样,放置于搪瓷盘中。

沥青混合料理论最大相对密度试验用试样数量 表13-16

公称最大粒径(mm)	试样最小质量(g)	公称最大粒径(mm)	试样最小质量(g)
4.75	500	26.5	2 500
9.5	1 000	31.5	3 000
13.2、16	1 500	37.5	3 500
19	2 000		

（2）将搪瓷盘中的热沥青混合料,在室温下冷却或者用电风扇吹,一边冷却一边将沥青混合料团块仔细分散,粗集料不被破碎。若混合料坚硬时,可用烘箱适当加热然后分散,加热温度不超过60℃。分散试样时可用铲子翻动、分散,在温度较低时应用手掰开,不得用锤子打碎。

（3）负压容器标定

①采用A类容器时,将容器全部浸入25℃±0.5℃的恒温水槽中,负压容器完全浸没,恒温10min±1min后,称取容器的水中质量m_1。

②B、C类负压容器

a. 大端口的负压容器,需要有大于负压容器端口的玻璃板。将负压容器和玻璃板放进水槽中,注意轻轻摇动负压容器使容器内气泡排除。恒温10min±1min,取出负压容器和玻璃板,向负压容器内加满25℃±0.5℃水至液面稍微溢出,用玻璃板先盖住容器端口1/3,然后慢慢沿容器端口水平方向移动盖住整个端口,注意查看有没有气泡。擦除负压容器四周的水,称取盛满水的负压容器质量为m_b。

b. 小口的负压容器,需要采用中间带垂直孔的塞子,其下部为凹槽,以便于空气从孔中排除。将负压容器和塞子放进水槽中,注意轻轻摇动负压容器使容器内气泡排除。恒温10min±1min,在水中将瓶塞塞进瓶口,使多余的水由瓶塞上的孔中挤出,取出负压容器,用干净软布将瓶塞顶部擦拭一次,再迅速擦除负压容器外面的水分,最后称其质量m_b。

（4）将负压容器干燥、编号,称取其干燥质量。

（5）将沥青混合料试样装入干燥的负压容器中,称容器及沥青混合料总质量,得到试样的净质量m_a。试样质量应不小于表13-16规定的最小质量。

（6）在负压容器中注入25℃±0.5℃的水,将混合料全部浸没,并高出混合料顶面约2cm。

（7）将负压容器放到试验仪上,与真空泵、压力表等连接,开动真空泵,使负压容器内负压在2min内达到3.7kPa±0.3kPa(27.5mmHg±2.5mmHg)时,开始计时,同时开动振动装置和抽真空装置,持续15min+2min。

（8）当抽真空结束后,关闭真空装置,打开调压阀慢慢卸压,卸压速度不得大于8kPa/s(通过真空表读数控制),使负压容器内压力逐渐恢复。

（9）当负压容器采用A类容器时,将盛试样的容器浸入保温至25℃±0.5℃的恒温水槽中,恒温10min±1min后,称取负压容器与沥青混合料的水中质量m_2。

（10）当负压容器采用B、C类容器时,将装有沥青混合料的容器浸入保温至25℃±0.5℃的恒温水槽中,恒温10min±1min后,注意容器中不得有气泡,擦净容器外的水分,称取容器、水和沥青混合料试样的总质量m_c。

4. 结果计算

（1）采用A类容器时,沥青混合料的理论最大相对密度按式(13-17)计算。

$$\gamma_t = \frac{m_a}{m_a - (m_2 - m_1)} \tag{13-17}$$

式中：γ_t——沥青混合料理论最大相对密度,无量纲;

m_a——干燥沥青混合料试样的空气中质量,g;

m_1——负压容器在25℃水中的质量,g;

m_2——负压容器与沥青混合料在25℃水中的质量,g。

（2）采用B、C类容器时,沥青混合料的理论最大相对密度,按式(13-18)计算。

$$\gamma_t = \frac{m_a}{m_a + m_b - m_c} \qquad (13-18)$$

式中:γ_t、m_a——意义同前;

$\quad m_b$——装满 25℃ 水的负压容器的质量,g;

$\quad m_c$——25℃ 时试样、水、负压容器的质量,g。

(3)沥青混合料 25℃ 时的理论最大密度按式(13-19)计算。

$$\rho_t = \gamma_t \times \rho_w \qquad (13-19)$$

式中:ρ_t——沥青混合料的理论最大密度,g/cm^3;

$\quad \rho_w$——25℃ 时水的密度,0.997 1g/cm^3;

$\quad \gamma_t$——意义同前。

同一试样至少平行试验两次,计算平均值作为试验结果,取 3 位小数。

5.允许误差

重复性试验的允许误差为 0.011g/cm^3,再现性试验的允许误差为 0.019/cm^3。

6.试验记录

沥青混合料理论最大密度试验记录见表 13-17。

沥青混合料理论最大密度试验记录表　　　　　　　表 13-17

试样编号					初拟用途		
沥青混合料类型					沥青品种及标号		
容器类型	试样编号	干燥试样在空气中质量 m_a(g)	负压容器在25℃水中质量 m_1(g)	负压容器与试样在25℃水中质量 m_2(g)	装满25℃水的负压容器质量 m_b(g)	试样、水、负压容器总质量 m_c(g)	试样理论最大相对密度　A类: $r_t = \dfrac{m_a}{m_a - (m_2 - m_1)}$　B、C类: $r_t = \dfrac{m_a}{m_a + m_b - m_c}$	试样在25℃水中理论最大密度（g/cm^3）
	1							
	2							

试验者:_____;日期:_____;复核者:_____;日期:_____

13.10 沥青混合料马歇尔稳定度试验

1.试验目的

沥青混合料稳定度试验,是将沥青混合料制成标准的马歇尔试件或大型马歇尔试件,在稳定度仪上测定其稳定度和流值,以这两项指标来表征其高温时的稳定性和抗变形能力。

根据沥青混合料的力学指标(稳定度和流值)和物理指标、体积指标(密度、空隙率和沥青饱和度等),以及水稳性(残留稳定度)和抗车辙(动稳定度)检验,即可确定沥青混合料的配合组成。

2.试验仪具

(1)沥青混合料马歇尔试验仪:分为自动式和手动式。自动马歇尔试验仪应具备控制装置、记录荷载—位移曲线,自动测定荷载与试件的垂直变形,能自动显示和存储或打印试验结果等功能。

对用于高速公路和一级公路的沥青混合料,宜采用自动马歇尔试验仪。

①当集料公称最大粒径小于或等于 26.5mm 时,宜采用 $\phi101.6mm \times 63.5mm$ 的标准马歇尔试件,试验仪最大荷载不得小于 25kN,读数准确至 0.1kN,加载速率应能保持 50mm/min ± 5mm/min。钢球直径 16mm ±0.05mm,上下压头曲率半径为 50.8mm ±0.08mm。

②当集料公称最大粒径大于 26.5mm 时,宜采用 $\phi152.4mm \times 95.3mm$ 大型马歇尔试件,试验仪最大荷载不得小于 50kN,读数准确至 0.1kN。上下压头曲率内径为 152.4mm ±0.2mm,上下压头间距为 19.05mm ±0.1mm。

(2)恒温水槽:控温准确度为 1℃,深度不少于 150mm。

(3)真空饱水容器:由真空泵和真空干燥器组成。

(4)烘箱。

(5)天平:感量不大于 0.1g。

(6)温度计:分度值 1℃。

(7)卡尺。

(8)其他:棉纱、黄油。

3.试验方法

(1)标准马歇尔试验方法

①将测定密度后的试件,置于 60℃ ±1℃(石油沥青)或 33.8℃ ±1℃(煤沥青)的恒温水槽中,保温时间对标准的马歇尔试件需 30 ~ 40min,对大型的马歇尔试件需 45 ~ 60min。试件之间应有间隔,试件应垫起,离水槽底部不小于 5cm。

②将马歇尔试验仪的上下压头放入水槽或烘箱中达到同样温度。将上下压头从水槽或烘箱中取出擦拭干净内面,为使上下压头滑动自如,可在下压头的导棒上涂少量黄油,再将试件取出置下压头上,盖上上压头,然后装在加载设备上。

③在上压头的球座上放妥钢球,并对准荷载测定装置的压头。

④当采用自动马歇尔试验仪时,将自动马歇尔试验仪的压力传感器、位移传感器与计算机或 $X - Y$ 记录仪正确连接,调整好适宜的放大比例,压力和位移传感器调零。

⑤当采用压力环和流值计时,将流值计安装在导棒上,使导向套管轻轻地压住上压头,同时将流值计读数调零。调整压力环中百分表,对零。

⑥启动加载设备,使试件承受荷载,加载速度为 50mm/min ±5mm/min。计算机或 $X - Y$ 记录仪自动记录传感器压力和试件变形曲线并将数据自动存入计算机。

⑦当试验荷载达到最大值的瞬间,取下流值计,同时读取应力环中百分表或荷载传感器读数及流值计的流值读数。

⑧从恒温水槽中取出试件至测出最大荷载值的时间,不得超过 30s。

(2)浸水马歇尔试验方法

浸水马歇尔试验方法与标准马歇尔试验方法不同之处在于,试件在已达规定温度的恒温水槽中保温时间为 48h,其余步骤与标准马歇尔试验方法相同。

4.结果计算

(1)由荷载测定装置读取的最大值,即为试样的稳定度。当用应力环百分表测定时,根据应力环标定曲线,将应力环中百分表的读数换算为荷载值,即试件的稳定度(MS),以 kN 计,准确至0.01kN。

（2）由流值计及位移传感器测定装置读取的试件垂直变形，即为试件的流值（FL）以 mm计，准确至0.1mm。

（3）根据试验所得结果与不同沥青用量（每隔0.5%）绘制下列关系曲线。

①密度与沥青用量。

②稳定度与沥青用量。

③流值与沥青用量。

④空隙率与沥青用量。

⑤矿料间隙率与沥青用量。

⑥饱和度与沥青用量。

按上述关系曲线图，对照规范要求确定最佳沥青用量。

（4）根据试件的浸水马歇尔稳定度和标准马歇尔稳定度，按式（13-20）计算试件浸水残留稳定度。

$$MS_0 = \frac{MS_1}{MS} \times 100 \qquad (13\text{-}20)$$

式中：MS_0——试件的浸水残留稳定度，%；

　　MS_1——试件浸水48h后的稳定度，kN；

　　MS——试件按标准试验方法的稳定度，kN。

根据浸水马歇尔试验结果，检验其残留稳定度是否合格以确定沥青混合料的沥青最佳用量。

当一组测定值中某个测定值与平均值之差大于标准差的 k 倍时，该测定值应予舍弃，并以其余测定值的平均值作为试验结果。当试件数目 n 为 3、4、5、6 个时，k 值分别为 1.15、1.46、1.67、1.82。

5.试验记录

沥青混合料马歇尔稳定度试验结果记录见表13-18。

沥青混合料稳定度试验记录表　　　　　　　表 13-18

试件编号	油石比（%）	试件高度（cm）	空气中质量（g）	水中质量（g）	表干质量（g）	表观相对密度	毛体积相对密度	最大理论相对密度	空隙率（%）	矿料间隙率（%）	沥青饱和度（%）	稳定度（kN）	平均流值（mm）
(0)	(1)	(2)	(3)	(4)	(5)	(6)	(7)	(8)	(9)	(10)	(11)	(12)	(13)

试验者：＿＿＿＿＿＿＿＿；日期：＿＿＿＿＿＿＿＿；复核者：＿＿＿＿＿＿＿＿；日期：＿＿＿＿＿＿＿

13.11　沥青混合料车辙试验

13.11.1　车辙试验用试件的制作

1.试验目的

用轮碾法制作沥青混合料试件，供进行沥青混合料车辙试验用。

沥青混合料试件制作尺寸,可根据集料粒径及工程需要进行选择。对于集料公称最大粒径小于或等于 19mm 的沥青混合料,宜采用(长)300mm ×(宽)300mm ×(厚)50mm 的板块试模成型;对于集料公称最大粒径大于或等于 26.5mm 的沥青混合料,宜采用(长)300mm ×(宽)300mm ×(厚)80 ~ 100mm 的板块试模成型。

2. 试验仪具

(1)轮碾成型机:轮碾成型机具有与钢筒式压路机相似的圆弧形碾压轮,轮宽 300mm,压实线荷载为 300N/cm,碾压行程等于试件长度,碾压后板块状试件可达到马歇尔试验标准击实密度的 100% ±1%。

(2)试验室用沥青混合料拌和机:能保证拌和温度并充分拌和均匀,可控制拌和时间,宜采用容量大于 30L 的大型沥青混合料拌和机,也可采用容量大于 10L 的小型拌和机。

(3)试模:由高碳钢或工具钢制成,试件的标准试模内部平面尺寸为 300mm × 300mm,高 50mm。根据需要,试模深度及平面尺寸可以调节,以制备不同尺寸的板块状试件。

(4)烘箱:大、中型各一台,装有温度调节器。

(5)台秤:天平或电子秤:称量 5kg 以上的感量不大于 1g;称量 5kg 以下时,用于称量矿料的感量不大于 0.5g,用于称量沥青的感量不大于 0.1g。

(6)沥青黏度测定设备:布洛克菲尔德黏度计、真空减压毛细管。

(7)小型击实锤:钢制端部断面 80mm × 80mm,厚 10mm,带手柄,总质量 0.5kg 左右。

(8)温度计:分度值为 1℃。宜采用有金属插杆的插入式数显温度计,金属插杆的长度不小于 150mm,量程 0 ~ 300℃。

(9)其他:电炉或煤气炉、沥青熔化锅、拌和炉、标准筛、滤纸、胶布、卡尺、秒表、粉笔、垫木、棉纱等。

3. 试验方法

(1)按本书 13.7 节马歇尔稳定度试件成型方法,确定沥青混合料的拌和温度和压实温度。

(2)将金属试模及小型击实锤等置于约 100℃ 的烘箱中加热 1h 备用。

(3)称出制作一块试件所需的各种材料的用量。先按 1 块试件体积(V)乘以马歇尔标准击实密度(ρ_s)再乘以系数 1.03,即得材料总用量($m = V\rho_s \times 1.03$),再按配合比计算出各种材料用量,分别将各种材料放入烘箱中预热备用。

(4)将预热的试模从烘箱中取出,装上试模框架,在试模中铺一张裁好的普通纸(可用报纸),使底面及侧面均被纸隔离,将拌和好的全部沥青混合料,用小铲稍加拌和后均匀地沿试模由边至中按顺序转圈装入试模,中部要略高于四周。

(5)取下试模框架,用预热的小型击实锤由边至中转圈夯实一遍,整平成凸圆弧形。

(6)插入温度计,待混合料冷却至规定的压实温度(为使冷却均匀,试模底下可用垫木支起)时,在表面铺一张裁好尺寸的普通纸。

(7)成型前将碾压轮预热至 100℃ 左右,将盛有沥青混合料的试模置于轮碾机的平台上,轻轻放下碾压轮,调整总荷载为 9kN(线荷载 300N/cm)。

(8)启动碾压机,先在一个方向碾压 2 个往返(4 次),卸荷,再抬起碾压轮,将试件掉转方向,再加相同荷载碾压至马歇尔标准密实度 100% ±1% 为止。试件正式压实前,应经试压,确定密度后,确定试件的碾压次数。对普通沥青混合料,一般 12 个往返(24 次)左右可达要求(试件厚 50mm)。

(9)压实成型后,揭去表面的纸,用粉笔在试件表面上标明碾压方向。

(10)盛有压实试件的试模,置室温下冷却,至少12h后方可脱模。

13.11.2 沥青混合料车辙试验

1.试验目的

测定沥青混合料的高温抗车辙能力,供沥青混合料配合比设计时的高温稳定性检验使用,也可用于现场沥青混合料的高温稳定性检验。

2.试验仪具

(1)车辙试验机:主要由下列部分组成。

①试件台:可牢固地安装两种宽度(300mm 和 150mm)的规定尺寸试件的试模。

②试验轮:橡胶制的实心轮胎。外径 $\phi220mm$,轮宽 50mm,橡胶层厚 15mm。橡胶硬度(国际标准硬度)20℃时为 84 ±4,60℃时为 78 ±2。试验轮行走距离为230mm ±10mm,往返碾压速度为 42 次/min ±1 次/min(21 次往返/min),采用曲柄连杆驱动加载往返运行方式。

③加载装置:通常情况下试验轮与试件的接触压强在 60℃时为 0.7MPa ±0.05MPa,施加的总荷载为 780N 左右,根据需要可以调整。

④试模:钢板制成,由底板及侧板组成,试模内侧尺寸宜采用长为 300mm,宽为 300mm,厚为 50 ~ 100mm,也可根据需要对厚度进行调整。

⑤变形测量装置:自动采集车辙变形并记录曲线的装置,通常用位移传感器 LVDT 或非接触位移计。位移测量范围 0 ~ 130mm,精度 ±0.01mm。

⑥温度检测装置:自动检测并记录试件表面及恒温室内温度的温度传感器、精度 0.5℃。温度应能自动连续记录。

(2)恒温室:车辙试验机安放在恒温室内,装有加热器、气流循环装置及装有自动温度控制设备,同时恒温室还应有至少能保温 3 块试件并进行检验的条件。保持恒温室温度60℃ ±1℃(试件内部温度60℃ ±0.5℃),根据需要亦可采用其他需要的温度。

(3)台秤:称量 15kg,感量不大于 5g。

3.试验方法

(1)测定试验轮压强(应符合 0.7MPa ±0.05MPa),将试件装于原试模中。

(2)试件成型后,连同试模一起在常温条件下放置 12h 以上,将试件连同试模一起,置于达到试验温度60℃ ±1℃的恒温室中,保温不少于 5h,也不得超过 12h,在试件的试验轮不行走的部位上,黏贴一个热电偶温度计(也可在试件制作时预先将热电偶导线埋入试件一角),控制试件温度稳定在60℃ ±0.5℃。

(3)将试件连同试模移置于车辙试验机的试验台上,试验轮在试件的中央部位,其行走方向须与试件碾压或行车方向一致。开动车辙变形自动记录仪,然后启动试验机,使试验轮往返行走,时间约 1h,或最大变形达到 25mm 时为止。试验时,记录仪自动记录变形曲线及试件温度。

4.结果计算

(1)从变形曲线图上(图 13-9)读取 45min(t_1)及

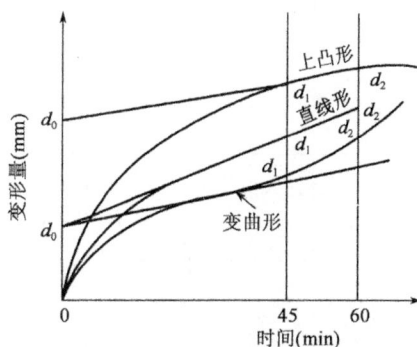

图 13-9 车辙试验自动记录的变形曲线

$60\text{min}(t_2)$时的车辙变形 d_1 及 d_2，精确至 0.01mm。如变形过大，在未到 60min 变形已达到 25mm 时，则以达到 $25\text{mm}(d_2)$ 时的时间为 t_2，将其前 15min 为 t_1，此时的变形量为 d_1。

（2）沥青混合料试件的动稳定度，按式（13-21）计算。

$$DS = \frac{(t_2 - t_1) \times N}{d_2 - d_1} \cdot C_1 \cdot C_2 \qquad (13\text{-}21)$$

式中：DS——沥青混合料的动稳定度，次/mm；

  d_1——对应于时间 t_1（一般为 45min）的变形量，mm；

  d_2——对应于时间 t_2（一般为 60min）的变形量，mm；

  N——试验轮往返碾压速度，通常为 42 次/min；

  C_1——试验机类型修正系数，曲柄连杆驱动加载轮往返行走方式为 1.0；

  C_2——试件系数，试验室制备的宽 300mm 的试件为 1.0。

  同一沥青混合料或同一路段的路面，至少平行试验 3 个试件，当 3 个试件动稳定度变异系数小于 20% 时，取其平均值作为试验结果。变异系数大于 20% 时应分析原因，并追加试验。如计算动稳定值大于 $6\,000$ 次/mm 时，记作 $>6\,000$ 次/mm。

5. 允许误差

重复性试验动稳定度变异系数不大于 20%。

6. 试验记录

沥青混合料车辙试验结果记录，见表 13-19。

沥青混合料车辙试验结果记录表   表 13-19

试样编号				初拟用途								
沥青混合料类型				沥青品种及标号								
试验温度				试验轮接地压强								
试样编号	试件尺寸（mm）			试件毛体积密度（g/cm³）	最大理论密度（g/cm³）	试件空隙率(%)	试件系数 C_2	试验机类型修正系数 C_1	时间 t_1、t_2（min）	变形量 d_1、d_2（mm）	试件动稳定度测值（次/min）	动稳定度（次/min）
	长	宽	高									
									45			
									60			
									45			
									60			
									45			
									60			

试验者：_____；日期：_____；复核者：_____；日期：_____

13.12 沥青混合料抽提试验

13.12.1 沥青混合料中沥青含量试验

1. 试验目的

本方法采用离心分离法测定黏稠石油沥青拌制的沥青混合料中沥青含量，用于检测沥青混合料路面施工时的沥青用量，以评定拌和厂产品质量。也适用于旧路调查时检测沥青混合料的沥青用量，用此法抽提的沥青溶液可用于回收沥青，以评定沥青的老化性质。

2. 试验仪具

(1)离心抽提仪：由试样容器及转速不小于 3 000r/min 的离心分离器组成，分离器备有滤液出口。容器盖与容器之间用耐油的圆环形滤纸密封。滤液通过滤纸排出后从出口流出收入回收瓶中，仪器必须安放稳固并有排风装置。

(2)圆环形滤纸

(3)回收瓶：容量 1 700mL 以上。

(4)压力过滤装置。

(5)天平：感量不大于 0.01g、1mg 的天平各 1 台。

(6)量筒：最小刻度 1mL。

(7)电烘箱：装有温度自动调节器。

(8)三氯乙烯：工业用。

(9)碳酸铵饱和溶液：供燃烧法测定滤纸中的矿粉含量用。

(10)其他：小铲，金属盘，大烧杯等。

3. 试验方法

(1)在拌和厂，从运料卡车上，采取沥青混合料试样，放在金属盘中适当拌和，待温度稍下降至100℃以下时，用大烧杯取混合料试样质量 1 000～1 500g(粗粒式沥青混合料用高限，细粒式用低限，中粒式用中限)，准确至 0.1g。

(2)当试样在施工现场用钻机法或切割法取得时，应用电风扇吹风使其完全干燥，置烘箱中适当加热后成松散状态取样，但不得用锤击以防集料破碎。

(3)向装有试样的烧杯中注入三氯乙烯溶剂，将其浸没，浸泡30min，用玻璃棒适当搅动混合料，使沥青充分溶解。

注：也可直接在离心分离器中浸泡。

(4)将混合料及溶液倒入离心分离器，用少量溶剂将烧杯及玻璃棒上的黏附物全部洗入分离器中。

(5)称取洁净的圆环形滤纸质量，准确至 0.01g。注意滤纸不宜多次反复使用，有损坏者不能使用，有石粉黏附时应用毛刷清除干净。

(6)将滤纸垫在分离器边缘上，加盖紧固。在分离器出口处放上回收瓶，上口应注意密封，防止流出液或雾状散失。

（7）开动离心机，转速逐渐增至 3 000r/min，沥青溶液通过排出口注入回收瓶中，待流出停止后，停机。

（8）从上盖的孔中加入新溶液，数量相同。稍停 3～5min 后，重复上述操作，如此数次直至流出的抽提液成清澈的淡黄色为止。

（9）卸下上盖，取下圆环形滤纸，在通风橱或室内空气中蒸发干燥，然后放入 105℃±5℃ 的烘箱中干燥，称取质量，其增重部分（m_2）为矿粉的一部分。

（10）将容器中的集料仔细取出，在通风橱或室内空气中蒸发后放入 105℃±5℃ 的烘箱烘干（一般需要 4h），然后放入大干燥器中冷却至室温，称取集料质量（m_1）。

（11）用压力过滤器过滤回收瓶中的沥青溶液，由滤纸的增重（m_3）得出泄漏入滤液中矿粉。如无压力过滤器时，也可用燃烧法测定。

（12）用燃烧法测定抽提液中矿粉质量的步骤如下：

①将回收瓶中的抽提液倒入量筒中，准确定量至（V_a）mL。

②充分搅匀抽提液，取出 10mL（V_b）放入坩埚中，在热浴上适当加热使溶液试样变成暗黑色后，置高温炉（500～600℃）中烧成残渣，取出坩埚冷却。

③向坩埚中按每 1g 残渣 5mL 的用量比例，注入碳酸铵饱和溶液，静置 1h 后放入 105℃±5℃烘箱中干燥。

④取出后放在干燥器中冷却，称取残渣质量（m_4），准确至 1mg。

4. 结果计算

（1）沥青混合料中矿料的总质量按式（13-22）计算。

$$m_a = m_1 + m_2 + m_3 \tag{13-22}$$

式中：m_a——沥青混合料中矿料部分的总质量，g；

　　　m_1——容器中留下的集料干燥质量，g；

　　　m_2——圆环形滤纸试验前后的增重，g；

　　　m_3——泄漏入抽提液中的矿粉质量，g，用燃烧法时可按式（13-23）计算：

$$m_3 = m_4 \times \frac{V_a}{V_b} \tag{13-23}$$

式中：V_a——抽提液的总量，mL；

　　　V_b——取出的燃烧干燥的抽提液数量，mL；

　　　m_4——坩埚中燃烧干燥的残渣质量，g。

（2）沥青混合料中的沥青含量和油石比按式（13-24）和式（13-25）计算。

$$P_b = \frac{m - m_a}{m} \tag{13-24}$$

$$P_a = \frac{m - m_a}{m_a} \tag{13-25}$$

式中：m——沥青混合料的总质量，g；

　　　P_b——沥青混合料的沥青含量，%；

　　　P_a——沥青混合料的油石比，%。

同一沥青混合料试样至少平行试验两次，取平均值作为试验结果。两次试验结果的差值应小于 0.3%，当大于 0.3% 但小于 0.5% 时，应补充平行试验一次，以 3 次试验的平均值作为试验结果；3 次试验的最大值与最小值之差不得大于 0.5%。

13.12.2　沥青混合料的矿料级配检验方法

1. 试验目的

沥青混合料的矿料级配检验方法,是沥青路面施工时检验拌和厂生产的沥青混合料的矿料级配组成的试验,以通过规定筛孔的质量百分率表示。

本方法适用于测定沥青路面施工过程中沥青混合料的矿料级配,以评定沥青路面的施工质量时使用。

2. 试验仪具

(1)标准筛:孔径为 53.0mm、37.5mm、31.5mm、26.5mm、19.0mm、16.0mm、13.2mm、9.5mm、4.75mm、2.36mm、1.18mm、0.6mm、0.3mm、0.15mm、0.075mm 的方孔筛标准筛系列中,根据沥青混合料级配选用相应的筛号,必须有密封圈、盖和底。

(2)天平:感量不大于0.1g。

(3)摇筛机。

(4)烘箱:装有温度自动控制器。

(5)其他:样品盘,毛刷等。

3. 试验方法

(1)从拌和厂选取代表性样品。

(2)将沥青混合料试样按规定的沥青混合料沥青含量的试验方法抽提沥青后,将全部矿质混合料放入样品盘中置温度105℃±5℃烘干,并冷却至室温。

注:应将沾在滤纸、棉花上的矿粉及抽提液中的矿粉计入矿料的矿粉含量中。

(3)按沥青混合料矿料级配设计要求,选用全部或部分需要筛孔的标准筛。做施工质量检验时,一般应包括0.075mm、2.36mm、4.75mm 及集料最大粒径等 5 个筛孔,按大小顺序排列成套筛。

(4)筛分试验步骤及计算同筛析试验。

4. 试验记录

沥青混合料抽提试验记录见表13-20。

13.13　钢筋拉伸试验

1. 试验目的

抗拉强度是钢筋的基本力学性质。为了测定钢筋的抗拉强度,将标准试样放在试验机上,以应变速率控制试验速率(方法 A)或应力速率控制的试验速率(方法 B)进行拉伸试验,直至试样拉断为止。即可求得钢筋的上屈服强度、下屈服强度、抗拉强度、伸长率等指标,评定钢筋质量是否合格。

本试验为应变速率控制试验速率(方法 A)。

2. 试验仪具

(1)试验机:能够实现应变速率控制试验速率,准确度为 1 级或优于 1 级。若由计算机控制的拉伸试验机,则要求计算机进行数据采集和处理。

(2)引伸计:准确度要求不劣于1级。

(3)游标卡尺。

沥青混合料抽提试验记录 表13-20

试样编号					试样名称					
试样描述					试样来源					

	试件编号	沥青混合料质量 $m(g)$	容器中留下的集料干燥质量 $m_1(g)$	抽提前滤纸质量(g)	抽提后滤纸质量(g)	滤纸试验前后的增量 $m_2(g)$	抽提液中矿粉质量 $m_3(g)$	沥青混合料中矿料总质量 $m_a(g)$	油石比(%)	沥青含量(%)
沥青混合料中沥青含量	1									
	2									
	3									
	平均									

	试件编号	通过下列筛孔(mm)百分率(%)											
		31.5	26.5	19.0	16.0	13.2	9.5	4.75	2.36	1.18	0.6	0.3	0.15	<0.075
沥青混合料中矿料级配	1													
	2													
	3													
	平均													
	标准													

试验者:_____;日期:_____;复核者:_____;日期:_____

3. 准备试样

(1)在每批钢筋中任取两根,在距钢筋端部50cm处各取一根试样。

(2)原始标距的标记:首先根据钢筋横截面积(S_0)或直径(d_0),确定试样的原始标距 L_0,$L_0 = 5.65\sqrt{S_0}(5d_0)$;或 $L_0 = 11.3\sqrt{S_0}(10d_0)$。然后用小标记、细画线或细墨线,记好原始标距,同时将试样原始标距细分为5mm(推荐)到10mm的 N 等分,做好标志,以计算试样的伸长率用。

(3)确定试样的平行长度 L_c(两夹头之间的距离):试验机两夹头之间的自由长度应足够,以使试样原始标距的标记与最近夹头间的距离不小于 $\sqrt{S_0}$ 为宜。

在平行长度的基础上,确定试样长度。

(4)原始横截面积(S_0)的确定:原始横截面积(S_0)是平均横截面积,根据测量尺寸计算。测量时宜在试样平行长度中心区域测其横向尺寸的最大和最小值,准确至 $\pm0.5\%$。若满足表13-21试样横向尺寸公差,则原始横截面积可以用名义值,而不必通过实际测量再计算。如果试样的公差不满足表13-21的要求,则应对每个试样进行实际测量,根据测量结果计算原始横截面积。

名　称	名义横向尺寸 （mm）	尺寸公差 （mm）	名　称	名义横向尺寸 （mm）	尺寸公差 （mm）
横截面直径	≥3 ≤6	±0.02	横截面直径	>10 ≤18	±0.05
	>6 ≤10	±0.03		>18 ≤30	±0.10

4.试验方法

将试样安置在试验机的夹头中,试样应对准夹头的中心,试样轴线应绝对垂直,在试样上安装引伸计。然后按应变速率控制的试验速率(方法 A)进行拉伸试验。应变速率控制模式有两种类型,第一种应变速率 $\dot{e}_{L_e}$ 是基于引伸计的反馈而得到,第二种是根据平行长度估计的应变速率 $\dot{e}_{L_c}$,即通过控制平行长度与需要的应变速率相乘得到的横梁位移率来实现的。

根据测定项目选择应变速率 $\dot{e}_{L_e}$ 范围。

(1)上屈服强度 R_{eH} 的测定

测定上屈服强度时,$\dot{e}_{L_e}$ 应尽可能恒定,测定时 $\dot{e}_{L_e}$ 选用下面两个范围之一:

①范围 1:$\dot{e}_{L_e} = 0.000\,07\,s^{-1}$,相对误差 ±20% ;

②范围 2:$\dot{e}_{L_e} = 0.000\,25\,s^{-1}$,相对误差 ±20%(如果没有其他规定,推荐选取该速率)。

(2)下屈服强度 R_{eL} 的测定

上屈服强度之后,在测定下屈服强度时,应当保持下列两种范围之一的平行长度估计的应变速率 $\dot{e}_{L_c}$,直到不连续屈服结束:

①范围 2:$\dot{e}_{L_e} = 0.000\,25\,s^{-1}$,相对误差 ±20%(推荐选取该速率);

②范围 3:$\dot{e}_{L_e} = 0.002\,s^{-1}$,相对误差 ±20% ;

(3)抗拉强度 R_m,断后伸长率 A,最大力的总延伸率 A_{gt} 和断面收缩率 Z 的测定

在屈服强度测定后,根据试样平行长度估计的应变速率 $\dot{e}_{L_e}$ 应转换成下述规定范围之一的应变速率:

①范围 2:$\dot{e}_{L_e} = 0.000\,25\,s^{-1}$,相对误差 ±20% ;

②范围 3:$\dot{e}_{L_e} = 0.002\,s^{-1}$,相对误差 ±20% ;

③范围 4:$\dot{e}_{L_e} = 0.006\,7\,s^{-1}$,相对误差 ±20%(0.4min,相对误差 ±20% ;)。(如果没有其他规定,推荐选取该速率)

5.试验结果

(1)上屈服强度的测定

上屈服强度 R_{eH} 可以从力—延伸曲线图或峰值力显示器上测得,定义为力首次下降前的最大力值对应的应力,如图 13-10 所示。

(2)下屈服强度的测定

上屈服强度 R_{eL} 可以从力—延伸曲线测得,定义为不计初始效应时屈服阶段中的最小力所对应的应力,如图 13-10 所示。

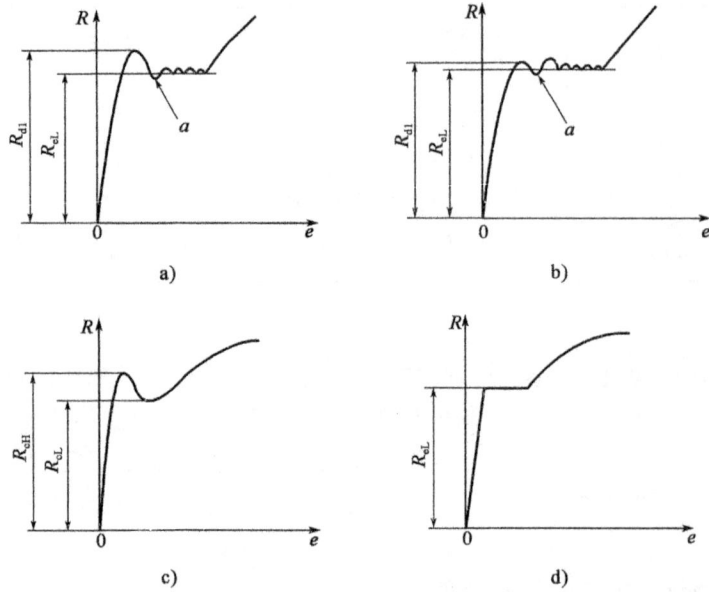

图 13-10　不同类型曲线上的上屈服强度和下屈服强度

e-延伸率；R-应力；R_{eH}-上屈服强度；R_{eL}-下屈服强度；a-初始瞬时效应

对于上、下屈服强度位置的判定遵循如下基本原则：

①屈服前的第 1 个峰值力（第 1 个极大值应力）判为上屈服强度，不管其后的峰值应力比它大或比它小；

②屈服阶段中如呈现两个或两个以上的谷值应力，舍去第 1 个谷值应力（第 1 个极小值应力）不计，取其余谷值应力中之最小者判为下屈服强度，如只呈现 1 个下降谷，此谷值应力判为下屈服强度；

③屈服阶段中呈现屈服平台，平台应力判为下屈服强度；如呈现多个而且后者高于前者的屈服平台，判第 1 个平台应力为下屈服强度；

④正确的判定结果应是下屈服强度一定低于上屈服强度。

（3）抗拉强度的测定

试样破坏时最大力所对应的应力。

（4）断后伸长率的测定

将试样断裂部分仔细地配接在一起，使其轴线处于同一直线上，并采取特别措施确保试样断裂部分适当接触后，测量试样断后标距，按式（13-26）计算断后伸长率。

$$A = \frac{L_u - L_0}{L_0} \times 100 \tag{13-26}$$

式中：A——断后伸长率，%；

L_0——原始标距，mm；

L_u——断后标距，mm。

根据断裂情况不同，断后标距按下列三种方法测定：

①断后伸长率大于或等于规定值，不管断裂位置处于何处，测量均为有效；

②断裂处与最接近的标距标记的距离不小于原始标距的 1/3 情况方为有效，断后标距可按上述方法直接测量。

③如断裂处与最近的标距标记的距离小于原始标距的 1/3 时,采用移位法(图 13-11)测定断后伸长率。

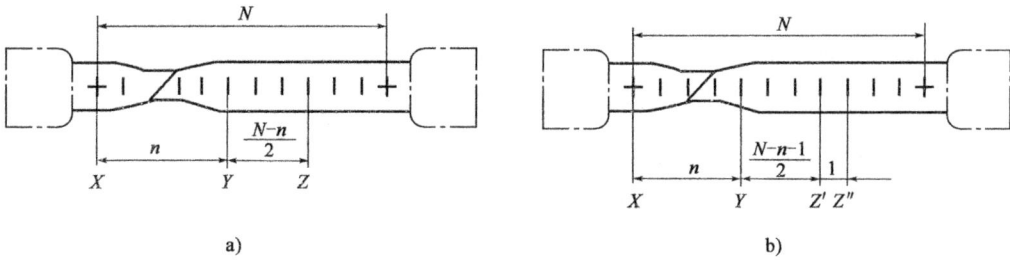

图 13-11　移位法测定断后伸长率示意图
a)$N-n$ 为偶数;b)$N-n$ 为奇数

n-X 与 Y 之间的分格数;N-等分的份数;X-试样较短部分的标距标记;Y-试样较长部分的标距标记;Z,Z',Z''-分度标记。
注:试样头部形状仅为示意性。

试验后,以符号 X 表示断裂后试样短段的标距标记,以符号 Y 表示断裂试样长段的等分标记,此标记与断裂处的距离最接近于断裂处至标距标记 X 的距离。

如 X 与 Y 之间的分格数为 n,按如下测定断后伸长率:

①如 $N-n$ 为偶数[图 13-11a)],测量 X 与 Y 之间的距离 l_{XY} 和测量从 Y 至距离为 $\dfrac{N-n}{2}$ 个分格的 Z 标记之间的距离 l_{YZ},按式(13-27)计算断后伸长率。

$$A = \frac{l_{XY} + 2l_{YZ} - L_0}{L_0} \times 100 \qquad (13\text{-}27)$$

②如 $N-n$ 为奇数[图 13-11b)],测量 X 与 Y 之间的距离 l_{XY} 以及 Y 至距离分别为 $\dfrac{1}{2}(N-n-1)$ 和 $\dfrac{1}{2}(N-n+1)$ 个分格的 Z 和 Z' 标记之间的距离 l_{YZ} 和 $l_{YZ'}$,按式(13-28)计算断后伸长率。

$$A = \frac{l_{XY} + l_{YZ} + l_{YZ'} - L_0}{L_0} \times 100 \qquad (13\text{-}28)$$

6. 试验结果数值的修约

(1)强度性能值修约至 1MPa;
(2)断后伸长率修约至 0.5%。

7. 试验结果评定

钢筋做拉伸试验的两根试样中,如其中一根试样的屈服强度,抗拉强度、伸长率三个指标中,有一个指标不符合规定要求时,即为拉力试验不合格。应再取双倍数量的试样重新测定三个指标。在第二次拉伸试验中,如仍有一个指标不符合规定,不论这个指标在第一次试验中是否合格,拉力试验项目也作为不合格,该批钢筋即为不合格品。

8. 试验记录

钢筋拉伸试验记录,见表 13-22。

试样名称			试样描述		
试样来源			初拟用途		
试样编号				1	2
试件尺寸		最大直径(mm)			
		最小直径(mm)			
		直径差值(mm)			
		截面积(mm^2)			
		标距(mm)			
		平行长度(mm)			
拉伸荷载(kN)		上屈服极限			
		下屈服极限			
		极限			
强度(MPa)		上屈服强度			
		下屈服强度			
		拉伸强度			
伸长率		断后标距			
		伸长率%			

试验者：_____；日期：_____；复核者：_____；日期：_____

13.14　钢筋的冷弯试验

1. 试验目的

钢筋在冷的状态下进行冷弯试验,以表示其承受弯曲成要求角度及形状的能力,本试验法是以试件环绕一定直径的弯曲压头弯曲至规定角度,观察试件弯曲表面有无可见裂纹以评定钢筋的冷弯性能。

冷弯试验是一种工艺试验。借此可了解受试钢材对某种工艺加工适合的程度。

2. 试验仪具

试验机或压力机:配有支辊式弯曲装置和弯曲压头;配有一个 V 形模具和一个弯曲压头 V 形模具式弯曲装置;配有虎钳式弯曲装置。亦可采用特制冷弯试验机。

3. 试件制备

(1)试样应去除由于剪切或火焰切割或类似的操作而影响了材料性能的部分。如果试验结果不受影响,允许不去除试样受影响部分。

(2)直径不大于 30mm 的产品,其试样横截面积应为原产品的横截面。对于直径超过30mm 但不大于 50mm 的产品,可以将其机加工成横截面内切圆直径不小于 25mm 的试样。直径大于 50mm 的产品,应将其机加工成横截面内切圆直径不小于 25mm 的试样。

4. 试验方法

特别提示:试验过程中应采取足够的安全措施和防护装置。

(1)试验前,测量试样尺寸是否合格。

（2）选择适当的弯曲压头直径 d，将试样放于两支辊上，如图 13-12 所示，支辊间距离为 $l = (d + 3a) \pm \dfrac{a}{2}$。试样轴线应与弯曲压头轴线垂直，弯曲压头在两支座之间的中点处对试样连续施加力使其弯曲，直至达到规定的弯曲角度，如图 13-13 所示。

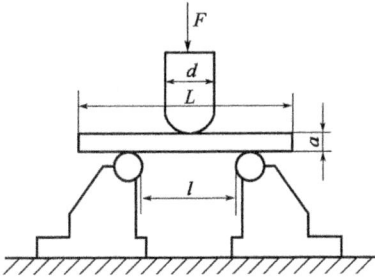

图 13-12　金属试件冷弯时的装置

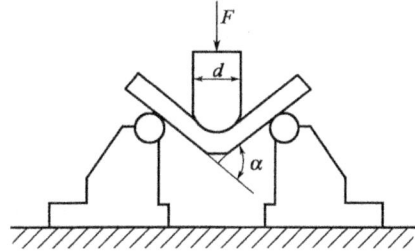

图 13-13　冷弯试验（弯曲至规定角度）

（3）如要弯成两臂平行，首先对试样进行初步弯曲，然后将试样置于平行压板之间，如图 13-14a)，连续施加力压其两端使进一步弯曲，直至两臂平行。试验时可以加或不加内置垫块，垫块的厚度等于规定的弯曲压头直径。

（4）如需压成两臂接触，首先对试样进行初步弯曲，然后将试样置于平行压板之间，连续施加力压其两端使进一步弯曲，直至两臂直接接触，如图 13-14b)所示。

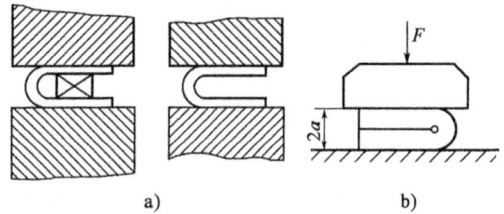

a)　　　　　　　b)

图 13-14　冷弯试验（弯曲至两臂平行和两臂接触）
a)弯至两臂平行；b)弯至两臂接触复合

5.试验结果评定

压至规定条件后，检查试件弯曲表面无可见裂纹，应评定为合格。

6.试验记录

建筑钢材冷弯试验记录见表 13-23。

建筑钢材冷弯试验记录表 表 13-23

试样编号			试样来源		
试样名称			拟作用途		
试验次数	试件直径 a（mm）	弯曲压头直径 d（mm）	支辊间距离 l（mm）	弯折角度 α（°）	试验结果
1					
2					
3					

试验者：＿＿＿＿＿＿；日期：＿＿＿＿＿＿＿；复核者：＿＿＿＿＿＿；日期：＿＿＿＿＿＿

参 考 文 献

[1] 柯国军.土木工程材料[M].北京:北京大学出版社,2006.

[2] 宋少民,孙凌.土木工程材料(第2版,修订版)[M].武汉:武汉理工大学出版社,2013.

[3] 李立寒,张南鹭等.道路工程材料(第五版)[M].北京:人民交通出版社,2011.

[4] 黄维蓉.道路建筑材料[M].北京:人民交通出版社,2011.

[5] 申爱琴.道路工程材料[M].北京:人民交通出版社,2010.

[6] 白宪臣.土木工程材料[M].北京:中国建筑工业出版社,2011.

[7] 余丽武.建筑材料[M].南京:东南大学出版社,2013.

[8] 杜红秀,周梅.土木工程材料[M].北京:机械工业出版社,2012.

[9] P. Kumar Mahta,等.混凝土微观结构性能和材料[M].北京:中国电力出版社,2008.

[10] 袁润章.胶凝材料学(第2版)[M].武汉:武汉理工大学出版社,2012.

[11] 湖南大学,天津大学,同济大学,等.土木工程材料[M].北京:中国建筑工业出版社,2002.

[12] 库马·梅塔(P. Kumar Mehta)(美),保罗 J. M. 蒙特罗(Paulo J. M. Monteiro)(美),等.混凝土微观结构、性能和材料[M].北京:中国电力出版社,2008.

[13] 胡曙光.特种水泥[M].武汉:武汉理工大学出版社,2010.

[14] 苏达根.土木工程材料[M].北京:高等教育出版社,2008.

[15] 周爱军,张玫.土木工程材料[M].北京:机械工业出版社,2012.

[16] 廖国胜,曾三海.土木工程材料[M].北京:冶金工业出版社,2011.

[17] 赵志曼,张建平.土木工程材料[M].北京大学出版社,2012.

[18] 刘斌,徐汉明.土木工程材料[M].武汉:武汉理工大学出版社,2009.

[19] 沈春林.路桥防水材料[M].北京:化学工业出版社,2006.

[20] 蔡丽朋.建筑材料[M].北京:化学工业出版社,2005.

[21] 吴科如,张雄.土木工程材料[M].上海:同济大学出版社,2005.

[22] 黄政宇.土木工程材料[M].北京:高等教育出版社,2004.

[23] 王秀花.建筑材料[M].北京:机械工业出版社,2005.

[24] 杨林江.土建工程防水材料与施工技术[M].北京:人民交通出版社,2008.

[25] 廖正环.公路工程新材料及其应用指南[M].北京:人民交通出版社,2004.

[26] 廖克俭,丛玉凤.道路沥青生产与应用技术[M].北京:化学工业出版社,2004.

[27] 葛勇,谭忆秋,等.道路建筑材料[M].北京:人民交通出版社,2005.

[28] 伍必庆,张青喜.道路建筑材料[M].北京:清华大学出版社;北京交通大学出版社,2006.

[29] 郝培文.沥青与沥青混合料[M].北京:人民交通出版社,2009.

[30] 吕伟民,孙大权.沥青混合料设计手册[M].北京:人民交通出版社,2007.

[31] 梁锡三.沥青混合料设计及质量控制原理[M].北京:人民交通出版社,2008.

[32] 张亚梅.土木工程材料(第五版)[M].南京:东南大学出版社,2013.

[33] 雷宏刚.钢结构事故分析与处理[M].北京:中国建材工业出版社,2003.

[34] 中华人民共和国国家标准.碳素结构钢(GB 700—2006)[S].北京:中国标准出版社,2006.

[35] 中华人民共和国国家标准.桥梁用结构钢(GB/T 714--2008)[S].北京:中国标准出版社,2008.

[36] 中华人民共和国国家标准.低合金高强度结构钢(GB/T 1591—2008)[S].北京:中国标准出版社,2008.

[37] 中华人民共和国国家标准.钢筋混凝土用热轧光圆钢筋(GB 1499.1—2008)[S].北京:中国标准出版社,2008.

[38] 中华人民共和国国家标准.钢筋混凝土用热轧带肋钢筋(GB 1499.2—2008)[S].北京:中国标准出版社,2008.

[39] 中华人民共和国国家标准.冷轧带肋钢筋(GB 13788—2008)[S].北京:中国标准出版社,2008.

[40] 中华人民共和国国家标准.预应力混凝土用钢丝(GB/T 5223—2002)[S].北京:中国标准出版社,2002.

[41] 中华人民共和国国家标准.预应力混凝土用钢绞线(GB/T 5224—2003)[S].北京:中国标准出版社,2003.

[42] 中华人民共和国国家标准.预应力混凝土用热处理钢筋(GB/T 4463—1984)[S].北京:中国标准出版社,1984.

[43] 中华人民共和国国家标准.预应力混凝土用螺纹钢筋(GB/T 20065—2006)[S].北京:中国标准出版社,2006.

[44] 中华人民共和国国家标准.金属材料拉伸试验(GB/T 228.1—2010)[S].北京:中国标准出版社,2010.

[45] 中华人民共和国行业标准.建筑生石灰(JC/T 479—2013)[S].北京:中国建材工业出版社,2013.

[46] 中华人民共和国行业标准.建筑消石灰(JC/T 481—2013)[S].北京:中国建材工业出版社,2013.

[47] 中华人民共和国国家标准.建筑石膏(GB/T 9776—2008)[S].北京:中国标准出版社,2008.

[48] 中华人民共和国国家标准.通用硅酸盐水泥(GB 175—2007)[S].北京:中国标准出版社,2007.

[49] 中华人民共和国国家标准.水泥标准稠度用水量、凝结时间、安定性检验方法(GB/T 1346—2011)[S].北京:中国标准出版社,2011.

[50] 中华人民共和国国家标准.水泥胶砂强度检验方法(ISO法)(GB/T 17671—1999)[S].北京:中国标准出版社,1999.

[51] 中华人民共和国国家标准.用于水泥中的粒化高炉矿渣(GB/T 203—2008)[S].北京:中国标准出版社,2008.

[52] 中华人民共和国国家标准.用于水泥和混凝土中的粒化高炉矿渣粉(GB/T 18046—2008)[S].北京:中国标准出版社,2008.

[53] 中华人民共和国国家标准.用于水泥中的火山灰质混合材料(GB/T 2847—2007)[S].北京:中国标准出版社,2007.

[54] 中华人民共和国行业标准.水泥砂浆和混凝土用天然火山灰质材料(JG/T 315—2011)[S].北京:中国标准出版社,2011.

[55] 中华人民共和国国家标准.用于水泥和混凝土中的粉煤灰(GB/T 1596—2005)[S].北京:中国标准出版社,2005.

[56] 中华人民共和国行业标准.自应力铁铝酸盐水泥(JC/T 437—2010)[S]北京:中国建材工业出版社,2010.

[57] 中华人民共和国国家标准.建设用砂(GB/T 14684—2011)[S].北京:中国标准出版社,2011.

[58] 中华人民共和国国家标准.建设用卵石、碎石(GB/T 14685—2011)[S].北京:中国标准出版社,2011.

[59] 中华人民共和国国家标准.混凝土结构工程施工质量验收规范(GB 50204—2002)[S].北京:中国标准出版社,2011.

[60] 中华人民共和国行业标准.公路水泥混凝土路面施工技术规范(JTG F30—2003)[S].北京:人民交通出版社,2003.

[61] 中华人民共和国行业标准.混凝土用水标准(JGJ 63—2006)[S].北京:中国标准出版社,2006.

[62] 中华人民共和国国家标准.混凝土外加剂定义、分类、命名与术语(GB/T 8075—2005)[S].北京:中国标准出版社,2005.

[63] 中华人民共和国国家标准.混凝土外加剂应用技术规范(GB 50119—2003)[S].北京:中国标准出版社,2003.

[64] 中华人民共和国国家标准.混凝土外加剂中释放氨的限量(GB 18588—2001)[S].北京:中国标准出版社,2001.

[65] 中华人民共和国国家标准.普通混凝土拌和物性能试验方法标准(GB/T 50080—2002)[S].北京:中国标准出版社,2002.

[66] 中华人民共和国国家标准.普通混凝土力学性能试验方法标准(GB/T 50081—2002)[S].北京:中国标准出版社,2002.

[67] 中华人民共和国国家标准.混凝土结构设计规范(GB 50010—2010)[S].北京:中国标准出版社,2010.

[68] 中华人民共和国行业标准.公路工程水泥及水泥混凝土试验规程(JTE E30—2005)[S].北京:人民交通出版社,2005.

[69] 中华人民共和国国家标准.普通混凝土长期性能和耐久性试验方法标准(GB/T 50082—2009)[S].北京:中国标准出版社,2009.

[70] 中华人民共和国行业标准.普通混凝土配合比设计规程(JGJ 55—2011)[S].北京:中国建筑工业出版社,2011.

[71] 中华人民共和国行业标准.混凝土耐久性检验评定标准(JGJ/T 193—2009)[S].北京:中国建筑工业出版社,2009.

[72] 中华人民共和国国家标准.混凝土强度检验评定标准(GB/T 50107—2010)[S].北京:中国标准出版社,2010.

[73] 中华人民共和国行业标准.普通混凝土用砂、石质量及检验方法标准(JGJ 52—2006)[S].北京:中国建筑工业出版社,2006.

[74] 中华人民共和国国家标准.砌体结构工程施工质量验收规范(GB 50203—2011)[S].北京:中国标准出版社,2011.

[75] 中华人民共和国行业标准.建筑砂浆基本性能试验方法标准(JGJ/T 70—2009)[S].北京:中国建筑工业出版社,2009.

[76] 中华人民共和国行业标准.砌筑砂浆配合比设计规程(JGJ/T 98—2010)[S].北京:中国建筑工业出版社,2010.

[77] 中华人民共和国行业标准.预拌砂浆(JG/T 230—2007)[S].北京:中国建筑工业出版社,2007.

[78] 中华人民共和国行业标准.抹灰砂浆技术规程(JGJ/T 220—2010)[S].北京:中国建筑工业出版社,2010.

[79] 中华人民共和国国家标准.烧结普通砖(GB 5101—2003)[S].北京:中国标准出版社,2011.

[80] 中华人民共和国国家标准.建筑材料放射性核素限量(GB 6566—2010)[S].北京:中国标准出版社,2010.

[81] 中华人民共和国国家标准.烧结多孔砖(GB 13544—2000)[S].北京:中国标准出版社,2000.

[82] 中华人民共和国国家标准.烧结空心砖和空心砌块(GB 13545—2003)[S].北京:中国标准出版社,2003.

[83] 中华人民共和国国家标准.蒸压灰砂砖(GB 11945—1999)[S].北京:中国标准出版社,1999.

[84] 中华人民共和国行业标准.粉煤灰砖(JC 239—2001)[S].北京:中国标准出版社,2001.

[85] 中华人民共和国行业标准.炉渣砖(JC/T 525—2007)[S].北京:中国标准出版社,2007.

[86] 中华人民共和国国家标准.轻集料混凝土小型空心砌块(GB/T 15229—2011)[S].北京:中国标准出版社,2011.

[87] 中华人民共和国国家标准.蒸压加气混凝土砌块(GB/T 11968—2006)[S].北京:中国标准出版社,2011.

[88] 中华人民共和国行业标准.公路工程沥青及沥青混合料试验规程(JTG E20—2011)[S].北京:人民交通出版社,2011.

[89] 中华人民共和国行业标准.公路沥青路面施工技术规范(JTG F40—2004)[S].北京:人民交通出版社,2004.

[90] 中华人民共和国国家标准.弹性体改性沥青防水卷材(GB 18242—2008)[S].北京:中国标准出版社,2008.

[91] 中华人民共和国国家标准.塑性体改性沥青防水卷材(GB 18243—2008)[S].北京:中国标准出版社,2008.

[92] 中华人民共和国国家标准.水泥比表面积测定方法 勃氏法(GB/T 8074—2008)[S].北京:中国标准出版社,2008.

[93] 中华人民共和国行业标准.公路工程集料试验规程(JTG E42—2005)[S].北京:人民交通出版社,2005.

[94] 中华人民共和国国家标准.金属材料弯曲试验方法(GB/T 232—2010)[S].北京:中国标准出版社,2010.